YOUJI HUAXUE

FANYING YU YOUJI CAILIAO YANJIU

有机化学反应
与有机材料研究

主　编　赵　冰　李永辉　崔　喆
副主编　杨　静　郭俊杰　赵　艳
　　　　马丽娜　马学林

U0200963

中国水利水电出版社
www.waterpub.com.cn

内 容 提 要

本书系统地对有机化学反应与有机材料进行研究。全书共分14章,主要包括绪论、氧化反应、还原反应、不对称合成反应、官能团保护与反应性转换、重排反应、新型有机反应、有机合成路线的设计、塑料、橡胶、合成纤维、涂料、黏合剂、功能高分子材料等。

本书可作为高等学校化学、应用化学、材料化学等专业的本科生或研究生的参考用书,也可供专业科研人员参考。

图书在版编目(CIP)数据

有机化学反应与有机材料研究/赵冰,李永辉,崔喆主编.--北京:中国水利水电出版社,2014.10(2022.10重印)
ISBN 978-7-5170-2507-8

Ⅰ.①有… Ⅱ.①赵… ②李… ③崔… Ⅲ.①有机化学-化学反应-研究②有机材料-研究 Ⅳ.①O621.25②TB322

中国版本图书馆 CIP 数据核字(2014)第 214936 号

策划编辑:杨庆川 责任编辑:杨元泓 封面设计:马静静

书　　名	有机化学反应与有机材料研究
作　　者	主编 赵 冰 李永辉 崔 喆 副主编 杨 静 郭俊杰 赵 艳 马丽娜 马学林
出版发行	中国水利水电出版社 (北京市海淀区玉渊潭南路 1 号 D 座 100038) 网址:www. waterpub. com. cn E-mail:mchannel@263. net(万水) 　　　　 sales@ mwr.gov. cn 电话:(010)68545888(营销中心)、82562819(万水)
经　　售	北京科水图书销售有限公司 电话:(010)63202643、68545874 全国各地新华书店和相关出版物销售网点
排　　版	北京鑫海胜蓝数码科技有限公司
印　　刷	三河市人民印务有限公司
规　　格	184mm×260mm　16 开本　25 印张　640 千字
版　　次	2015年4月第1版　2022年10月第2次印刷
印　　数	3001-4001册
定　　价	87. 00 元

前　言

有机化学是有机工业的基础,在相关学科中占有十分重要的地位。有机化学推动和促进着全球经济发展以及人类文明的进步。材料是社会进步的标志,而有机材料是重要的组成部分,内容涉及广阔,与其他学科交叉渗透。目前有机高分子材料发展十分迅猛,占据了材料领域的很大的市场地位。因此,研究有机化学反应和有机材料这个课题非常具有前瞻性和必要性。

随着科学技术的发展,有机化学反应不断研究发展,有机合成路线不断更新,有机化学材料不断改善。有机化学工作者需要提高有机反应的理论素质,掌握更多的有机反应和研究方法,为研究有机材料打下坚实的理论基础。因此,本书有目的性地选取了几部分重要的有机反应和有机合成路线做了详细讨论,力求做到理论与实际相结合。

材料科学的发展对人才的培养提出了新的要求,同时,社会的发展使得高分子材料不仅需要培养懂得塑料、橡胶、纤维、涂料、粘接剂等方面的知识和加工技能的专门人才,更需要培养熟悉高分子材料各个领域,甚至高分子材料科学发展前沿的高水平人才。在此前提下,本书又联系当今材料科学发展的现状,以基础有机高分子材料为根本,深入浅出地对有机高分子材料做了进一步探讨。

全书共分 14 章,分为两大部分进行讨论。第一部分是有机化学反应的理论基础,包括绪论、氧化反应、还原反应、不对称加成反应、官能团保护与反应性转换、重排反应、新型有机反应、有机合成路线的设计等;第二部分是对有机材料的探讨,包括塑料、橡胶、合成纤维、涂料、黏合剂和功能高分子材料。

全书由赵冰、李永辉、崔喆担任主编,杨静、郭俊杰、赵艳、马丽娜、马学林担任副主编,并由赵冰、李永辉、崔喆负责统稿,具体分工如下:

第 5 章~第 7 章:赵冰(齐齐哈尔大学);

第 2 章、第 3 章、第 14 章第 1 节~第 4 节:李永辉(海南医学院);

第 1 章、第 4 章、第 8 章:崔喆(郑州大学);

第 9 章:杨静(河南中医学院);

第 10 章:郭俊杰(天津商业大学);

第 11 章、第 12 章第 4 节~第 5 节:赵艳(云南农业大学);

第 12 章第 1 节~第 3 节、第 13 章:马丽娜(集宁师范学院);

第 14 章第 5 节:马学林(包头师范学院)。

本书结构合理,叙述清晰、简练,加入了大量典型应用实例,为深入理解和应用奠定了坚实的基础。内容上,循序渐进、深入浅出、图文并茂,注重理论与实践相结合,在讲述基本内容的基础上,注意补充了相关的新知识和新技术,并突出了"实际、实用、实践"的"三实"原则。

由于本书涉及范围广,尽管在编写过程中力图正确与完善相结合,限于编者水平有限,书中难免有疏漏,敬请广大读者批评指正。

编　者

2014 年 7 月

目　　录

第1章 绪 论

1.1 有机合成反应的发展

有机化学是研究有机化合物结构、性质及其相互转变规律的一门学科,是化学中极为重要的一个分支,是有机化学工业的基础。有机化学不仅为生命科学、材料科学和环境科学等相关学科的发展提供了理论基础,而且还促进了化学工业、能源工业和材料工业等的发展。

19世纪初期,"有机化学"这一名词首次被瑞典化学家伯齐利厄斯(J. J. Berzelius)提出,当时许多化学家认为有机化合物只能产生于生物体中。随着科学家不断总结出新的概念、规律和合成方法等,有机化学才逐渐被人们所认识。

自1828年德国科学家沃勒(Wöhler)成功地由氰酸铵合成尿素揭开有机合成的帷幕至今,有机合成学科经历了170多年的发展历史。有机合成的历史大致可划分为第二次世界大战前的初创期和第二次世界大战之后的辉煌期两个阶段。

1. 有机化学的初创期

这一阶段的有机合成主要是围绕以煤焦油为原料的染料和药物等的合成工业。

1856年霍夫曼(A. W. Hofmann)发现的苯胺紫,威廉姆斯(G. Williams)发现的菁染料;1890年费歇尔(Emil H. Fischer)合成的六碳糖的各种异构体以及嘌呤等杂环化合物,费歇尔也因此荣获第二届(1902年)诺贝尔化学奖;1878年拜耳(A. Von Baeyer)合成了有机染料——靛蓝,并很快实现了工业化。此后,他又在芳香族化合物的合成方面取得了巨大的成就;尤其值得一提的是1903年德国化学家维尔斯泰特(R. Will stfitter)经过卤化、氨解、甲基化、消除等二十多步反应,第一次完成了颠茄酮的合成,这是当时有机合成的一项卓越成就。1917年英国化学家罗宾逊(Robinson)第二次合成了颠茄酮,他采用了全新的、简捷的合成方法,模拟自然界植物体合成莨菪碱的过程而进行的,其合成路线是:

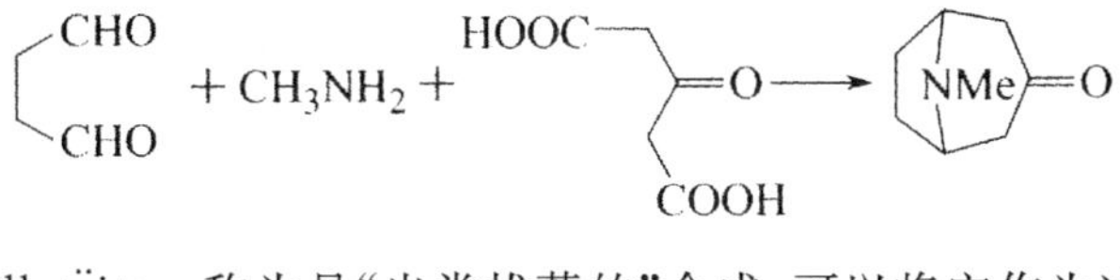

这一合成曾被Willstäitter称为是"出类拔萃的"合成,可以将它作为这一时期有机合成突飞猛进的发展的反映。与此同时,许多具有生物活性的复杂化合物相继被合成,如血红素和金鸡纳碱等。

以上这些化合物的合成标志着这一时期有机合成的水平,奠定了下一阶段有机合成辉煌发展的基础。

2. 有机化学的辉煌期

二战结束到20世纪末是有机合成空前发展的辉煌时期。这一阶段又分为50、60年代的

Woodward 艺术期,70、80 年代 Corey 的科学与艺术的融合期和 90 年代以来的化学生物学期三个时期。

美国化学家 R. B. Woodward 是艺术期的杰出代表,除 1944 年完成了奎宁的全合成外,他的其他重要杰作还有生物碱如马钱子碱、麦角新碱、利血平;甾体化合物如胆甾醇、皮质酮(1951年)、黄体酮(1971 年)以及羊毛甾醇(1957 年);抗生素如青霉素、四环素、红霉素以及维生素 B_{12} 等。其中维生素 B_{12} 含有 9 个手性碳原子,其可能的异构体数为 512。维生素 B_{12} 的合成难度是巨大的,近百名科学家历经 15 年才完成了它的全合成。维生素 B_{12} 全合成的实现,不单是完成了一个高难度分子的合成,而且在此过程中,Woodward 和量子化学家 R. Hofmann 共同发现了重要的分子轨道对称守恒原理。这一原理使有机合成从艺术更多地走向理性。

在完成大量结构复杂的天然分子全合成后,天然产物的全合成超越艺术开始进入科学与艺术的融合期。合成化学家开始总结有机合成的规律和有机合成设计等问题。其中最著名的、影响最大的是 E. J. Corey 提出的反合成分析。他从合成目标分子出发,根据其结构特征和对合成反应的知识进行逻辑分析,并利用经验和推理艺术设计出巧妙的合成路线。运用这种方法 Corey 等人在天然产物的全合成中取得了重大成就。其中包括银杏内酯、大环内酯如红霉素、前列腺素类化合物以及白三烯类化合物的合成。

海葵毒素的合成是 20 世纪 90 年代合成化学家完成的最复杂分子的合成。海葵毒素的结构复杂,含有 129 个碳原子、64 个手性中心和 7 个骨架内双键,可能的异构体数达 $2^{71}(2.36×10^{21})$ 之多。近年来,合成化学家把合成工作与探寻生命奥秘联系起来,更多地从事生物活性的目标分子的合成,尤其是那些具有高生物活性和有药用前景分子的合成。

3. 有机化学发展新趋势

进入 21 世纪,国际社会关注的焦点开始向社会的可持续发展及其所涉及的生态、资源、经济等方面的问题转变。出于对人类自身的关爱,必然会对化学,尤其是对合成化学提出新的更高的要求。近年来绿色化学、洁净技术、环境友好过程已成为合成化学追求的目标和方向。可见 21 世纪有机合成所关注的不仅仅是合成了什么分子,而是如何合成,其中有机合成的有效性、选择性、经济性、环境影响和反应速率将是有机合成研究的重点。

有机合成的发展趋势可以概括为两点:

①合成什么,包括合成在生命、材料学科中具有特定功能的分子和分子聚集体。

②如何合成,包括高选择性合成、绿色合成、高效快速合成等。

这是合成化学家主要关注的问题。一般认为有机合成化学的发展大体上可以分为两个方面:

①发展新的基元反应和方法。

②发展新的合成策略,合成路线,以便创造新的有机分子或者是实现或改进有各种意义的已知或未知有机化合物的合成。

就发展新的合成策略和合成路线而言,在 21 世纪有机合成主要要求新的合成策略和路线具备以下特点:

①条件温和、合成更易控制。当今的有机合成模拟生命体系酶催化反应条件下的反应。这类高效定向的反应正是合成化学家追求的一种理想境界。

②高合成效率、环境友好及原子经济性。在当今社会,人类追求经济和社会的可持续发展,合成效率的高低直接影响着资源耗费,合成过程是否环境友好,合成反应是否具有原子经济性预

示着对环境破坏的程度大小。

③定向合成和高选择性。定向合成具有特定结构和功能的有机分子是目前最重要的课题之一。

④高的反应活性和收率。反应活性和收率是衡量合成效率的一个重要方面。

⑤新的理论发现。任何新化合物的出现,都会导致新理论的突破。

在发展新的基元反应和方法方面,Seabach D 认为从大的反应类型上讲,合成反应已很少再有新的发现,当然新的改进和提高还在延续。而过渡金属参与的反应,对映和非对映的选择性反应以及在位的多步连续反应则可望成为以后发现新反应的领域。这以后十几年的发展大致印证了这些预计。

有机合成近年来的发展趋势主要有以下几点。

(1)多步合成

发现和发展新的多步合成反应,或者称在位的多步连接反应是近年来有机合成方法学另一个主要发展方面。"一个反应瓶"内的多步反应可以从相对简单易得的原料出发,不经中间体的分离,直接获得结构复杂的分子,这显然是更经济、更为环境友好的反应。"一个反应瓶"内的多步反应大致分为两种:a. 串联反应或者叫多米诺反应;b. 多组分反应。实际上 1917 年 Robison 的颠茄酮的合成就是一个早年的"一个反应瓶"的多步反应:

$$CHO + H_2NMe + \begin{matrix}COOH\\O\\COOH\end{matrix} \longrightarrow \underset{COOH}{\overset{COOH}{NMe}}=O \xrightarrow[17\%]{-CO_2} NMe=O$$

Noyoli 的前列腺素的合成是一个典型的串联反应,自此串联反应才成为一个流行的合成反应名称。

$$\xrightarrow[\text{② Ph}_3\text{SnCl} \quad -78℃]{\text{① LiCu} \quad \text{OTBDMS} \quad -78℃} \quad 78\%$$

① LiCu ... –78℃ OTBDMS
② Ph₃SnCl –78℃
③ Cl ... COOCH₃

(2)过渡金属参与的有机合成反应

近年来,过渡金属尤其是钯参与的合成反应占新发展的有机合成反应的绝大部分,例如,烯烃的复分解反应,已经成为形成碳-碳双键的一个非常有效的方法,包括以下三个类型:

①开环聚合反应。

②关环复分解反应。

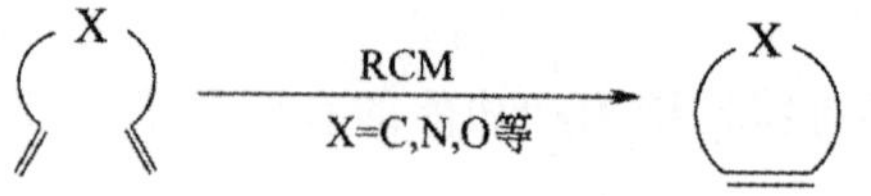

$$\text{（除去一个 } H_2C\!\!=\!\!CH_2\text{）}$$

③交叉复分解反应。

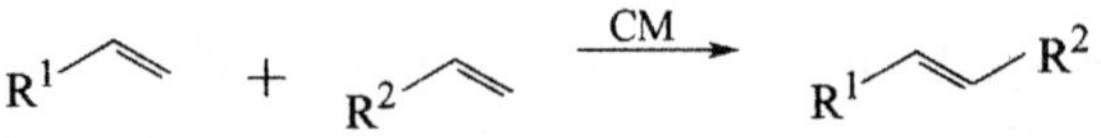

$$\text{（除去一个 } H_2C\!\!=\!\!CH_2\text{）}$$

催化剂主要是钼卡宾化合物。

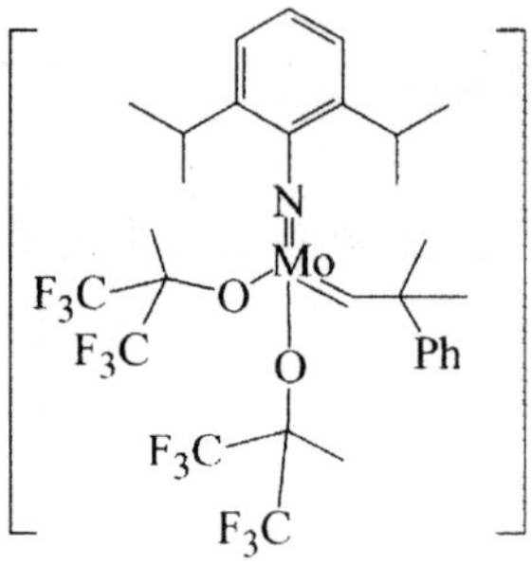

1993 年,Schrock 等又一次合成了光学纯烯烃复分解催化剂,由此也拉开了不对称催化烯烃复分解反应的帷幕。

在现代化学合成中,催化烯烃复分解反应已经成为常用的化学转化之一,通过这种重要的反应,可以方便、有效、快捷地合成一系列小环、中环、大环碳环或杂环分子。

（3）天然产物新合成路线

天然产物中一些古老的分子用简捷高效的新的合成路线合成成为近年来一种新的趋势,例如,奎宁是一种治疗疟疾的经典药物,2001 年,Stork 报道了奎宁的立体控制全合成。这一合成是经典之作,合成过程中没有使用任何新奇的反应,但却极其简捷、有效。2004 年又有人用不同的方法对奎宁合成进行了报道。

尽管以上这几个方面不能完全展示有机合成在最近几十年的巨大进步和成果,但由此也可以看出有机合成方法学上的突飞猛进和发展趋势。

1.2　有机反应类型

1.2.1　官能团

有机化合物分类的方法主要有两种:一种按碳骨架分类。根据碳原子的连接方式,可将有机化合物分为开链化合物和环状化合物。开链化合物是指碳原子相互结合成链状。因为脂肪类化合物具有开链的碳骨架,所以开链化合物也叫脂肪族化合物。环状化合物可根据成环原子的种类分成碳环化合物和杂环化合物。碳环化合物完全由碳原子组成环骨架,此类化合物中在结构上可看作是由开链化合物关环而成的碳环化合物,称为脂环族化合物;如果此类化合物中都含有由碳原子组成的在同一平面内的闭环共轭体系,这类碳环化合物称为芳香族化合物,其中大部分化合物分子中都含有一个或多个苯环。杂环化合物是指成环的原子除了碳原子外,还有其他元素的原子,如氧、硫、氮等。

　　另一类分类是按官能团分类。在有机化合物中能体现一类化合物性质的原子或基团,通常称为官能团。一般来说,含有同样官能团的化合物在化学性质上是相近的,便于认识含相同官能团的一类化合物的共性。

1.2.2　有机化合物的反应类型

　　化学反应是旧键断裂及新键的形成过程。有机化合物多为共价键化合物,共价键的断裂有均裂和异裂两种方式。均裂是指形成共价键的一对电子平均分给两个成键原子或基团,生成带有一个单电子的原子或基团,即自由基,这是一种活性中间体;异裂是指形成共价键的一对电子完全被成键原子中的一个原子或基团所占有,而形成正、负离子,这也是活性中间体中的一种。因此,有机化学反应按反应时键的断裂方式,可分为均裂反应和异裂反应,此外,还有不同于均裂和异裂反应的协同反应。

　　1. 均裂反应

$$A \overset{|}{\underset{|}{\cdot}} B \longrightarrow A\cdot + B\cdot$$

$$2Cl\cdot + H_3C \overset{|}{\underset{|}{\cdot}} H \longrightarrow H_3CCl + HCl$$

　　均裂反应是指共价键经过均裂而发生的反应,也称自由基反应。均裂反应一般在光、热或自由基引发剂的作用下进行。这类反应没有明显的溶剂效应,催化剂对反应也没有明显影响。此外,这类反应有一个诱导期,加一些能与自由基偶合的物质,反应可被停止。

　　2. 异裂反应

$$A:B \longrightarrow A^+ + :B^-$$

$$(CH_3)_3C:Cl \longrightarrow (CH_3)_3C^+ + :Cl^-$$

　　异裂产生的是离子,按异裂进行的反应也称离子反应。该反应往往在酸、碱或极性溶剂催化下进行。根据反应试剂的类型不同,离子型反应又可分为亲电反应与亲核反应。亲电反应是指缺电子的试剂进攻另一化合物电子云密度较高区域引起的反应。例如:

$$HBr + R\overset{\delta^+}{C}H \overset{\delta^-}{=\!=} CH_2 \longrightarrow R\overset{+}{C}H\!-\!CH_3 + Br^-$$

　　亲电试剂　　 2　　 1

　　此反应是先由缺电子试剂与具有部分负电荷的碳原子发生作用生成碳正离子,这类试剂称为亲电试剂,与亲电试剂发生的反应称为亲电反应。亲核反应是指富电子试剂进攻另一化合物电子云密度较低区域引起的反应,这类能提供电子的试剂称为亲核试剂。例如:

$$\overset{-}{C}N + R\overset{\delta^+}{C}H_2 \overset{\delta^-}{\underset{}{C}l} \longrightarrow RCH_2CN + Cl^-$$

　　亲核试剂

3. 协同反应

协同反应是指反应过程中旧键的断裂和新键的生成同时进行,不生成自由基或离子型活性中间体。周环反应是在化学反应过程中能形成环状过渡态的协同反应,包括电环化反应、环加成反应、旷迁移反应。协同反应是一种基元反应,可在光或热作用下发生。协同反应往往有一个环状过渡态,如双烯合成反应经过一个六元环过渡态:

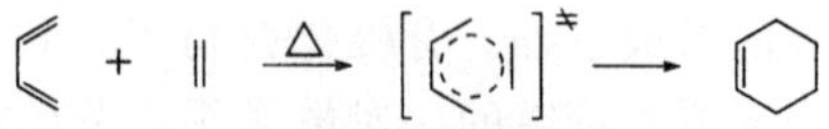

环状过渡态

第 2 章　氧化反应

2.1　氧化反应概述

2.1.1　氧化反应及其重要性

在化工生产中,氧化是一类重要的反应。

从广义上讲,氧化反应是指参与反应的原子或基团失去电子或氧化数增加的反应,一般包括以下几个方面:

①氧对底物的加成,如酮转化为酯的反应。

②脱氢,如烃变为烯、炔,醇生成醛、酸等反应。

③从分子中失去一个电子,如酚的负离子转化成苯氧自由基的反应。

所以利用氧化反应可以制得醇、醛、酮、羧酸、酚、环氧化合物和过氧化物等有机含氧的化合物外,还可以制备某些脱氢产物。氧化反应不涉及形成新的碳卤、碳氢、碳硫键。

增加氧原子:

$$CH_2=CH_2 \xrightarrow{[O]} HOCH_2CH_2OH$$

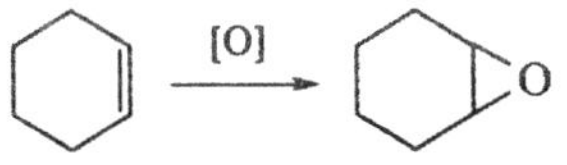

减少氢原子:

$$CH_3CH_2OH \longrightarrow CH_3CHO$$

既增加氧原子,又减少氢原子:

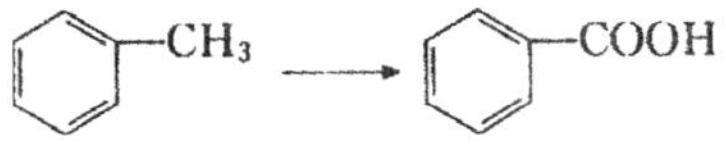

从反应时的物态来分,可以将氧化反应分成气相氧化和液相氧化。在操作方式上可以分成化学氧化、电解氧化、生物氧化和催化氧化等。

由于氧化剂和氧化反应的多样性,氧化反应很难用一个简单的通式来表示。有机物的氧化涉及一系列的平行反应和连串反应,对于精细化工产品的生产来说,要求氧化反应按照一定的方向进行并氧化到一定深度,使目的产物具有良好的选择性、收率和质量。

2.1.2　氧化方法及其特点

根据氧化剂和氧化工艺的区别,把氧化反应分为在催化剂存在下用空气进行的催化氧化、化学氧化及电解氧化三种类型。在各种类型的氧化反应中存在如下的一些共同特点。

1. 氧化剂

氧化反应的氧化剂有两类。一类是气态氧,如空气或纯氧。用空气或纯氧氧化时,反应需要使用催化剂或引发剂,有时还需要采用高温,此类反应称为空气(氧气)催化氧化。其特点是氧化剂来源丰富,价格便宜,无腐蚀性,但是氧化能力较弱,以空气作为氧化剂动力消耗较大,废气排放量大,设备体积大。纯氧氧化剂需要采用空分装置进行氧分离。另一类氧化剂是化学氧化剂,如高锰酸钾、硝酸、双氧水等无机的或有机的含氧化合物。用化学氧化剂进行的氧化反应一般称为化学氧化。其特点是氧化能力强,反应条件温和且不需要催化剂,但其价格比较昂贵,制备也比较困难,一般只用来生产一些小批量、附加价值高的精细化工产品。

2. 强放热反应

所有的氧化反应均是强放热反应,特别是完全氧化反应放热更为剧烈。因此反应过程中要及时移走反应热。使反应平稳进行,防止生产事故的发生。

3. 热力学上有利于氧化反应的进行

氧化反应在热力学上均可看作是不可逆反应,特别是完全氧化反应。

4. 多种反应途径

氧化反应的途径一般不止一种,其副反应很多,因此要选择合适的反应条件,才能得到目的产物。

根据氧化剂和氧化方法的不同分别讨论几种氧化反应。

2.2 空气液相氧化

烃类的空气液相氧化在工业上可直接制得有机过氧化氢物、醇、醛、酮、羧酸等一系列产品。另外,有机过氧化氢物的进一步反应还可以制得酚类和环氧化合物等一系列产品。因此,这类反应非常重要。

2.2.1 氧化反应的历程

某些有机物在室温遇到空气会发生缓慢的氧化,这种现象叫做"自动氧化"。在实际生产中,为了提高自动氧化的速度,需要提高反应温度并加入引发剂或催化剂。自动氧化是自由基的链反应,其反应历程包括链的引发、链的传递和链的终止三个步骤。

1. 链的引发

在能量(热能、光辐射和放射线辐射)、可变价金属盐或游离基 X· 的作用下,被氧化物 R—H 发生 C—H 键的均裂而生成游离基 R· 的过程(R 为各种类型的烃基)。例如,

$$R-H \xrightarrow{能量} R· + H·$$
$$R-H + Co^{3+} \longrightarrow R· + H^+ + Co^{2+}$$
$$R-H + X· \longrightarrow R· + HX$$

式中,R 可以是各种类型的烃基;R· 的生成给自动氧化反应提供了链传递物。

若无引发剂或催化剂,氧化初期 R—H 键的均裂反应速率缓慢,R· 需要很长时间才能积累一定的量,氧化反应方能以较快速率进行。自由基 R· 的积累时间,称作"诱导期"。诱导期之后,氧化反应加速,此现象称自动氧化反应。链引发是氧化反应的决速步骤,加入引发剂或催化剂,可缩短氧化反应的诱导期。

2. 链传递

自由基 R· 与空气中的氧相互作用生成有机过氧化氢物,再生成自由基 R· 的过程。

$$R \cdot + O_2 \longrightarrow R-O-O \cdot$$
$$R-O-O \cdot + R-H \longrightarrow R-O-O-H + R \cdot$$

3. 链终止

自由基 R· 和 ROO· 在一定条件下会结合成稳定的产物,从而使自由基消失。也可以加入自由基捕获剂终止反应。例如,

$$R \cdot + R \cdot \longrightarrow R-R$$
$$R \cdot + R-O-O \cdot \longrightarrow R-O-O-R$$

在反应条件下,如果有机过氧化氢物稳定,则为最终产物;若不稳定,则分解产生醇、醛、酮、羧酸等产物。

当被氧化烃为 $R-CH_3$(伯碳原子)时,在可变价金属作用下,生成醇、醛、羧酸的反应为:

① 有机过氧化氢物分解为醇:

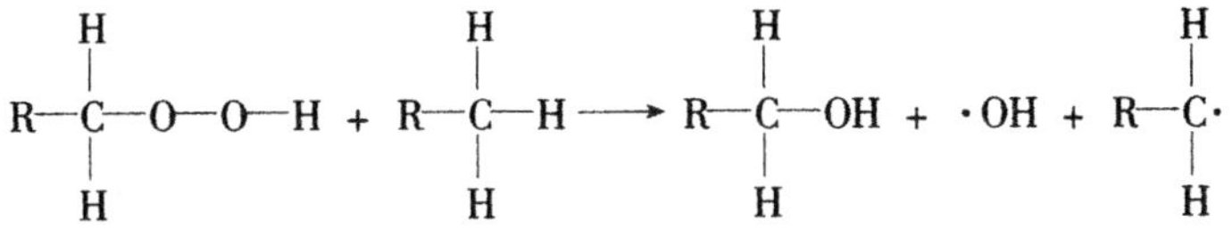

有机过氧化氢物　　　被氧化的烃　　　醇

② 有机过氧化氢物分解为醛:

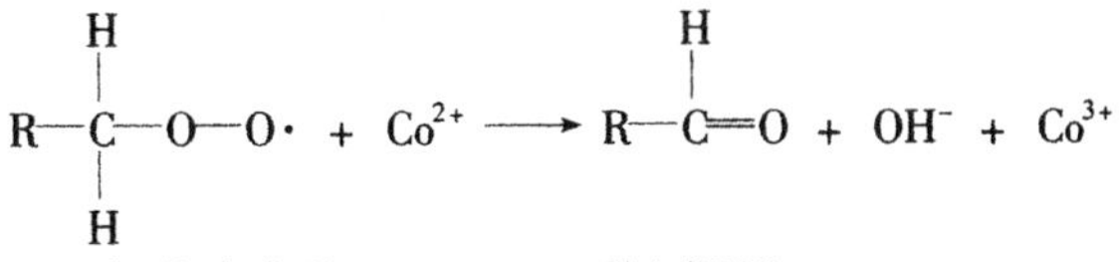

有机过氧化自由基　　　　　醛(或酮)

③ 有机过氧化氢物分解为羧酸:

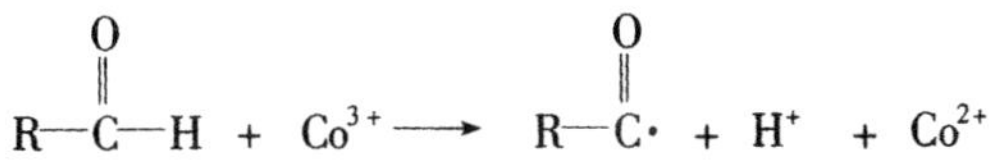

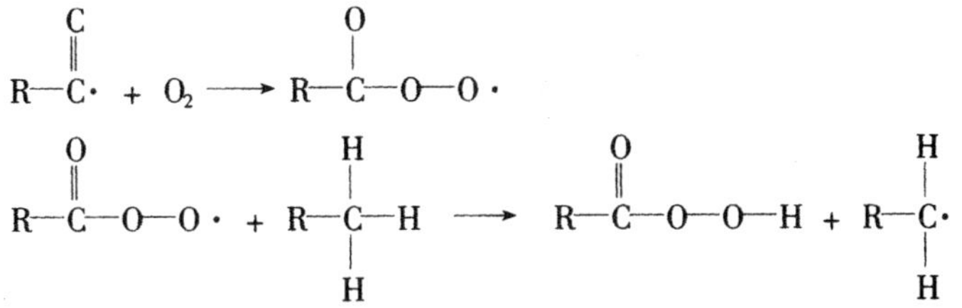

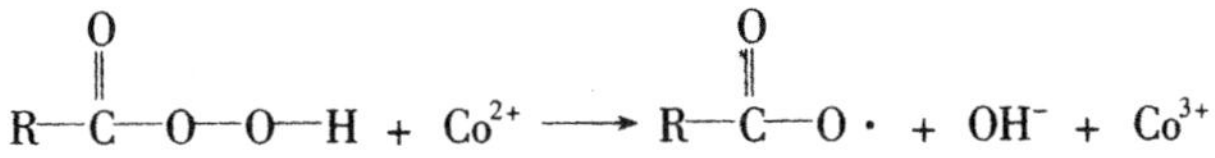

$$R-\overset{O}{\underset{}{C}}-O\cdot + R-\overset{H}{\underset{H}{C}}-H \longrightarrow R-\overset{O}{\underset{}{C}}-OH + R-\overset{H}{\underset{H}{C}}\cdot$$
$$\text{羧酸}$$

实际上,烃类在自动氧化生成醛、醇、酮、羧酸和羧酸衍生物的的反应是十分复杂的。

2.2.2 空气液相氧化反应实例

空气液相催化氧化,可以生产多种化工产品,如有机过氧化物、脂肪醇、醛或酮、羧酸等。以下是一些代表性的空气液相催化氧化过程。

1. 直链烷烃氧化生产高级脂肪醇

高级脂肪醇是阴离子表面活性剂的重要原料,直链烷烃是高碳数正构烷烃混合物,又称液体石蜡。在 0.1%KMnO$_4$、硼酸保护剂存在下,直链烷烃在 165~170℃、常压下通空气氧化 3h,烷烃单程转化率为 35%~45%,氧化液处理后,减压蒸馏,回收未反应的烷烃,硼酸烷基酯水解得高级脂肪醇。

氧化过程加入硼酸,目的是仲烷基过氧化物分解为仲醇后,立即与硼酸作用生成硼酸酯,防止仲醇进一步氧化。

$$R-CH_2-R' \xrightarrow{O_2} R-CH{<}\overset{R'}{\underset{O}{}}O-H$$
仲烷基过氧化物

$$R-CH{<}\overset{R'}{\underset{O}{}}O-H + R-CH_2-R' \longrightarrow 2R-CH{<}\overset{R'}{\underset{OH}{}}$$
仲醇

$$3R-CH{<}\overset{R'}{\underset{OH}{}} + H_3BO_3 \underset{\text{水解}}{\overset{\text{酯化}}{\rightleftharpoons}} \left(R-CH{<}\overset{R'}{\underset{O}{}}\right)_3 B + 3H_2O$$

2. 环己烷氧化生产己二酸

己二酸是制造许多化工产品的原料,如:聚氨酯泡沫塑料、尼龙 66、涂料、增塑剂等。己二酸生产以环己烷为原料,醋酸做溶剂,环己酮为引发剂,醋酸钴为催化剂,空气为氧化剂,在 1.96~2.45MPa、90~95℃下进行液相催化氧化。

$$\bigcirc + O_2 \xrightarrow[90℃~95℃, 1.96~2.45MPa]{\text{醋酸钴}} HOOC(CH_2)_4COOH$$

氧化液经回收未反应的环己烷、醋酸及醋酸钴,冷却、结晶,离心分离,重结晶、分离,干燥后得己二酸产品。

3. 甲苯液相氧化生产苯甲酸

苯甲酸是制造食品防腐剂、染料、增塑剂、香料和医药的中间体。甲苯是生产苯甲酸的原料,醋酸钴为催化剂,空气为氧化剂,在 1MPa、150℃~170℃下,进行液相催化氧化生产的。

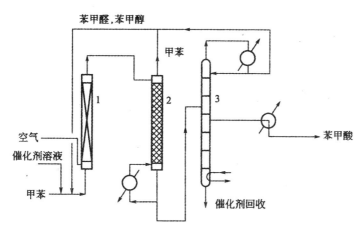

催化剂用量约为 0.005%～0.01%,反应器为鼓泡式氧化塔,物料混合借助空气鼓泡及塔外冷却循环,生产工艺流程如图 2-1 所示。

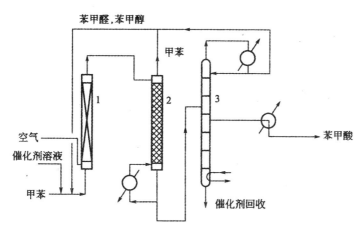

图 2-1 甲苯液相氧化制苯甲酸流程

1—氧化反应塔;2—汽提塔;3—精馏塔提塔

甲苯与回收甲苯、苯甲醇和苯甲醛汇合,2%醋酸钴溶液以及空气,分别由氧化塔底部连续通入;氧化液由氧化塔上部溢流采出,氧化液中苯甲酸含量在 35%左右。氧化液由汽提塔 2 汽提回收甲苯,回收的甲苯返回氧化塔,汽提塔釜液送入精馏塔 3 分离;精馏塔顶采出的苯甲醇、苯甲醛返回氧化塔,侧线采出苯甲酸,釜液主要是苯甲酸苄酯和焦油状物、催化剂钴盐等,钴盐再生后可重复使用。

冷却后,用活性炭吸附氧化塔尾气中夹带的甲苯,吸附的甲苯用水蒸气吹出回收,活性炭得以再生。

4. 异丙苯氧化生产过氧化氢异丙苯

过氧化氢异丙苯(CHP)的主要用途是生产苯酚、丙酮。过氧化氢异丙苯的生产,由以异丙苯为原料,空气氧化剂,经液相催化氧化而得。

$$\Delta H_{298}^{\ominus}=116\text{kJ/mol}$$

在反应条件下,过氧化氢异丙苯比较稳定,可作为液相氧化的最终产物。过氧化氢异丙苯受热易分解,氧化温度要求控制在 110℃左右,不得超过 120℃,否则易引起事故。过氧化氢异丙苯即引发剂,保持其一定浓度,反应可连续进行,不必外加引发剂。

氧化使用鼓泡塔反应器,塔内由筛板分成数段,以增强气液相接触,塔外设循环冷却器以移出反府热,采用多塔串联流程,如图 2-2 所示。

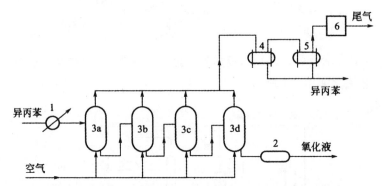

图 2-2 采用多塔串联反应器异丙苯自氧化制备过氧化氢异丙苯的工艺流程

1—预热器;2—过滤器;3a~3d—氧化反应器;4,5—冷却器;6—尾气处理装置

在酸性催化剂作用下,过氧化氢异丙苯分解为苯酚和丙酮:

异丙苯氧化-酸解生产苯酚和丙酮是工业上重要的方法,每生产 1t 苯酚联产 0.6t 丙酮,其合成路线为

2.2.3 空气液相氧化的影响因素

1. 引发剂和催化剂

在不加引发剂或催化剂时,烃分子反应初期进行的非常缓慢,加入引发剂或催化剂后促使自由基产生,以缩短反应的诱导期。

常用的催化剂一般是可变价金属盐类,它利用可变价金属的电子转移,使被氧化物在较低温度下产生自由基;反应产生的低价金属离子再氧化为高价金属离子,反应过程中不消耗可变价金属催化剂,如 Co、Cu、Mn、V、Cr、Pb 的水溶性或油溶性有机酸盐,例如醋酸钴、丁酸钴、环烷酸钴、醋酸锰等,钴盐最常用水溶性的醋酸钴、油溶性的环烷酸钴、油酸钴,其用量仅占是被氧化物的百分之几至万分之几。

在铬、锰催化剂中加入溴化物,可以提高催化能力。

$$RCH_3 + Co^{3+} \longrightarrow RCH_2 \cdot + Co^{2+} + H^+$$

$$RCH_2OOH + Co^{2+} \longrightarrow RCH_2O \cdot + Co^{3+} + OH^-$$

因为产生的溴自由基,促进链的引发。

$$HBr + O_2 \longrightarrow Br \cdot + H-O-O \cdot$$

$$NaBr + Co^{3+} \longrightarrow Br \cdot + Na^+ + Co^{2+}$$

$$RCH_3 + Br \cdot \longrightarrow RCH_2 \cdot + HBr$$

可变价金属离子能促使有机过氧化氢的分解,若制备有机过氧化氢物或过氧化羧酸,不宜采用可变价金属盐催化剂。

在较低温度下,引发剂可产生活性自由基,与被氧化物作用产生烃自由基,引发氧化反应。常用引发剂有偶氮二异丁腈、过氧化苯甲酰等。异丙苯氧化产物过氧化氢异丙苯也有引发作用。

2. 被氧化物的结构

在烃分子中 C—H 键均裂成自由基 R· 和 H· 的难易程度与烃分子的结构有关。一般是叔 C—H 键(即 R_3C-H)最易均裂,其次是仲 C—H 键(即 R_2CH_2),最弱的是伯 C—H 键(即 R—CH_3 中的甲基)。例如,异丙基甲苯在自动氧化时,主要生成叔碳过氧化氢物。反应为

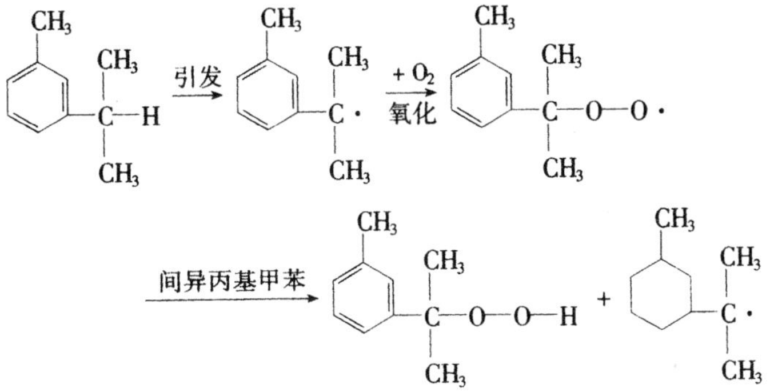

又如乙苯在自动氧化时主要生成仲碳过氧化氢物:

叔碳过氧化氢物和仲碳过氧化氢物在一定条件下比较稳定,可以作为自动氧化过程的最终产物(不加可变价金属盐催化剂)。乙苯在自动氧化时,如果加入钴盐催化剂,则主要生成苯乙酮。

3. 阻化剂的影响

阻化剂是能与自由基结合成稳定化合物的物质。阻化剂会使自由基销毁,造成链终止,使自动氧化的反应速度变慢,因此,在被氧化的原料中不应含有阻化剂。最强的阻化剂是酚类、胺类、醌类和烯烃等。例如:

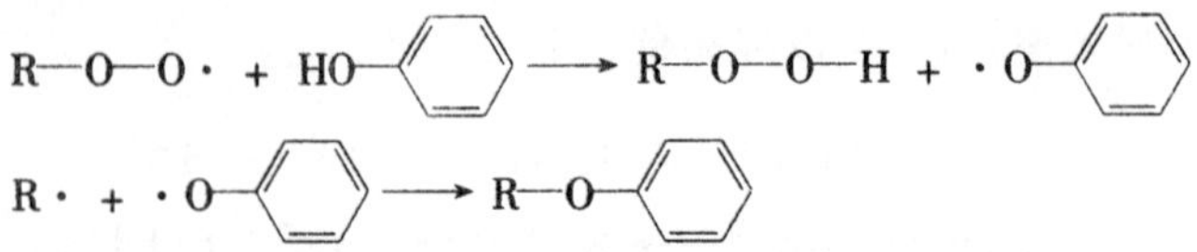

$$R-O-O\cdot + HO-\!\!\bigcirc\!\! \longrightarrow R-O-O-H + \cdot O-\!\!\bigcirc$$

$$R\cdot + \cdot O-\!\!\bigcirc\!\! \longrightarrow R-O-\!\!\bigcirc$$

因此,在异丙苯的自动氧化制异丙苯过氧化氢物时,回收套用的异丙苯中不应含有苯酚和 α-甲基苯乙烯。而在甲苯的自动氧化制苯甲酸时,原料甲苯中不应含有烯烃,否则都会延长诱导期。

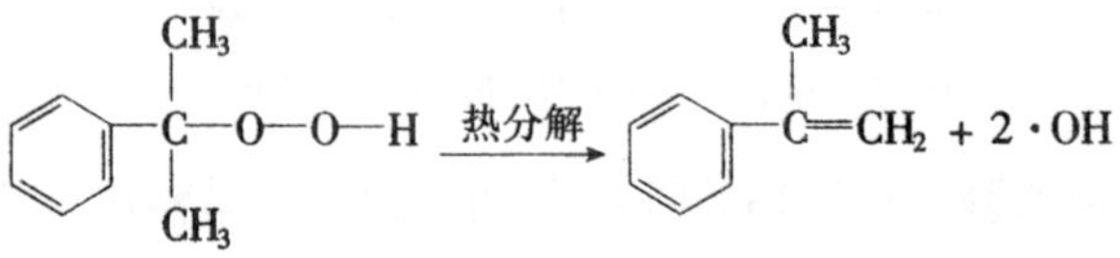

$$\bigcirc\!\!-\!\!\overset{\underset{\displaystyle CH_3}{|}}{\underset{\underset{\displaystyle CH_3}{|}}{C}}\!\!-\!\!O-O-H \xrightarrow{\text{热分解}} \bigcirc\!\!-\!\!\overset{\underset{\displaystyle CH_3}{|}}{C}\!\!=\!\!CH_2 + 2\cdot OH$$

4. 氧化深度

氧化深度通常以原料的单程转化率来表示。对于大多数自动氧化反应,特别是在制备不太稳定的有机过氧化物和醛、酮类产物时,随着反应单程转化率的提高,副产物会逐渐积累起来,使反应速率逐渐变慢。同时连串副反应还会使产物分解和深度氧化,造成选择性和收率下降。因此,为了保持较高的反应速率和选择性,常需使氧化深度保持在一个较低的水平。这样,尽管氧化深度不高,但却可以保持较高的选择性,未反应的原料可以循环使用,这样既可以使总收率提高,还可以降低原料的消耗。

对于产物稳定的氧化反应,如羧酸,由于其产物进一步氧化或分解的可能性很小,连串副反应不易发生。所以可采用较高的转化率,进行深度氧化,对反应的选择性影响不大。同时还可减少物料的循环量,使后处理操作过程简化,生产能耗和生产成本降低。

2.2.4 空气液相氧化设备

液相空气氧化,实际是气-液相反应过程。空气氧或纯氧需先分散并溶解于液相反应物中,由于氧溶解度较小,为促使空气或纯氧在液相分散、混合、溶解,与物料接触反应,常采用鼓泡式反应器如图 2-3 所示。反应器一般为半连续或连续操作,连续通入空气或纯氧,分批或连续加入液体物料,在一定条件下进行催化氧化反应。

鼓泡反应釜高径比为 $(3\sim5)$: 1,釜内底部装有空气分布器,分布器是具有很多小孔(孔径 $1\sim2mm$)的气体分布装置,将空气以气泡形式分散于液相,以利于气、液物料混合。为强化气、液相接触,分布器可以是喷射式,或辅以机械搅拌,或设置轴向循环套筒;为有效移出反应热,反应釜除设置夹套外,还在釜内设置蛇形换热管,或设外循环冷却器,以增强换热能力。

鼓泡塔反应器多为无填料或塔板的筒形塔,塔内设置管式换热器或在塔外设循环冷却器,鼓泡塔适用于产物比较稳定的氧化过程,一般采用并流操作;若塔内填充一定填料或设置塔板,即为填料塔或板式塔,板式塔采用逆流操作,适用于选择性要求较高、产物不太稳定的氧化过程。

为增加氧的溶解度,一般采取加压措施。通过加压还可以提高反应速率、缩短反应时间、减少尾气夹带、降低尾气含氧量,保持物料配比在爆炸极限之外。

一般来说,氧化液具有较强的腐蚀性,要求反应设备耐腐蚀,设备材质通常为优质不锈钢或钛材。

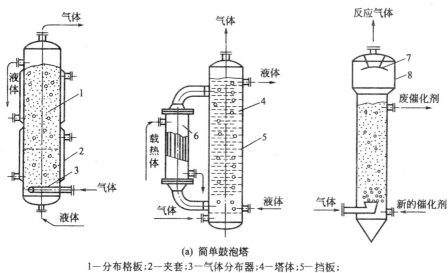

(a) 简单鼓泡塔
1—分布格板；2—夹套；3—气体分布器；4—塔体；5—挡板；
6—塔外换热器；7—液体捕集器；8—扩大段

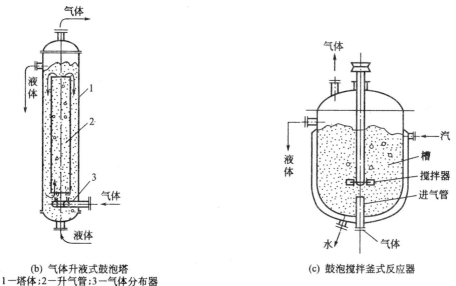

(b) 气体升液式鼓泡塔
1—塔体；2—升气管；3—气体分布器

(c) 鼓泡搅拌釜式反应器

图 2-3　鼓泡式反应器

2.3　空气的气固相接触催化氧化

气相空气氧化即气-固相催化氧化反应，气态相混合物在高温下，通过固体催化剂，在催化剂表面进行选择性氧化反应。气相是气态被氧化物或其蒸气、空气或纯氧，固相是固体催化剂。常用于制备丙烯醛、甲醛、环氧乙烷、邻苯二甲酸酐及腈类。

2.3.1　气相空气氧化反应的过程

气相催化氧化的催化剂，一般为两种以上金属氧化物构成的复合催化剂，活性成分是可变价的过渡金属的氧化物，如 MoO_3、BiO_3、Co_2O_3、V_2O_5、TiO_2、P_2O_5、CoO、WO_3 等；载体多为硅胶、氧化铝、活性炭、氧化钛等;也有可吸附氧的金属,用于环氧化和醇氧化的金属银;新型分子筛催化剂、杂多酸的应用研究,目前备受关注。

气相催化反应属非均相催化反应过程,可分为以下步骤:

①扩散,反应物由气相扩散到催化剂外表面,从催化剂外表面向其内表面扩散。

②表面吸附,反应物被吸附在催化剂表面。

③反应,吸附物在催化剂表面反应、放热、产物吸附于催化剂表面。

④脱附,氧化产物在催化剂表面脱附。

⑤反扩散,脱附产物从催化剂内表面向其外表面扩散,产物从催化剂外表面扩散到气流主体。

上述步骤中,①和⑤是物理传递过程,②、③和④为表面化学过程。物理过程的主要影响因素有反应物或产物的性质、浓度和流动速度,催化剂的结构、尺寸、形状、比表面积,反应温度和压力等。表面化学过程的主要影响因素有催化剂的表面活性,反应物浓度及其停留时间,反应温度和压力等。为防止深度氧化,应及时移走反应热,控制反应温度。

气相空气氧化反应的特点:

①由于固体催化剂的活性温度较高,通常在较高温度下进行反应,这有利于热能的回收与利用,但是要求有机原料和氧化产物在反应条件下足够稳定。

②反应速度快,生产效率高,有利于大规模连续化生产。

③由于气相催化氧化过程涉及扩散、吸附、脱附、表面反应等多方面因素,对氧化工艺条件要求高。

④由于氧化原料和空气或纯氧混合,构成爆炸性混合物,需要严格控制工艺条件。

在工业生产中,通过开发高效能的催化剂,选择合适的反应器,改善流体流动形式,提高气流速度,选择适宜的温度、压力以及停留时间,以提高过程的传质、传热效率,避免对催化剂表面积累造成的深度氧化,提高氧化反应的选择性和生产效率。

2.3.2 乙烯空气氧化制备环氧乙烷

环氧乙烷是石油化工产品主要原料之一,主要用于生产乙二醇、乙醇胺、乙二醇醚类,也用于生产非离子表面活性剂、洗涤剂、增塑剂等。以乙烯为原料,空气或氧气直接氧化生成环氧乙烷,通常需要银作催化剂,如下所示。

主反应为

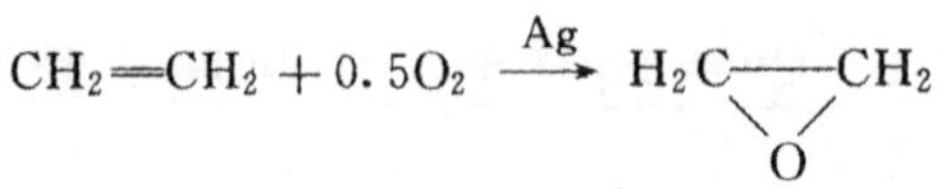

$$CH_2=CH_2 + 0.5O_2 \xrightarrow{Ag} H_2C\overset{\displaystyle\diagup\diagdown}{\underset{O}{\quad}}CH_2$$

副反应为

$$CH_2=CH_2 + 3O_2 \longrightarrow 2CO_2 + 2H_2O$$

其生产过程包括反应、吸收、汽提和蒸馏精制等工序。反应温度一般为230℃~260℃,温度过高会导致彻底氧化反应,生成二氧化碳和水,且放出大量的热,难以控制,并使银催化剂表面烧结。压力一般控制在1~2 MPa,压力不宜太高,以防止环氧乙烷聚合基催化剂表面积炭或磨损。原料气组成一般为乙烯浓度5%、氧的浓度6%左右。考虑氧含量要低于爆炸极限,氧和乙烯的浓度不能太高，也避免反应速率过快，释放热量过大，造成反应器的放热和传热不均匀。

2.3.3　苯酐的制备

焦油萘的资源有限，石油萘价格较贵，于是发展了邻二甲苯氧化制苯酐的工艺。邻苯二甲酸酐(简称苯酐)是一种重要的有机中间体，可以用来生产增塑剂、醇酸树脂、聚酯纤维、染料、农药等多种精细化工产品。工业上采用气相催化氧化法、以萘为原料制备邻苯二甲酸酐，其主、副反应如下所示。

主反应为

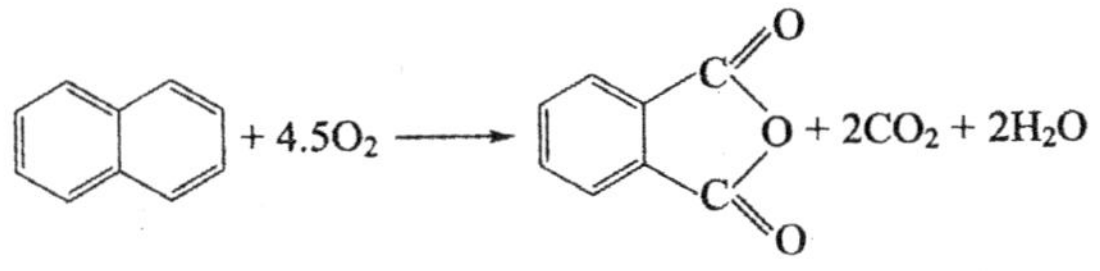

副反应为

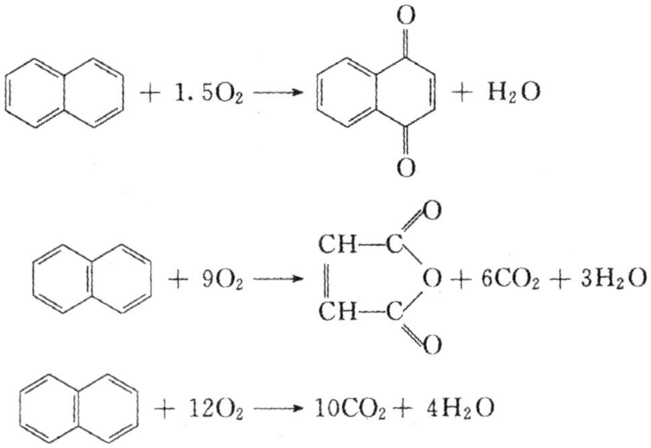

反应温度为 350℃～470℃，催化剂为 V_2O_5-K_2SO_4-SiO_2 或 V_2O_5-TiO_2-Sb_2O_3 等。

2.3.4　烃氨氧化制备腈

有机物与氨和空气的气态混合物在高温下通过固体催化剂制取腈类的反应称为氨氧化反应。烃类的氨氧化是腈类化合物的重要工业制法，尤其是丙烯腈氨氧化过程的开发成功，可以说是精细有机合成的重大成就之一。此法可用来生产丙烯腈、苯基腈、甲基丙烯腈等化合物。如：

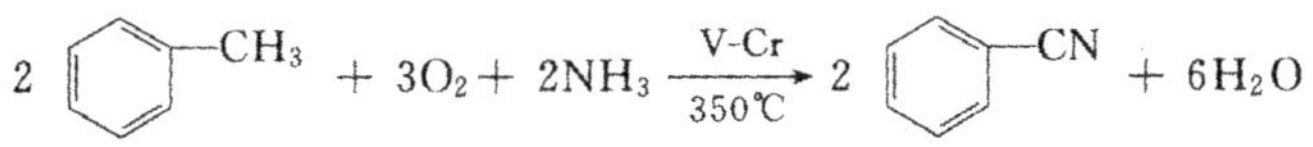

$$CH_2{=}CH{-}CH_3 + NH_3 + 1.5O_2 \xrightarrow{400℃\sim500℃} CH_2{=}CH{-}CN + 3H_2O$$

对甲基苯腈可由对甲氧基甲苯经氨氧化法制备，该方法将含有活泼甲基的化合物与氧气和氨气混合通过催化剂，把氮原子引入有机分子中形成氰基。催化剂为二氧化硅负载钒磷氧化物(VPO)，氧化反应在石英管固定床反应器中进行。如下所示。

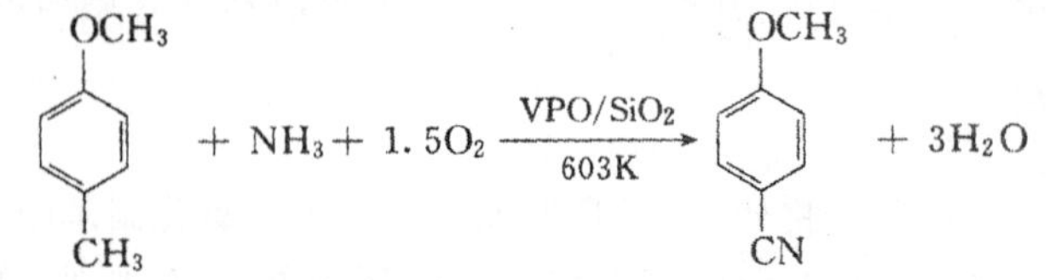

$$\text{（对甲氧基甲苯）} + NH_3 + 1.5O_2 \xrightarrow[603K]{VPO/SiO_2} \text{（对甲氧基苯腈）} + 3H_2O$$

对甲氧基甲苯转化率为 98%，对甲氧基苯腈的摩尔产率为 63%，选择性为 64.3%。

2.4 化学氧化

化学氧化是以化学物质做氧化剂的氧化方法，即化学氧化不使用空气或纯氧，而是根据被氧化物性质和氧化要求，选择适当的氧化剂，在一定条件进行氧化的方法。

化学氧化法选择性高，工艺简单，条件温和，容易操作，但氧化剂价格较高、实施多为间歇操作，生产能力低、设备腐蚀严重，存在氧化剂的还原物质的回收和处理问题。因此，化学氧化法多用于生产小批量、多品种的精细化学品。

2.4.1 化学氧化剂

空气和纯氧之外的氧化剂，统称为化学氧化剂，化学氧化剂可分为以下几类：

①金属元素的高价化合物，如 $KMnO_4$、MnO_2、CrO_3、$Na_2Cr_2O_7$、PbO_2、$SnCl_4$、$FeCl_3$ 和 $CuCl_2$ 等。

②非金属元素的高价化合物，如 N_2O_4、HNO_3、$NaNO_3$、$NaNO_2$、H_2SO_4、SO_3、$NaClO$、$NaIO_4$ 等。

③无机富氧化合物，如 O_3、H_2O_2、Na_2O_2、$Na_2C_2O_4$、$NaBO_3 \cdot 4H_2O$ 等。

④有机富氧化合物，如有机过氧化合物、硝基化合物等。

⑤非金属元素，如卤素、硫磺等。

高锰酸钾、重铬酸钾、硝酸等属于强氧化剂，主要用于制备羧酸和醌类，在温和条件下也可用于制备醛、酮以及在芳环上引入羟基。其他类型的氧化剂大部分属于温和型氧化剂，具有特定的应用范围。

2.4.2 锰化合物氧化

1. 高锰酸钾氧化物

高锰酸盐是一类常用的强氧化剂，其钠盐易潮解，钾盐具有稳定结晶状态，故用高锰酸钾作氧化剂。高锰酸钾是强氧化剂，无论在酸性、中性或碱性介质中，都能发挥氧化作用。

在酸性介质中，高锰酸钾的氧化性太强，选择性差，不易控制，而锰盐难于回收，工业上很少用酸性氧化法。在中性或碱性条件下，反应容易控制，MnO_2 可以回收，不需要耐酸设备；反应介质可以是水、吡啶、丙酮、乙酸等。

在强酸性介质中的氧化能力最强，Mn 由 +7 价还原成 +2 价；在中性或碱性介质中，氧化能力弱一些，Mn^{7+} 还原为 Mn^{4+}。

$$2KMnO_4 + 3H_2SO_4 \longrightarrow 2MnSO_4 + K_2SO_4 + 3H_2O + 5[O]$$
$$2KMnO_4 + 2H_2O \longrightarrow 2MnO_2 + 2KOH + 3[O]$$

高锰酸钾是强氧化剂，能使许多官能团或 α-碳氧化。当芳环上有氨基或羟基时，芳环也被氧化。例如：

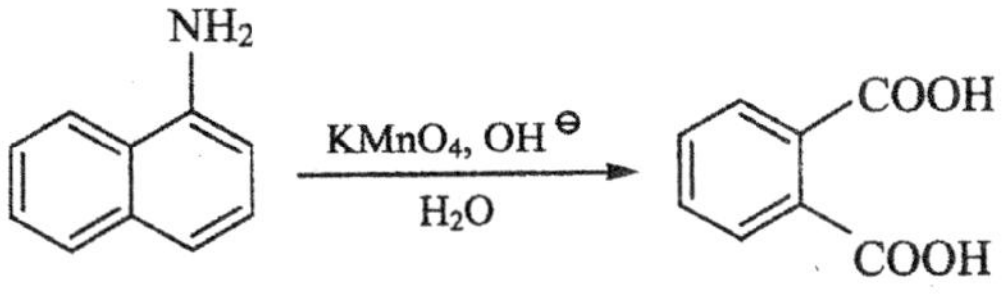

因此,当使用高锰酸钾作氧化剂时,对于芳环上含有氨基或羟基的化合物,要首先进行官能团的保护。

高锰酸钾氧化含有 α-氢原子的芳环侧链,无论侧链长短均被氧化成羧基。无 α-氢原子的烷基苯如叔丁基苯很难氧化,在激烈氧化时,苯环被破坏性氧化。当芳环侧链的邻位或对位含有吸电子基团时,很难氧化,但使用高锰酸钾作氧化剂反应能顺利进行。

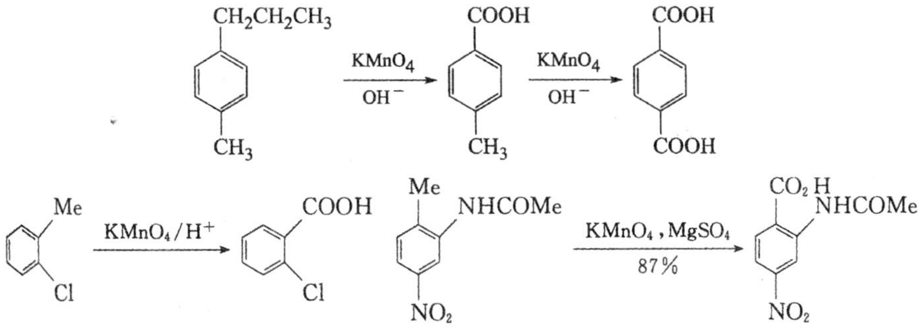

在酸性介质中,高锰酸钾氧化烯键,双键断裂生成羧酸或酮。如:

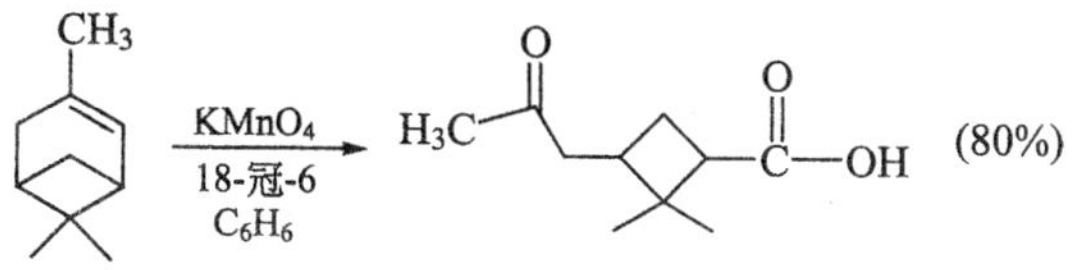

在碱性介质中,高锰酸钾和赤血盐一起氧化 3,4,5-三甲氧基苯甲酰肼得到磺胺增效剂 TMP 的中间体 3,4,5-三甲氧基苯甲醛。

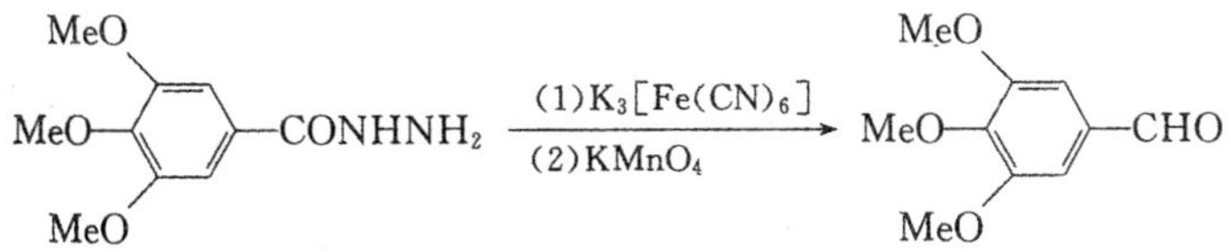

在碱性条件下异丙苯很容易被空气氧化生成过氧化氢异丙苯,后者在稀酸作用下,分解为苯酚和丙酮。这是生成苯酚和丙酮的重要工业方法。

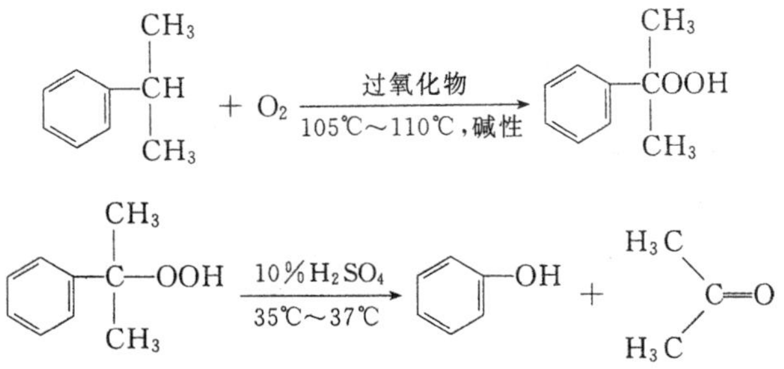

2. 二氧化锰氧化

二氧化锰可以是天然的软锰矿的矿粉（含 MnO_2 质量含量 $60\%\sim70\%$），也可以是用 $KMnO_4$ 氧化时的副产物。MnO_2 一般是在各种不同浓度的硫酸中使用，其氧化反应可简单表示如下：

$$MnO_2 + H_2SO_4 \longrightarrow [O] + MnSO_4 + H_2O$$

MnO_2 是较温和的氧化剂，其用量与所用硫酸的浓度有关。在稀硫酸中氧化时，要用过量较多的 MnO_2；在浓硫酸中氧化时，MnO_2 稍过量即可。

MnO_2 可以使芳环侧链上的甲基氧化为醛，可用于芳醛、醌类的制备及在芳环上引入羟基等，例如：

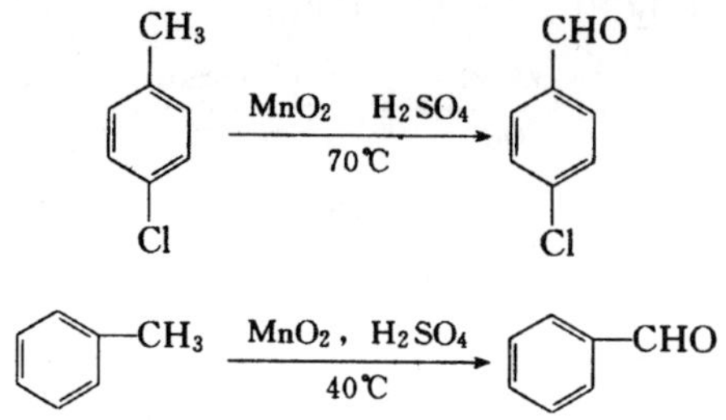

3. 三价硫酸锰氧化

三价硫酸锰是温和的氧化剂，主要用于将甲基氧化成醛基。例如，从甲苯-2,4-二磺酸的氧化可制得苯甲醛-2,4-二磺酸（浓硫酸介质，$120℃\sim125℃$）。三价硫酸锰很容易吸水，在水溶液中会逐渐分解。在生产中是将硫酸锰的浓硫酸溶液用二氧化锰氧化而得，在上述氧化反应中，副产的硫酸锰结晶可以回收套用。反应式如下所示：

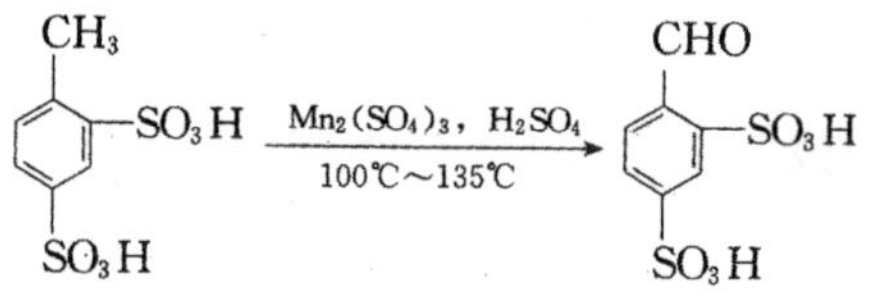

2.4.3 过氧化合物氧化

1. 过氧化氢氧化

过氧化氢俗称双氧水，它是比较温和的氧化剂。市售双氧水的浓度通常是 42% 或 30% 的水溶液。双氧水的最大优点是在反应后本身变成水，无有害残留物，即

$$H_2O_2 \longrightarrow H_2O + [O]$$

但是，H_2O_2 不够稳定，只能在低温下使用，这就限制了它的使用范围。在工业上，它主要用于制备有机过氧化物和环氧化合物。

（1）制备有机过氧化物

双氧水与羧酸、酸酐或酰氯作用可生成有机过氧化物。

甲酸或乙酸在硫酸存在下与双氧水作用，然后中和，可分别制得过甲酸或过乙酸的水溶液。例如：

$$CH_3-\overset{\overset{O}{\|}}{C}-OH + H_2O_2 \xrightarrow{H_2SO_4} CH_3-\overset{\overset{O}{\|}}{C}-O-OH + H_2O$$

双氧水和酸酐作用可直接制得过氧二酸。例如：

$$\begin{matrix} CH_2-\overset{\overset{O}{\|}}{C} \\ | \qquad\quad O \\ CH_2-\overset{\underset{\|}{O}}{C} \end{matrix} + 2H_2O_2 \xrightarrow{10℃以下} \begin{matrix} CH_2-\overset{\overset{O}{\|}}{C}-OOH \\ | \\ CH_2-\overset{\underset{\|}{O}}{C}-OOH \end{matrix} + H_2O$$

苯甲酰氯与双氧水的碱性溶液相作用可制得过氧化苯甲酰：

$$2C_6H_5COCl + H_2O_2 + 2NaOH \longrightarrow C_6H_5\overset{\overset{O}{\|}}{C}-O-O-\overset{\overset{O}{\|}}{C}-C_6H_5 + 2NaCl + 2H_2O$$

氯代甲酸酯(烷氧基甲酰氯)与双氧水的碱性溶液相作用可制得多种过氧化二碳酸酯：

$$2R-O-\overset{\overset{O}{\|}}{C}-Cl + H_2O_2 + 2NaOH \longrightarrow R-O-\overset{\overset{O}{\|}}{C}-O-O-\overset{\overset{O}{\|}}{C}-O-R + 2NaCl + 2H_2O$$

其中重要的酯有二异丙酯、二环己酯、双-2-苯氧乙基酯等。

(2)制备环氧化合物

双氧水与不饱和酸或不饱和酯作用可制得环氧化合物。例如,精制大豆油在硫酸和甲酸(或乙酸)存在下与双氧水作用可以制得环氧大豆油。反应为:双氧水与不饱和酸或不饱和酯作用可制得环氧化合物。例如,精制大豆油在硫酸和甲酸(或乙酸)存在下与双氧水作用可以制得环氧大豆油。反应为

$$H-\overset{\overset{O}{\|}}{C}-OH + H_2O_2 \xrightarrow{H_2SO_4} H-\overset{\overset{O}{\|}}{C}-O-OH + H_2O$$

$$\begin{matrix} R-CH=CH-R'-\overset{\overset{O}{\|}}{C}-O-CH_2 \\ | \\ R-CH=CH-R'-\overset{\overset{O}{\|}}{C}-O-CH \\ | \\ R-CH=CH-R'-\overset{\overset{O}{\|}}{C}-O-CH_2 \end{matrix} + 3H-\overset{\overset{O}{\|}}{C}-O-OH \longrightarrow \begin{matrix} R-\overset{O}{\overset{\diagup\diagdown}{CH-CH}}-R'-\overset{\overset{O}{\|}}{C}-O-CH_2 \\ | \\ R-\overset{O}{\overset{\diagup\diagdown}{CH-CH}}-R'-\overset{\overset{O}{\|}}{C}-O-CH \\ | \\ R-\overset{O}{\overset{\diagup\diagdown}{CH-CH}}-R'-\overset{\overset{O}{\|}}{C}-O-CH_2 \end{matrix}$$

环氧大豆油

$$+ 3H-\overset{\overset{O}{\|}}{C}-OH$$

用相同的方法可以从许多高碳不饱酸酯制得相应的环氧化合物,它们都是性能良好的无毒或低毒的增塑剂。

另外,环氧化合物还可用于进一步反应,以制备羟基化合物。例如,将顺丁烯二酸用双氧水环氧化,然后水解,可制得 2,3-二羧基丁二酸(酒石酸)。反应为

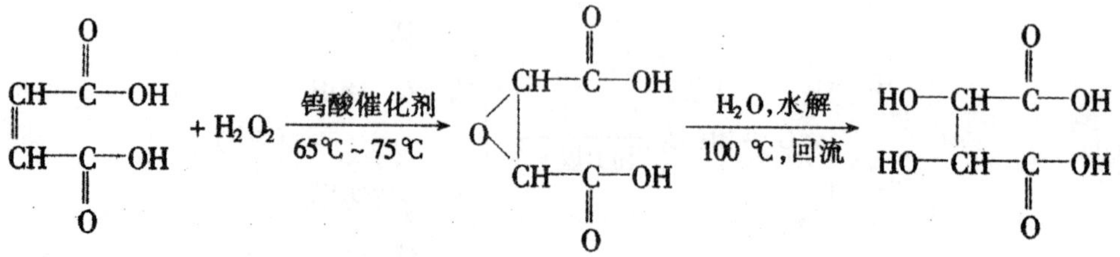

2. 有机过氧化物氧化

有机过氧化物主要用于游离基型聚合反应的引发剂。有些也可以作为氧化剂、漂白剂或交联剂。一般有机过氧化物均具有强的氧化性,对催化剂、干燥剂、铁、铜、冲击和摩擦都比较敏感,有爆炸危险性。一般都是以湿态在低温下贮存和运输。

例如,叔丁基过氧化氢物可以将丙烯环氧化转变为环氧丙烷。

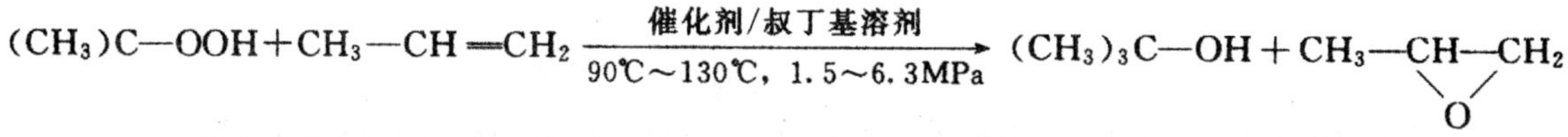

所用的环氧化催化剂是钼、钒、钛或其他重金属的化合物或络合物。当丙烯的转化率为 10% 时,选择性为 90%。这种间接环氧化法是工业生产环氧乙烷和环氧丙烷的重要方法之一。副产的叔丁醇也是一种重要的有机中间体。

在无机酸的存在下,苯酚用过甲酸(或双氧水与羧酸的混合物)在 90℃ 进行氧化可以联产对苯二酚和邻苯二酚。根据反应条件的不同,其比例约在 (60:40) ~ (40:60)。利用此法比传统的苯胺先用二氧化锰氧化成对苯醌再还原的方法"三废"。

2.4.4 铬化合物氧化

最常用的铬氧化物为 $[Cr(Ⅵ)]$,存在形式有 CrO_3+OH^-、$Cr_2O_7^{2-}+H_2O$。$Cr(Ⅵ)$ 氧化剂常用的有重铬酸钾(钠)的稀硫酸溶液($K_2Cr_2O_7$-H_2SO_4);三氧化铬溶于稀硫酸的溶液(Jones 试剂,CrO_3-H_2SO_4);三氧化铬加入吡啶形成红色晶体(Collins 试剂,CrO_3-2 吡啶;Sarett 试剂,CrO_3/吡啶);三氧化铬加入吡啶盐酸中形成橙黄色晶体(PCC,CrO_3-Pyr-HCl);重铬酸吡啶盐亮橙色晶体(PDC,$H_2Cr_2O_7$-2Pyr)。

Sarett 试剂、Collins 试剂、PCC 和 PDC 试剂都是温和的选择性氧化剂,可溶于二氯甲烷、氯仿、乙腈、DMF 等有机溶剂,能将伯醇氧化成为醛,仲醇氧化成酮,碳碳双键不受影响。Collins 试剂和 PDC 试剂的反应如下:

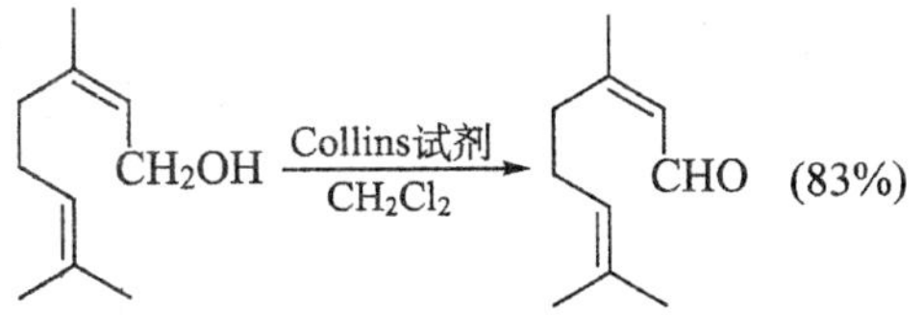

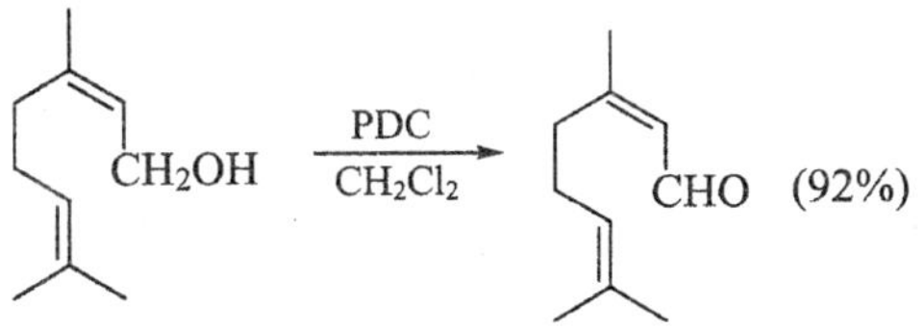

溶剂的极性对氧化剂的氧化能力有很大的影响。如 PDC 氧化剂,在不同极性的溶剂中可得到不同的产物。

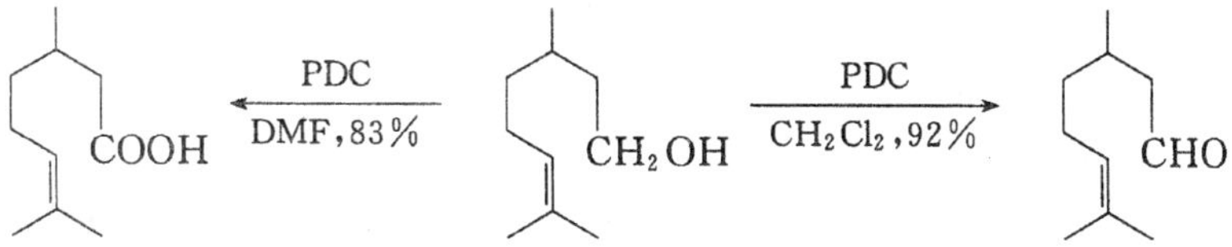

2.4.5　硝酸氧化

硝酸除了用作硝化剂、酯化剂以外,也用作氧化剂。只用硝酸氧化时,硝酸本身被还原为 NO_2 和 N_2O_3。

$$2HNO_3 \longrightarrow [O] + H_2O + 2NO_2 \uparrow$$
$$2HNO_3 \longrightarrow 2[O] + H_2O + N_2O_3 \uparrow$$

在矾催化剂存在下进行氧化时,硝酸可以被还原成无害的 N_2O,并提高硝酸的利用率。

$$2HNO_3 \longrightarrow 4[O] + H_2O + N_2O \uparrow$$

硝酸氧化法的主要缺点是:腐蚀性强,有废气需要处理,在某些情况下会引起硝化副反应。硝酸氧化法的优点是:价廉,对于某些氧化反应选择性好,收率高,工艺简单。

硝酸氧化法的最主要用途是从环十二醇/酮混合物的开环氧化制十二碳二酸:

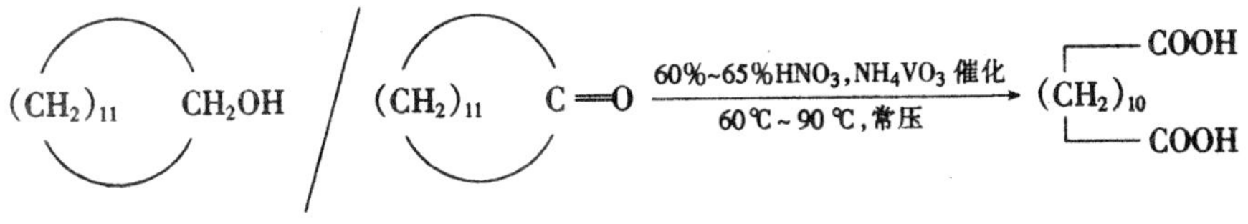

此法的优点是选择性好、收率高、反应容易控制。按醇/酮合计,质量收率 120%,产品中约含十二碳二酸 90%,$C_{10} \sim C_{12}$ 二酸合计 98% 以上。

硝酸氧化法的另一重要用途是从环己酮/醇混合物氧化制己二酸:

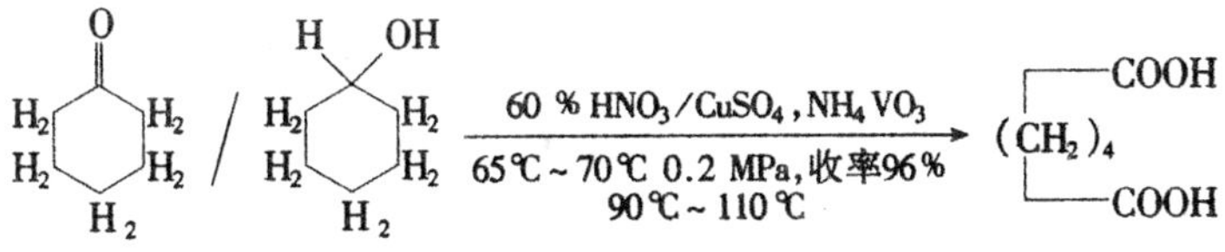

此法的优点是选择性好、收率高、质量好,优于己二酸的其他生产方法。

2.5 电解氧化

电解氧化是指有机化合物的溶液或悬浮液,在电流作用下,负离子向阳极迁移,失去电子的反应。电解氧化与化学氧化或催化氧化相比,具有较高的选择性和收率,所使用的化学试剂简单,反应条件比较温和,产物易分离且纯度高,污染较少。但是,电解氧化需要解决电极、电解槽和隔膜材料等设备、技术问题,电能消耗较大。由于是一种有效地绿色合成技术,近年来发展很快。

2.5.1 电解氧化法的方式

根据化学反应和电解反应是否在同一电解槽中进行,电解氧化分为直接电解氧化和间接电解氧化。

1. 直接电解氧化法

直接电解氧化是在电解质存在下,选择适当的阳极材料,并配合以辅助电极(阴极),化学反应直接在电解槽中发生。该方法设备和工序都较简单,但不容易找到合适的电解条件。

对叔丁基苯甲醛可由对叔丁基苯经直接电解氧化得到。在无隔膜聚乙烯塑料电解槽中,碳棒为阳极和阴极,甲醇、乙酸和氟硼酸钠的混合液为电解液,电解对叔丁基甲苯,获得对叔丁基苯甲醛 40% 的选择性 E38J。

电化学方法是传统制备内酯的方法之一。Kashiwagi 等将(6S,7R,10R)-SPIROX-YL 固定在石墨电极上,用于二元醇的催化氧化内酯化,可获得对映选择性非常高的内酯物。

例如,苯或苯酚在阳极氧化得对苯醌的反应,其反应式如下:

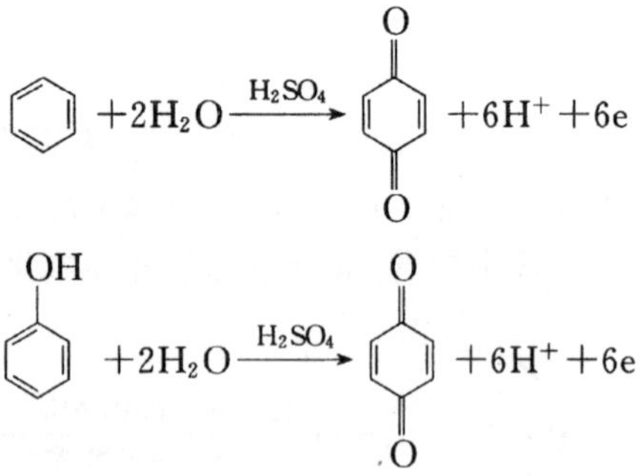

$$\text{苯} + 2H_2O \xrightarrow{H_2SO_4} \text{对苯醌} + 6H^+ + 6e$$

$$\text{苯酚} + 2H_2O \xrightarrow{H_2SO_4} \text{对苯醌} + 6H^+ + 6e$$

对苯醌在阴极还原为对苯二酚的反应如下:

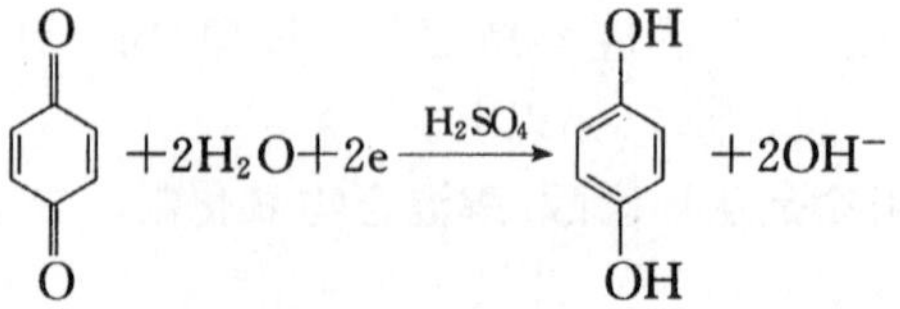

$$\text{对苯醌} + 2H_2O + 2e \xrightarrow{H_2SO_4} \text{对苯二酚} + 2OH^-$$

若反应以稀硫酸为电解质,以屏蔽的镍或铜为阳极,铂-钛合金为阴极,在 34℃~39℃下,苯酚氧化电解,对苯二酚收率可达 60%,而电流效率仅为 28.1%。虽然对苯二酚的收率提高了,但是反应更加耗能。

对电解条件不易选择,不易解决电解质及电极表面污染等问题时,可用间接电解氧化法。

2. 间接电解氧化法

间接电解氧化是化学反应与电解反应不在同一设备中进行。以可变价金属离子作为传递电子的媒介,高价金属离子作为氧化剂将有机物氧化,高价金属离子被还原成低价金属离子;在阳极,低价金属离子氧化为高价离子,并引出电解槽循环使用。

电解氧化的电极在工作条件下,应稳定,否则影响反应的方向及效率。用水作介质时,阳极应选氧超电压高的材料,防止氧气放出。阴极选用氢超电压低的材料,以有利于氢的放出。常用阳极材料有铂、镍、银、二氧化铅、二氧化铅/钛、钋/钛等,阴极材料有碳、镍、铁等。

用于间接电解氧化的媒质有金属离子对如 Ce^{4+}/Ce^{3+}、Co^{3+}/Co^{2+}、Mn^{3+}/Mn^{2+}、$Cr_2O_7^{2-}/Cr^{3+}$ 等和非金属媒质,如 BrO^-/Br、ClO^-/Cl^-、$S_2O_8^{2-}/SO_4^{2-}$、IO_3^-/IO_4^-。以 Mn^{3+}/Mn^{2+} 为媒质对甲苯电解氧化合成苯甲醛为例,媒质电解反应式为

阳极　　　　$Mn^{2+} \longrightarrow Mn^{3+} + e$

阴极　　　　$2H^+ + 2e \longrightarrow H_2\uparrow$

反应物的氧化反应为

$$C_6H_5CH_3 + 4Mn^{3+} + H_2O \longrightarrow C_6H_5CHO + 4Mn^{2+} + 4H^+$$

对二甲苯可被间接电解氧化为对甲基苯甲醛。电解液为偏钒酸铵的硫酸水溶液和对二甲苯的混合液。在无隔膜的槽内式间接电氧化过程中,电极反应与氧化反应在同一电解质中进行,电解槽发生的主要反应为

阳极反应

$$V^{4+} \longrightarrow V^{5+} + e$$
$$2H_2O \longrightarrow O_2 + 4H^+ + 4e$$

阴极反应

$$O_2 + 2H^+ + 2e \longrightarrow H_2O_2$$
$$V^{5+} + e \longrightarrow V^{4+}$$

溶液中发生的反应为

$$p\text{-}C_6H_4(CH_3)_2 + 4V^{5+} + H_2O \longrightarrow p\text{-}CH_3C_6H_4O + 4V^{4+} + 4H^+$$
$$V^{4+} + H_2O_2 \longrightarrow V^{5+} + OH^- + HO\cdot$$
$$p\text{-}C_6H_4(CH_3)_2 + HO\cdot + O_2 \longrightarrow p\text{-}CH_3C_6H_4CHO + 其他$$
$$V^{4+} + HO\cdot \longrightarrow V^{5+} + OH^-$$

2.5.2　电解氧化法的应用实例

1. 维生素 K_3 的合成

以铬酐、β-甲基萘为原料,相转移合成维生素 K_3 的工艺过程中,会产生大量的铬废液,既不经济也不环保。采用电解氧化法,可以有效避开由于铬废液带来的问题。其工艺过程主要反应:

阳极氧化反应

$$2Cr^{3+} + 7H_2O \longrightarrow Cr_2O_7^{2-} + 14H^+ + 6e$$

合成反应

$$C_{11}H_{10} + H_2Cr_2O_7 + 3H_2SO_4 \longrightarrow C_{11}H_8O_2 + Cr_2(SO_4)_3 + 5H_2O$$

2. 对氟苯甲醛的合成

对氟苯甲醛是一种非常重要的化工原料,是合成农药、医药等化学产品中间体。目前国内主要以芳烃为原料,经氟化,再用浓硫酸水解而制得。由于氟化过程易产生异构体,因而影响纯度,产生大量的有机废液,因此用锰盐为媒质,间接电解氧化对氟甲苯制备对氟苯甲醛是一种绿色合成的办法。

电解氧化的过程主要反应分为

电解反应
$$Mn^{2+} \longrightarrow Mn^{3+} + e^-$$

合成反应
$$p\text{-}FC_6H_4CH_3 + 4Mn^{3+} + H_2O \longrightarrow p\text{-}FC_6H_4CHO + 4Mn^{2+} + 4H^+$$

反应后的母液经过净化处理,回到电解槽中循环使用,对环境不造成污染。采用电解氧化法合成对氟苯甲醛,工艺简单,经济适用,产品纯度高,不仅可以生产对氟苯甲我,还可以生产邻氟苯甲醛、间氟苯甲醛等多种异构体。

采用电解氧化,对有机合成路线较为复杂的产品或污染较大的产品具有很大的优势,尤其是附加值高的精细化工产品,还要一些特殊用途的新材料、高分子聚合物等,都具有很好的环境和经济效益。

2.6 生物催化氧化

利用金属络合物作为模拟酶催化剂,可用于烷烃的氧化,例如将铁固载于核聚糖上,制得固定化的铁模拟酶催化剂,并用于环己烷的氧化,固载后的催化剂具有更高的活性和选择性。典型的反应如下所示。

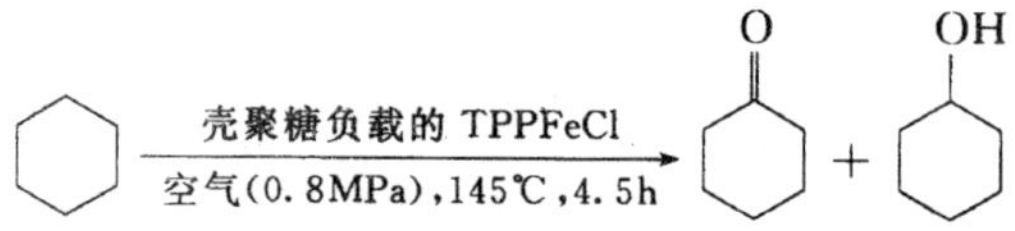

对于烯烃的环氧化反应,使用过氧化氢作为氧化剂的报道非常之多,而使用其他绿色氧化剂如 O_2、O_3 或生物氧化酶的报道却很少。一种变种的 P450 (T252P450cam)在常温水溶液中顺利地实现了烯烃的环氧化。

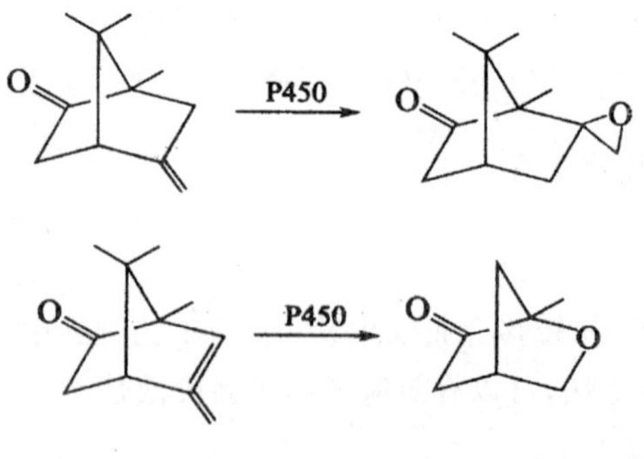

黄素是生物体系中一种常见的催化氧化剂,可广泛地应用于有机合成中。以过氧化氢为氧化剂、黄素为催化剂,对于烯丙基类和乙烯类硫醚具有高效的氧化性能。典型的反应如下所示。

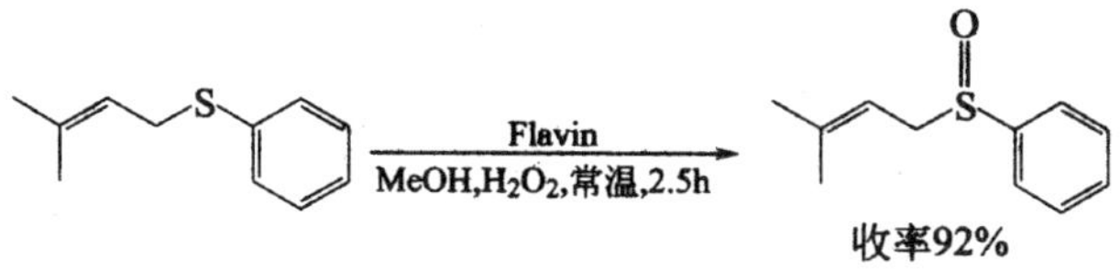

收率92%

比较具有挑战性的是直接用氧气实现硫醚的酶催化氧化反应。Imada 等用黄素实现了各类硫醚氧化到亚砜。在该体系中,由氧化剂氧气与还原剂肼组成氧化还原体系顺利完成黄素的催化循环。典型的反应如下所示。

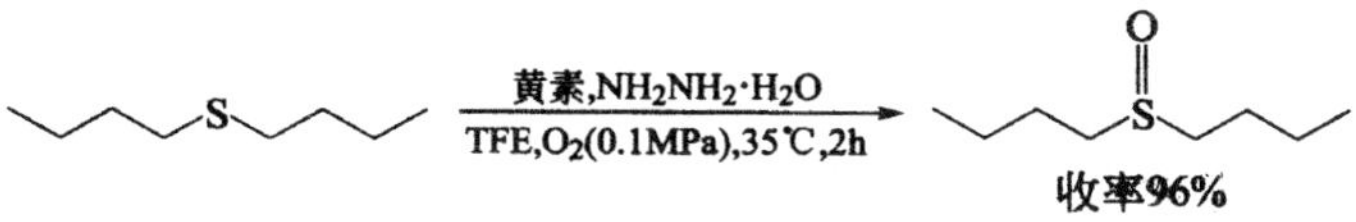

收率96%

第3章 还原反应

3.1 还原反应概述

广义地讲,在还原剂的参与下,能使某原子得到电子或电子云密度增加的反应称为还原反应。狭义地讲,能使有机物分子中增加氢原子或减少氧原子的反应,或者两者兼而有之的反应称为还原反应。

还原反应内容丰富,其范围广泛,几乎所有复杂化合物的合成都涉及还原反应。

$$PhOH \longrightarrow PhH$$
$$CH_3(CH_2)_7 = CH(CH_2)_7COOH \longrightarrow CH_3(CH_2)_{16}COOH$$
$$PhNO_2 \longrightarrow PhNH_2$$

1. 还原剂

(1)氢气

氢气的化学性质活泼,是一种价廉的还原剂,被广泛用于催化氢化还原过程,如合成氨、甲醇、盐酸、合成汽油、苯胺、环己醇、山梨醇等生产过程。氢气很难液化(临界温度为-239.9℃,临界压力为1.297MPa,临界密度为31.2g/L),沸点为-252.8℃。工业氢气可通过煤-水蒸气的气化、石油重油或天然气转化、电解食盐水溶液、蒸气甲醇法等方法获得。

(2)化学还原剂

化学还原剂包括无机还原剂和有机还原剂。目前使用较多的是无机还原剂。常用的无机还原剂有:

①活泼金属及其合金,如 Fe、Zn、Na、Zn-Hg(锌汞齐)、Na-Hg(钠汞齐)等。

②低价元素的化合物,它们多数是较温和的还原剂,如 Na_2S、$Na_2S_2O_3$、Na_2S_x、$FeCl_2$、$FeSO_4$、$SnCl_2$ 等。

③金属氢化物,它们的还原作用都很强,如 $NaBH_4$、$LiAlH_4$、$LiBH_4$ 等。常用的有机还原剂有烷基铝、有机硼烷、甲醛、乙醇、葡萄糖等。

2. 还原方法

根据还原的原理、还原剂等,还原分为催化氢化、化学还原和电解还原等。

(1)催化氢化法

催化氢化是在催化剂作用下,使用氢气将有机化合物还原的方法,包括催化加氢和催化氢解。催化加氢是指含有不饱和键的化合物与氢分子加成,是不饱和键部分或全部饱和的催化氢化;催化氢解指卤、硫等原子化合物的碳杂键断裂,氢不仅进入目标产物,也进入副产物,生成两种氢化产品,如脱苄基氢解、脱硫氢解、开环氢解、脱卤氢解等。例如:

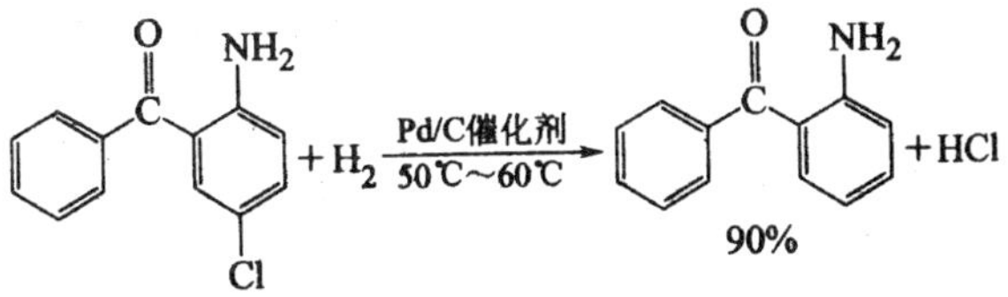

工业催化氢化还原分为均相催化氢化与非均相催化氢化。非均相催化氢化包括气-固催化氢化和气-液-固催化氢化；均相催化氢化即液相配位催化氢化。

催化氢化的优点是：产品质量好、选择性高、生产能力大，有利于解决环境污染问题以及能量综合利用；缺点是：需要高选择性的催化剂、方便的氢气来源，对生产装置和控制要求较高。

（2）化学还原法

化学还原法指使用化学还原剂而不使用氢气的还原法。化学还原剂种类多，同一化学还原剂可用于不同的还原反应。对于一个确定的还原任务的实现，可选择不同的还原剂和不同的还原方法。化学还原法选择性好、条件比较温和，但是涉及化学试剂多，成本较高，原子利用率较低，化学废物排放引起的环境污染问题突出，一般适用于小批量、多品种的化学品生产。

（3）电解还原法

电解还原法是指有机物从电解槽的阴极上获得电子而完成的还原反应。电解还原法的收率高、产物纯度高。

通过还原反应可制得一系列产物。例如，由硝基还原得到的各种芳胺可以大量用于合成染料、农药、塑料等化工产品；将醛、酮、酸还原制得相应的醇或烃类化合物；由醌类化合物还可得到相应的酚；含硫化合物还原是制取硫酚或亚硫酸的重要途径。

3.2　催化氢化

催化加氢反应根据反应体系的特点分为非均相催化加氢反应和均相催化加氢反应，目前应用于化工生产的催化加氢反应主要是非均相催化加氢反应。非均相催化加氢反应具有多相催化反应的特征。包括五个步骤：

①反应物分子扩散到催化剂表面。

②反应物分子吸附在催化剂表面。

③吸附的反应物发生化学反应形成吸附的产物分子。

④吸附的产物分子从催化剂表面解吸。

⑤产物分子通过扩散离开催化剂表面。

其中：①和⑤为物理过程，②和④为化学吸附现象，③为化学反应过程，即吸附-反应-解吸。

为了使反应速率加快，同时使反应向着目的产物方向进行，加氢反应通常要采用催化剂。不同类型的加氢反应选用的催化剂不同；同一类型反应选用的催化剂不同，反应条件也有很大差异。为了获得经济的加氢产物，选用的催化反应条件应尽量缓和，催化剂的寿命要长，价格要尽可能便宜，避开高温、高压等苛刻条件。

用于加氢的催化剂种类较多，以催化剂的形态来分，常用的加氢催化剂有金属及骨架催化剂、金属氧化物催化剂、复合氧化物或硫化物催化剂、金属络合物催化剂。

3.2.1 多相催化氢化反应

多相催化氢化反应通常指在不溶于反应体系中的固体催化剂的作用下，氢气还原液相中的底物的反应，主要包括碳-碳、碳-氧、碳-氮等不饱和重键的加氢和某些单键发生的裂解反应。

1. 碳-碳不饱和重键的加氢反应

(1)烯烃和炔烃的氢化反应

烯烃和炔烃的氢化反应几乎能使各种类型的碳-碳双键或叁键以不同的难易程度加氢成为饱和键。钯、铂、镍为常用的催化剂。该这种方法具有如下优点：选择性好、成本低、操作简便、产率高、产品质量好。

所以成为精细有机合成和工业生产中广泛采用的方法。

具有两个烯键的亚油酸酯比只有一个烯键的油酸酯或异油酸酯更易氢化。在工业上一般采用镍作催化剂，在温度为200℃、氢气压力0.9～1.0MPa的条件下进行氢化生产硬脂酸酯，其具体反应式如下：

亚油酸酯

$$CH_3(CH_2)_4CH{=}CHCH_2CH{=}CH(CH_2)_7COOR$$

$$\downarrow H_2/Ni$$

$$CH_3(CH_2)_7CH{=}CH(CH_2)_7COOR + CH_3(CH_2)_4CH{=}CH(CH_2)_{10}COOR$$

油酸酯　　　　异油酸酯

$$\downarrow H_2/Ni$$

$$CH_3(CH_2)_{16}COOR$$

在烯烃化合物中，双键上取代基的数目不同，相应地被还原的速率也不同，取代基数目越多，则越难被还原，所以产生了下述由易到难的反应大致活性顺序：

$$RCH{=}CH_2 > RCH{=}CHR' \sim R'RC{=}CH_2 > R'RC{=}CHR'' > R_2C{=}CR_2$$

在同样的条件下，催化剂采用 $Pt\text{-}SiO_2$，反应温度控制在20℃，观察发现在环状化合物中也有类似情况：

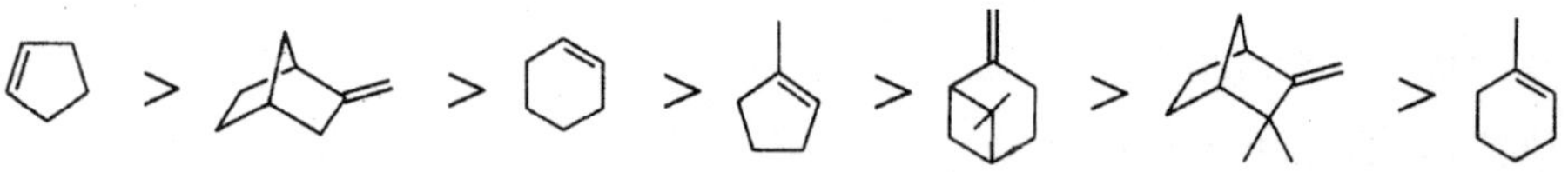

非共轭的多烯烃的氢化与单烯烃相似，同样受到取代基的影响，然而随着取代基数目的增多，反应变得比较困难，所以可在多烯分子中有选择性地还原其中的一个双键。

共轭双烯在催化剂表面上的吸附能力比其他烯烃强，因此首先受到催化剂的作用，其具有更快的氢化速率。当氢化成孤立的烯键后，速率明显下降。示意如下：

$$C{=}C{-}C{=}C \longrightarrow \left\{ \begin{array}{c} C{=}C{-}C{-}C \\ \rightleftharpoons \\ C{-}C{=}C{-}C \end{array} \right\} \longrightarrow C{-}C{-}C{-}C$$

烯烃与炔烃相比较，在单独进行催化氢化时，烯烃比炔烃快10～100倍；若将两者先混合在一起再进行氢化，只有当其中的炔烃全部被还原成烯烃后，此时烯烃才开始加氢。其原因在于烯烃和炔烃在催化剂表面上的吸附能力不同。进行催化氢化反应时，关键步骤为底物须首先吸附

在催化剂表面上。研究发现,各类烃化物在第Ⅷ族金属表面上的吸附能力有如下顺序:

$$炔烃＞双烯烃＞烯烃＞烷烃$$

当烯烃和炔烃共存时,催化剂的表面首先吸附炔烃,炔烃被活化,能与吸附在催化剂表面上的氢发生反应。然而烯烃由于吸附能力不如炔烃,而被排斥在催化剂表面之外,从而不能发生催化氢化反应。仅当其中的炔烃被全部氢化后,烯烃才有可能被吸附在催化剂的表面,开始进行氢化反应。

对于既含有双键又含有炔键的化合物,若双键和叁键不共轭,选择氢化其中的叁键成为双键并不困难。当烯键和炔键共轭时,通常采用林德拉催化剂能氢化多种分子中的炔键成为烯键,然而不影响其他烯键。林德拉催化剂是用乙酸铅处理钯-碳酸钙催化剂使之钝化。加入喹啉还可进一步提高选择性。该法在维生素 A 的合成中发挥了重要作用,反应式如下:

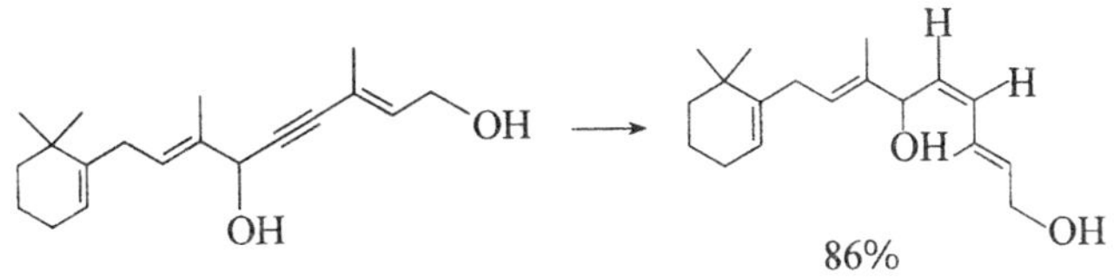

Raney Ni 采用乙酸锌处理也具有类似的作用。

催化氢化反应也是合成顺式取代的乙烯衍生物的重要方法。二取代的炔经部分氢化产生顺式取代的烯烃衍生物。原因为两个氢原子在炔分子的同一侧同时加成。环状烯烃同样具有相似的情况。例如,1,2-二甲基环己烯在乙酸中用氢和 PtO_2 还原时主要生成顺式 1,2-甲环己烷,反应式如下:

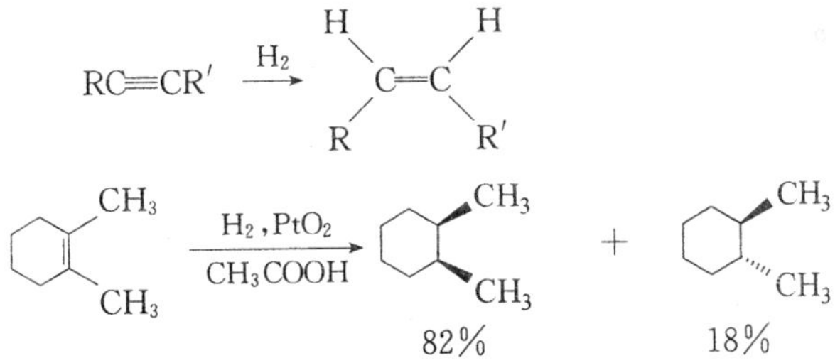

烯烃用钯系金属催化剂进行催化氢化时常伴随双键的位移。例如,四环三萜烯衍生物与氧化铂和氘在氘代乙酸中反应生成它的异构体,从产物中氘原子的位置可推知原来双键所在的位置,反应式如下:

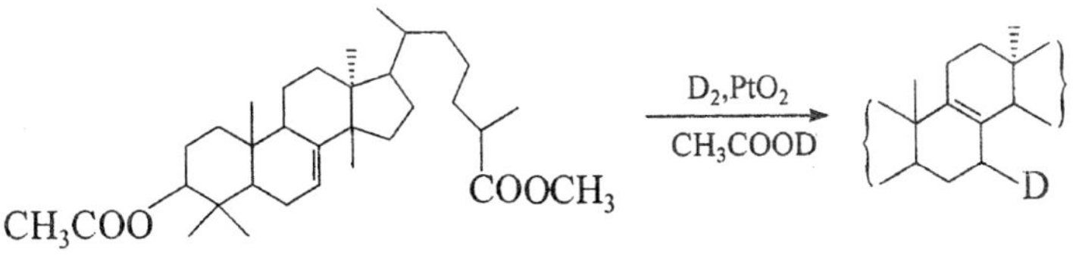

实验结果表明催化氘化反应产物的分子中通常都是多于或少于两个氘原子,因此可进一步证明烯烃的催化氢化反应并不是两个氢原子对原有双键的简单加成。

烯烃双键催化氢化顺式加成现象、发生异构化以及催化氘化生成的产物中每个分子含有多于或少于两个氚原子的问题。由一种机理认为氢原子从催化剂上转移到被吸附的反应物上是分步进行的,该反应过程涉及 π 键形式的 A 和 B 与半氢化形式的 C 之间的平衡。其中 C 既能吸收另一个氢原子又能重新转化成起始原料或异构化的烯烃 D。该机理表示如下:

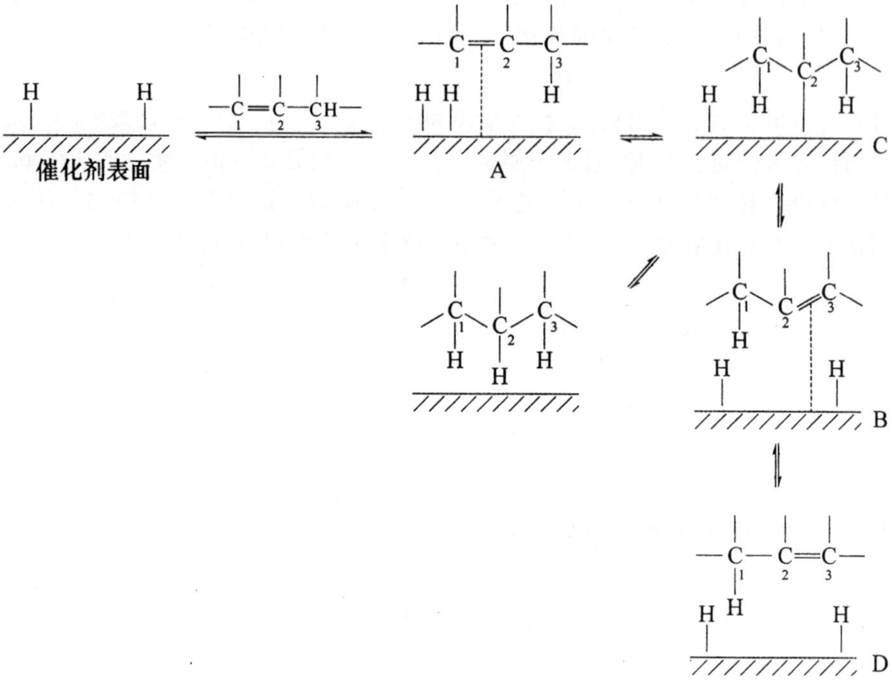

钯催化下,除了分子中含有芳香烃硝基、叁键和酰氯外,其他不饱和基团一般不影响对烯烃双键的选择性还原。例如:

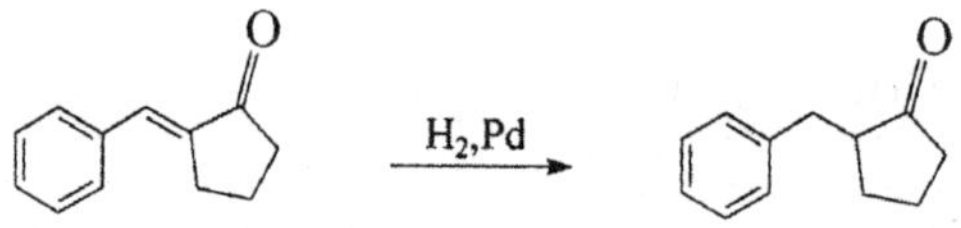

使用 Pd/C 催化剂催化氢化酮的碳-碳双键、α,β-不饱和醛具有很高的区域和立体选择性。例如:

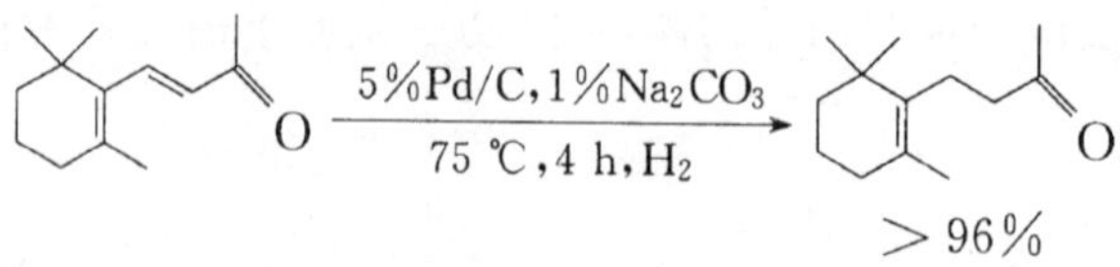

$$5\%Pd/C,1\%Na_2CO_3$$
$$75\,℃,4\,h,H_2$$

$$> 96\%$$

甲醇和镁在回流中催化还原 α,β-不饱和酯可定量给出 α,β-碳-碳双键还原产物。例如:

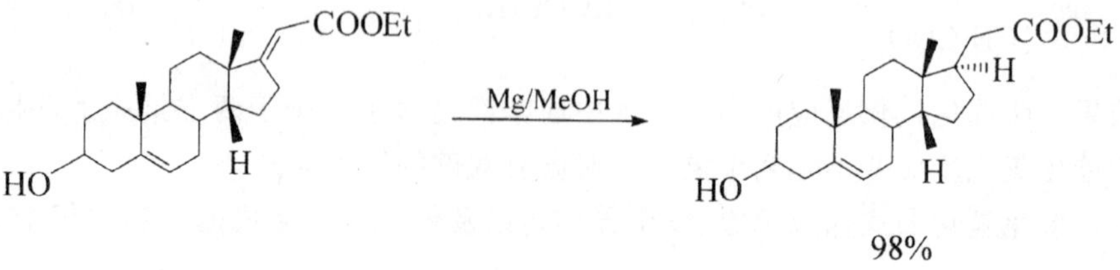

Mg/MeOH

98%

RhCl$_3$ 在相转移催化条件下可催化选择还原 α,β-不饱和酮的碳-碳双键,并且具有高立体选择性。例如:

$$4\text{-}CH_3C_6H_4COCH{=\!=}CHC_6H_5 \xrightarrow[\text{H}_2\text{O}/(\text{CH}_2\text{Cl})_2,\text{H}_2,4\text{ h},\text{室温}]{[(C_8H_{17})_3NCH_3]^+[RhCl_4]^-} 4\text{-}CH_3C_6H_4CO(CH_2)_2C_6H_5$$
$$96\%$$

RuCl$_2$ 催化还原查尔酮,碳-碳双键选择性 100%,其反应速度极快。例如:

$$C_6H_5HC{=\!=}CHCOC_6H_5 \xrightarrow[\text{PTC},\text{H}_2\text{O},10\text{ min},109\ ℃]{RuCl_2(PPh_3)_3,\text{HCOONa}} C_6H_5(CH_2)_2COC_6H_5$$

铜负载于无机载体 SiO$_2$ 或 Al$_2$O$_3$ 上,催化氢化 α,β-不饱和酮的碳-碳双键,然而分子中其他的双键不受影响。例如:

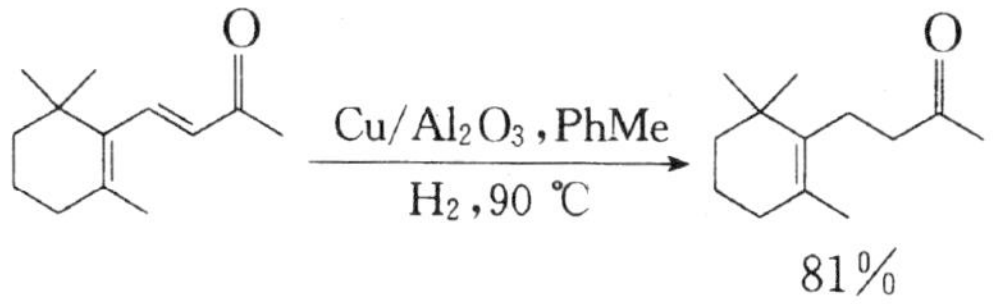

含有腈基、酯基和双键官能团的化合物,碳-碳双键优先催化氢化。例如:

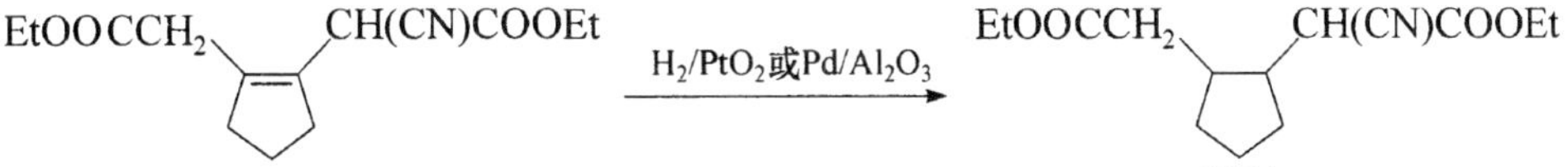

合成高聚物与天然高聚物均作为钯的载体,因为高聚物上有多种可与金属配位的官能团,从而增加了负载型催化剂配体的可调范围及幅度,继而提高了催化剂的活性和选择性。

二茂铁胺硫钯络合物,(1)是通用性很好的催化剂,可选择催化氢化 α,β-不饱和醛、羧酸、酮、酰胺、酯和类酯的碳-碳双键,且产率和选择性几乎都大于 99%。例如:

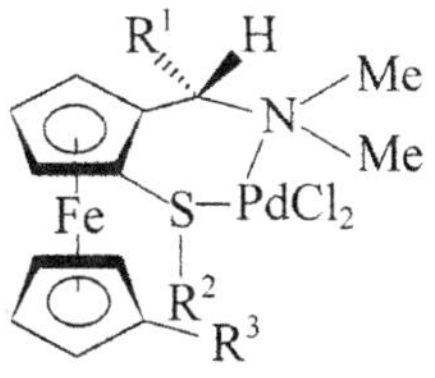

(1)

R^1:Me;R^2:n-Pr;R^3:H

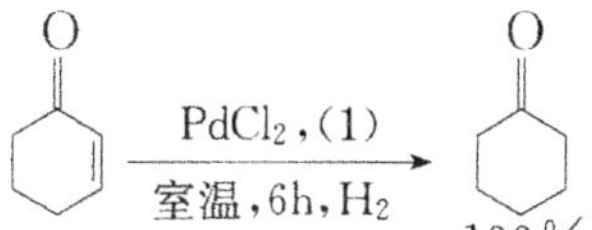

(2)

然而它还原 α,β-不饱和五元环酮其结果并不不理想。如果采用 O$_2$ 作用下的膦配位双钯络合物(2)于室温条件下催化氢化,产率则可达 98%。例如:

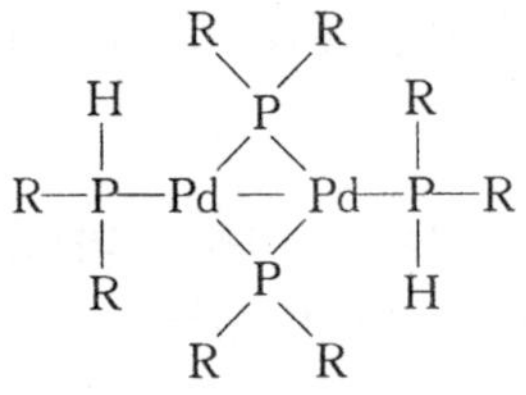

（2）

R：Bu⁺

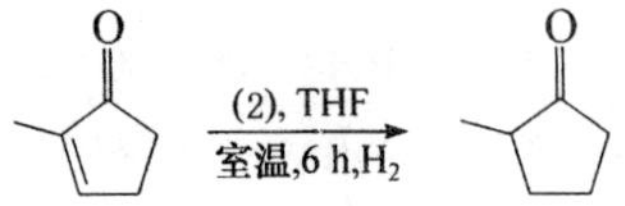

（2）芳烃加氢反应

芳香族化合物也可进行催化氢化，转变成饱和的脂肪族环系，然而这要比脂肪族化合物中的烯键氢化困难很多。例如，异丙烯基苯在常温、常压下，其侧链上的烯键则可被氢化，而苯环保持不变，其反应式如下：

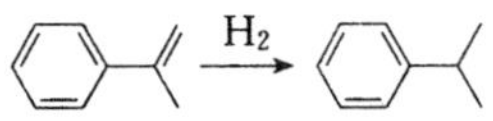

这种催化氢化的差别不仅能用于合成，也可用于定量分析测定非芳环的不饱和键。

1,1-二苯基-2-(2′-吡啶基)乙烯是一个共轭体系很大的化合物其乙醇溶液用钯-碳催化，在10MPa 氢气压力下，于 200℃反应 2h 后即吸收 10mol 氢，生成完全饱和的 1,1-二环己基-2-(2′-哌啶基)乙烷，反应式如下：

芳香杂环体系在比较温和的条件下就能实现氢化。

苄基位上带有含氧或含氮官能团的苯衍生物还原时，这些基团容易发生氢解，特别是用钯作催化剂时更是这样。

苯环上烃基取代基的数目和位置对催化氢化反应同样存在影响。

在多核芳烃中，催化氢化可控制在中间阶段。例如，联苯可氢化为环己基苯，在更强烈的条件下才能完全氢化，成为环己基环己烷，这表明环己基苯比联苯更难氢化，反应式如下：

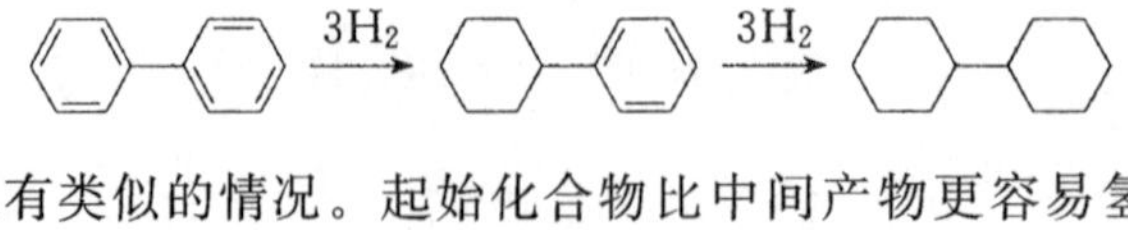

在稠环化合物中也有类似的情况。起始化合物比中间产物更容易氢化，从而可以达到合成中间产物的目的。例如：

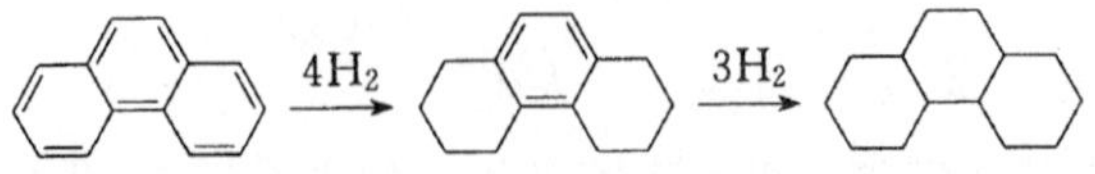

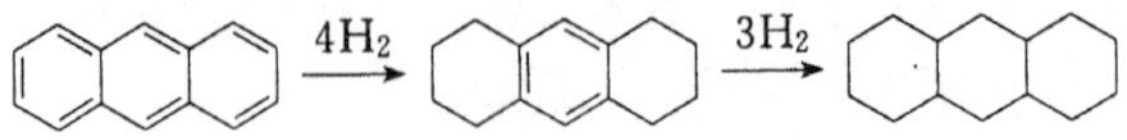

2. 碳-氧不饱和重键的加氢反应

(1)脂肪醛酮的加氢

饱和脂肪醛或酮加氢只发生在羰基部分,生成与醛或酮相应的伯醇或仲醇。

$$RCHO + H_2 \rightarrow RCH_2OH$$

$$R-\overset{O}{\overset{\|}{C}}-R' + H_2 \longrightarrow R-\overset{OH}{\overset{|}{CH}}-R'$$

在这一反应中常用负载型镍、铜催化剂或铜-铬催化剂。若原料含硫,则需采用镍、钨或钴的氧化物或硫化物催化剂。

醛基更易加氢,因此条件较为缓和,一般温度为 50℃～150℃(采用镍或铬催化剂)或 200℃～250℃(采用硫化物催化剂);而酮基加氢相应条件为 150℃～250℃及 300℃～350℃。为了加速反应及提高平衡转化率,此类反应通常在加压下反应,铬催化剂为 5～20MPa,镍催化剂为 1～2MPa,硫化物催化剂为 30MPa。

醛加氢时生成的醇会与醛缩合成半缩醛及醛缩醇。

$$RCHO + RCH_2OH \rightleftharpoons RHC\begin{matrix} OCH_2R \\ \\ OH \end{matrix} \xrightarrow{+RCH_2OH} RHC\begin{matrix} OCH_2R \\ \\ OCH_2R \end{matrix} + H_2O$$

这些副产物的加氢比醛要困难得多。若反应温度过低或催化剂活性低时会出现这些副产物。但温度过高时醛易发生缩合,然后加氢为二元醇。

$$2RCH_2CHO \longrightarrow RCH_2-\underset{OH}{\overset{|}{CH}}-\underset{R}{\overset{|}{CH}}-CHO \xrightarrow{+H_2} RCH_2-\underset{OH}{\overset{|}{CH}}-\underset{R}{\overset{|}{CH}}-CH_2OH$$

为避免或减少此副反应,需选择适宜的反应温度,并可用醇进行稀释。

饱和脂肪醛加氢是工业上生产伯醇的重要方法,如正丙醇、正丁醇以及高级伯醇。

$$CH_2=CH_2+CO+H_2 \xrightarrow{Co} CH_3CH_2CHO \xrightarrow{+H_2} CH_3CH_2CH_2CH_2OH$$

利用醛缩合后加氢是工业上制取二元醇的方法之一。例如由乙醛合成 1,3-丁二醇:

$$2CH_3CHO \longrightarrow CH_3CH(OH)-CH_2CHO \xrightarrow{+H_2O} CH_3\underset{OH}{\overset{|}{C}}HCH_2CH_2OH$$

对不饱和醛或酮进行加氢还原时,反应可有三种方式。

①保留羰基而使不饱和双键加氢生成饱和醛或酮。

②保留不饱和双键,将羰基加氢生成不饱和醇。

③不饱和双键与羰基同时加氢生成饱和醇。

$$RCH=CHCHO \xrightarrow{+H_2} \begin{matrix} \textcircled{1} \rightarrow RCH_2CH_2CHO \\ \\ \textcircled{2} \rightarrow RCH=CHCH_2OH \end{matrix} \begin{matrix} +H_2 \\ \\ +H_2 \end{matrix} \textcircled{3} \rightarrow RCH_2CH_2CH_2OH$$

由于酮基不如醛基活泼,不饱和酮双键选择加氢比较容易,采用的催化剂与烯烃加氢催化剂基本相同,主要是镍、铂、铜以及其他金属催化剂。反应条件也与烯烃加氢相似,但必须控制酮基加氢的副反应。不饱和醛双键加氢比较困难,催化剂和加氢条件选择都要特别注意,以避免醛基加氢。如丙烯醛加氢,需在控制加氢量的条件下进行,采用铜催化剂。

$$CH_2=CHCHO+H_2 \xrightarrow{Cu} CH_3CH_2CHO$$

此反应的选择性只能达到70%,有大量饱和醇副产物的生成。

若要得到不饱和醇,应选用金属氧化物催化剂,但反应时有可能发生氢转移生成饱和醛,因此必须采用缓和的加氢条件。

$$RCH=CHCHO \xrightarrow{+H_2} RCH=CHCH_2OH \rightarrow RCH_2CH_2CHO \xrightarrow{+H_2} RCH_2CH_2CH_2OH$$

不饱和双键与羰基同时加氢比较容易实现。可用金属或金属氧化物催化剂,反应条件可以较为激烈,只要避免氢解反应即可。

(2)脂肪酸及脂的加氢

脂肪酸中的羧基可以经多步加氢直至生成烷烃。

$$RCOOH \xrightarrow[+H_2]{-H_2O} RCHO \xrightarrow{+H_2} RCH_2OH \xrightarrow[+H_2]{-H_2O} RCH_3$$

醛比酸更易加氢,故最终产品中通常不含醛。工业上脂肪酸加氢是制备高碳醇的重要工艺。烷烃是不希望的副产物。

脂肪酸加氢在工业上具有广泛的应用价值,它是由天然油脂生产直链高级脂肪醇的重要工艺。而直链高级脂肪醇是合成表面活性剂的主要原料。脂肪酸直接加氢条件不如相应的酯缓和。因而目前在工业上常采用脂肪酸的酯,最常用的是甲酯进行加氢制备脂肪醇。

$$RCOOH+CH_3OH \xrightarrow{-H_2O} RCOOCH_3 \xrightarrow{+2H_2} RCH_2OH+CH_3OH$$

若采用天然油脂为原料时,用甲醇进行酯交换而制得甲酯。

羧基加氢催化剂通常采用金属氧化物,最常用的为 Cu、Zn、Cr 氧化物催化剂。如 CuO-Cr$_2$O$_3$、ZnO-Cr$_2$O$_3$ 和 CuO-ZnO-Cr$_2$O$_3$。

这种反应的条件比较苛刻,通常为 250℃~350℃、25~30MPa。

在此反应体系中主要有两种副反应:

$$RCOOCH_3+RCH_2OH \Longleftrightarrow RCOOCH_2R+CH_3OH$$

$$RCH_2OH+H_2 \longrightarrow RCH_3+H_2O$$

也可采用脂肪酸直接加氢,利用产物醇与原料酯化,也可降低反应条件,只需在反应初期加入少量产品脂肪醇。

这种工艺工业上主要的产品是十二醇和十八醇。如

$$C_{11}H_{23}COOH \xrightarrow[-H_2O]{+2H_2} C_{12}H_{25}OH$$

$$C_{17}H_{35}COOH \xrightarrow[-H_2O]{+2H_2} C_{18}H_{37}OH$$

含饱和二元酸的脂在加氢时得到二元醇。

$$C_2H_5-O-\overset{\underset{\|}{O}}{C}-(CH_2)_4-\overset{\underset{\|}{O}}{C}-O-C_2H_5 \xrightarrow{+4H_2} HO-(CH_2)_6-OH+2C_2H_5OH$$

不饱和脂肪酸及其酯加氢与不饱和醛或酮类似。

①不饱和键加氢。采用负载型镍催化剂,其反应条件较烯烃加氢时高,工业上应用的实例是硬化油的生产。将液体不饱和油脂加氢制成固体脂,即人造奶油。

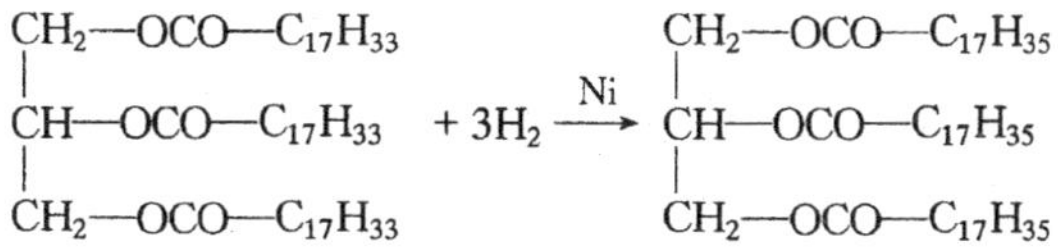

$$
\begin{array}{c}
CH_2-OCO-C_{17}H_{33} \\
| \\
CH-OCO-C_{17}H_{33} \\
| \\
CH_2-OCO-C_{17}H_{33}
\end{array}
+ 3H_2 \xrightarrow{Ni}
\begin{array}{c}
CH_2-OCO-C_{17}H_{35} \\
| \\
CH-OCO-C_{17}H_{35} \\
| \\
CH_2-OCO-C_{17}H_{35}
\end{array}
$$

②羧基加氢。采用与饱和酸加氢相同的催化剂。最常用的为 $ZnO\text{-}Cr_2O_3$。主要用于制取不饱和醇。例如:

$$C_{17}H_{33}\text{-}COOCH_3 + 2H_2 \xrightarrow{ZnO\text{-}Cr_2O_3} C_{17}H_{33}\text{-}CH_2OH + CH_3OH$$

③同时加氢。可采用金属催化剂。一般为分步加氢。如顺酐加氢

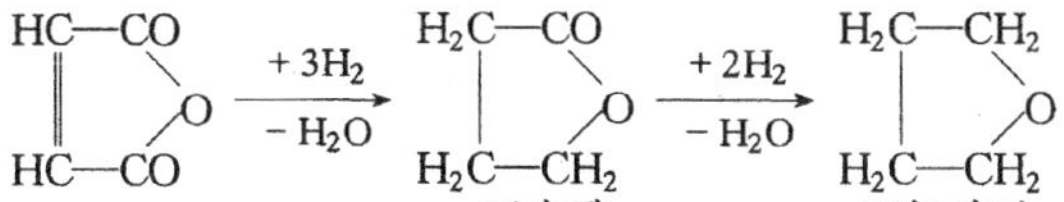

γ-丁内酯　　　四氢呋喃

可改变反应条件获得不同的产物。γ-丁内酯的用途为合成吡咯烷酮,而四氢呋喃是良好的溶剂。

(3)芳香族含氧化合物的加氢

酚类、芳醛、芳酮或芳基羧酸的加氢有两种可能,即芳环加氢或含氧基团加氢。

苯酚在镍催化剂存在下,于 $130℃\sim150℃$,$0.5\sim2MPa$ 的条件下加氢可转化为环己醇。

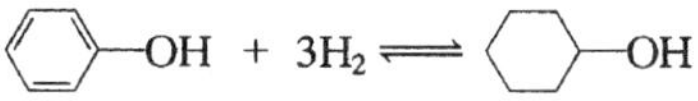

若增高反应温度、降低压力,可有环己酮生成,这一副反应可认为是环己醇脱氢引起的。另外还可能有其他一些副反应:

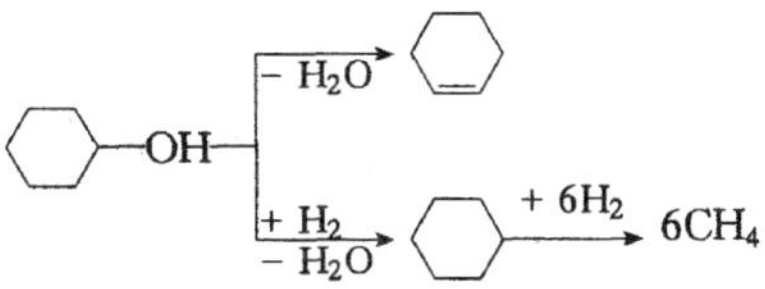

苯酚的同系物,如甲酚以及其他稠环酚也可发生环上加氢的反应。

苯酚也可在加氢时保持芳环不破坏。

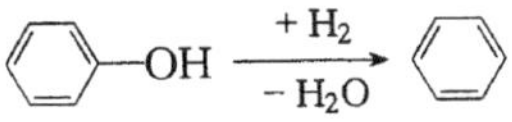

与脂肪醇不同的是芳醇类很容易转化成为碳氢化合物。这样若要用芳酮制备相应的醇,必须采用十分缓和的反应条件,否则就不能得到醇类。

芳醛加氢只局限于相应醇的制备,这是由于芳醛与芳酮的加氢能力有很大的差别。

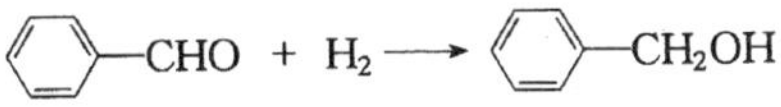

芳醛、芳酮和芳醇不可能在保持含氧基团不反应的情况下进行环上加氢。只有在对基团进行保护后才能进行环上加氢。但芳基羧酸可以进行以下两种反应。

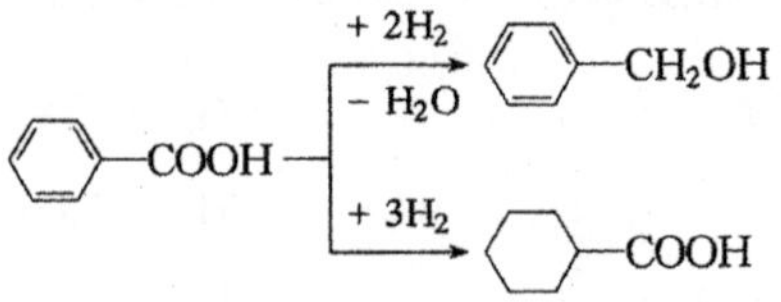

上式中第一个反应与脂肪羧酸加氢类似，催化剂也基本相同；第二个反应采用芳环加氢的一般条件（镍催化剂，160℃～200℃），但其加氢难度比苯或苯酚加氢要大。

3. 碳-氮不饱和重键的加氢反应

(1)腈的加氢

腈加氢作为制取胺类化合物的重要方法，采用 Ni、Co、Cu 等典型的加氢催化剂，在加压下进行反应。

$$RCN+2H_2 \xrightarrow{\text{催化剂}} RCH_2NH_2$$

腈类化合物加氢制胺的过程中有中间产物亚胺的生成，并且有二胺、仲铵和叔胺等副产品的生成：

$$RCN \xrightarrow{H_2} RCH{=}NH \xrightarrow{H_2} RCH_2NH_2$$

$$RCH{=}NH+RCH_2NH_2 \rightleftharpoons \begin{matrix} HNCH_2R \\ | \\ HNCH_2R \end{matrix} \rightleftharpoons RCH{=}NCH_2R+NH_3$$

$$RCH{=}NCH_2R+H_2 \rightarrow RCH_2NHCH_2R$$

氨的过量存在可抑制仲胺和叔胺的产生。

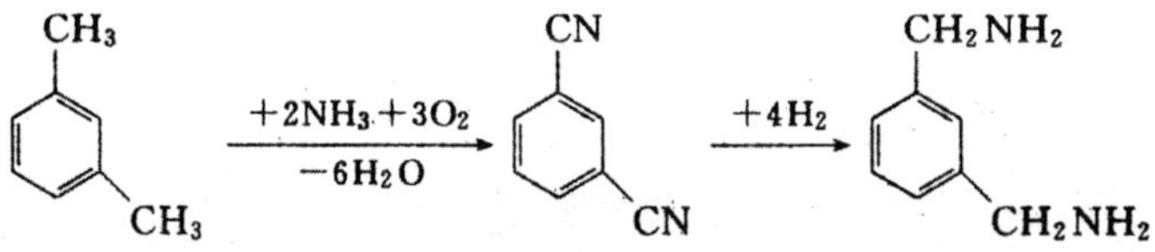

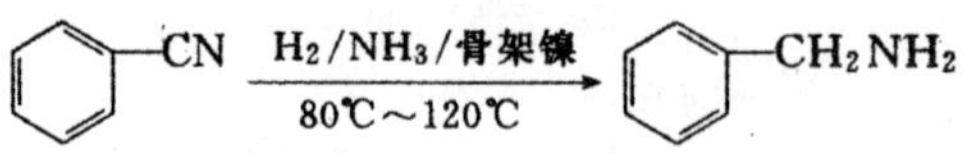

(2)硝基化合物的加氢

硝基化合物的加氢还原较易进行，主要用于硝基苯气相加氢制备苯胺。

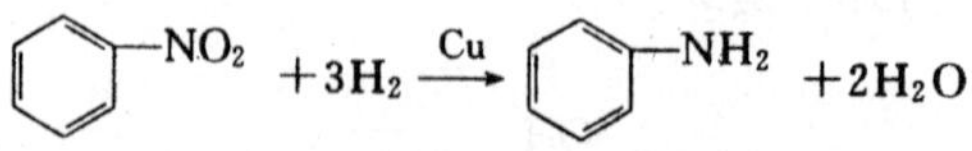

还可以用二硝基甲苯还原制取混合二氨基甲苯。

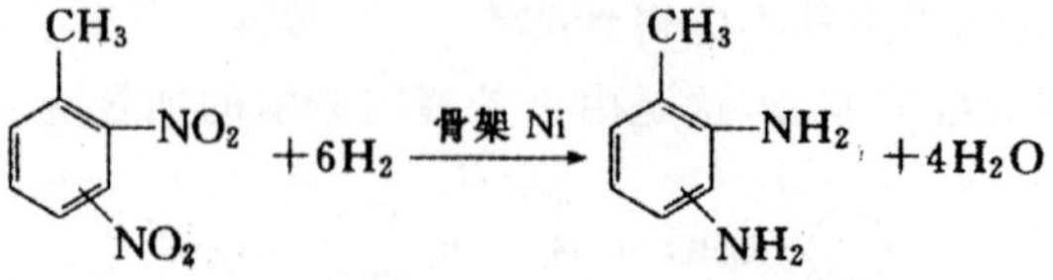

3.2.2　均相催化氢化反应

上述讨论的多相催化氢化反应中所用的催化剂尽管十分有用，然而存在以下缺点：

①可能引起双键移位，而双键移位常使氘化反应生成含有两个以上位置不确定的氘代原子化合物。

②一些官能团容易发生氢解，使产物复杂化等。

均相催化氢化反应能够克服上述一些缺点。

均相催化氢化反应的催化剂都是第Ⅷ族元素的金属络合物，它们带有多种有机配体。这些配体能促进络合物在有机溶剂中的溶解度，使反应体系成为均相，从而提高了催化效率。反应可以在较低温度、较低氢气压力下进行，并具有很高的选择性。

可溶性催化剂有多种。这里我们只对三氯化铑 $[(Ph_3P)_3RhCl]$，TTC 和五氰基氢化钴络合物 $HCo(CN)_5^{3-}$ 进行讨论。

三氯化铑催化剂可由三氯化铑与三苯基膦在乙醇中加热制得，反应式如下：

$$RhCl_3 \cdot 3H_2O + 4PPh_3 \rightarrow (Ph_3P)_3RhCl + Ph_3PCl_2$$

在常温、常压下，以苯或类似物作溶剂，TTC 是非共轭的烯烃和炔烃进行均相氢化的非常有效的催化剂。其催化特点为选择氢化碳-碳双键和碳-碳叁键，羰基、氰基、硝基、氯、叠氮等官能团都不发生还原。单取代和双取代的双键比三取代或四取代的双键还原快得多，因而含有不同类型双键的化合物可部分氢化。例如，氢对里哪醇的乙烯基选择加成，可得到产率为 90% 的二氢化物；同样香芹酮转化为香芹鞣酮，反应式如下：

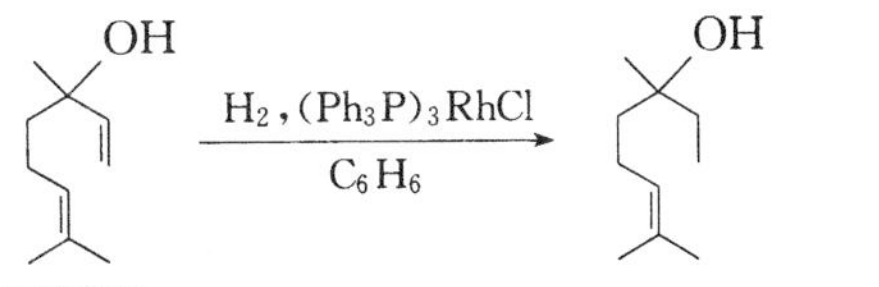

里哪醇

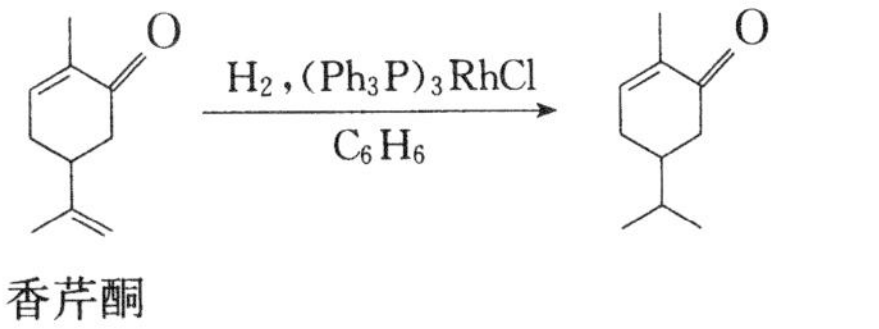

香芹酮

根据 ω-硝基苯乙烯还原为苯基硝基乙烷的该奇特反应可进一步显示出催化剂的选择性。例如：

$$PhCH=CHNO_2 \xrightarrow[C_6H_6]{H_2,(Ph_3P)_3RhCl} PhCH_2CH_2NO_2$$

对马来酸的催化氘化生成内消旋二氘代琥珀酸，而富马酸的催化氘化则生成外消旋化合物的反应研究可证明：在均相催化反应中氢是以顺式对双键加成的。该试剂的另一个突出优点是氘化反应很规则地进行，即每个双键上只引入两个氘原子，而且是在原来双键的位置上。

这种催化剂另外一个非常有价值的特点，就是不发生氢解反应。所以，烯键可选择性地氢化，而分子中其他敏感基团并不发生氢解。

三氯化铑能使醛脱去羰基，因而含有醛基的烯烃化合物在通常的条件下不能用该种催化剂

进行氢化。例如

$$PhCH=CHCHO \xrightarrow{H_2,(Ph_3P)_3RhCl} PhCH=CH_2+CO$$
$$65\%$$

$$PhCOCl \xrightarrow{H_2,(Ph_3P)_3RhCl} PhCl+CO$$
$$90\%$$

这是因为三氯化铑对一氧化碳具有很强的亲和性。

关于三氯化铑对烯烃化合物进行催化氢化的机理,一般情况下认为是(Ph$_3$P)$_3$RhCl 在溶剂(S)中离解生成溶剂化的(Ph$_3$P)$_2$Rh(S)-Cl。该溶剂的络合物在氢存在下与二氢络合物(Ph$_3$P)$_2$Rh(S)ClH$_2$ 建立平衡,在二氢络合物中氢原子是与金属直接相连的。在还原反应中,首先是烯烃取代络合物中的溶剂,并与金属发生配位,然后络合物中的两个氢原子经过一个含有碳-金属键的中间体,立体选择性地从金属上顺式转移到配位松弛的烯键上。被氢化后的饱和化合物从络合物上离去,络合物再与溶解的氢结合,继续进行还原反应。该反应过程表示如下:

$$(Ph_3P)_2Rh(S)Cl \underset{}{\overset{H_2}{\rightleftharpoons}} (Ph_3P)_2Rh(S)ClH_2 \underset{}{\overset{RCH=CHR'}{\rightleftharpoons}} (Ph_3P)_2Rh(Cl)(RCH=CHR')H_2$$
$$\longrightarrow RCH_2CH_2R'+(Ph_3P)_2Rh(S)Cl$$

研究人员采用羰基铑络合物与 α,β-不饱和醛在一定条件下反应,不是脱去羰基,而是高区域选择性还原醛基为醇。例如:

五氰基氢化钴络合物可用三氯化钴、氰化钾和氢作用制得,反应式如下:

$$CoCl_3+KCN+H_2 \xrightarrow{水或乙醇} HCo(CN)_5^{3-}+KCl$$

它具有部分氢化共轭双键的特殊催化功能。例如,丁二烯的部分氢化,首先与催化剂加成生成丁烯基钴中间体,然后与第二分子催化剂作用,裂解成1-丁烯,反应式如下:

$$CH_2=CH-CH=CH_2+HCo(CN)_5^{3-} \longrightarrow CH_2=CH-\overset{CH_3}{\underset{H}{C}}-Co(CN)_5^{3-}$$

$$\xrightarrow{HCo(CN)_5^{3-}} CH_2=CH-\overset{CH_3}{\underset{}{CH_2}} + 2Co(CN)_5^{3-}$$

$$2Co(CN)_5^{3-}+H_2 \longrightarrow 2HCo(CN)_5^{3-}$$

均相催化剂具有如下优点:效率高;选择性好;反应方向容易控制等优点。

其缺点为:均相催化剂与溶剂、反应物等呈均相,难以分离。近年来,结合多相催化剂和均相催化剂的优点,出现了均相催化剂固相化。使均相催化剂沉积在多孔载体上,或者结合到无机、有机高分子上成为固体均相催化剂,这样既保留了均相催化剂的性能,又具有多相催化剂容易分离的长处。

3.3　化学还原

化学还原是使用化学物质的还原方法。此法虽然消耗化学物质,成本较高,废物排放量较大,但其选择性好,条件温和,工艺简单,仍是还原生产使用的重要方法之一。化学还原使用的化学物质很多,按其反应历程可分为三类。

①易给出电子的金属及其化合物。例如,Li、Na、K、Ca、Mg、Zn、Fe、$SnCl_2$、$FeCl_2$、NH_4Cl 等。此类物质容易给出电子,被还原物从其获得电子,生成相应的负离子自由基或双负离子,再从供质子剂(如醇或水)中获取质子,生成还原产物,还原反应是通过电子的传递实现的。

②能传递负氢离子的物质。例如,$LiAlH_4$、$NaBH_4$、KBH_4、甲酸、异丙醇铝及有机硅衍生物(R_3SiH)等。其中,给出 H^- 离子能力最强的物质是 $LiAlH_4$。用此类化学物质还原,要求在反应条件下被还原物能形成缺电子中心,以便接受还原剂传递的 H^- 离子。

③能够传递一对电子的物质。例如,Na_2SO_3、$NaHSO_3$ 等。用此类物质还原,反应分为两步。首先,还原剂自身的一对电子和被还原物共享;然后,共享此对电子的物质从介质中获取质子,生成还原产物。

3.3.1　用活波金属和共质子剂还原

1. 用铁粉还原

在电解质溶液中用铁屑还原硝基化合物是一种古老的方法。铁屑价格低廉、适用范围广、副反应少、工艺简单、对反应设备要求低,无论我国或外国,工业上都曾长期采用铁屑法生产苯胺。由于铁屑法排出大量含苯胺的铁泥和废水,从环境保护和减轻劳动强度出发,基本都已被加氢还原法所取代。但对不少生产吨位较小的芳胺,尤其是生产含水溶性基团的芳胺,铁屑还原法仍是硝基还原的一种重要方法。用铁屑法还原时,一般对卤素、烯键、羰基无影响,可以用于选择性还原。锡也曾应用于硝基化合物或者腈的还原,是实验室常用的方法,工业上则多采用廉价的铁粉。

下面的式子是由萘制备周位酸和劳伦酸的化学反应流程,周位酸和劳伦酸都是合成染料的常用中间体。

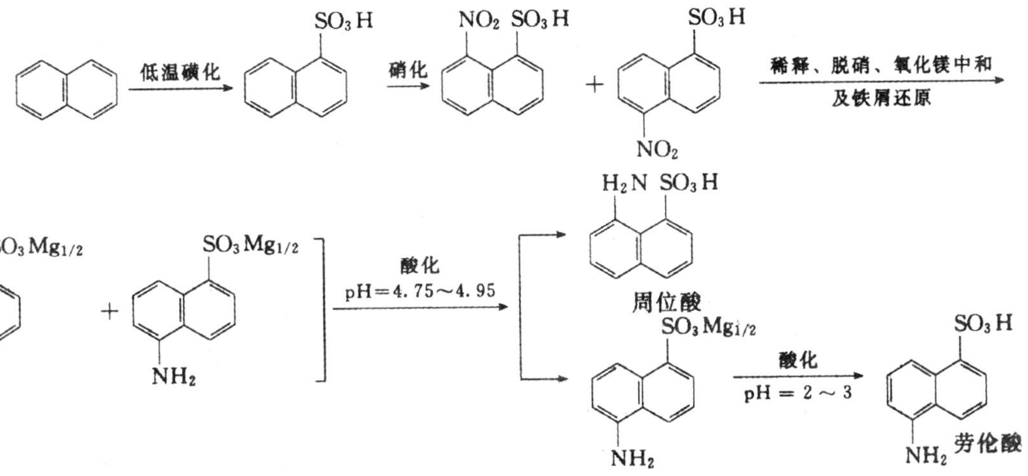

2. 用锌与锌汞齐

锌粉的还原能力比铁粉强一些,在中性或碱性条件下,锌粉可将硝基、亚硝基、氰基、羰基、烯键、碳卤键等基团还原。锌粉的应用范围比铁粉广,但是锌粉的价格比铁粉贵得多,因此它的使用受到很大限制。工业上,曾主要是用来在碱性条件下还原硝基苯生成联苯胺系列衍生物。由于联苯胺属于致癌物质,现在许多国家已经禁止生产和使用。

例如,芳环上的磺酸基很难还原,因此芳亚磺酸通常都是由芳磺酰氯还原而得。芳磺酰氯分子中的氯相当活泼,容易被还原。用锌粉还原的实例列举如下。

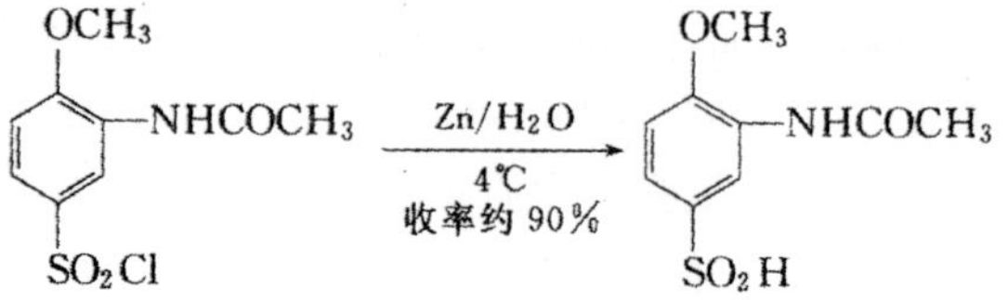

锌粉在 CH_3COOH、HCl、H_2SO_4 等酸性介质中,还原苯磺酰氯是制备硫酚的重要方法之一。例如,用该方法合成 5-乙酰氨基-2-氯-4-氟苯硫酚(Ⅳ)具有较好的收率(72%)和产品纯度。5-乙酰氨基-2-氯-4-氟苯硫酚(Ⅳ)是制备重要的农药及医药中间体 5-氨基-2-氯-4-氟苯硫基乙酸甲酯(Ⅰ)的重要中间体,如下所示。

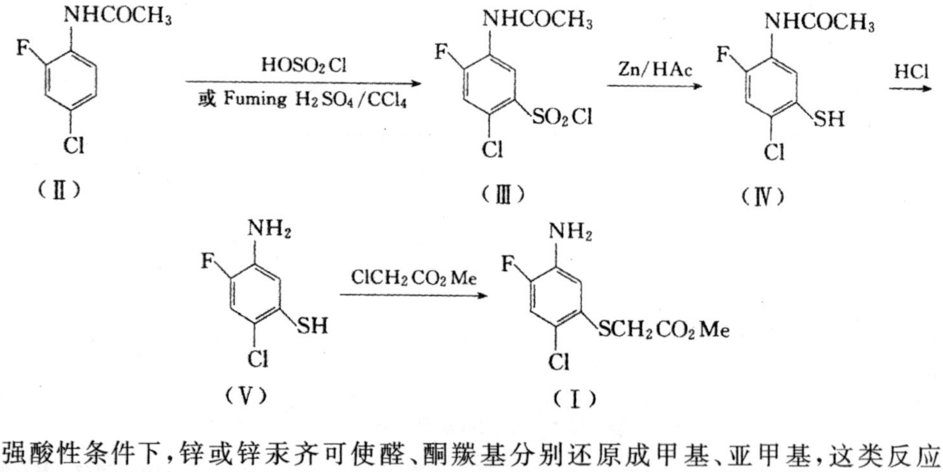

在强酸性条件下,锌或锌汞齐可使醛、酮羰基分别还原成甲基、亚甲基,这类反应被称为 Clemmensen 还原。Clemmensen 还原反应也是被还原物与锌表面之间发生电子得失的结果。反应机理如下所示。

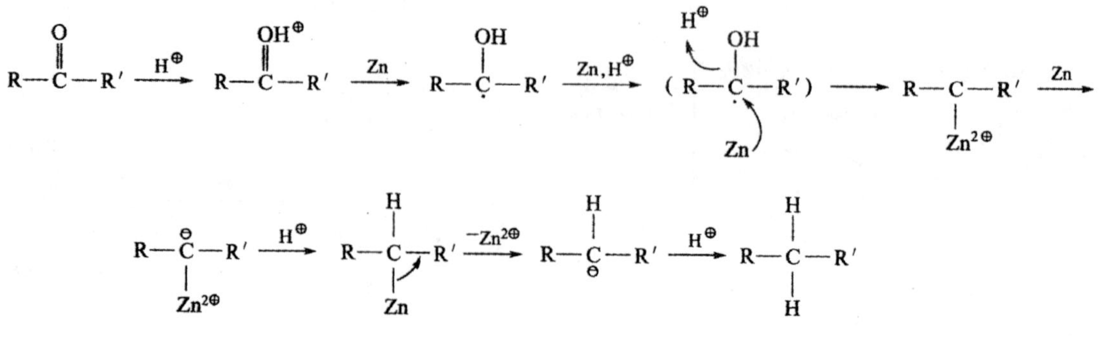

3. 用钠与钠汞齐还原

以醇为质子供体,钠与钠汞齐可将羧酸酯还原为相应的伯醇,酮还原为仲醇,主要用于高级脂肪酸酯的还原。例如:

$$RCOOC_2H_5 \xrightarrow{Na,C_2H_5OH} RCH_2OH + C_2H_5ONa$$

为避免反应生成的醇钠引起酯缩合,加入尿素分解醇钠。

$$C_2H_5ONa \longrightarrow C_2H_5OH + NaOCN + NH_3$$

在无供质子剂的条件下,双分子酯还原生成 α-羟基酮:

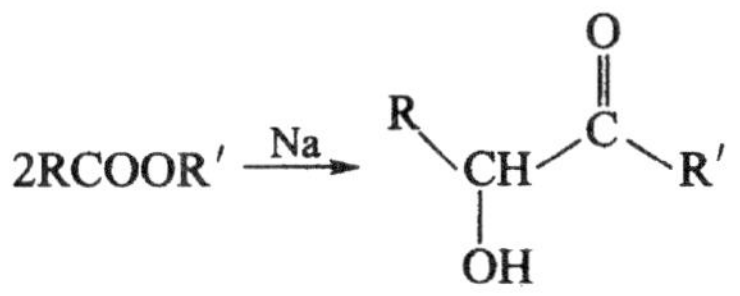

具有适当链长的二元羧酸酯,其双分子还原可得环状化合物:

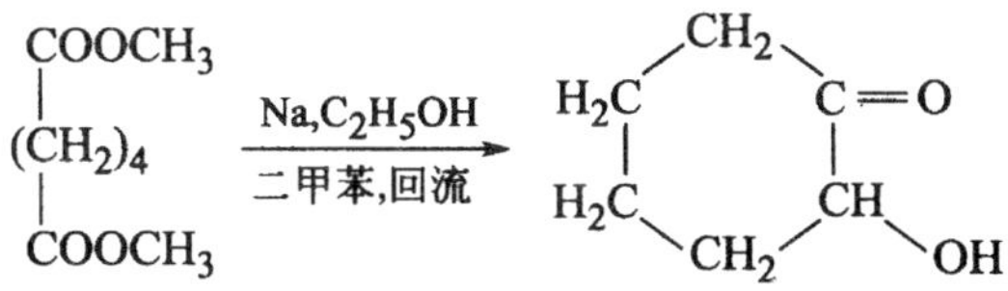

3.3.2　用含硫化合物还原

含硫化合物一般为较缓和的还原剂,按其所含元素可以分为两类:一类是硫化物、硫氢化物以及多硫化物即含硫化合物;另一类是亚硫酸盐、亚硫酸氢盐和保险粉等含氧硫化物。

1. 硫化物的还原

使用硫化物的还原反应比较温和,常用的硫化物有:Na_2S、$NaHS$、$(NH_4)_2S$、多硫化物(Na_2S_x,x 为硫指数,等于 $1\sim5$)。工业生产上主要用于硝基化合物的还原,可以使多硝基化合物中的硝基选择性地部分还原,或者还原硝基偶氮化合物中的硝基而不影响偶氮基,可从硝基化合物得到不溶于水的胺类。采用硫化物还原时,产物的分离比较方便,但收率较低,废水的处理比较麻烦。这种方法目前在工业上仍有一定的应用。

(1)反应历程

硫化物作为还原剂时,还原反应过程是电子得失的过程。供电子者一般为硫化物,供质子者为水或者醇。还原反应后硫化物被氧化成硫代硫酸盐。

Na_2S 在水-乙醇介质中还原硝基物时,反应中生成的活泼硫原子将快速与 S^{2-} 生成更活泼的 S_2^{2-},使反应大大加速,因此这是一个自动催化反应,其反应历程为

$$ArNO_2 + 3S^{2-} + 4H_2O \longrightarrow ArNH_2 + 3S + 6OH^-$$
$$S + S^{2-} \longrightarrow S_2^{2-}$$
$$4S + 6OH^- \longrightarrow S_2O_3^{2-} + 2S^{2-} + 3H_2O$$

还原总反应式为

$$4ArNO_2 + 6S^{2-} + 7H_2O \longrightarrow 4ArNH_2 + 3S_2O_3^{2-} + 6OH^-$$

用 NaHS 溶液还原硝基苯是一个双分子反应,最先得到的还原产物是苯基羟胺,进一步再被 HS_2^- 和 HS^- 还原成苯胺。

$$ArNO_2 + 2NaHS + H_2O \longrightarrow ArNHOH + 2S + 2NaOH$$

$$2ArNHOH + 2HS_2^- + 2OH^- \longrightarrow 2ArNH_2 + S_2O_3^{2-} + 2HS^- + H_2O$$

$$4ArNHOH + 2HS^- \longrightarrow 4ArNH + S_2O_3^{2-} + H_2O$$

（2）影响因素

①被还原物的性质。芳环上的取代基对硝基还原反应速率有很大的影响。芳环上含有吸电子基团,有利于还原反应的进行;芳环上含有供电子基团,将阻碍还原反应的进行。如间二硝基苯还原时,第一个硝基比第二个硝基快 1000 倍。因此可选择适当的条件实现多硝基化合物的部分还原。

②反应介质的碱性。使用不同的硫化物,反应体系中介质的碱性差别很大。使用硫化钠、硫氢化钠和多硫化物为还原剂使硝基物还原的反应式分别为

$$4ArNO_2 + 6Na_2S + 7H_2O \longrightarrow 4ArNH_2 + 3Na_2S_2O_3 + 6NaOH$$

$$4ArNO_2 + 6NaHS + H_2O \longrightarrow 4ArNH_2 + 3Na_2S_2O_3$$

$$ArNO_2 + Na_2S_2 + H_2O \longrightarrow ArNH_2 + Na_2S_2O_3$$

$$ArNO_2 + Na_2S_x + H_2O \longrightarrow ArNH_2 + Na_2S_2O_3 + (x-2)S$$

Na_2S 作还原剂时,随着还原反应的进行不断有氢氧化钠生成,使反应介质的 pH 不断升高,将发生双分子还原生成氧化偶氮化合物、偶氮化合物、氢化偶氮化合物等副产物。为了减少副反应的发生,在反应体系中加入氯化铵、硫酸镁、氯化镁等来降低介质的碱性。

使用 Na_2S_2 或 Na_2S 时,反应过程中无氢氧化钠生成,可避免双分子还原副产的生成。但是多硫化钠作为还原剂时,反应过程中有硫生成,使反应产物难分离,实用价值不大。因此对于需要控制碱性的还原反应,常用 Na_2S_2 为还原剂。

2. 用亚硫酸盐类还原

亚硫酸钠、亚硫酸氢钠可将硝基、亚硝基、偶氮基、羟胺还原成氨基,重氮盐还原成肼。例如,亚硫酸氢钠将芳伯胺的重氮盐还原为芳肼:

$$ArN_2^+ \xrightarrow{SO_3Na^-} Ar-N=N-SO_3Na \xrightarrow[H^+]{SO_3Na^-} \underset{\underset{SO_3Na}{|}}{Ar-N-NH-SO_3Na} \xrightarrow{H_2O} ArNH-NH-SO_3Na \xrightarrow[\triangle]{HCl} ArNH-NH_2 \cdot HCl$$

总反应为

$$ArN_2^+ + 2NaHSO_3 + 2H_2O \longrightarrow ArNHNH_2 + 2NaHSO_4 + H^+$$

硝基芳烃衍生物用亚硫酸盐还原硝基时,可在芳环上引入磺酸基,得到氨基芳磺酸化合物。亚硫酸氢钠与硝基物的摩尔比为(4.5~6.1)∶1。以乙醇或吡啶作溶剂,有助于加速反应。

连二亚硫酸钠（$Na_2S_2O_4$）又称保险粉,在稀碱介质中,$Na_2S_2O_4$ 是强还原剂,使用条件温和,反应速率快,产品纯度高,主要用于蒽醌及还原染料的还原。例如,在染色过程中将还原蓝 RSN 还原为可溶于水的隐色体:

$Na_2S_2O_4$ 不易保存,价格高。

3.3.3 用金属复氢化物还原

这类还原剂中最重要的是氢化铝锂($LiAlH_4$)、氢化硼钠($NaBH_4$)和氢化硼钾(KBH_4)等。这类还原剂中的氢是负离子 H^-,它对 $\diagdown C{=}O$、$-N{=}O$ 和 $\diagdown S{=}O$ 化双键可发生亲核进攻而加氢,但是对于极化程度比较弱的双键,则一般不发生加氢反应。这类还原剂中 $LiAlH_4$ 的还原能力较强,可被还原的官能团范围广,$NaBH_4$ 和 KBH_4 的还原能力较弱,可被还原的官能团范围较窄,但还原选择性较好。这类还原剂价格高,目前只用于制药工业和香料工业中采用其他方法难以实现的反应。

1. 氢化铝锂

$LiAlH_4$ 遇到水、酸、含羟基或巯基的有机化合物,会生成相应的铝盐并放出氢气。用 $LiAlH_4$ 时,一般使用无水乙醚或四氢呋喃等醚类溶剂,这类溶剂对 $LiAlH_4$ 有较好的溶解度。$LiAlH_4$ 虽然还原能力较强,但价格比 $NaBH_4$ 和 KBH_4 贵,限制了它的使用范围。其应用实例列举如下。

①酰胺羰基还原成亚甲基或甲基。

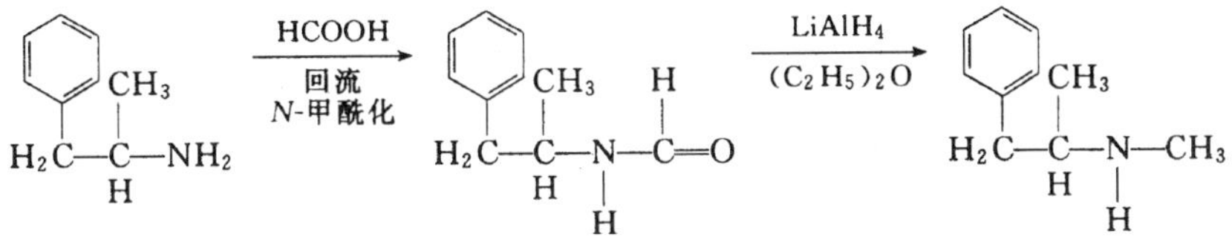

②羧基还原成醇羟基。

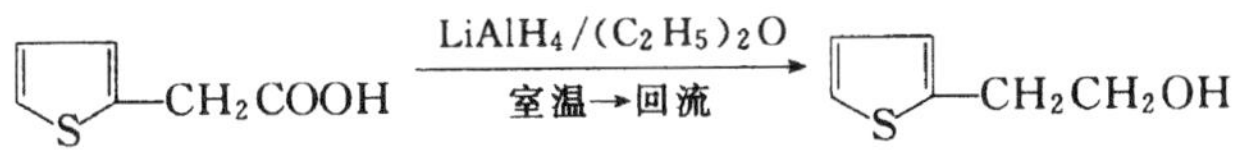

③酮羰基还原成醇羟基。

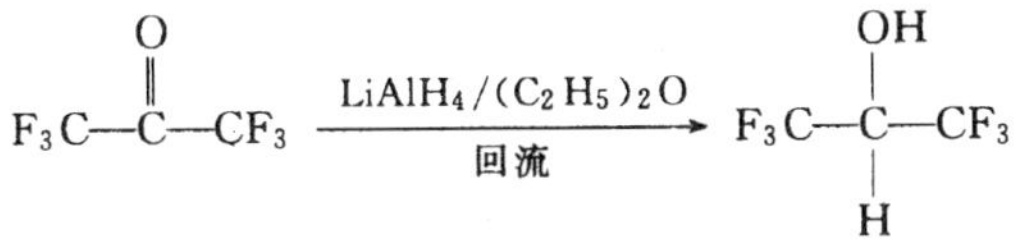

④酯与双键同时还原。

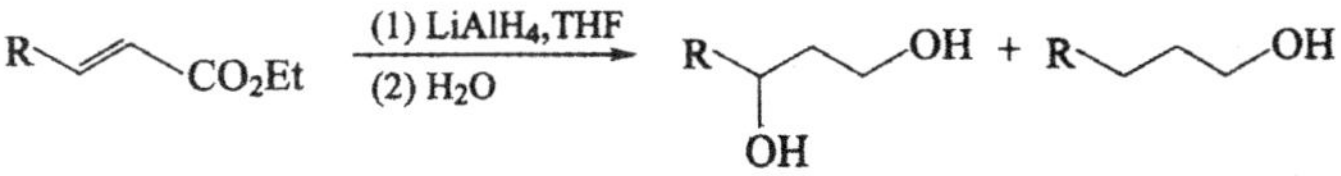

⑤酮的不对称还原。

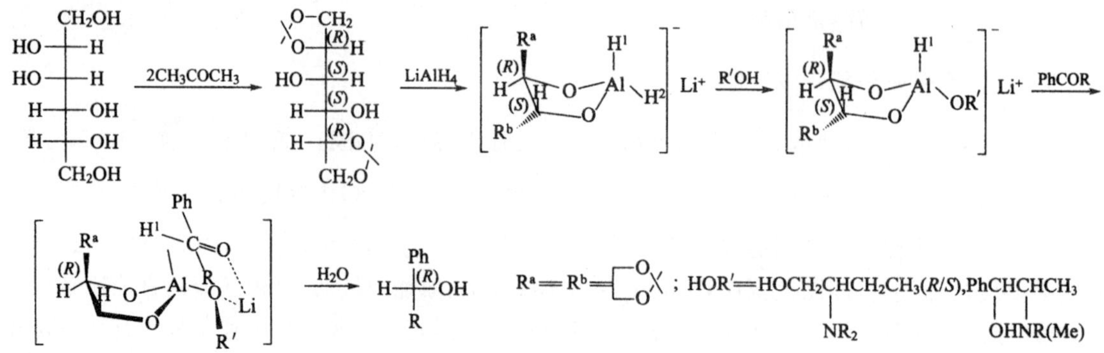

経过光学活性配体修饰的手性铝锂试剂可以应用于手性合成。例如,对潜手性芳酮进行不对称还原,得到光学活性醇。通过与 α-D-乙酰氧基-L-丙酰氯生成非对映异构体酯,对映体过量在 $43.6\% \sim 77.7\%$ 之间。

2. 氢化硼钠和氢化硼钾

$NaBH_4$ 和 KBH_4 不溶于乙醚,在常温可溶于水、甲醇和乙醇而不分解,可以用无水甲醇、异丙醇或乙二醇二甲醚、二甲基甲酰胺等溶剂。$NaBH_4$ 和 KBH_4 的价格比较便宜,但是比较容易潮解。

$NaBH_4$ 还原醛、酮实质上就是 H^- 与羰基亲核加成反应,BH_4^- 充当强还原剂、H^- 的给予体作为强亲核试剂不可逆地加到羰基的碳原子上,BH_4^- 的 4 个 B—H 键可以逐步参加反应,反应先生成烷氧基硼烷盐,这是一个放热反应;然后烷氧基硼烷盐水解(或酸解)成相应的醇。

$NaBH_4$ 和 KBH_4 在甲醇(乙醇)中的溶解度不呈悬浮液,有的作者将固体 $NaBH_4$ 分批慢慢加入到 $2,2',4'$-三氯苯乙酮的甲醇或乙醇溶液中,但由于反应放热强,伴有强烈的气体产生,操作不便,反应不易控制。由于固体或悬浮液的接触比溶液要小,使反应速率降低。但氢化硼钠(钾)在酸性和中性水溶液中很容易分解生成硼烷和氢气,反应方程式如下所示。

$$NaBH_4 + H_2O \longrightarrow BH_3 + H_2 + NaOH$$

在碱性溶液中氢化硼钠(钾)是稳定的,这是由于存在的 OH^- 抑制了氢化硼钠的水解平衡。其应用实例列举如下。

① 环羰基还原成环羟基。

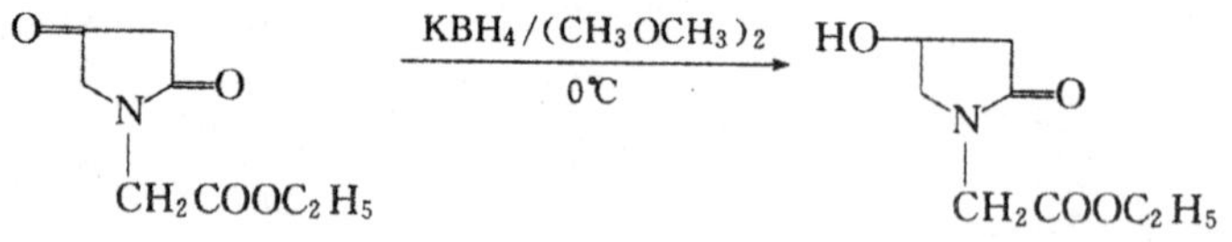

医药中间体

此例中,只选择性地还原了一个环羰基,而不影响另一个环羰基和羧酯基。

② 醛羰基还原成醇羟基。

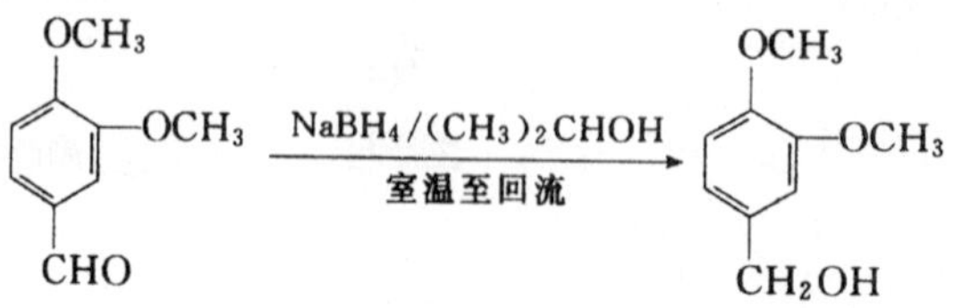

香料和医药中间体

③亚氨基还原成氨基。

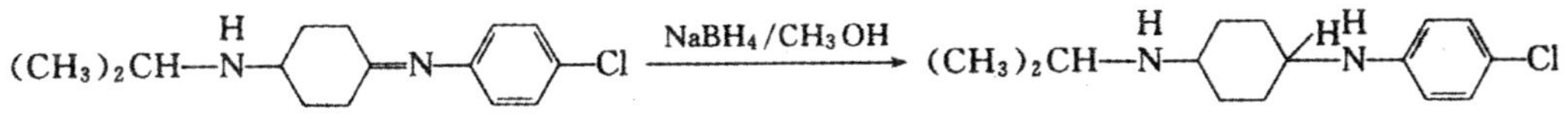

④还原酯和羧酸。

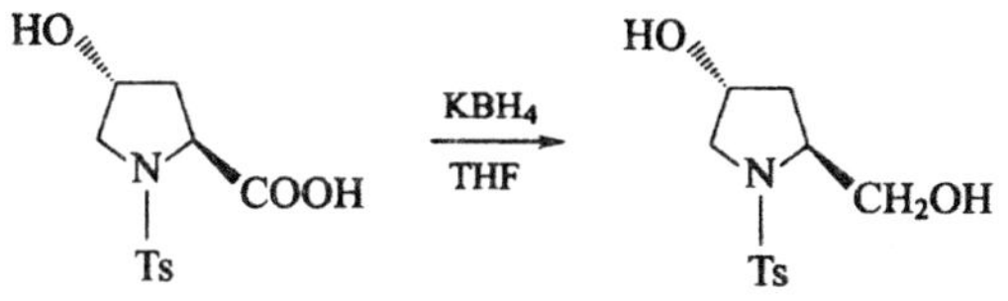

3.3.4 水合肼还原

肼的水溶液呈弱碱性,它与水组成的水合肼是较强的还原剂。

$$N_2H_4 + 4OH^- \longrightarrow N_2\uparrow + 4H_2O + 4e$$

水合肼作为还原剂的显著特点是还原过程中自身被氧化成氮气而逸出反应体系,不会给反应产物带来杂质。同时水合肼能使羰基还原成亚甲基,在催化剂作用下,可发生催化还原。

1. W-K-黄鸣龙还原

水合肼对羰基化合物的还原称为 Wolff-Kishner 还原。

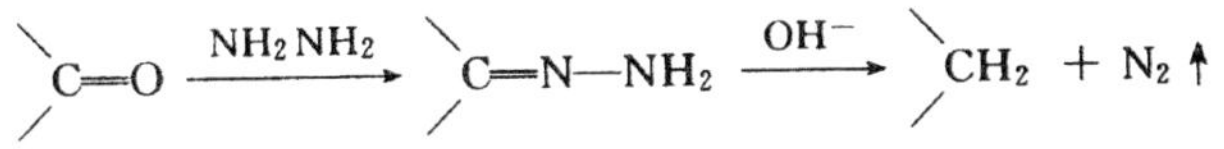

此反应是在高温下于管式反应器或高压釜内进行的,这使其应用范围受到限制。我国有机化学家黄鸣龙对该反应方法进行了改进,采用高沸点的溶剂如乙二醇替代乙醇,使该还原反应可以在常压下进行。此方法简便、经济、安全、收率高,在工业上的应用十分广泛,因而称为 Wolff-Kishner-黄鸣龙还原法,例如:

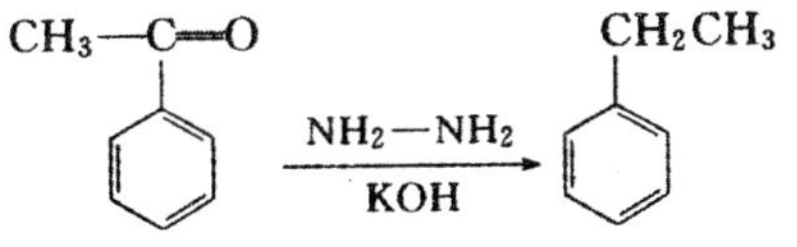

Wolff-Kishner-黄鸣龙还原法是直链烷基芳烃的一种合成方法。

2. 水合肼催化还原

水合肼在 Pd-C、Pt-C 或骨架镍等催化剂的作用下,可以发生催化还原,能使硝基和亚硝基化合物还原成相应的氨基化合物,而对硝基化合物中所含羰基、氰基、非活化碳碳双键不具备还原能力。该方法只需将硝基化合物与过量水合肼溶于甲醇或乙醇中,然后在催化剂存在下加热,还原反应即可进行,无需加压,操作方便,反应速率快且温和,选择性好。

水合肼在不同贵金属催化剂上的分解过程,取决于介质的 pH,1mol 肼所产生的氢随着介质 pH 的升高而增加,在弱碱性或中性条件下可以产生 1mol 氢。

$$3N_2H_4 \xrightarrow{Pt、Pd、Ni} 2NH_3 + 2N_2 + 3H_2$$

在碱性条件下如果加入 $Ba(OH)_2$ 或 $CaCO_3$ 则可以产生 2mol 氢。

$$N_2H_4 \xrightarrow{Pt、Pd} N_2 + 2H_2$$

芳香族硝基化合物用水合肼还原时，可以用 Fe^{3+} 盐和活性炭作为催化剂，反应条件较为温和。

$$2ArNO_2 + 3N_2H_4 \xrightarrow{Fe^{3+}-C} 2ArNH_2 + 4H_2O + 3N_2$$

间硝基苯甲腈在 $FeCl_3$ 和活性炭催化作用下，用水合肼还原制得间氨基苯甲腈。

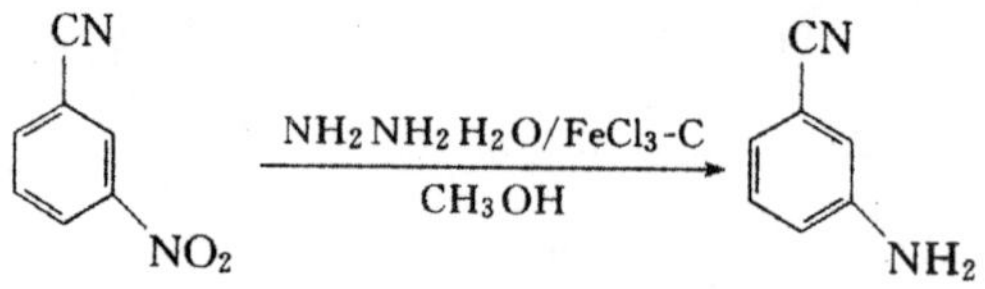

3.4 电解还原反应

3.4.1 电解还原方法的特点

电解还原是一种重要的还原方法。它是电化学反应的重要部分。

电解还原产生于电解池的阴极。在阴极上，电解液离解产生的氢离子接受电子，形成原子氢，再由原子氢还原有机化合物，此类还原方法称为电解还原。电极的不同和电解液的不同，就会有不同的还原反应。

例如，用 Pt/Pt 电极或用 Ni/Ni 电极的还原反应为催化氢化反应；而以汞为电极，以钠盐为电解液时，还原反应则是钠汞齐的作用。因而电解还原在不同的情况下有不同的反应机理，产生不同的还原效果。

电解还原有许多特点，它没有催化剂中毒的问题；与化学还原法相比，有产率高、纯度好、易分离和对环境污染小等优点。而且电解还原的操作简便，在电化学反应中，作为基本反应剂的电子的活性是可以通过电极电势加以调整和控制，从而控制反应速度或改变反应进程。由此可见，无论在实验室还是在工业上，电解还原都有着广阔的应用前景。

电解还原反应速度缓慢，设备投资和维修费用庞大，耗电量大，电池的设计和材料问题较难解决。此外，影响反应的因素比较复杂，除影响热化学反应的反应参数，如温度、压力、时间、pH、溶剂和试剂浓度等因素仍然起作用外，还必须考虑电流密度、电极电势、电极材料、支持电解质、隔膜、双电层以及吸附和解吸等因素的影响。因而电解还原的发展受到了诸多条件的限制。

电解还原还用于硝基化合物、酯、酰胺、腈、羰基等化合物的还原，还可使羧酸还原成醛、醇甚至烃，炔还原成烯，共扼烯烃还原成烃等反应。在国外已有一些产品实现了工业化，如丙烯腈电解还原法生产己二腈。

3.4.2 电解还原方法的影响因素

影响电解还原的反应机理和最终产物的因素很多，主要有阴极电位、阴极材料和电解液等。

（1）阴极电位

阴极电位是影响电解还原的最重要因素。对于同一被还原物，如果阴极电位不同，则能产生不同的产物。例如：

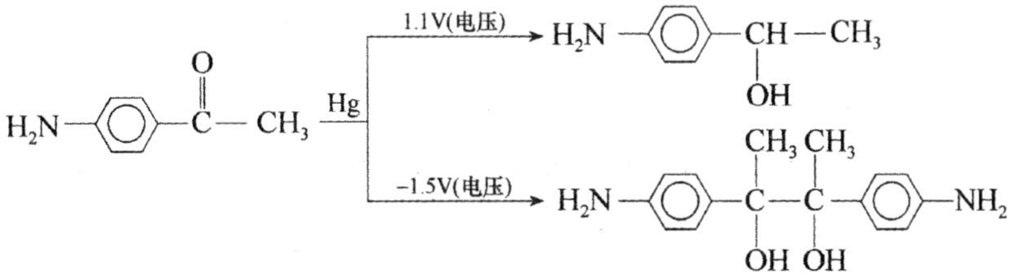

（2）阴极材料

阴极材料对还原反应有决定性的影响。通常电极的材料不同，不仅还原能力有限，而且还可能影响产物的组成和构型。例如：

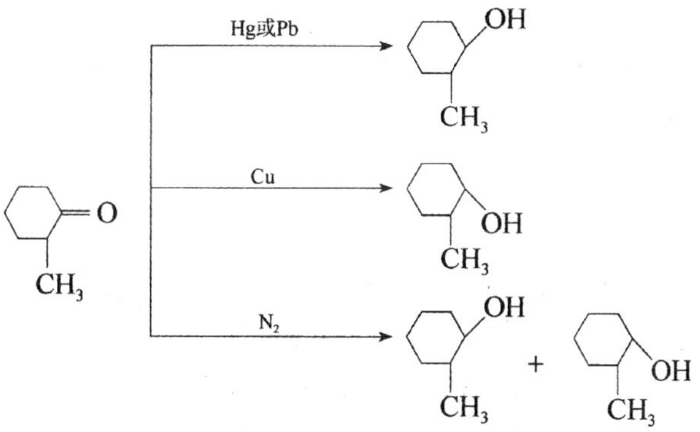

阴极材料最常用的是纯汞和铅，其次是铂和镍。阳极材料可采用石墨、铂、铅、镍。

（3）电解液

电解液最好采用水或某些盐类的水溶液。对于难溶于水的有机物，可以使用水-有机溶剂混合物，常用乙醇、乙酸、丙酮、乙腈、二噁烷、N,N-二甲基甲酰胺等。也可直接采用介电常数较大的有机溶剂作为电解液，如乙醇、乙酸、吡啶、二甲基甲酰胺等。

3.4.3　电解还原方法的应用

1. 己二腈的生产

纯的己二腈为无色透明油状液体，溶于甲醇、乙醇、乙醚和氯仿，微溶与水和四氯化碳主要用于生产尼龙-66 的中间体己二胺。己二腈可由丙烯腈电解二聚法制得。

该生产采用丙烯腈电解二聚法，其反应式为

$$2CH_2=\!\!=CH-CN \xrightarrow[\text{电解二聚}]{Pb} NC(CH_2)_4CN$$

电解池的阴极为铅板，阳极为特殊合金。阴极液为 60% 的对甲苯三乙铵硫酸盐的水溶液，阳极液为稀硫酸。阴极室与阳极室之间用阳离子交换膜隔开。电解槽采用聚丙烯材料组装成的立式板框型结构。

将丙烯腈溶于电解液中，再导入电解槽阴极室。电流密度为 $15\sim30A/dm^2$，电解槽温度 50℃，阴极电解液的 pH 为 7.0～9.5。丙烯腈通过电解液的还原发生二聚作用，生成己二腈，收率可达 90％以上。

2. 偶氮苯的生产

偶氮苯为黄色或橙黄色片状结晶。易溶于醇、醚、苯和冰乙酸,但不溶于水。主要用做染料中间体,也用于制备橡胶促进剂。它可由硝基苯电解还原制得。

该生产采用电解还原法,其反应式为

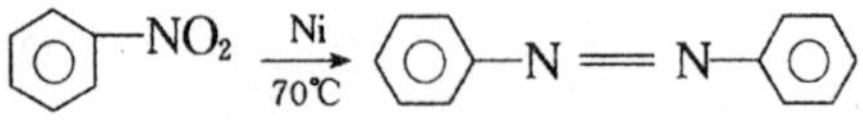

$$\text{〇}-NO_2 \xrightarrow[70℃]{Ni} \text{〇}-N=N-\text{〇}$$

电解池内设有素瓷筒将阳极和阴极隔开。阳极是由 1mm 厚铅片筒状放于素瓷筒内;阴极是由镍网环绕在素瓷筒外,下缘比素瓷筒略长一些。

阴极液为硝基苯、乙醇和醋酸钠组成的液体,阳极液是碳酸钠的饱和水溶液。在 70℃水浴中温热,通以 16～20A 电流,直到阴极上有氢气放出。电解过程中应随时补充挥发掉的乙醇。电解结束后,取出阴极液,通入空气以氧化可能生成的氢化偶氮苯。待溶液冷却后,偶氮苯呈红色晶体析出。

第4章　不对称合成反应

4.1　不对称合成概述

4.1.1　不对称合成的意义

不对称合成反应是近年来有机化学中发展最为迅速也是最有成就的研究领域之一。研究不对称合成反应具有十分重要的实际意义和理论价值。对于不对称化合物而言,制备单一的对映体是非常重要的,因为对映体的生理作用往往有很大差别。许多药物都是手性的,只有一种对映体有效,另一种无效甚至起反作用。

在一个不对称反应物分子中形成一个新的不对称中心时,两种可能的构型在产物中的出现常常是不等量的。在有机合成化学中,就把这种反应称为不对称反应或不对称合成。

Morrison 和 Mosher 提出了"不对称合成"较为完整的定义:一个反应,其中底物分子整体中的非手性单元由反应剂以不等量地生成立体异构产物的途径转换为手性单元。也就是说,不对称合成是这样一个过程,它将潜手性单元转化为手性单元,使得产生不等量的立体异构产物。

不对称合成的发展,使药物合成和有机合成进入了一个新阶段。这类反应还广泛应用于有机化合物分子构型的测定和阐明、有机化学反应的机理、酶的催化活性等领域,丰富了有机化学、药物化学、有机合成化学和化学动力学,具有广泛的应用前景。

4.1.2　不对称合成的效率

不对称合成实际上是一种立体选择性反应,它的反应产物可以是对映体,也可以是非对映体,且两种异构体的量不同。立体选择性越高的不对称合成反应,产物中两种对映体或非对映体的数量差别越悬殊。正是用这种数量上的差别来表征不对称合成反应的效率。

不对称反应效率的表示方法有两种。一种是对应异构体过量百分数,如果产物互为对映体,则用某一对映体过量百分数(简写为 e. e)来衡量其效率:

$$e.\,e=\frac{[R]-[S]}{[R]+[S]}\times100\%$$

或是非对应异构体表示方法,如果产物为非对映体,可用非对映体过量百分数(简写为 d. e)表示其效率:

$$d.\,e=\frac{[S^*S]-[S^*R]}{[S^*S]+[S^*R]}\times100\%$$

上述两式中[S]和[R]分别表示主产物和次产物对应异构体的量;[S*S]和[S*R]分别表示主次要产物非对应异构体的量。

第二种不对称合成反应效率用产物的旋光纯度来表示,旋光性是手型化合物的基本属性,在一般情况下,可假定旋光度与立体异构体的组成成直线关系,不对称合成的对映体过量百分率常用测旋光度的实验方法直接测定,或者说,在实验误差可忽略不计时,不对称合成的效率用光学纯度 OP 表示:

$$OP = \frac{[\alpha]_{实测}}{[\alpha]_{纯样品}} \times 100\%$$

在实验误差范围内两种方法相等。若 e.e 或旋光度 OP 为 90%,则对映体的比例为 95:5 非对应异构体的量可以用 ^{1}H-NMR、GC 或 HPLC 来测定。

一个成功不对称合成的标准:

①对应异构体的量,对应异构体含量越高合成越成功。

②可以制备到 R 和 S 两种构型。

③手型辅助剂易于制备并能循环应用。

④最好是催化性的合成。

4.2 有机合成的选择性

有机合成反应的选择性大致分为三种:化学选择性、位置选择性、立体选择性。控制选择性的因素分为两类:热力学控制、动力学控制,前者与产物的稳定性或能量有关,后者是反应活化能的比较,常受电子效应或空间效应的影响。

1. 化学选择性

官能团不同,化学活性也不同。如所使用的某种试剂对一个有多种官能团的分子起反应时,只对其中一个官能团作用,这种特定的选择性就是化学选择性。例如:

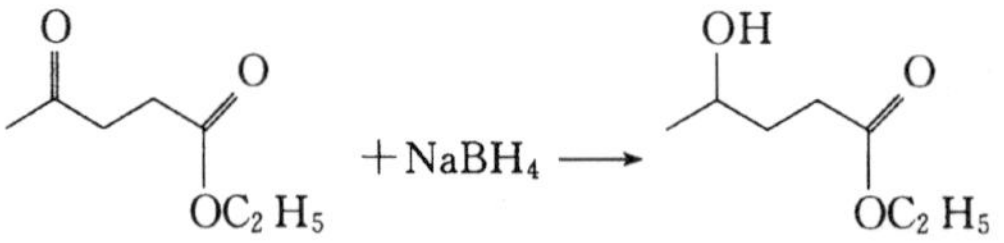

NaBH$_4$ 可将 4-氧戊酸乙酯还原成 4-羟基戊酸乙酯。这表示 NaBH$_4$ 可对羰基作选择性还原,只对酮基起作用,而不作用于酯基。

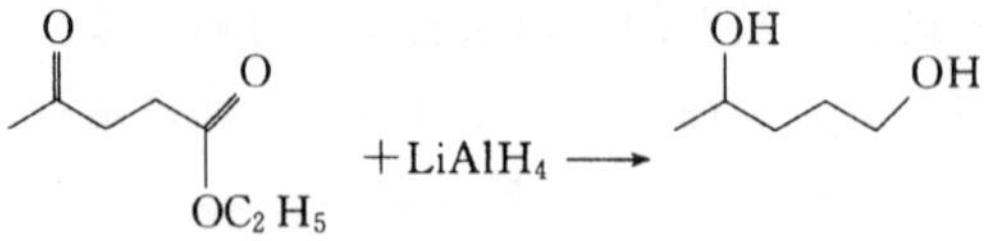

相反,氢化锂铝同时对酮基及酯基都能够起还原作用,从而得到 1,4-戊二醇。

2. 位置选择性

在反应中,反应试剂定向地进攻反应物的某一位置而生成指定结构的产物,这个反应就称为具有位置选择性(或区域选择性)。例如不对称烯烃与不对称试剂的加成反应。

$$CH_3CH_2CH{=}CH_2 + HBr \xrightarrow{HOAc} CH_3CH_2CHCH_3$$
$$\qquad\qquad\qquad\qquad\qquad\qquad |$$
$$\qquad\qquad\qquad\qquad\qquad\qquad Br$$

甾体化合物有多个 OH⁻,其中一个是烯丙醇基,当用 MnO₂ 氧化该化合物时,反应只在烯丙醇基处作用。

3. 立体选择性

立体选择性反应一般是指反应能生成两种或两种以上立体异构体产物,但其中仅一种异构体占优势的反应。例如:

烯烃的加成反应:

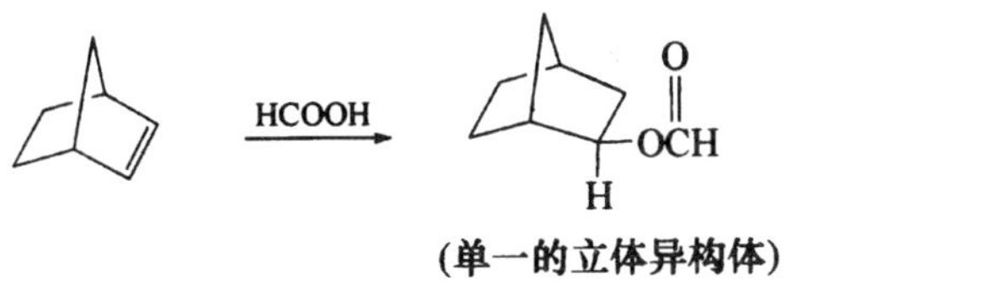

羰基的还原反应:

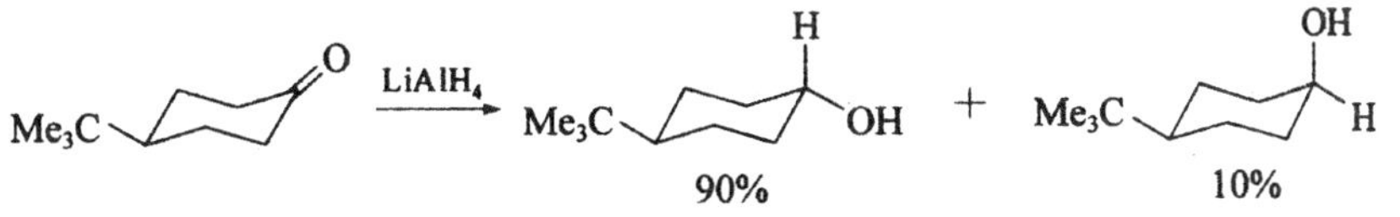

这些反应都具有很高的立体选择性。Power 等利用大位阻的 Lewis 酸来制造过渡态中额外的空间因素而使反应的选择性发生扭转,具有很好的创意,反应过程表示如下:

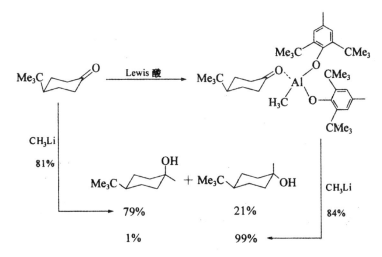

如某个反应只生成一种立体异构体,而没有另一种,就叫立体专一性反应,反映了反应底物的构型与反应产物的构型在反应机理上立体化学相对应的情况,以顺反异构体与同一试剂加成反应为例,若两异构体均为顺式加成,或均为反式加成,则得到的必然是立体构型不同的产物,即由一种异构体得到一种产物,由另一种异构体得到另一种构型的产物。如果顺反异构体之一进行顺式加成,而另一异构体则进行反式加成,得到相同的立体构型产物,称为非立体专一性反应。例如,溴对 2-丁烯的加成反应,反式异构体给出 meso-2,3-溴丁烷,而顺式底物则生成(±)-2,3-二溴丁烷,反应式如下:

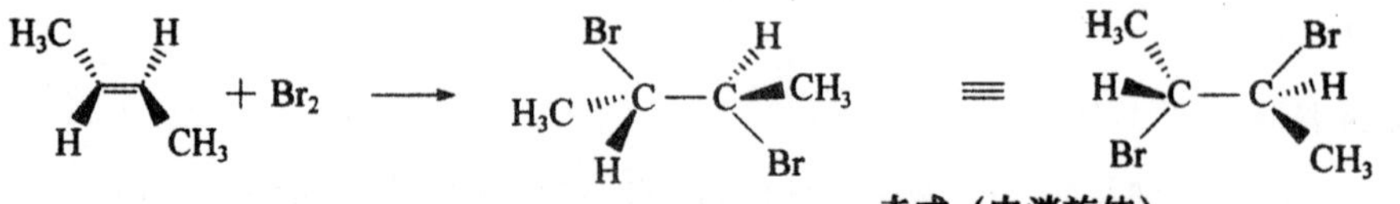

赤式（内消旋体）

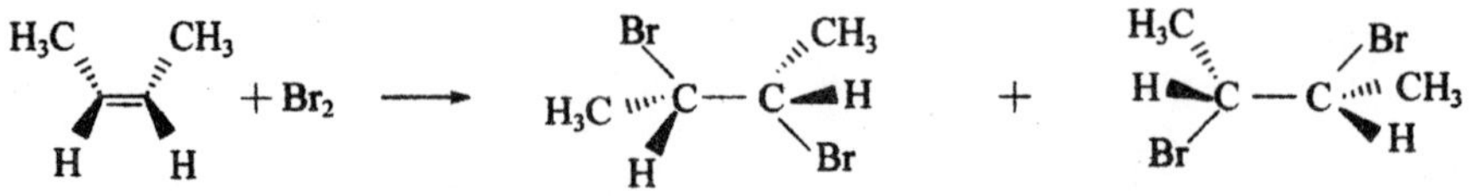

苏式（外消旋体）

在消去反应和取代反应中同样可以举出立体专一性反应的实例：

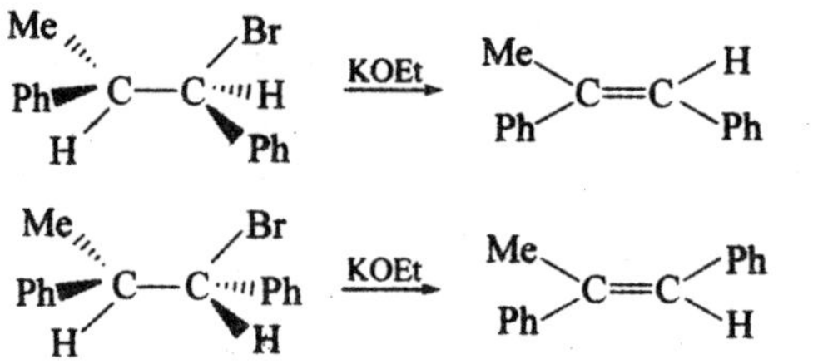

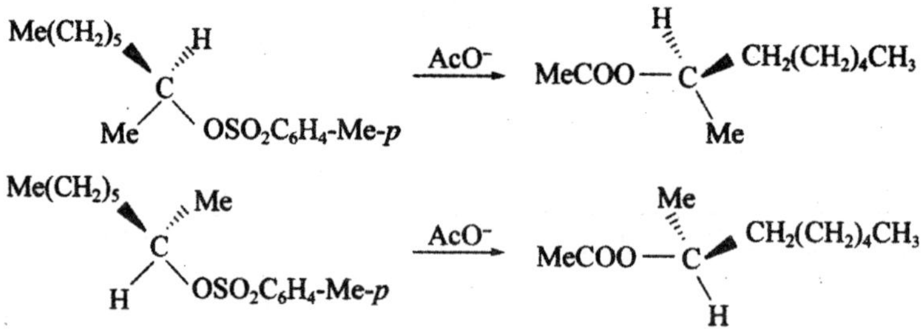

4.3 不对称合成的途径

不对称合成实际上是一种立体选择性合成,按照手性基团的影响方式和合成方法的演变和发展,可以分成四代:第一代方法称为底物控制法,第二代方法称为手性基团控制法,第三代方法称为手性试剂控制法,第四代称为手性催化剂的控制法。

4.3.1 手性底物诱导的不对称合成

底物控制反应(又称手性源不对称反应)即第一代不对称合成是通过手性底物中已经存在的手性单元进行分子内定向诱导。在底物中新的手性单元通过底物与非手性试剂反应而产生,此时反应点邻近的手性单元可以控制非对映面上的反应选择性。底物控制反应在环状及刚性分子上能发挥较好的作用。

底物控制法的反应底物具有两个特点:

①含有手性单元。

②含有潜手性反应单元。

在不对称反应中,已有的手性单元为潜手性单元创造手性环境,使潜手性单元的化学反应具有对映选择性。

手性底物控制不对称合成反应原料易得,但缺点是往往没有简捷、高效的方法将其转化为手性目标化合物。对于一些多手性中心有机化合物的合成,这种不对称合成思想尤为重要。只要在起始步骤中控制一个或几个手性中心的不对称合成,接下来就可能靠已有的手性单元来控制别的手性中心的单一形成,避免另外使用昂贵的手性物质。这类合成在药物合成上的应用研究比较多,有一些出色完成实际药物合成的实例。

（1）青蒿素的合成

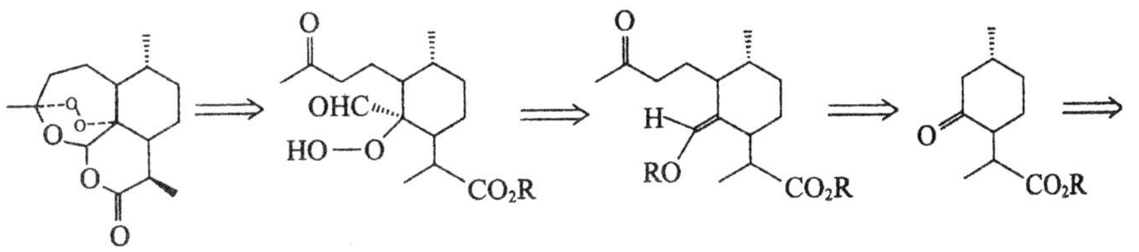

青蒿素(arteannuin)

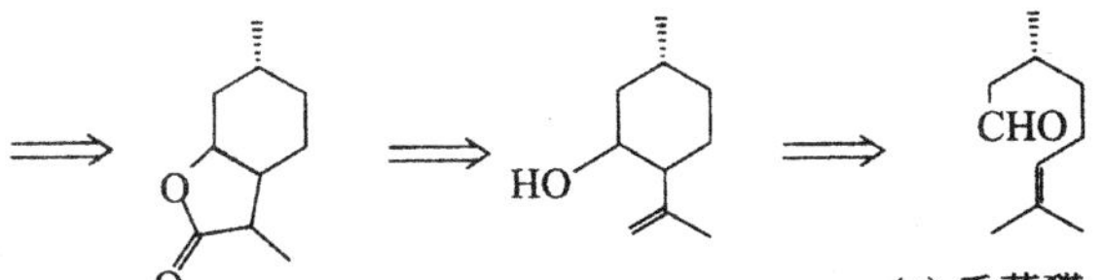

(+)-香茅醛

这项全合成的成功的关键在于用光氧化反应在饱和碳环上引入过氧键,用孟加拉玫红作光敏剂对半缩醛进行光氧化得 α-位过氧化物,合成设计中巧妙地利用了环上大取代基优势构象所产生的对反应的立体选择性。

（2）(S)-(—)-心得安合成

(S)-(—)-心得安作为 β-受体阻断剂类药物,其药效比(R)-(＋)-构型体高 100 倍,并且它在体内有更长的半衰期。一种由天然产物 L-山梨糖醇出发合成的路线如下,在这个合成中保留了天然山梨糖醇中与目标分子中构型一致的手性中心。

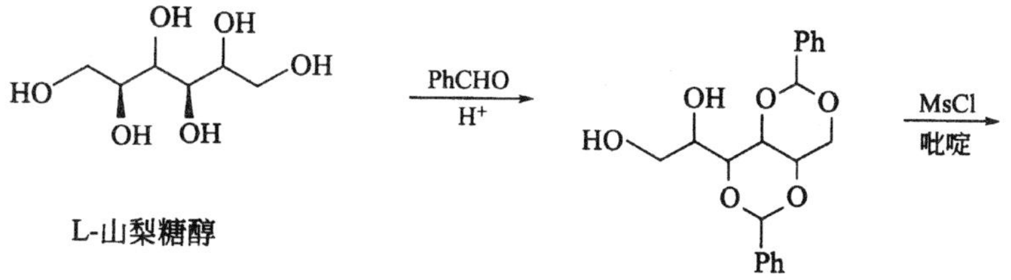

L-山梨糖醇

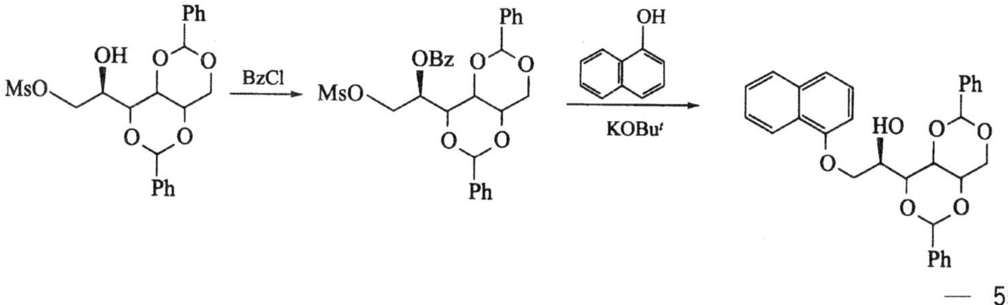

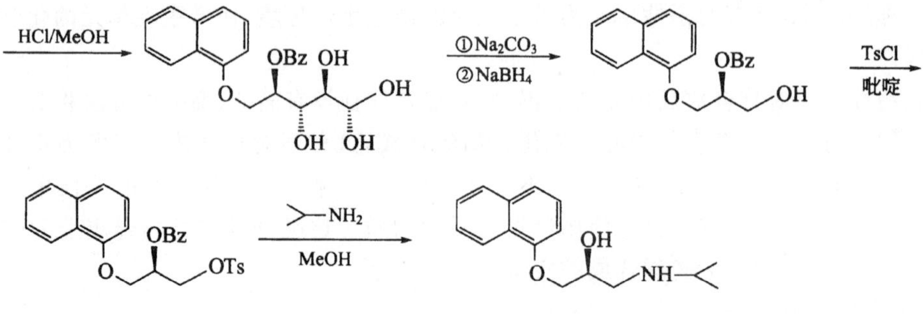

(S)-$(-)$-propranolol

4.3.2　手性辅助基团控制法

辅基控制中的底物与手性底物诱导中的底物一致,为潜手性化合物。它需要手性助剂来诱导反应的光学选择性。在反应中,底物首先和手性助剂结合,后参与不对称反应,反应结束后,手性助剂可以从产物中脱去。此方法为底物控制法的发展,它们都是通过分子内的手性基团来控制反应的光学选择性;只不过前者中的手性单元仅在参与反应时才与底物结合成一个整体,同时赋予底物手性;后者在完成手性诱导功能后,可从产物中分离出来,并且有时可以重复利用。其控制历程为

$$S \xrightarrow{A^*} S\text{-}A^* \xrightarrow{R} P^*\text{-}A^* \xrightarrow{-A^*} P^*$$

其中,S 为反应底物,A^* 为手性付辅剂,R 为反应试剂,* 为手性单元。

虽然手性辅助基团控制不对称合成方法很有用,但该过程中需要手性辅助剂的连接和脱出两个额外步骤。关于该方法的报道不少,也有一些工业例子。如,工业上利用此方法生产药物 (S)-萘普生。手性助剂酒石酸与原料酮类化合物发生反应时在保护羰基的同时又赋予底物手性。接着发生溴化反应,生成单一构型产物,再经重排和水解得到目标产物。

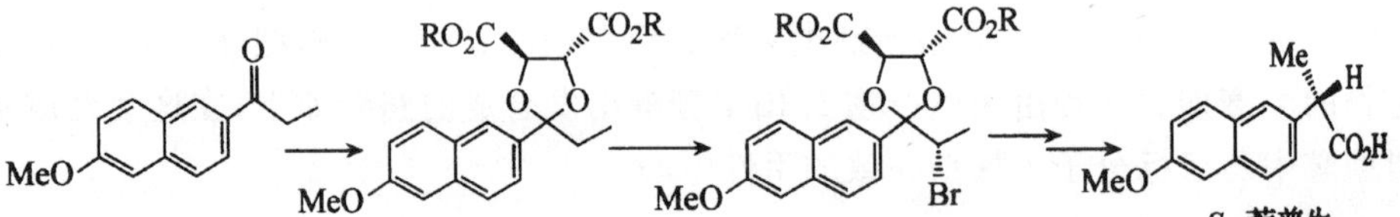

S-萘普生

4.3.3　手性试剂诱导的不对称合成

在无手性的分子中通过化学反应产生手性中心,一个常用的方法就是用手性试剂对含有对映异位原子、对映异位基团或对映异位面的底物作用。这类试剂颇多,有些已有商品。

硼试剂在手性合成中可作硼氢化、还原剂、烷基化试剂,硼试剂中用天然或合成的手性化合物引入手性,就得到手性硼试剂。例如(+)或(−)-α-蒎烯硼氢化,得到手性二蒎基硼烷就是很好的手性硼试剂。

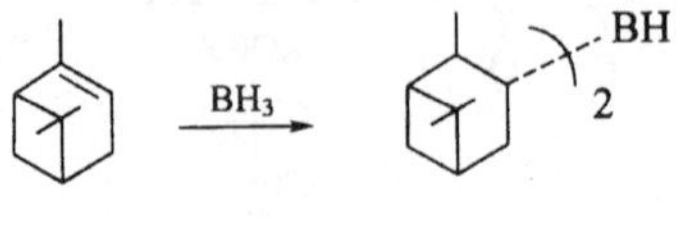

$(-)$-$(IPC)_2BH$

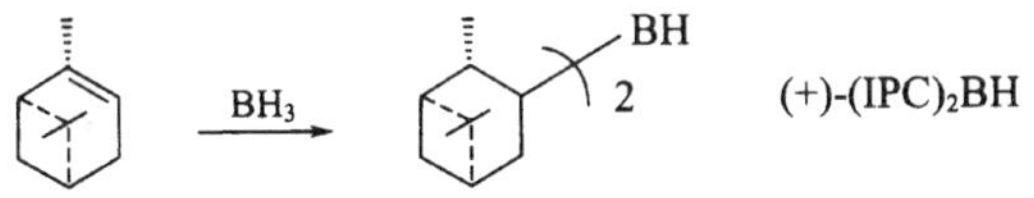

羰基的不对称还原也可以用手性硼试剂实现,最常用的是将 α-蒎烯用 9-BBN (9-硼-双环[3,3,1]壬烷)进行硼氢化得到的 B-3-蒎基-9-BBN。

除上述含硼的手性烯醇类化合物外,还有锂盐类醇,用这些试剂可以进手性烷基化、酰化和羟基化反应。

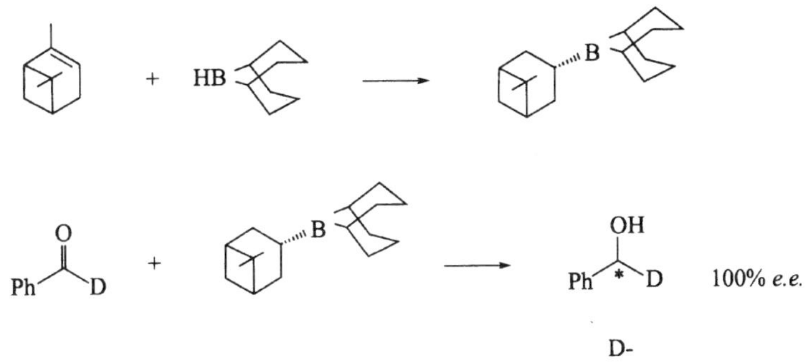

手性氨基锂和手性氨基铜锂也被用于试剂诱导的不对称合成。前者与酮羰生成不对称的烯醇锂盐,再与亲电试剂反应。后者可以对烯酮烷基化。

从第三代方法中又拓展出另一种情况,即手性底物与手性试剂的反应,称为双不对称反应。这种反应在同时形成两个新的手性单元的反应中(如醛醇反应、Diels-Alder 反应)特别有用。此时存在着手性底物与手性试剂匹配(增效)以及错配(减效)的情况。在有些情况下,如果手性试剂对反应的立体选择性起主导作用,即使在错配情况下,也能得到较满意的不对称诱导效果。也就是说,在这种情况下,可以不考虑底物中手性的存在,事实上已相当于试剂控制反应。

4.3.4　催化法

和上面的方法完全不同,催化法是以光学活性物质作为催化剂来控制反应的对映体选择性。它可以分为两种:生物催化法和不对称化学催化法:

$$S+R \xrightarrow{酶} P^*$$

$$S+R \xrightarrow{手性催化剂} P^*$$

其中,S 为反应底物;R 为反应试剂;* 代表手性物质

1. 手性催化剂诱导醛的不对称烷基化

醛、酮分子中羰基醛、酮与 Grignard 试剂的反应生成相应醇是一个古老而经典的亲核加成反应。但由于 Grignard 试剂反应活性非常大,往往使潜手性的醛、酮转化为外消旋体,而像二烷基锌这样的有机金属化合物对于一般的羰基是惰性的,但就在 20 世纪的 80 年代,Oguni 发现几种手性化合物能够催化二烷基锌对醛的加成反应。例如,(S)-亮氨醇可催化二乙基锌与苯甲醛的反应,生成(R)-1-苯基-1-丙醇,e.e 值为 49%。从此这个领域的研究迅速发展,至今为止,以设计出许多新的手性配体,应用这些手性配体可促进醛与二烷基锌亲核加成,这些催化剂一般对芳香醛的烷基化也具有较高的立体选择性。

2. 酶催化的不对称合成

生物催化反应通常是条件温和、高效,并具有高度的立体专一性。酶催化法使用生物酶作为催化剂来实现有机反应。酶催化的普通不对称有机反应主要有水解、还原、氧化和碳—碳键形成反应等。早在 1921 年,Neuberg 等用苯甲醛和乙醛在酵母的作用下发生缩合反应,生成 D-(—)-乙酰基苯甲醇。用于急救的强心药物"阿拉明"的中间体 D-(—)-乙酰基间羟基苯甲醇也是用这种方法合成的。1966 年,Cohen 采用 D-羟腈酶作催化剂,苯甲醛和 HCN 进行亲核加成反应,合成(R)-(＋)-苦杏仁腈,具有很高的立体选择性,反应式如下:

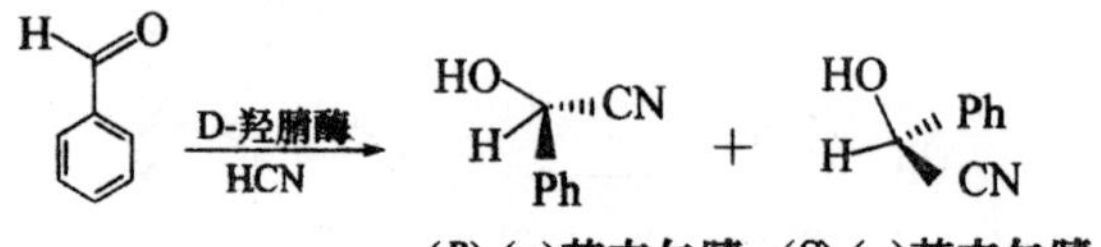

(R)-(+)苦杏仁腈　(S)-(–)苦杏仁腈
e.e 94%

目前内消旋化合物的对映选择性反应只有酶催化反应才能完成。马肝醇脱氢酶(HLADH)可选择性地将二醇氧化成光学活性内酯,猪肝酯酶(PLE)可使二酯选择性水解成光学活性产物 β-羧酸酯,反应式如下:

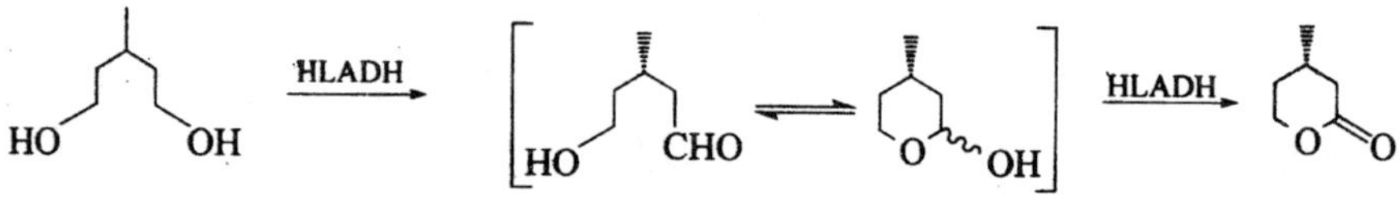

e.e 87%

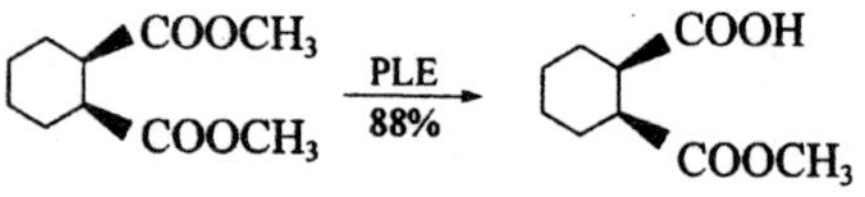

e.e>97%

部分蛋白质可以作为不对称合成的催化剂使用,例如,在碱性溶液中进行 Darzen 反应时,可用牛奶蛋清酶做催化剂,反应式如下:

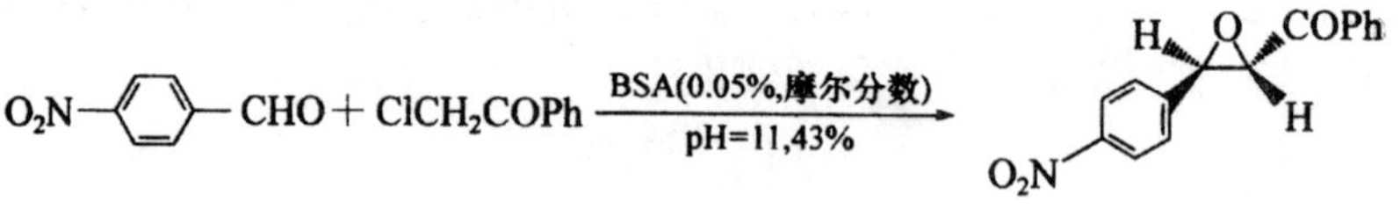

e.e 62%

手性化学催化剂控制对映体选择性的不对称催化能够手性增殖,仅用少量的手性催化剂,就可获取大量的光学纯物质。也避免了用一般方法所得外消旋体的拆分,又不像化学计量不对称合成那样需要大量的光学纯物质,它是最有发展前途的合成途径之一。尽管酶催化法也能手性增殖,但生物酶比较娇嫩,常因热、氧化和 pH 不适而失活;而手性化学催化剂对环境有将强的适应性。

3. 有手性催化剂参与的不对称合成物的应用

1986 年,美国 Monsanto 公司的 Knowles 等和联邦德国的 Maize 等几乎同时报道了用光学活性膦化合物与铑生成的配位体作为均相催化剂进行不对称催化氢化反应. 目前某些不对称催化反应其产物的 e.e 可达 90%,有的甚至达 100%,反应所使用的中心金属大多为铑和铱,手性配体基本为三价磷配体。

例如：

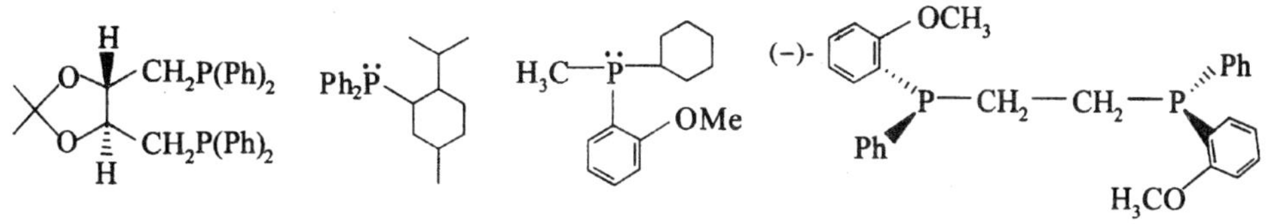

L_A^*　　L_B^*　　L_C^*　　L_D^*

L*：手性膦

具有这种手性配体的铑对碳-碳双键、碳-氧双键及碳-氮双键发生不对称催化氢化反应，用这类反应可以制备天然氨基酸。例如，烯胺类化合物碳-碳双键不对称氢化反应后得到天然氨基酸反应式如下：

$$\underset{\text{H}_3\text{COCHN}}{\text{Ph—CH═C—COOH}} \xrightarrow[25\ ^\circ\text{C},4\ \text{atm},4\ \text{h},50\%\text{MeOH}]{\text{H}_2/\text{RhL}_D^*\text{L}_D^*\text{Cl}_2} \underset{\text{NHCOCH}_3}{\text{Ph—CH}_2\text{CHCOOH}}$$

(*Z*)-*α*-乙酰氨基肉桂酸　　(*S*)-(+)-*N*-乙酰基苯丙氨酸

e. e 95.7%

同样用手性膦催化剂进行不对称催化氢化来制备重要的抗震颤麻痹药物 L-多巴(3-羟基酪氨酸)，反应式如下：

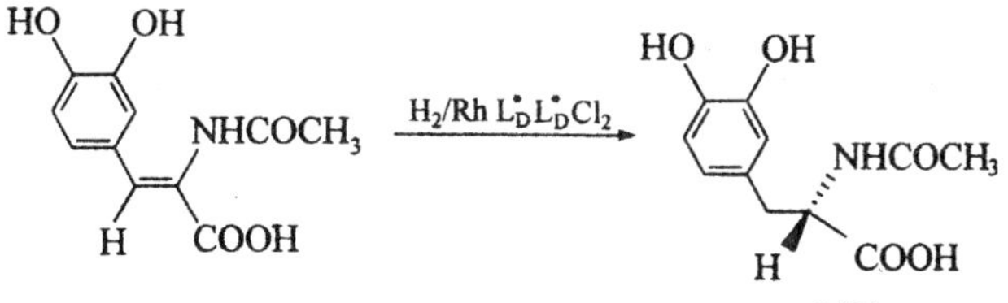

e.e 94%

Sharpless 研究组用酒石酸酯、四异丙氧基钛、过氧叔丁醇体系能对各类烯丙醇进行高对映选择性环氧化，可获得 e. e 值大于 90% 的羟基环氧化物，并且根据所用酒石酸二乙酯的构型可得到预期的立体构型的产物。

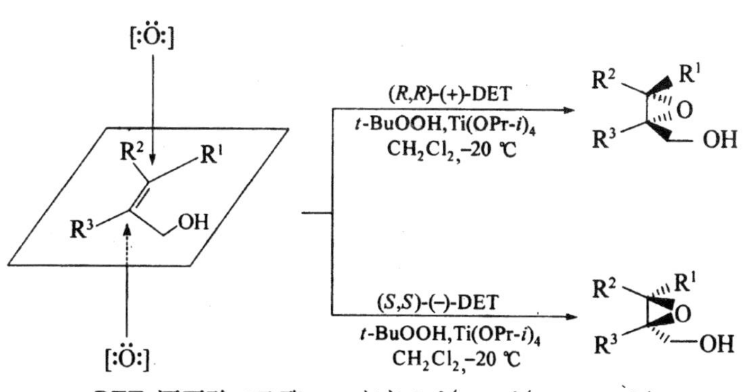

DET：酒石酸二乙酯　　产率 70%～90%，e. e>90%

癸基烯丙醇在反应条件下可得到 e.e 值为 95％的羟基环氧化合物,反应式如下:

$$\underset{CH_3(CH_2)_9}{\overset{H}{\underset{}{}}} \overset{CH_2OH}{\underset{H}{}} \xrightarrow[\text{Ti(OPr-}i)_4,\ CH_2Cl_2]{(R,R)\text{-}(+)\text{-DET},t\text{-BuOOH}} \underset{CH_3(CH_2)_9}{\overset{H\ \ \ O\ \ \ CH_2OH}{\underset{H}{}}}$$

产率 97%,e.e 95%

20 世纪 90 年代,Jocobsen 等利用 Mn(Ⅱ)-Salen 配合物作催化剂,漂白粉等作为氧化剂,对底物是共轭顺式二取代或三取代烯烃的环氧化进行了研究并取得了很好的对映选择性结果,反应式如下:

产率72%,e.e 98%

$$Ph\overset{}{\underset{}{}}Me \xrightarrow[\text{催化剂 (4\%,摩尔分数)}]{\text{NaOCl},CH_2Cl_2,4\ ℃} \underset{O}{\overset{Ph\ \ \ \ Me}{}}$$

产率81%,e.e 92%

在合成 K$^+$ 通道活化剂 BRL-55834 的反应中,由于反应体系中加入了 0.1mol 异喹啉 N-氧化物,只需要 0.1％(摩尔分数)催化剂就可以高效地使色烯环氧化,反应式如下:

产率87%,e.e 94%   BRL-55834

但是,到目前为止,该体系底物范围仍然较窄,尤其对脂肪族化合物效果不理想。

1987 年,Corey 等在 Itsuno 的工作基础上,由(S)-2-(二苯基羟甲基)吡咯烷和 BH$_3$·THF 反应制得相应的硼杂噁唑烷。它是 BH$_3$·THF 还原前手性酮的高效手性催化剂,催化还原前手性酮生成预期构型的高对映体过量仲醇,Corey 称这个反应为 CBS 反应,反应式如下:

$$C_6H_5-\overset{O}{\overset{\|}{C}}-CH_3+BH_3 \xrightarrow[25\ ℃,2\ min]{\text{硼杂噁唑烷/THF}} \left(\underset{(C_6H_5\ \ CH_3)_2}{\overset{O}{}}\right)BH \longrightarrow C_6H_5\overset{OH}{\underset{}{}}CH_3$$

(R)-1-苯基乙醇
转化率99%,e.e>97%

硼杂噁唑烷:

用 BH₃·THF 和各种手性配体制成硼杂噁唑烷来还原前手性酮制备光学活性醇 e.e 值都很高，但此类反应对水极为敏感，散其应用受到限制。

生物碱作为化学反应的手性催化剂也有很好的催化活性。例如：

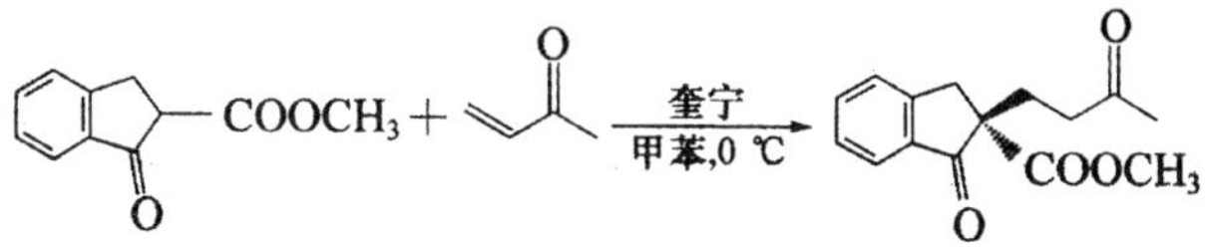

e.e 75%

e.e 75%

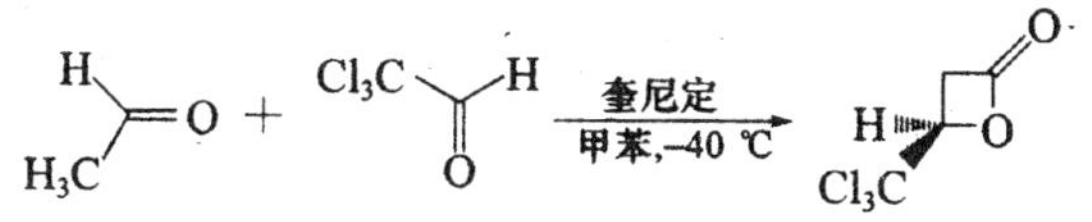

e.e>95%

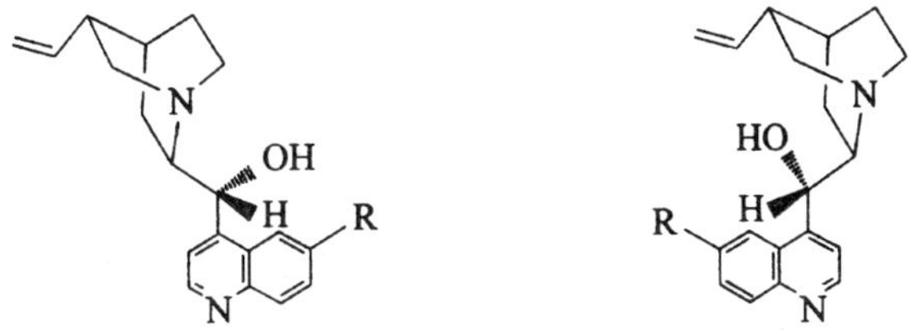

奎宁(R=OCH₃)
辛可尼定(R=H)

奎尼定(R=OCH₃)
辛可宁(R=H)

氨基酸在不对称合成中常作为手性源、手性配体的前体等，并且在对映选择性反应中取得了成功。例如，Cohen 等应用(S)-脯氨酸作为羟醛缩合反应的催化剂，在甾烷 C、D 环合成时获得高达 97% 的 e.e 值，反应式如下：

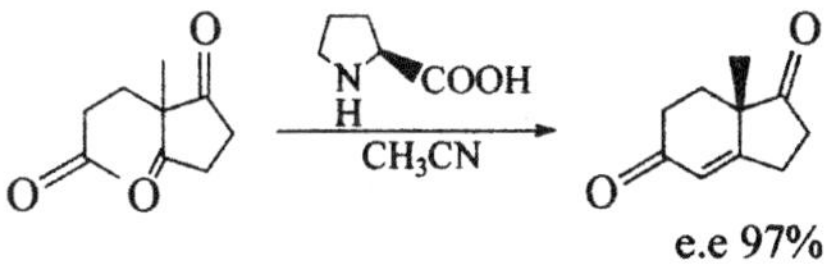

e.e 97%

2006 年，Bolm 等报道了在微波辅助下，L-脯氨酸催化的环己酮、甲醛和芳胺的三组分不对称 Mannich 反应。在 10～15W 功率的辐射下，反应温度不高于 80℃。与传统加热方法相比，该不对称反应加速非常明显，对映选择性却不受影响，反应式如下：

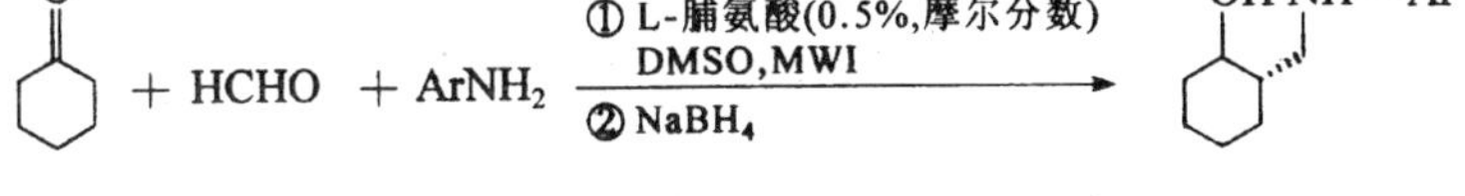

产率71%~96%,e.e 94%~98%

4.4 不对称合成反应

4.4.1 不对称氢化反应

1. 碳-碳双键的不对称氢化反应

加氢反应是最常见的有机反应之一。H_2 分子简单，来源充足，价格低廉，参与的反应产率高，副产物少，因此得到了广泛的研究和应用。早期的不对称氢化反应都使用非均相催化技术，但得到的产物 e. e 值低，无法令人满意。到 20 世纪 60 年代，G. J. Wilkinson 发明了一种实用的均相催化剂三苯基膦氯化铑 $Rh(PPh_3)_3Cl$，它能在温和的条件下显示出极高的催化加氢活性。

P 原子是具有四面体空间的结构，因此，它可以形成手性化合物。如果用三个不同的基团来替换三苯基膦上的三个苯基，则可以得到手性的膦配体催化剂。1968 年，L. Horner 和 W. S. Knowles 各自独立地报道了基于这种思路的不对称氢化反应，为以后的工作奠定了坚实的基础，对不对称催化氢化的发展具有开创性的贡献。

图 4-1 列出了一些重要的膦配体。催化氢化所用的膦配体大多为双膦配体，这是因为单膦配体制备成为催化剂后，构型容易发生变化，导致光学选择性的下降，而双膦配体可以通过与中心金属双齿配位形成有效的手性环境。这些膦配体主要有 C—P 键构成的双膦配体，这其中包括 PPh_2 基团连接在具手性碳原子骨架上的配体，如 1，2；PPh_2 基团连接在具手性面骨架上的配体，如 3；具手性磷原子的配体，如 4，5；O—P，N—P 构成的双膦配体，如 6。而近年来也出现了能高对映选择性诱导不对称氢化反应的单膦配体，如 7。在这些配体中，BINAP 3 尤其重要，其对不对称氢化的发展具有里程碑式的意义。

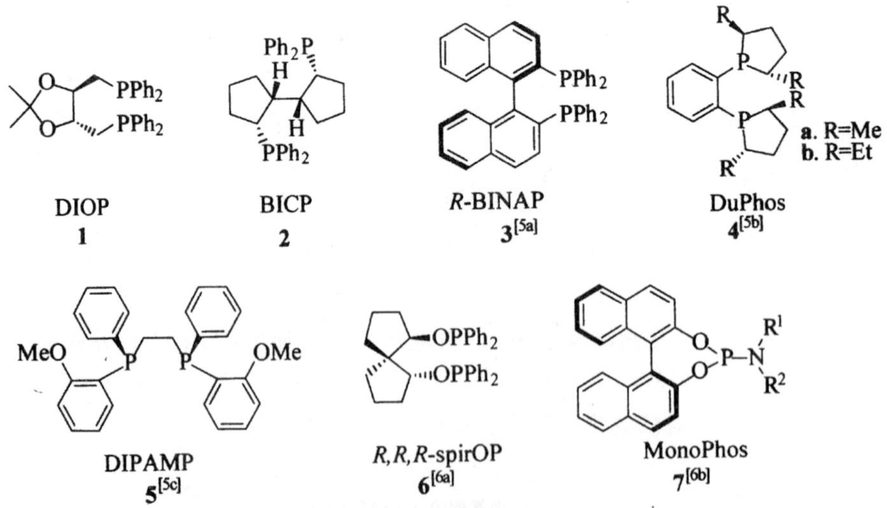

| DIOP **1** | BICP **2** | *R*-BINAP **3**[5a] | DuPhos **4**[5b] **a.** R=Me **b.** R=Et |

| DIPAMP **5**[5c] | *R,R,R*-spirOP **6**[6a] | MonoPhos **7**[6b] |

图 4-1 一些参与不对称氢化反应的膦配体

除了手性配体外，中心金属对催化剂的手性诱导能力也有很大的影响，选择适合的中心金属与精心设计的手性配体的良好结合对催化剂获得高效率至关重要。

　　通过对反应中间体的核磁共振、X 射线衍射研究以及详尽的动力学分析,科学家们阐明了膦-铑配合物催化烯胺的氢化反应机理。如图 4-2 所示,催化剂的中心金属与底物的烯键和羰基氧发生相互作用,形成螯合的铑配合物 8;氢气经过氧化过程加成到中心金属铑,形成铑(Ⅲ)二氢化物中间体 9,这一步为反应速率决定步骤;金属铑上的一个 H⁻通过五元螯合烷基—铑(Ⅲ)中间体转移到配位的烯键的缺电子的 β 位上(10);最后通过还原消去反应,释放催化剂得到产物,从而完成整个催化过程。

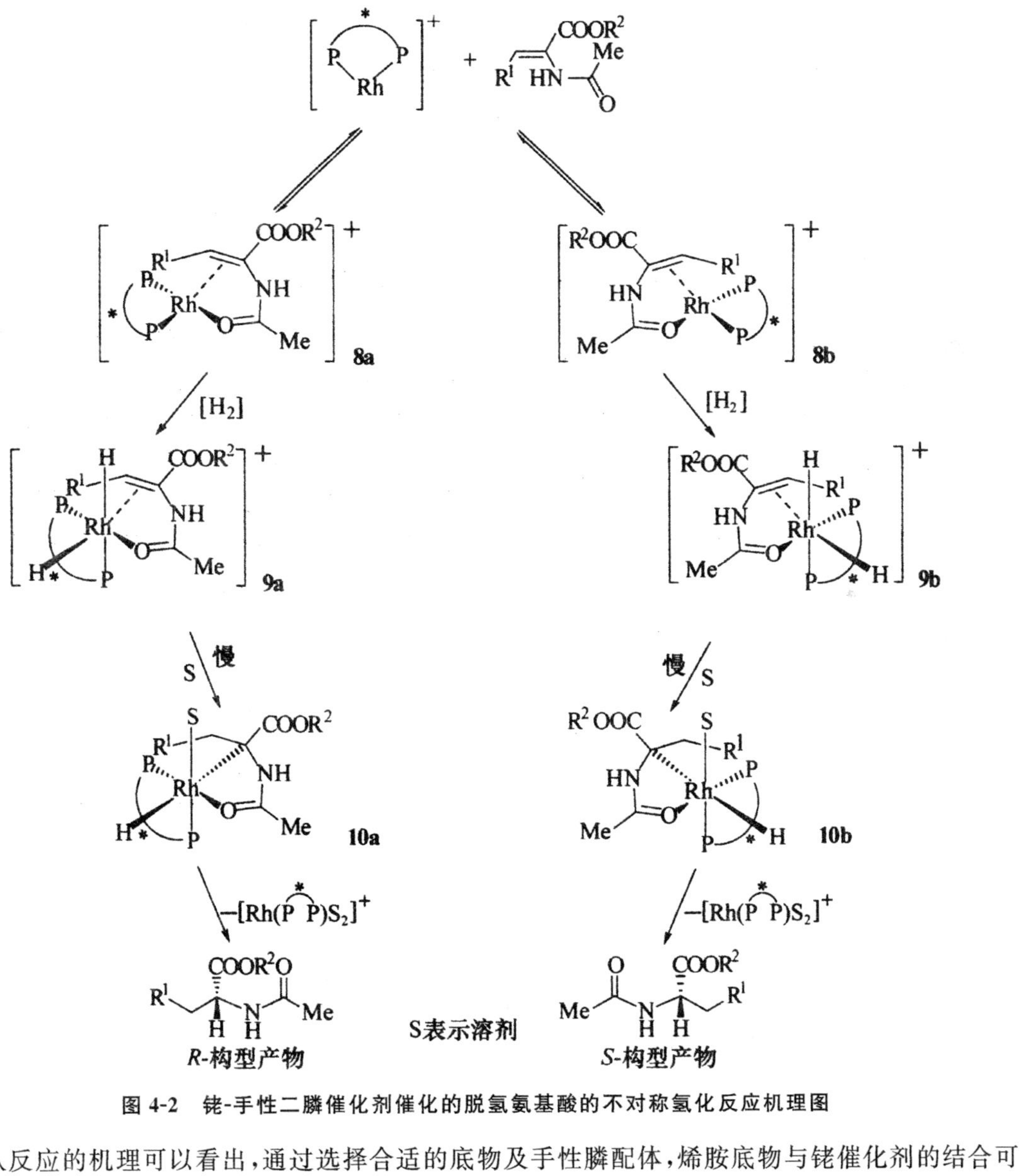

图 4-2　铑-手性二膦催化剂催化的脱氢氨基酸的不对称氢化反应机理图

　　从反应的机理可以看出,通过选择合适的底物及手性膦配体,烯胺底物与铑催化剂的结合可以表现出很高的立体选择性。

　　除了烯胺类底物的不对称氢化反应取得了相当多的良好结果外,其他底物如取代丙烯酸及酯、烯醇酯甚至一些非官能化的烯烃也可有效地进行不对称氢化反应。催化剂所选用的中心金属也日渐丰富。

过渡金属-膦手性配合物催化不对称氢化反应已经有了广泛的应用,如 Ru-BINAP 催化剂在合成萘普生中占据着重要的地位。萘普生 11 是一种非甾体抗炎药,其 S 构型的活性要比 R 构型高 $40\sim70$ 倍。因此能选择性地合成 S 构型的萘普生具有重要的意义,Ru-BINAP 催化剂能满足这一要求。

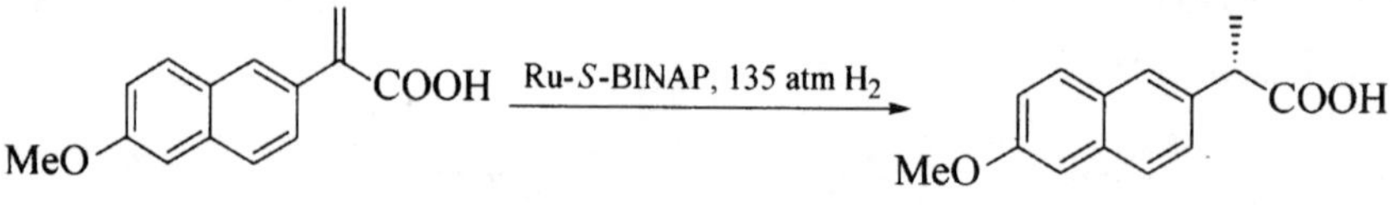

S-**11**, 93%~94% ee

2. 碳-氧双键的不对称氢化反应

羰基化合物的碳-氧双键不对称氢化反应有多种方法,常见的有过渡金属(如 Ru,Rh)配合物催化加氢、硼氢化反应、手性氢化铝锂试剂还原及不对称氢转移氢化反应等。通过这样的反应可以制备一类重要的手性化合物——手性仲醇。我们主要讨论前两种氢化反应。

Ru-BINAP 体系不仅能有效还原各种羰基化合物为手性仲醇,也可以催化还原酮酯类化合物为手性二醇,如通过 Ru-BINAP 催化氢化 2,4-戊二酮为手性 2,4-戊二醇的方法已成为制备手性 1,3-二醇的优选方法之一。

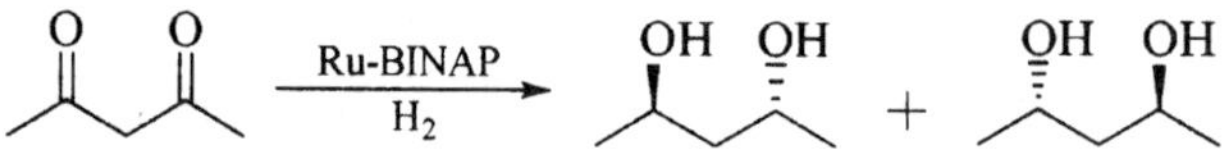

产率 >95%, >99.9% ee

另外,通过将 Ru-BINAP 二醋酸配合物 $[Ru(OCOCH_3)_2(BINAP)]$ 中的醋酸阴离子转换为一些如高氯酸、三氟乙酸阴离子等强酸,可以大大提高催化剂催化 β-酮酸酯氢化反应的催化活性。这可以通过向反应体系中加入二当量的高氯酸或三氟乙酸水溶液实现。而将醋酸阴离子替换为含卤离子的配合物 $RuX_2(BINAP)$ 催化的 β-酮酸酯不对称氢化反应给出了比不含卤离子配合物高很多的 e.e 值。

从 20 世纪 80 年代初 S. Itsuno 开始,手性噁唑硼烷体系作为一类成功的催化剂,经 E. J. Corey 的改进,得到了很大的发展。

噁唑硼烷属于手性硼杂环化合物,其结构如 A 所示。其中最著名的是由 L-脯氨酸衍生的 CBS 催化剂 12。由于这类小分子具有类似酶的行为,Corey 称这类催化剂为“化学酶”,同时亦提出了催化反应的机理。

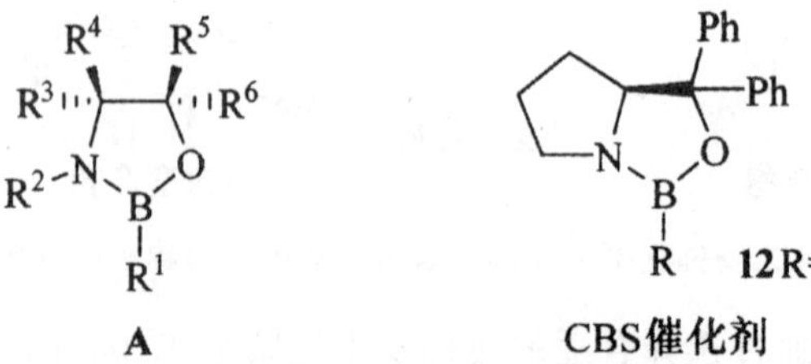

A　　　　　CBS 催化剂

Corey 的 CBS 催化剂催化苯乙酮还原反应的机理如图 4-3 所示:

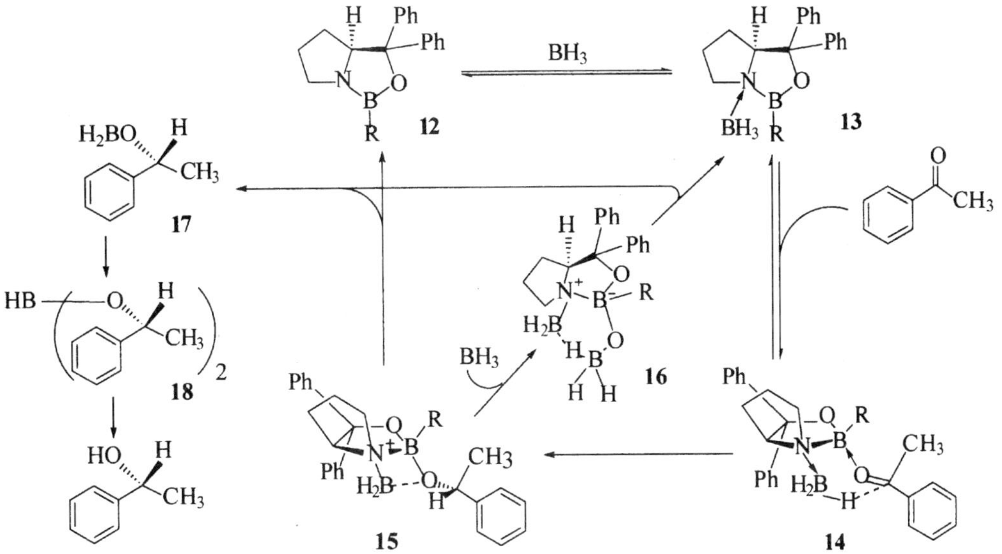

图 4-3 CBS 催化剂催化苯乙酮还原反应的机理

硼烷与环上的氮原子配位形成配合物 13，硼烷与氮原子配位后可被活化为氢给体，同时又可以使环上硼原子的 Lewis 酸性增强，从而使环上的硼原子与底物酮中的羰基进行同面配位形成 14。硼烷中的负氢离子再经一六元环过渡态分子内迁移至羰基的 *Re*-面形成 15。当羰基被还原后以氧硼烷 17 的形式脱离噁唑硼烷 12。

这个过程可能经过两种途径：

①15 中与噁唑硼烷上硼原子配位的醇盐配体与配位的 BH₃ 通过环消去反应，使 12 再生并生成氧硼烷 17。

②15 再与另一分子 BH₃ 加成形成一六元 BH₃-桥化合物 16，再分解为硼烷加合物 13 和 17。17 很快发生歧化反应生成二氧硼烷 18 和 BH₃，从而使 BH₃ 中三个氢原子被充分利用。

从反应机理可以看出，产物中手性醇的构型可以从与手性噁唑硼烷氮原子相连的手性碳原子的构型预测。

图 4-4 是一些典型的配体，它们与硼烷或烷基硼烷作用可形成噁唑硼烷催化剂，从而有效地催化不对称还原反应。近年来还出现了将 CBS 催化剂固载化后（22）用于催化不对称还原反应，固载化后的催化剂具有易回收、可重复利用等优点，对映选择性也非常高。

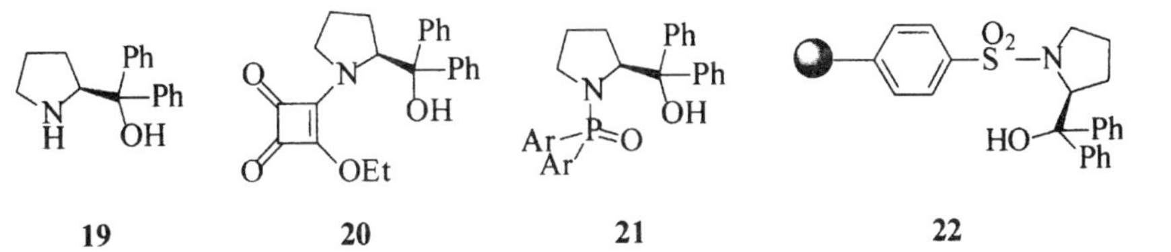

图 4-4 一些典型的用于不对称硼氢化反应的手性配体

不对称氢转移反应也是一类重要的碳-氧双键还原方法。读者有兴趣可查阅相关综述。

4.4.2 不对称氧化反应

1. 烯烃的不对环氧化

烯烃的不对称环氧化是制备光学活性环氧化物最为简便和有效的方法,如图 4-5 所示。反应的关键在于对手性催化剂的选择,目前较好的手性催化剂主要有:

①sharpless 钛催化剂。

②手性(salen)金属络合催化剂。

③手性金属卟啉催化剂。

④手性酮催化剂。

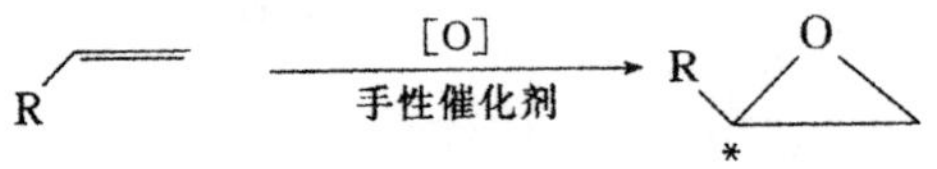

图 4-5 不对称环氧化

sharpless 钛催化剂是一般由烷氧基钛和酒石酸二酯及其衍生物形成,主要适用于烯丙伯醇类底物的不对称环氧化。对于大部分丙烯伯醇类底物,不管是顺式的还是反式的,一般能给出较高的 e.e 值;而且可以根据底物的 Z 或 E 构型来预见生成手性中心的绝对构型。

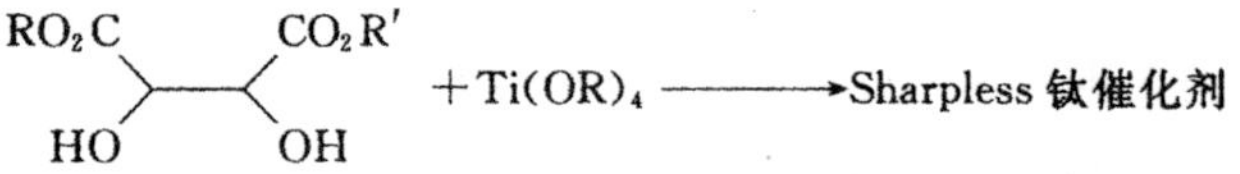

如果反应底物为手性的,反应存在底物与催化剂的匹配问题。例如,在四异丙氧基钛催化手性底物的不对称环氧化反应中,如果不使用手性诱导剂酒石酸二乙酯,相应非对映产物的比例为 2.3:1;如果使用(+)-或(-)-酒石酸二乙酯进行手性诱导,非对映产物的比例分别为 1:22 和 90:1。

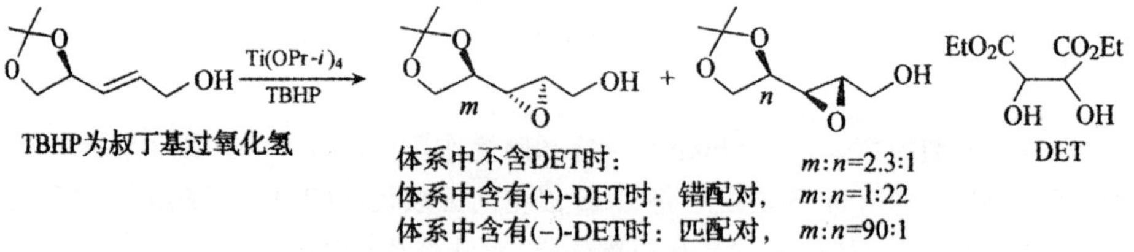

TBHP为叔丁基过氧化氢

体系中不含DET时: $m:n=2.3:1$
体系中含有(+)-DET时:错配对, $m:n=1:22$
体系中含有(-)-DET时:匹配对, $m:n=90:1$

手性金属卟啉催化剂是卟啉类化合物和金属形成的络合物,而生物体中的氧化酶细胞色素 P45O 为卟啉 Fe(Ⅲ)络合物结构。可见,这种催化剂是一种仿生物质,它的催化中心金属通常是锰离子,也可为钌和铁等金属离子。这类催化剂比轵适合反式烯烃,尤其是一些缺电子末端烯烃。

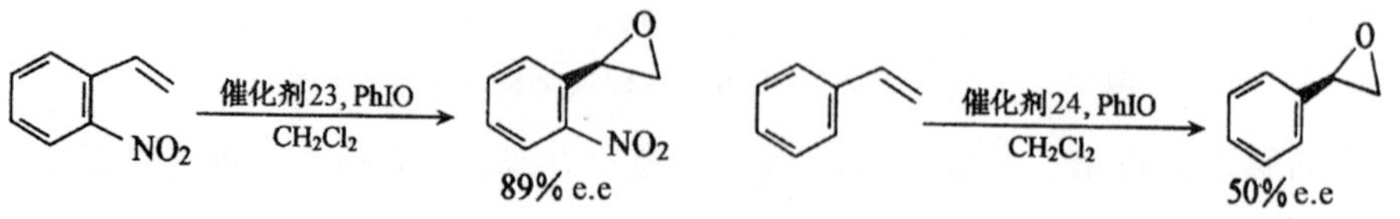

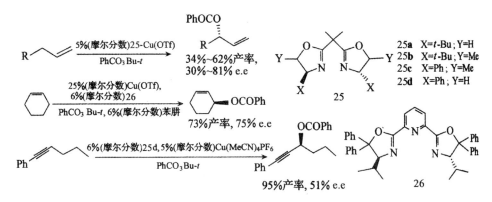

手性酮化合物也可作为不对称环氧化的催化剂。反应中酮被过氧硫酸氢钾氧化成二氧杂环丙烷中间体；接着把双键氧化，同时手性酮催化剂得到再生，重新进入下一个循环，如图 4-6 所示。

图 4-6　酮催化烯烃环氧化的途径之一

2. C—H 键的不对称氧化

一些官能团的 α-位的 C—H 键的活性较大，为不对称氧化提供了可能性。如以手性Cu（Ⅱ）络合物为催化剂，用过氧苯甲酸叔丁酯做氧化剂来实现烯丙型 C—H 键的氧化反应。如：

醚类化合物 α-C 的不对称氧化用 salen-Mn（Ⅲ）络合物作催化剂，以 PhIO 氧化剂，反应得到具有光学活性的邻羟基醚。下面的例子中得到了中等水平的光学选择性。

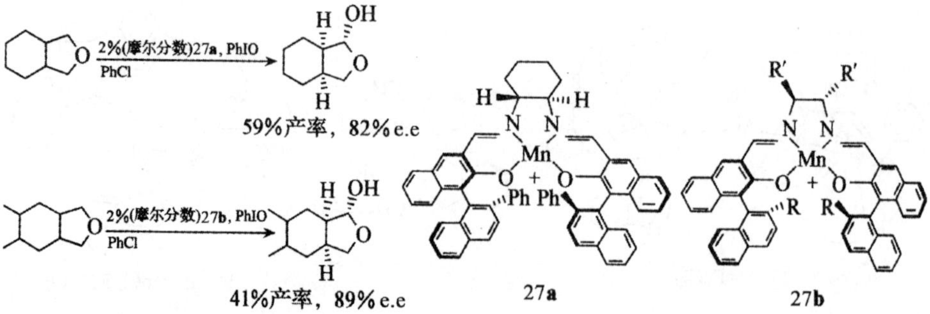

59%产率，82%e.e

41%产率，89%e.e

27a   27b

3. 烯烃的不对称双羟化和氨基羟基化反应

烯烃的不对称双羟化是合成手性1,2-二醇的重要方法之一，它是在催化量的 OsO_4 和手性配体存在下，利用氧给予体对烯进行双羟化反应，如图4-7所示。氧给予体可以是氯酸钾、氯酸钠或过氧化氢，但它们会使底物部分过氧化而降低双羟化反应产率。后来发现，N-甲基-N-氧吗啉（NMO）和六氰合铁（Ⅲ）酸钾有较好的氧化效果，因此目前的不对称双羟化反应的氧给予体一般是这两种化合物。

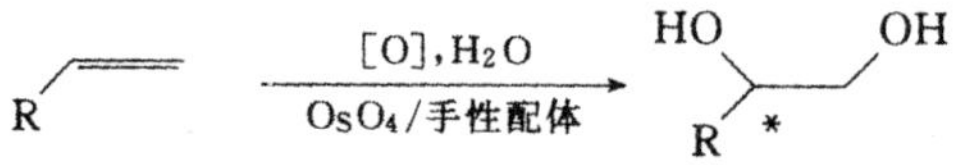

图 4-7　烯烃的不对称双羟化

用于烯烃的不对称双羟化的配体很多，迄今有500多种。其中，金鸡纳碱衍生物的效果最为突出。例如，$(DHQ)_2PHAL$、$(DHQD)_2PHAL$ 在很多烯烃底物的双羟化反应中表现出良好的手性诱导性能，而且可以控制羟基的从底物的羟基 α 或 β 面进攻。其中，$(DHQ)_2PHAL$ 控制烯烃 α 面发生反应，$(DHQD)_2PHAL$ 则相反。它们按一定比例分别与 $K_3Fe(CN)_6$、K_2CO_3 和锇酸钾形成的混合物已经商品化，前者被称为 AD-mix-α，后者为 AD-mix-β。

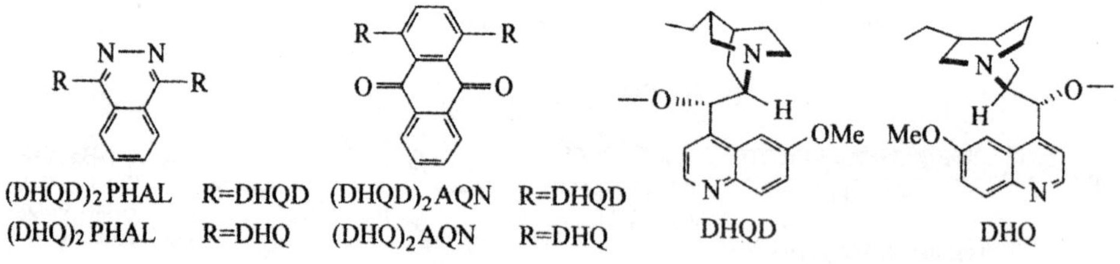

$(DHQD)_2PHAL$　R=DHQD　　$(DHQD)_2AQN$　R=DHQD
$(DHQ)_2PHAL$　　R=DHQ　　　$(DHQ)_2AQN$　　R=DHQ　　DHQD　　　　DHQ

如果双羟化反应体系的供氧试剂改为氧化供氮试剂，则烯烃发生不对称氨羟化反应，见图4-8；产物为 β-氨基醇，是许多生物活性分子的关键结构单元。反应的机理和不对称双羟化反应类似，后者所用的催化剂体系也在氨羟化反应中同样适用。

图 4-8　烯烃的不对称氨基羟基化反应

4. 硫醚的不对称氧化

硫醚的不对称氧化是合成手性亚砜最为直接的方法。反应体系为 Kagan 试剂，即：反应中的催化剂体系为 Ti(Opr-i)₄ 和（＋）-DET 催化剂及氧化剂中加入一些水来促进反应的进行。氧化剂通常是 t-BuOOH，而 PhCMe₂OOH 的效果较佳。

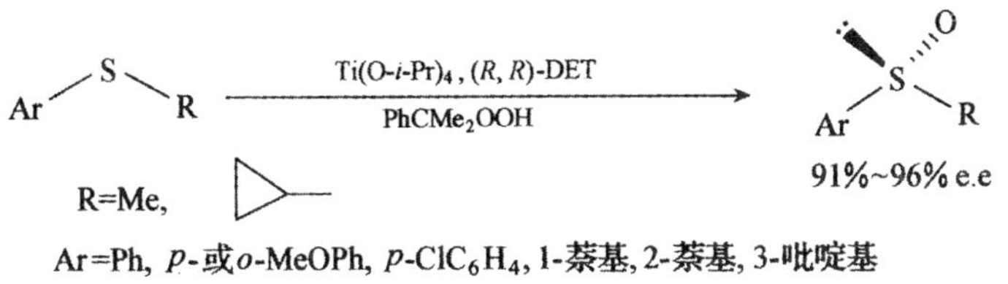

R=Me,

Ar=Ph，p-或o-MeOPh，p-ClC₆H₄，1-萘基，2-萘基，3-吡啶基

联萘酚也可作为配体替代酒石酸乙酯，而且原位形成的催化剂效果较好。例如，在 2.5%（摩尔分数）的这种催化剂作用下，一些芳基硫醚的反应对映选择性可达到 84%～96%。当反应的催化剂非原位生成时，仅得到中等水平的对映选择性。

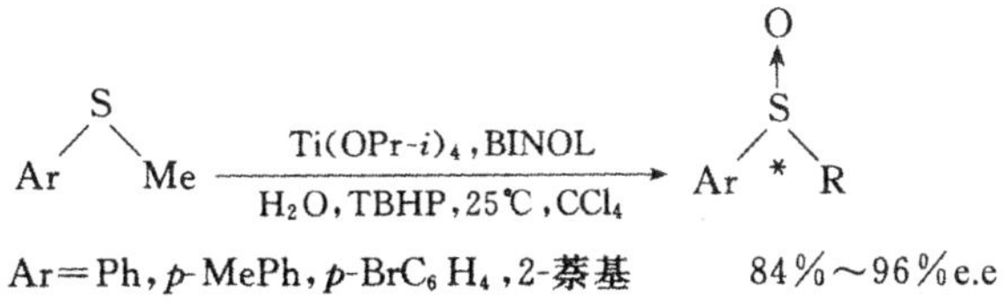

Ar＝Ph，p-MePh，p-BrC₆H₄，2-萘基   84%～96%e.e

4.4.3　不对称 Diels-Alder 反应

不对称 Diels-Alder 反应（简称不对称 D-A 反应）是合成光学活性的环己烯衍生物及六元杂环体系最重要的方法。这种反应可以同时形成 4 个相邻的手性中心，因此是构建复杂分子最有效的方法之一。

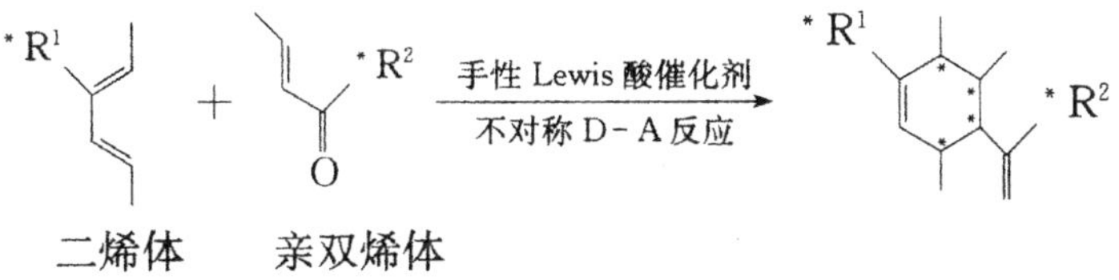

二烯体　　　亲双烯体

D-A 反应是通过二烯体和亲双烯体进行反应时的同面（syn-）加成完成的。如上所示，不对称的 D-A 反应可通过以下三种方式实现：第一是在二烯体上连接手性辅基* R¹，但由于手性二烯难以合成，因此这方面的报道较少；第二种方法是在亲双烯体上连接手性辅基* R²。这两种方法均是通过采用手性底物，通过反应时的分子内不对称诱导作用实现反应的立体选择性；第三种方法是采用手性催化剂，目前应用到不对称 D-A 反应的多为手性 Lewis 酸催化剂。

1. 手性 Lewis 酸催化剂

（1）手性硼催化剂

三价硼化合物是典型的 Lewis 酸。这类催化剂中目前应用较为广泛的是 H. Yamamoto 引入的手性酰氧硼烷（Chirhl Acyloxy Borane，CAB）催化剂 28。28 可由其相应的手性羟基酸配体与硼烷于反应时原位产生，在催化环戊二烯 29 与丙烯醛的不对称 D-A 反应中可以获得较高的对映选择性。

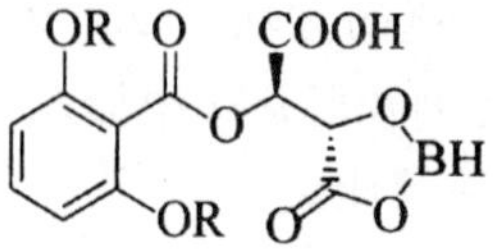

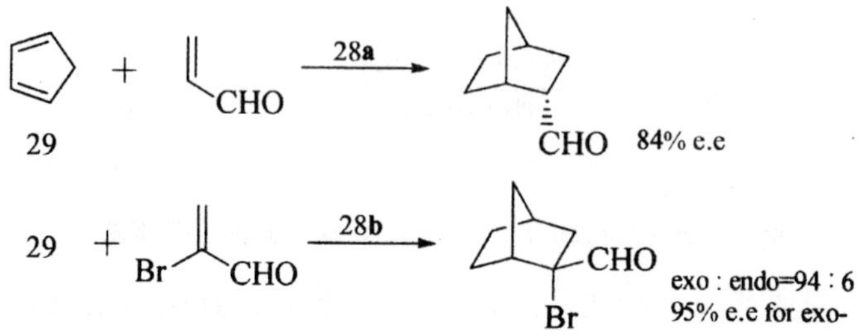

28a R=Me
28b R=^{i}Pr

除羟基酸外，手性 α-氨基酸也是适用的配体。这类配体可以与硼烷原位生成噁唑硼烷酮类化合物从而催化不对称 D-A 反应的进行。30 和 31 是两种典型的由氨基酸衍生的噁唑硼烷酮催化剂。31 在－78℃下催化 29 与 α-取代丙烯醛的反应可以获得很好的对映选择性，但催化未取代的丙烯醛的反应却不能取得好的结果。高选择性的取得被认为是色氨酸芳环与底物的选择性 π-π 面相互作用的结果。

30

31

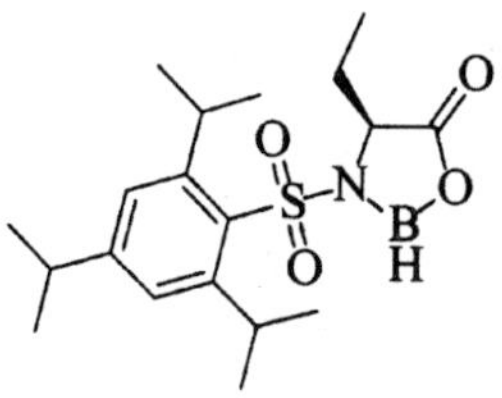

环戊二烯 29 作为活性的共轭二烯，适用于大多数手性 Lewis 酸催化剂。但对于一些低活性的二烯底物如 1,3-丁二烯及 1,3-环己二烯等，很多催化剂的催化效果却不甚理想。一些阳离子手性硼催化剂如 32～34 可以较好地解决这一向题，33 可以在－94℃下顺利地催化低活性二烯与 α-溴代丙烯醛之间的反应，产率高，e. e 值可达 98%。34 可催化 2-甲基-1,3-丁二烯与 2-甲基丙烯醛之间的反应，反应能生成一个季碳手性中心。

32

33

34

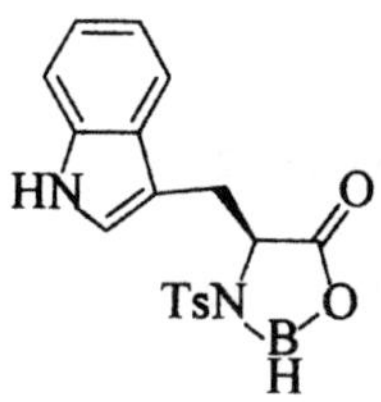

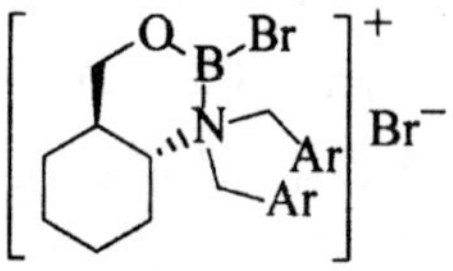

(2)手性钛催化剂

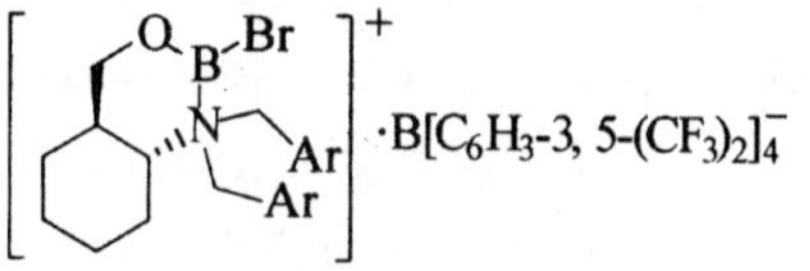

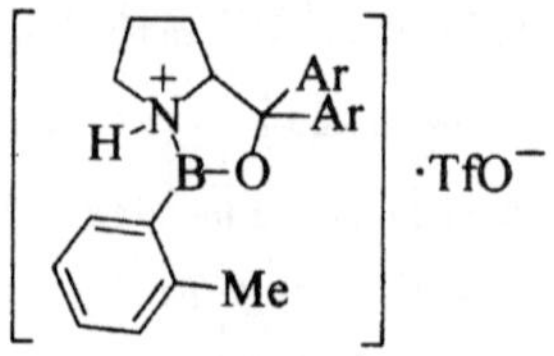

K. Narasaka 使用手性酒石酸衍生的 TADDOL 类似物作为手性配体与二氯二异丙氧基钛配合得到手性钛催化剂 35，这是目前催化不对称 D-A 反应使用最为广泛的钛催化剂。

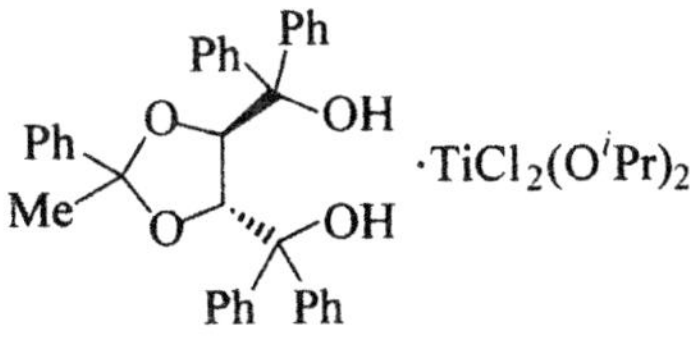

35

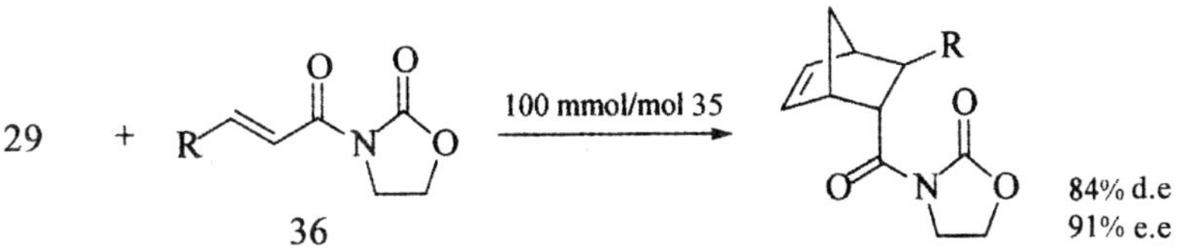

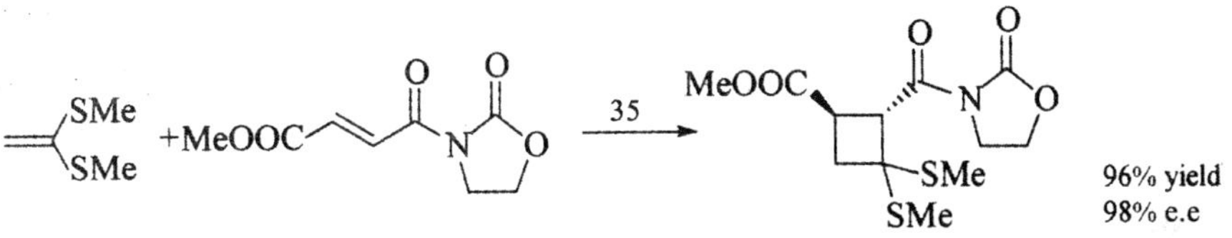

84% d.e
91% e.e

96% yield
98% e.e

35 可以有效地催化噁唑啉酮类底物 36 与二烯的不对称 D-A 反应, e.e 值可达 90% 以上。利用 81 还可成功制备高度氧化的倍半萜(+)-穿心莲组培内酯 A[(+)-paniculide A, 37]。其中第一步反应即是不对称 D-A 反应。

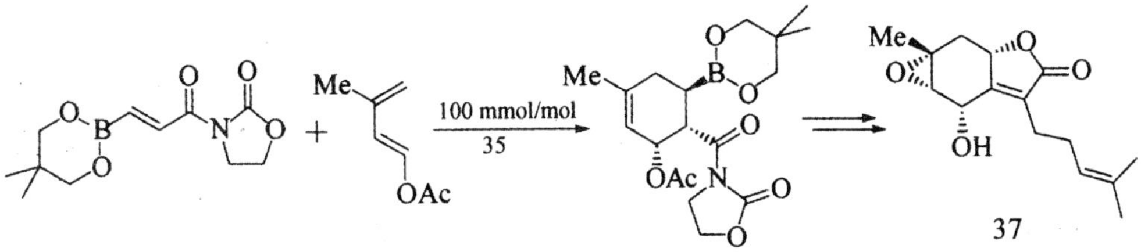

37

不对称 D-A 反应也可以被其他的一些手性醇或二醇如联萘酚与钛形成配合物催化剂有效地催化。

(3)手性镧系金属催化剂

手性镧系金属催化剂也可较好地催化不对称 D-A 反应,常用的催化剂的是镱配合物。三氟甲磺酸镱与联萘酚及叔胺作用可以形成手性配合物 38。利用 38 催化 36b(R=Me)与环戊二烯 29 之间的反应可以获得高达 95% 的 e.e 值。若使用催化量的叔胺如二异丙基乙基胺也可配合联萘酚-Yb(OTf)₃ 催化富电子亲双烯体与缺电子的二烯之间的不对称 D-A 反应。

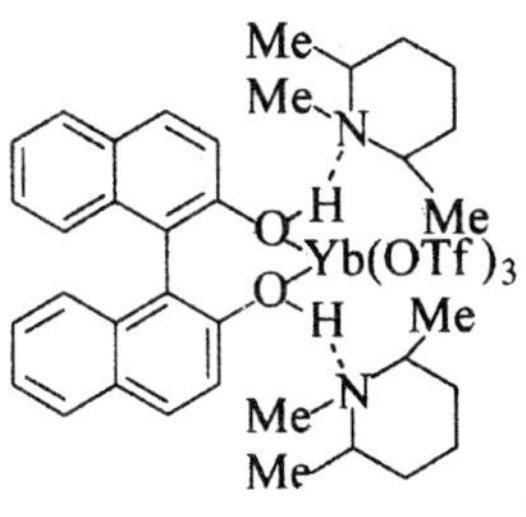

29 +

36b

38, CH₂Cl₂

78% d.e
95% e.e

R-BINOL-Yb(OTf)₃-^{i}Pr₂NEt
CH₂Cl₂

91% yield
>95% e.e

38

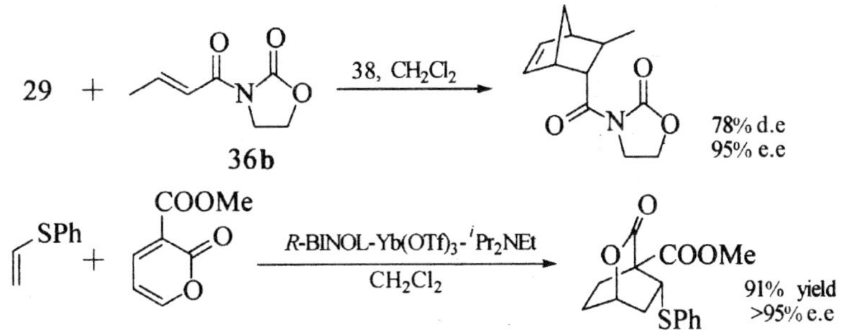

(4)双噁唑啉类配体催化剂

双噁唑啉类配体 39 是一类广泛应用于不对称催化反应的手性配体,这类配体可由手性氨基酸为原料方便地合成。使用 39b 的铜配合物催化 36c(R ══H)与环戊二烯 29 的反应,选择性地获得 endo-产物,e.e 值大于 98%。类似的双噁唑啉镁配合物 40 催化相同的反应得到产物的对映选择性和 Cu-39b 催化的反应刚好相反。这是由于类似的手性配体与不同金属配位后表现出了不同的空间结构,从而导致底物的不同面被手性配体的基团所阻挡所致。对于另外一类双噁唑啉配体 41,将其与等量的 Cu(ClO₄)₂·6H₂O 形成铜配合物可催化上述反应。产率为 80%以上,endo-的选择性超过 99∶1,产物的 e.e 值可达 99%以上。

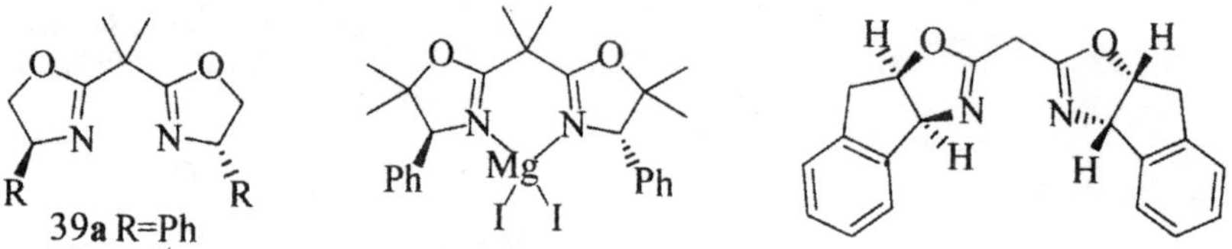

39a R=Ph
39b R=ᵗBu

40

41

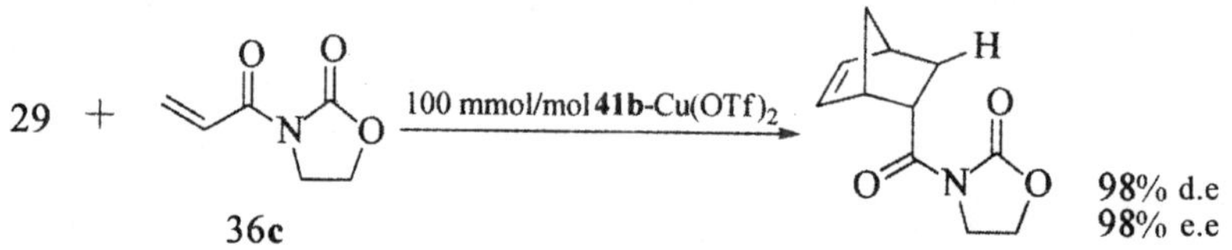

29 + ... 100 mmol/mol**41b**-Cu(OTf)₂ → ... 98% d.e 98% e.e

36c

2. 不对称杂 Diels-Alder 反应

不对称 Diels-Alder 反应实质上是一个成环反应,参与成环的除 C 原子外,其他原子如 N、O 等也可以参与,从而生成杂环产物。这些产物往往是很多天然产物及药物化学反应中的重要中间体,因此,杂 D-A 反应的研究受到了越来越广泛的关注。

对于参与氧杂 D-A 反应的醛类底物,一般需要在羰基上连有吸电子基团,或者反应使用 Lewis 酸进行催化,其目的是为了增加羰基的亲双烯活性。以醛为底物与 Danishefsky 二烯 42 反应已经成为制备糖类衍生物的重要方法。目前用于手性氧杂 D-A 反应催化剂的手性配体主要是 BINOL、Salen 以及双噁唑啉化合物。

利用 BINOL-铝催化剂 43 催化醛与 Danishefsky 双烯的氧杂 D-A 反应,可以获得很好的对映选择性。43 催化二烯 42a 与苯甲醛的反应主要生成顺式的六元环产物,e.e 值可达 95%。

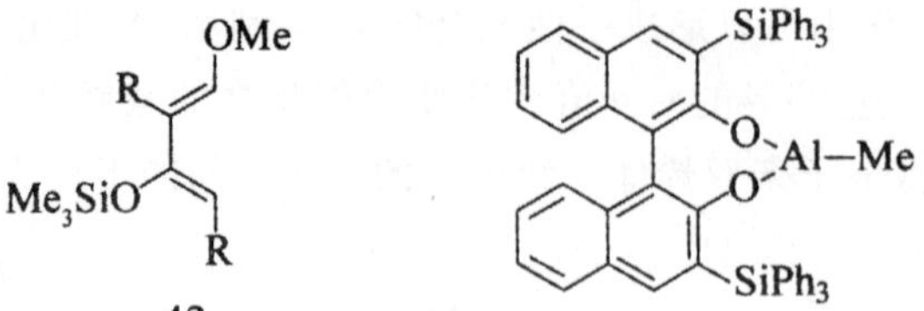

42
Danishefsky二烯

43

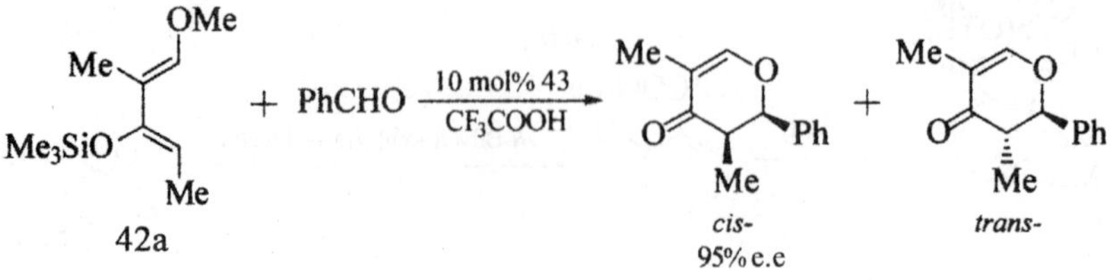

42a + PhCHO 10 mol% 43 / CF₃COOH → ... cis- 95%e.e + ... trans-

　　Salen-铬（Ⅲ）配合物 44 可用于催化 Danishefsky 二烯 42b 与各种醛的氧杂 D-A 反应,产物的 e.e 值最高可达 99％。Salen 的钴配合物 45 催化乙醛酸乙酯的反应的 e.e 值为 52％。

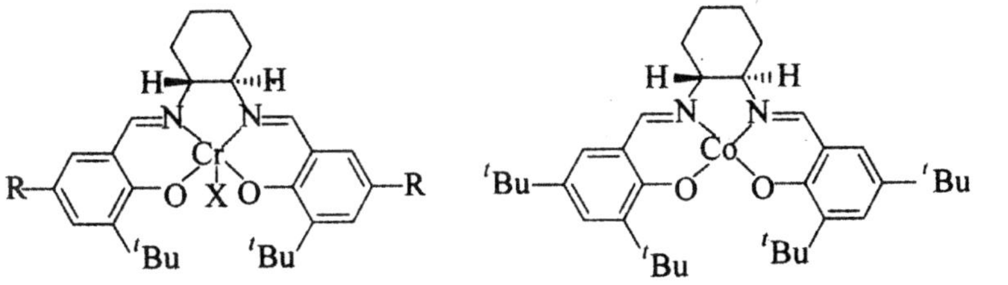

44　　　　　　　　　　　45

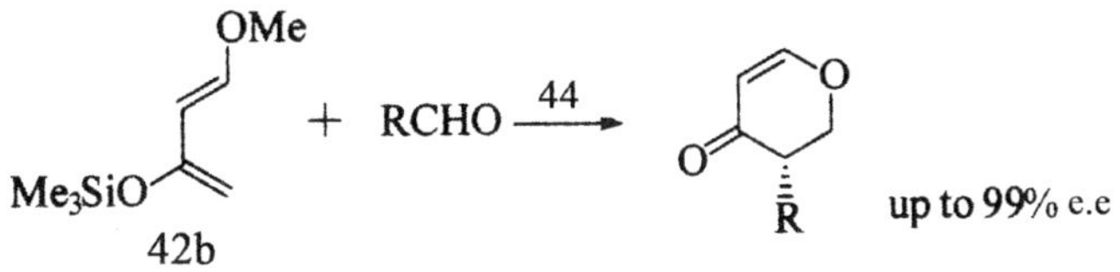

42b　　　　　up to 99% e.e

>52% e.e

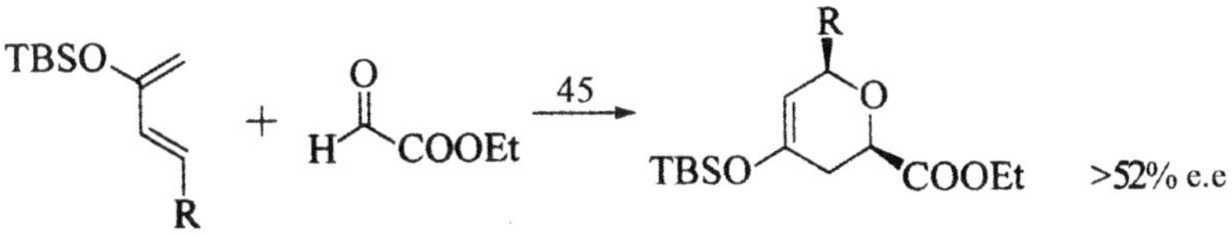

　　双噁唑啉配体对不对称杂 D-A 反应有很好的催化效果。Evans 及 K. A. Jorgensen 小组分别报道了双噁唑啉配体 39a 及 39b 的铜配合物催化的反应,反应的产率及对映选择性俱佳。值得一提的是,39b-Cu(OTf)₂ 配合物催化的酮酸酯和 Danishefsky 二烯的反应仅需 0.05mol％的催化剂就能完成,大大地节约了催化剂的用量。

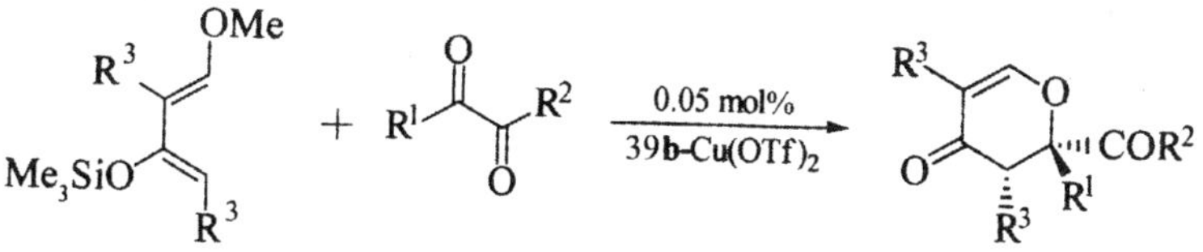

42

　　手性 BINOL 仍然是常用的手性配体。如手性硼化合物 46 在催化 Danishefsky 二烯与亚胺的不对称氮杂 D-A 反应中表现出了优异的不对称催化效果,e.e 值可达 90％以上。

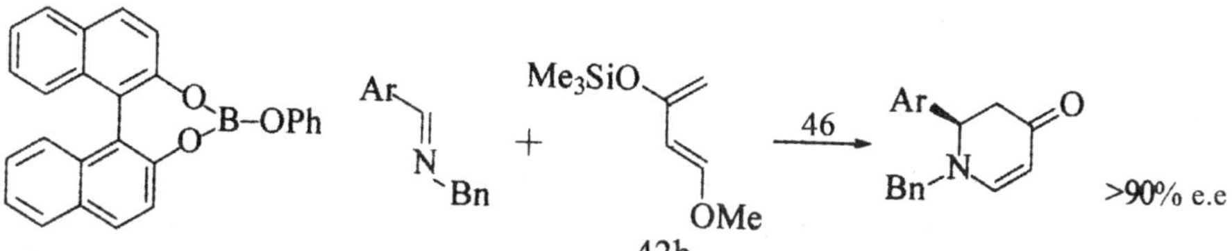

46　　　　　　　　　　　42b　　　　>90% e.e

　　相比手性 BINOL 配体,手性双噁唑啉配体在催化 Danishefsky 二烯与亚胺的不对称氮杂 D-A 反应中的效果不佳,e.e 值不到 20％。而如果运用氮杂的 Danishefsky 二烯作为二烯体,用噁唑啉酮类底物 36 作亲双烯体则可顺利地进行反应。反应具有较高的非对映选择性和对映选择性,e.e 值最高可达 98％。这种现象发生的原因被认为是铜-双噁唑啉催化剂可以高选择性地与亲双烯底物 36 发生作用,使其活性大大提高。

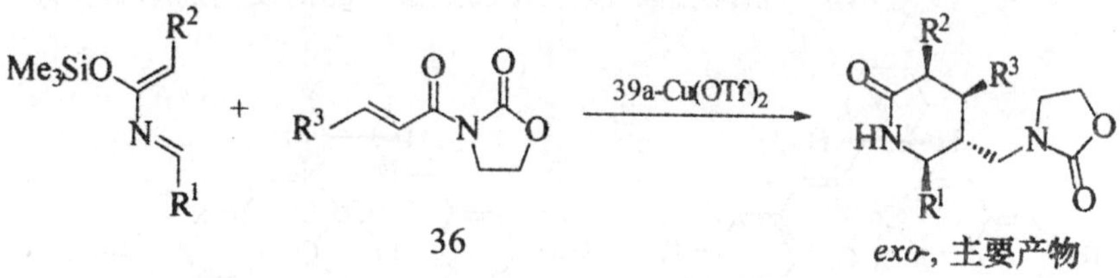

exo-,主要产物

4.4.4 其他不对称反应

1. 醇醛缩合反应

(1)醇醛缩合反应的非对映选择性

醇醛缩合反应能生成四种非对映异构体。反应通式如下:

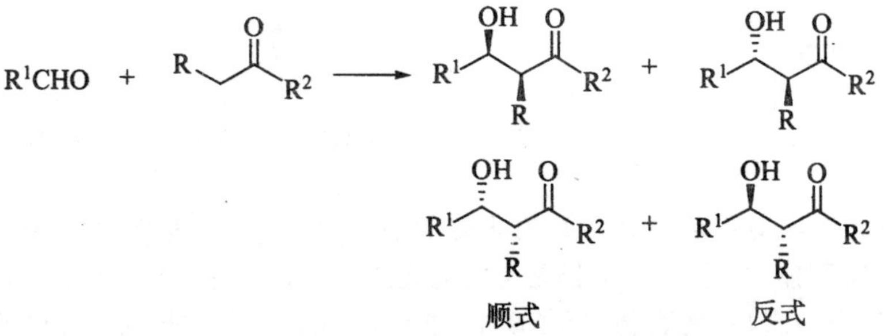

顺式　　　　　　　反式

醇醛缩合反应的非对映选择性,即 syn/anti 产物的比例主要取决于烯醇盐的构型。一般来说,在动力学控制条件下,(Z)-烯醇盐的醇醛缩合得到 syn 产物,(E)-烯醇盐得到 anti 产物。反应通式如下:

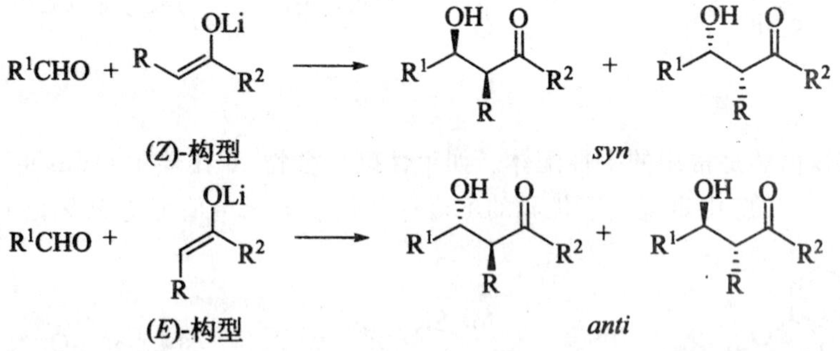

(2)烯醇盐的构型

①烯醇锂盐。在强碱(LDA)、低温、较短的反应时间的动力学控制条件下,具有较大取代基的酮烯醇锂盐主要是 Z 构型。

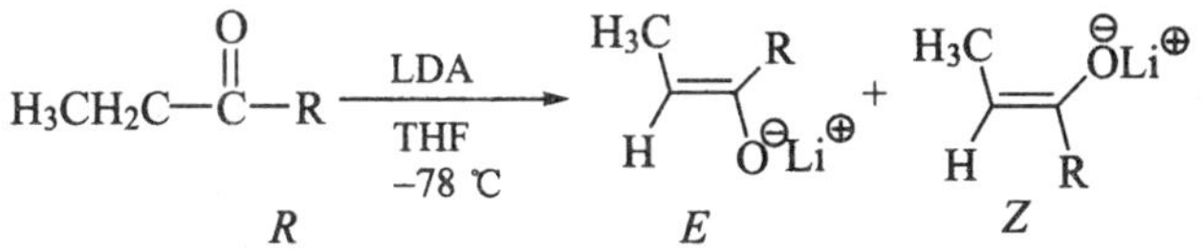

$$H_3CH_2C-\overset{\displaystyle O}{\overset{\|}{C}}-R \xrightarrow[\substack{THF \\ -78\,℃}]{LDA}$$

R	E	Z
—CH$_2$CH$_3$	70%	30%
—CH(CH$_3$)$_2$	40%	60%
—C(CH$_3$)$_3$	2%	98%
—NEt$_2$	3%	97%
—OCH$_3$	95%	5%
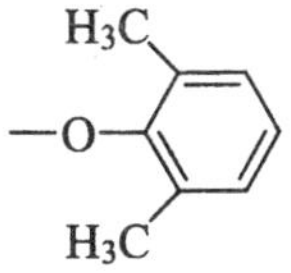 （2,6-二甲基苯氧基）	2%	98%

形成 Z/E 构型的相对比例可以用下式解释：

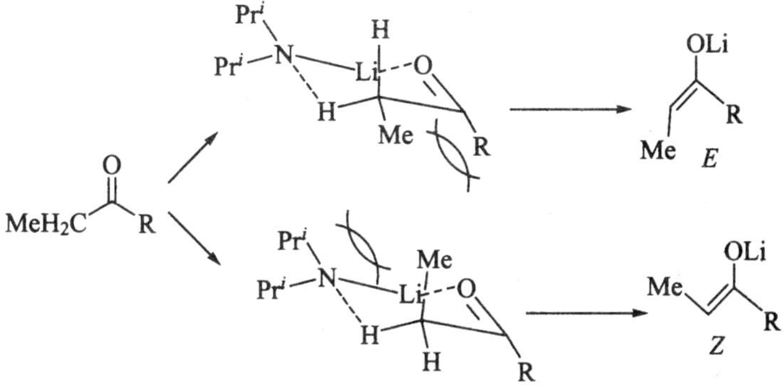

当 R 为较大取代基时［如—C(CH$_3$)$_3$、—NEt$_2$、—OCH$_3$ 等］，它们与处于平伏键位置的甲基有较大的斥力，迫使甲基转变成直立键,这样形成的烯醇盐为 Z 构型(注意按照次序规则,—OR 优先于—OLi,因此对于酯而言,这里的 Z 构型实际上应为 E 构型)。

②烯醇硼盐。烯醇硼盐一般可用下列方法制备。

二烃基硼与 α、β-不饱和羰基化合物共轭加成主要生成 Z 构型的烯醇硼盐。

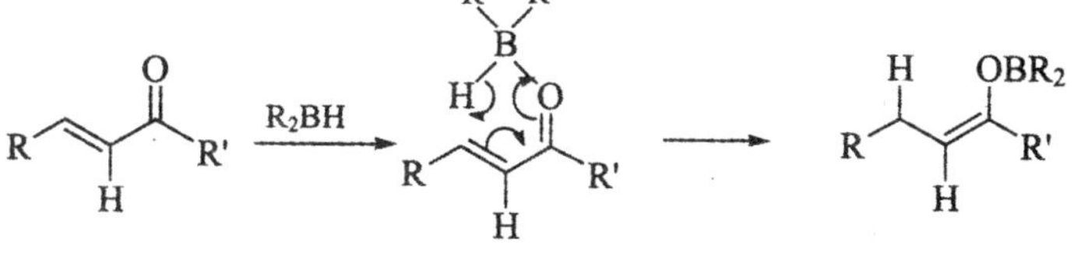

酮或酯在位阻较大的叔胺存在下,与三氟甲磺酸二烃基硼酯反应生成的产物主要是 Z 构型。例如

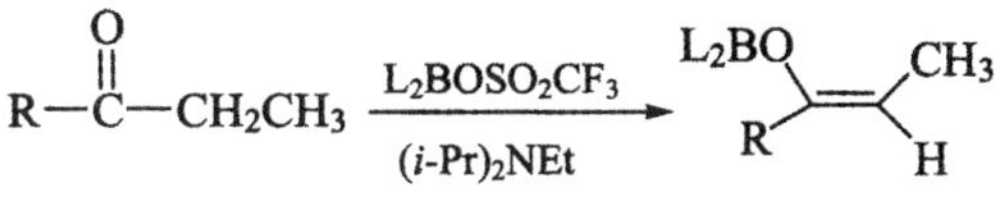

卤硼烷(如 9-BBMBr)与烯醇硅醚(不管 Z 还是 E 构型)作用一般得到 Z 构型产物。

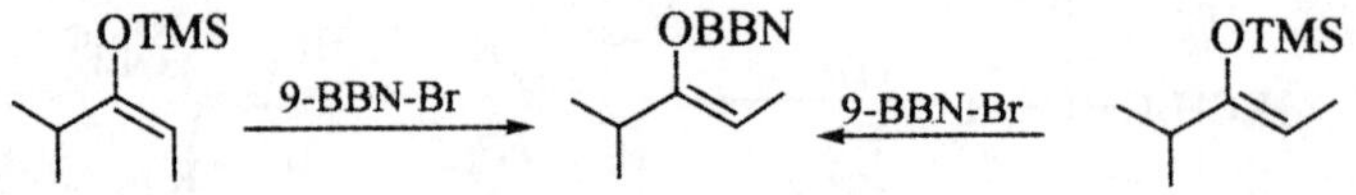

③烯醇硅醚。烯醇硅醚由烯醇盐与氯化三烃基硅烷(如 TMSCl)反应得到。烯醇硅醚的构型取决于烯醇盐的构型。

R	E	Z
$—CH_2CH_3$	70%	30%
$—C(CH_3)_3$	2%	98%
$—OCH_2CH_3$	94%	6%
	2%	98%

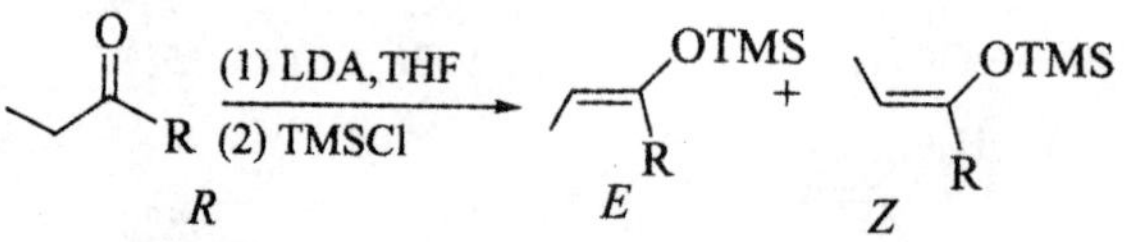

由于溶剂对烯醇盐的 Z/E 构型的比例有很大的影响,因此在不同溶剂中可得到相应比例的不同构型的烯醇醚。例如,一般的酯在动力学条件下 THF 溶剂中,一般形成(E)-烯醇酯,而在非质子性极性溶剂 HMPA 中,却主要形成(Z)-烯醇酯。反应式如下:

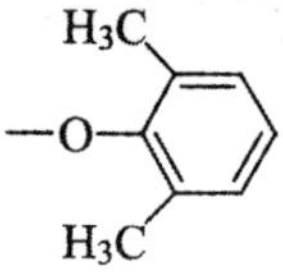

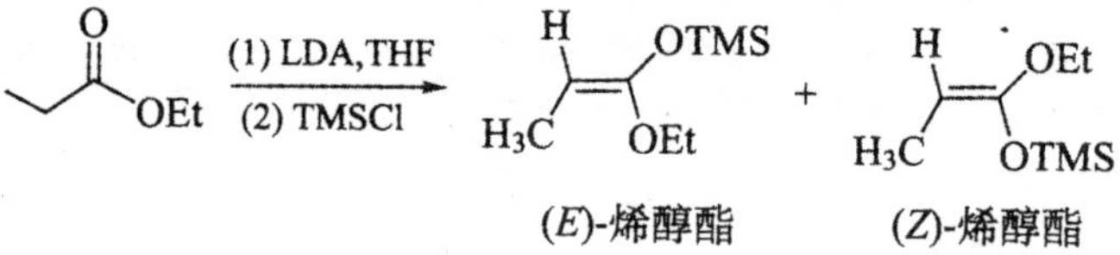

	(E)-烯醇酯	(Z)-烯醇酯
THF	94%	6%
HMPA	18%	82%

2. Grignard 试剂的不对称偶联反应

不对称偶联反应包括 Grignard 试剂和乙烯基、芳基或炔基卤化物的。反应中的 Grignard 试剂通常是外消旋化合物,而且一对对映体可以迅速转化。在手性催化剂诱导下,其中一个对映体转化成光学活性偶联产物;另一个对映体会发生构型翻转来维持一对对映异构体量的平衡。因此理论上这种外消旋物质可以全部转化成某一立体构型的偶联产物。

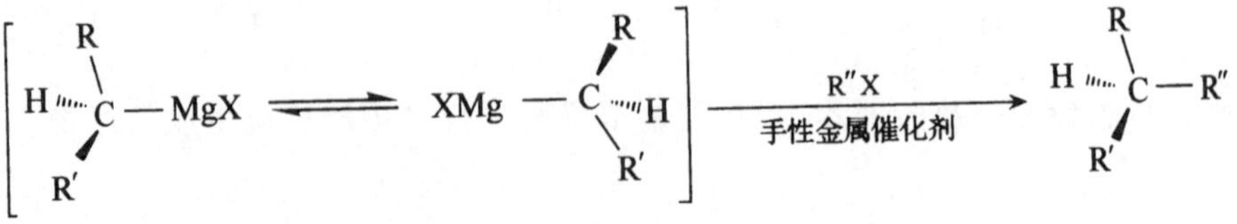

反应的催化中心金属通常是镍和钯。下面是分别两个配体与镍和钯形成的手性催化剂在相应类型的反应中,得到产物的 e. e. 值分别为 95%和大于 99%。

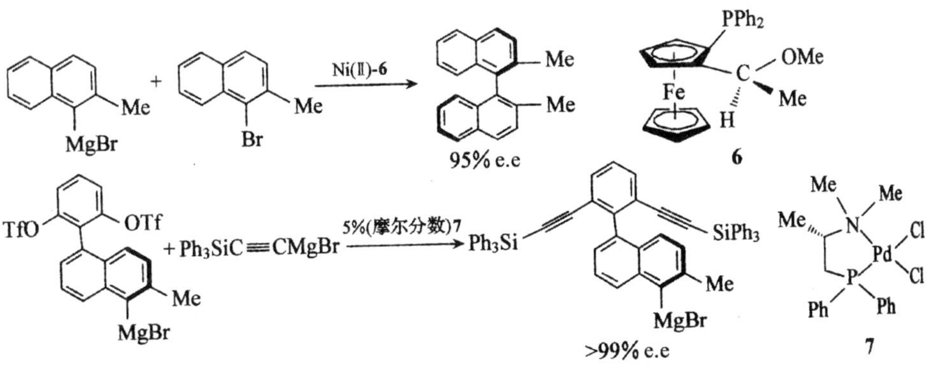

95% e.e

$>99\%$ e.e

3. 不对称烷基化反应

利用手性烯胺、腙、亚胺和酰胺进行烷基化,其产物的 e.e 值较高,是制备光学活性化合物较好的方法。

（1）烯胺烷基化

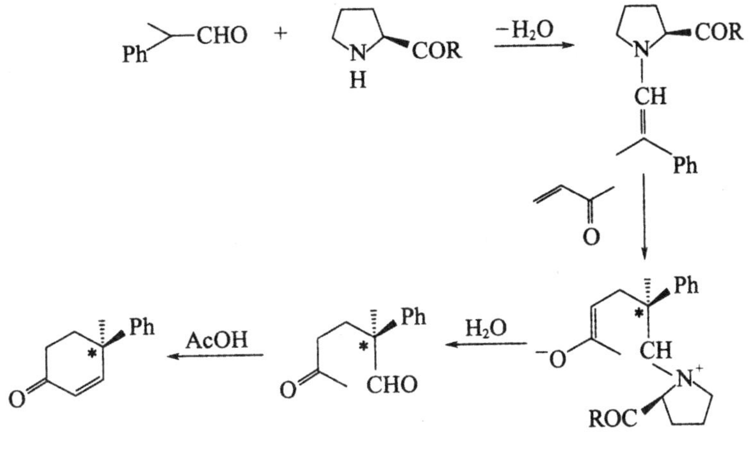

（2）腙烷基化

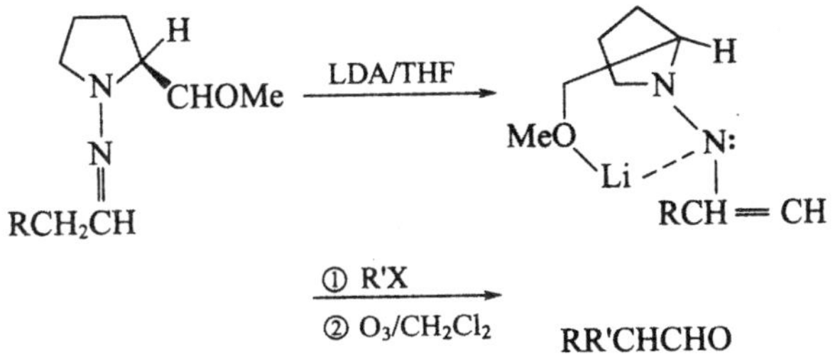

$R=Me, Et, {}^{i}Rr, n-heX$

$R'X=PhCH_2Br, Br, MeI, Me_2SO_4$

第5章　官能团保护反应

5.1　羟基的保护

羟基存在于许多在生理上和合成上有意义的化合物中,如核苷、碳水化合物、甾族化合物、大环内酯类化合物、聚醚、某些氨基酸的侧链。对这些化合物的氧化、酰基化、用卤化磷或卤化氢的卤化、脱水等反应中,羟基都必须被保护起来。

羟基被保护方法有许多,但比较常见的归纳起来可分为:保护为酯类;保护为醚类;保护为缩醛或缩酮等。

5.1.1　酯类保护基

1. 酯类保护基的生成

酯类保护基通常在碱的存在下,由醇和酸酐或酰氯的反应生成。常用的碱是吡啶或三乙胺,如果羟基底物的活性较差,则可以加入催化量的 DMAP(4-N,N-dimethylamino-pyridine)来促进反应。BF$_3$、Sc(OTf)$_3$、Bi(OTf)$_3$ 等 Lewis 酸也可促进酯类保护基的生成。

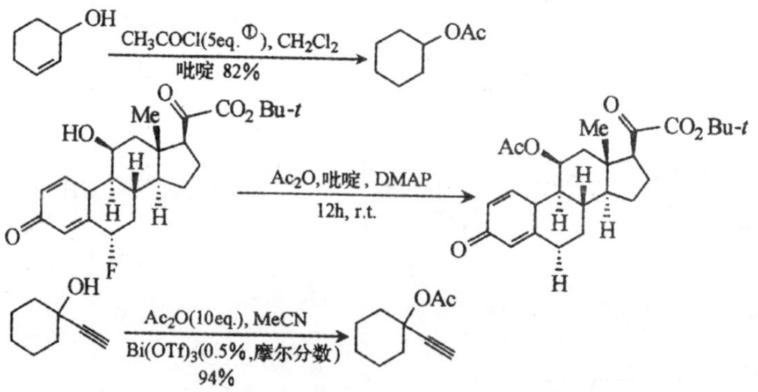

如果化合物中含有多个羟基,则存在保护哪一个羟基的选择性问题。一般情况下,伯羟基最易酰化,仲羟基次之,叔羟基最难,可利用羟基活性的差异来控制羟基保护的选择性。下面的例子中,t-BuCOCl(PivCl)能够选择保护伯羟基。

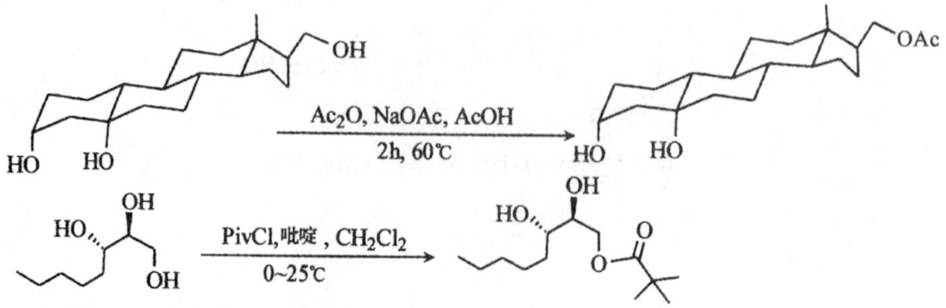

2. 酯类保护基的去除

一般情况下,酯类保护基可以在碱性条件下去除。各种酰基的水解速度不同。一些酯类保护基在碱性条件下水解能力如下:

$$t\text{-}BuCO < PhCO < MeCO < ClCH_2CO$$

在温和的碱性条件下,常用的乙酸酯保护基一般就能够去除,常用的碱如 K_2CO_3、KCN、胼、Et_3N 等。例如,胸苷的合成,可利用乙酸酯保护核糖的羟基,然后用 NH_3/CH_3OH 氨解脱去乙酰基。

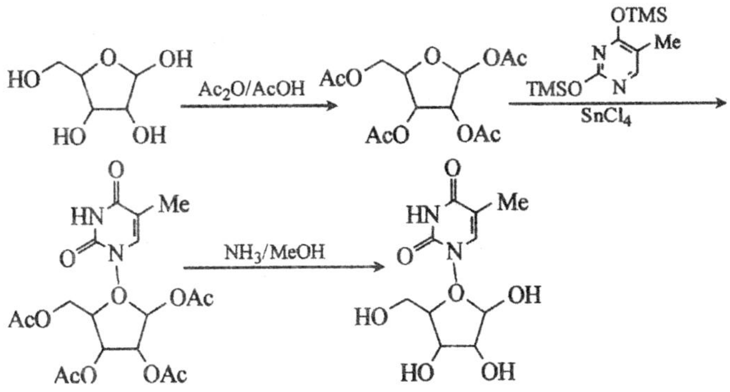

位阻较大的 $t\text{-}BuCO$ 需要较强的碱性环境才能脱去,如 KOH/MeOH 碱性体系;或者用 $LiAlH_4$、$KBHEt_3$、DIBAL 等金属氢化物还原。

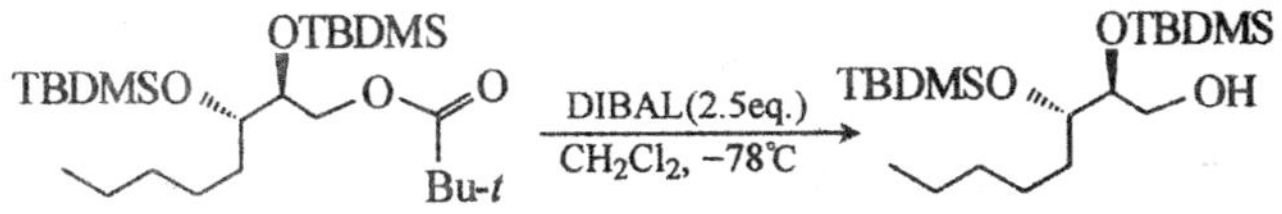

α-吸电子取代基有利于酯的水解,α-苯氧基乙酸酯是乙酸酯水解速率的 50 倍以上。α-卤代更有利于水解速率的增加,这使得 α-卤代乙酸酯保护基很容易去除,可使用硫脲,吡啶水溶液,$H_2NCH_2CH_2SH$,$H_2NCH_2CH_2NH_2$,$PhHNCH_2CH_2NH_2$ 等除去。氯甲酸三氯乙酯(Tceoc)和氯甲酸三溴乙酯(Tbeoc)用于保护醇羟基时,一般用还原法除去。

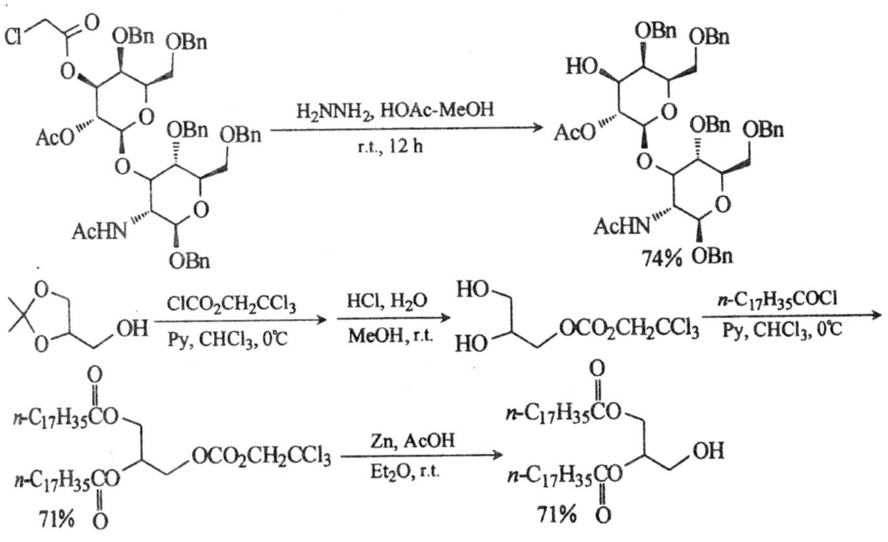

仲醇和烯丙醇的乙酸酯保护基可使 K_2CO_3-CH_3OH 水溶液除去,如果保护的化合物对酸、碱敏感,可采用 KCN-C_2H_5OH 溶液,但 KCN-C_2H_5OH 溶液对 1,2-二醇乙酰化合物的水解比较缓慢。对于多保护基的化合物,也可进行选择性去保护。例如,使用 Bu_3SnMe/CH_2Cl_2 体系可选择性脱去葡萄糖分子中苷羟基上的一个乙酰基。

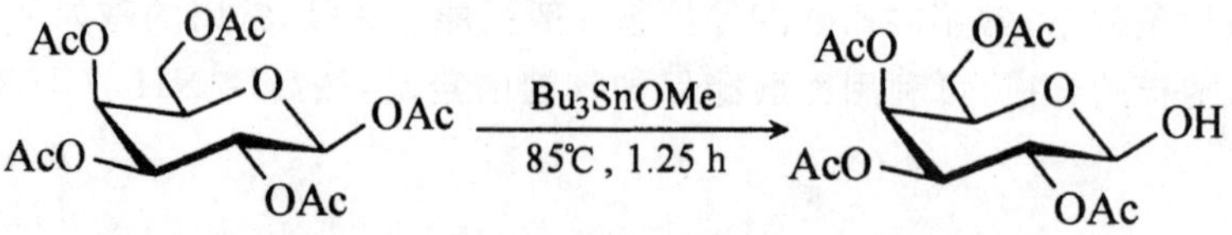

酶催化也能用于酯类保护基的去保护,不但能控制去保护的区域选择性,而且能制立体选择性。

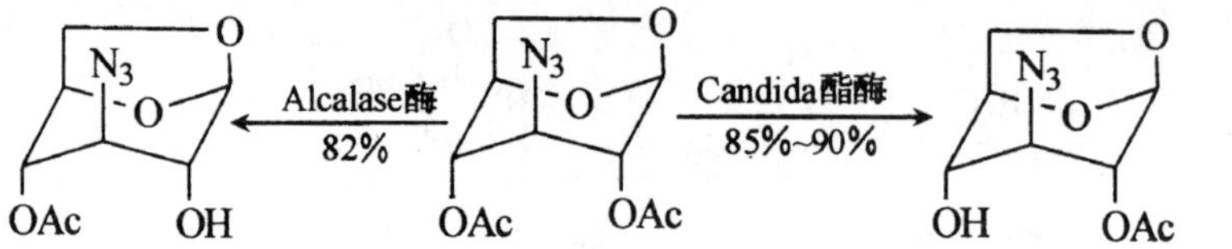

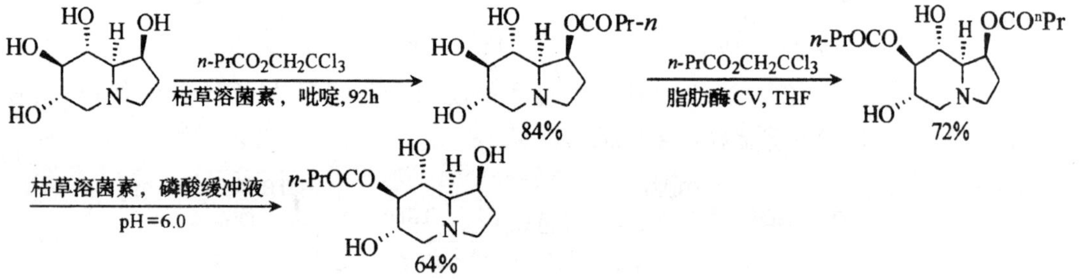

5.1.2 醚类保护基

1. 烷基醚保护

(1)甲醚

用生成甲醚的方法保护羟基是一个经典方法,通常使用硫酸二甲酯在 NaOH 或 $Ba(OH)_2$ 存在下,于 DMF 或 DMSO 溶剂中进行。简单的甲醚衍生物可用 BCl_3 或 BBr_3 处理脱去甲基。近年发现,用 BF_3/RSH 溶液与甲醚溶液一起放置数天,可脱去甲基。

$$ROH \xrightarrow[NaOH]{Me_2SO_4} ROMe \xrightarrow{BF_3/RSH} ROH$$

脱去甲基保护基也可以使用 Me_3SiI 等 Lewis 酸,根据软硬酸碱理论,氧原子与硼或硅原子结合,而以溴离子、氟离子或碘离子将甲基除去。表示如下:

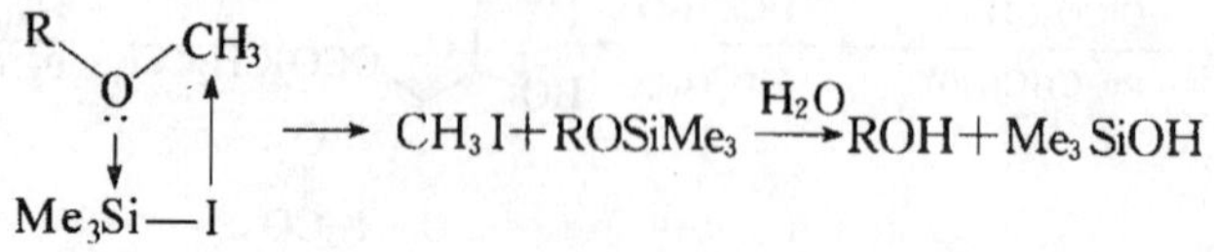

该方法的优点是条件温和,保护基容易引入,且对酸、碱、氧化剂或还原剂都很稳定。

（2）叔丁基醚

叔丁基醚对强碱性条件稳定，但可以为烷基锂和 Grignard 试剂在较高温度下进攻破坏。它的制备一般用异丁烯在酸催化下于二氯甲烷中进行。最近有人报道末端丙酮叉经甲基 Grignard 试剂进攻后可以中等产率转化为伯位叔丁基醚，有望在某些合成中得到很好的应用。

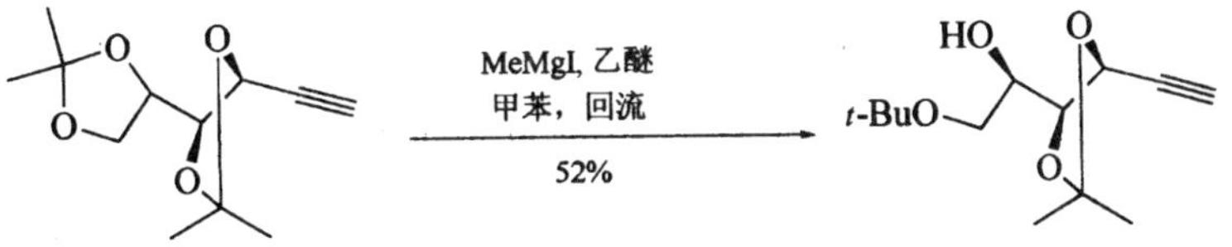

（3）三苯甲基醚

三苯甲基醚常可保护伯羟基，一般用三苯基氯甲烷 TrCl 在吡啶催化下完成保护。稀乙酸在室温下即可除去保护基。例如：

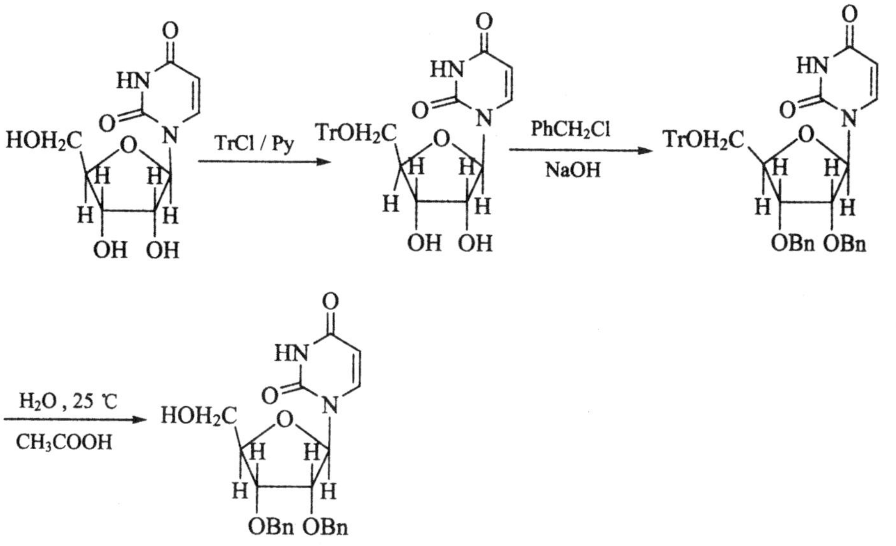

（4）烯丙基醚

烯丙基醚可用烯丙基卤化物与烷氧负离子反应制备。在碳水化合物合成中，常利用 Bu$_2$SnO 大量制备烯丙基醚保护的糖，如下式：

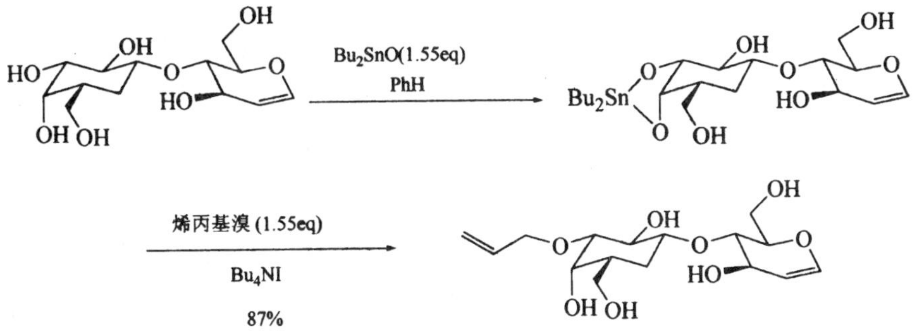

2. 烷氧基烷基醚

烷氧基烷基醚保护基主要包括甲氧基甲基醚(MOM)、甲氧基乙氧基甲基醚(MEM)、甲硫基甲基醚(MTM)、苄氧基甲基醚(BOM)和四氢吡喃醚(THP)等。

四氢吡喃醚是醇羟基常用的保护方法之一,形成的醚在酸碱性条件下都比较稳定的存在,它由伯、仲、叔醇在酸性条件下与2,3-二氢-4H-吡喃反应得到的。反应通式如:

$$ROH + \underset{}{\text{[二氢吡喃]}} \xrightarrow{H^{\oplus}} \underset{}{\text{[四氢吡喃醚 OR]}}$$

常用的溶剂是氯仿、二噁烷、乙酸乙酯和 DMF 等。原料是液体的醇时,可以不用溶剂。常用的酸催化剂是对甲苯磺酸、樟脑磺酸(CSA)、三氯氧磷、三氟化硼/乙醚、氯化氢等。对甲苯磺酸吡啶盐(PPTS)的酸性比乙酸还弱,用于催化醇的四氢吡喃化可提高产率。例如:

$$\underset{}{\text{[结构式 OAc, OH]}} \xrightarrow[\text{CH}_2\text{Cl}_2,\text{室温}]{\text{DHP, PPTS}} \underset{}{\text{[结构式 OAc, OTHP]}} \quad (100\%)$$

四氢吡喃醚是混合缩醛,对强碱、烃基锂、格利雅试剂、氢化锂铝等是稳定的。四氢吡喃醚可以在温和酸性条件下水解除去。例如,HOAc-THF-H$_2$O (4∶2∶1)/45℃可以除去四氢吡喃保护基,但不能除去 MOM、MEM 和 MTM 醚保护基。

MOM、MEM 和 MTM 醚保护基一般用相应的氯化物或溴化物在碱性条件下导入。例如:

$$\text{CH}_3\text{OCH}_2\text{CH}_2\text{OH} \xrightarrow[25℃(82\%)]{(\text{HCHO})_n,\text{ HCl}} \text{CH}_3\text{OCH}_2\text{CH}_2\text{OCH}_2\text{Cl} \xrightarrow[25℃(80\%)]{\text{ROH, Et}_3\text{N}} \underset{(\text{ROMEM})}{\text{ROCH}_2\text{OCH}_2\text{CH}_2\text{OCH}_3}$$

MOM 醚保护基也常用(CH$_3$O)$_2$CH$_2$/P$_2$O$_5$ 完成保护。例如:

$$\underset{}{\text{[结构式 CONH}_2\text{, OH, NHTs]}} \xrightarrow[\text{P}_2\text{O}_5,\text{ CHCl}_3 \quad 25℃]{(\text{CH}_3\text{O})_2\text{CH}_2} \underset{}{\text{[结构式 CONH}_2\text{, OMOM, NHTs]}} \quad (90\%)$$

MOM 醚保护基可以在酸性条件如 HCl-THF-H$_2$O 或 Lewis 酸(如 BF$_3$·OEt$_2$、Me$_3$SiBr 等)存在下除去。MEM 醚保护基的除去条件要强烈一些,一般要在 ZnBr$_2$、氢溴酸等存在下除去。MTM 醚保护基一般在重金属盐存在下除去。例如:

$$\underset{\text{MTMO }\quad \text{CH}_3}{\text{[结构式 TBSO]}} \xrightarrow[\text{CH}_3\text{CN, H}_2\text{O}]{\text{HgCl}_2} \underset{\text{HO }\quad \text{CH}_3}{\text{[结构式 TBSO]}} \quad (93\%)$$

3. 保护为硅醚

因为硅氧醚键容易形成,而且硅氧醚键对于有机锂、格氏试剂和一些氧化剂、还原剂等都比较稳定,所以硅醚类保护基策略被广泛采用。烷基硅基可以在特定条件下发生水解反应而断裂。

能产生三甲硅基的试剂有三甲基硅三氟甲磺酸酯($Me_3SiSO_3CF_3$)、六甲基二硅胺烷[$(Me_3Si)_2NH$]和三甲基氯硅烷等。其中,三甲基硅氟甲磺酸酯的反应活性最高,但价格昂贵,一般使用价格便宜的三甲基氯硅烷。反应常以四氢呋喃、二氯甲烷、乙腈、二甲基甲酰胺等为溶剂,以碱(如吡啶、三乙胺等)作催化剂。例如,下列糖苷分子中,利用三甲基氯硅烷实现对糖结构单元中羟基的保护,而碱基中的氨基不受影响,反应方程式如下:

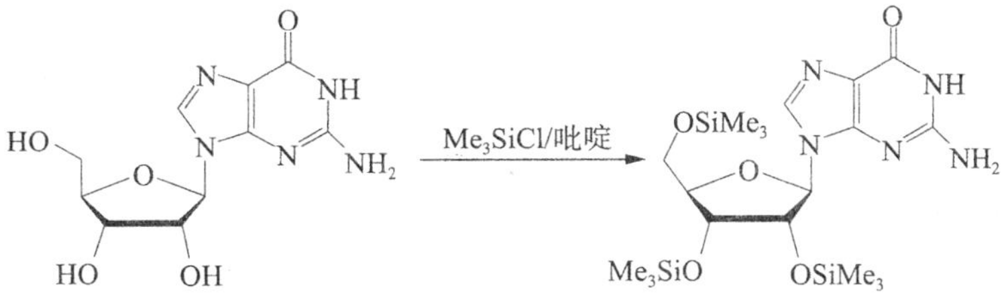

不饱和醇与三乙基氯硅烷在 DMF 中,以咪唑为催化剂反应得到高产率的硅醚化合物(见下式),实现了对羟基的保护。

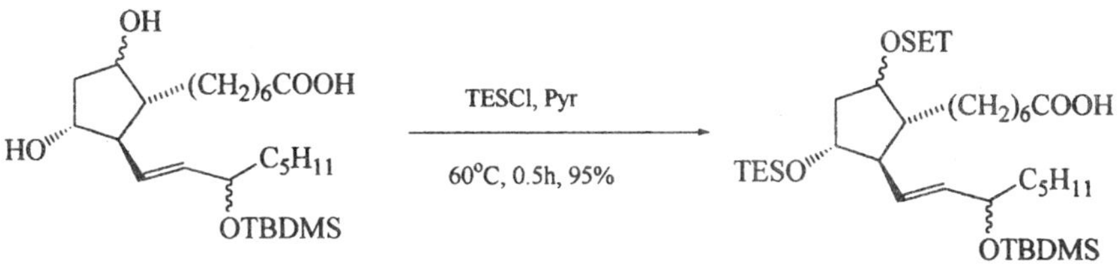

5.1.3 二醇和领苯二酚的保护

多羟基化合物中 1,2-二醇和 1,3-二醇以及邻苯二酚两个羟基同时保护在有机合成中应用广泛。它们与醛或酮在无水氯化氢、对甲苯磺酸或 Lewis 酸催化下形成五元或六元环状缩醛、缩酮得以保护,如图 5-1 所示。在二醇和邻苯二酚保护时,常用的醛、酮有:甲醛、乙醛、苯甲醛、丙酮、环戊酮、环己酮等。此类保护基对许多氧化反应、还原反应以及 O-烃化或酰化反应都具有足够的稳定性。环状缩醛和缩酮在碱性条件下稳定,去保护基常用酸催化水解。此外,苯亚甲基保护基也可以用氢解的方法除去。

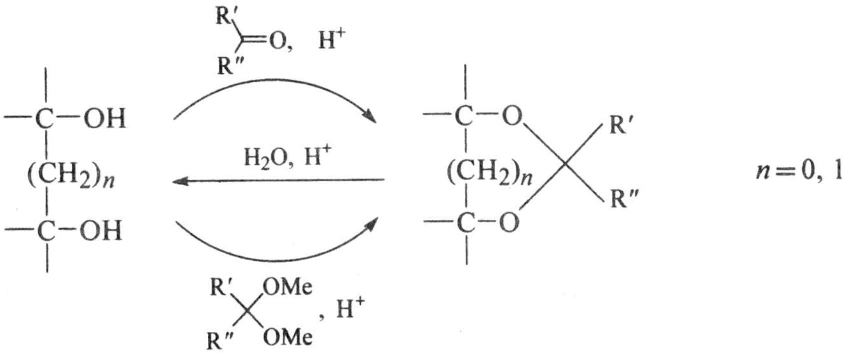

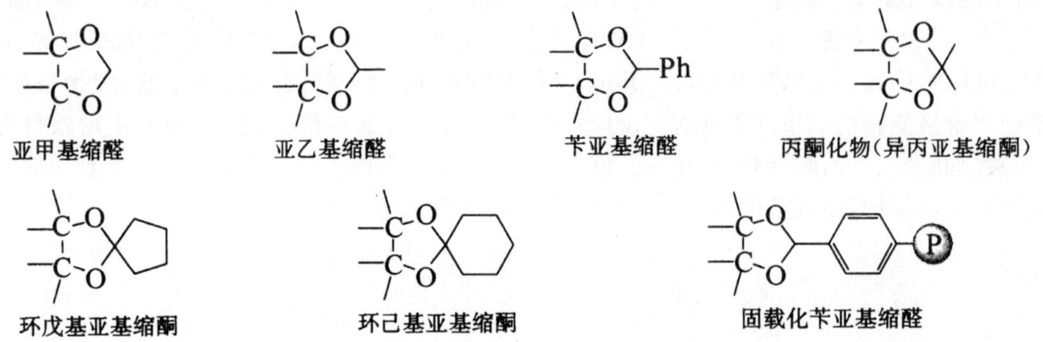

图 5-1　二醇和邻苯二酚生成环状缩醛、缩酮

2-甲氧基丙烯和邻二醇在酸催化下形成环状缩酮,也是保护邻二醇羟基的常用方法。如:

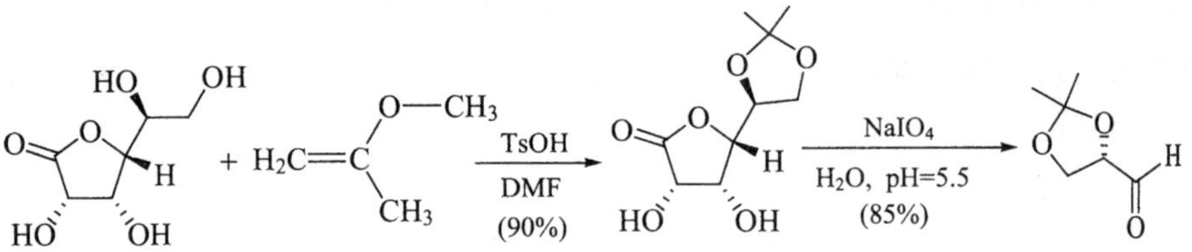

固载化保护技术在近代有机合成中具有重要的意义并得到了广泛的应用。例如,采用固载化保护技术,将固载化苯甲醛保护试剂(1)与甲基葡萄糖苷(2)的 $C_{4,6}$-二醇羟基反应生成并环的缩醛(3),继以 $C_{2,3}$-二醇羟基衍生化生成酯(4)后,进行酸化处理,分出目标物(5),固载化试剂(1)再生并循环利用。

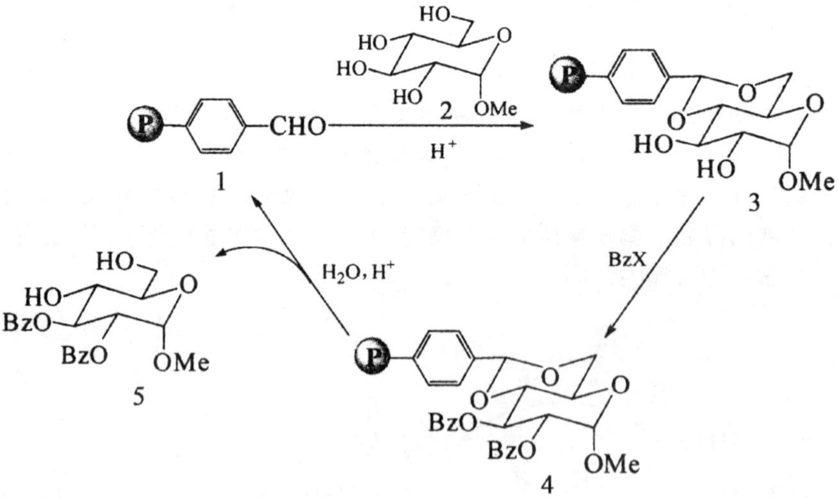

此外,二氯二叔丁基硅烷和二醇作用形成硅烯保护基。例如:

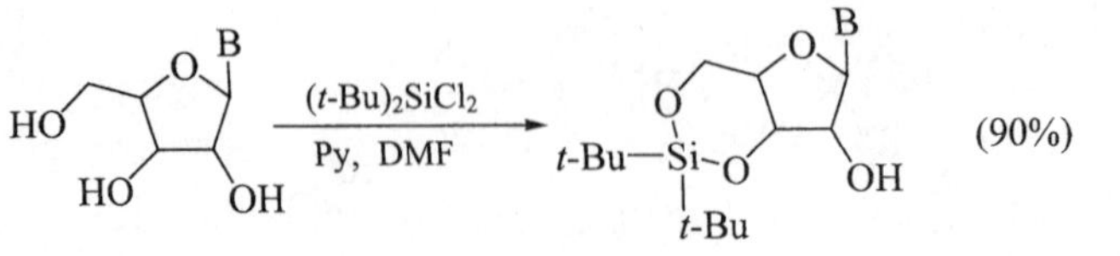

硅烯保护基可以用 HF-Py 在室温下除去。

5.2　氨基的保护

5.2.1　氨基甲酸酯类保护

在肽合成中,将氨基甲酸酯用作氨基酸中氨基的保护基,从而将外消旋化抑制到最低度。为最大限度抑制外消旋化,可使用非极性溶剂,此外使用尽量少的碱和低的反应温度以及使用氨基甲酸酯保护基,都是有效的措施。通常采用胺和氯代甲酸酯或重氮甲酸酯进行反应制备氨基甲酸酯。不同结构的氨基甲酸酯其稳定性有着很大的差异,因此,当需要选择性地脱去保护基时,采用氨基甲酸酯类对氨基进行保护比较适宜。最有用的几种氨基甲酸酯有:叔丁酯容易通过酸性水解反应脱除;苄酯通过催化氢解反应脱除;2,4-二氯苄酯能在氨基甲酸苄酯和叔丁酯的酸催化水解条件下保持稳定;2-(联苯基)异丙酯比氨基甲酸特丁酯更容易为稀乙酸所脱除;9-芴甲基在碱存在下经由 β-消除反应裂解;异烟基酯在乙酸中用锌还原裂解等。下面对选择常用的叔丁酯、苄酯进行研究。

1. 叔丁酯

氨基甲酸叔丁酯保护的氨基化合物能够经受催化氢化和比较强烈的碱性条件和亲核反应条件。常用的保护剂有(Boc)$_2$O、BocON;保护反应的条件较为温和。例如:

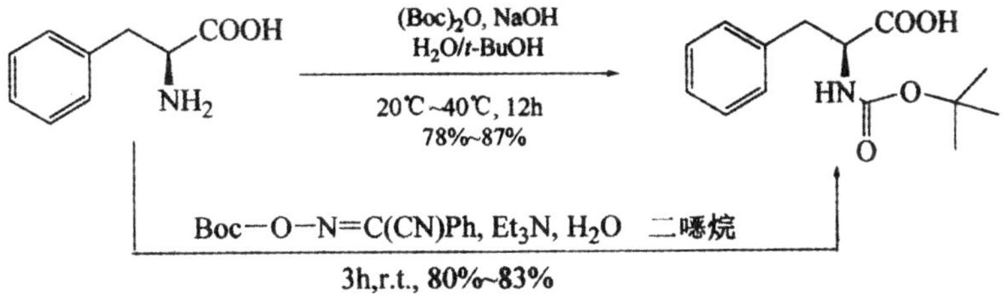

当有仲胺存在时,BocON 可选择性地保护伯胺。现在,多种 Boc 保护试剂被开发使用。如:

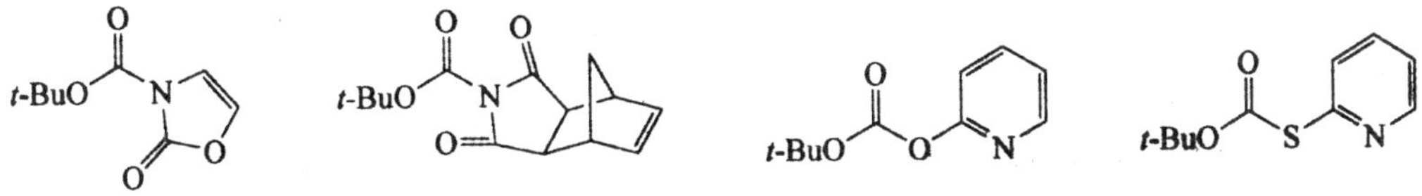

脱除 Boc 保护基最常用的方法是酸性水解。如使用三氟乙酸或三氟乙酸在 CH_2Cl_2 中的溶液,一般在室温下就可以迅速去保护。

2. 苄酯

1932 年 Bergman 发明了苄酯保护基;开创了现代肽合成化学中的一个里程碑。

苄酯制备的优点如下:

①可以在中性条件下被氢解除去。

②价格便宜,适合大量原料的制备。

③其保护的条件非常温和,在碱性水溶液中使用 Cb$_2$Cl(5℃～10℃)很快完成。因此,应用

广泛。

通常的保护试剂为 BnOCOCl,例如:

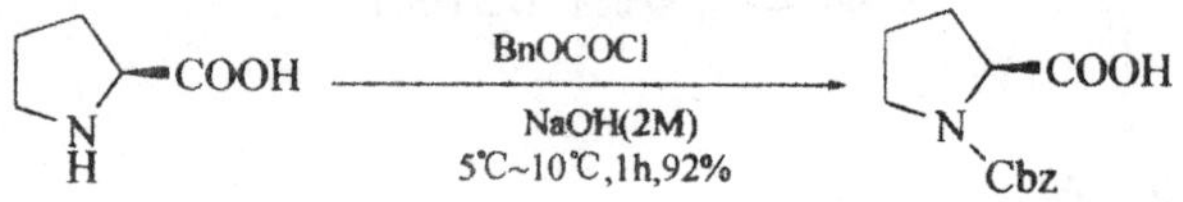

其他的保护试剂还有:

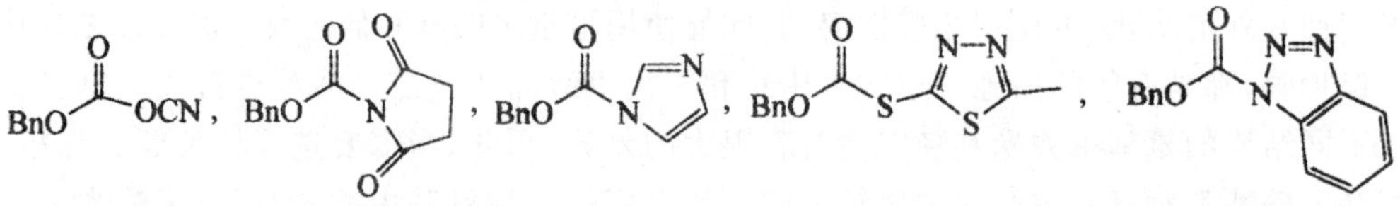

Cbz 可用化学还原法除去,锂氨还原以及使用 Lewis 酸等,其中使用催化氢解的例子最多。例如以 R_3SiH 为氢源的氢解:

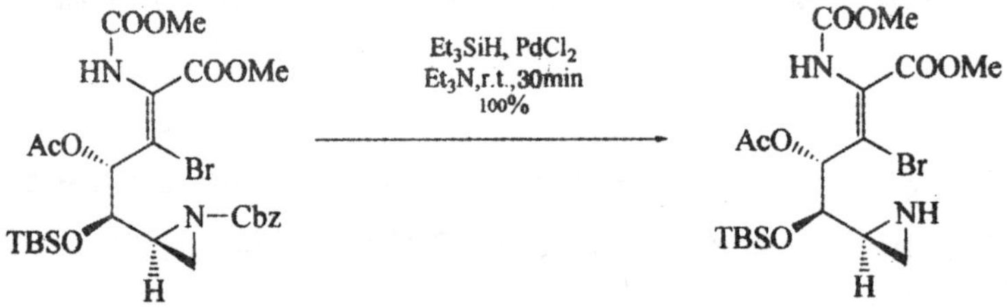

5.2.2 N-酰基化保护

伯胺和仲胺容易与酰氯或酸酐反应生成酰胺。乙酰基和苯甲酰基可用来保护氨基。酰基保护基可以用酸或碱水解的方法除去。例如:

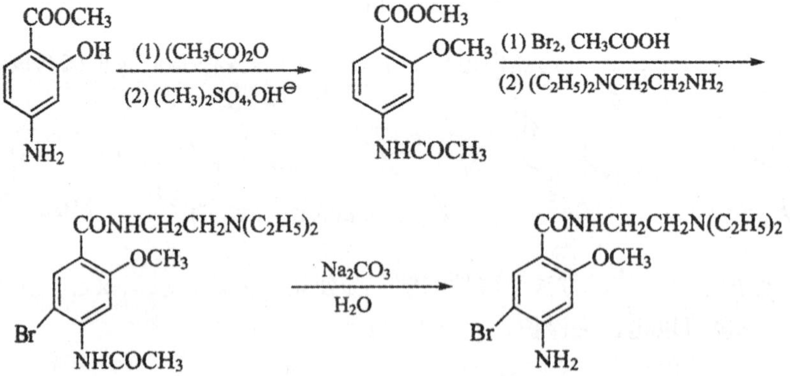

将胺变成取代酰胺是一个简便而应用非常广泛的氨基保护法。单酰基往往足以保护一级胺的氨基,使其在氧化、烷基化等反应中保持不变,但更完全的保护则是与二元酸形成的环状双酰化衍生物。常见的胺类化合物的保护试剂有卤代乙酰及其衍生物,如乙酰氯、乙酸酐以及乙酸苯酯。将胺与化合物与上述物质直接反应就能保护氨基。列如在磺胺类药物的合成中就是通过乙酰基来保护氨基的。

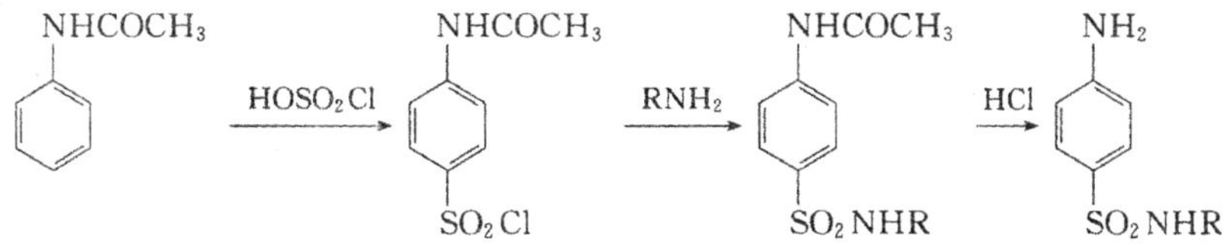

当分子内同时存在羟基和酰基时,用羧酸对硝基苯来实现氨基的选择保护;如下式:

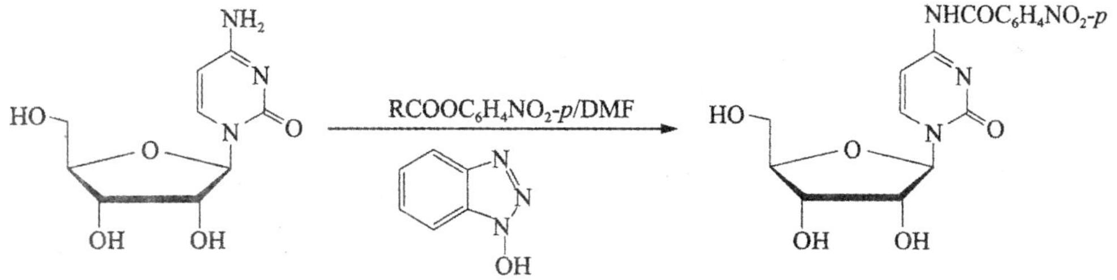

也可以将羟基和羧基同时保护起来。例如,氯霉素的合成:

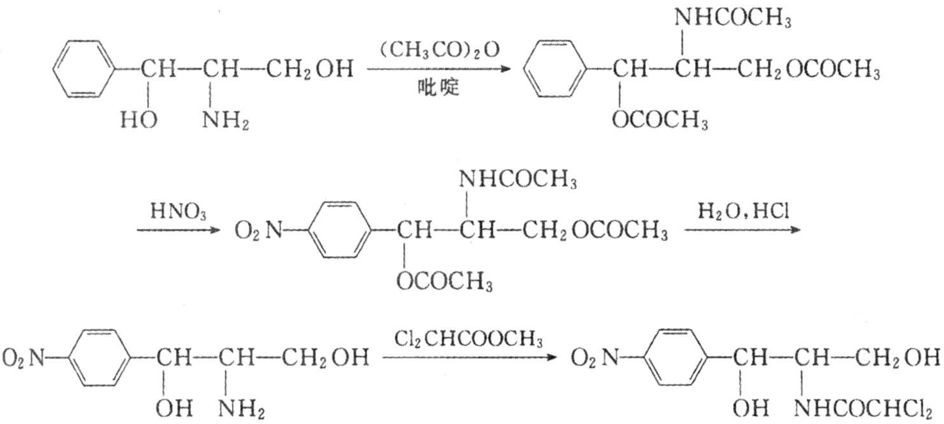

当分子内存在如羧酸官能团的 α-氨基和相距较远的氨基,两种不同环境的氨基时,由于 α-氨基与邻近羧基形成分子内氢键或内盐降低了氨基的活性,使用乙酸对硝基苯酯在 pH＝11 的条件下,距离羧基较远的氨基可以选择性地进行酰基化反应。例如:

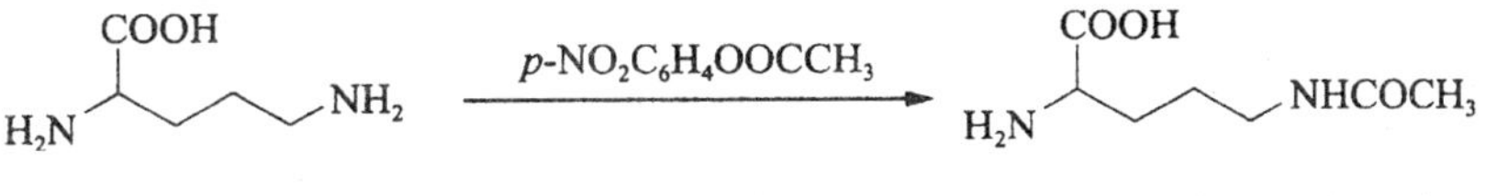

伯醇的保护常用酰亚胺保护,常用的试剂有邻苯二甲酸酐、丁二酸酐和它的衍生物。胺和丁二酸酐在 150～200℃共热,先生成非环状酰胺酸,随后在乙酰氯或亚硫酰氯的作用下生成环状酰亚胺,反应方程式如下:

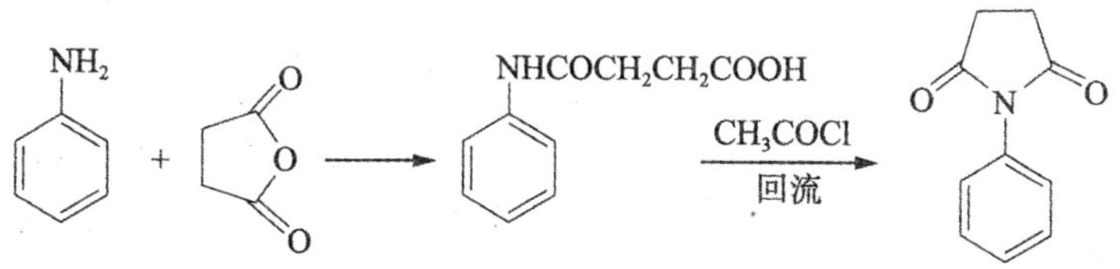

若用邻苯二甲酸酐在氯仿中与伯胺作用,可得到较高产率的邻苯二甲酰亚胺,反应方程式如下:

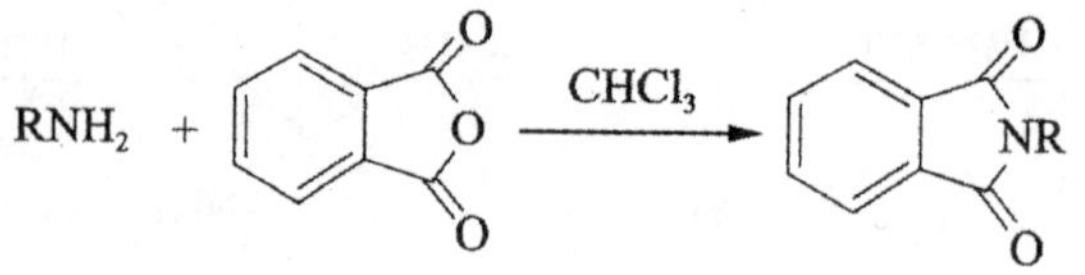

$$RNH_2 + \text{（邻苯二甲酸酐）} \xrightarrow{CHCl_3} \text{（邻苯二甲酰亚胺 NR）}$$

此外,在核苷酸合成的磷酸化反应中,对甲氧苯酰基、苯酰基和异丁酰或 2-甲基丁酰基可以分别保护胞嘧啶、腺嘌呤和鸟嘌呤中的氨基。另外,伯胺能以酰胺的形式加以保护,这就防止了活化的 N-乙酰氨基酸经过内酯中间体发生外消旋化。

5.2.3 N-烃化和 N-硅烷化保护

1. N-苄基胺

N-烃化保护有 N-甲基胺、N-叔丁基胺、N-烯丙基胺和 N-苄基胺等。常用的是 N-苄基胺,通常是苄氯或苄溴在碳酸钾或氢氧化钠存在下与氨基反应生成。相对于前述羟基的苄基保护,氨基的苄基化更为容易,伯胺可以生成 N-单苄基仲胺,再次苄基化生成 N,N-二苄基叔胺。苄基胺对于碱、亲核试剂、有机金属试剂、氢化物还原剂等是稳定的。常用钯-碳催化氢化或可溶性金属(钠-液氨)还原脱除苄基保护基。与脱苄基醚相比,通常需要更高的氢气压力、反应温度和催化剂用量。

氨基酸中氨基的苄基化保护时,常常生成一苄和二苄两种衍生物。当用钯-碳催化氢解时常可选择性去除二苄基衍生物中的一个苄基。

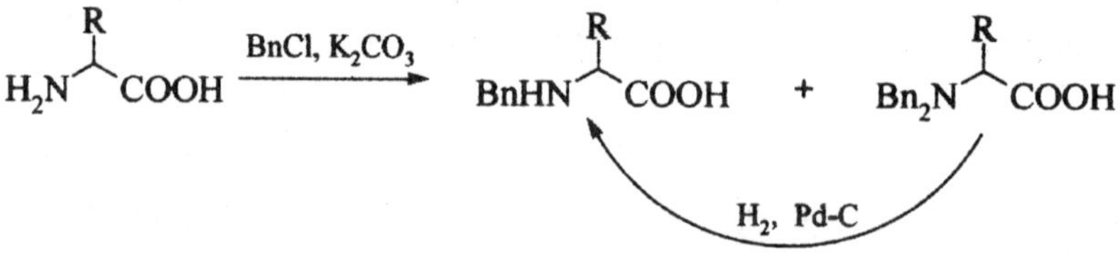

$$H_2N-\underset{COOH}{\overset{R}{|}} \xrightarrow{BnCl, K_2CO_3} BnHN-\underset{COOH}{\overset{R}{|}} + Bn_2N-\underset{COOH}{\overset{R}{|}}$$

$$\xleftarrow{H_2,\ Pd\text{-}C}$$

合成治疗青光眼的中草药生物碱包公藤甲素时,最后一步脱苄基选用氢气(3atm)和 60℃,方能获得好结果。

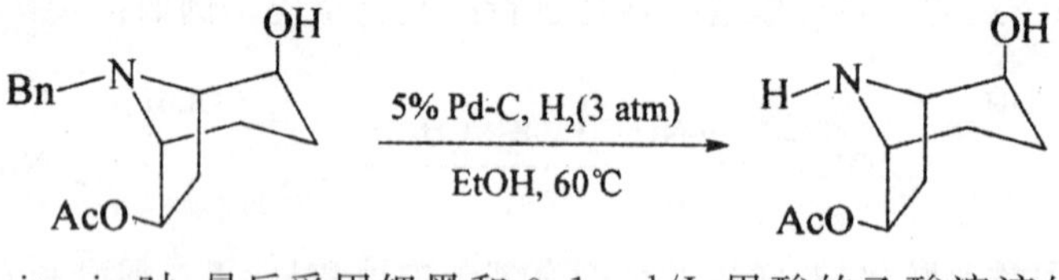

$$\text{（Bn-N 结构，OH, AcO）} \xrightarrow[\text{EtOH, 60℃}]{5\%\ Pd\text{-}C,\ H_2(3\ atm)} \text{（H-N 结构，OH, AcO）}$$

合成麻痹剂 Saxitoxin 时,最后采用钯黑和 0.1mol/L 甲酸的乙酸溶液处理,选择性脱除苄基保护基而不影响 S,S-缩酮保护基和众多功能基。

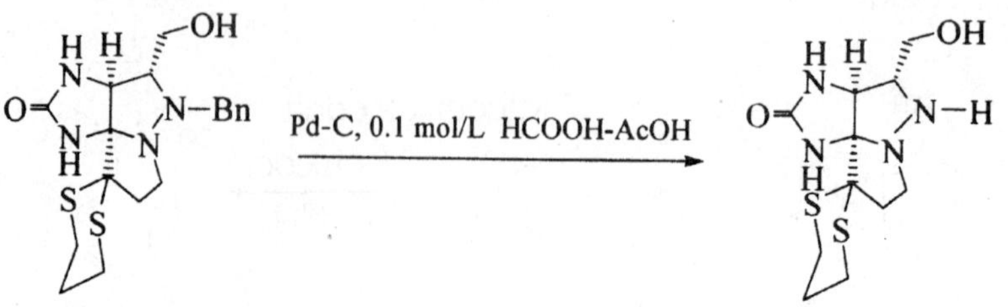

$$\text{（含 Bn 结构）} \xrightarrow{Pd\text{-}C,\ 0.1\ mol/L\ HCOOH\text{-}AcOH} \text{（脱 Bn 产物）}$$

2. *N*-三甲基硅胺

常用而简单的 *N*-硅烷化保护是 *N*-三甲基硅胺(TMS-N),在有机碱三乙胺或吡啶存在下三甲基硅烷与伯胺、仲胺反应制得。由于硅衍生物通常对水汽高度敏感,在制备和使用时均要求无水操作,这也限制了它们的实际应用。脱保护容易,水、醇即可分解。若采用位阻较大的叔丁基二苯基硅胺可选择性保护伯胺,仲胺不受影响。

5.3　羧基的保护

保护羧基的方法是将其转变为酯,常用的是甲酯、乙酯、苄酯、叔丁酯以及 2,2,2-三氯乙酯。不同的酯保护基用不同的方法除去。甲酯和乙酯常用酸或碱水解法。苄酯用催化氢解的方法。叔丁酯常用热解法或用三氟乙酸(TFA)或对甲苯磺酸(TsOH)将其除去。例如:

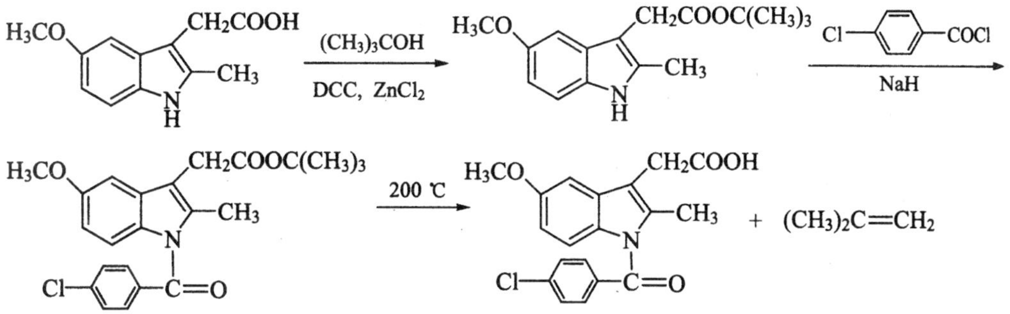

2,2,2-三氯乙醇在对甲苯磺酸存在下与羧酸酯化,生成 2,2,2-三氯乙醇酯(TCE)。TCE 保护基的除去采用化学还原法,如用 Zn/CH₃COOH 溶液处理即可使羧基再生。反应式如下:

$$RCOOCH_2CCl_3 \xrightarrow[CH_3COOH]{Zn} RCOOH + CH_2{=}CCl_2$$

例如:

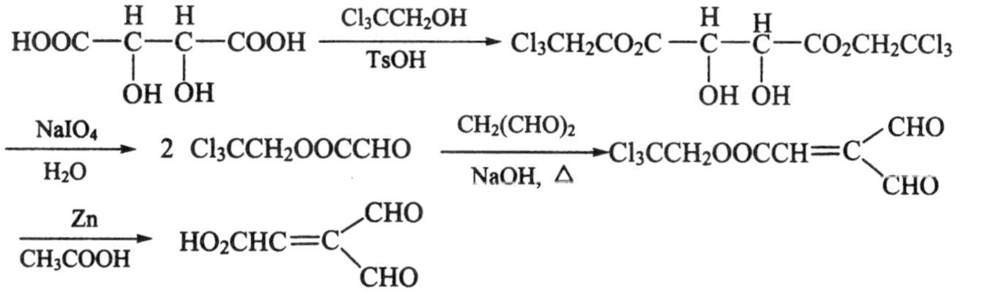

MOM、MEM、MTM 也可以作为羧基的保护基,它们的导入和除去与羟基保护基类似。

在羧基的保护中,有时不仅要避免羧基质子与碱性试剂作用,而且要保护羧基的羰基不受亲核试剂进攻。这时一般用原酸酯保护基保护羧基。最常用的原酸酯保护基具有 4-甲基-2,6,7-三氧杂双环[2.2.2]辛烷结构。这类双环的原酸酯由三种方法得到:醇和其他的原酸酯交换;醇和亚氨基醚反应;3-甲基-3-羟甲基环丁醚的酯在路易酸催化下的重排。反应式如下:

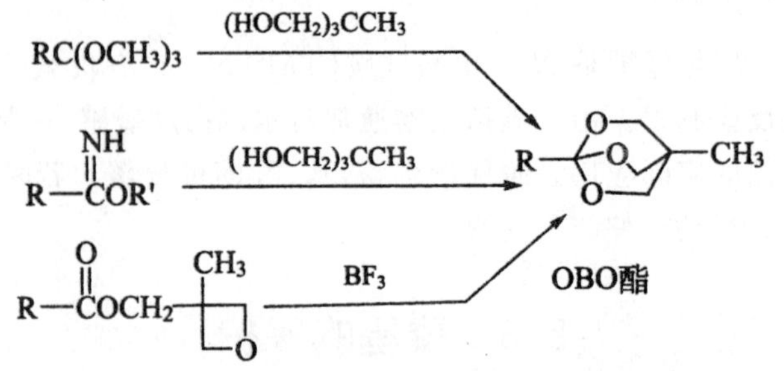

第三种方法是首先将羧酸转变成酰氯，然后与 3-甲基-3-羟甲基氧杂环丁烷反应生成酯，后者在三氟化硼催化下重排生成双环原酸酯（OBO 酯）。OBO 酯保护基既保护了羧基的羟基，也保护了羰基。OBO 酯对强亲核试剂（如格利雅试剂、有机锂试剂）都是稳定的。OBO 酯保护基可用稀酸和稀碱两步水解方便地除去。反应式如下：

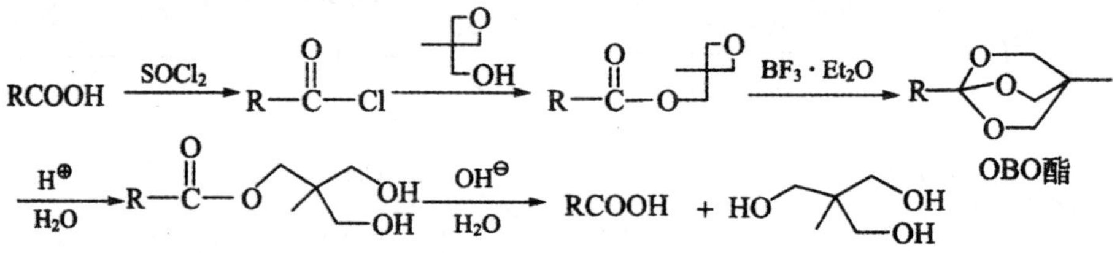

例如：

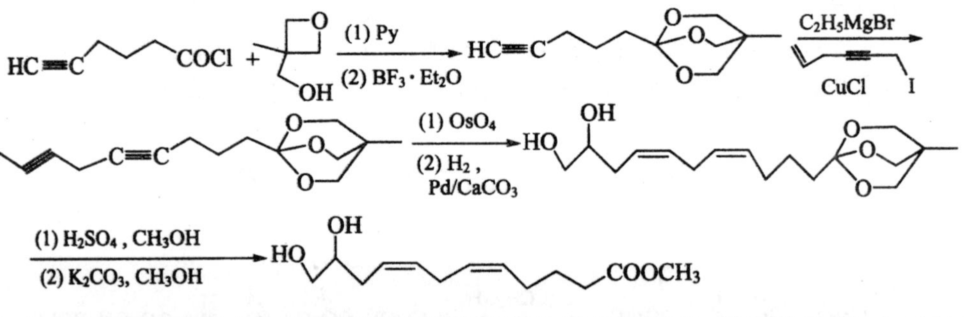

将羧酸转变成噁唑烷衍生物也可以同时保护羧酸的羰基和羟基，格利雅试剂、金属氢化物等试剂等都不受影响。噁唑烷衍生物水解可以恢复羧基。一般保护羧基的噁唑烷衍生物由羧酸和 α-氨基醇或氮丙啶作用得到。反应式如下：

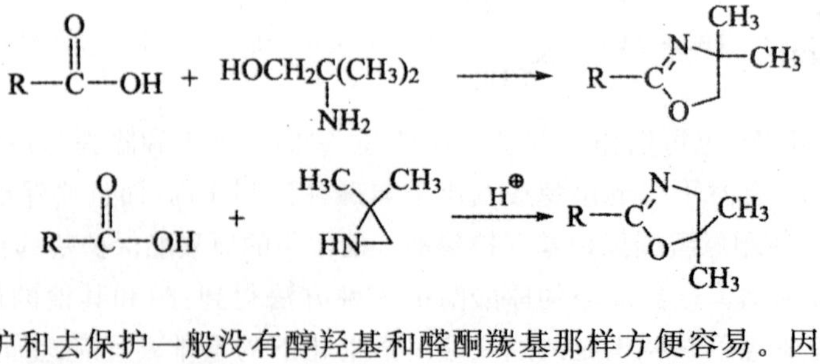

羧酸的羰基保护和去保护一般没有醇羟基和醛酮羰基那样方便容易。因此在设计合成路线时，常常把伯醇或醛作为羧酸的前官能团。在合成的最后阶段，除去醇或醛的保护基，用合适的

方法氧化为羧酸。

5.4 羰基的保护

醛、酮的羰基比较活泼,能与多种亲核试剂发生反应,因此在很多反应需要保护羰基。保护羰基常用的方法有两种:一种是使用醇或者二醇,生成缩醛或缩酮;另一种是用硫醇,生成二硫代缩醛或缩酮,还可生成单硫代缩醛、缩酮。

5.4.1 缩醛或缩酮保护基

醛、酮和两分子醇反应,便可得到缩醛、缩酮。反应需要酸的促进,如对甲基苯磺酸、氯化氢。

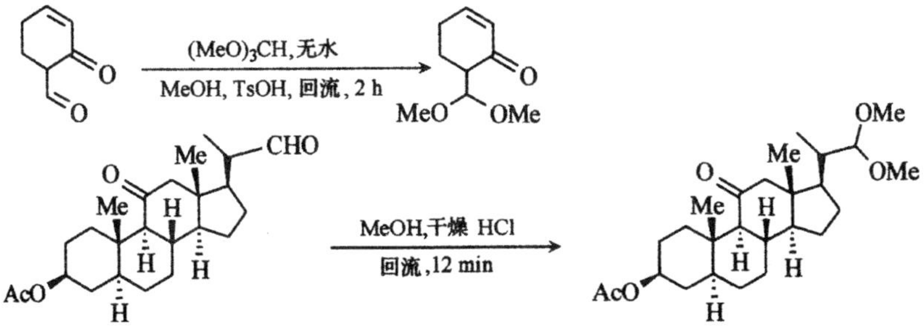

缩醛、缩酮在 pH=4~12 时通常比较稳定,同时对碱、氧化剂、还原剂稳定,但对酸的水溶液和 Lewis 酸敏感。因此缩醛、缩酮在完成保护基使命后,一般能够存酸的水溶液中被去除。

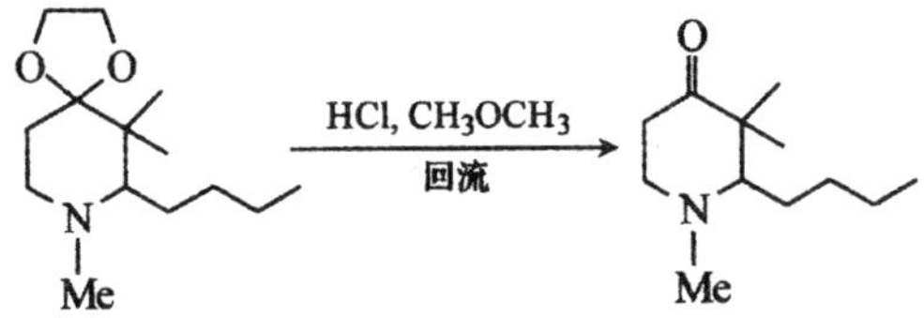

可以用两分子甲醇和醛、酮反应制备缩醛、酮。醛、酮与甲醇生成的缩二甲醇结构鉴定相对容易,在核磁共振谱上甲醇的峰比较容易识别,脱去保护基产生的甲醇也容易除去。1,2-乙二醇是一类普遍应用的醛、酮保护试剂,它容易与醛、酮反应生成环状缩醛、酮。

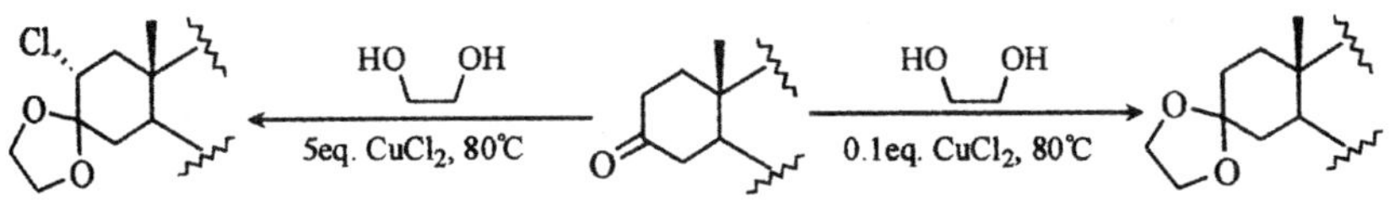

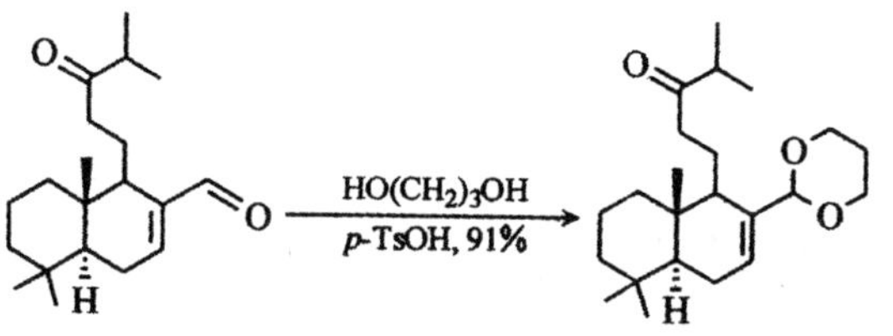

p-TsOH 等质子酸、Lewis 酸可以作为 1,2-乙二醇生成缩醛或缩酮的反应的催化剂。此外,

TMSCl 也是一个很好的试剂,它在反应中既有催化作用又能够脱水。

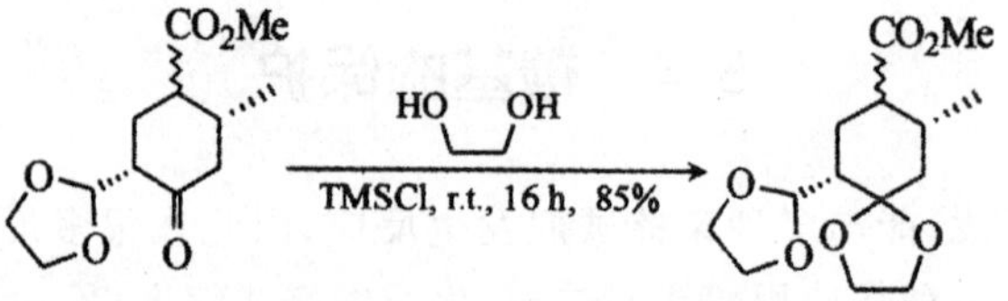

不同类型的环状缩醛、酮生成的难易程度有所差异,几种醛、酮的活性顺序为

醛基＞链状羰基(环己酮)＞环戊酮＞α,β-不饱和酮＞苯基酮

空间位阻对缩醛、酮保护基的引入有很大影响。位阻大的酮难以形成缩酮,但是一经形成就很难脱去,所以可以通过控制条件选择性的保护羰基化合物中位阻小的羰基。

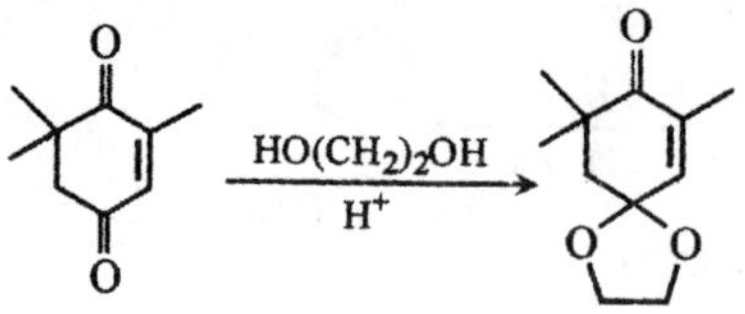

有时共轭醛、酮生成缩醛、缩酮后,双键的位置发生转移,这与催化剂的酸性有很大关系。使用乙二醇的双(三甲基硅基)衍生物和 Me_3SiOTf/CH_2Cl_2 保护烯醇,不会引起双键位移。而且共轭的羰基相对反应性要弱一些。例如:

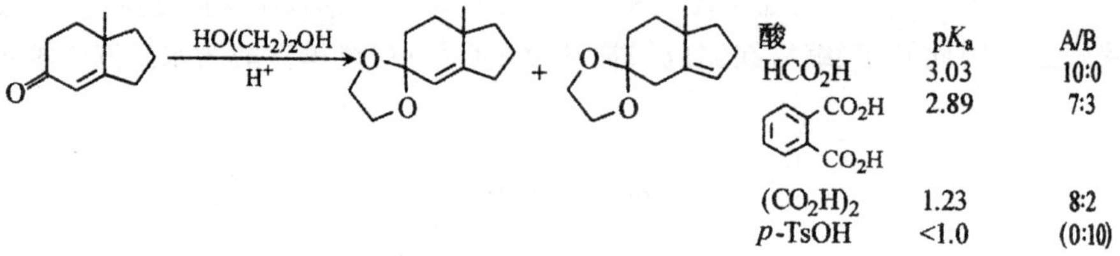

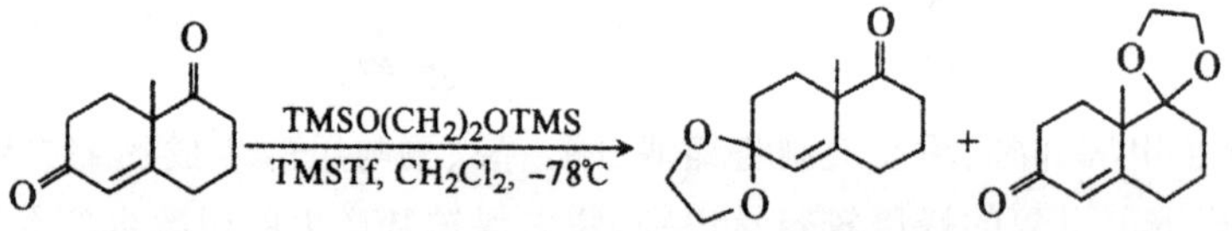

1,3-二醇也容易与醛酮反应生成六元环,引入缩醛或缩酮保护基,并在有机合成中广泛应用。

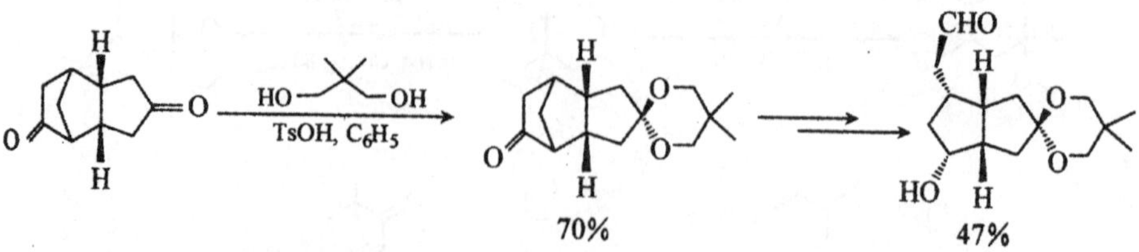

5.4.2 二硫代缩醛、缩酮保护基

硫代缩醛、酮对酸稳定性较好,在 pH＝1～12 时稳定,不与氢化锂铝等还原剂、有机金属试剂、亲核试剂和过碘酸等部分氧化剂反应。但是对某些氧化剂敏感,可使一些金属催化剂失活。

二硫代缩醛、缩酮的制备类似于二醇的缩醛、酮制备,即在 Lewis 酸或质子酸存在下,硫醇与醛酮反应。常用的催化剂是 BF₃·Et₂O、ZnCl₂、Zn(OTf)₂ 等。

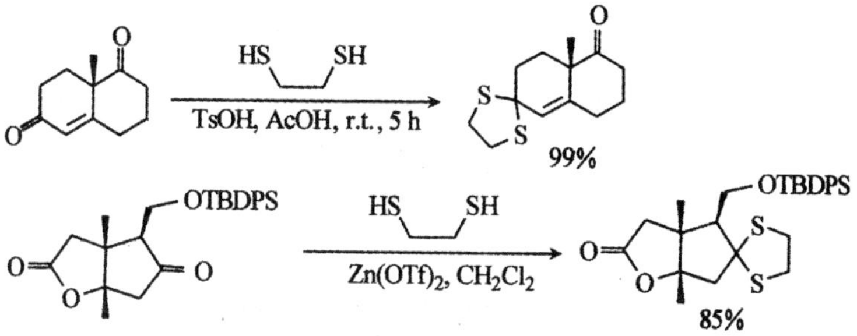

脱保护常用 HgCl₂ 水溶液,可用银盐、铜盐、钛盐、铈盐、铝盐等重金属盐作催化剂。

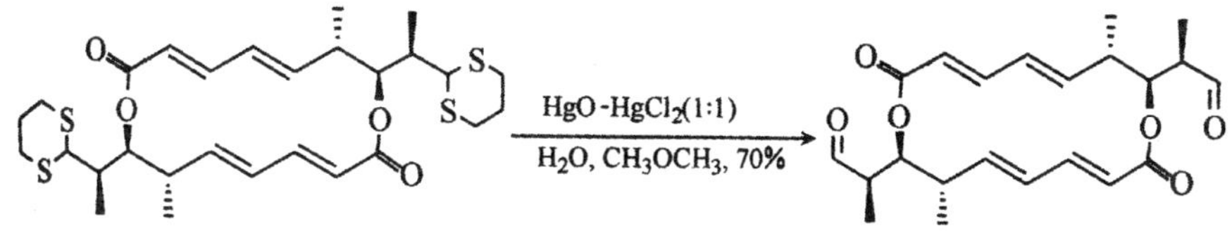

另外,N-溴代或氯代丁二酰亚胺,碘-DMSO 等也可脱去保护。使用硫烷基化试剂,如 MeI、Me₃OBF₄、EtOBF₄、MeOSO₂CF₃ 脱保护,条件比较温和。

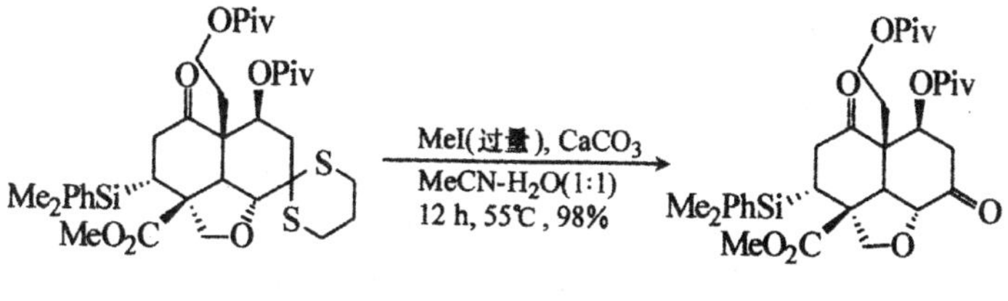

当邻基参与反应时,硫缩酮的去保护能用氟化氢实现,氟化氢通常不会影响这个基团:

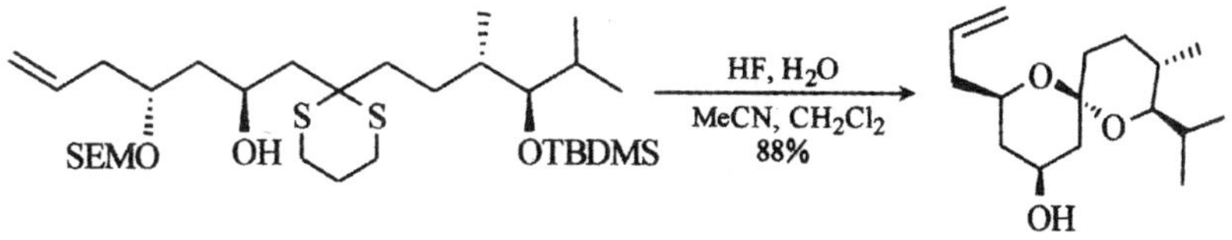

5.4.3　单硫代缩醛、缩酮保护基

将醛、酮转化为 O,S-缩醛酮是保护羰基的一类方法。

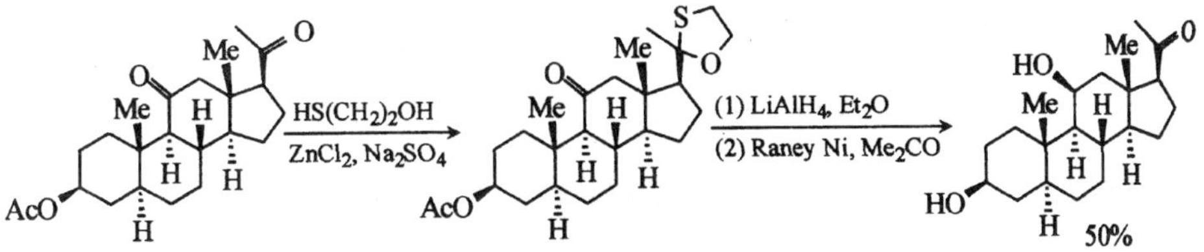

O,S-缩醛、酮的去保护条件和前面提到的缩醛、缩酮有类似之处。通常较后者速率快,但它

通常缺乏稳定性，从而限制其保护功能。O,S-缩醛、缩酮也可以被选择性去除。

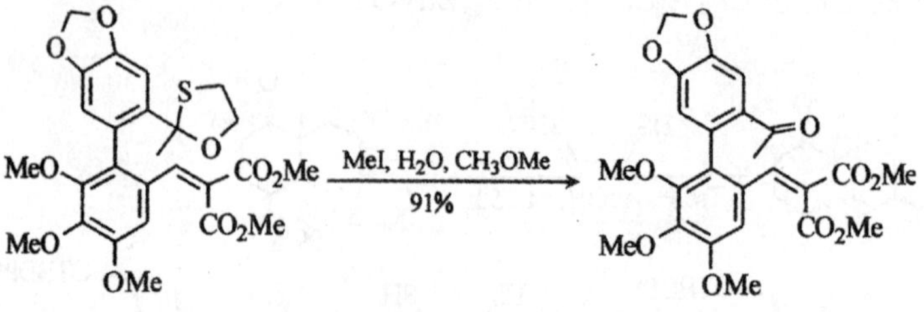

5.5 基团的反应性转换

5.5.1 烃类化合物的反应性转换

1. 烯烃的反应性转换

烯烃分子中的碳-碳双键具有较高的电子云密度，作为电子给予体，容易发生亲电加成反应。当烯烃分子中碳-碳双键上的不饱和碳原子被强吸电子的原子或原子团(如—X、—CF_3、—CN、—CHO 等)取代后，碳-碳双键必定受强吸电子的原子或基团的影响而改变极性，作为电子受体而能发生亲核加成反应。例如：

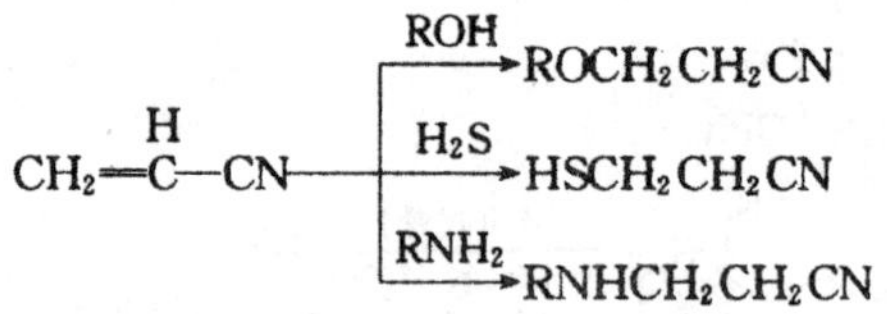

$$CH_2{=}CH{-}CF_3 + ROH \longrightarrow ROCH_2CH_2CF_3$$

应用某一试剂改变双键的极性，待发生反应引入所需要的官能团后又很容易除去，这样的试剂常选用金属有机化合物。例如，二羰基环戊二烯铁与烯烃配合后形成具有矿烯烃结构的正离子，改变了双键的极性，能发生亲核加成反应，其结构和反应式如下：

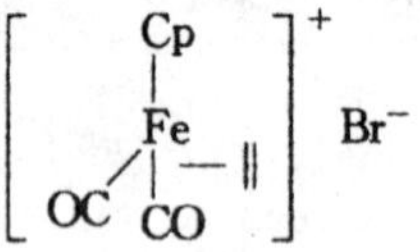 (Cp=环戊二烯基)

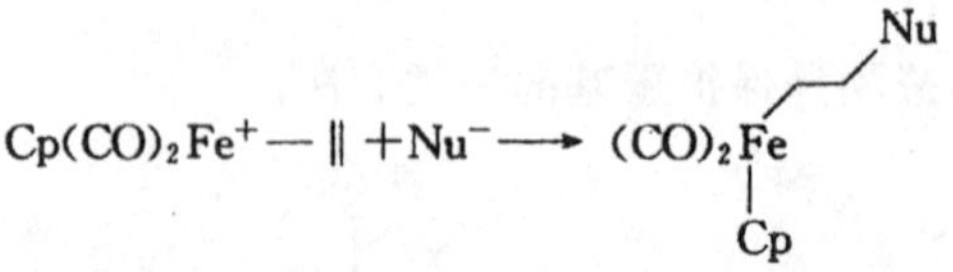

如果亲核试剂为烯胺，则$(CO)_2Fe(\pi\text{-}C_5H_5)(\pi\text{-}C_2H_4)$与之反应而得到碳链增长的产物 $C{-}C{-}C{-}C{=}\overset{+}{N}\langle$。分子内有亲核原子团也能发生反应，反应式如下：

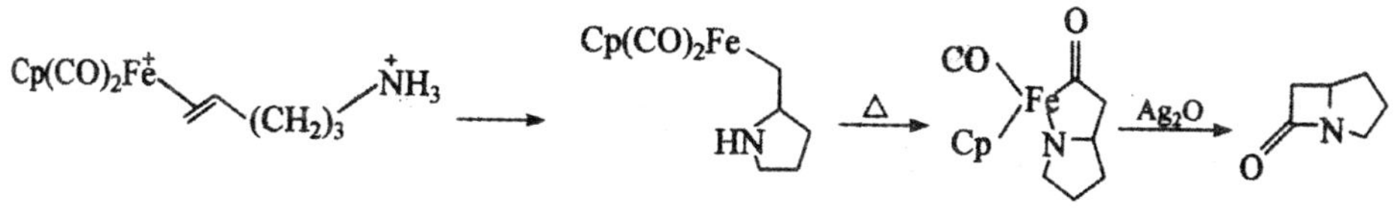

Wacker 将乙烯氧化成乙醛是大家都熟悉的反应,是乙烯的双键与氧化钯(Ⅱ)配合,经过与水的亲核加成作用,再氧化形成醛,反应式如下:

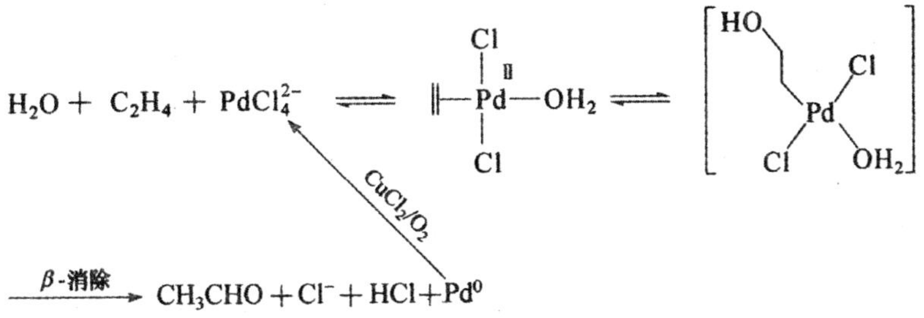

2. 芳香族化合物的反应性转换

通过使芳香族化合物与金属配合的办法,可以实现芳香族化合物的可逆反应性转换,即使芳香环由亲核性变为亲电性。

常用的芳香配体有 Ph—、Ar—、稠环芳香烃或杂环化合物;配合的金属大多数是 Cr、Pd、Rh,在少数情况下为 Fe、Mn 等。一芳香烃三羰基铬是目前芳香烃金属配合化合物在有机合成中常用的主要试剂。该试剂制备方法简便,具有一定的稳定性和反应性能,在反应完成后除去配合的金属也有方便可靠的方法。一苯三羰基铬配合物的结构如下:

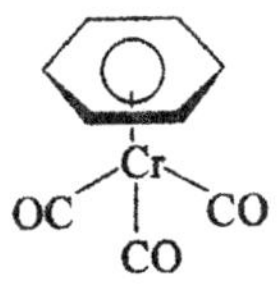

一芳香烃三羰基铬的主要特征是:

①芳香烃和三羰基铬的配位使芳核上电子云密度降低,有利于发生亲核取代反应。

②使芳核上其他原子、基团、侧链的性质都发生变化。例如,侧链 α-H 酸性增强,与芳香核共轭的乙烯基和与羰基共轭的乙烯基相似,易发生 Michael 反应,在不对称合成中其立体效应能发挥作用。一芳香烃三羰基铬的亲核取代反应简单举例如下:

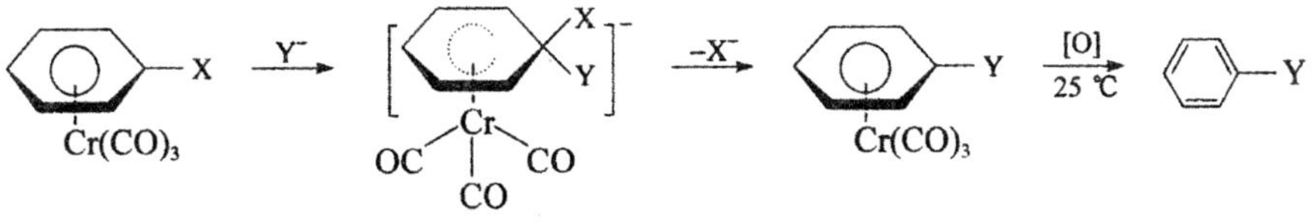

X:卤素;Y:H⁻、N⁻、氧负离子、硫负离子、磷负离子、碳负离子等

这是加成-消除反应机理。

卤素取代的一芳香烃三羰基铬配合物与碳负离子反应,氧化得到取代卤素位置的产物。例如:

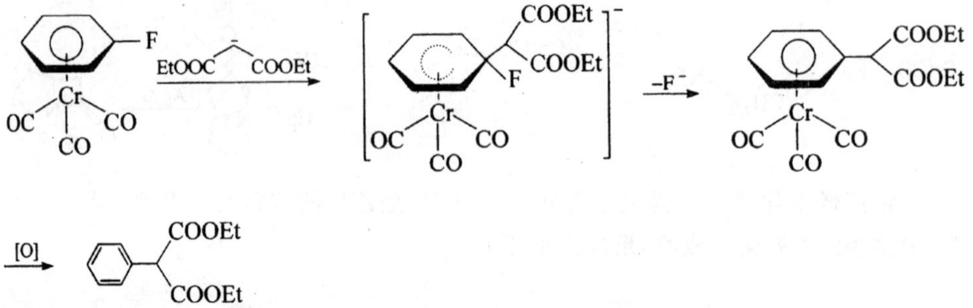

当芳香烃金属配合物与碳负离子加成时，是一种氧化型的亲核取代反应，不是取代芳香核上的卤素，而是取代芳香核上的氢，成为碳负离子向芳香核上引入侧链的方法。例如：

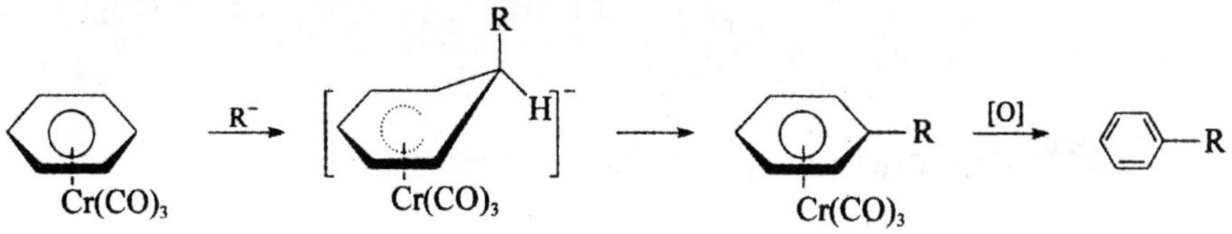

（6）

R：CN、COOR 等

负离子(6)为立体专一性的，亲核试剂进入配合金属的反面，当芳香核上具有取代基时，其定位效应有自己的特点。当原有取代基为—OCH_3 时，R^- 进入—OCH_3 的间位，有少量邻位产物，没有对位取代的产物，其比例为邻位 3%～10%、间位 90%～100%、对位 0%。R 不同时，三者的比例有所不同，但基本情况同上。一芳香烃三羰基铬可使芳香核侧链上的 α-H 酸性增强，在碱的作用下容易形成碳负离子而与亲电试剂作用。例如：

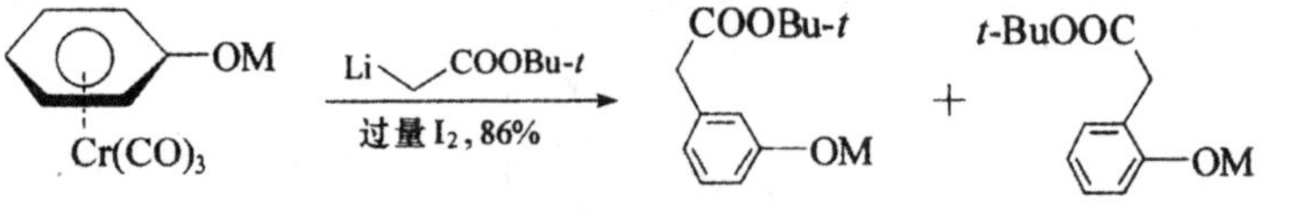

94 : 6

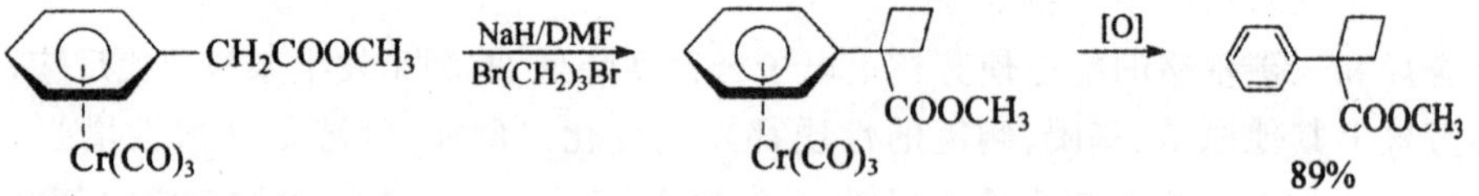

89%

一般情况下，芳香核侧链上的共轭双键容易发生亲电加成反应，当芳香核与三羰基铬配合后，芳香烃三羰基铬的芳香核侧链上能发生共轭双键的亲核加成作用，引入的烷基都在反面，因而得到立体选择性的芳香体系。例如：

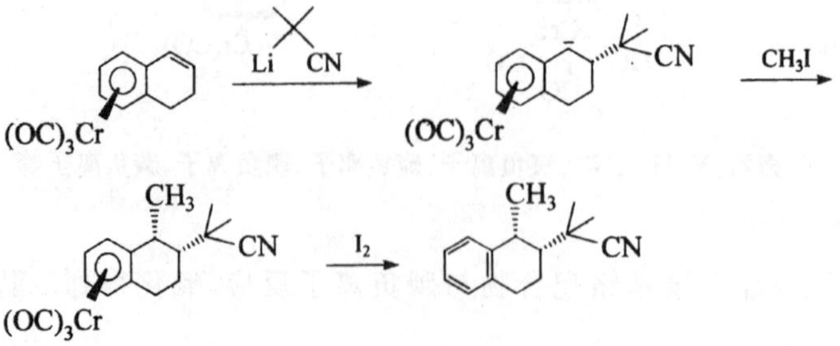

由于氮原子的吸电子作用,吡啶环不能发生 Friedel-Crafts 反应。将吡啶转变为吡啶氯化铜配合物 Py_2CuCl_2(7)在乙醚回流温度下与金属钠发生强烈反应,形成棕红色的中间配合物(8),其结构为吡啶负离子—一价铜配合物,反应式如下:

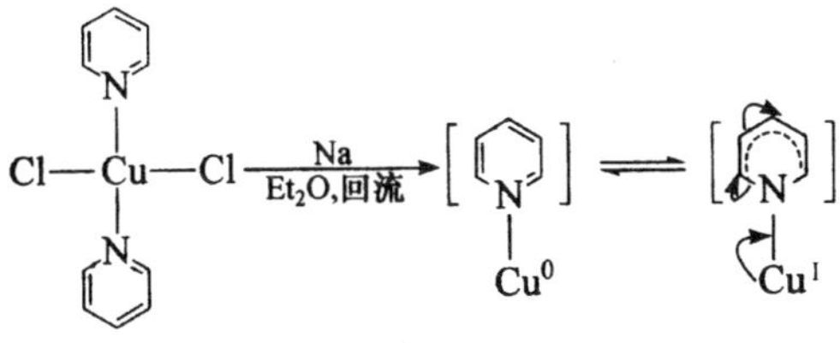

由于配合物中铜离子兀电子的反馈作用增加了吡啶环上电子云密度分布,所以能发生吡啶原来不能进行的某些亲电取代反应(如烷基化和酰基化反应)。例如:

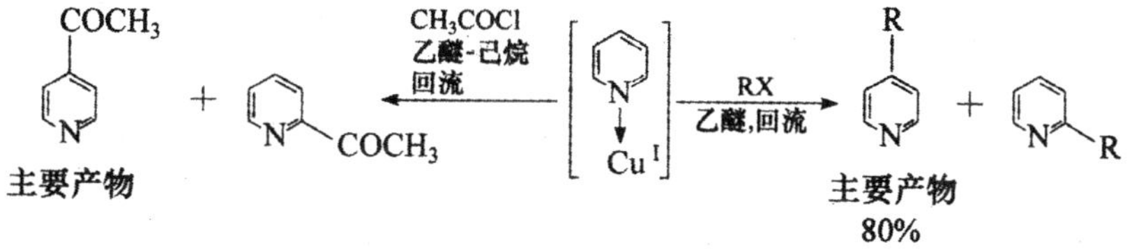

5.5.2　氨基化合物的反应性转换

氨基化合物在反应中通常形成亚铵离子而使氨基的 α-碳原子带正电荷,从而能与各种亲核试剂进行反应,如 Mannich 反应等,反应式如下:

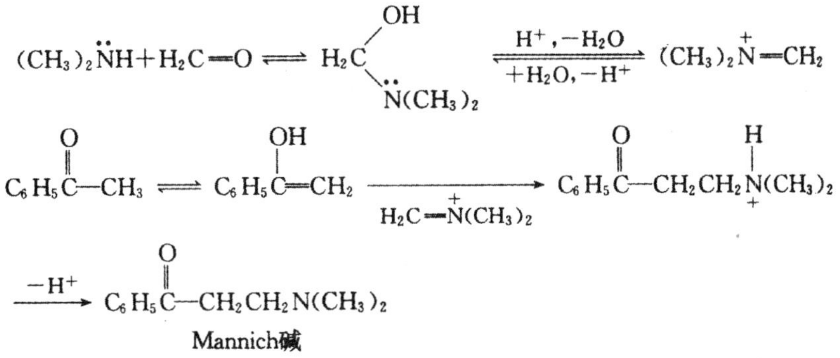

Seebach 发现,仲胺的亚硝基化,如果其 α-碳原子上有氢原子,当用有机锂试剂处理进行金属化作用时,形成的锂化物的 α-碳原子带负电荷,它能与多种亲电试剂发生 E 反应。最后,生成的产物脱去氨基氮原子上的亚硝基,反应式如下:

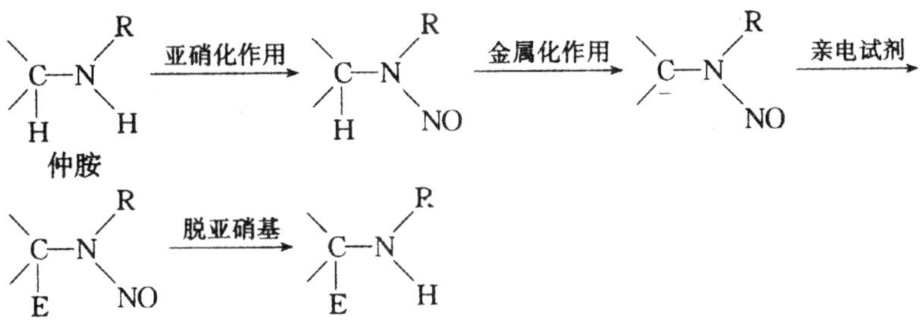

这样完成了仲胺的 α-碳原子的亲核反应。例如：

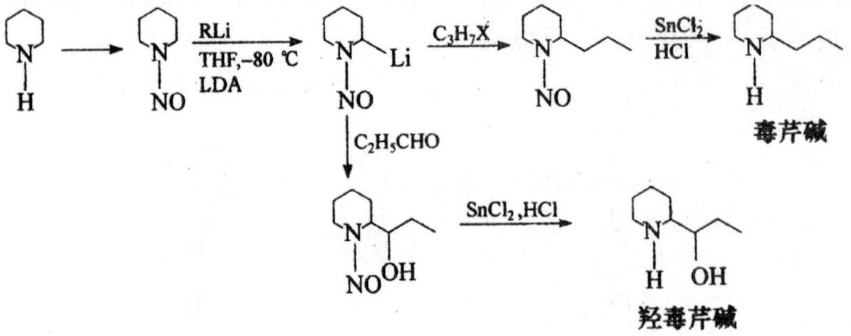

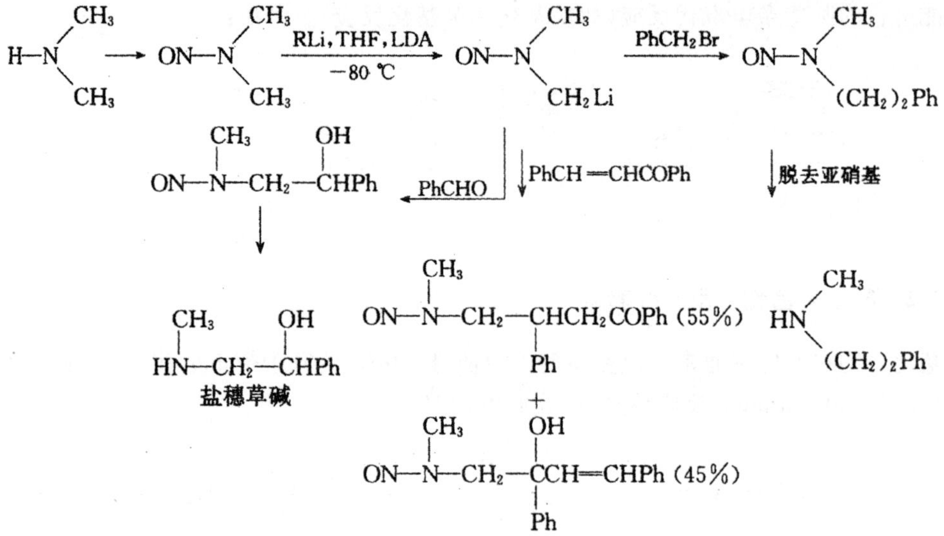

用二卤代烷进行烷基化作用时，能形成环状化合物，反应式如下：

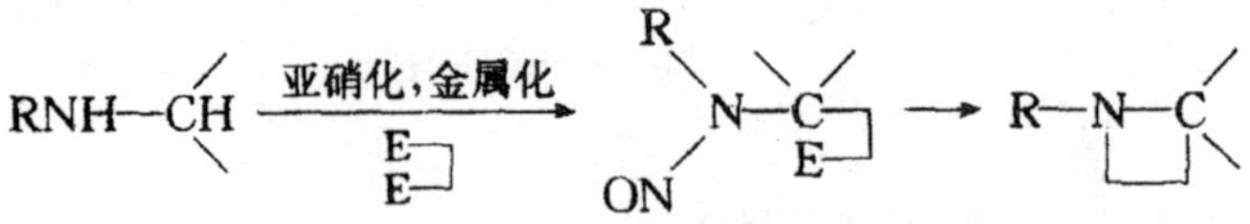

例如：

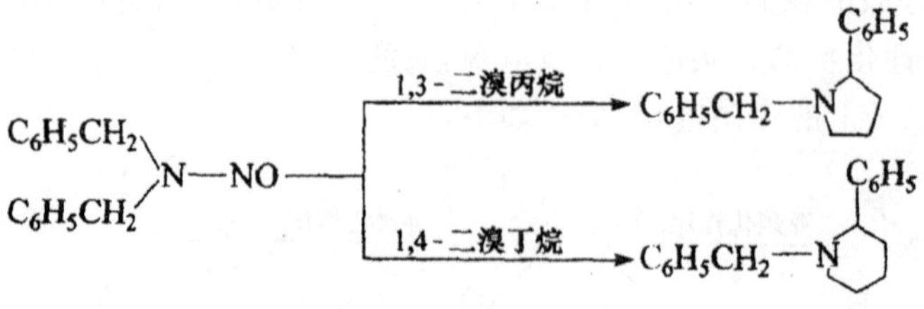

5.5.3 羰基化合物的反应性转换

1. 羰基（C¹）的反应性转换

羰基是极性的基团，其中碳呈正电性，在反应中表现为亲电的特性，与各种亲核试剂反应形成碳-碳键或碳与其他原子的键，是构筑有机分子较为重要的官能团。如果它的反应性能够转换，不仅能与亲核试剂反应，还能与亲电试剂反应。

羰基的反应性转换有多种形式，这里讨论几种常见形式。

（1）金属酰基化合物

金属酰基化合物可由多种途径制取。其中酰羰基的反应性是反常的。例如，由四羰基镍或四羰基铁与芳基锂作用制得的酰基镍或酰基铁化合物：

$$ArLi + Ni(CO)_4 \longrightarrow \left[\underset{\displaystyle ArC-Ni(CO)_3}{\overset{\displaystyle O}{\overset{\|}{}}} \right]^- Li^+$$

（9）

酰基镍化合物的结构可表示为：

$$\left[\begin{array}{c} Ar \\ | \\ OC{\cdots}C \\ \diagdown \diagup \\ CO{-}Ni{-}CO \\ | \\ CO \end{array} \right]^- Li^+$$

其中酰羰基的反应性翻转了，成为一个亲核试剂。它与酸作用生成醛；与氯化苄作用生成酮；而酮再与它进一步作用生成羟基酮；与 α, β-不饱和羰基化合物作用则发生 Michael 加成反应，生成 1,4-二羰基化合物：

$$(9) + H^+ \longrightarrow \underset{\displaystyle ArCH}{\overset{\displaystyle O}{\overset{\|}{}}}$$

$$(9) + ClCH_2Ph \longrightarrow ArC{-}CH_2Ph \overset{(9)}{\longrightarrow} ArC{-}\underset{\displaystyle Ar}{\overset{\displaystyle O^-}{\overset{|}{C}}}{-}CH_2Ph$$

$$(9) + \underset{|}{\overset{|}{C}}{=}C{-}\overset{\displaystyle O}{\overset{\|}{C}}{-} \longrightarrow ArC{-}\overset{|}{\underset{|}{C}}{-}\overset{H}{\underset{}{C}}{-}\overset{\displaystyle O}{\overset{\|}{C}}{-}$$

从中可以看到芳酰基类似于负离子 $ArCO^-$ 参加反应。

（2）烯醇衍生物

烯醇衍生物的一般形式为醛首先转变为烯醇衍生物，再金属化。后者实际上是一个潜在的酰基，与亲电试剂 E^+ 反应，然后水解生成酮，反应过程如下：

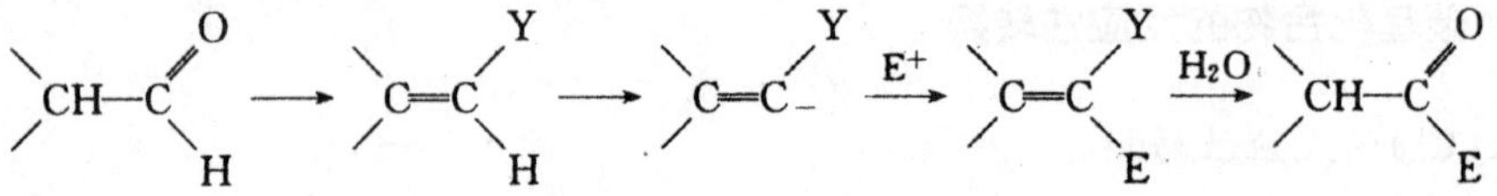

烯醇衍生物 $\overset{\diagup}{\underset{\diagdown}{C}}=\overset{SPh}{\underset{Li}{C}}$ 有很好的亲核性，与 D_2O、CO_2、CH_3I、醛和酮等反应可生成相应的产物，产率很高。在氯化汞存在下酸性水解，生成羰基化合物。

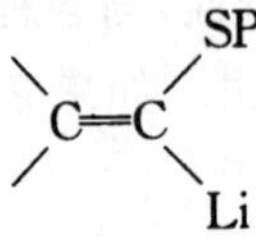

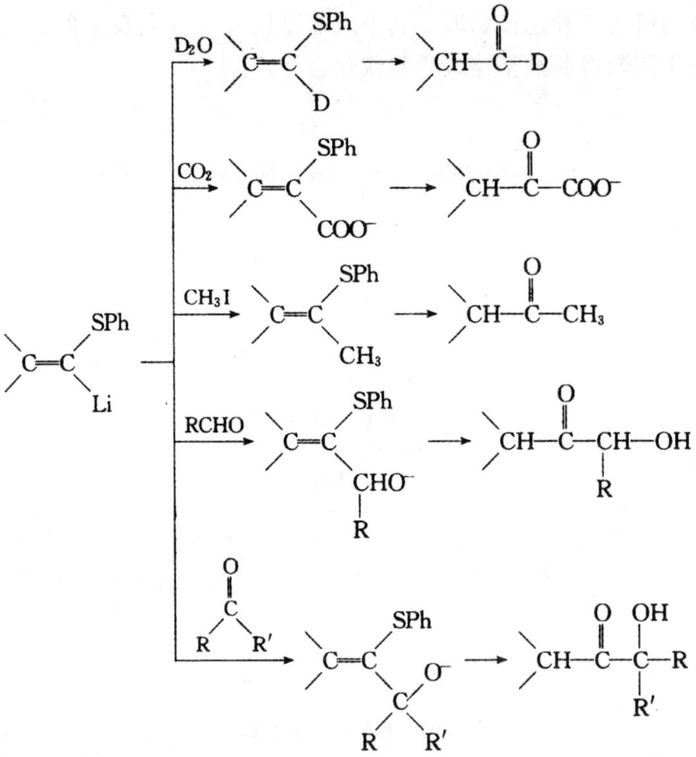

（3）缩醛衍生物

缩醛衍生物的一般形式是醛首先转变成缩醛型化合物，再金属化，与亲电试剂 E^+ 反应，生成物水解得羰基化合物，反应过程如下：

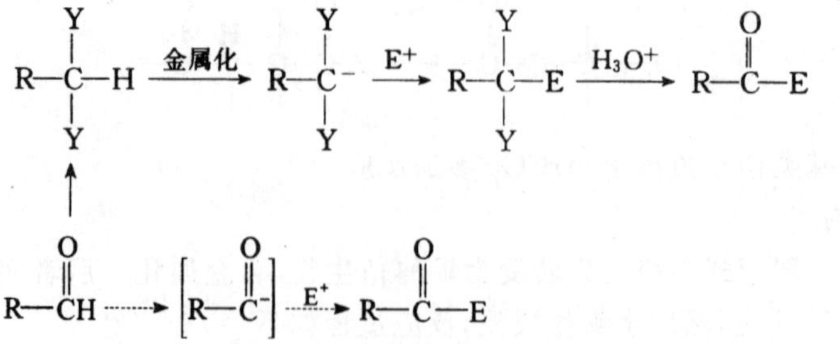

常见的缩醛型化合物有（10）、（11）和（12）形式，可由下列方法合成：

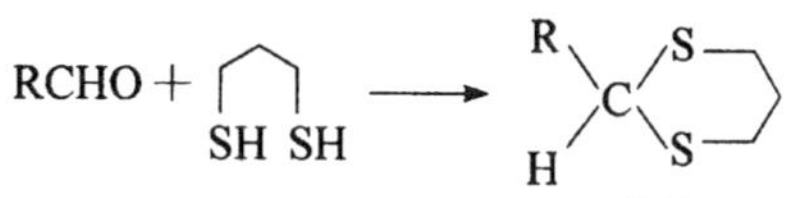

$$RCHO + \underset{SH\ SH}{\bigsqcup} \longrightarrow \underset{H}{\overset{R}{C}}\underset{S}{\overset{S}{\diagdown}}\diagup$$

(10)

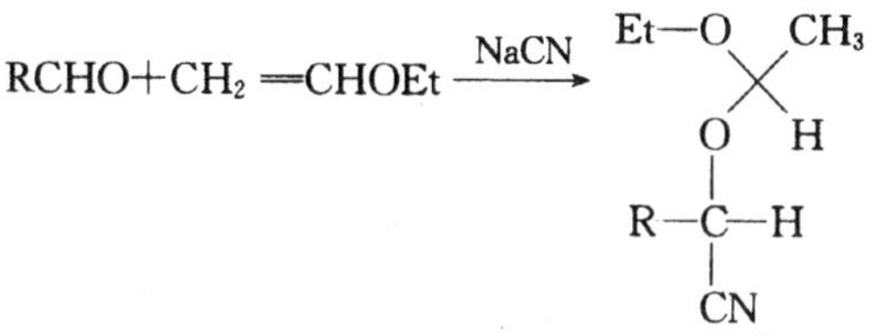

$$RCHO + CH_2 =\!\!= CHOEt \xrightarrow{NaCN} \begin{array}{c} Et\!-\!O \quad CH_3 \\ \diagdown \quad \diagup \\ C \\ \diagup \quad \diagdown \\ O \quad H \\ | \\ R\!-\!C\!-\!H \\ | \\ CN \end{array}$$

(11)

$$RCHO + (CH_3)_3SiCN \xrightarrow[\triangle]{ZnI_2} \begin{array}{c} OSi(CH_3)_3 \\ | \\ R\!-\!C\!-\!H \\ | \\ CN \end{array}$$

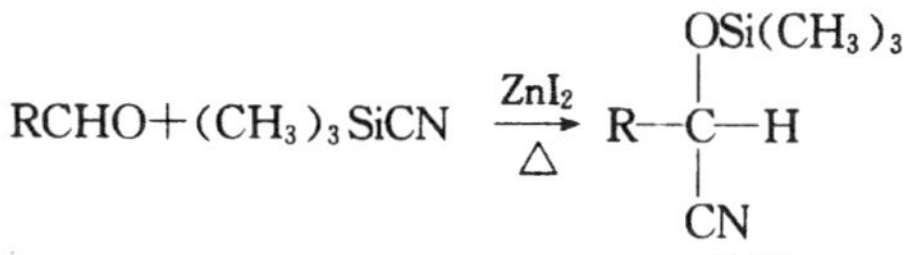

(12)

醛羟腈三甲硅醚

例如：

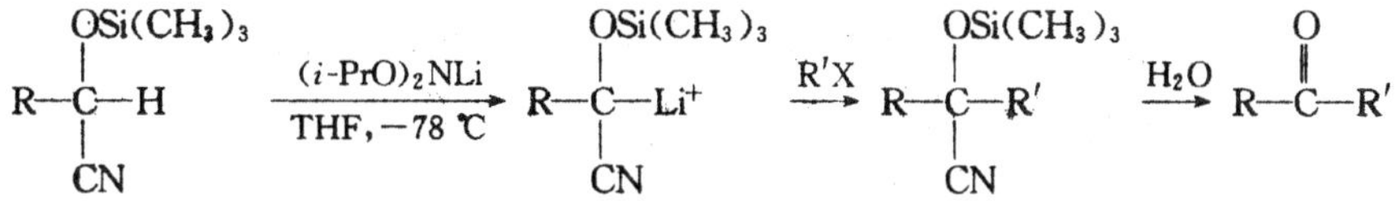

$$\begin{array}{c} OSi(CH_3)_3 \\ | \\ R\!-\!C\!-\!H \\ | \\ CN \end{array} \xrightarrow[THF,\,-78\,℃]{(i\text{-}PrO)_2NLi} \begin{array}{c} OSi(CH_3)_3 \\ | \\ R\!-\!C\!-\!Li^+ \\ | \\ CN \end{array} \xrightarrow{R'X} \begin{array}{c} OSi(CH_3)_3 \\ | \\ R\!-\!C\!-\!R' \\ | \\ CN \end{array} \xrightarrow{H_2O} \begin{array}{c} O \\ \| \\ R\!-\!C\!-\!R' \end{array}$$

2. C^2 的反应性转换

羰基化合物 α-碳（C^2）的典型反应是容易发生 E^2 反应，当它发生反应性转换后则易进行 Nu^2 反应。

C^2 反应性转换的经典方法是醛（酮）的 α-卤代反应，然后将形成的 α-卤代衍生物与亲核试剂发生反应。例如：

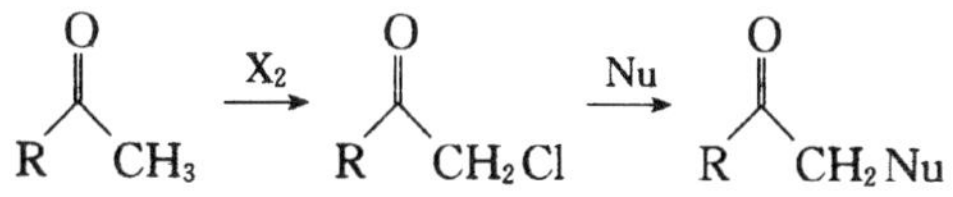

$$\underset{R}{\overset{O}{\overset{\|}{C}}}\!\!-\!CH_3 \xrightarrow{X_2} \underset{R}{\overset{O}{\overset{\|}{C}}}\!\!-\!CH_2Cl \xrightarrow{Nu} \underset{R}{\overset{O}{\overset{\|}{C}}}\!\!-\!CH_2Nu$$

为了避免亲核试剂进攻羰基碳的副反应发生，可将羰基转换为缩醛（酮）。例如：

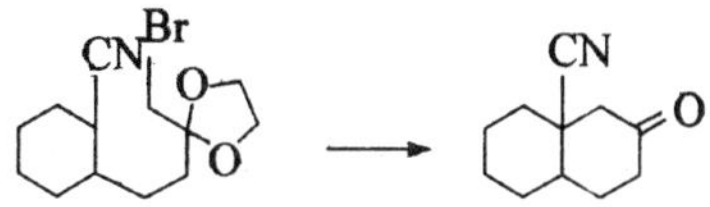

3. 不饱和醛的反应性转换

Christan 等报道了 α,β-不饱和醛与芳香醛（酮）在催化剂作用下生成 γ-丁内酯的反应，反应式如下：

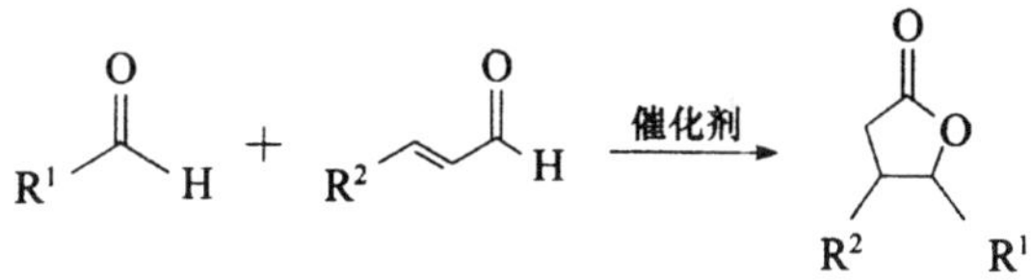

$$\underset{R^1}{\overset{O}{\overset{\|}{C}}}\!\!-\!H + \underset{R^2}{\overset{O}{\diagup\!\!\diagdown\!\!\diagup\!\!\overset{\|}{C}}}\!\!-\!H \xrightarrow{催化剂} \text{(γ-丁内酯，取代基 } R^2, R^1 \text{)}$$

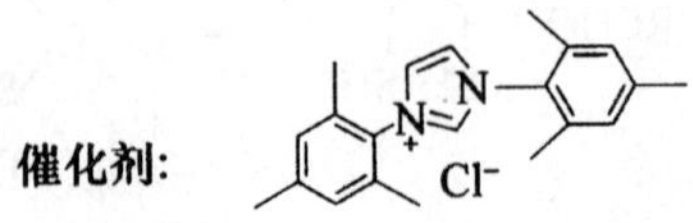

催化剂：

反应机理如下：

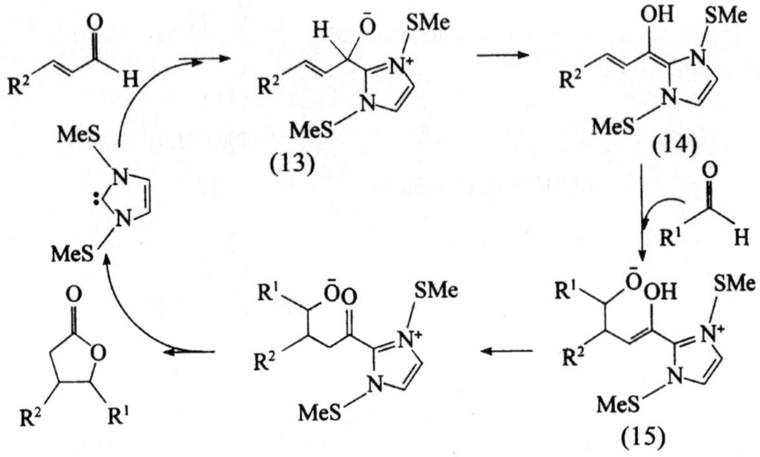

MeS:2,4,6,-三甲苯基

酮也可以作为该反应的亲电试剂与 α, β-不饱和醛反应，并且得到很好的产率，从而大大扩大了该反应的适用范围。

第6章 重排反应

6.1 从碳原子到碳原子的亲核重排反应

6.1.1 Wagner-Meerwein 重排

β-碳原子上具有两个或三个烃基的伯醇和仲醇都能起 Wagner-Meerwein 重排反应,反应的推动力是生成更稳定的碳正离子。反应式如下:

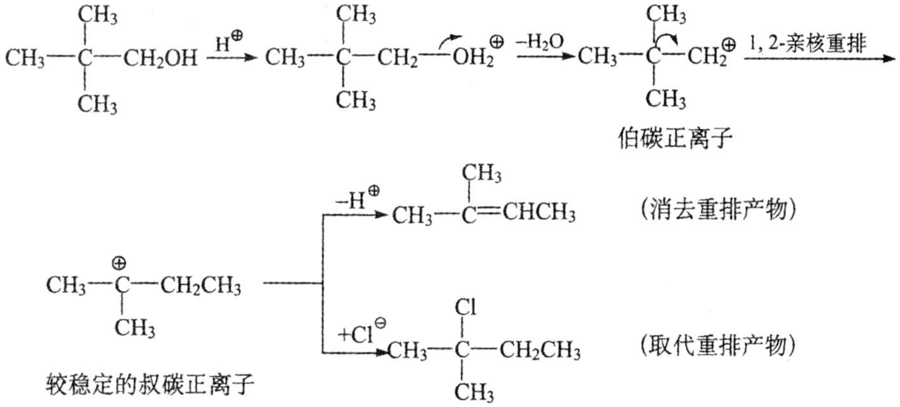

烯烃、卤代烃等形成的伯或仲碳正离子也发生类似的重排反应:

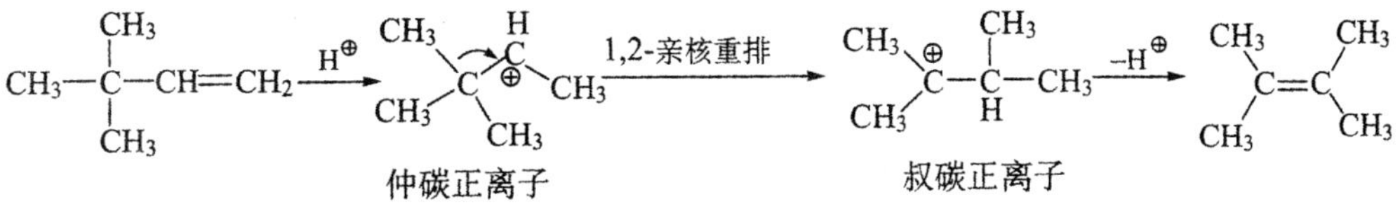

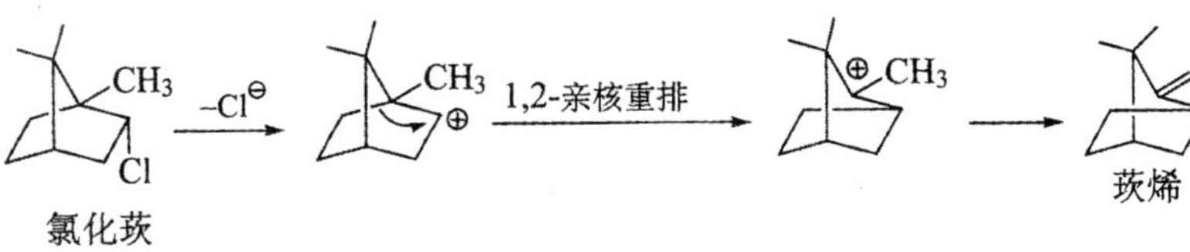

环氧化合物在开环时也长起 Wagner-Meerwein 重排反应。例如:

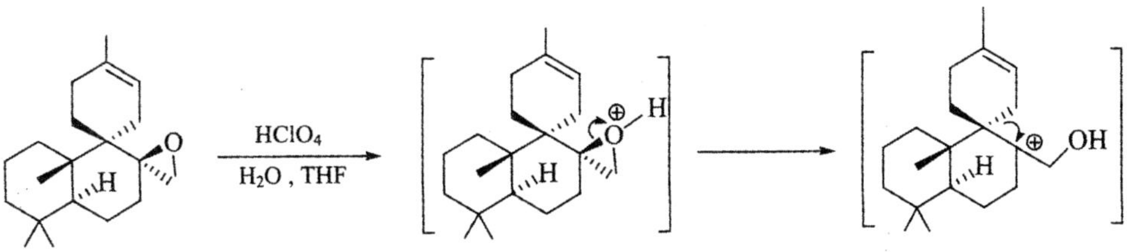

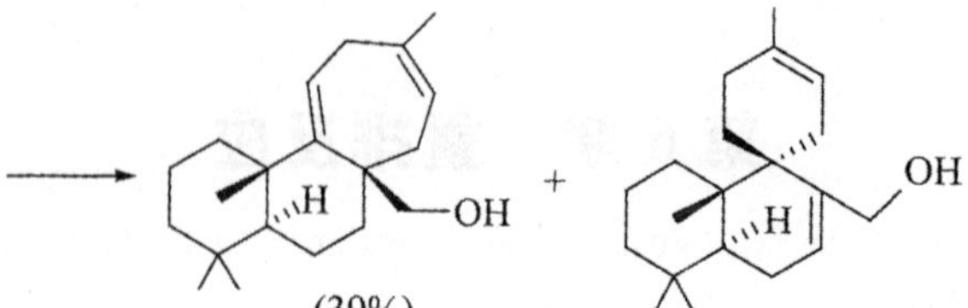

(39%)   (17%)

重排产物   消去产物

其他能生成碳正离子的反应也可发生 Wagner-Meerwein 重排。例如,下面的 α,β-不饱和酮用三氟化硼处理时生成的碳正离子虽然为叔碳正离子,但仍重排为螺环碳正离子。由于迁移在甲基相反的一边进行,因而得到高度立体选择性产物:

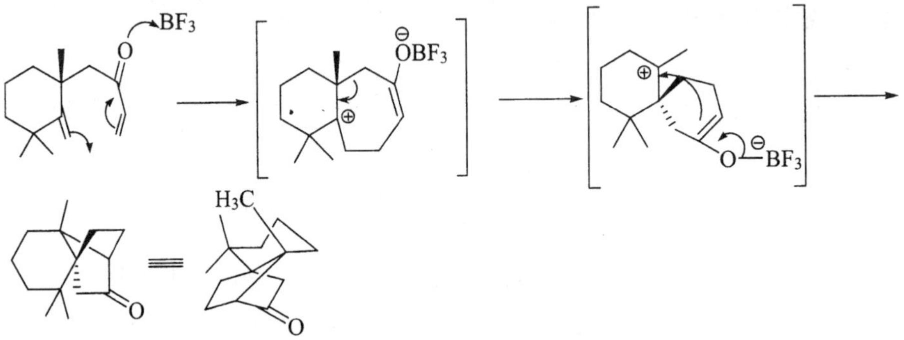

利用 Wagner-Meerwein 重排反应常可得到环扩大或环缩小的产物:

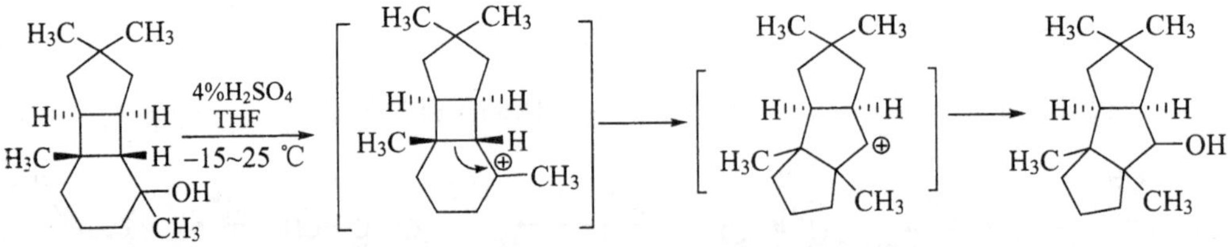

由于迁移基团带一对电子向缺电子的相邻碳正离子迁移,因而迁移基团中心原子的电子越富裕,则迁移能力越大。迁移基团迁移能力的大小顺序大致如下:

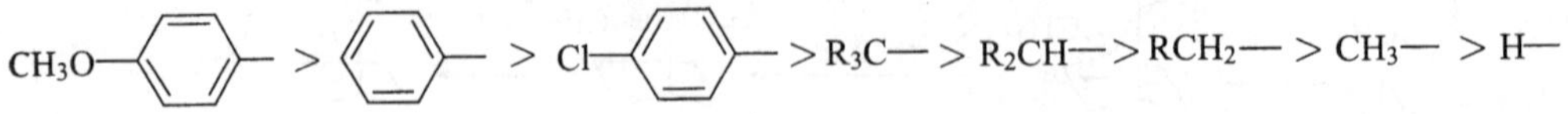

6.1.2 Demjanov 重排

Demjanov 重排反应的机理与 Wagner-Meerwein 重排极为相似。反应机理如下:

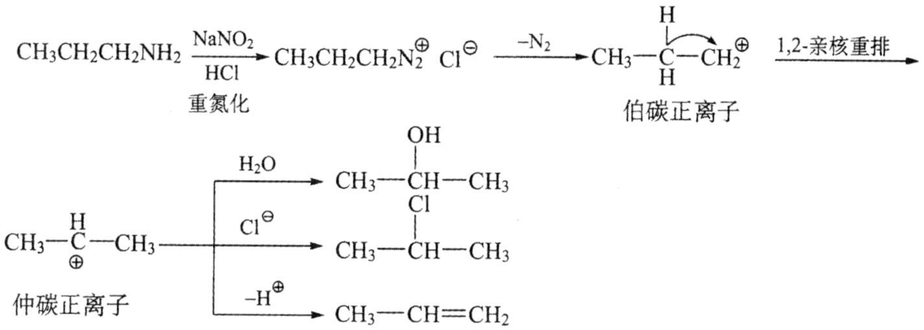

$$CH_3CH_2CH_2NH_2 \xrightarrow[\text{重氮化}]{\dfrac{NaNO_2}{HCl}} CH_3CH_2CH_2N_2^{\oplus}\ Cl^{\ominus} \xrightarrow{-N_2} CH_3-\overset{H}{\underset{}{C}}-CH_2^{\oplus} \xrightarrow{\text{1,2-亲核重排}}$$

伯碳正离子

脂环族伯胺经 Demjanov 重排反应常得到环扩大或缩小产物。例如：

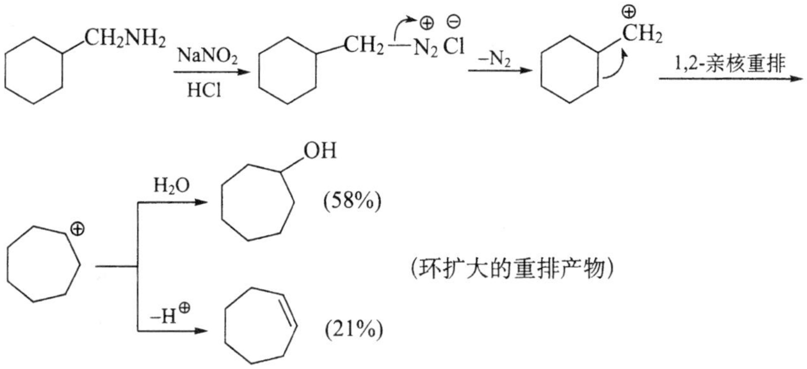

（环扩大的重排产物）

因此,利用脂环族伯胺的 Demjanov 重排反应可以制备含三元环到八元环的脂环化合物。例如：

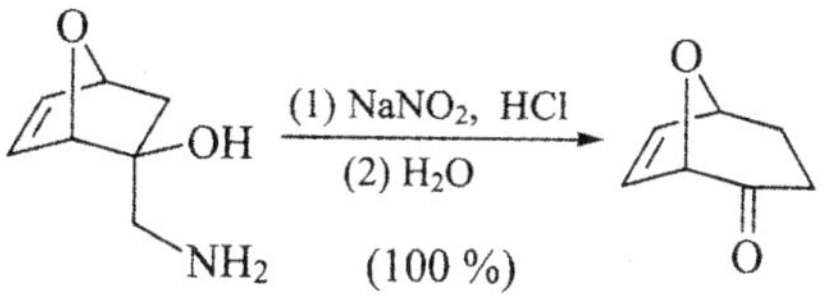

6.1.3　频哪醇重排

频哪醇在酸的作用下加热脱水时发生特殊的分子内重排反应生成频哪酮,常用的酸有 H_2SO_4、HCl、草酸、$I_2/HOAc$、$SiO_2\text{-}H_3PO_4$ 等作为脱水转位剂。它是由前苏联化学家布特列洛夫发现的。例如,2,3-二甲基-2,3-丁二醇的重排反应：

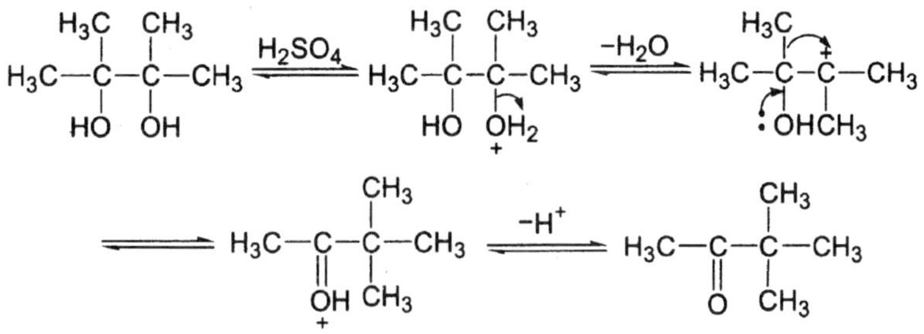

这类反应在温和条件下在固相状态下也能有效地发生。例如,下列反应:

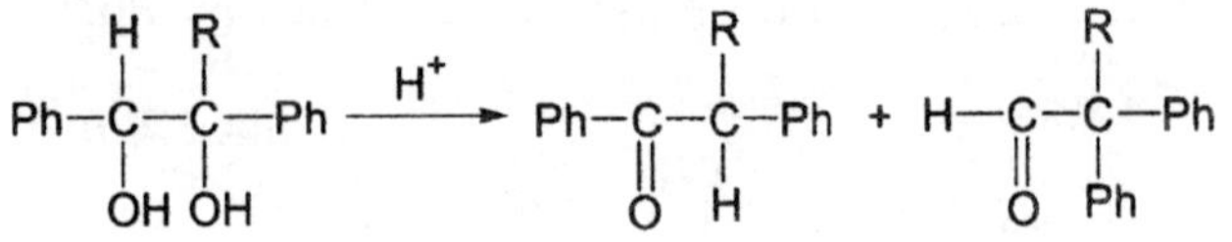

降低五放入烧瓶中,通入 HCl 气体,即生成产物酮(A)和醛(B),其主要产物为酮;同样的反应在 H_2SO_4 条件下加热到 112℃进行 2h 的话,则生成醛的比例明显增加,结果见表 6-1。

表 6-1　两种不同反应条件下上述频哪醇重排反应结果比较

序号	R	温度/℃	时间/h	产率/%			
				A[①]	B[①]	A[②]	B[②]
1	C_6H_5	80	2.5	48	32	56	30
2	$2\text{-}MeC_6H_4$	20	7.5	63	9	64	20
3	$3\text{-}MeC_6H_4$	20	12.0	71	8	78	17
4	$4\text{-}MeC_6H_4$	50	3.0	90	0	80	20
5	$4\text{-}MeOC_6H_4$	70	3.0	85	0	88	2
6	$4\text{-}ClC_6H_4$	50	1.5	85	6	74	26

注:①HCl 气体作为催化剂的固相频哪醇重排反应。
②用 H_2SO_4 作为催化剂在 120℃反应 2h 的频哪醇重排反应。

从表 6-1 中两种反应条件下的实验结果可以得出如下结论:①固相条件下反应条件温和;②固相条件下反应具有较高选择性;③从反应机理上看,固相反应中生成 H 原子转移产物为主,而在液相中容易引起苯基的转移。

在固态下,利用频哪醇 C 与主体分子 D 形成的包结化合物可有效地控制该重排反应的选择性。在室温下,用 HCl 气体处理 C 和 D 的 1∶1 包结化合物固体粉末 3h,得到唯一产物 E(产率 44%)。而将 C 在稀 H_2SO_4 中回流则给出重排产物 E、F、G 的产率分别为 48%、29%和 5%。

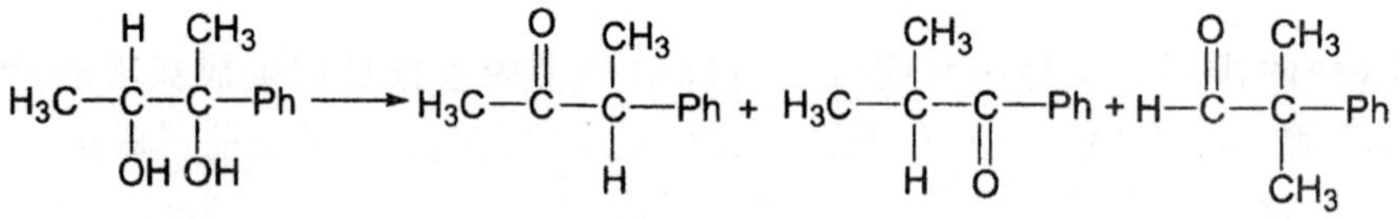

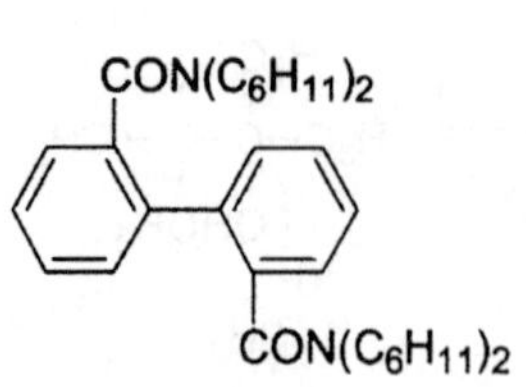

6.1.4　二芳羟乙酸重排

二苯基乙二酮在强碱作用下重排生成二苯基羟乙酸,根据产物结构这类重排叫做二芳羟乙酸重排反应。其反应机理是 $HO^{\ominus}$ 首先亲核进攻并加在反应物的一个羰基碳原子上,迫使连载该碳原子上的苯基带着一对电子迁移到另一个羰基碳原子上,同时使前一羰基转变成稳定的羟基负离子:

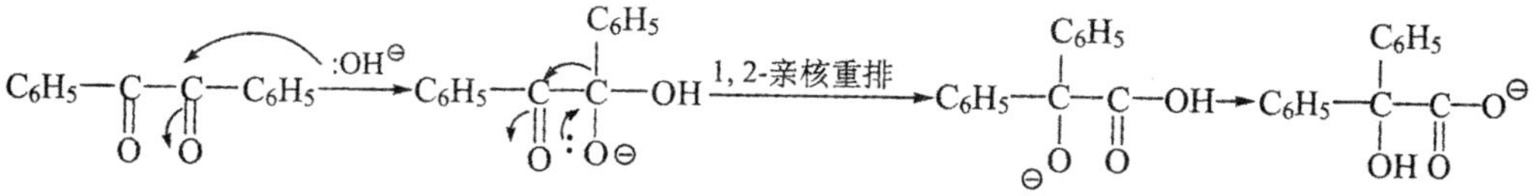

重排一步是整个反应的速率决定步骤。苯基带着一对电子向羰基碳原子迁移的同时,羰基的 π 电子转移到氧原子上,因此二芳羟乙酸重排可以看做是 1,2-亲核重排反应。

脂肪族邻二酮也能发生类似于二芳羟乙酸重排的反应。例如:

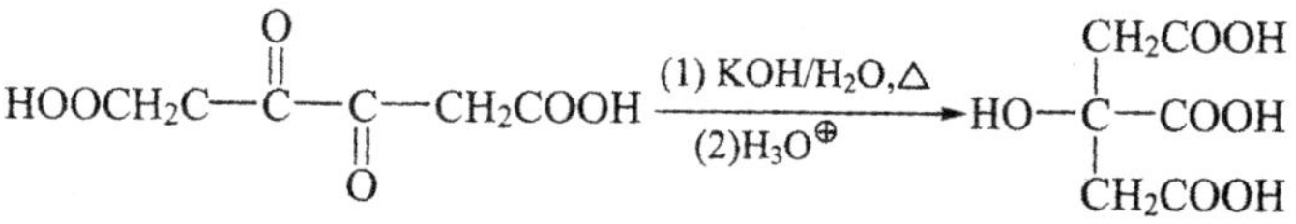

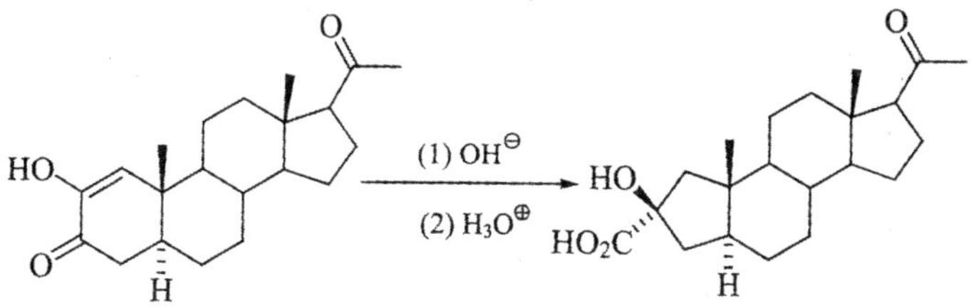

6.1.5　Woff 重排

α-重氮甲基酮在加热、光照或银盐、铜盐等催化剂存在下,放出氮气生成 α-酮碳烯,然后重排成活泼的烯酮,这一反应称为 Wolff 重排。反应式如下:

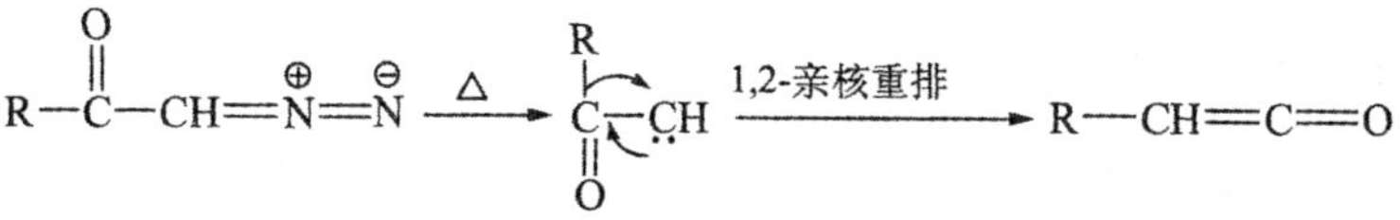

α-重氮甲基酮　　　α-酮碳烯　　　　　　　烯酮

碳烯的碳原子是缺电子的六隅体,因此酮羰基原子上的烃基向相邻碳原子的迁移也是 1,2-亲核重排反应。

当重排反应在水或醇存在下进行时,烯酮直接转变成酸或酯或酰胺:

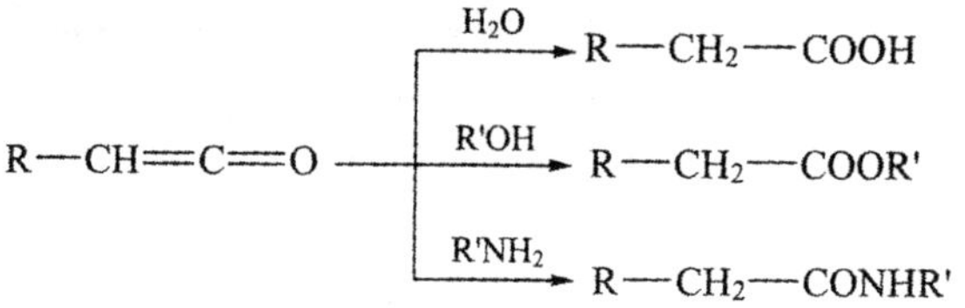

α-重氮甲基通常是由酰氯和重氮甲烷反应制得：

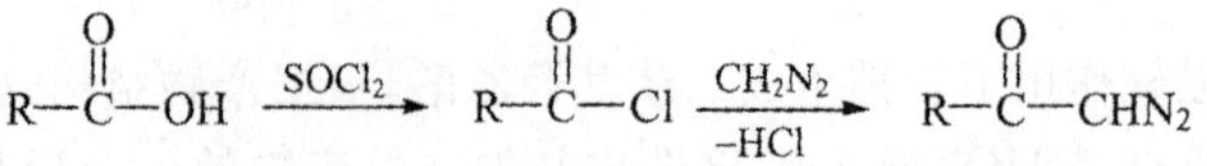

利用 Wolff 重排可以将羧酸经过三步转变为高一级羧酸或酯的方法。一般总得产率良好（50%～80%）。这一方法称为 Arndt-Eister 反应。例如：

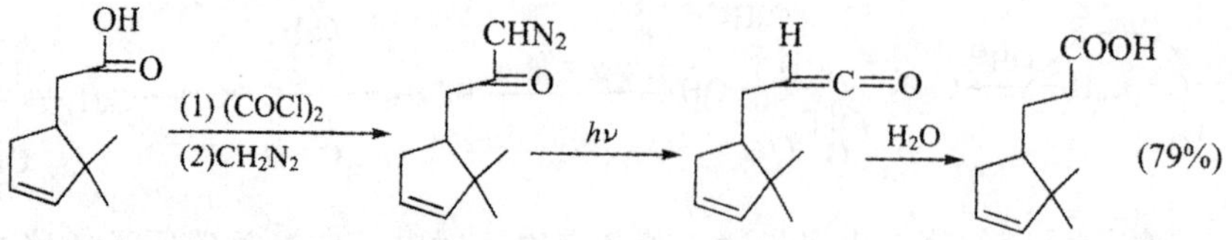

α-重氮酮常由磺酰叠氮化合物（TsN_3、$F_3CSO_2N_3$ 等）和酮作用得到。α-重氮酮起 Wolff 重排反应可以得到相同碳原子数的羧酸及衍生物。例如：

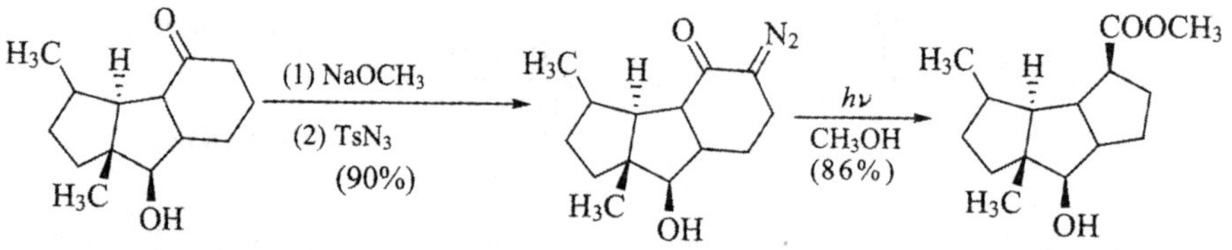

1,1-二卤代烯在碱性条件下也通过碳析中间体起重排反应。反应过程类似于 Wolff 重排。例如：

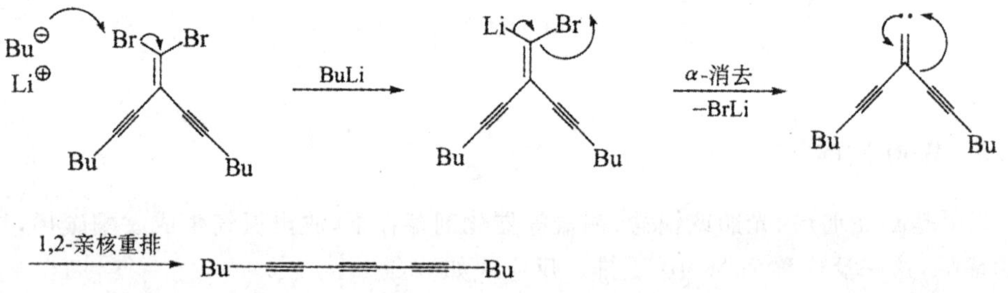

6.1.6 双烯酮-苯酚重排

芳环在 Birch 还原中的碳负离子能作为亲核试剂与卤代烃等作用得到的二取代双烯，然后将分子中的亚甲基氧化为双烯酮，后者在酸性条件下或光照时起双烯酮-苯酚（dienone-phenol）重排。如下式所示：

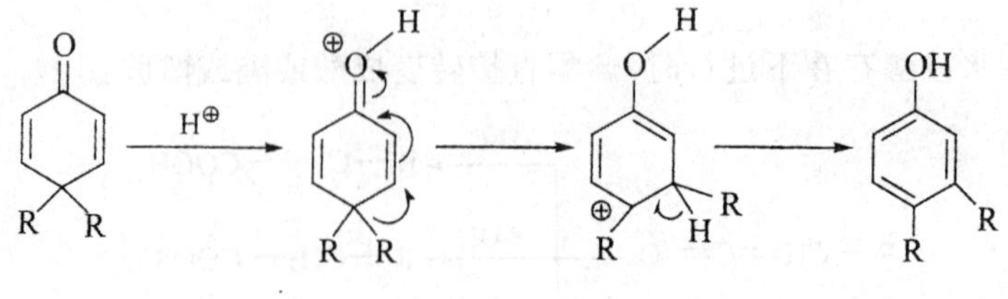

例如：

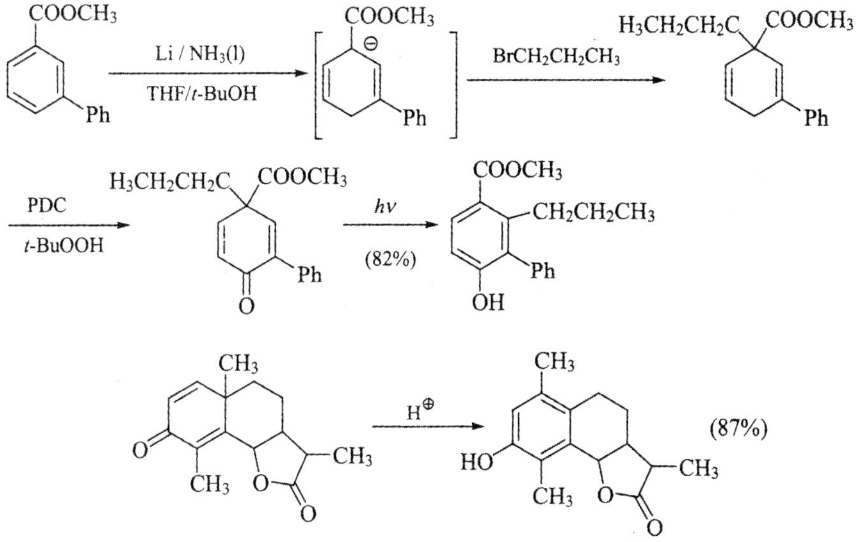

6.2 从碳原子到杂原子的亲核重排反应

6.2.1 氮烯的重排

氮烯的重排反应包括酰胺（RCONH$_2$）的 Hofmann 重排、异羟肟酸（ROCN-HOH）的 Lossen 重排、酰基叠氮化合物（RCON$_3$）的 Curtius 重排和 Schmidt 重排。他们的反应机理颇为类似，活性中间体都是酰基氮烯，酰基碳原子上的烃基带一对电子向相邻的缺电子的六隅体氮原子迁移生成异氰酸酯，后者水解得到此重排起始原料少一个碳原子的伯胺。反通式如下：

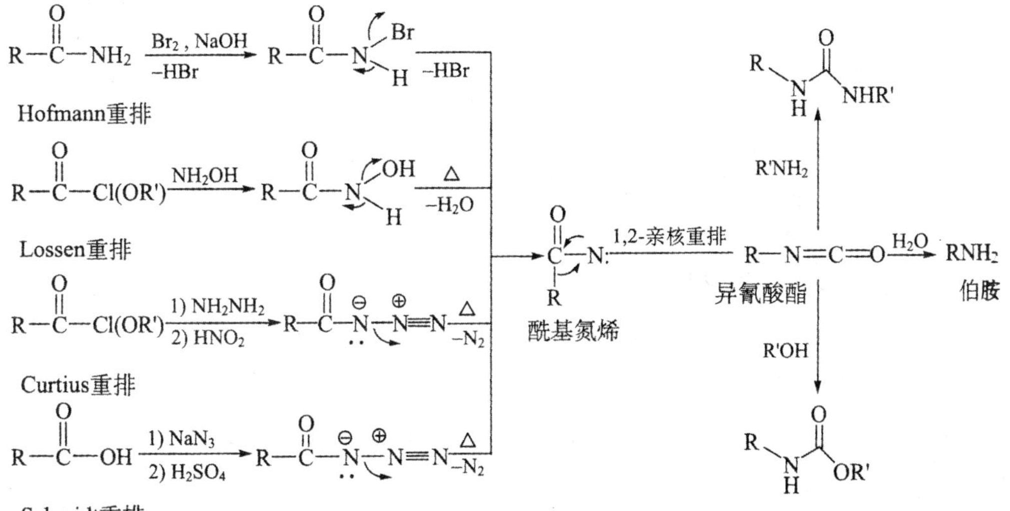

例如：

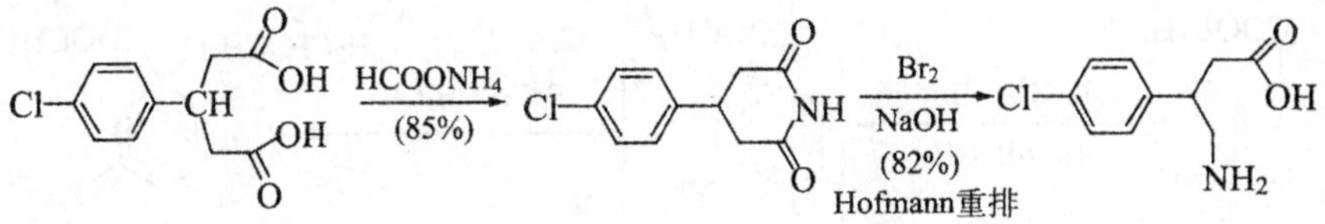

Hofmann 重排的氧化剂也可以用四乙酸铅（LTA）或 PhIO、PhI(OCOR)$_2$ 等。例如：

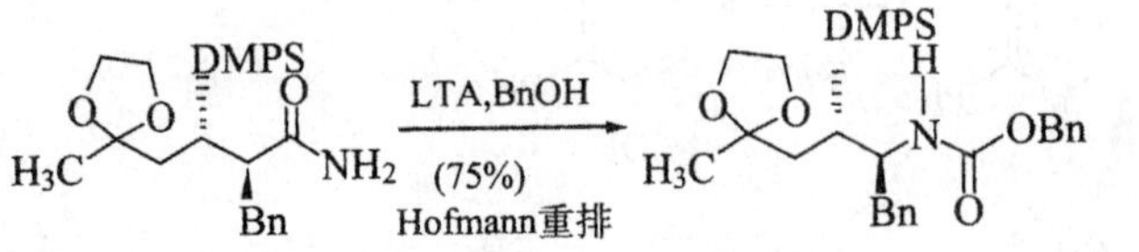

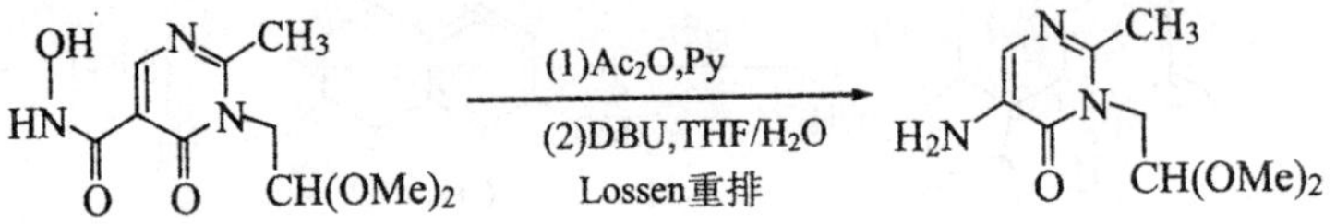

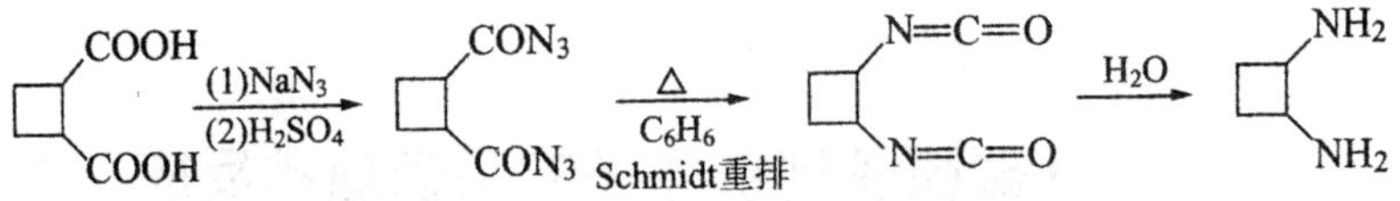

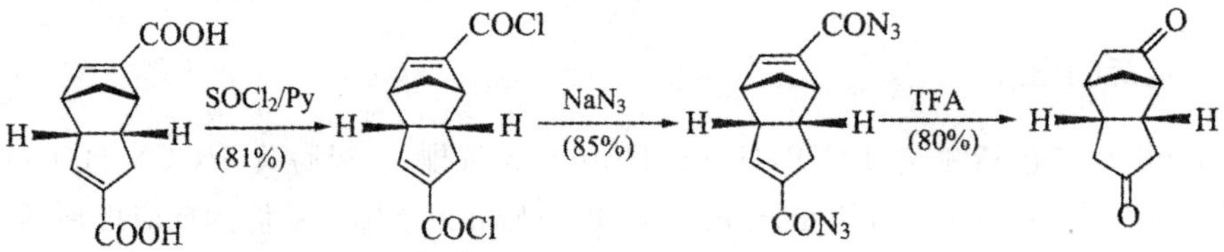

Curtius 重拍中常用二芳氧基磷酰叠氮氧化物［(PhO)$_2$P(O)N$_3$，DPPA］为试剂。例如：

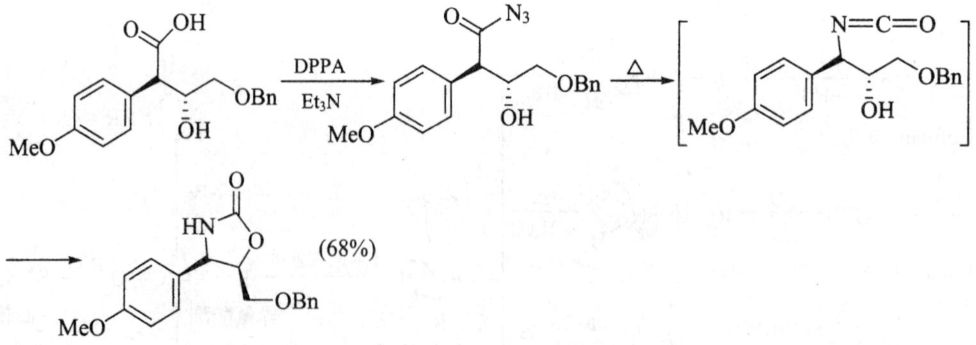

6.2.2 Beckmann 重排

酮肟在 PCl$_3$ 等酸性催化剂作用下重排，转变为取代酰胺的反应称为贝克曼重排反应。生成的酰胺又能进一步被水解为相应的胺。贝克曼反应表示为：

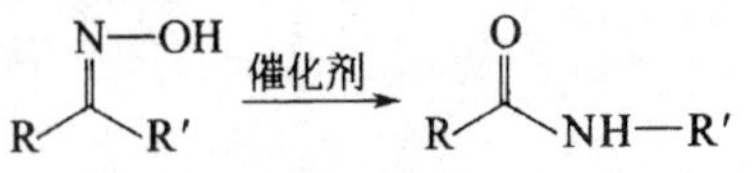

反应机理：

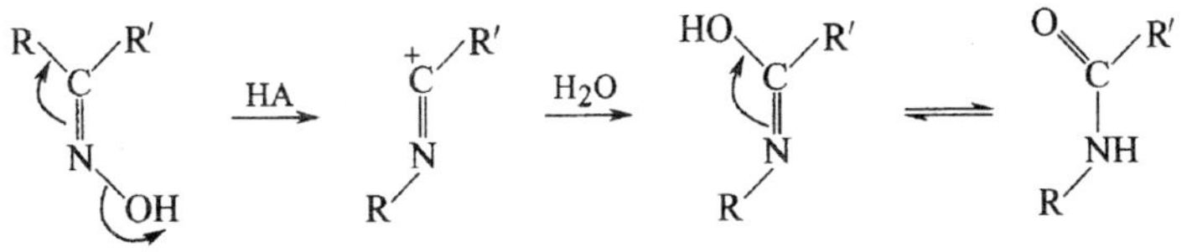

酮肟经重排生成酰胺的贝克曼重排一般在液相条件下进行，该反应的催化剂一般为：浓 H_2SO_4、甲酸、氯化亚砜、多聚磷酸、液态 SO_2 等。Ghiaci 等报道了在固相条件下，用 $AlCl_3$ 以不同摩尔比混合，在 $40℃ \sim 80℃$ 下淹没 30min，得到收率 100% 的贝克曼重拍产物，即各种酰胺类化合物。该反应操作简单、反应条件温和、转化率高，是一种较好的合成方法。

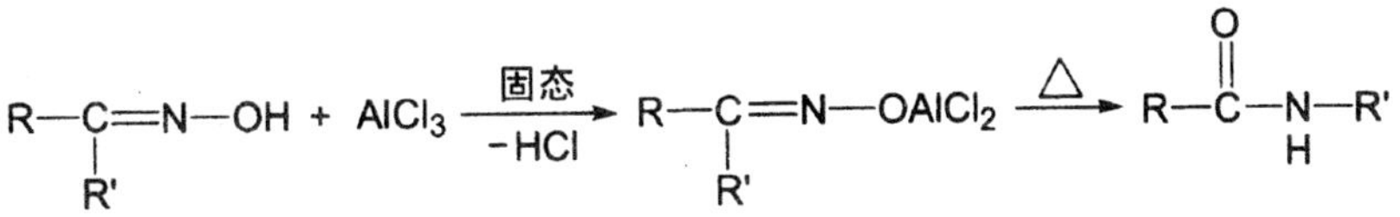

此反应应当注意的是：

①烃基的迁移是立体专一性的，即处于肟羟基反位上的烃基才能迁移。

②如果迁移基团具有手性，其结构在产物中得以保留。

③贝克曼重排是分子内协调过程。

④R 和 R′通常是烷基或芳基，氢的迁移少见，且芳基比烷基优先迁移。

⑤催化剂有 Cu、Ni(R)、Ni(AC)$_2$/BF$_3$、Cl$_3$COOH、PCl$_5$、H$_3$PO$_4$ 等。

简单的贝克曼重排的反应：

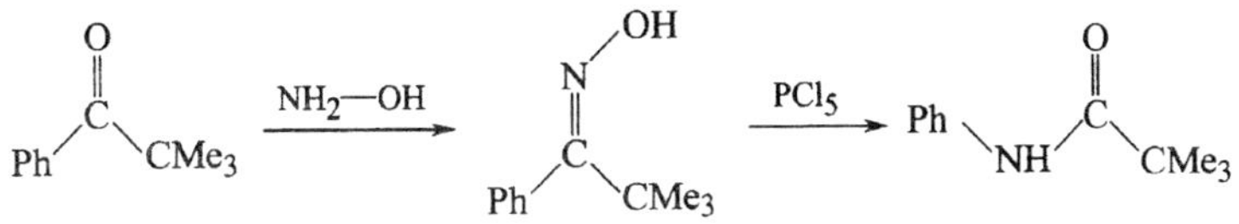

试合成化合物

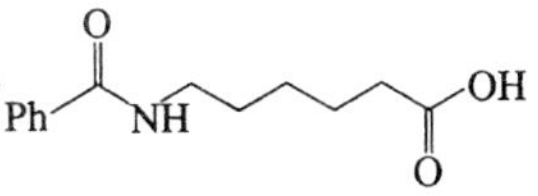

合成：

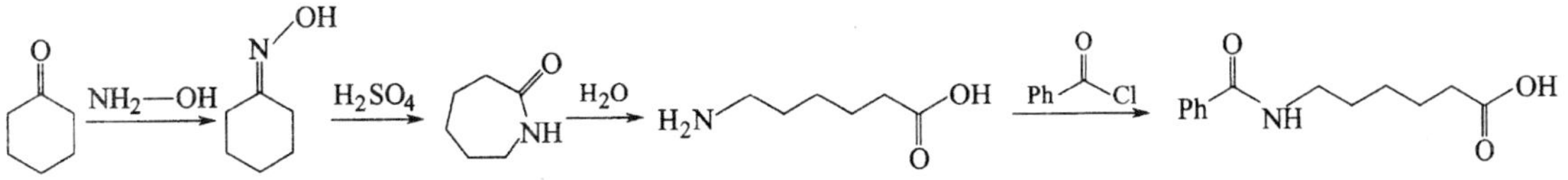

6.2.3　Baeyer-Villiger 重排

酮与过氧酸[如过氧乙酸（CH_3CO_3H）、过氧苯甲酸（$C_6H_5CO_3H$）等]作用，在羟基和与之相连的烃基之间插入一个氧原子转变成酯。反应式如下：

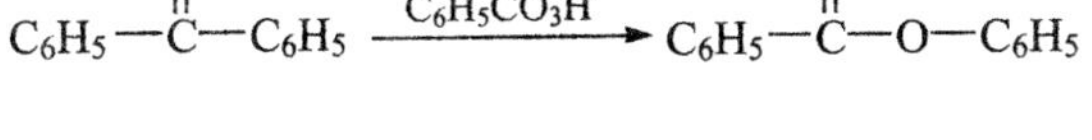

Baeyer-Villiger 重排的反应机理如下：

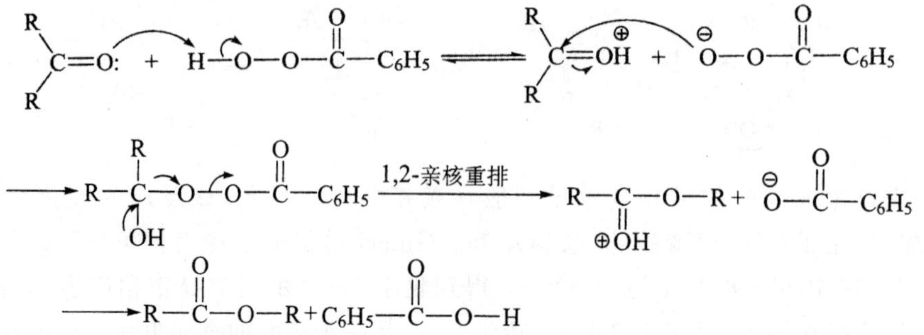

首先，过氧酸与酮羰基进行亲核加成，然后 O＝O 键异裂，与此同时酮羰基上的一个烃基带着一对电子向正电性氧原子迁移。因此 Baeyer-Villiger 重排是迁移基团从碳原子向缺电子氧原子的 1,2-亲核重排。不对称酮起 Baeyer-Villiger 重排时，迁移基团的亲核性愈大，迁移的倾向也愈大。烃基迁移的近似顺序大致为

$$p\text{-}CH_3OPh—>Ph—>R_3C—>RCH_2—>H—$$

例如（箭头表示氧原子的插入位置）：

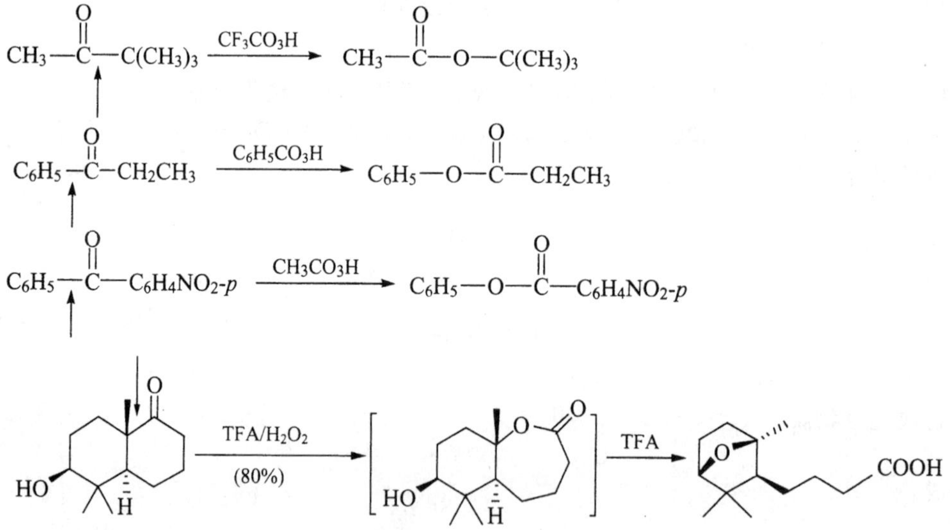

芳醛也可以起类似于 Baeyer-Villiger 重排的反应。这一反应称为 Dakin 反应。

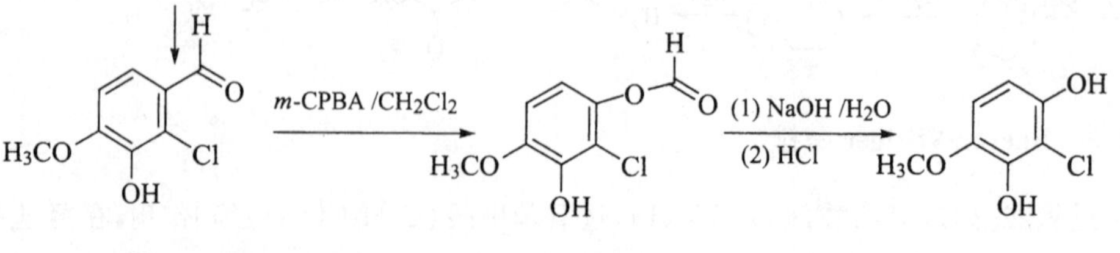

6.2.4 1,2-亲核重排的立体化学

1. 迁移基团的立体化学

在 1,2-亲核重排反应中，迁移基团以统一位相从迁移起点原子同面迁移到终点原子，因此

迁移基团的手性碳原子构型保持不变：

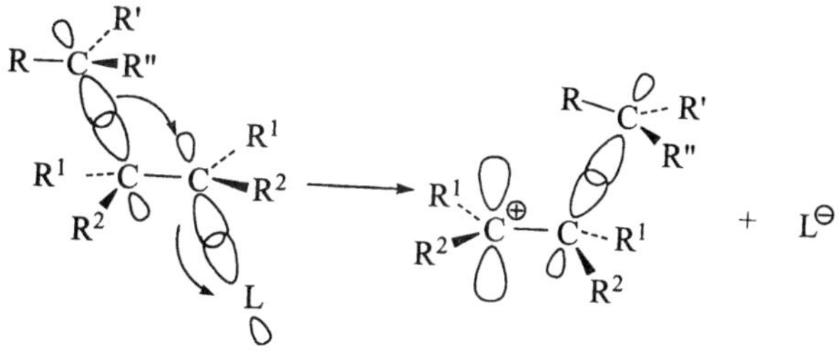

例如：

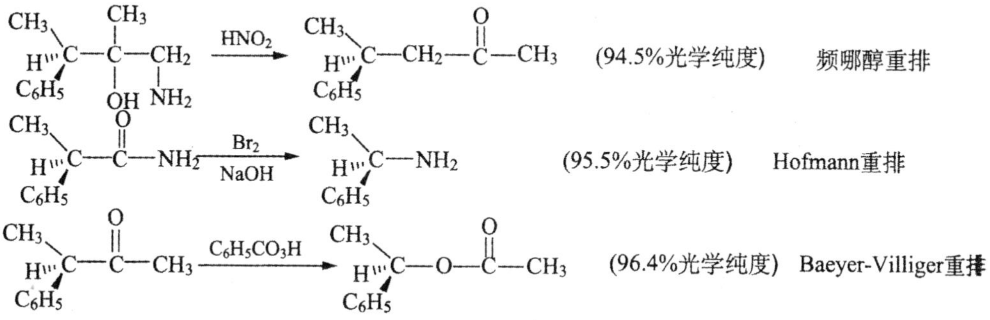
(94.5%光学纯度)
频哪醇重排
(95.5%光学纯度)
Hofmann重排
(96.4%光学纯度)
Baeyer-Villiger重排

2. 迁移起点和迁移终点碳原子的立体化学

在 1,2-亲核重排反应中，如果亲核试剂对起点碳原子的背面进攻先于迁移基团的迁移，则起点碳原子的构型翻转；如果迁移基团的迁移先于亲核试剂对起点碳原子的进攻，则常生成外消旋产物。

对于终点碳原子，如果迁移基团的迁移先于离去基团的完全离去，则迁移终点碳原子的构型翻转；如果离去基团的离去先于迁移基团的迁移，则往往得到外消旋产物。反应式如下：

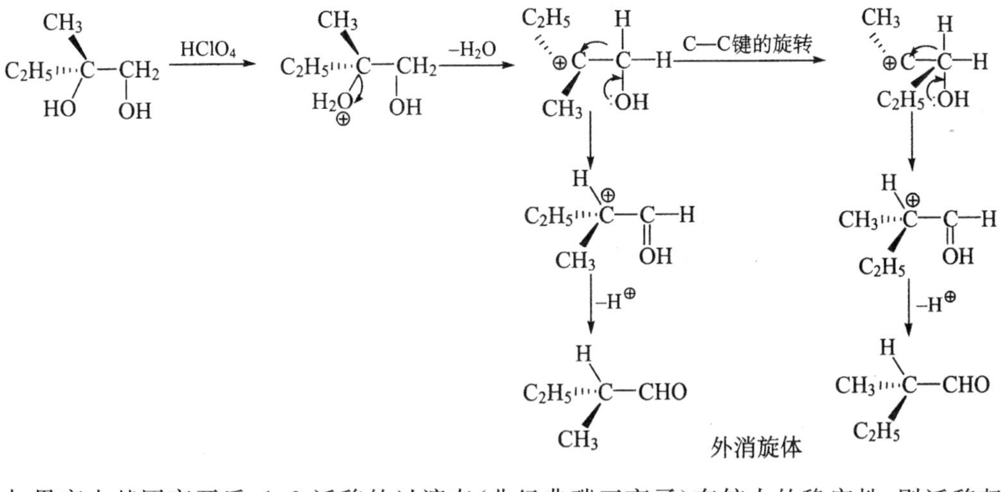
C—C键的旋转
外消旋体

如果离去基团离开后，1,2-迁移的过渡态（非经典碳正离子）有较大的稳定性，则迁移起点碳原子和中垫碳原子都分别有构型保持不变和构型翻转的可能性。例如：

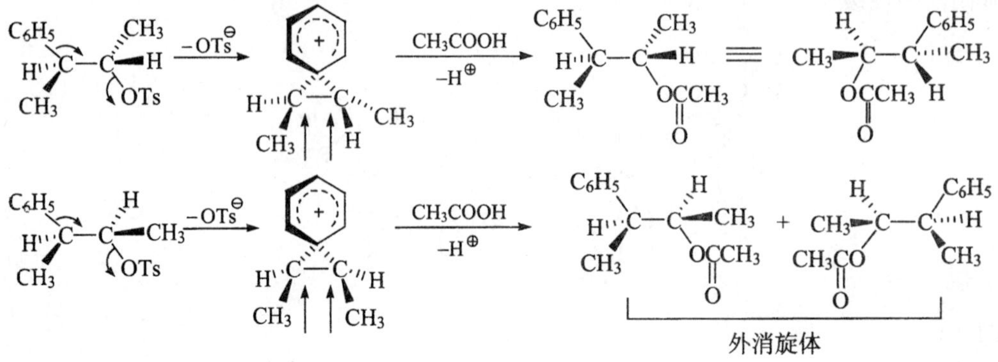

外消旋体

6.3 亲电重排反应

6.3.1 Favorskii 重排

α-卤(Cl 或 Br)代酮在强碱 NaOH、NaOC$_2$H$_5$ 或 NaNH$_2$ 的作用下起重排反应,分别得到羧酸、酯或酰胺。这一反应叫做 Favorskii 重排。反应式如下:

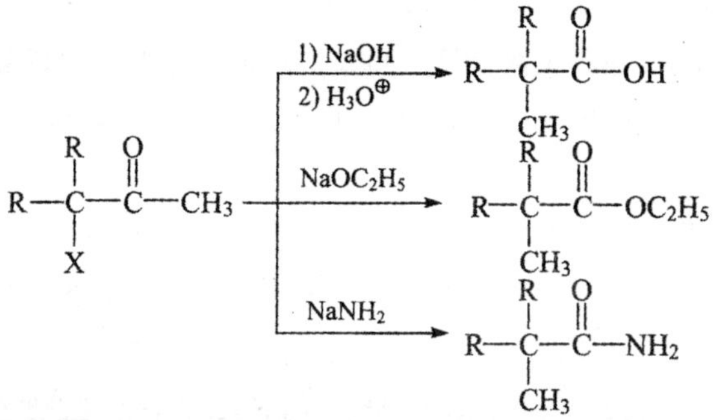

实验已证明 Favorskii 重排的反应机理是通过环丙酮中间体进行的:

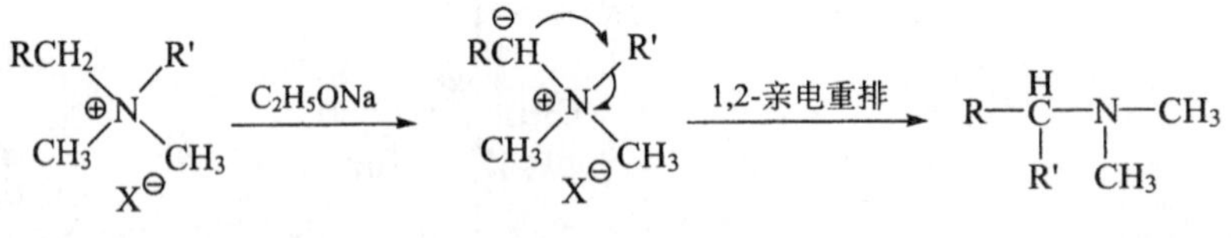

首先强碱夺取羰基的 α-H 生成碳负离子,然后起分子内的 S$_N$2 反应生成换丙酮中间体,最后亲核试剂加到环丙酮羰基的碳原子上,同时开环得到重排产物。整个过程可以看作是羰基和卤素相连的带部分正电荷的烃基向碳负离子迁移的 1,2-亲电重排。

如果生成不对称的环丙酮中间体,则可以在两种不同开环方向开环得到两种产物。哪一种是主要产物主要取决于开环后形成的碳负离子的稳定性。

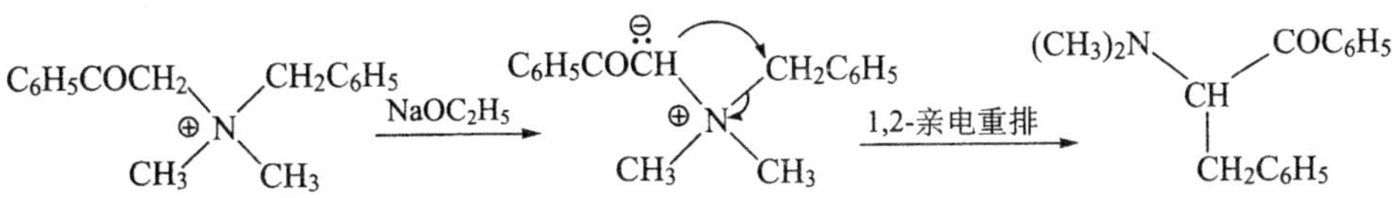

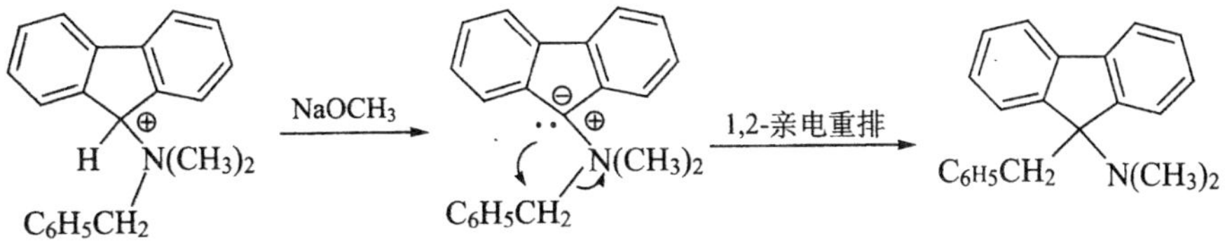

环丙酮中间体开环后可能得到两种碳负离子,在贪腐离子 4 中,由于共轭作用,负电荷可以分散到苯环上,因而比碳负离子 3 稳定得多。因此主要产物是苯丙酸乙酯。

Favorskii 重排可以用来合成换缩小产物。例如:

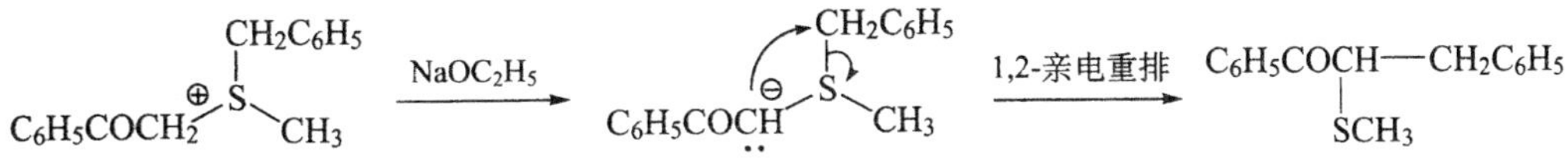

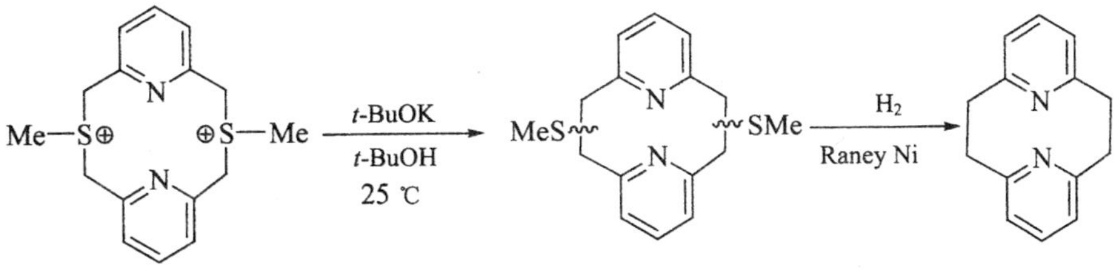

6.3.2 Stevens 重排

在强碱(如 NaOH,NaNH₂ 或 NaOC₂H₅ 等)作用下,季铵盐中烃基从氮原子上迁移到相邻的碳负离子上的反应叫做 Stevens 重排。反应通式如下:

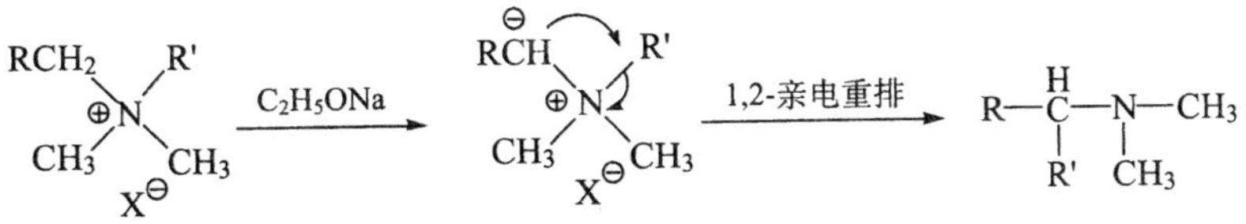

R 为乙酰基、苯甲酰基、苯基等吸电子基,它和氮原子上的正电荷使亚甲基活化并提高形成的碳负离子的稳定性。迁移基团 R′ 常为烯丙基、苄基、取代苯甲基等。由于 Stevens 重排是迁移基向富电子碳原子迁移的 1,2-亲电重排,因而迁移基团上有吸电子基时反应速率加快。例如:

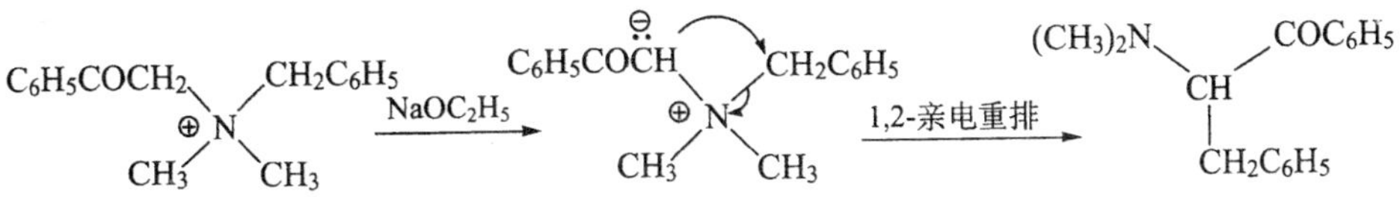

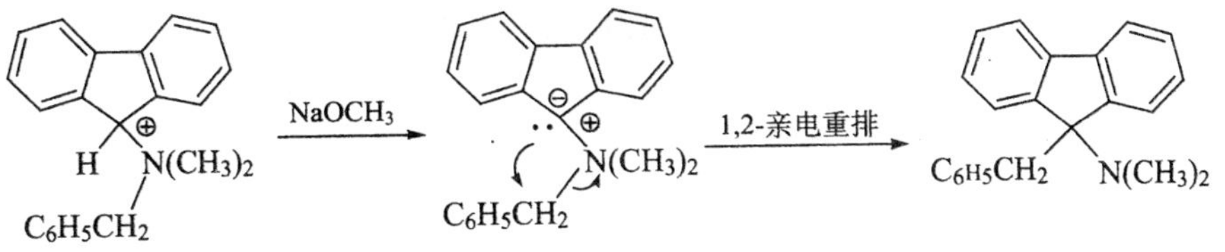

锍盐在强碱作用下也起 Stevens 重排反应。例如：

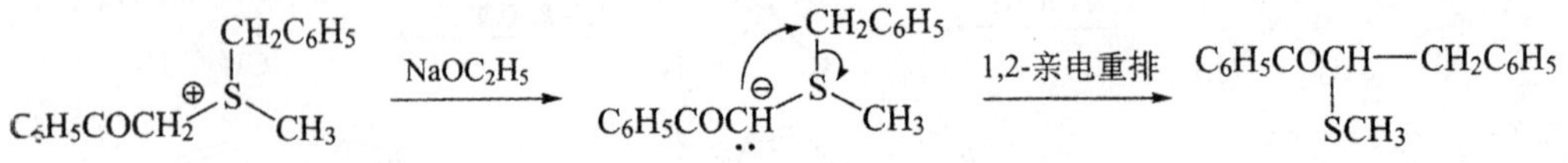

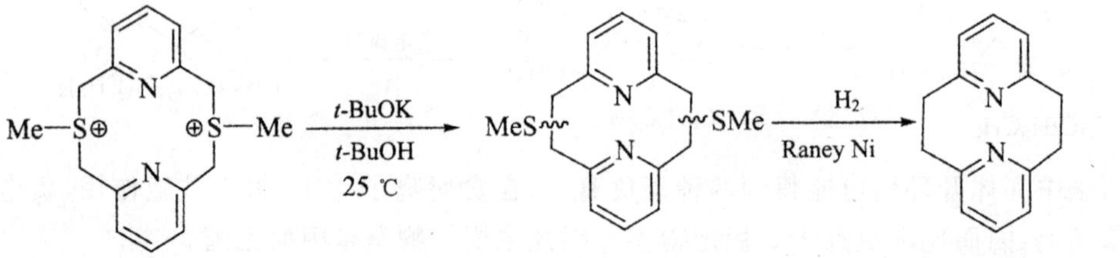

式中，～SMe表示不能确定 S 连接在哪一个碳原子上。

在 Stevens 重排反应中，迁移基团的构型保持不变。例如：

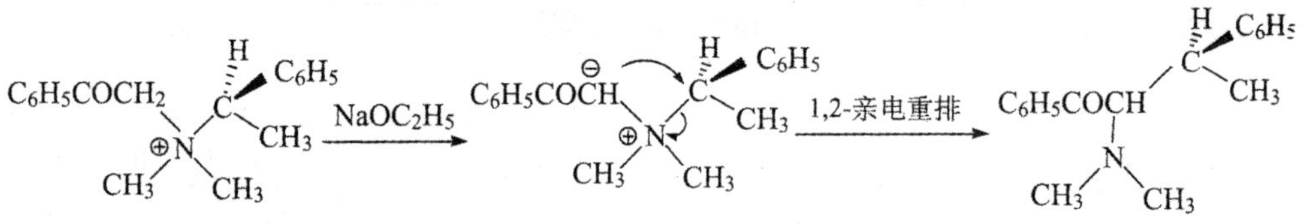

6.3.3 Wittig 重排

醚类化合物在强碱(如丁基钾或氨基钠)的作用下，在醚键的 α-位形成碳负离子，再经 1,2-重排形成更稳定的烷氧基负离子，水节后生成醇的反应叫做 Witting 重排。反应通式如下：

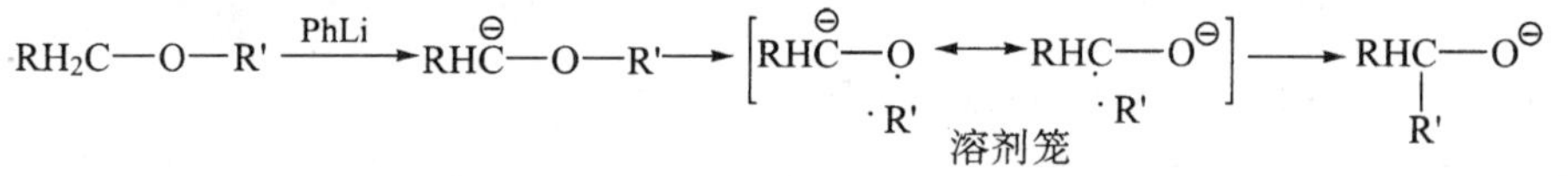

重排的基团可以是烃基、芳烃基或烯丙基。例如：

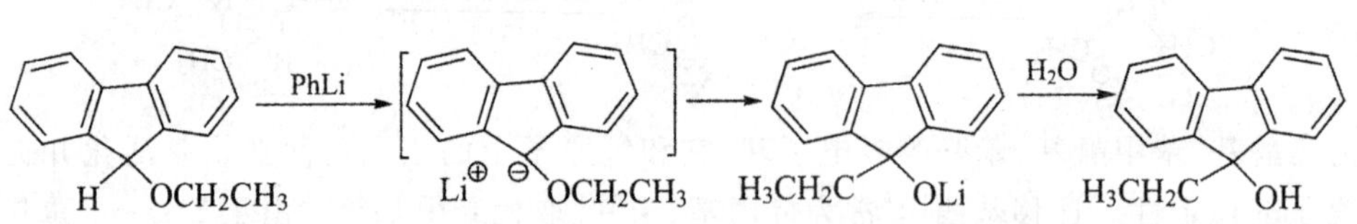

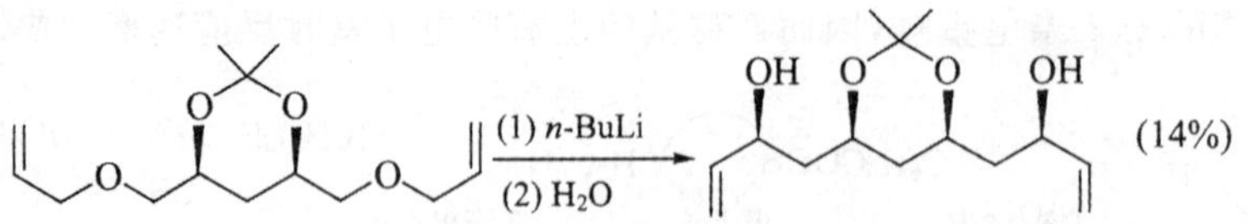

6.4 芳环上的重排反应

芳香族化合物的环上能发生多种重排反应，其通式可以表示为

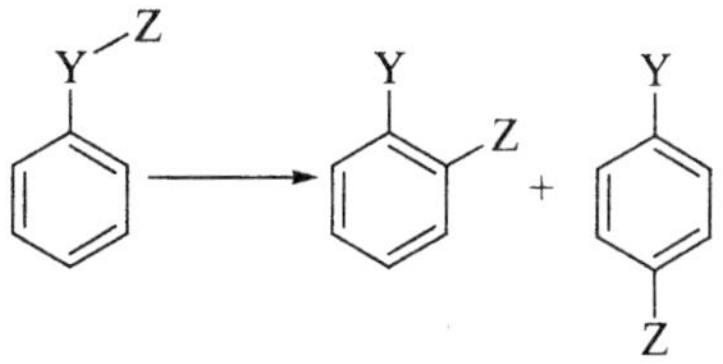

Y 常为氮原子,其次为氧原子。Z 为羟基、卤素、亚硝基、硝基、烃基等。

6.4.1　从氮原子到芳环的重排

1. N-取代苯胺的重排

N-硝基或亚硝基芳胺在酸性条件下加热,硝基或亚硝基迁移到邻对位。例如:

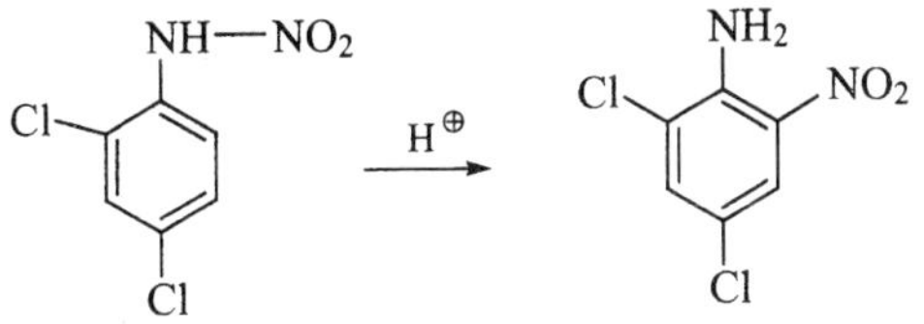

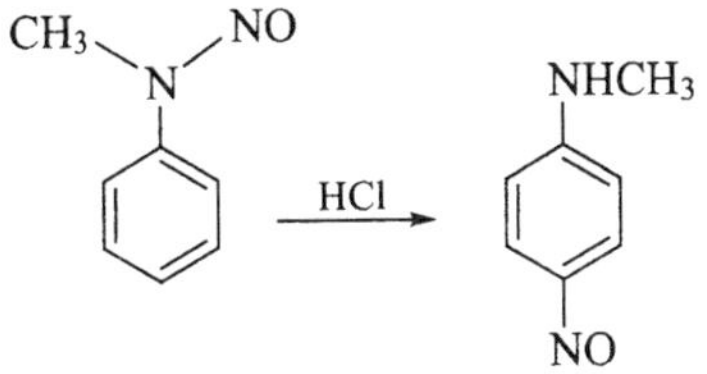

N-硝基芳胺在加热时,磺基重排到邻对位。邻对位产物异构体的比例取决于重排时的温度。例如:

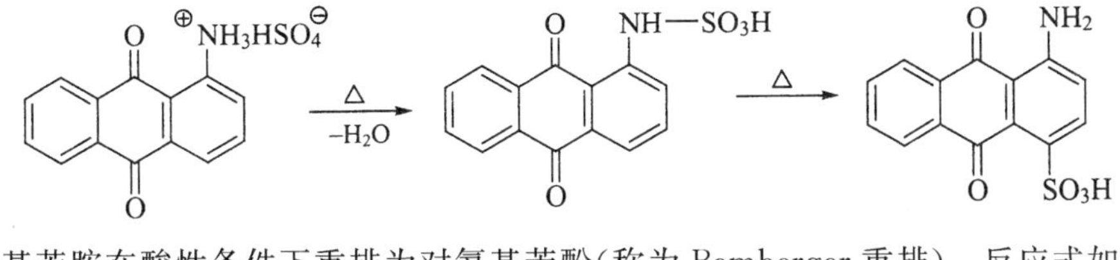

N-羟基苯胺在酸性条件下重排为对氨基苯酚(称为 Bamberger 重排)。反应式如下:

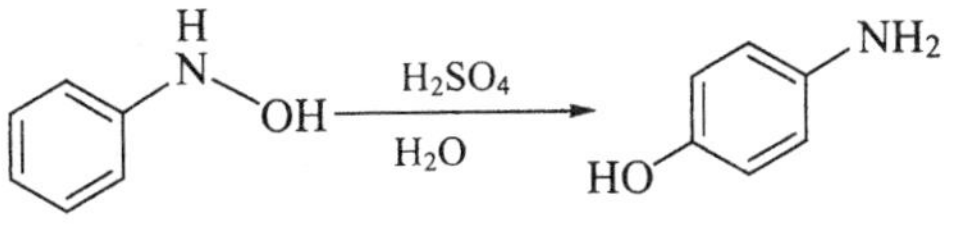

N-卤代乙酰苯胺用卤化氢的乙酸溶液处理,卤素重排到邻、对位(称为 Orton 重排)。反应式如下:

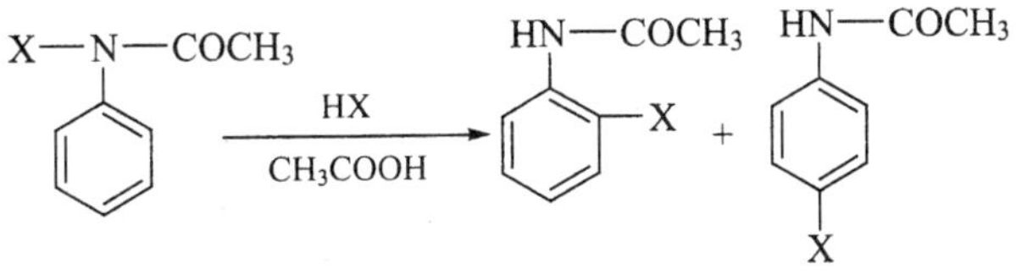

N-取代二噻烷芳胺的重排可以合成一般难以制备的邻氨基苯甲醛。例如:

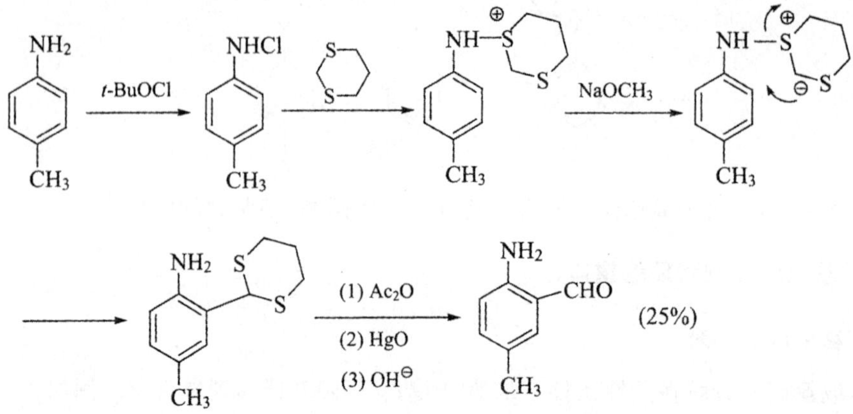

N-取代苄胺在强碱作用下也能发生重排生成林取代苯衍生物（称为 Sommelet-Hauser 重排），反应机理类似于 Stevens 重排。例如：

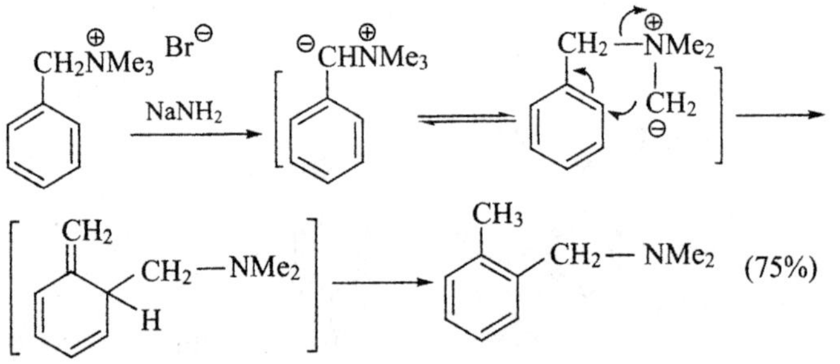

1,1-二甲基-2-苯基六氢吡啶季铵盐重排生成扩环产物：

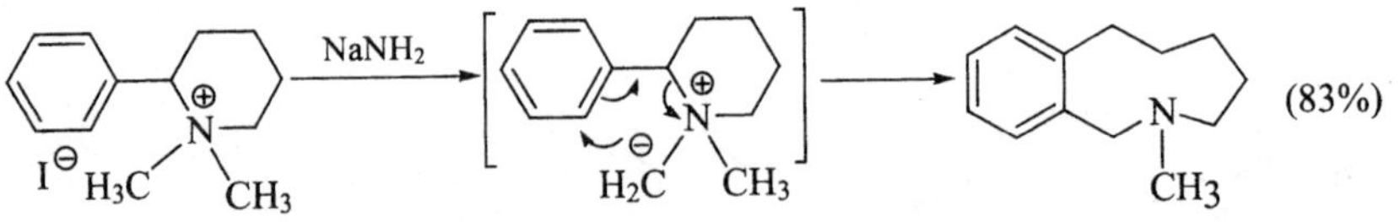

2. 联苯胺重排

氢化偶氮苯在强酸作用下重排成联苯胺。反应式如下：

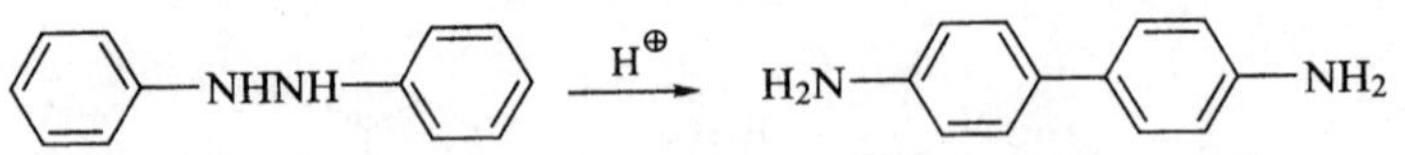

将等摩尔的氢化偶氮苯和 2,2′-二甲基氢化偶氮苯的混合物在强酸存在下起联苯胺重排反应，产物中没有交叉的偶联产物。这说明重排是分子内反应。即 N—N 键完全破裂之前，两个芳环已开始联结。反应式如下：

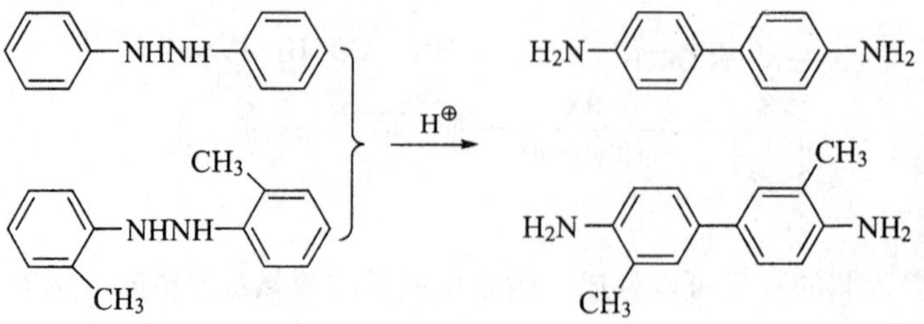

联苯胺重排的机理可能是：氢化偶氮苯每个氮原子接受一个质子形成双正离子，由于两个相邻正电荷的互相排斥，使 N—N 键变弱变长，同时由于共轭效应，是一个苯环的对位呈正电性，而另一个苯环的对位呈负点性，静电吸引使它们逐渐靠近形成 C—C 键，与此同时，N—N 键完全破裂。反应式如下：

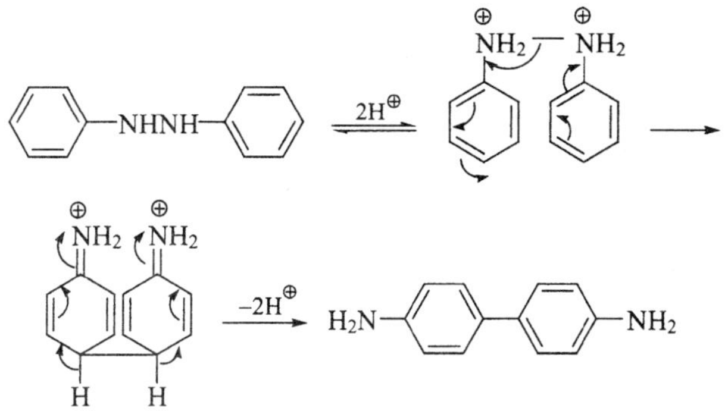

欧拉(Olah)在 1972 年用 FSO_3H—SO_2 处理二苯肼，获得了稳定的 4,4′-偶联的双氮正离子，证实联苯胺重排是分子内反应。欧拉由于在碳正离子研究方面的重要贡献获得 1994 年诺贝尔化学奖。

反应中生成少量 2,4′-二氨基联苯，可能是按下式生成的：

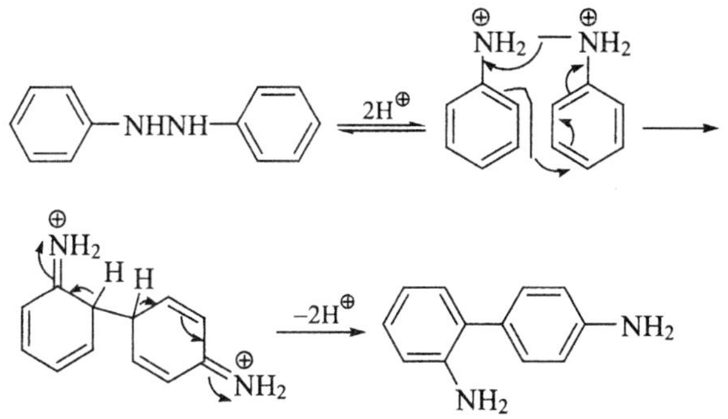

联苯胺重排可用于对称性联苯衍生物的制备。

6.4.2　从氧原子到芳环的重排

酚类的酯在 Lewis 酸(如 $AlCl_3$、$ZnCl_2$、$FeCl_3$ 等)存在下重排生成酚酮，这一反应叫做 Fries 重排。其反应机理是与 Lewis 酸作用时产生的酰基正离子，在酚羟基的邻、对位起亲点取代反应。如下所示：

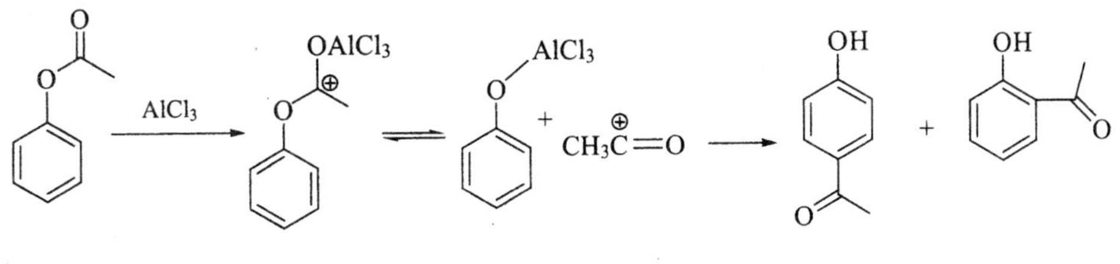

例如：

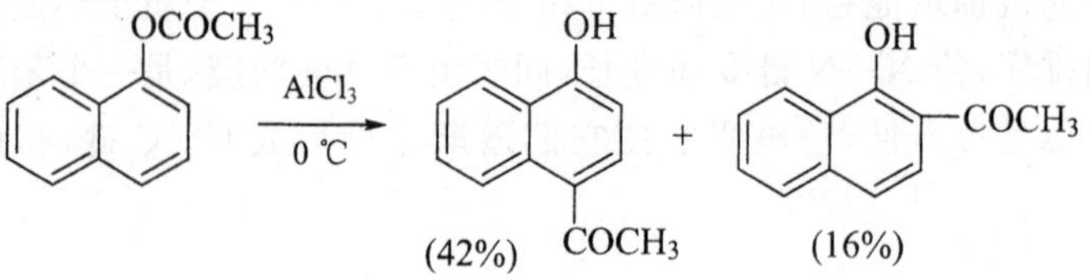

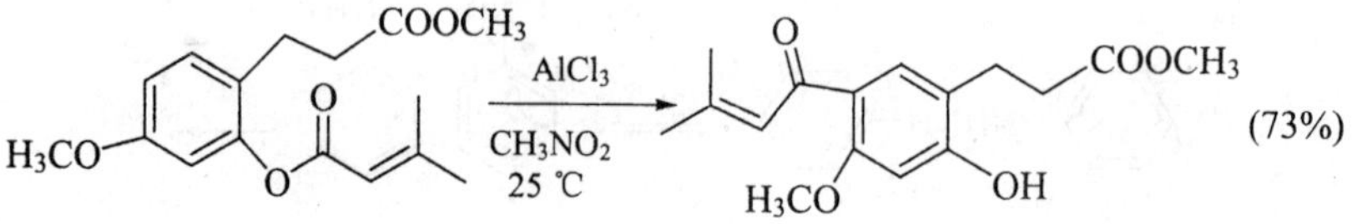

6.4.3 Smiles 重排

Smiles 重排的同时如下：

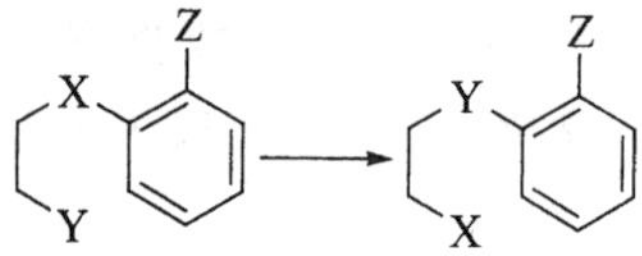

X 为 O、COO、S、SO、SO$_2$ 等，Y 为 OH、SH、NH$_2$、NHR 等的共轭碱，Z 为吸电子基，在重排基团的邻位或对位。Smiles 重排是分子内的亲核取代反应。例如：

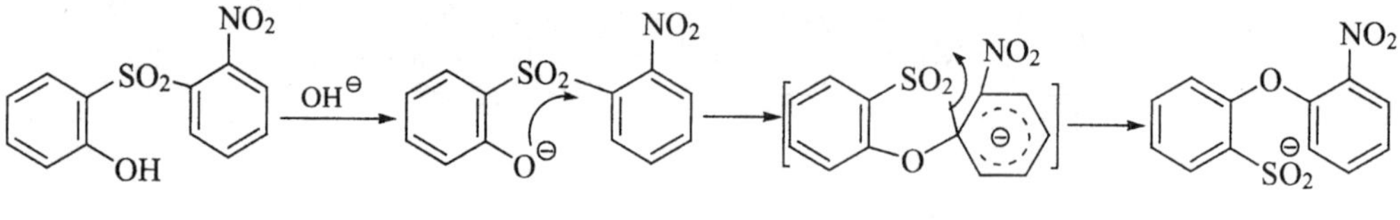

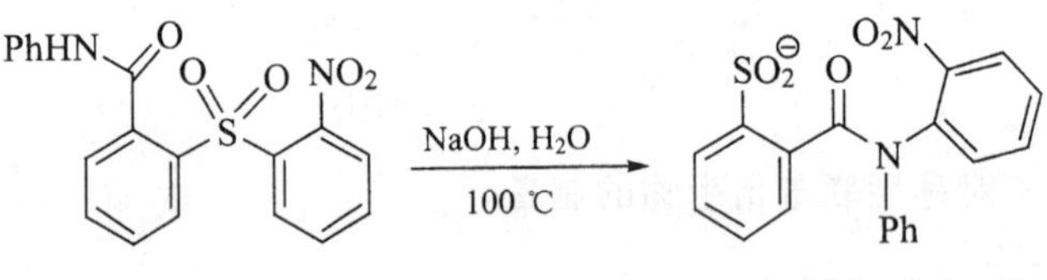

当使用强碱如氢化钠、丁基锂等，芳环上及时没有吸电子基，有时也起 Smiles 重排反应。例如：

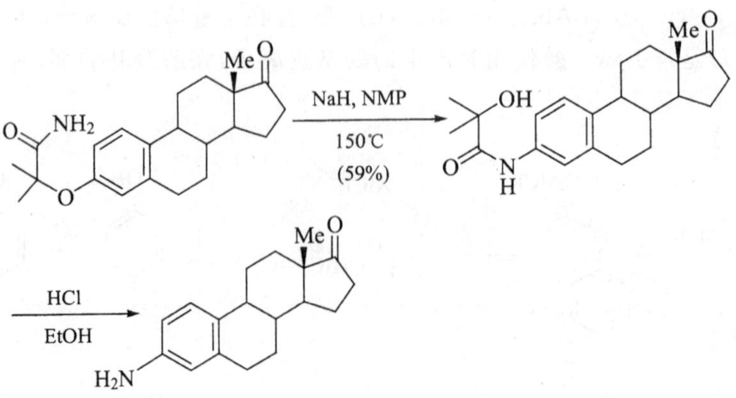

6.5 σ键迁移重排反应

6.5.1 σ键迁移重排

σ键越过共轭双键体系迁移到分子内新的位置的反应叫做σ键迁移重排反应。反应通式如下：

σ键迁移反应的系统命名法如下所示：

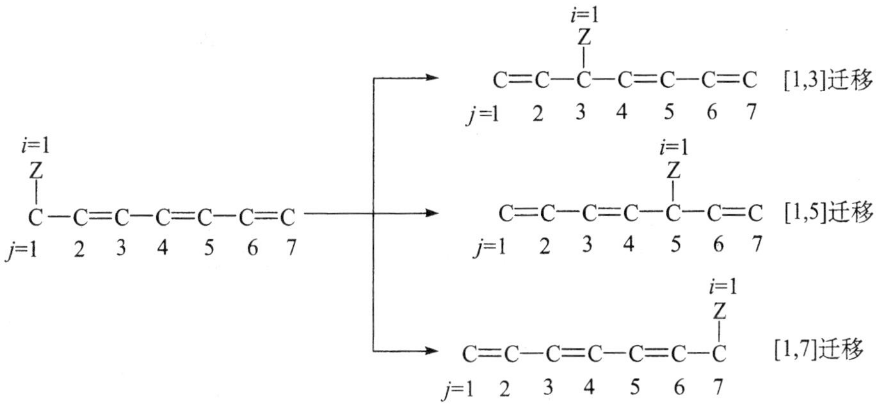

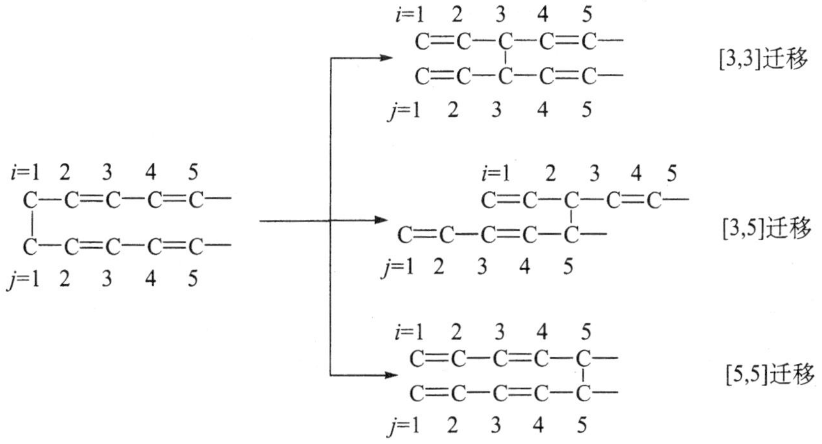

方括号中的数字$[i,j]$表示迁移后σ键所联结的两个原子的位置，i、j的编号分别从作用物中σ键所联结的两个原子开始。

σ键重排反应是协同反应，旧的σ键的破裂与新的σ键的形成和π键的移动是协同进行的。例如：

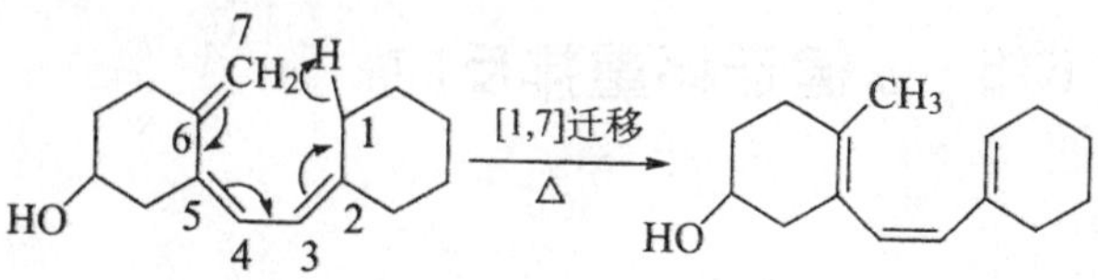

$(i=1, j=7)$

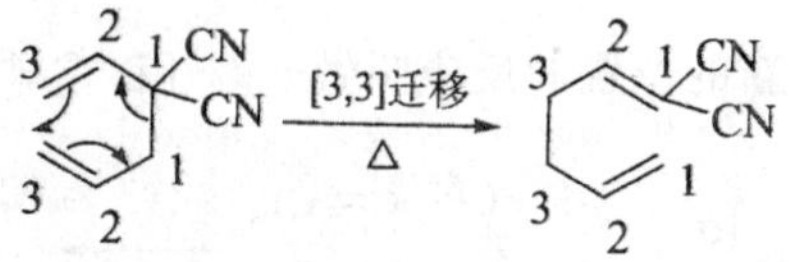

$(i=3, j=3)$

乙烯基环丙烷在高温时也看他通过[1,3]-烷基 σ 键重排生成环烯衍生物,该反应称为乙烯基环丙烯重排(vimylcyclopropane rearrangement)。反应式如下:

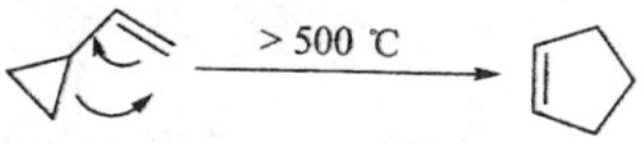

例如,下面的化合物在高温起乙烯基环丙烷重排反应和逆 Deils-Alder 反应。

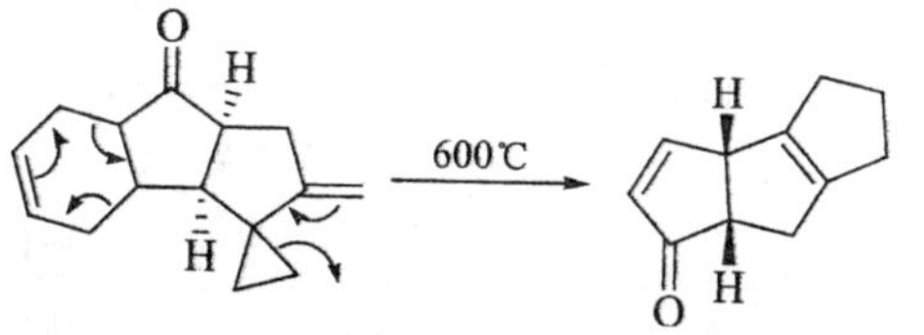

(97%)

重氮酮和共轭二烯作用生成乙烯基环丙烷衍生物,后者在高温起重排反应:

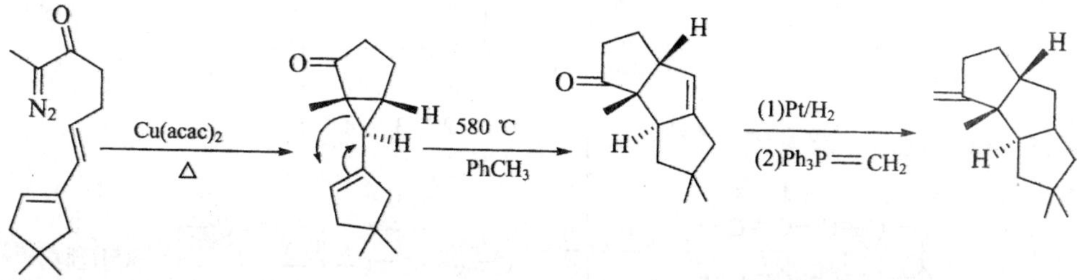

6.5.2　Cope 重排

1,5-二烯(即双烯丙基衍生物)加热,经过[3,3]σ 迁移,发生异构化得到另一双烯丙基衍生物的反应,称为 Cope 重排。

Cope 重排只有不对称的反应物 1,5-二烯发生 Cope 重排在合成中才有应用价值,因为对称分子在重排前后是相同的化合物。

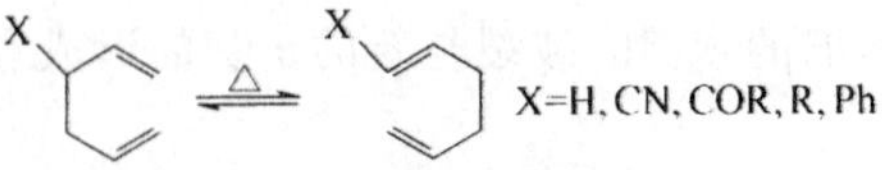

X=H, CN, COR, R, Ph

如果一个双键是苯环的双键,Cope 重排不能进行。

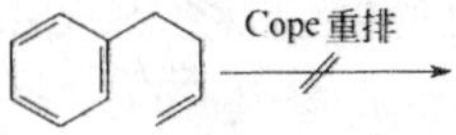

Cope 重排的反应物和产物中单键和双键的数目相等,总的键能大致相同,所以它是可逆反应,动态平衡的位置取决于产物和反应物的相对稳定性。

Cope 重排一般在较高温度下进行,例如 3-甲基-1,5-己二烯重拍温度在 300℃。但是当 3-位上有不饱和基(如羟基,酯基等)时,因为不饱和基在重排后语双键发生共轭,产物相对稳定,所以反应变得容易进行,表现为反应温度下降;当反应物是带有张力环的二烯丙基衍生物,Cope 重排因解除环的张力也变得容易,通常也是在较低的温度下重排。

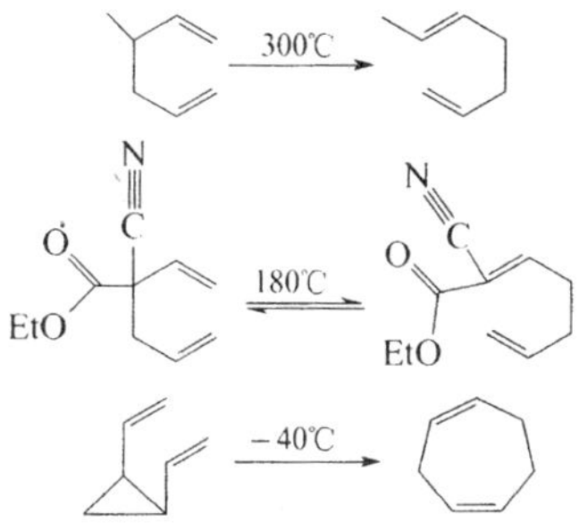

例如,由乙酰乙酸乙酯合成化合物

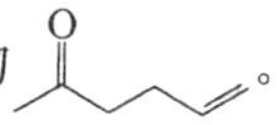

合成:

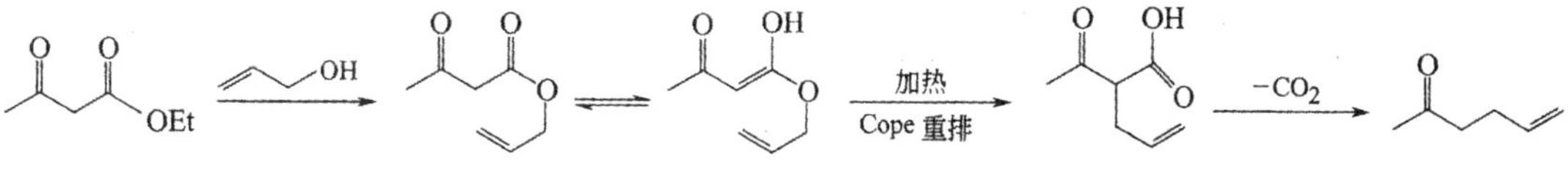

6.5.3　Claisen 重排

Claisen 重排也是[3,3]σ键迁移热重排反应。按反应物结构可以分为脂肪族 Claisen 重排和芳香族 Claisen 重排两大类。

1. 脂肪族 Claisen 重排重排

(1)烯丙基乙烯基醚 Claisen 重排

烯丙基乙烯基醚衍生物在加热时起 Claisen 重排反应生成含烯键的醛、酮、羧酸等。反应通式如下:

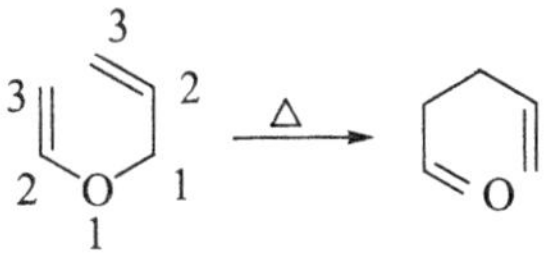

脂肪族烯丙基乙烯基醚常由乙烯式醚和烯丙醇在酸催化下形成,后者立即起 Claisen 重排反应生成不饱和羰基化合物。反应通式如下:

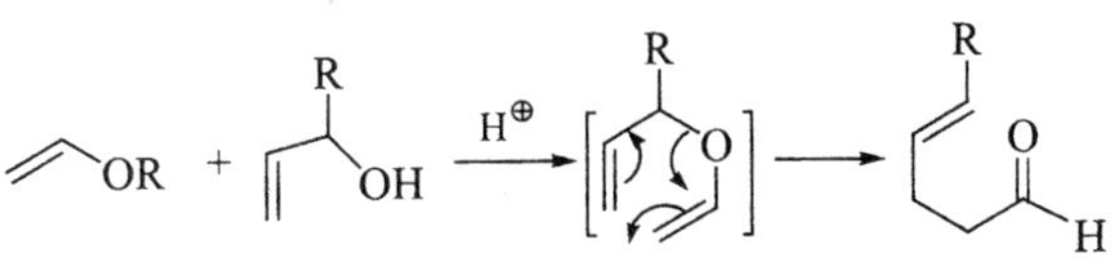

例如：

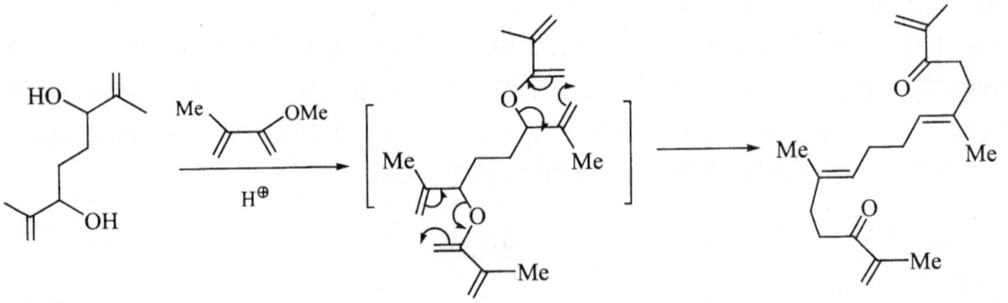

Claisen 重排反应与 Cope 重排反应类似,也是经过椅式过渡状态进行同面迁移,因而产物的立体选择性很高。例如,(E,E)-丙烯基巴豆基醚经 Claisen 重排主要得到$(2R,3S)$-2,3-二甲基-4-戊烯醛。反应式如下:

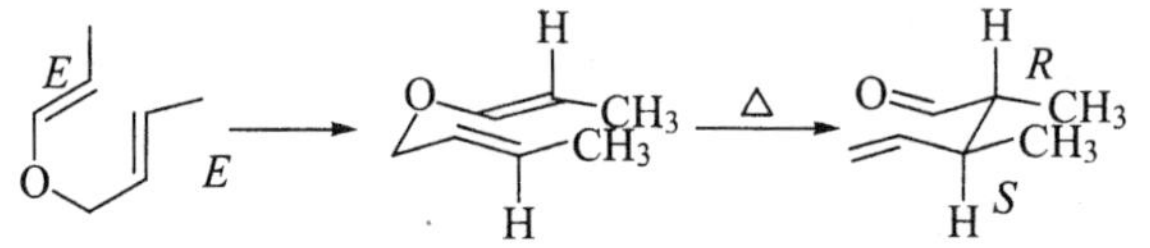

Lewis 酸催化 Claisen 重排常可以提高反应产率和立体选择性。例如:

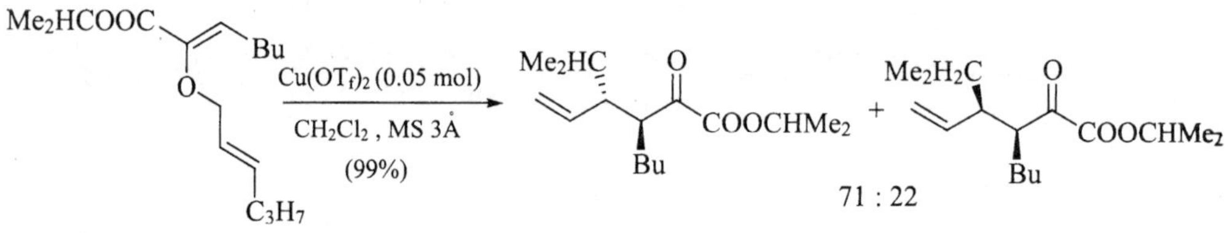

（2）Johnson-Claisen 重排

烯丙式醇和原酸酯作用后失去一份子乙醇生成的烯丙基烯醇酯醚,后者起 Claisen 重排（Johnson-Claisen 重排）得到不饱和酯。反应通式如下:

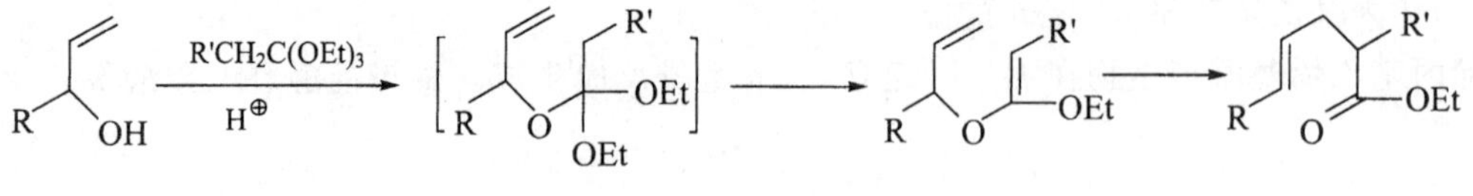

例如：

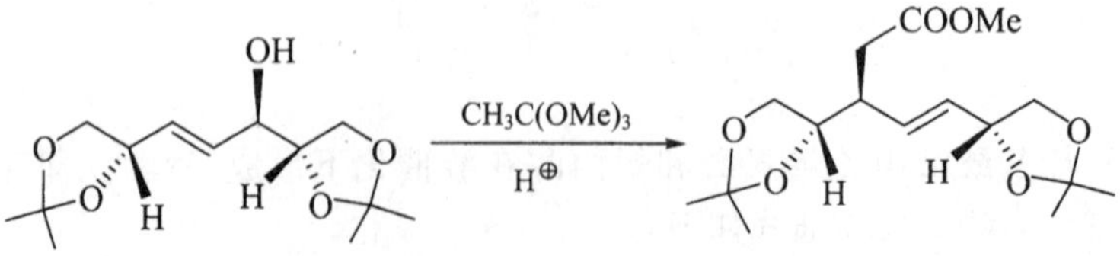

（3）Eschenmoser-Claisen 重排

烯丙式醇和 N,N-二甲基乙酰胺的缩醛衍生物作用失去一份子醇生成烯丙基烯醇酰胺醚,后者起 Claisen 重排（Eschenmoser-Claisen 重排）得到不饱和酰胺。反应式如下:

例如：

（4）Carroll-Claisen 重排

β-酮酸酯一般有较高的烯醇含量，其烯丙基醚发生重排时同时脱羧，使 β-酮酸酯转变为 γ-酮烯。反应式如下：

例如：

（5）Claisen-Ireland 重排

烯丙基酯在强碱作用下生成的烯醇硅醚也可发生 Claisen 重排，生成不饱和酸。反应式如下：

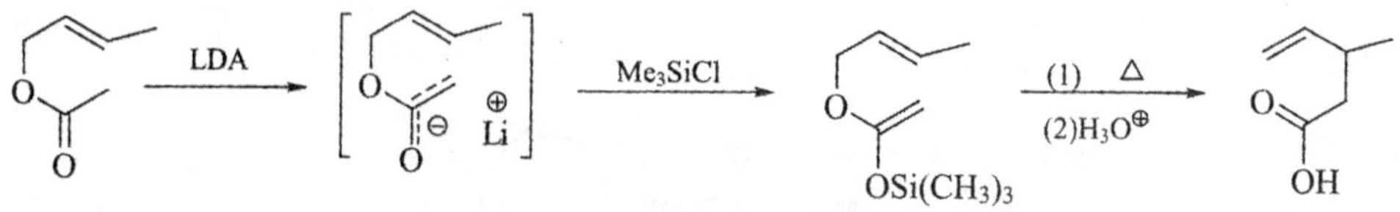

例如：

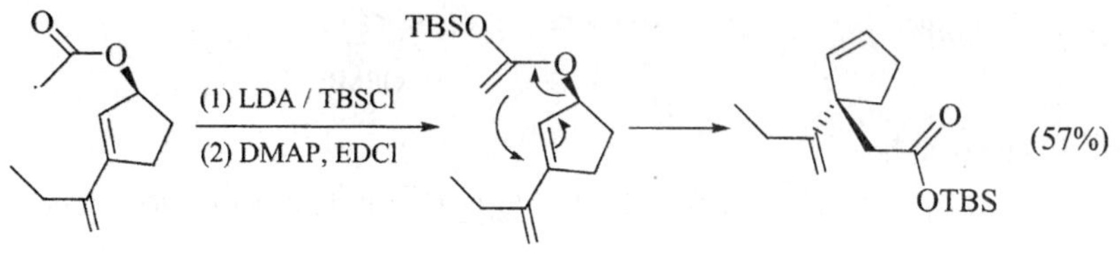

（6）Thio-Claisen 和 Aza-Claisen 重排

烯丙基乙烯基醚的硫或氮的类似物也起 Claisen 重排反应。例如：

① Thio-Claisen 重排。

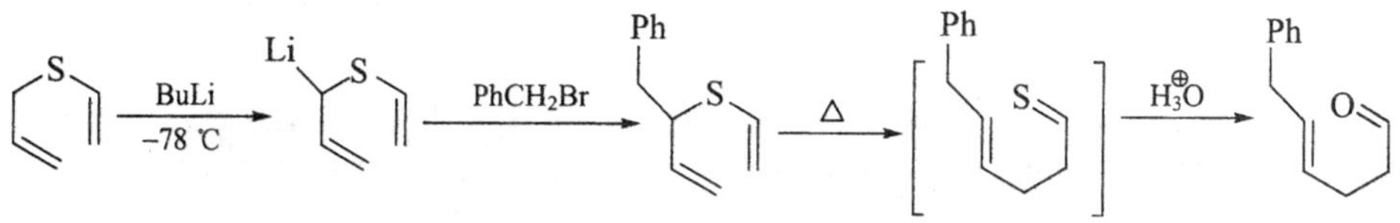

② Aza-Claisen 重排。

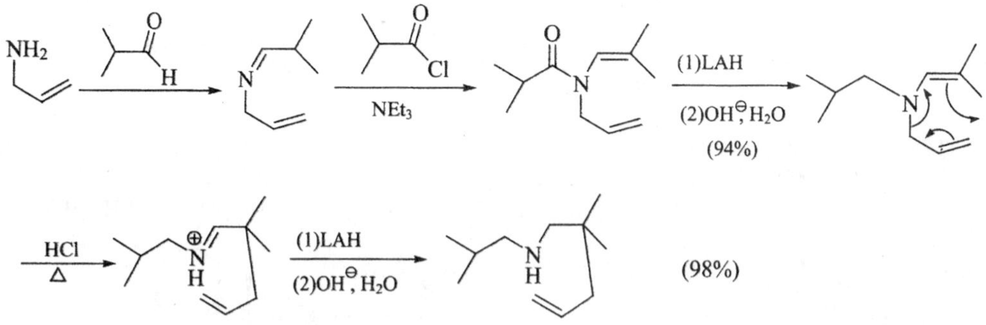

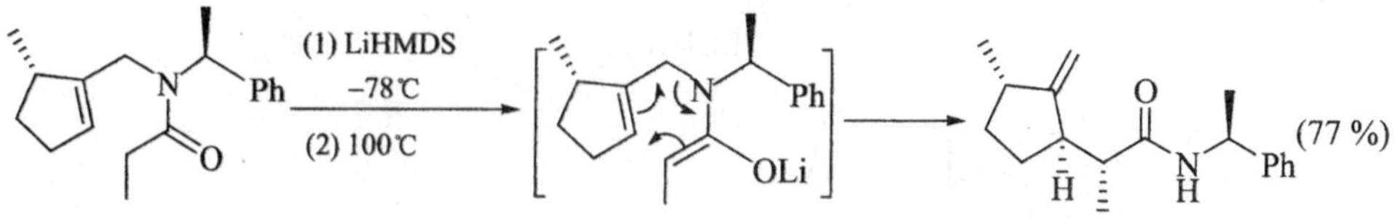

2. 芳香族 Claisen 重排

烯丙基芳醚在加热时起 Claisen 重排,烯丙基迁移到邻位 α-碳原子上:

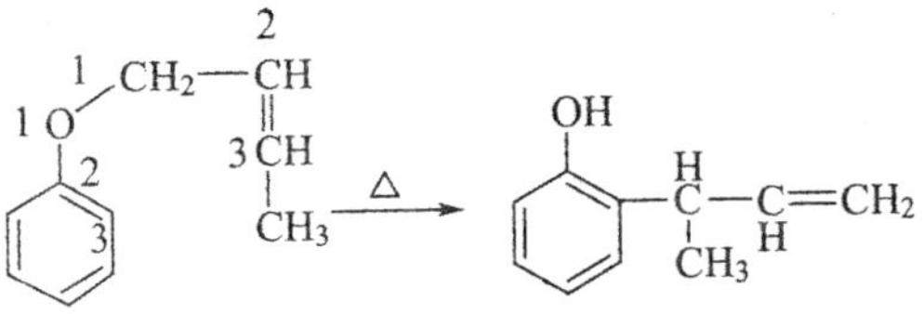

两个邻位都被占据的烯丙基芳香醚在加热时,烯丙基迁移到对位,并且烯丙基以碳原子与酚羟基的对位相连。经同位素标记法研究证明,此反应实际上经过两次重排,先发生 Claisen 重排,使烯丙基迁移到邻位,形成环状的双烯酮,再经过 Cope 重排使烯丙基迁移到对位,烯醇化后生成对取代酚。反应式如下:

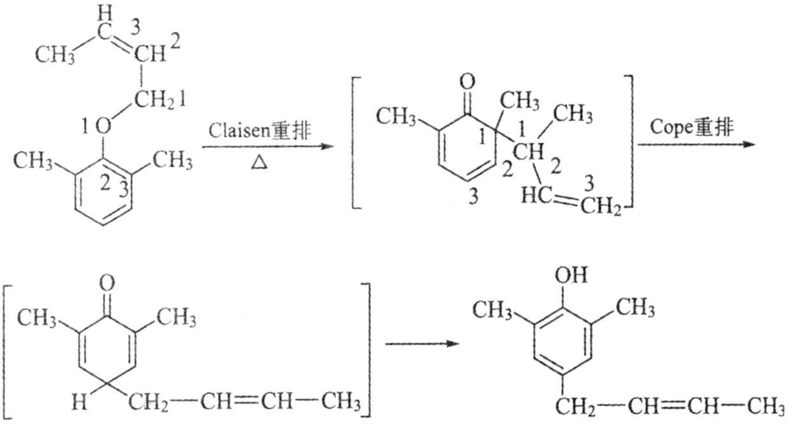

若对位有烯基取代基时,烯丙基可重排到侧链上。反应式如下:

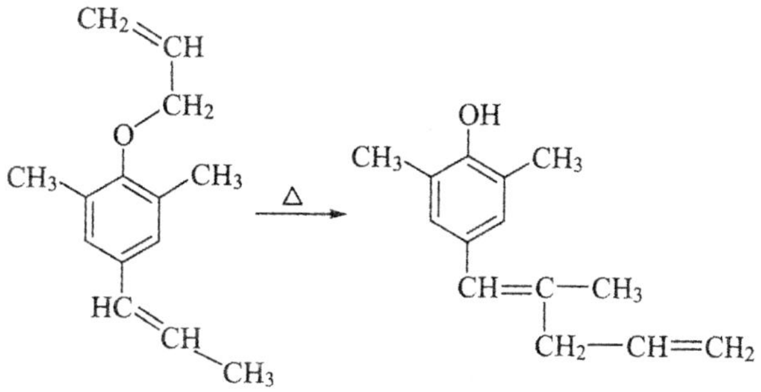

芳香族硫醚也可以发生 Claisen 重排。反应式如下:

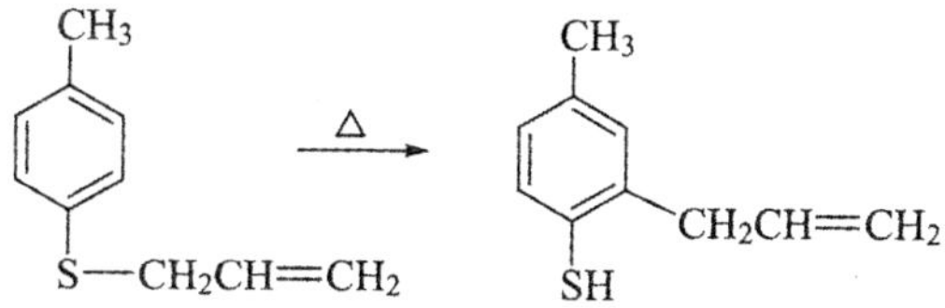

Claisen 重排也常和分子内 Diels-Alder 反应串联发生。例如:

(60%)

第7章 新型有机反应

7.1 相转移催化合成反应

7.1.1 相转移催化的基本原理

1. 相转移催化作用

相转移催化是应用相转移催化剂的液-液、液-固非均相反应过程。催化剂类型不同、反应条件不同，其催化原理也不尽相同。季铵盐为相转移催化剂，以卤代烃取代反应为例，其作用如图7-1 所示。反应试剂 M^+Y^- 和反应物 R-X 分别处于水相和有机相（油相），两相互不相溶，反应难以进行。

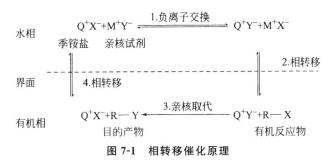

图 7-1 相转移催化原理

季铵盐 Q^+X^- 由亲油的正离子 Q^+ 和亲水的负离子 X^- 构成。在此体系加入少量 Q^+X^-，季铵盐负离子 X^- 与试剂负离子 Y^- 进行离子交换，形成新的离子对 Q^+Y^-，Q^+ 的亲油性将 Y^- 带入有机相（使 Y^- 溶解于油相）。进入有机相的离子对 Q^+Y^-，与 R-X 反应，生成 R-Y 和 Q^+X^-，复原的季铵盐 Q^+X^- 返回水相，重复以上过程。

高分子载体相转移催化原理如图7-2所示。离子交换在有机相和水相界面上进行，反应在固体催化剂和有机相界面进行。

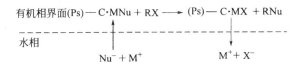

图 7-2 高分子载体相转移催化原理（Ps）—高分子载体

2. 相转移催化剂

大多数相转移催化反应要求将负离子转移到有机相，常用的相转移催化剂有𬭩盐、聚醚和高分子载体三类。𬭩盐包括季铵盐、季磷盐、季砷盐、叔硫盐；聚醚类包括冠醚、穴醚和开链聚醚。

季铵盐具有价格便宜、毒性小等优点，得到了广泛的应用。在一般情况下，为了使相转移催化剂在有机相中有一定的溶解度,季铵盐中应含足够的碳数(一般碳数为 12～25 为宜)。同时,含有一定碳数的季铵盐溶剂化作用不明显,具有较高的催化活性。常用的季铵盐有:$C_6H_5CH_2N^+(C_2H_5)_3 \cdot Cl^-$,苄基三乙基氯化铵,BTEAC;$(C_8H_{17})_3N^+(CH_3) \cdot Cl^-$,三辛基甲基氯化铵,TOMAC;$(C_4H_9)_4N^+ \cdot HSO_4^-$,四丁基硫酸氢铵,TBAB;此外季锑盐、季铋盐和季锍盐也可以用作相转移催化剂,但制备困难、价格昂贵,目前只用于实验室研究。

冠醚用于相转移催化剂的开发较早,但它毒性大、价格高,应用受到限制。常用的冠醚催化剂有:15-冠-5、二苯并冠-5、18-冠-6,二苯并冠-6、二环己基并 18-冠-6 等。

开链聚醚容易得到、无毒、蒸气压小、价廉。在使用过程中,不受孔穴大小的限制,并具有反应条件温和、操作简便及产率较高等优点,是理想的冠醚替代物。常用开链醚有:聚乙二醇类 $HO \overset{}{(}CH_2CH_2 \overset{}{)_n} H$;聚氧乙烯脂肪醇类 $C_{12}H_{25}O \overset{}{(}CH_2CH_2O \overset{}{)_n} H$;聚氧乙烯烷烷基酚类 $H_{17}C_8 \overset{}{-}\bigcirc\overset{}{-}O \overset{}{(}CH_2CH_2O \overset{}{)_n} H$。这类催化剂的特点是能与正离子配合形成(伪)有机正离子,如图 7-3 所示。

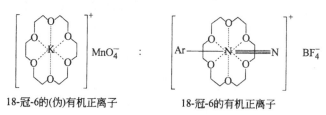

18-冠-6的(伪)有机正离子   18-冠-6的有机正离子

图 7-3   18-冠-6 的(伪)有机正离子和有机正离子

相转移催化剂价格贵、难回收,因此又发展了固体相转移催化剂。它是将季铵盐、季鏻盐、开链聚醚或冠醚化学结合到固态高聚物上形成的既不溶于水,也不容于一般有机溶剂的固态相转移催化剂,如季铵盐型负离子交换树脂。Y^- 从水相转移到固态催化剂上,再与有机试剂 R-X 发生亲核取代反应,这种方法称为液—固—液三相相转移催化剂。这种方法操作简便,反应后催化剂可以定量回收,能耗也较低,适用于连续化生产。

7.1.2   相转移催化的影响因素

影响相转移催化的因素主要有催化剂结构及其用量、溶剂与加水量、搅拌速率等。

催化剂结构的影响,对于季铵盐而言,其中心氮原子的正电荷被周围取代基"包裹"得越紧密,与其携至有机相的负离子间的结合力越弱,而负离子更"裸露",亲和性更强,故催化性能越好。

季铵盐结构对催化效果的影响,实验表明,鏻盐离子四个取代基中碳链最长的烷基碳数越多,催化效果越好;对称烷基优于不对称烷基,脂肪族取代基优于芳香族取代基;季磷盐的催化效果和热稳定性优于相应季铵盐。

催化剂用量与反应类型有关。醇或酚合成醚,催化剂最佳用量是醇的 1%～10%(摩尔比)。这类水解,水解速率随催化剂用量增加而加快。对于大对数反应而言,催化剂用量是反应物的 1%～5%(摩尔比)。

相转移催化常用苯、氯苯、环己烷、氯仿、二氯甲烷等作用溶剂,一般相转移催化要求:溶剂对相转移活性离子对 Q^+X^- 提取率较高,对离子对中的负离子溶剂作用小。对于离子型反应,溶剂还影响反应的方向。

在液-液两相反应体系中,加入少量水可促进反应物溶解或离子化,若水量过多,反应物及碱浓度低,进而降低反应速率。

搅拌可改善相转移催化反应的传质、传热效果,在一定条件下,搅拌速率影响反应速率。通常,反应速率随搅拌的增加而加快,当搅拌速率达到一定数值后。反应速率则无明显变化。

7.1.3 相转移催化在有机合成中的应用

1. 卤素交换反应

$$RCl + NaI \rightarrow RI + NaCl$$

将氯代烷与 NaI 水溶液加入百分之几的季铵盐回流 2h 即可。如果季铵盐用量增加,反应还要快得多。

2. 含 α-活泼氢的化合物的 C-烷基化

含 α-活泼氢的化合物的 C-烷基化,经典的方法是先用强碱脱去质子形成 α-碳负离子,再在非质子溶剂中进行 C-烷基化反应。借助于相转移催化剂,在苛性钠溶液中,α-活泼氢化合物与卤代烃,可在温和条件下实现 C-烷基化。例如,芳基乙腈的 C-烷基化反应:

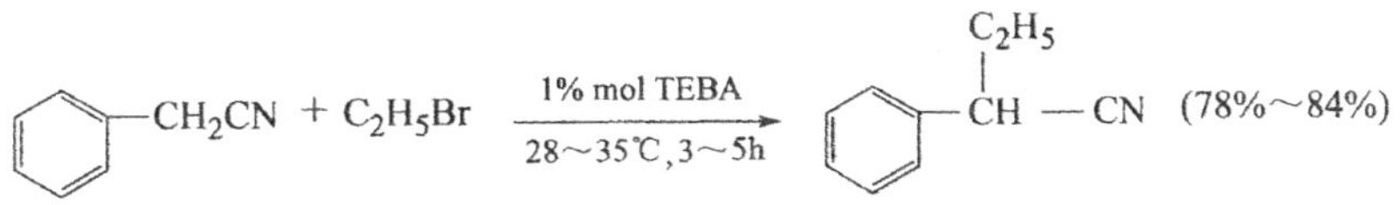

即使卤代烃的反应活性较低,也可以获得较高的收率:

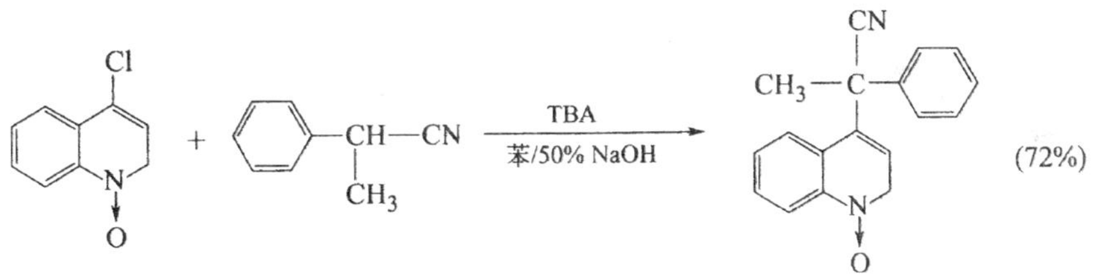

3. 消除反应

二氯卡宾(Cl_2C:)非常活泼,可与许多物质进行反应。通常,氯仿在叔丁醇钾存在下,经 α-消除获得二氯卡宾。而在相转移催化下,氯仿在浓氢氧化钠水溶液中可以顺利地制得二氯卡宾:

$$Cl_3C^- N^+ R_4 \rightleftharpoons Cl_2C: + R_4 N^+ Cl^-$$

二氯卡宾的生成速率与催化剂量成正比,随 NaOH 浓度的增大而加快,与搅拌速率(>800 r/min)成正比,搅拌速率达到一定数值时,速率不再明显增加。

4. 氧化还原反应

常用的氧化剂、还原剂多是无机化合物,如 $KMnO_4$、$K_2Cr_2O_7$、H_2O_2、$NaClO$ 等,它们在有机溶剂中的溶解度很小,故一般的有机物的氧化还原反应耗时长、产率低,用相转移催化剂可以很好地将氧化剂溶于有机相中,例如用冠醚或季铵盐都可以将 $KMnO_4$ 溶入苯中,浓度可达 $0.06\,mol \cdot L^{-1}$。并且相转移催化的氧化还原反应具有反应条件温和、产品纯、产率高等优点。

相转移催化的氧化反应实例如下。

（1）邻醌的合成

邻苯二酚衍生物可在冠醚存在下，被 KMnO₄ 氧化成相应的邻醌。该反应收率可达 97％。

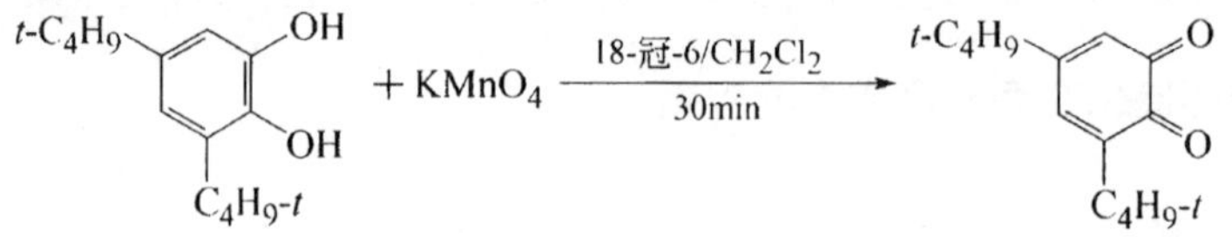

（2）菲醌的合成

菲是煤焦油的第二大组分，菲醌是菲氧化的产物，在染料、农药、光学材料等方面有重要的应用。菲和无机氧化剂在水溶液中呈两相，在没有相转移催化剂存在时，反应很慢，且收率很低。但加入季铵盐相转移催化剂后，用 Na₂Cr₂O₇ 氧化反应 3h，产率可达 93％。

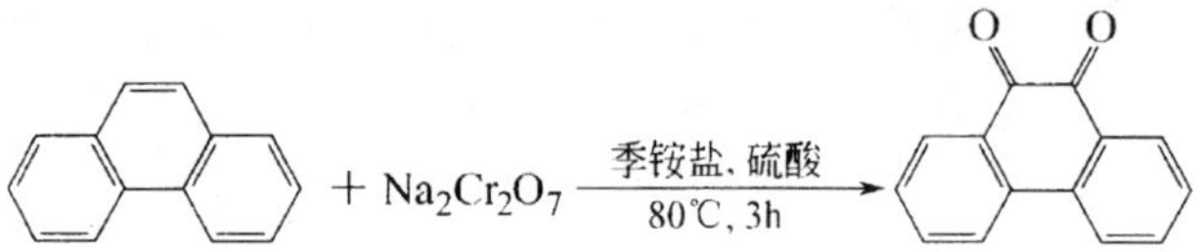

在相转移催化下，NaBH₄ 可以使羰基化合物还原成醇，腈类化合物还原成胺类化合物。例如：

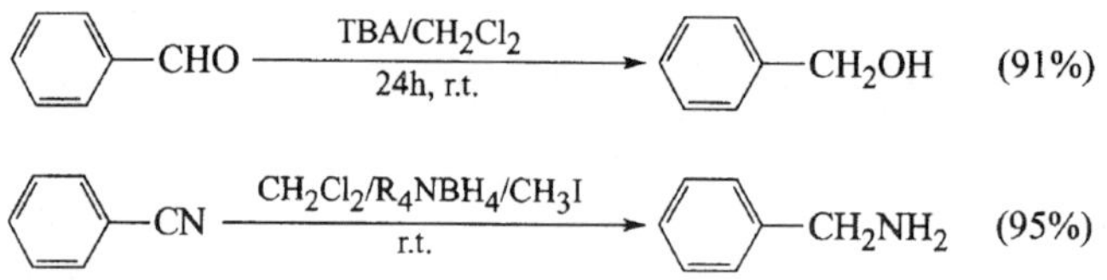

5. 醚的制备

用 2-萘酚和苯氯甲烷作为原料，在碱性条件下以四丁基溴化铵为相转移催化剂，80℃ 条件下，反应 2h 得产品 2-苄基氧萘。

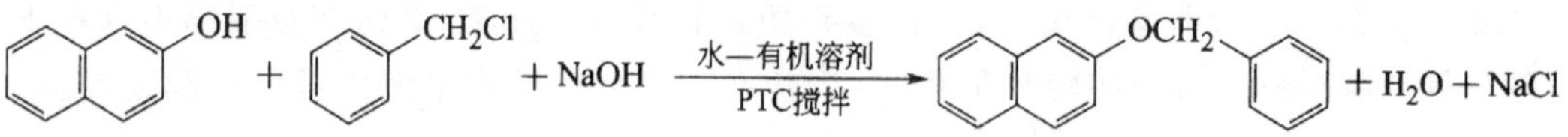

相转移催化最初用于亲核取代反应，如引进—CN 和—F 的亲核取代、二氯卡宾的生成反应等。后来发展到用于氧化、过氧化、还原、亲电取代等多种类型的反应。在农药、香料、医药领域都有应用。

除以上介绍的一些新方法与新技术外，纳米技术在有机合成中的应用前景也十分诱人。作者研究发现，反应物的分散度（即粒度）对有机多相反应有很大影响。这表现在，反应物的超细化可以改变某些有机反应的方向，可使某些在大粒度时不能发生的反应变为可能；可显著地增大平衡常数，提高产率；可增大反应物间的接触面和降低反应的活化能，加快反应速率；还可降低苛刻的反应条件，使反应在温和的条件下进行。这一领域称为纳米有机合成反应化学，目前处于刚刚起步阶段，但具有很大的发展潜力和广阔的应用前景。

7.2 有机电化学合成反应

7.2.1 概述

有机电化学合成,也称电解有机合成,它是用电化学技术和方法研究有机化学物合成的一门新型学科。目前,有机电化学合成在工业上已有重要应用。

70 年代初提出了公害问题,制订了有关三废治理的法规;另外,石油价格上涨,导致能源和工业原料价格也随之上涨。这就迫使企业对现有技术重新评价,要求化工技术必须考虑无公害、省能源、省资源。在此背景下,电解有机合成,由于其能量效率高,能够用于多种资源,能进行清洁生产等特点而引起重视。此后,电解有机合成在技术上和理论上都有了很大发展。据初步统计,在 80 年代初,电解有机合成技术已经工业化的有四十多个,已经完成和正在中试的还有十几个,如表 7-1 和表 7-2 所示。

表 7-1 重要的阳极电解有机合成过程

反应类型	起始反应物	目的产物
官能团氧化	二甲基硫醚	二甲基亚砜
	葡萄糖	葡萄糖酸钙
	乳糖	乳糖酸钙
氧化甲基氧化	呋喃、甲醇	2,5-二甲氧基二氢呋喃
氧化氟化	甲烷磺酰氯、HF、KF	全氟甲烷磺酸
	辛酰氯	全氟辛酸
	二烷基醚	全氟二烷基醚
氧化溴化	乙醇、溴化钾	三溴甲烷
氧化碘化	乙醇、碘化钾	三碘甲烷
氧化取代	呋喃甲醇	麦芽酚
		乙基麦芽酚
氧化偶联	氯乙烷、乙基氯化镁、铅	四乙基铅
氧化脱羧偶联	己二酸单酯	癸二酸乙酯
	辛二酸单酯	十四烷二酸双酯
	壬二酸单酯	十六烷二酸双酯
环氧化	六氟丙烯	全氟-1,2-环氧丙烷
芳环氧化	苯	对苯醌,再阴极还原成对苯二酚
芳环侧链氧化	邻甲苯磺酰胺	糖精
环氧化	丙烯	1,2-环氧丙烷
官能团氧化	丁炔二醇	丁炔二酸
	丙炔醇	丙炔酸

表 7-2　重要的阴极电解有机合成过程

反应类型	起始反应物	目的产物
加氢	顺丁烯二酸	丁二酸
环加氧	吡啶	哌啶
官能团还原	邻苯二甲酸	二氢酞酸
	四氢咔唑	六氢咔唑
	二甲基吲哚	二甲基-二氢吲哚
	硝基胍	氨基胍
	硝基苯	苯胺硫酸盐
	邻-硝基甲苯	邻-甲苯胺
	对-硝基苯甲酸	对-氨基苯甲酸
	草酸	乙醛酸
	水杨酸	水杨醛
	葡萄糖	山梨(糖)醇、甘露(糖)醇
还原重排	硝基苯	对-氨基苯酚
		联苯胺
	邻-硝基苯甲醚	3,3'-二甲氧基联苯胺
	间-二硝基苯	3,4-二氨基苯酚
还原偶联	丙烯腈	己二腈
还原消除	对-羟基苯基三氯甲基甲醇	对-羟基苯乙酸
官能团还原	邻-硝基苯酚	邻-氨基苯酚
	3-硝基-4-甲基苯酚	3-氨基-4-甲基苯酚
还原偶联	丙酮	四甲基乙二醇
环加氢	萘/萘乙醚	1,4-二氢萘/1,4-二氢萘乙醚
官能团还原	间-硝基苯磺酸	间-氨基苯磺酸
	邻-氨基苯甲酸	邻氨基苯甲醇
	对-苯二甲酸二甲酯	对-甲氧甲酰基苯甲醇
还原重排	1-硝基萘	1-氨基-4-甲氧基萘
	硝基苯	对-氨基苯甲醚
还原偶联	对-羟基苯丙酮	频哪醇

由表 7-1 和表 7-2 可以看出,电解有机合成可使用的反应类型很多,同一个有机原料在不同条件下可生成多种不同产物。例如,硝基苯在不同条件下进行阴极电解还原可分别制得苯胺、对氨基酚、对氨基苯甲醚和联苯胺四个产品。另外,有些化工产品采用电解有机合成法,原料易得,

可一步直接制得产品,比非电解有机合成法具有独特的优点。例如,辛酰氯的氧化氟化制全氟辛酸,呋喃醇的氧化取代制麦芽酚和乙基麦芽酚,己二酸单酯的氧化脱羧偶联制癸二酸双酯,苯的氧化/还原制对苯二酚,丙烯腈的加氢偶联制己二腈等。其中有些产品采用电解有机合成法,最为经济合理。例如,丙烯腈的加氢偶联制己二腈,在美、英等国已有年产 $1 \times 10^5 t$ 的装置,连电费较贵的日本也已工业化。预计今后电解有机合成将会有更大的发展。

7.2.2　有机电化学合成的基本原理

1. 基本原理

电解有机合成可分为直接法、间接法和成对法三种类型。直接法是直接利用电解槽中的阳极或阴极完成特定的有机反应。间接法是由可变价金属离子盐的水溶液电解得到所需的氧化剂或还原剂,在另一个反应器中完成底物的氧化或还原反应,用过的无机盐水溶液送回电解槽使其又转化成氧化剂或还原剂。成对法则是将阳极和阴极同时利用起来。例如,苯先在阳极被氧化成对苯醌,再在阴极还原为对苯二酚。这三种电解方法在实际生产中均有应用。

从理论上讲,任何一种可用化学试剂完成的氧化或还原反应,都可以用电解方法实现。在电解槽的阳极进行氧化过程。绝大多数有机化合物并不能电离,因此,氧化剂主要来源于水中的 OH^-,它在阳极失去一个电子形成 $\cdot OH$,然后进一步形成过氧化氢或是释出原子氧。

$$: OH^- \longrightarrow \cdot OH + e$$
$$2 \cdot OH \longrightarrow H_2O_2$$
$$2 \cdot OH \longrightarrow H_2O + O$$

其他负离子如 X^-,在阳极生成 $X \cdot$ 或 X_2,而后与有机物发生加成或取代反应,如电解氟化。

电解还原则发生在电解槽的阴极,其基本反应为:

$$H^+ + e \longrightarrow H$$

氢离子在阴极接受电子形成原子氢,由原子氢还原有机化合物。

2. 电解反应的全过程

电解过程中还涉及到许多物理过程,例如,扩散、吸附和脱吸附等。现在以丙烯腈生成己二腈为例,其全过程至少包括以下七个步骤,如图 7-4 所示。

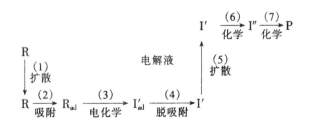

图 7-4　由丙烯腈生成己二腈的全过程

①反应物分子 R(即 $CH_2 = CH - CN$)在电解液中由于扩散和泳动到达阴极表面。

②R 在阴极表面上被吸附成为吸附反应物 R_{ad},在这里主要是物理吸附,有时也有化学吸附。

③R_{ad} 与阴极之间发生电子转移反应,生成被吸附的中间体 I'_{ad}(即 $CH_2 = CH - CN$ 得电子生

成CH_2—$\overset{\cdot}{\overline{C}H}$—CN 负离子基)。

④I'_{ad}从阴极表面脱吸附,成为脱吸附的中间体 I'。

⑤阴极表面的 I' 向电解液中扩散或泳动,离开阴极表面。

⑥I'在电解液中发生化学反应,生成中间体 I''(例如CH_2—$\overset{\cdot}{\overline{C}H}$—CN 加质子生成$CH_2$—$CH_2$—CN)。

⑦中间体 II' 在电解液中进一步发生化学反应,生成产物 P(即 CH_2—CH—CN 的二聚生或己二腈),至此,阴极的电解反应全过程完成。

过程①和⑤的物质移动是物理过程。在工业生产中,它常常会成为限制反应速度的重要因素,它关系到电解槽的设计和操作条件的确定,必须作为化学工程问题来考虑。

过程③是电化学过程,它是电解反应中最重要的过程,也是我们讨论的中心。

过程⑥和⑦是化学过程。它是有机化学的研究对象,但是所确定的反应条件不应该干扰必要的电化学过程和物理过程。

过程②和④的吸附和脱吸附过程,除与有机生成物的立体选择性有关的场合以外,一般不作太多的考虑。

3. 法拉第电解定律与电能效率

每通过 9.64846×10^4C 电量,在任一电极上会发生转移 1mol 电子的电极反应,此即法拉第定律。电解温度、压力、电极材料及电解液组成的变化,不影响法拉第电解定律。

通电量为 Q,发生电极反应 $n$mol,1mol 电极反应转移电子数为 z,由法拉第电解定律:

$$F = Q/(nz)$$

$$Q = nzF = (G/M)zF$$

式中,G 为产物的质量,kg;M 为产物的摩尔质量,kg/kmol;z 为电极反应转移的电子数;F 为法拉第常数,$1F = 9.65 \times 10^4$C/mol。

生产一定量的目的产物,理论所需要的电量(Q)与实际消耗电量(Q_P)之比,及电流效率(η_i):

$$\eta_i = Q/Q_P \times 100\%$$

实际耗电量 Q_P 与槽电压 V 的乘积,即电解实际消耗电能 W_P:

$$W_P = Q_P V$$

槽电压 V 为实际电解时加在两极之间的电压。

生产一定量的目的产物,理论消耗电能(W)与实际消耗电能(W_P)之比,即电能效率 η_E:

$$\eta_E = W/W_P \times 100\%$$

电解理论分解电压 E_V 与槽电压 V 之比为电压效率 η_V:

$$\eta_V = E_V/V$$

故电能效率 η_E 为

$$\eta_E = \eta_V / \eta_i$$

7.2.3 有机电化学合成的装置

1. 电解槽

电解槽(池)是进行电化学的场所,由直流电源、槽体、电极、隔膜、盛容电解质溶液等部分构成的电化学合成装置,因其涉及电化学反应、传质、传热和流体流动,又称电化学反应器。

电解槽的形式有多种,按其有无隔膜,分为无隔膜槽和隔膜槽。

无隔膜槽又称单室电解槽,为一圆筒形、方形或长方形容器。电解槽的形式取决于电解。液的体积、流动状况等。由于电解液的腐蚀性,电解槽的材质应考虑耐腐蚀、耐溶剂、耐热以及导热、加工性能等要求。一般选用钢材,或钢材与塑料、陶瓷等复合而成的或搪瓷、搪玻璃、喷塑等材质。为缩短电解时间、增大电极表面积,常将电极制成弧形,置于一定容积的电解槽内,也可将一极做成槽体,另一极为置于中心的圆筒,如图 7-5 所示。

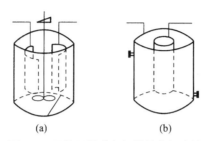

(a)　　　　　　　(b)

图 7-5　两种无隔膜电解槽的电极安排

由于两极的间隙较小,工业上以电解液循环代替搅拌,以增强电解液流动、传质和传热。隔膜槽由隔膜将其分隔成阳极室(部)和阴极室(部),故称双室电解槽。隔膜槽通常采用电解液循环流动,图 7-6 为三种类型的隔膜槽示意图。

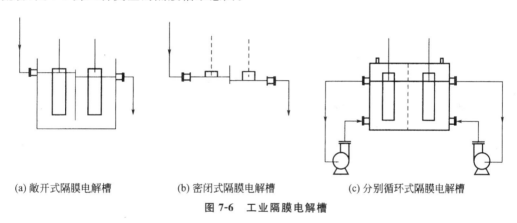

(a) 敞开式隔膜电解槽　　　　(b) 密闭式隔膜电解槽　　　　(c) 分别循环式隔膜电解槽

图 7-6　工业隔膜电解槽

为将电极安排紧凑,工业上常采用板框式隔膜槽或称压滤式电解槽,如图 7-7 所示。

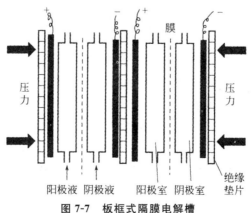

图 7-7　板框式隔膜电解槽

流动床电解槽是在流动电解质和固定颗粒组成的流动床中,插入集电极和馈电极,可提供巨大的反应表面积和较高的传质系数,但其尚未实现工业化。固定床电解槽具有比表面积大、床层结构紧密、产率高等优点,应用四乙基铅、硝基苯电解还原制对氨基苯酚、苯氧化制苯醌等过程的工业化生产。

2. 电极

凡具有导电性的固体或液体,均可能作为电极。在电极反应中,反应物向电极释放或从电极获得电子,即反应物与电极进行电子交换。因此,电极材料及其表面性质对电极反应途径、选择性有很大影响。不同的电极材料,可导致不同的产物。例如,硝基苯电解还原,使用不同的电极材料和电解溶液,电解还原产物不同,如图7-8所示。

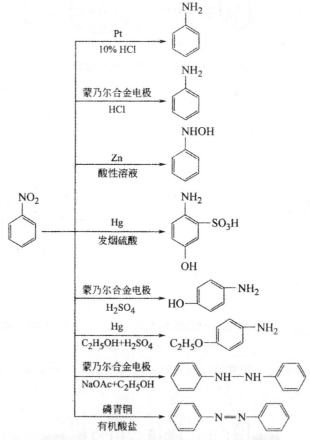

图 7-8 电极材料对硝基苯电解还原反应的影响

电极材料有金属和非金属材料。用于阴极的材料,主要有汞、铅、锡、锌、镉、蒙乃尔合金、铬、铝、铜、铁、石墨、碳等。由于阳极腐蚀问题,用于阳极的材料很少,常用的是铂、石墨、碳、二氧化铅、钌、铱、氧化铁、氧化镍等。铂、金、碳是实验室常用的阳极材料,钛基或陶瓷基的二氧化铅涂层电极,可解决阳极腐蚀问题,钌/钛金属阳极可用于盐酸介质中的电合成。

电极的形状,金属电极材料多制成平行薄板、多孔薄板或丝网,或将两张电极薄板之间加入一层隔膜,卷制成卷筒状电极。将贵重金属如铂镀在钛板或钛网上制成电极,可节省昂贵金属铂。石墨、氧化铅(PbO_2)、氧化铁(Fe_3O_4)等非金属材料,多制成厚板、块状、棒状电极。为增大电极表面积,研究开发颗粒状或粉末状电极,将电极材料加工成纤维状,不仅显著增加电极表面积,而且容易导电。

电极的修饰,利用共价键合、吸附或聚合等手段,将具有特定功能的物质引入电极表面,可改善电极表面性质,赋予电极新的功能,对电极反应速率、选择性产生影响。修饰电极扩大了电极的品种,在立体异构有机化合物电合成中,显示出良好的应用前景。例如,通过吸附作用将手性诱导剂吸附在汞电极上,在生物碱存在下,用这种修饰过的汞电极上还原4-甲基香豆素及其衍生物,还原产物为光学纯度17%的右旋体。通过化学键的作用,将功能性物质键合到电极表面上,形成新化学修饰电极。例如,将光活性分子键合到石墨电极上,可还原4-乙酰吡啶,所得产物为光学纯度为14.5%的右旋体;若用 R-苯丙氨酸甲酯修饰电极,所得产物的构型相反;用不加修饰的石墨电极还原4-乙酰吡啶,产物无光学活性。

3. 隔膜

隔膜将电解槽分隔为阳极室和阴极室两部分,其作用是阻止两极液的相互混合,使两极液中的反应物和产物不能透过隔膜;同时,又使带电离子自由通过隔膜以导通电流。

隔膜分非选择性隔膜和选择性隔膜。非选择性隔膜耐高温、耐酸腐蚀,价廉易得,一般为多孔性无机材料。例如,素烧陶瓷、石棉、砂芯玻璃滤板、多孔橡胶、织布等。

选择性隔膜是一种高选择性的高分子功能膜,分为阳离子交换膜和阴离子交换膜。阳离子交换膜仅允许阳离子透过,阴离子膜只允许阴离子通过。例如全氟磺酸(Nafion)、全氟磺酸/羧酸离子交换膜、聚偏氟乙烯均相离子交换膜、聚乙烯含浸均相离子交换膜、聚砜型均相离子交换膜。

4. 溶剂和支持电解质

有机电合成需要在溶液中进行,溶剂的选择就很重要。要求溶剂对反应物具有良好的溶解性,还要易于分离回收。有机电合成使用的溶剂分为质子型溶剂和非质子型溶剂。质子型溶剂是提供质子能力强的溶剂,如水、酸、醇等。非质子型溶剂是提供质子能力弱的溶剂,如乙腈、N,N-甲基甲酰胺(DMF)、环丁砜、吡啶等。

水虽然是安全、环保、经济的绿色溶剂,但有机物在其中的溶解度很小,通过强力搅拌、超声波、使用表面活性剂等方法,可改善有机物在水中的溶解和分散情况。为提高有机化合物在水中的溶解度,并保持良好的导电性,可使用有机溶剂与水组成的混和溶剂。乙腈能溶解许多有机化合物,且与水混溶,是有机电合成常用的溶剂,但乙腈易燃、有毒,应注意其使用安全,避免事故发生。

在溶剂中添加足够量的盐、酸、碱等电解质,可显著提高电解液的导电性,这些添加物称为支持电解质。以水为溶剂时,常用盐、酸或碱作支持电解质。以非质子型有机化合物为溶剂时,常采用 $LiClO_4$、$LiCl$、$LiBF_4$、$NaClO_4$、$R_4N^+BF_4^-$、$R_4N^+X^-$、$R_4N^+OH^-$、$R_4N^+ClO_4^-$ 以及磺酸盐等作支持电解质。

7.2.4　有机电化学合成的影响因素

1. 槽电压

槽电压指的是阳极和阴极之间的电势差。它不仅包括阳极和阴极电势,还包括电解液、液体接界、隔膜和导线等整个欧姆电阻损失 IR。槽电压一般在 2~20V,太高会影响单位质量的电耗,因此,应该尽可能降低整个体系的各项欧姆损失。

2. 电解质

电解质的基本作用是使电流能够通过电解液。如果电解质完全不参予反应,就叫做支持电解质,但是许多电解有机合成必须通过电解质离子的参予才能顺利进行。一般地,对于阳极主化反应,电解质中负离子的氧化电势必须高于有机反应物的氧化电势,对于阴极还原反应,电辞质中正离子的还原电势(负值)必须低于有机反应物的还原电势(负值),否则会引起电解贡的氧化或还原,使有机反应物的氧化或还原受到抑制,甚至使目的反应完全不能发生。各种离子的氧化还原电势可查阅有关文献或手册。

在水溶液中或水-有机溶剂中所用的电解质可以是无机的或有机的酸、碱或盐,在甲醇或二醇溶液中较好的电解质是碱金属氢氧化物,在非水极性有机溶剂中最常用的电解质是季铵盐。

3. 溶剂

溶剂一方面至少要能溶解一种或几种有机物的一部分;另一方面还要能使电解质溶解并解离成独立离子,以便能在电场中移动并具有足够的导电性。最方便的溶剂是水。当水对有机物的溶解性太差时,就不得不选用高介电常数的极性有机溶剂,例如,乙腈、二甲基甲酰胺、环丁砜和甲醇等,或采用水-有机溶剂的混合液。另外,溶剂在工作电极电位下必须是电化学惰性的,对于某些电解氧化过程也可以用浓硫酸作溶剂。

4. 隔膜

对于大多数电解有机合成,需要用隔膜将电解槽分隔成阳极室和阴极室。阳极室只发生氧化反应,阴极室只发生还原反应。两者互不干扰,而且两室的电解液都可根据自己的需要配制。在这里,隔膜必须能使电解质的离子或水的 H^+ 或 OH^- 离子自由通过以传递电流。

对于隔膜,除了要求对于特定离子具有高的选择性渗透以外,还要求对溶剂具有非渗透性,物理化学稳定性好,电阻低。最初主要采用多孔性隔膜,现在主要采用离子交换膜。

当起始反应物和生成物都不会在另一个电极上发生副反应时,也可以不用隔膜,但这时必须使用一种既适合阳极反应又适合阴极反应要求的电解液。

5. 电极材料

在选择电极材料时,首先应考虑它的过电位。过电位是电极材料的一种固有物理性质,其值随电极反应、电解液组成以及电流密度等因素而变化。当在水溶液中进行电解有机合成时,因为已经知道各种电极材料的氧过电位和氢过电位,可作为选择电极材料的参考。

对于阳极氧化反应,为了提高阳极上有机物电化学氧化的效率,必须防止水在阳极上析氧,这时应该选用氧过电位高的阳极材料。例如,铂、钯、镉、银、二氧化铅和二氧化钌等。同时为了水在辅助电极(阴极)上容易析氢,应该选用氢过电位尽可能低的阴极材料。例如镍、碳、钢等。

对于阴极还原反应,为了提高阴极上有机物电化学还原的效率,必须防止水在阴极上析氢,这时应该选用氢过电位高的阴极材料,例如,汞、铅、镉、钽、锌等。同时,为了使水在辅助电极(阳极)上容易析氧,应该选用氧过电位尽可能低的阳极材料,例如,镍、钴、铂、铁、铜和二氧化铅等。

在选择电极材料时,除了要考虑它的过电位以外,还必须考虑它的导电率、化学稳定性、力学性能(加工性和强度)、价格和毒性等因素。根据上述多种因素的综合考虑,在工业上使用的阳极材料主要是:碳、石墨、铅、氧化铅、氧化钌/钛、铂/钛、镍、铅-银、钢和磁性氧化铁(Fe_3O_4)等。阴极材料主要是:汞、铅、碳、石墨、钢以及汞-铜、汞-铅、铜、镉、镍、锌/铜等。

其他的电化学影响因素还有：单电极电流密度、电解槽的体积电流密度、电流效率、电量效率、单位质量产物的耗电和电解槽的设计等。

7.2.5　有机电化学合成的优缺点

1. 主要优点

①在许多场合具有选择性和特异性。
②不需要使用价格较贵的氧化剂和还原剂。
③反应可在温和的条件下进行。
④是节能的方法，其电费比许多氧化剂和还原剂经济得多。
⑤可以是无公害的清洁反应。

2. 主要缺点

①电解设备复杂，专用性强。
②影响因素多，最佳条件的选择性和电化学工程技术的处理比较复杂。
③常常需要使用有机溶剂。
④对于可用空气作氧化剂或用氢气作还原剂的反应，竞争力差。
⑤电费是成本的主要部分，对于要求一次转化率接近 100% 的反应，电流效率低，电费高。

7.2.6　有机电化学合成的方法及应用

1. 间接合成法

此法借助媒质传递电子进行有机化合物的电解合成，反应物不直接电解，而是通过媒质进行化学反应，不断转化为产物；每只通过电极反应，不断获得失去电子而再生。

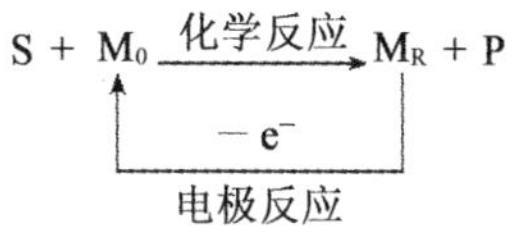

$$S + M_0 \xrightarrow{\text{化学反应}} M_R + P$$
$$\underset{\text{电极反应}}{-e^-}$$

反应物 S 通过媒质 M_0 进行氧化生成产物 P，同时媒质 M 价态由 M_0 转变为 M_R，M_R 通过电解获得再生为 M_0，重新参与反应，M 如此循环而不消耗。

间接法可避免反应物或产物对电极的污染，从而提高反应收率和电流效率。媒质降低了主反应的活化能，从而抑制副反应，提高反应的选择性。理论上媒质不消耗，从而降低生产成本、无污染物排放。

媒质是可变价金属、非金属、有机物及有机金属化合物等，其中可变价金属应用得最多，如 Ce^{4+}/Ce^{3+}、Mn^{3+}/Mn^{2+}、Cr^{3+}/Cr^{2+}、Ti^{3+}/Ti^{2+} 等可变价金属离子对。例如，锰盐为媒质甲苯间接电氧化合成苯甲醛：

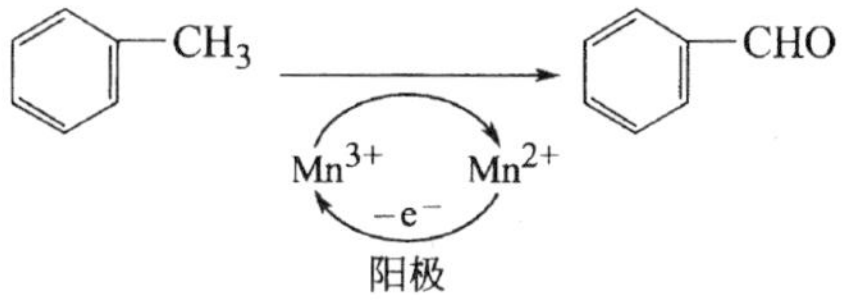

间接电合成法操作方式有槽内式和槽外式两种。槽内式间接法是在同一装置内进行化学合成反应和电解反应，该装置为反应器兼电解槽。槽外式间接法所用反应器、电解槽各自独立，媒质在电解槽中电解，电解后的媒质（氧化剂或还原剂）转移到反应器，与反应物进行有机合成反应。反应结束经媒质与产物分离，媒质返回电解槽再生后循环使用。

2. 配对电合成法

直接电合成法仅利用生成产物的电极反应（阳极或阴极），而未利用另一电极发生的电极反应。显然，这是不经济的。若在阳极和阴极同时安排一对有经济意义的电极反应，即将阳极、阴极都利用起来，理论上电能利用可提高一倍。例如，在隔膜电解槽中电合成氨基丙酸和乙醛酸：

阳极反应 $H_2NCH_2CH_2CH_2OH \xrightarrow[1.5mol/L\ H_2SO_4]{PbO_2\ 阳极} H_2NCH_2CH_2COOH + 4e^-$

阴极反应 $2\ \begin{matrix} COOH \\ | \\ COOH \end{matrix} + 4e^- \xrightarrow[H_2O]{PbO_2\ 阴极} 2\ \begin{matrix} CHO \\ | \\ COOH \end{matrix}$

配对反应可以与有机电合成反应配对，也可以与无机物电极反应配对。但是，配对反应要求槽电压、电解温度和电解时间等电解条件大致相同。由相互匹配的各种电极反应，可组合成各种各样的配对电合成。

①两种不同的反应物，在阴、阳两极进行电合成两种不同的目的产物。

②反应物 S 在阳极氧化（或阴极还原）为中间体 B，中间体 B 再在阴极还原（或阳极氧化）为产品 P：

$$S \xrightarrow[-e^-]{阳极} B \xrightarrow[+e^-]{阴极} P$$

例如，苯先在阳极被氧化生成对苯醌，对苯醌在阴极还原为对苯二酚。

③原料 S 分别在阳极、阴极进行不同的电合成反应，获得产物 P_1、P_2：

$$P_1 \xleftarrow[阴极]{+ze^-} S \xrightarrow[阳极]{-e^-} P_2$$

④当原料在阳极上氧化（或阴极电还原）生成产物的同时，还有副产物生成，将副产物在阴极上还原（或阳极电氧化）为原料，可以提高原料利用率。例如，乙苯与乙酸合成对乙基苯乙酸：

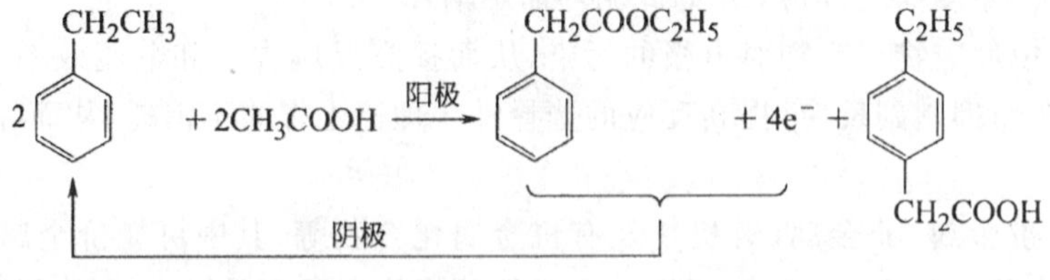

此点合成在无隔膜电解槽中进行。

3. 电聚合

电聚合又称电化学聚合，电聚合反应在电极表面上进行。许多有机化合物通过电聚合发生二聚或多聚反应，例如丙烯腈电解二聚合成己二腈，如图 7-9 所示。

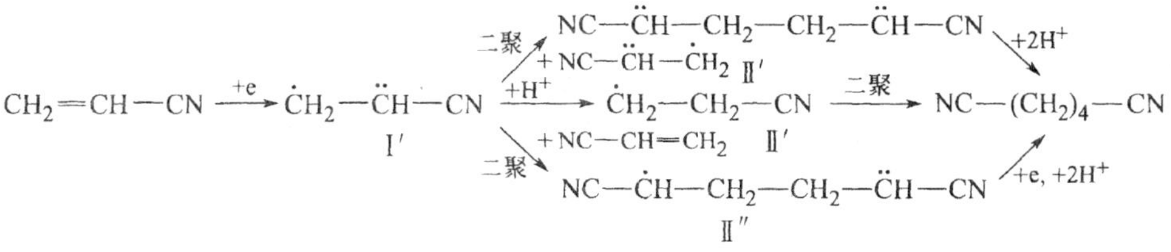

$$CH_2=CH-CN \xrightarrow{+e} \dot{C}H_2-\ddot{C}H-CN$$

图 7-9　丙烯腈电解加氢二聚制己二腈

电聚合历程也分为链引发、链增长、链终止三个阶段。聚合反应活性中心的形成一般认为有两种方式：一是引发剂、单体在电极上转移电子成为活性中心，二是单体和聚合物通过电极反应成为活性中心。活性中心形成后，即可进行链增长反应和链终止反应。通过电化学引发和控制电解条件，可获得一定聚合度的聚合物。如改变电极材料、溶剂、支持电解质、电解液 pH 值或电聚合方式等，可获得结构不同、性能不同的功能聚合物。改变聚合时间、槽电压、电流密度和电解温度等条件，可以条件控制聚合物的分子量、聚合物膜的厚度等。

4. 固体聚合物电介质法

此法是利用金属与固体聚合物电解质的复合电极，该电极是在固体聚合物膜的表面复合上一层多孔金属层，形成金属—固体聚合物电解质复合电极。该复合电极既有隔膜作用，将电解槽分隔为阳极室和阴极室；又兼有导电功能，传递带电离子。两侧镀有金属层的聚合物膜，既作阳极和阴极，又将反应物 S_1、S_2H 分开，电解时在阳极和阴极同时发生电合成反应：

阳极反应　　　　$S_1 + H^+ + e^- \longrightarrow S_1H$

阴极反应　　　　　　$S_2H \longrightarrow S_2 + H^+ + e^-$

电解反应　　　　$S_1 + S_2H = S_1H + S_2$

例如，烯烃用 SPE 复合电极直接电解还原，如图 7-10 所示。图中 SPE 为阳离子交换膜，膜两侧为金属催化剂涂层，阳极室盛容水，阴极室装反应原料烯烃。电解反应时，阳极发生氧化反应，析出氧气，给出氢离子；氢离子通过 SPE 膜迁移至阴极室，在阴极侧发生还原反应。

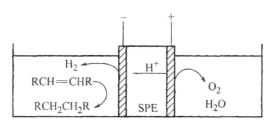

图 7-10　SPE 复合电极直接电解反应原理

固体聚合物电解质法无需支持电解质，避免由支持电解质产生的副反应，产物易于分离纯化；原料有机物可直接进行电合成，无需使用溶剂，避免溶剂溶解度的限制；由于电极、电解质、隔膜一体化，槽电压较低，电能效率较高。例如，用 Pt/Au/SPE 电极电解丁烯二酸乙酯，合成丁二酸乙酯：

$$\begin{array}{l} CH-COOC_2H_5 \\ \parallel \\ CH-COOC_2H_5 \end{array} + 2e^- + 2H^+ \longrightarrow \begin{array}{l} CH_2-COOC_2H_5 \\ | \\ CH_2-COOC_2H_5 \end{array}$$

电流效率为 45%,收率达 100%。

间硝基苯磺酸用固体聚合物电解质电还原,几乎无副反应产生,电流效率达 90%以上。

$$\underset{NO_2}{\text{苯环}}-SO_3H + 6H^+ + 6e^- \longrightarrow \underset{NH_2}{\text{苯环}}-SO_3H + 2H_2O$$

可以说,固体聚合物电解质法作为绿色电合成方法,具有诱人的应用前景。

7.3 有机光化学合成反应

7.3.1 有机光化学合成的基本原理

光化学反应与热化学反应不同。在光化学反应中,反应物分子吸收光能,反应物分子由基态跃迁至激发态,成为活化反应物分子,而后发生化学反应。分子从基态到激发态吸收的能量,有时远远超过热化学反应可得到的能量。故有机光化学合成,可完成许多热化学反应难以完成、甚至不能完成的合成任务。

有机化合物的键能一般在 200~500kJ/mol 范围内,当吸收了 239~600nm 波长的光后,将导致分子成键的断裂,进而发生化学反应。

反应物分子 M 吸收光能的过程,称为"激发"。激发使物质的粒子(分子、原子、离子)由能级最低的基态跃迁至能级较高的激发态 M* 处于激发态的分子 M* 很不稳定,可能发生化学反应生成中间产物 P 和最终产物 B,也可能通过辐射退激或非辐射退激,失去能量回到基态 M。

激发过程 　　　　M→M*

辐射退激过程　　　M*→M+$h v$

无辐射退激过程　　M*→M+热量

生成中间产物　　　M*+N→P

生成最终产物　　　P+A→B

光具有微粒性和波动性双重性。普朗克(Planck)光量子理论指出,发光体在发射光波时是一份一份发射的,如同射出的一个个"能量颗粒"。每一个能量颗粒,称为这种光的光量子或光子。光量子的能量大小,仅与这种光的频率有关:

$$e = h v$$

式中,e 为光子具有的能量,J;h 为普朗克常数,$h = 6.62 \times 10^{-34}$ J·s;v 为光的频率。

$$v = c/\lambda$$

式中,c 为光的速度,$c = 2.998 \times 10^{17}$ nm/s;λ 为被吸收光的波长,nm;

可见,分子吸收和辐射能量是量子化的,能量的大小与吸光度的波长成反比:

$$E = N_0 h v = N h c / \lambda$$

式中,E 为 1mol 光子吸收的能量,J/mol;N_0 为阿伏伽德罗常数,$N_0 = 6.023 \times 10^{23}$。

根据上式,可计算一定波长的有效能量。表 7-3 为不同波长光的有效能量。

可见,光的波长越短,其能量越高。氯分子光解能量为 250kJ/mol,碳氢键的键能为 419kJ/mol,碳碳 σ 键的键能为 347.3kJ/mol。吸收波长小于 345nm 的光,足以使反应物分子碳碳键断裂,进而发生化学反应。

表7-3 不同波长的有效能量

波长/nm	能量/(KJ/mol)	波长/nm	能量/(KJ/mol)	波长/nm	能量/(KJ/mol)
200	598.5	350	342.0	500	239.4
250	478.8	400	299.3	550	217.6
300	399.0	450	266.0	600	199.5

光源发出的光并不能都被反应分子所吸收,而光的吸收符合比尔-朗伯(Lambert-Bee)定律:

$$\lg \frac{I_0}{I} = \varepsilon cl = A$$

式中,I_0 和 I 分别为入射光强度和透射光强度;c 为吸收光的物质的浓度(mol·L^{-1});l 为溶液的厚度(cm);ε 为摩尔吸光系数,其数值大小反映出吸光物质的特性及电子跃迁的可能性大小;A 为吸光度或光密度。

在光辐照下,即使一个分子吸收一个光子而被激发,但并不能都引起化学反应,这是因为有辐射和非辐射的去活化作用与化学反应竞争。光化学过程的效率称为量子产率(Φ):

Φ = 单位时间单位体积内发生反应的分子数/单位时间单位体积内吸收的分子数
= 产物的生成速率/所吸收辐射的强度

Φ 的大小与反应物的结构及反应条件如温度、压力、浓度等有关。对于许多光化学反应,Φ 处于 0~1 之间。但对于链式反应,吸收一个光子可引发一系列链反应,Φ 值可达到 10 的若干次方。例如,烷烃的自由基卤代反应的量子产率 $\Phi = 10^5$。

7.3.2 有机光化学合成的装置

1. 光源及其选择

反应物分子吸收光能,由基态跃迁至激发态的过程,不仅与量子效率有关,而且与光源辐射波长密切相关。光源的波长应与反应物的吸收波长相匹配,光源波长的选择应根据反应物的吸收波长确定。常见有机化合物的吸收波长是:烯烃 190~200nm;共轭脂环二烯烃 220~250nm;共轭环状二烯烃 250~270nm;苯乙烯 270~300nm;苯及芳香体系 250~280nm;酮类 270~280nm;共轭芳香醛酮 280~300nm;α,β-不饱和醛酮 310~330nm。

可见光的波长范围在 420~700nm,紫外光的波长范围在 200~300nm。对光化学合成有效的光的波长,均小于可见光波长。

理想的光源是单色光,激光器可提供不同波长的单色光。大多数光源为多色光,碘钨灯、氙弧灯和汞灯可提供不同波长的多色光。例如,石英玻璃制成的碘钨灯可提供波长小于 200nm 的连续紫外光,低压氙灯可提供波长 147nm 的紫外光。汞灯分低压、中压和高压三种。低压汞灯可提供波长为 253.7nm 和 184.9nm 紫外光,中压汞灯可提供主要波长为 366nm、546nm、578nm、436nm、313nm 的紫外光或可见光,高压汞灯可提供 300~600nm 范围内多个波长段的紫外光或可见光。

2. 光化学反应器

光化学反应器一般由光源、透镜、滤光片、石英反应池、恒温装置和功率计等构成,如图 7-11 所示。光源灯发出的紫外光,通过石英透镜变成平行光,再经过滤光片将紫外光变成某一狭窄波段的光,通过垂直于光束的适应玻璃窗照射到反应混合物上,未被反应物吸收的光投射到功率计,由功率计检测透射光的强度。

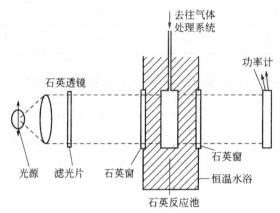

图 7-11　典型的光化学反应实验装置

7.3.3　有机光化学反应的影响因素

光化学反应的主要影响因素与一般热化学反应并不完全一样,现扼要叙述如下。

1. 能量来源

一般的热化学反应本质上是由热能来提供反应过程所需要的活化能。热化学反应要求反应的总自由能降低。光化学反应是通过光子的吸收使反应物的某一基团激发而促进反应的进行,反应产物所具有的能量可以高于起始反应物所具有的能量。

2. 光的波长和光源

所需光的极限有效波长是根据被激发的键所需要的能量而确定,例如,氯分子的光解离能是 250kJ/mol(59.7kcal/mol)。它需要波长小于 479nm 的紫光或紫外光,因此可以使用富于紫外光的日光灯作为光源。又如亚硝酰氯(NOCl)在液相光解为 NO· 和 Cl· 时,需要紫外光,这时必须使用高压汞灯作为光源,因为汞蒸气能辐射 253.7nm 的紫外光。溴分子的光解离能是 234kJ/mol(55.8kcal/mol),它只需要波长小 512nm 的可见光(蓝—紫区)即可。

3. 辐射强度

光化学反应的速度主要取决于光的辐射强度。有些简单的光化学反应,其速度只取决于光的辐射强度,而与反应物的浓度无关。

4. 温度

对于一般有机反应,温度每升高 10℃反应速度约增加 2~3 倍,而大多数光化学初级反应的速度则受温度的影响较小。在有机合成反应中,光子把分子活化后,常常接着还有几步非光化学反应,这时,如果决定整个反应速度的是最后面的非光化学步骤,那么温度的影响将与一般热化学反应相似。

5. 溶剂

溶剂对光化学反应的影响研究得还很不充分。对于在有机合成中最常遇到的自由基反应来说,不宜选择会导致自由基销毁的溶剂,而应选择有利于保护自由基的溶剂。例如,在甲苯来说侧链氯化时,常用 CCl_4 溶剂,这不仅是因为在非极性溶剂中氯分子较易光解为氯原子,还因为 CCl_4 会通过以下交换反应较易保存氯原子,从而增加了光量子效率。

$$Cl \cdot + CCl_4 \Longleftrightarrow Cl_2 + \cdot CCl_4$$

7.3.4　有机光化学合成的优缺点及前景

通过以上讨论,可以归纳出有机光化学合成的优点如下。

①可合成出许多热化学反应所不能合成出的有机化合物。热反应遵循热力学的规律,光反应遵循光化学的规律。对于在恒温恒压和无非体积功的条件下 $\Delta G > 0$ 的某些反应,热反应是不能发生的,但光反应有可能发生。在此条件下,热反应都会使体系的 ΔG 减小,而不少光化学反应却能使体系的 ΔG 增加。

②受温度影响不明显,一般在室温或低温下就能发生,只要光的波长和强度适当即可,并且反应速率与浓度无关。可见,利用光化学反应,则可能将高温高压下进行的热化学反应转变到常温常压下进行。

③产物具有多样性。除了热化学不能合成出而光化学可合成出的这部分反应外,即使对热化学能发生的某些反应,若利用光化学反应可生成更多种类的产物。这是因为热化学的反应通道不多,反应主要是经过活化能垒最低的那条通道生成产物的。而光化学反应的机理较复杂,不同波长的光照会产生不同的激发态,同一个激发态又可产生不同的反应过渡态和活化中间体,同一个活化中间体与不同的物质进行热反应可生成不同的产物。光合成产物的通道理论上可有无穷个。从而使光化学为合成具有特定结构、特定功能或特定用途的有机化合物提供了可能。

④具有高度的立体专一性,是合成特定构型分子(如手性分子)的一种重要途径。

⑤化学反应容易控制。通过选择适当的光的波长可提高反应的选择性;通过光的强度可控制反应速率。

当然,有机光化学合成也有其缺点。

①一般来说,有机光化学合成的副产物比较多,纯度不高,分离比较困难。

②有机光化学合成能耗大。这是因为电子激发所需的能量比热反应加热所需的能量大得多。如 1mol 敏化剂吸收波长为 200nm 的紫外光,理论上就需要 598kJ 的能量,大大超过了一般 C—C 单键的键能 $346kJ \cdot mol^{-1}$。况且,大部分有机光化学反应的量子产率相当低,从而使能量的消耗相当大。

③需要特殊的专用反应器。

由上可知,光化学属于“贵族”化学,仅能应用于合成具有特殊结构和特殊性能的合成中间体、精细化工产品或有机功能材料。目前许多有机光合成反应已在工业上得到了应用。尤其是在涉及自由基连锁反应的有机合成方面,应用更多;这是因为这类反应的光量子产率很高,消耗的光能很少。

相对来说,有机光合成领域还比较年轻,处于发展时期,但它广阔的应用前景已受到全球有机化学家和光化学家的关注。目前有机光化学反应的研究已成为有机合成中的一个热点,有机光合成的一些新的方法不断出现,如有机超分子光化学合成,多光子有机合成,有机光电合成、不对称光化学合成等。同时有机光合成的应用研究也在不断深入,如光合作用的机理、叶绿素的作用、人工模拟光合作用、光至变色机理及应用、有机废水的光解、有机光学材料、光能装换等。目前有机光化学反应已经在惊喜化工、生命、材料、环保等领域得到了许多应用,其前景十分诱人。

7.3.5 有机光化学合成的应用实例

在有机合成上,光化学合成常用于一般方法难以进行的关键步骤,特别是天然产物的人工合成、不饱和体系的加成、小环化合物的合成等。例如,麦角固醇或7-去清固醇的光照单重态开环反应可分别合成预维生素 D$_2$ 和 D$_3$,这是利用光化学技术的最成功的例子。预维生素 D$_2$ 和 D$_3$ 进一步发生[1,7]δ-迁移重排反应得到维生素 D$_2$ 和 D$_3$。

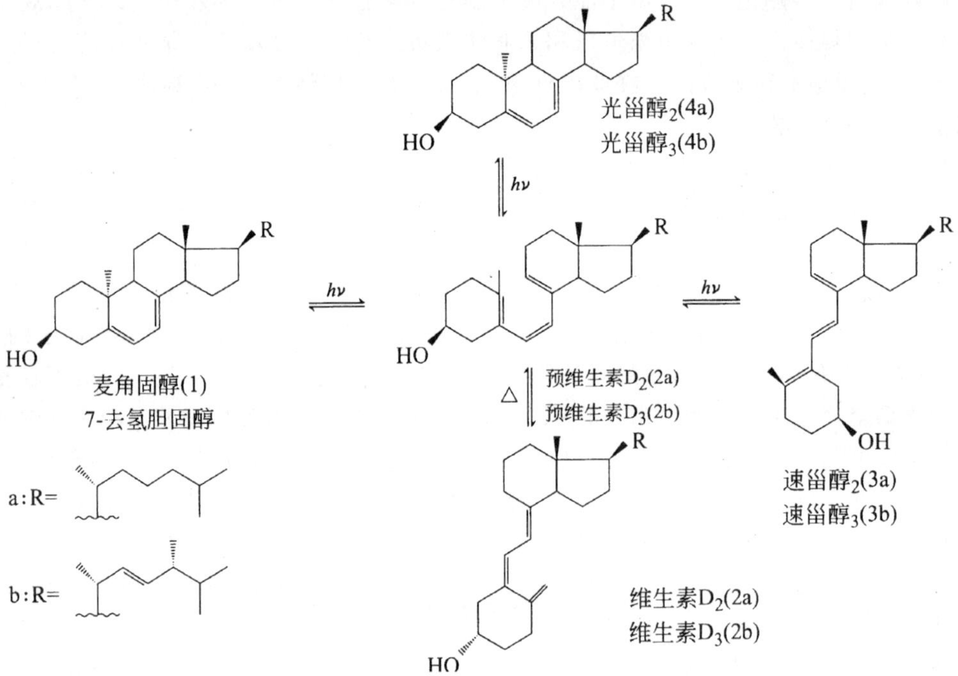

光激活下,苯并呋喃二聚生成顺式及反式环丁烷衍生物,比例为 1:3。

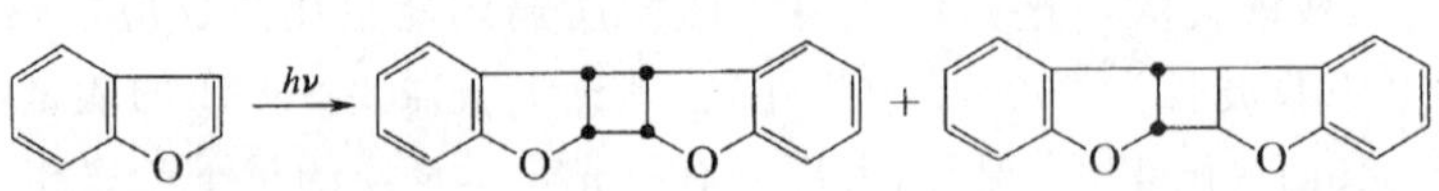

有机光化学反应极高的立体选择性是热化学反应所不及的。如六氟-2-丁炔与乙醛在光照下反应,得到反式产物:

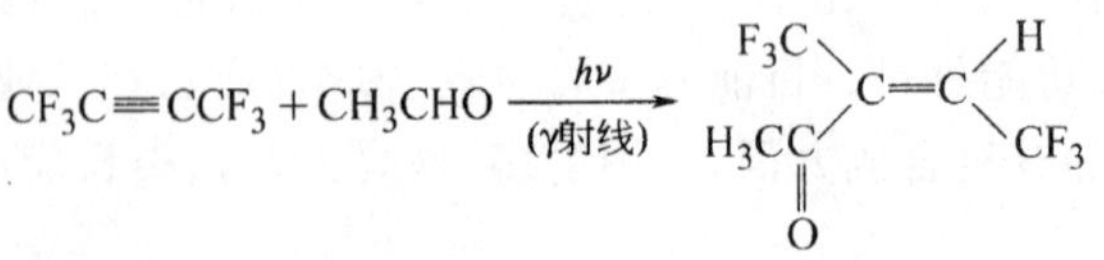

6-氰基-1,3-二甲基嘧啶与菲的混晶在光照下,生成顺式单一的、100%产率的新加成物:

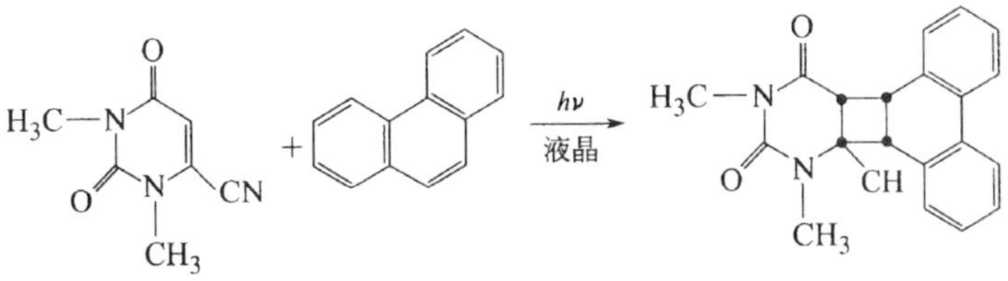

有机合成的活泼中间体二卤卡宾，一般由相转移催化反应生成，其中 $:CF_2$ 最难生成，但在激光引发下，可生成 $:CF_2$ 并可与烯烃发生加成反应。

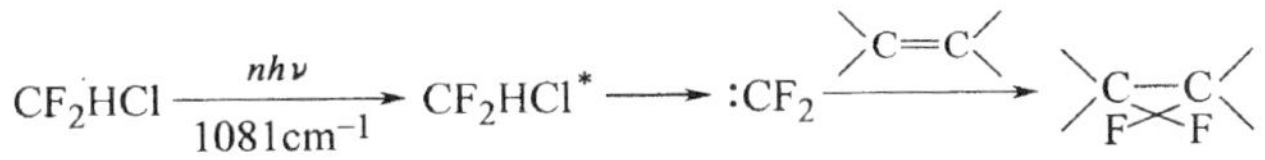

7.4　微波辐照有机合成反应

7.4.1　微波辐照对有机化学反应的作用及影响

微波对有机合成反应的影响比较一致的认识是：微波加热反应体系，进而加快反应速率。

微波辐照加热的方式不同于常规的加热方式。微波辐照加热凝聚态物质，是通过电介质分子吸收电磁能并转变为热能的，体系温升快，且温度均匀。

微波辐照溶液，溶液中的极性分子随电场改变而取向极化，吸收微波能量的极性分子与其周围分子碰撞，将能量传递给其他分子，使体系温度迅速升高。液体中的极性分子，吸收和传递微波能量同时进行，故体系升温快、温度均匀。

极性溶剂介电常数比较大，微波辐照升温迅速；非极性溶剂如 CCl_4 和烃类化合物，因介电常数很小，几乎不吸收微波能量，不易被加热。因此，微波辐照的化学反应，应用极性溶剂为介质。

在固体中，因分子偶极矩固定，不能自由旋转和取向，不能与微波的电场偶合而吸收微波能量。半导体或离子导体中，由于电子、离子的移动或缺陷偶极子的极化，而能吸收微波能量，故这些固体可被微波加热。

微波加热固体的效率，与介电损耗有关。石墨、Co_2O_3、Fe_3O_4、V_2O_5、Ni_2O_3、MnO_2、SnO_2 等高介电损耗的固体，容易被微波加热。例如，在 $500\sim1000W$ 微波辐照下 $1min$，这些物质可升温 $500℃$ 以上。金刚石、Al_2O_3、TiO_2、MoO_2、ZnO、PbO、玻璃、聚四氟乙烯等固体，介电损耗很低，在微波场中温升很慢或几乎无温升，故可以玻璃、聚四氟乙烯为反应器材料。

对于大多数化学反应，温度对反应速率的影响遵循阿伦尼乌斯方程式。因此，微波辐照的高效、均匀的体加热作用，可极大加快反应速率。

大量实验表明，微波辐照的反应速率相比通常加热方式可增加数倍、数十倍，甚至上千倍。这使一些通常条件下不易进行的反应得以迅速进行。

研究发现，微波电磁场作用于反应体系引起"非热效应"，如微波对某些反应的抑制作用，改变某些反应的历程，一些阿伦尼乌斯型反应不再满足速率与温度的指数关系。研究还发现，微波对化学反应的作用程度不仅与反应类型有关，还与微波自身的强度、频率、调制方式（波形、连续、脉冲等）及环境条件有关。

微波对化学反应的"非热效应",还没有令人满意的解释。

7.4.2 微波有机合成的装置

1. 微波炉装置

目前,绝大部分利用微波技术进行的有机化学反应都是在商业化的家用微波炉内完成的。这种微波炉造价低,体积小,适合于各种实验室的应用。

不经改造的微波炉,很难进行回流反应。在商业家用微波炉内进行反应时,反应容器只能采取封闭或敞口放置两种方法。对于一些易挥发、易燃的物质,敞口反应十分危险。因而人们就对家用微波炉加以改造,从而设计出可以进行回流操作的微波常压反应装置。家用微波炉的这种改造也比较简单,即在微波炉的侧面或顶部打孔,插入玻璃管同反应器连接,在反应器上安装回流冷凝管(外露),用水冷却。为了防止微波泄漏,一般要在炉外打孔处连接一定直径和长度的金属管进行保护。回流微波反应器的发明,使得常压下溶剂中进行的有机反应非常安全。而且可以采用特氟隆输入管进行惰性气体保护,这对金属有机反应十分必要。

在微波常压合成技术发展的同时,英国科学家 Villemin 发明了微波干法合成反应技术。所谓干法,是指以无机固体为载体的无溶剂有机反应。将有机物浸渍在氧化铝、硅胶、黏土、硅藻土或高岭石等多孔性无机载体上,干燥后置于密封的聚四氟乙烯管中,放入微波炉内启动微波进行反应。反应结束后,产物用适当溶剂萃取后再纯化。

无机固体载体不吸收 2450MHz 的微波,而吸附在固体介质表面的羟基、水或极性分子则可强烈地吸收微波,从而使这些附着的分子被激活,反应速率大大提高。1991 年法国科学家 Bram 等人利用 Al_2O_3 和 Fe_3O_4 作为垫底在玻璃容器上,以酸性黏土作为催化剂,由邻苯甲酰苯甲酸合成蒽醌。1995 年,吉林大学李耀先等采用常压微波反应器,用微波干法技术合成出 L-四氢噻唑-4-羧酸。但是干法反应只能在载体上进行,从而使参加反应的反应物的量受到了很大限制。

随着微波技术在有机合成研究领域的不断深入,世界上一些大公司纷纷设计和研制出各种微波化学合成仪。图 7-12 是美国 CEM 公司生产的 Discover 微波化学合成仪,为具备精确化学反应过程控制的聚焦单模微波合成反应系统,可进行全自动控制有机化学的各类反应。可以调节微波能量、温度和压力,为微波合成提供了很大的方便。

图 7-12 美国 CEM 公司生产的 Discover 微波化学合成仪

2. 反应容器

一般来讲,只要对微波无吸收、微波可以穿透的材料,如玻璃、聚四氟乙烯、聚苯乙烯等都可以制成微波反应容器。由于微波对物质的加热作用是"内加热"，升温速度十分迅速，在密闭体系进行的反应往往容易发生爆裂现象。因此，对于密闭容器要求其能够承受特定的压力。耐压反应器较多，如 Dagharst 和 Mingos 设计的 Pyrex 反应器，美国的 Parr 仪器公司及 CEM 公司为矿石、生物等样品的酸消化而设计的酸消化系统，可分别耐压 $811 \times 10^6 Pa$ 和 $(114 \sim 115) \times 10^6 Pa$；还有 CSIRO 设计的微波间歇式反应器(microwave batch reactor)，可以在 260℃，$1101 \times 10^7 Pa$ 状态下进行反应。

对于非封闭体系的反应，像敞口干法反应，对容器的要求不是很严格，一般采用玻璃材料反应器，如烧杯、烧瓶、锥形瓶等。

7.4.3　微波在有机化学合成中的应用

1. 酯化反应

酯化反应是最早应用微波技术的有机反应之一。1986 年 Gedye 等利用密闭反应器首先研究了苯甲酸与乙醇的酯化反应，发现微波对酯化反应有明显的加速作用，微波酯化与传统加热酯化有着不同的规律，如表 7-4 所示。由表中的数据可知，微波对低沸点醇的加速作用非常显著，苯甲酸与甲醇的酯化反应，比传统加热法提高反应速率 96 倍。

同样，对二元羧酸的酯化反应也有显著的加速作用。反式丁烯二酸与甲醇的双酯化反应，微波照射下 50min，产率为 82%，而传统加热达到相近产率需要 480min。

$$HOOC-CH=CH-COOH + CH_3OH \xrightarrow[MWI]{H_2SO_4} H_3COOC-CH=CH-COOCH_3 + H_2O$$

表 7-4　苯甲酸微波酯化与传统加热酯化的比较

醇	反应近似温度/℃	反应时间	平均产率/%	M:C	醇	反应近似温度/℃	反应时间	平均产率/%	M:C
甲醇	65	8h(C)	74	96	1-戊醇	137	10min(C)	83	1.3
	134	5min(W)	76			137	7.5min(W)	79	
1-丙醇	97	4h(C)	78	40	1-戊醇(630W)	162	1.5min(W)	77	6.1
	135	6min(W)	79						
1-丁醇	117	1h(C)	82	8					
	135	7.5min(W)	79						

式中，MWI 表示微波辐照(microwave irradiation)

羟酸与醚很难发生酯化反应，但在微波辐照下能被弱的 Lewis 算有效地催化，2min 内，产率可达 61% ~ 84%。

$$ArCH_2OR + R'COOH \xrightarrow[MWI]{LnBr_3} ArCH_2OCOR' + ROH$$

式中，Ln＝La，Nd，Sm，Dy，Er；Ar＝4-CH$_3$C$_6$H$_5$-，3，5-(CH$_3$)$_2$C$_6$H$_3$-；R＝C$_2$H$_5$-，n-C$_3$H$_7$-，n-C$_4$H$_9$-；R′＝CH$_3$-，n-C$_3$H$_7$-，n-C$_4$H$_9$-。

2. Diels-Alder 反应

Diels-Alder(简写为 D-A)反应是一种 $4n+2$ 的环加成反应，微波照射有明显的效果。

马来酐与蒽在二甘醇二甲醚中，用微波辐照 1min，产率达 90％。而传统加热法则需 90min。

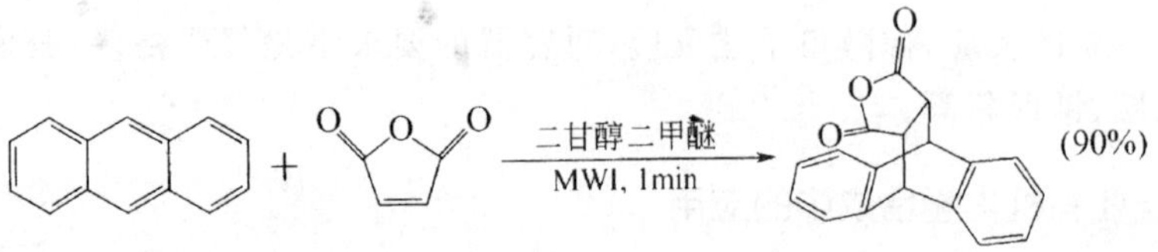

1，4-环己二烯与丁炔二羟酸酯进行传统加热反应时，首先发生偶联，继而发生分子内的 D-A 反应，产率较低(<40％)，而微波辐照 6min，产率可达 87％。

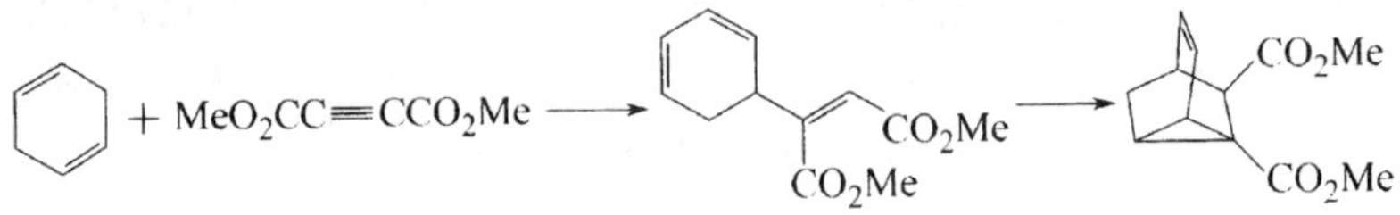

微波也可以加速杂质原子的 D-A 反应。例如，2-甲基-1，3-戊二烯与乙醛酸酯在苯中于密闭反应器中用微波加热至 140℃，反应 10min，产率为 96％，而常规条件下反应 6h，产率仅为 14％。

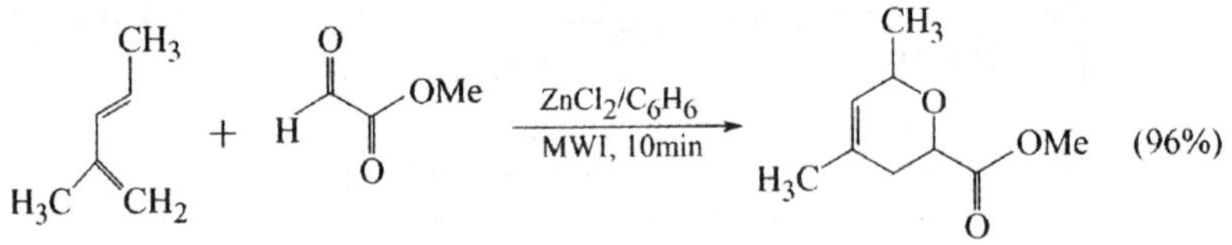

3. 重排反应

烯丙基苯基醚的重排反应是典型的 Claisen 重排，在 DMF 溶剂中，用传统方法在 200℃反应 6h，产率为 85％，二用微波辐照 6min，产率可达 92％。

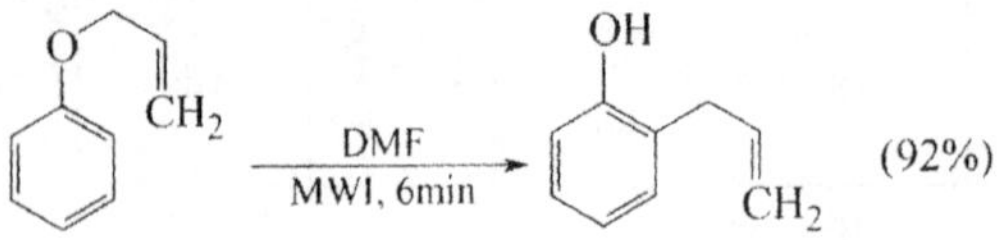

乙酸-2-萘酯经 Fries 重排生成 1-乙酰基-2-萘酚的反应，微波辐射 2min，产率达 70％。

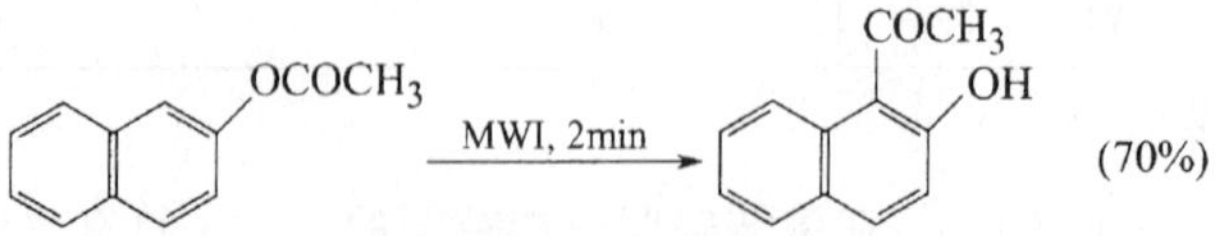

4. 烷基化反应

4-氰基酚钠与苄基氯合成 4-氰基苄基醚，微波辐照 4min，产率达 93％，而传统条件下反应 12h，产率仅为 72％。

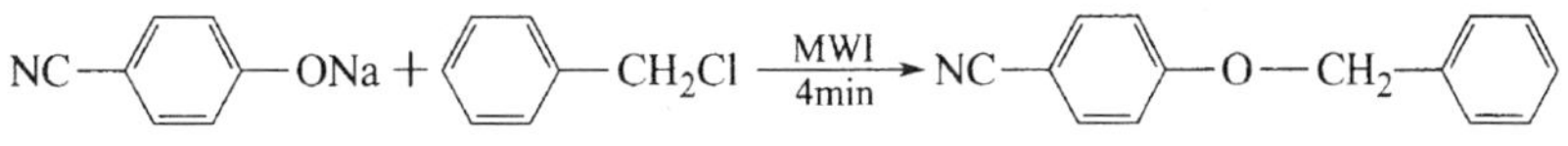

$$NC-\!\!\!\bigcirc\!\!\!-ONa + \bigcirc\!\!\!-CH_2Cl \xrightarrow[4min]{MWI} NC-\!\!\!\bigcirc\!\!\!-O-CH_2-\bigcirc \quad (93\%)$$

在微波辐照下,苯并噁嗪、苯并噻嗪类化合物与卤代烷在硅胶载体上能迅速生成 N-烷基化产物,反应速率较传统方法最多提高了 80 倍。

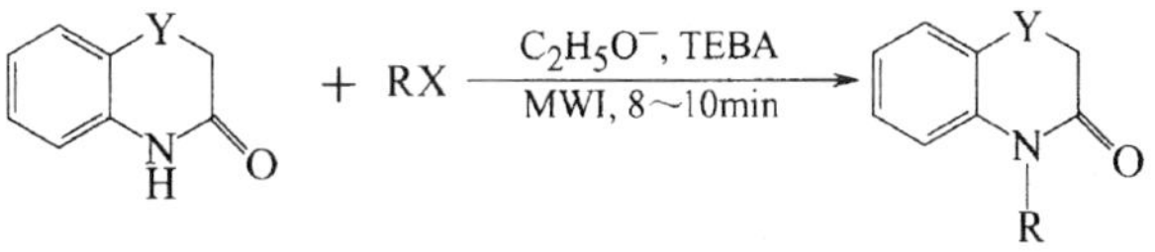

式中,$R=CH_3$—,C_2H_5—,$PhCH_2$—,—CH_2COOH;$Y=O,S$;TEBA 为氯化三乙基苄基铵。

乙酰乙酸乙酯、苯硫基乙酸乙酯与卤代烷反应只需 $3\sim4.5min$,烷基化产物的产率可达 $58\%\sim83\%$。

$$RCH_2COOC_2H_5 + R'X \xrightarrow[MWI, 3\sim4.5min]{KOH\text{-}K_2CO_3, PTC} R-\underset{\underset{R'}{|}}{CH}-COOC_2H_5 \quad (58\%\sim83\%)$$

式中,$R=CH_3CO$—,PhS—;$R'=C_6H_5CH_2$—,$p\text{-}ClC_6H_4CH_2$—,$m\text{-}CH_3OC_6H_4$—,$CH_2=CHCH_2$—,$CH_3(CH_2)_3$—;PTC 表示相转移催化剂(phase-transfer catalysis)

5. 环反应

四氢吡啶与苯甲醛可合成具有人体生化意义的四苯基卟啉,采用微波干反应技术,10min 产率为 9.5%。虽然产率与传统方法相比没有明显提高,但这种微波干反应技术极大地简化了产品的分离与提纯过程。

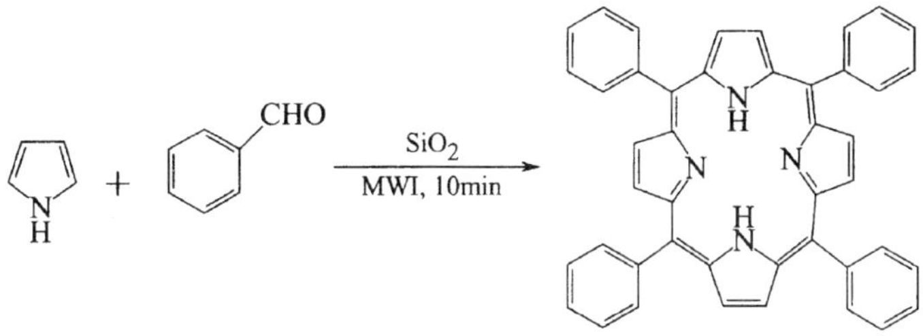

取代吡啶并色满酮是药物合成的重要中间体,它一般由取代苯氧烟酸分子内缩合生成,但传统方法反应时间长,后处理麻烦。若用微波辐照,仅 5min 就完成了反应,产率达 94%。

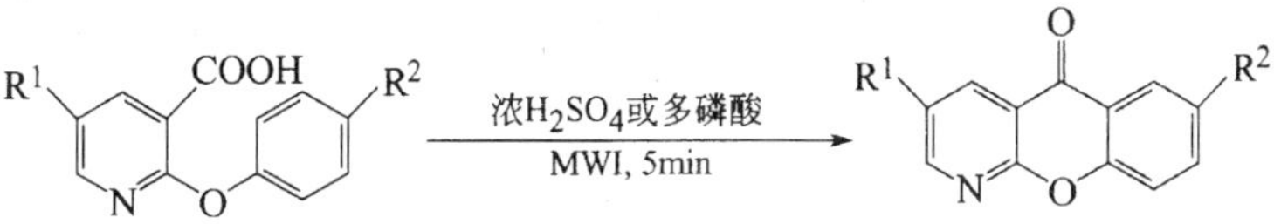

蒽醌是重要的合成中间体,通过微波技术可使产率较传统方法大为提高。

尽管微波辐照加速有机化学反应的机理还未完全搞清楚,但微波能显著加速几乎所有的有机反应速率和提高反应产率,已成为不可辩驳的实验事实。微波有机合成技术引起了有机合成界的极大关注,并成为有机合成研究的热点之一,研究成果不断涌现,并展现出了广阔的应用前景。

7.5 声化学合成反应

7.5.1 声化学合成的基本原理

超声波以机械波形式作用于反应液体产生超声波空化效应(cavitation effect),促使反应发生和进行。液体在超声波作用下产生空化泡(空穴),空化泡内外压力悬殊,极不稳定迅速崩溃。无数微小空化泡的振荡、生长、收缩、崩溃(爆裂),产生极大冲击力而具搅拌作用,在一定程度上破坏了液体的结构形态,在空化泡爆裂的极短时间内(10^{-9} s),极小空间(空化泡周围)产生高温高压,强冲击波和微射流,空穴充电放电、发光高能环境,引起分子热解离、分子离子化、产生自由基等,导致一系列化学变化。

超声波机械振荡、乳化以及扩散等次级效应,在声化学合成中有加快反应体系传质、传热,促进反应进行的作用。

因此,超声波促进液-液相反应体系乳化,对于固-液相反应体系,可促使固体表面更新裸露,有利于固相反应物或催化剂的活化。但超声波不能完全替代反应体系的搅拌。

声化学合成所用超声波为人工超声波,人工超声波是由超声波发生器产生。超声波发生器将机械能或电磁能转换为超声振动能,又称超声换能器。

声化学研究表明,超声波频率并非越高越好。随着超声波频率增加,声波膨胀时间变短,这使空化核来不及增长到可产生空化效应的空化泡,或产生的空化泡来不及崩溃,即空化过程难以发生。声化学合成所用超声波频率一般为 20~80 kHz。提高声波强度,可提高空化效应。

影响空化效应的因素还有溶剂性质、溶液成分、黏度、表面张力、蒸气压、溶解气体的种类及其含量等液相反应体系的性质。此外,声波的作用方式、反应温度、外压等,也是声化学合成的影响因素。

超声波具有促进化学反应的作用,其特点归纳为:

①空化泡爆裂可产生促进化学反应的高能环境(高温、高压),使溶剂和反应试剂产生离子、自由基等活性物质。

②超声辐照溶液可产生机械作用,促进传热、传质、分散和乳化,溶液吸收超声波产生一定的宏观加热效应。

③具有显著加速反应的效应,尤其是非均相反应,与常规方法相比,反应速率可加快数十乃至数百倍。

④反应条件比较温和,甚至不用催化剂,多数情况不需要搅拌,有些反应无需无水、无氧条件或分布投料方式,实验操作简化。

⑤超声波可清除金属反应物或催化剂表面形成的产物、中间产物及杂质,使保持其反应表面的新鲜裸露。

对有些化学反应而言,超声辐照效果不佳,甚至有抑制作用;空化泡爆裂产生的离子、自由基与主反应竞争,降低某些反应的选择性。

7.5.2　声化学反应器

1. 超声清洗槽式反应器

超声清洗槽式反应器是一种价格便宜、应用普遍的超产设备,许多声化学工作者都是利用超声清洗槽式反应器来开始他们的实验工作的。

超声清洗槽式反应器的结构比较简单,由一个不锈钢水槽和若干个固定在水槽底部的超声换能器组成。将装有反应液体的锥形瓶置于不锈钢水槽中就构成了超声清洗槽式反应器(图 7-13)。

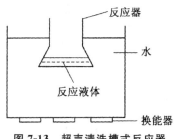

图 7-13　超声清洗槽式反应器

这一反应器方便可得,除了要求为平底外(超声波垂直入射进入反应液体的超声能量损失较小),无特殊要求。但同时也存在许多缺点:反应容器截面远小于清洗槽,能量损失严重;由于反应器与液体之间的声阻抗相差很大,声波反射很严重,例如对于玻璃反应器和液体的反射率高达70%,不仅浪费声能,而且使反应液中实际消耗的声功率也无法定量确定;清洗槽内的温度难以控制,尤其在较长时间照射之后,耦合液(清洗槽中的水)吸收超声波而升温;各种不同型号的超声清洗槽式反应器的频率和功率都是固定的,而且各不相同,因此不能用于研究不同频率与功率下的声化学反应,也难以重复别人的实验结果。

2. 探头插入式反应器

产生超声波的探头就是超声换能器驱动的声变幅杆(声波振幅放大器)。探头插入式反应器是将由换能器发射的超声波经过变幅杆端面直接辐射到反应液体中,如图 7-14 所示。可见,这是把超声能量传递到反应液体中的一种最有效的方法。

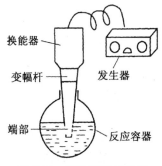

图 7-14　探头插入反应器

探头插入式反应器的主要优点有:探头直接插入反应液,声能利用率大,在反应液中可获得相当高的超声功率密度,可实现许多在超声清洗槽式反应器上难以实现的反应;功率连续可调,能在较大的功率密度范围内寻找和确定最佳超声辐射条件;通过交换探头可改变辐射的声强,从而实现功率、声强与辐射液体容量之间的最佳匹配。这类反应器的不足之处有:难以对反应液体进行控温;探头表面易受空化腐蚀而污染反应液体。

3. 杯式声变幅杆反应器

将超声清洗槽式反应器与功率可调的声变幅杆反应器结合起来,就构成了杯式声变幅杆反应器,如图 7-15 所示。杯式结构上部可看成是温度可控的小水槽,装反应液体的锥形烧瓶置于其中,并接受自下而上的超声波辐射。

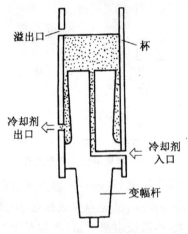

图 7-15　杯式声变幅杆反应器

杯式声变幅杆反应器的优点有:频率固定,定量和重复结果较好;反应液体中的辐射声强可调;反应液体的温度可以控制;不存在空化腐蚀探头表面而污染反应液体的问题。其不足之处有:反应液体中的辐射声强不如插入式的强;反应器的大小受到杯体的限制。

4. 复合型反应器

将超声反应器与电化学反应器、光化学反应器、微波反应器结合起来便构成了复合型声化学反应器。

7.5.3　声化学合成的应用实例

1. 氧化反应

超声波对氧化反应有明显的促进作用,例如:

$$CH_3(CH_2)_5\text{—}\underset{\underset{OH}{|}}{CH}\text{—}CH_3 \xrightarrow[\text{②}KMnO_4,\text{己烷},USI\ 1h]{\text{①}KMnO_4,\text{己烷},\text{搅拌}\ 5h} CH_3(CH_2)_5\text{—}\underset{\underset{O}{\|}}{C}\text{—}CH_3 \qquad \begin{array}{l}\text{①}:2\% \\ \text{②}:92\%\end{array}$$

式中 USI 表示超声波辐照(ultrasonic irradiation),反应式右边上下两部分的百分数分别表示对应传统反应和声化学反应的产率,以下类同。其他例子:

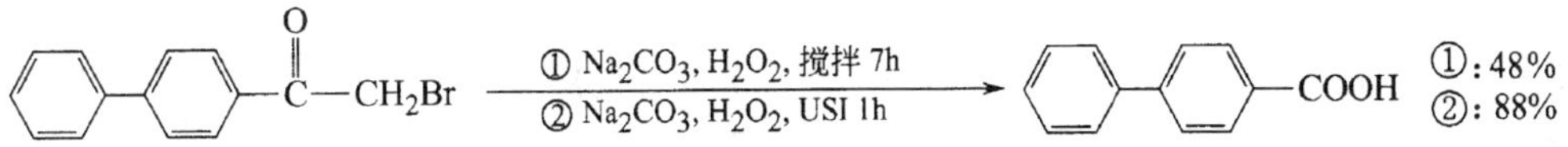

$$n\text{-}C_7H_{15}\text{—}CH_2OH \xrightarrow[\text{USI 20min}]{60\%\ HNO_3} n\text{-}C_7H_{15}\text{—}COOH \quad (100\%)$$

2. 还原反应

在有机还原反应中,很多是采用金属和固体催化剂,超声波对这类反应的促进作用特别明显。

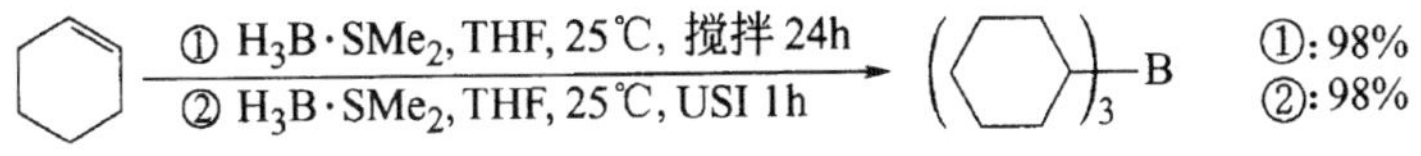

式中,THF 为四氢呋喃。

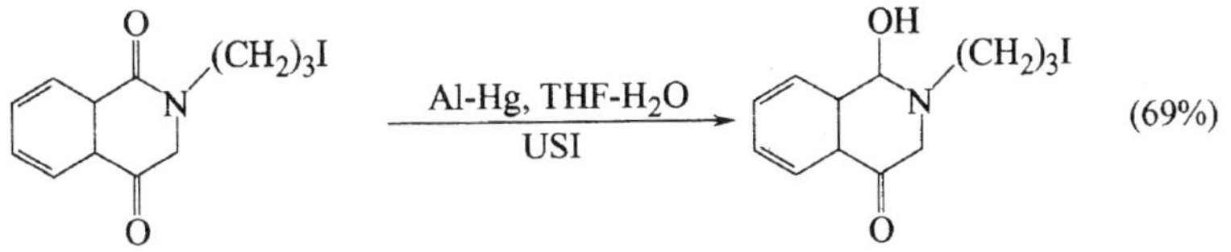

3. 加成反应

超声波辐照条件下,烯烃的加长激励可能是自由基历程。例如苯乙烯与四乙酸铅的反应,被认为是自由基与离子的竞争反应,产物 A 由自由基机理产生,产物 B 由离子机理产生,产物 C 是这两种机理共同作用的结果。超声波有利于按自由基机理进行,在 50℃下超声波辐射 1h,产物 A 的收率为 38.7%,而搅拌 15h,只能得到 33.1%的产物 B。

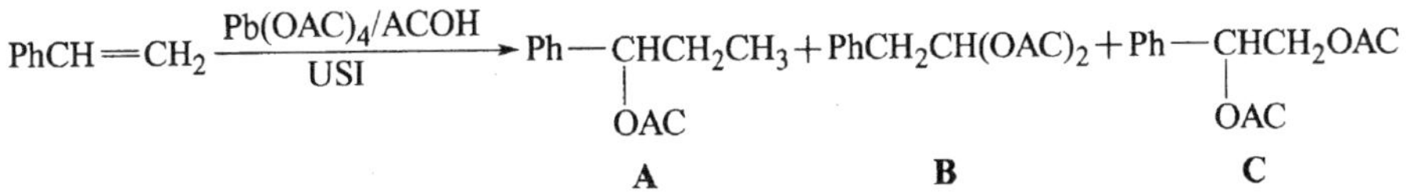

烯烃上直接引入 F 比较困难,而在超声波辐射下则可很方便地引入:

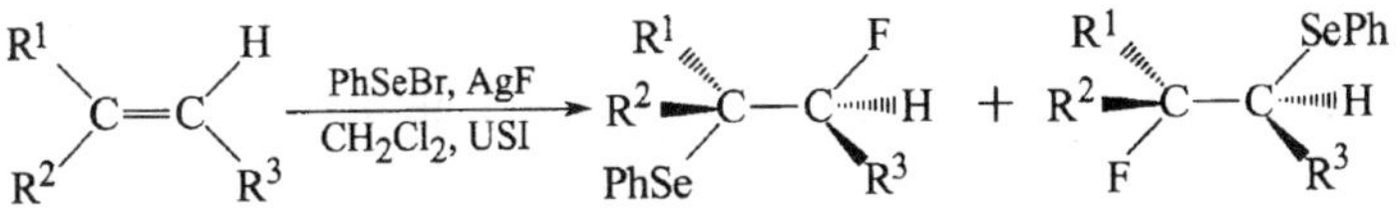

超声波能促进 Diels-Alder 环加成反应的进行,并且能提高产率和改进其区域选择性,例如:

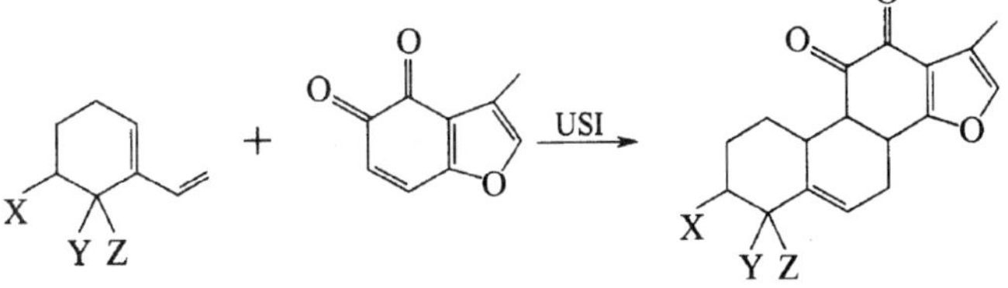

超声哦辐照还可以使不能发生的加成反应得以进行,例如:

$$H_2C\text{=}CHCN + CH_3(CH_2)_{13}OH \xrightarrow[\text{USI 2h}]{\text{搅拌 2h}} CH_3(CH_2)_{13}O(CH_2)_2CN \quad \begin{array}{l}(0\%)\\(91.4\%)\end{array}$$

4. 取代反应

超声波辐照可以使合成反应的中间产物不经分离而直接参与下一步反应,减少合成的步骤。例如,在超声波的作用下,以下最终产物的合成步骤由常规的 15 步减少到 4 步。

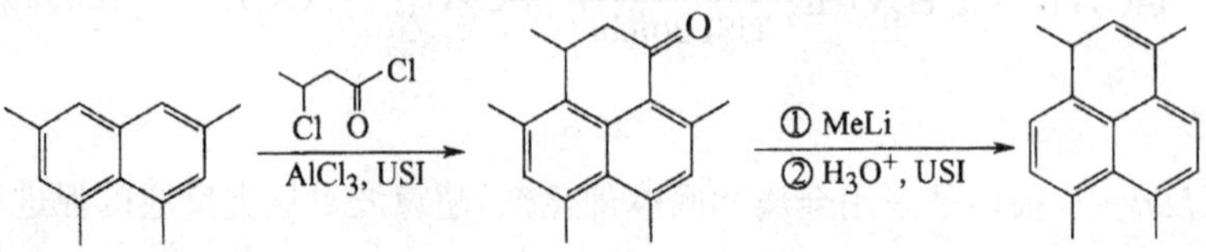

超声波辐射还能改变途径,生成与机械搅拌不同的产物,例如:

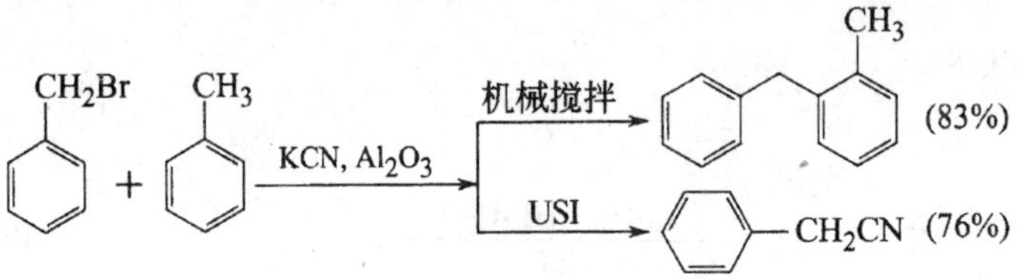

这是因为超声波促使 CN^- 分散在 Al_2O_3 表面,降低了 Al_2O_3 对于 Friedel-Crafts 烷基化反应的催化活性,增大了 CN^- 亲核取代的活性。

5. 偶合反应

对于 Ullmann 型偶合反应,在传统条件下很难反应或根本不反应,而在超声辐照下反应温度大大降低,并且反应速率比机械搅拌快几十倍甚至更多。

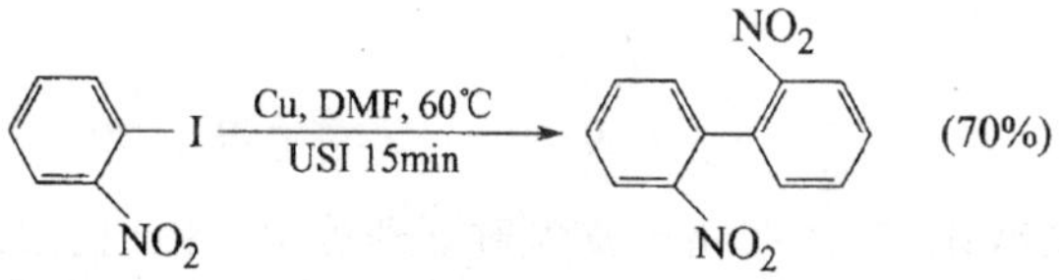

式中,DMF 为二甲基甲酰胺。

对于氯硅烷的耦合,在传统条件下不能发生,而在超声波辐照下可得到较高的产率。

$$2Mes_2SiCl_2 \xrightarrow[\text{USI 15min}]{\text{Li,THF}} Mes_2Si = SiMes_2 \quad (约 90\%)$$

式中,Mes=2,4,6-三甲基苯基。

6. 缩合反应

在 Claisen-Schmidt 缩合反应中,超声波辐照可使催化剂 C-200 的用量减少,反应时间缩短。

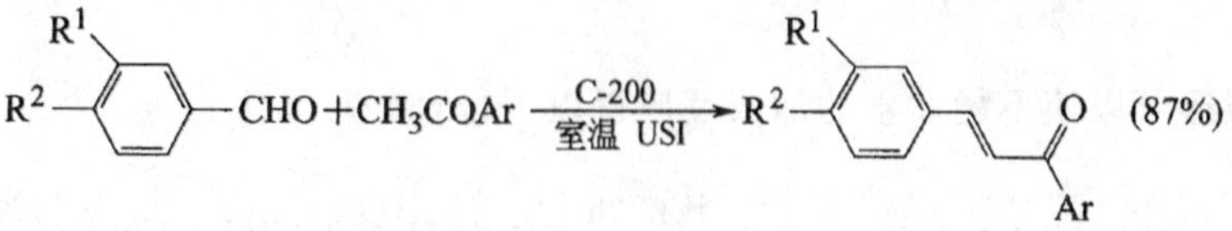

在典型的 Atherton-Todd 反应中,胺、亚胺及肟都易被磷酰化,而醇不能。但在超声波作用下,醇也能顺利地磷酰化,而且收率很高。

$$CH_3(CH_2)_3OH + H-\overset{O}{\underset{||}{P}}(OEt)_2 \xrightarrow[\text{USI 2.5h}]{NEt_3,CCl_4} CH_3(CH_2)_3O-\overset{O}{\underset{||}{P}}(OEt)_2 \quad (92\%)$$

7. 消除反应

在下面反应中,超声波作用不仅明显地提高了产率,而且还大大地缩短了反应时间。

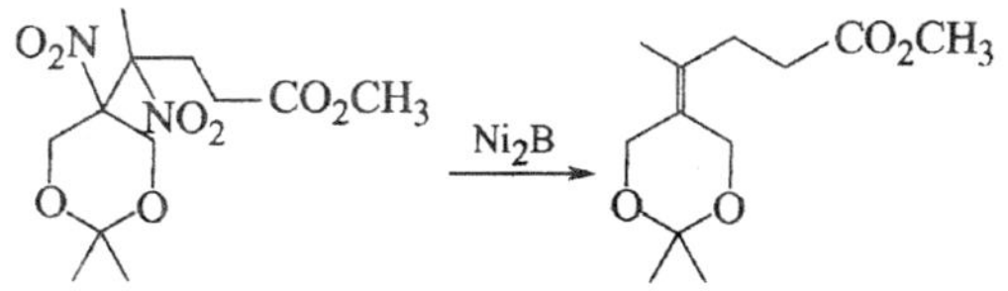

以上反应,传统的方法是在苯中回流 $10\sim12h$,产率为 15%,而在超声波辐照下,以甲醇为溶剂,反应 $15min$,产率可达 92%。在超声波作用下,对于锌粉进行氟氯烃的脱氯反应也十分有效,例如:

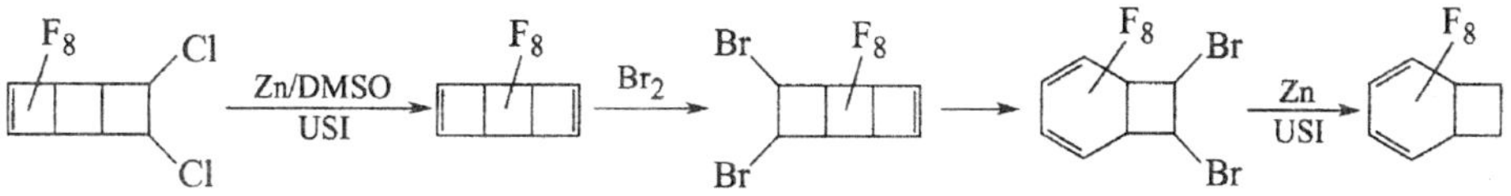

8. 金属有机反应

烷基锂和格氏试剂在有机合成反应中应用广泛,但制备困难,而在超声波作用下可增加反应活性,大大缩短反应时间。许多反应还可以把制备有机金属试剂的反应与应用这一试剂的反应结合在一起进行,如烷基锂与醛、酮的反应,不必先制得烷基锂后再加醛、酮只需将卤代烷、锂及醛或酮加以混合即可。这里不仅减少了操作过程,缩短了反应时间,而且产率也较高。例如:

$$R^1X + R^2R^3CO \xrightarrow[\text{② H}_2O, \text{USI 15}\sim40min]{\text{① Li, THF}} R^1R^2R^3COH \quad (76\%\sim100\%)$$

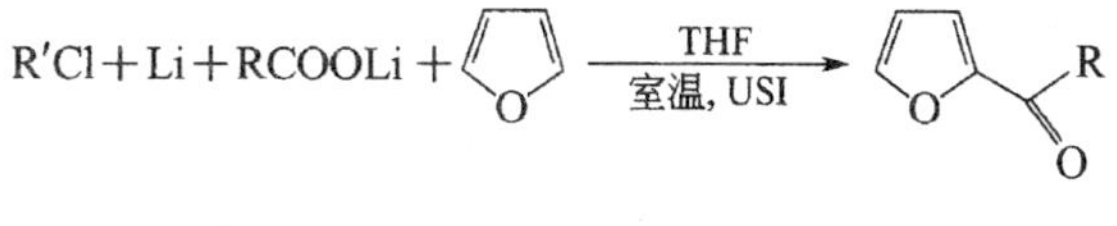

$$R'Cl + Li + RCOOLi + \text{(furan)} \xrightarrow[\text{室温, USI}]{THF} \text{(furanyl-C(=O)R)}$$

超声波也可用于有机铝、锌等化合物的合成,例如:

$$3CH_3CH=CHCH_2Br + 2Al \xrightarrow[\text{USI}]{\text{二烷}} (H_2C=\overset{CH_3}{\underset{|}{CH}}CH)_3Al_2Br_3 \quad (73\%)$$

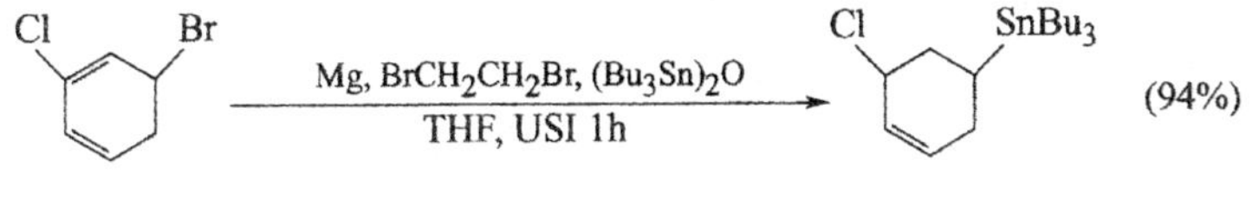

(94%)

9. 与无机硅的多相有机反应

在超声波辐照下，不加冠醚就可直接用 $KMnO_4$ 将仲醇氧化为酮，产率可达 90%。二氯卡宾也可直接由固体 NaOH 和 $CHCl_3$ 在超声波作用下产生，与烯烃加成产物的产率可达 62%～99%。例如：

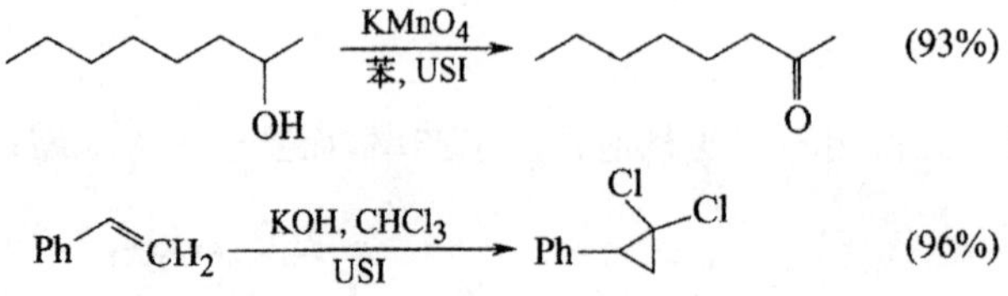

对于标准的干反应——以无及固体为介质的无溶剂反应，超声波对其亦有促进作用。如 Villemin 报道了以 Al_2O_3 为无机载体的干反应，当 R 为 $CH_3CHBrCH_2$ 时，产率高达 99%。

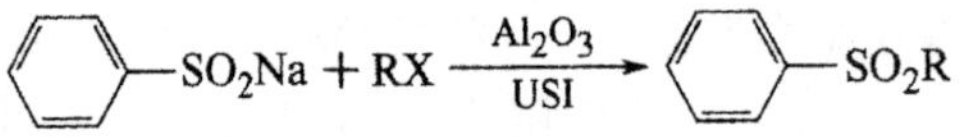

10. 相转移催化反应

超声波可以产生高能环境，并引起强烈的搅拌分散作用，所以能够大大地促进相转移催化反应，减少催化剂用量，甚至在某些有机反应中，还可以完全代替相转移催化剂。

β-萘乙醚是一种人工合成香料的中间体，传统合成方法，反应温度较高，产率较低将超声波辐照与相转移结合起来，在 75℃，催化剂用量减少一半，反应时间缩短 5h，产率达到 94.2%。

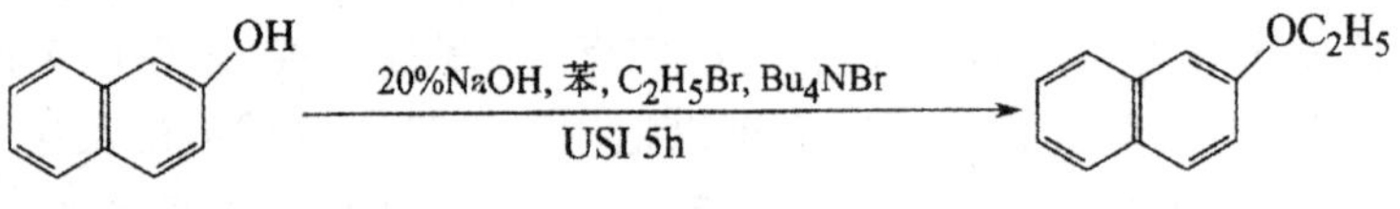

超声波辐照也可以促进液-固两相的相转移催化反应。例如传统合成苯乙酰基芳基 Liu 脲化合物时，反应条件比较苛刻（需无水溶剂），反应时间也较长（2～6h），产率也不高（15%）。采用固-液相转移催化法，产率也不太高；但再结合超声波辐照，以甲醇为溶剂，反应 15min，产率即达 92%。

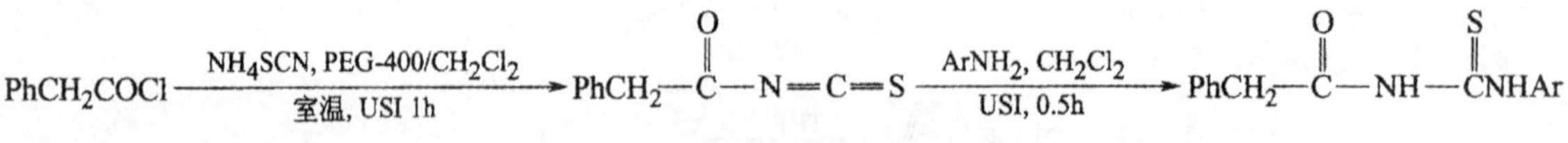

式中，PEG-400 为聚乙二醇-400，即本反应中的相转移催化剂。

超声波与相转移催化结合，可用效地加速生成卡宾或类卡宾的反应。例如：

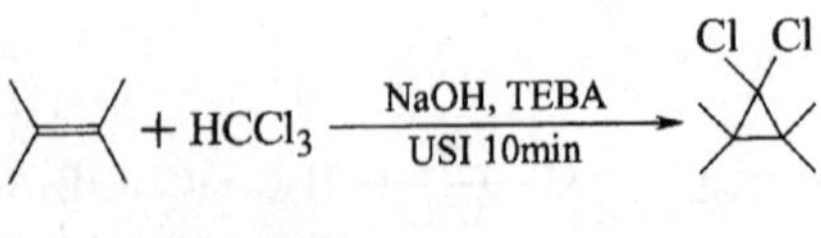

式中，TEBA 为相转移催化剂氯化乙基苄基胺。

超声波促进有机反应的类型较多，除以上讨论的外，还可以促进重排反应、异构化反应、成环开环反应、分解反应、聚合反应、玻沃反应、金属有机反应及生物催化反应等。

第8章 有机合成路线的设计

8.1 逆向合成原理

8.1.1 逆向合成的基本原理

逆向合成分析一般从目标化合物的结构着手,把分子按一定的方式切成几个片断,这些理想的片段通常被称作合成子(synthon)。在进行逆向合成分析时,结构上的每一步变化被称为转换(transform),一般用双线箭头表示,能够进行一定转换的最小分子子结构,称为反合成(retron);而通常合成步骤的每一步被称为反应(reaction),一般用单线箭头表示。

逆向合成分析:目标分子⇒C⇒B⇒起始原料。

合成路线:起始原料→B→C→目标分子。

以 1-苯丙醇为例,可以表示为

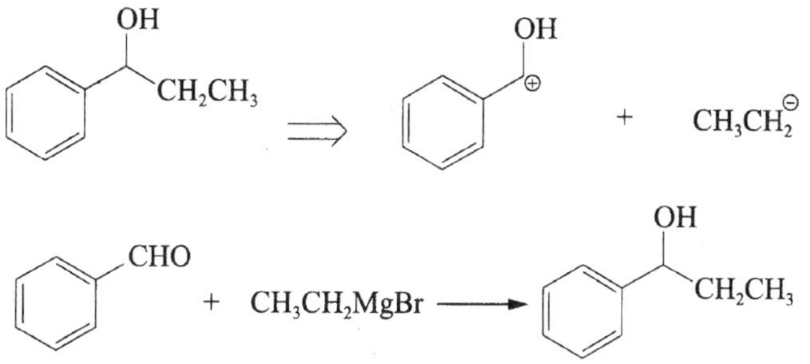

切断(disconnection)是逆合成分析中最常用的手法,基本原则是这些片断可以通过已知的或可以信赖的化学反应进行重新连接。每一个片断必须有相对应的试剂,且该试剂应该比目标分子更容易得到。例如,1,4-丁炔二醇的两种切断方式都是合理的,但是方式(b)更可行,因为其相应的合成试剂乙炔和甲醛容易得到,且在碱作用下它们之间易发生加成反应。

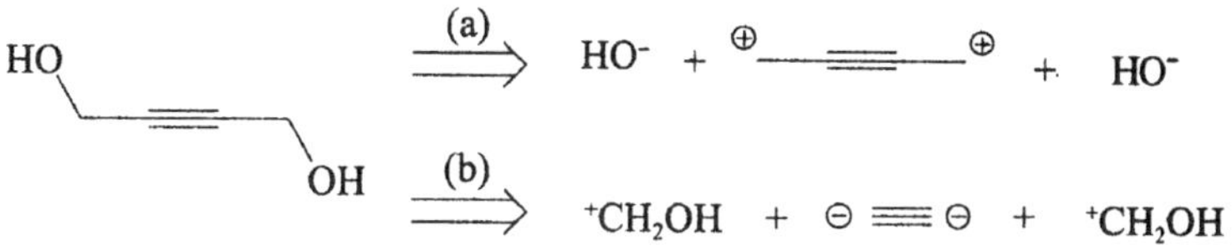

一般而言,在靠近官能团的位置进行切断,有利于合成反应的实施。例如:

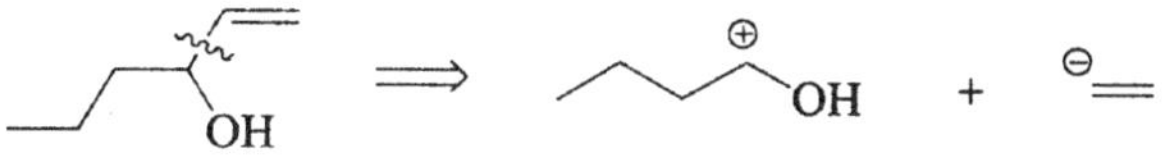

因此,其合成反应为:

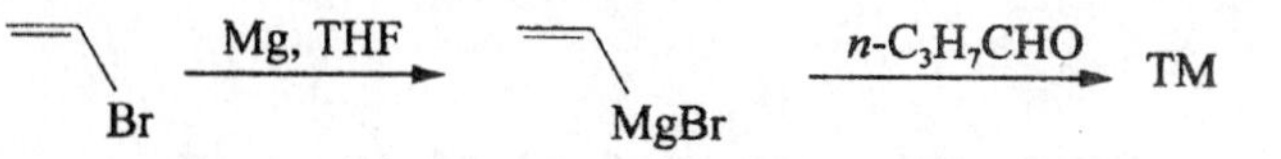

利用目标分子的对称性进行切断往往可以简化合成步骤。例如：

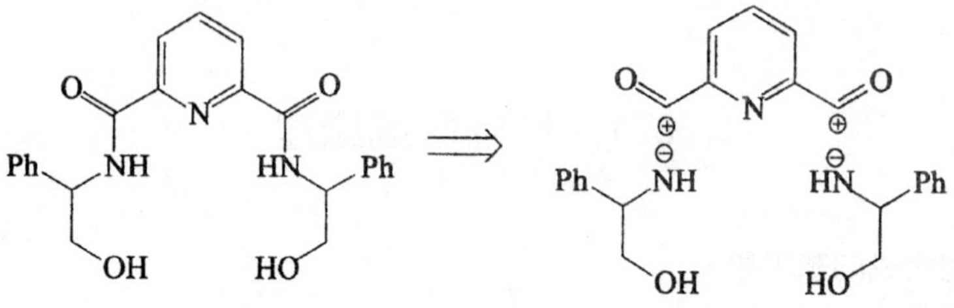

合成反应：

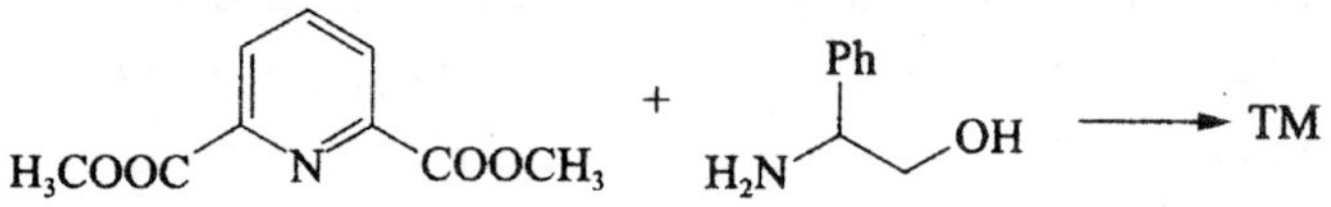

对较复杂的化合物，为了更加合理地对分子进行切断，人们还可以采用下述手法对目标分子进行改造：官能团的连接和重排（connection and rearrangement，Con/Rearr）、官能团的互换（functional group interconversion，FGI）、官能团的添加（functional group addition，FGA）、官能团的移去（functional group removal，FGR）。

这些手法的基本依据是具有可以利用的已知的简单化学反应。通过这些手法处理后，一般可以将目标分子转换成更容易得到的化合物。为了更好地理解这些手法，下面给出了几个相关的典型例子。

对某些多官能团的化合物，可以通过连接的手法来减少目标分子中的官能团数，达到改造目标分子结构的目的。例如：

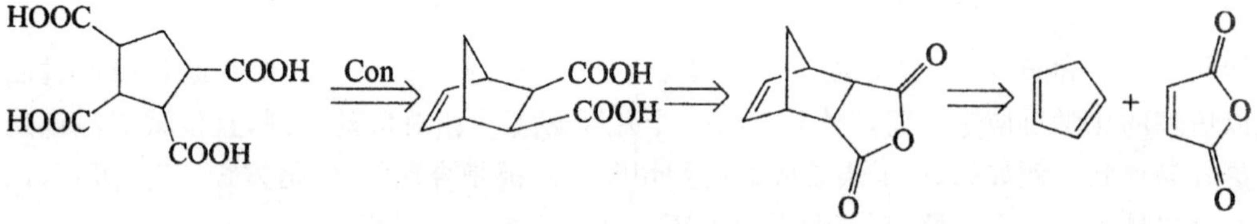

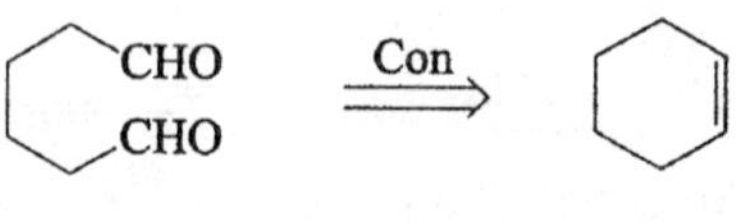

对某些有特殊结构的化合物，可以通过重排的手法来简化目标分子的架构。例如：

Baeyer-Villiger 重排

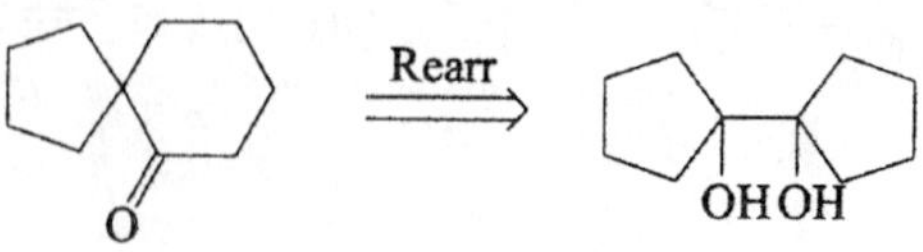

Pinacol 重排

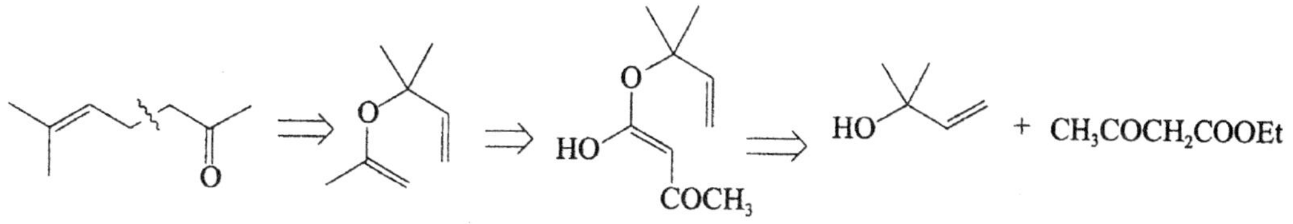

Claisen 重排

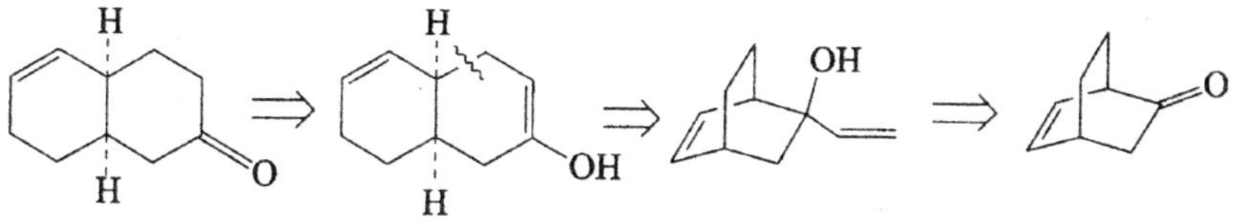

Cope 重排

官能团的转换(FGI)、添加(FGA)或移去也常常可以用于改造目标分子的结构。例如：

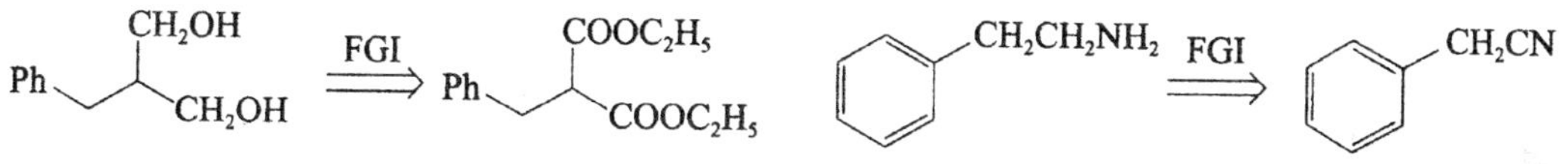

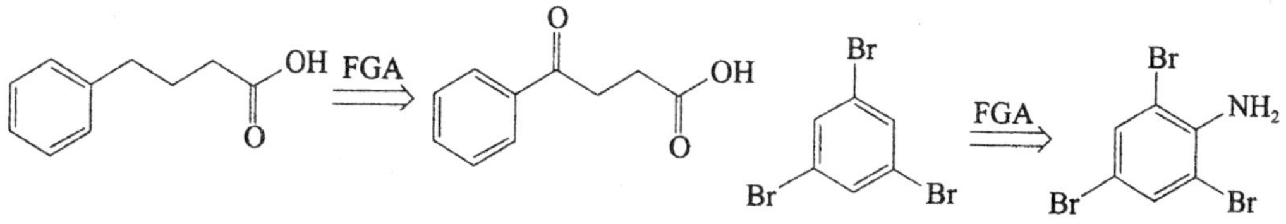

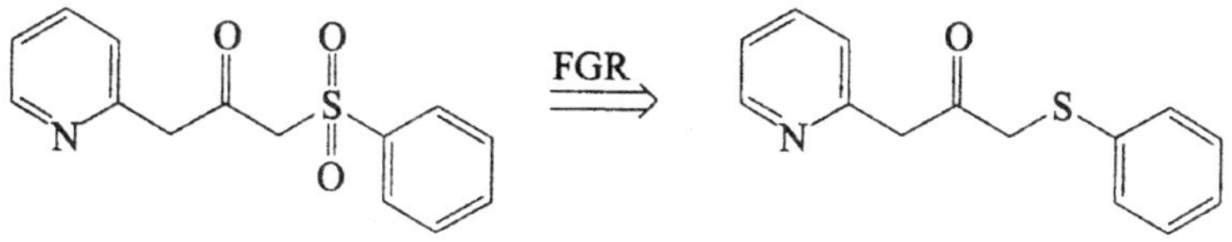

8.1.2　逆向合成的常用术语

逆向合成的常用术语有：

①目标分子：打算合成的分子，通常用 TM 表示。

②切断：一种分析法。这种方法想象选择一个合适的位置将分子的键切断，使分子转变为两个不同的部分。用"⇒"和画一条曲线穿过被切断的键来表示。

③官能团转换：借助于取代、加成、消除、氧化或还原反应，把一个官能团转换成另一个官能团，使得切断成为一个可能的方法，这是一个化学反应的逆过程，用 FGI 表示。

④合成子：在切断时所得到的概念性的分子碎片，通常为一个正离子或负离子。它们可以是相应反应中的一个中间体，也可以不是。

⑤合成等价物：一种能起合成子作用的试剂。合成子通常因为其本身的不太稳定而不差直接使用。

⑥试剂：实际使用的代表合成子的化合物，例如 MeI 是合成子 Me^+ 的试剂。它能在所到的合成中起反应，以便给出中间体或目标分子。它是合成子的合成等价物。

⑦切断或 FGI 的符号"⇒"：表示通过一定的化学反应，可以从后者得到前者，它与有机反应中表示正向反应的符号"→"所表示的意思恰好相反。

逆向合成分析,可用下列因式表示:

$$目标分子→（合成子-中间体）_n→起始合成原料$$

8.1.3 逆向合成的方法与步骤

首先根据目标分子的结构,运用有机化学的基本理论进行结构分析。然后运用逆向的切断、连接、重排和官能团的互换、添加、除去等方法,将目标分子拆成若干"碎片",变换成若干中间体和原料。重复上述过程,直至将中间体变换、拆成价廉易得的合成等效剂为止。这种分析、推断可得出若干条可能的合成路线。对各条合成路线,从原料到目标分子,全面审查每步反应的可行性和选择性,在比较的基础上选定最好的合成方法和路线,然后在实验过程中验证,并不断完善设计的各步反应的条件、操作、收率和产率等,最后确立一条比较理想、符合实际需要的合成路线。

逆向合成分析应先分清分子主环与基本骨架、官能团与侧链,及其相互间结合情况,找出可切断的结合部位;其次考虑主环形成方法、基本骨架组合方式、官能团引入方法。如果目标分子是手性分子,还需考虑其立体构型和不对称合成问题。在逆向合成分析基础上,依次对目标分子或中间体进行逆向切断,逆向切断的"切断"是为了正向合成的"连接"。正确选择切断的价键,方能通过反应形成这一化学键。"切断"是手段,"合成"是目的。

1. 优先考虑骨架形成

有机化合物由骨架和官能团两部分组成,合成的过程即骨架和官能团的变化过程。首先分析、思考骨架拟合成目标分子是由哪些"碎片",通过碳碳成键或碳杂原子成键,一步一步连接起来的。若不先考虑骨架的形成,那么连接在它上面的官能团也就没有了归宿。考虑骨架的形成不能离开官能团,因为反应发生在官能团上,或由于官能团影响而产生的活性部位(如在羰基或双键的α位)上。因此,拟发生碳碳成键反应的碎片须有成键反应要求的官能团。

例如,设计 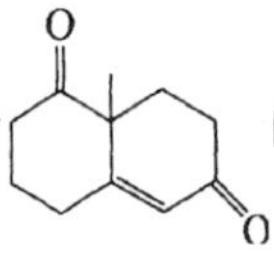 的合成路线。

分析:

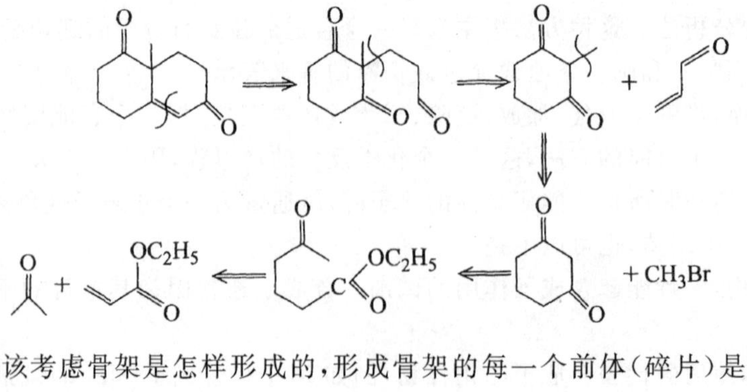

可见,首先应该考虑骨架是怎样形成的,形成骨架的每一个前体(碎片)是否带有合适的官能团。

2. 碳杂键先切断

一般,与杂原子相连的键不如碳碳键稳定,此键合成比较容易。一个复杂分子的合成,常将碳杂键的形成放在最后几步完成,这不仅避免碳杂键受早期反应的侵袭,而且可以选择较为温和的反应条件形成碳杂键,使已引入官能团免受伤害。合成方向后期形成的键,在逆向合成分析时应先行切断。

例如,设计目标分子 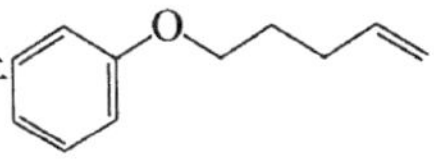 的合成路线。

分析:

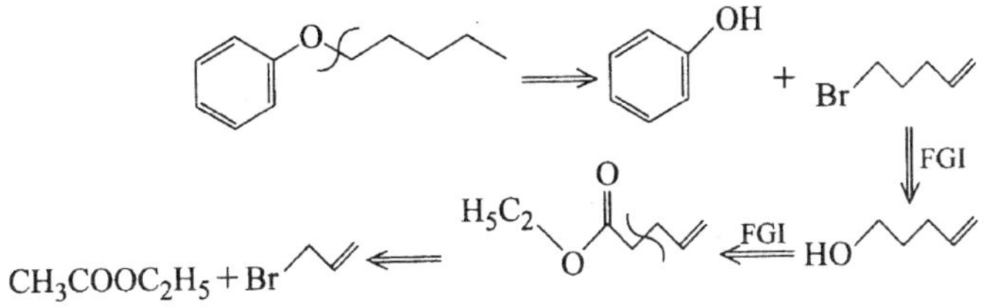

合成:

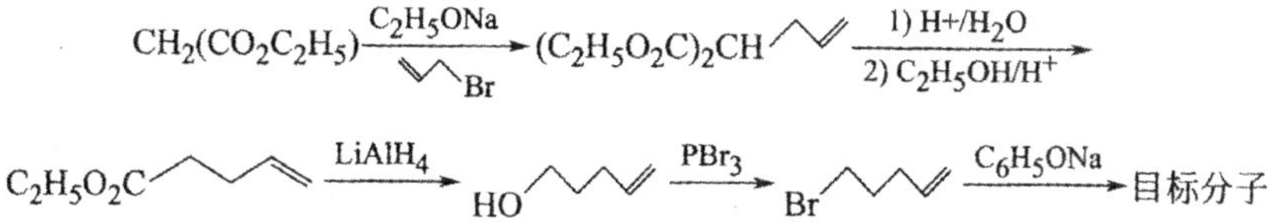

3. 目标分子活性部位先切断

目标分子中官能团部位和某些支链部位可先切断,这些部位是最活泼、也最易结合的地方。

例如,设计目标分子 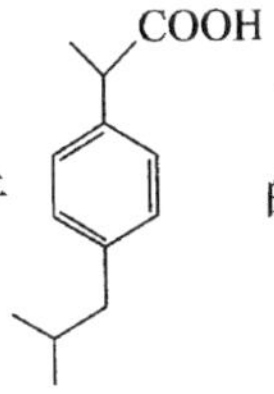 的合成路线。

分析:

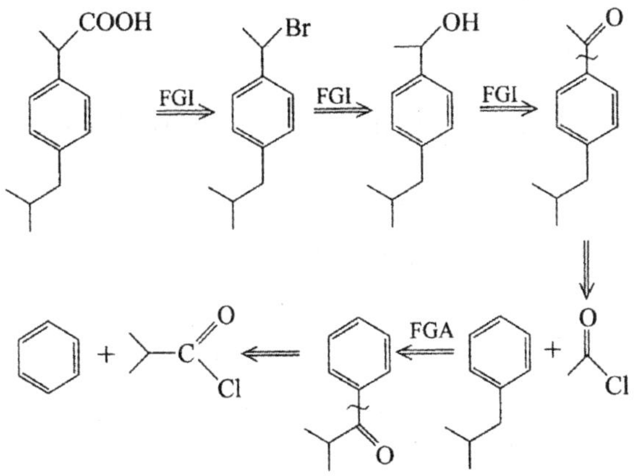

合成:

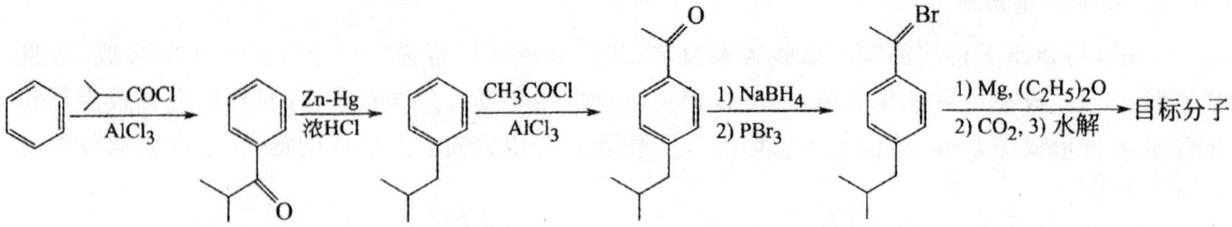

又如,设计目标分子 $CH_3-\underset{\underset{OH}{|}}{CH}-\underset{\underset{C_2H_5}{|}}{\overset{\overset{CH_3}{|}}{C}}-CH_2-OH$ 的合成路线。

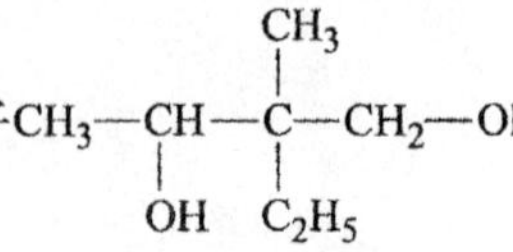

分析:

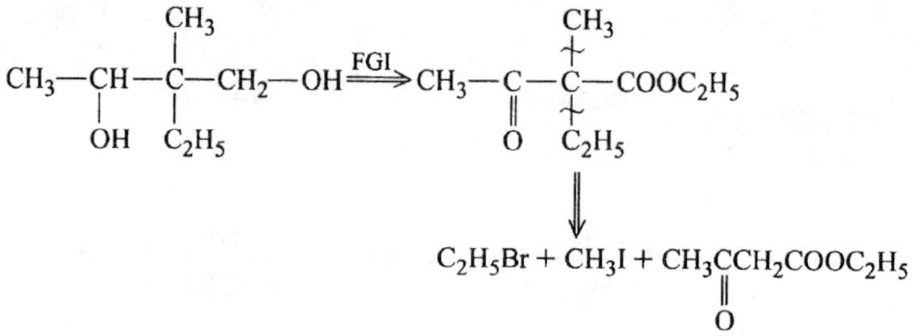

合成:

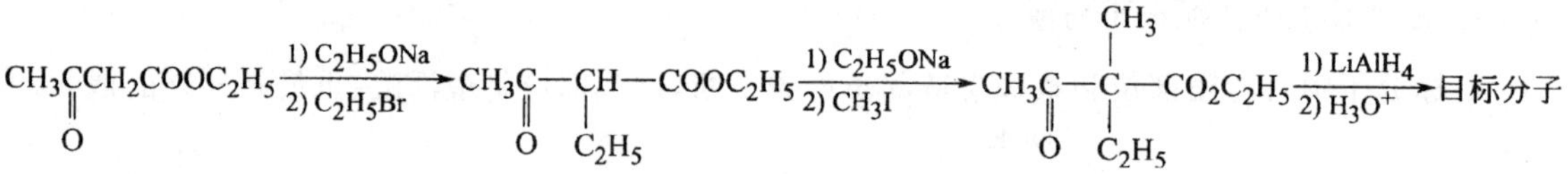

4. 添加辅助集团后切断

有些化合物结构上没有明显的官能团指路,或没有明显可切断的键,此时,可在分子的适当位置添加上某个官能团,以便找到逆向变换的位置及相应的合成子。不过在正向合成时,添加的这个官能团要容易除去。

例如,设计目标分子 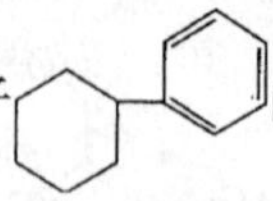 的合成路线。

分析:分子中无明显官能团可利用,但在环己基上添加双键可帮助切断。

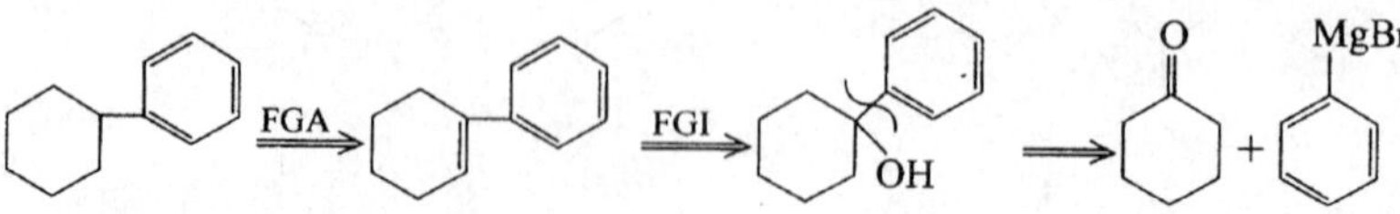

合成:

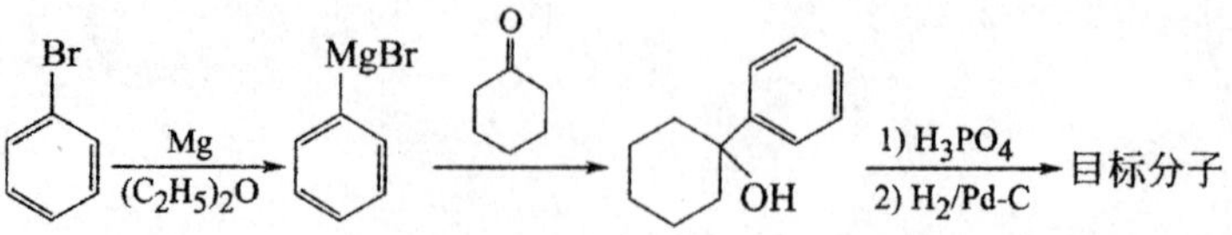

5. 先回推到适当阶段在切断

有些目标分子可直接切断,而有些却不可直接切断,或经切断后得到的合成子在正向合成时,无合适的方法连接。此时,应将目标分子回推至某一替代的目标分子,再进行切断。例如逆向合成:

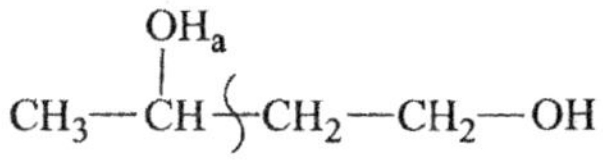

$$CH_3-CH\overset{OH_a}{|}CH_2-CH_2-OH$$

若从 a 处切断,所得两个合成子中—CH_2CH_2OH 无合成等效剂,如将目标分子变换成:

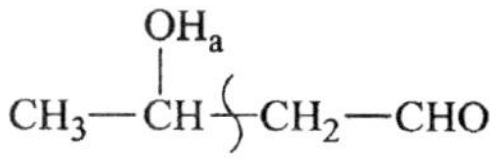

$$CH_3-CH\overset{OH_a}{|}CH_2-CHO$$

再在 a 处切断,即可由两分子乙醛经醇醛缩合方便地连接起来。

例如,设计目标分子的合成路线。

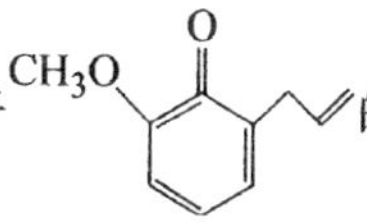

分析:苯环上羟基邻位有一烯丙基,在加热情况下烯丙基可自氧原子迁移到羟基的邻位,得到邻烯丙基酚。因此,可将目标分子回推到 2-甲氧基酚烯丙基醚,然后再进行逆向切断。

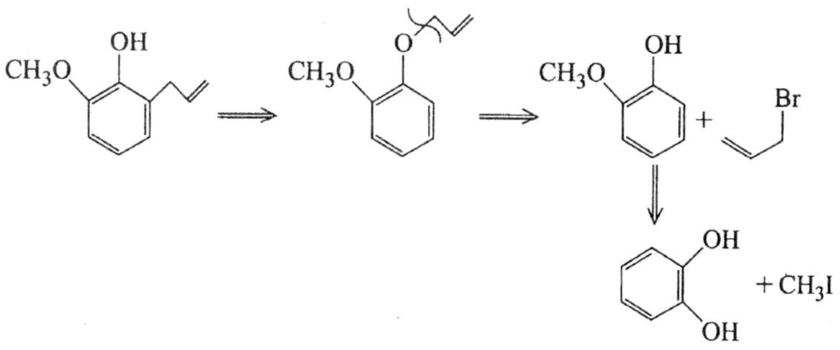

合成:

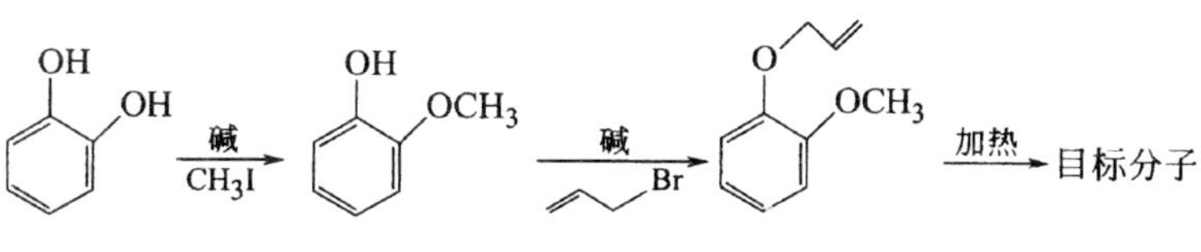

6. 利用分子的对称性

有些目标分子具有对称面或对称中心。利用分子的对称性可使分子结构中的相同部分同时接到分子骨架上,从而使合成问题得到简化。

例如,设计目标分子的合成路线。

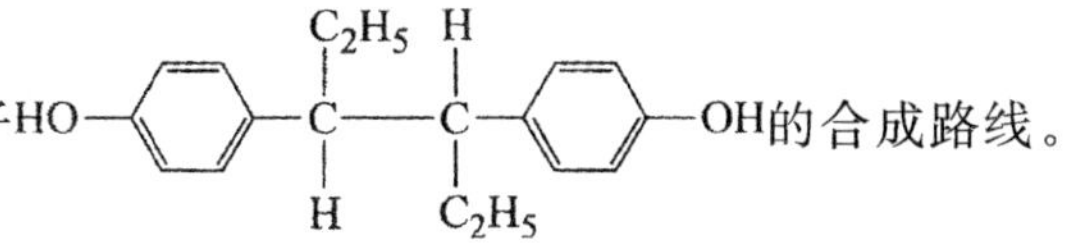

分析:

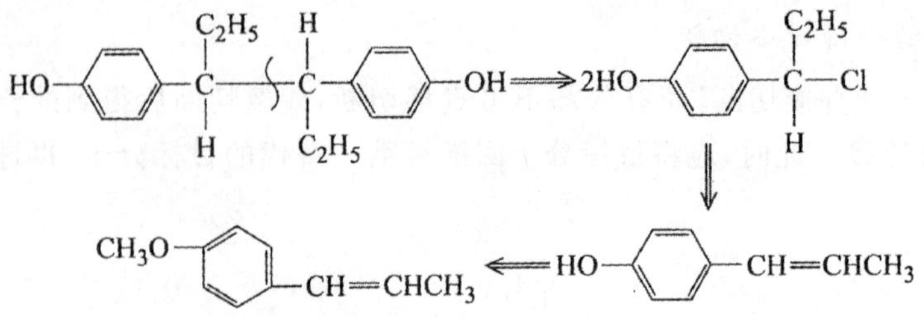

茴香脑

[以大茴香油(含茴香脑～80%)为原料]

合成：

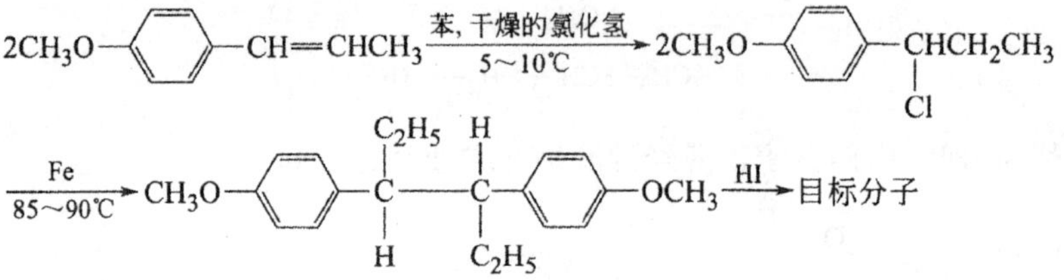

有些目标分子本身并不具有对称性，但是经过适当的变换和切断，即可得到对称的中间体，这些目标分子被认为是存在潜在的分子对称性。

例如，设计目标分子 $(CH_3)_2CHCH_2\overset{\overset{\displaystyle O}{\|}}{C}CH_2CH_2CH(CH_3)_2$ 的合成路线。

分析：分子中羰基由炔烃与水加成而得，则可以推得一对称分子。

$$(CH_3)_2CHCH_2\overset{\overset{\displaystyle O}{\|}}{C}CH_2CH_2CH(CH_3)_2 \xrightarrow{FGI} (CH_3)_2CHCH_2\{C\equiv C\}CH_2CH(CH_3)_2 \Longrightarrow 2(CH_3)_2CHCH_2Br + HC\equiv CH$$

合成：

$$HC\equiv CH + 2(CH_3)_2CHCH_2Br \xrightarrow[\text{液}NH_3]{NaNH_2} (CH_3)_2CHCH_2C\equiv CCH_2CH(CH_3)_2 \xrightarrow[HgSO_4]{\text{稀硫酸}} \text{目标分子}$$

8.2 典型化合物的逆向切断

8.2.1 逆向切断的原则

1. 应有合理的切断依据

正确的切断应以合理的反应机理为依据，按照一定机理进行的切断才会有合理的合成反应与之对应；切断是手段，合成才是目的，因此切断后要有较好的反应将其连接，例如：

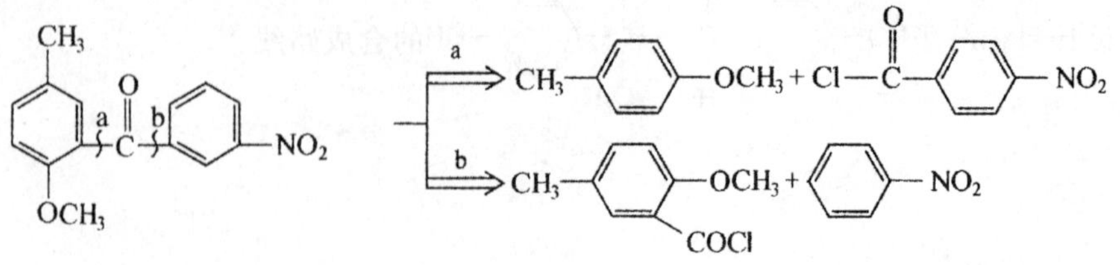

很显然,b 路线不可行,因为硝基苯很难发生付-克酰化反应。a 路线是合理的路线。按 a 路线还可往前推导:

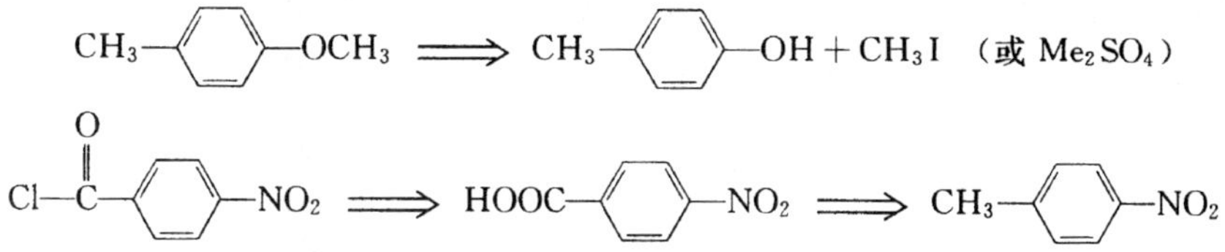

2. 应遵循最大程度简化原则

在目标分子 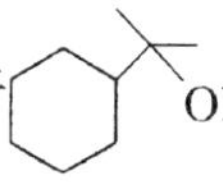 的合成中有两种可能:

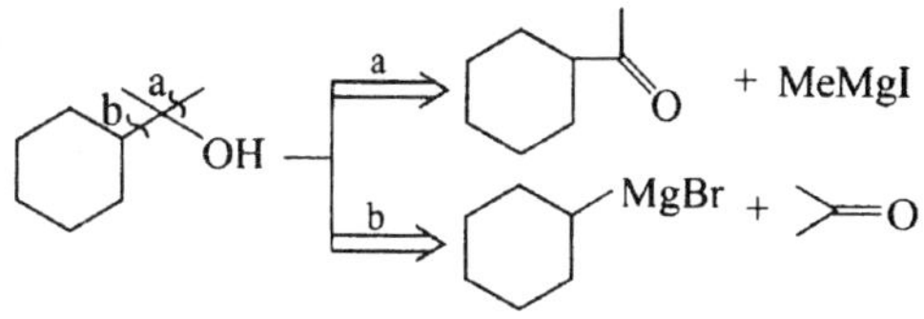

这两种可能的合成路线都具有合理的机理。但 a 路线切断一个碳原子后,留下的却是一个不易得到的中间体,还需要进一步的切断。b 路线将目标分子切断成易得的原料丙酮和环己基溴,所以 b 的合成路线较 a 短,符合最大简化原则,是较好的切断。

3. 应遵循原料易得原则

如果切断有几种可能时,应选择合成步骤少、产率高、原料易得的方案,例如:

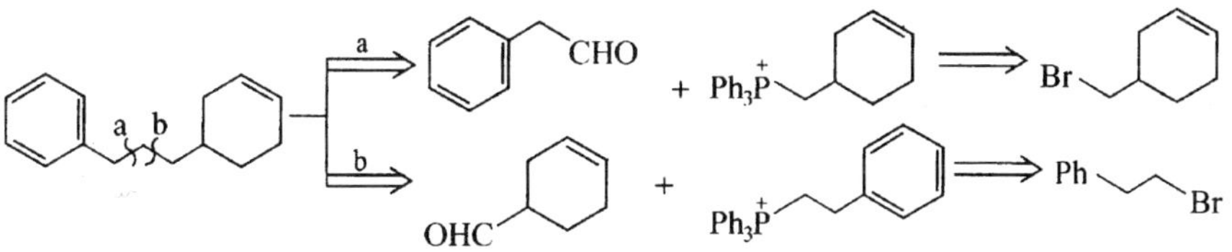

a 路线和 b 路线都可采用,但 b 路线原料较 a 路线原料易得,其合成路线为:

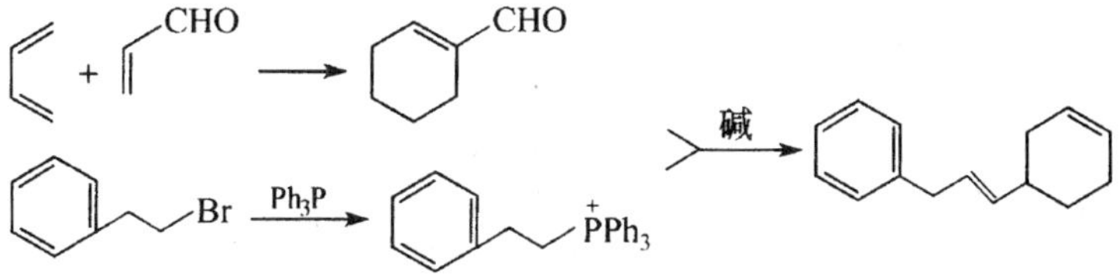

8.2.2　逆向切断的技巧

1. 关键化学键拆分

对目标分子的拆分,重要的一点是找出优先拆分的关键化学键,由此可以明显简化合成设计。

(1)环链结合点的拆分

通常从环链结合点拆分易得到简单的合成子。如前列腺素 E_2 的合成,如从 a 处拆分,则得到的合成子及相应的试剂、中间体并不比目标分子易得;但从 b 处进行拆分,显然简化了进一步的逆向合成工作,整个合成就顺利得多。

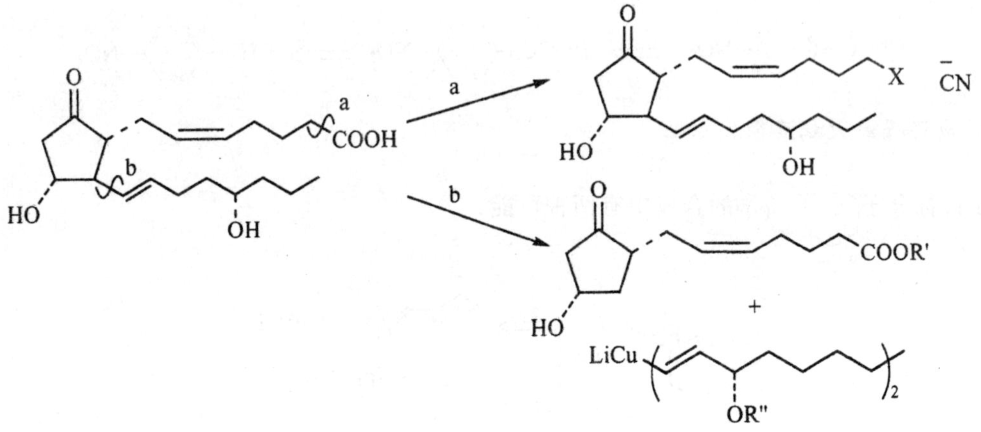

(2)桥环的拆分

桥环化合物的拆分一定要选好关键化学共价键,通常是选择探索性拆分桥环程度最大的键,但要注意尽量不要拆分大于七元的环系。例如,SatiVeno 的逆向合成如下所示:

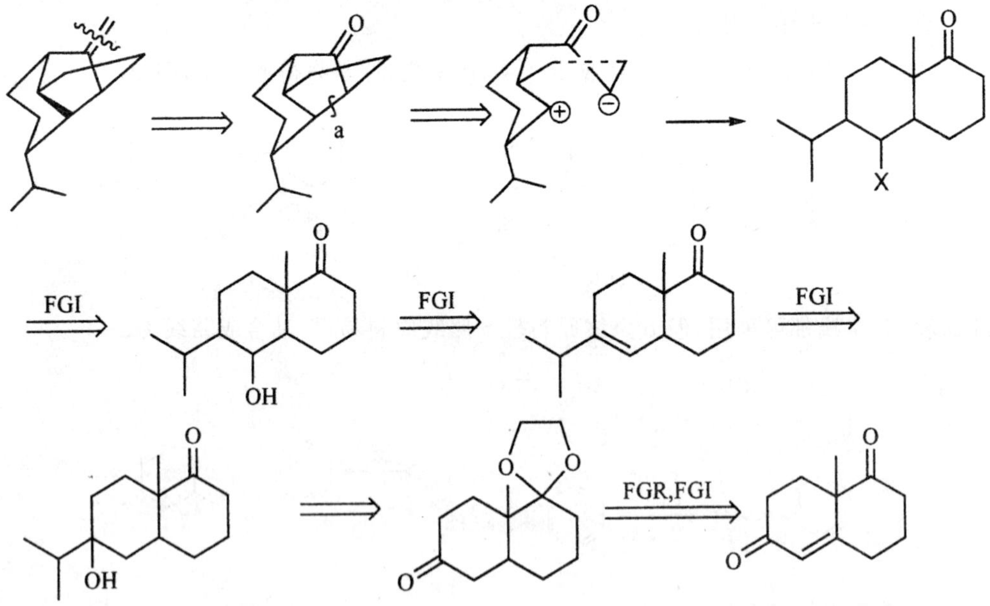

通过双环的拆分可获得可行的合成路线。

2. 只含碳碳单键

如果化合物中只含一种碳碳单键且只有一个官能团,在逆向合成中通常试行以下拆分方法:①紧接官能团切断;②在官能团的 α-或 β-碳之间切断;③在官能团的 β-碳与 γ-碳之间切断;④在碳链的支链接点处切断。

如果化合物只含碳碳单键,而两个带官能团的碳原子很接近(中间间隔不超过三个碳原子),最好在两个官能团之间切断。如果两个带官能团的碳原子相距甚近,则按上述含一个官能团的原则切断。

3. 只含碳碳双键

如果化合物含有碳碳双键,则考虑就从此处切断。如果是孤立的碳碳双键(非共轭),就联想到 Wittig 反应。如果有-M 基共轭,则可能是缩合反应,或者是稳定的叶立德的 Wittig 反应。如果双键的碳上含有氢,则最好从相应的炔烃着手来考虑。

4. 重排法

重排反应在有机合成中占有重要地位。巧妙地利用重排反应能合成通常难以达到的结构单元,并且具有很好的立体和区域选择性。例如,吴毓林利用 Cope 重排为关键反应完成了(一)-莪术二酮的合成:

另外,Claisen 重排是[3,3]σ 移位重排的一种,在复杂分子、天然产物合成中有广泛应用。

式中,R＝H、OEt、NR$_2$ 和烷基等。

8.2.3　典型化合物的逆向切断

1. 醇的逆向切断

醇羟基通过反应可以转变成含有其他官能团的各类化合物。

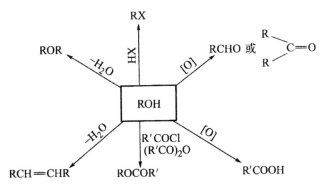

因此,在有机合成中也可以先合成醇,再通过官能团互换,进而合成其他化合物。

例如,氰醇和炔醇的合成。

分析：

$$\underset{\underset{CH_3}{CN}}{\overset{\overset{CH_3}{OH}}{C}} \Longrightarrow \underset{CH_3}{\overset{\overset{CH_3}{OH}}{C^+}} + CN^-$$

$$\underset{\underset{C_6H_5}{C\equiv CH}}{\overset{\overset{CH_3}{OH}}{C}} \Longrightarrow \underset{CH_3}{\overset{\overset{CH_3}{OH}}{C^+}} + {}^-C\equiv CH$$

CH^-、$CH\equiv C^-$ 都是稳定的负离子，他们的合成等效剂是氰化钠和乙炔：$\underset{CH_3}{\overset{\overset{CH_3}{OH}}{C^+}}$ 的合成等

效剂是丙醇。

合成：

$$\underset{CH_3}{\overset{CH_3}{C}}=O + NaCN \xrightarrow{H^+} \underset{CH_3}{\overset{\overset{CH_3}{OH}}{C}}CN$$

$$CH\equiv CH \xrightarrow[液氨]{Na} CH\equiv C^- Na + \xrightarrow{C_6H_5COCH_3} \underset{\underset{C_6H_5}{C\equiv CH}}{\overset{\overset{CH_3}{OH}}{C}}$$

通常情况下，取代基很少能给出稳定的负离子，此时可使用负离子的合成等效剂。

$$\underset{\underset{CH_3}{C_2H_5}}{\overset{\overset{C_6H_5}{OH}}{C}} \Longrightarrow \underset{CH_3}{\overset{C_6H_5}{C}}=O + C_2H_5^-$$

$C_2H_5^-$ 的合成等效剂是格氏试剂 C_2H_5MgBr 或 LiC_2H_5，碳锂键或碳镁键断裂电子归碳所有形成合成子 $C_2H_5^-$。

如果醇羟基碳上的基团由于一个是氢原子，合成子 H^- 的等效剂是负氢离子的给予体，$NaBH_4$ 或 $LiAlH_4$。

$$\underset{\underset{R'}{H}}{\overset{\overset{R}{OH}}{C}} \Longrightarrow \underset{R'}{\overset{R}{C}}=O + H^-$$

例如，设计目标分子 （环己烯 CH_2OH） 的合成路线。

分析：

$$（环己烯环 CH_2OH） \Longrightarrow 丁二烯 + \underset{}{\overset{COOC_2H_5}{}}$$

合成：

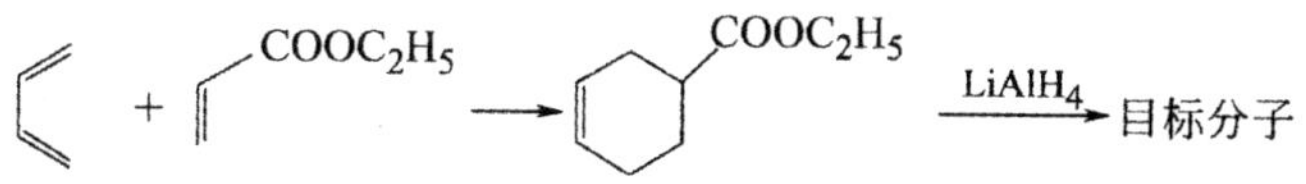

在合成醇衍生物时，一般先倒退到醇。

例如，设计目标分子 C_6H_5〜〜^{Br} 的合成路线。

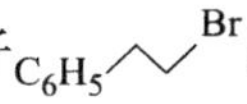

分析：

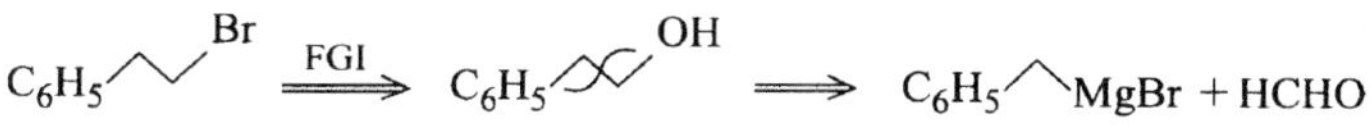

由于苄基格氏试剂容易产生自由基而引起聚合反应，故可采取另一种切断方法。

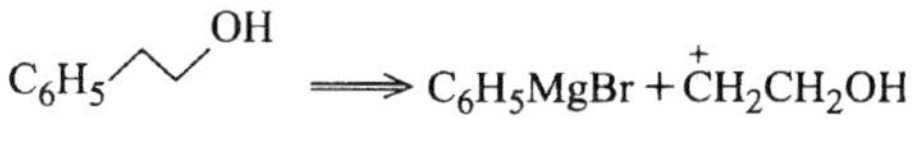

合成 $\overset{+}{C}H_2CH_2OH$ 的合成等效剂为环氧乙烷。

合成：

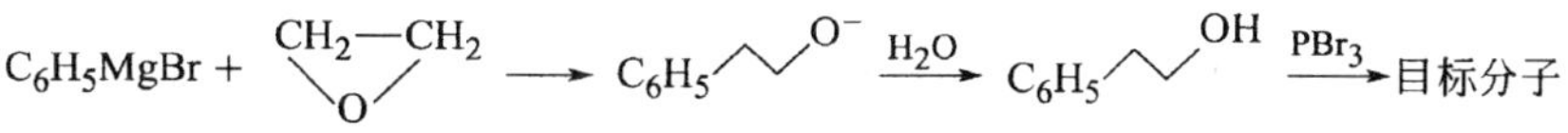

又如，设计目标分子 〉＝〜$_{C_6H_5}$ 的合成路线。

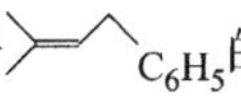

分析：先将目标分子倒退到醇，在双键处添加一羟基，有两种添加法。

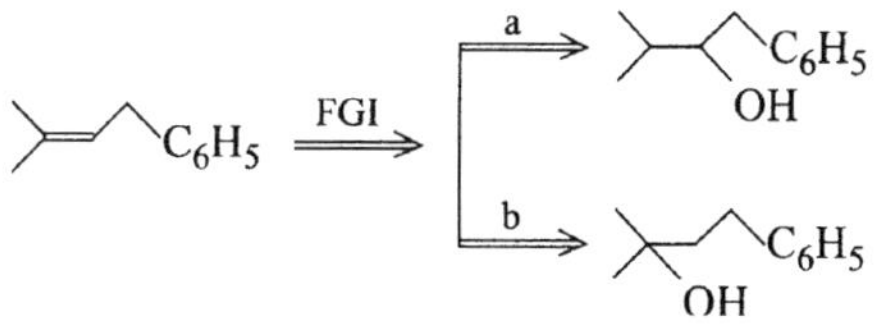

因醇脱水而制得烯烃。故有两条合成路线：

a.

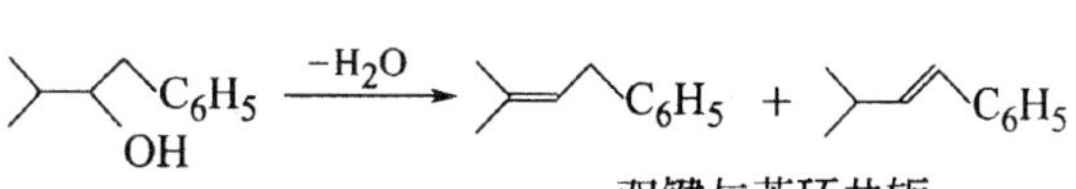

双键与苯环共轭

b.

非共轭烯烃

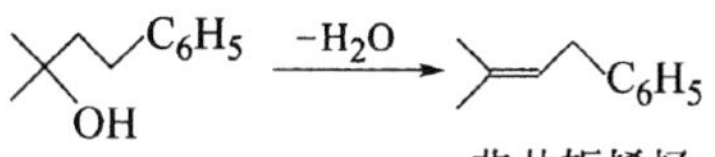

显然，应选择 b 路线。

合成：

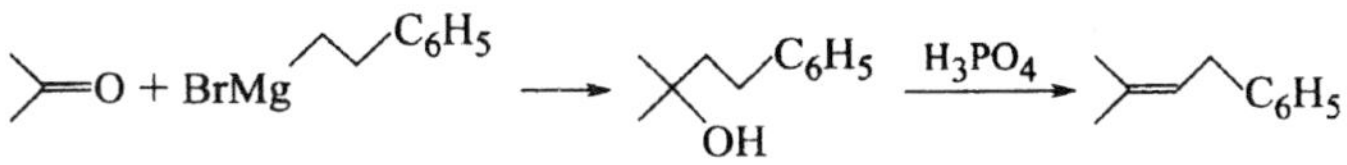

当目标分子完全没有官能团时，如饱和碳氢化合物，可以设想在某一合适点加一双键，此烯烃氢化即可得到烃类化合物，而此烯烃可倒退到醇。例如：

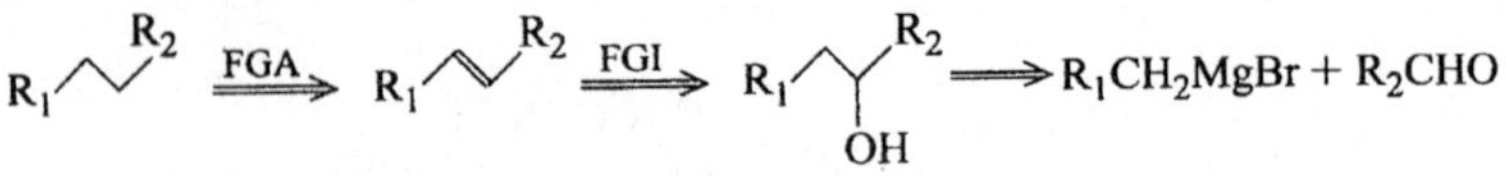

$$R_1 \diagdown R_2 \xrightarrow{\text{FGA}} R_1 \diagdown R_2 \xrightarrow{\text{FGI}} R_1 \diagdown \underset{\text{OH}}{\diagdown} R_2 \Longrightarrow R_1CH_2MgBr + R_2CHO$$

例如,设计目标分子 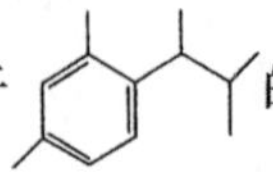 的合成路线。

分析:

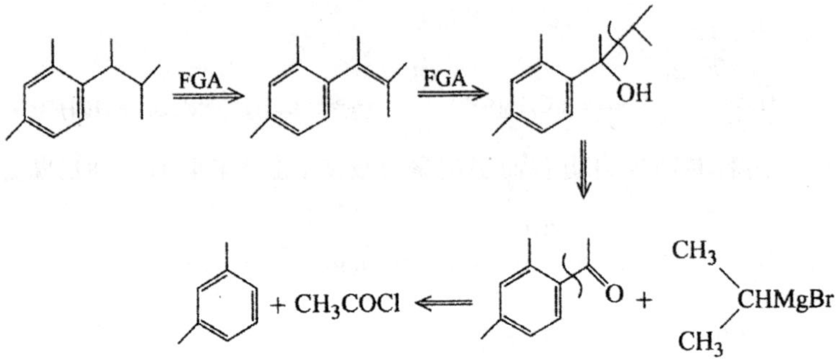

合成:

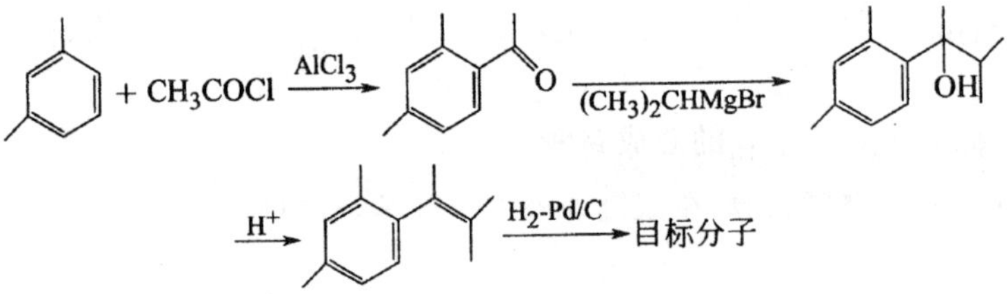

2.β-羟基羰基和 α,β-不饱和羰基化合物的逆向切断

当一个分子中含有两个官能团时,切断方法最好是同时利用这两个官能团的相互关系。例如,下列化合物可看做是一个醇,并利用其和羰基的互相关系指导切断。

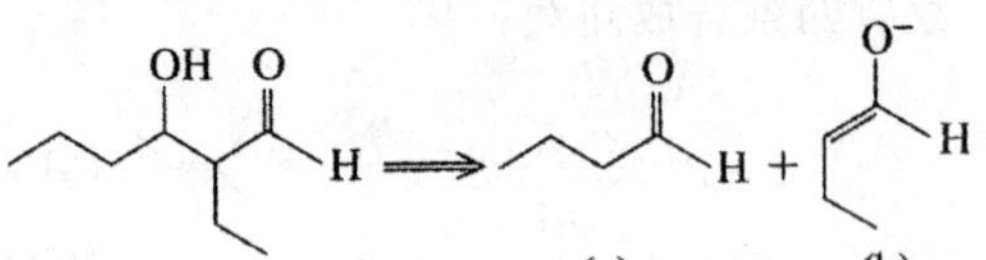

负离子(b)恰好是羰基化合物(a)的烯醇负离子,(a)在弱碱下则转化成负离子(b),β-羟基羰基化合物由醇醛缩合而得。

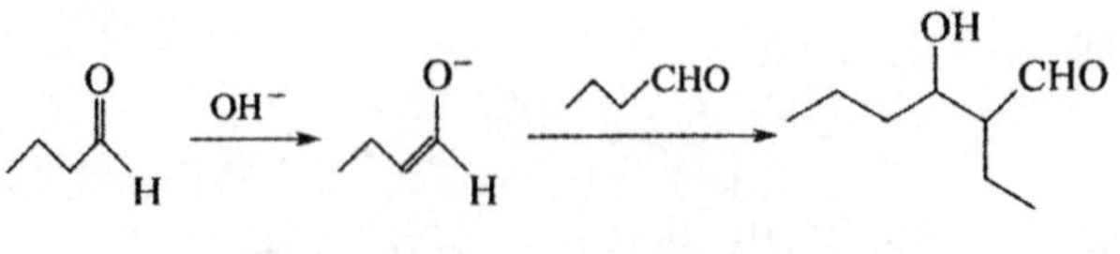

α,β-不饱和羰基化合物可由 β-羟基羰基化合物脱水得到。

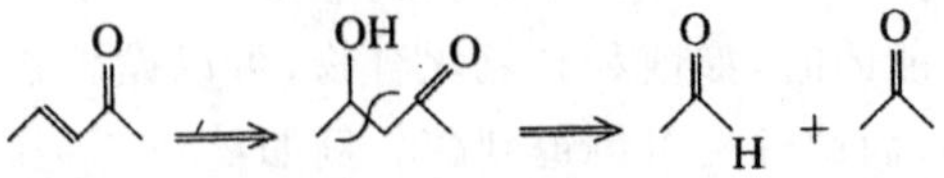

例如,设计目标分子

$$\text{（结构式：环己酮上连接 } -\overset{OH}{\underset{C_6H_5}{C}}-\overset{O}{C}-C_6H_5\text{）}$$

的合成路线。

分析:

$$\text{（拆解反应式：环己酮 + } C_6H_5\overset{O}{C}-\overset{O}{C}C_6H_5\text{）}$$

$$\Downarrow \text{FGI}$$

$$2C_6H_5CHO \Longleftarrow C_6H_5-\overset{OH}{\underset{O}{C}}-C_6H_5$$

合成:

$$2C_6H_5CHO \xrightarrow{KCN} C_6H_5-\overset{OH}{\underset{O}{C}}-C_6H_5 \xrightarrow{HNO_3} H_5C_6-\overset{O}{C}-\overset{O}{C}-C_6H_5 \xrightarrow[\text{碱}]{} \text{目标分子}$$

2mol 醛缩合,1mol 醛提供羰基,另 1mol 醛提供 α-活泼氢。故凡能使 α-氢活化的具有强吸电子基团的化合物,均适用于本反应。例如:

$$CH_3CH_2CH_2CHO + CH_3NO_2 \xrightarrow{KOH/H_2O} CH_3CH_2CH_2\overset{OH}{CH}-CH_2NO_2$$

β-羟基醛或酮 α-氢活泼,脱水生成 α,β-不饱和羟基化合物。在浓氢氧化钠或氢氧化钾水溶液中,芳醛和含两个 α-氢原子脂肪醛或酮缩合,生成 α,β-不饱和醛或酮。在仲胺催化剂存在下,醛或酮与含有活泼亚甲基的丙二酸酯、氢乙酸酯、乙酰乙酸乙酯等脱水缩合,也生成 α,β-不饱和羰基化合物。

$$ArCHO + R'CH_2COR \xrightarrow{KOH} Ar\overset{OH}{CH}-\overset{R'}{CH}-\overset{O}{C}R \longrightarrow ArCH=\overset{R'}{C}-\overset{O}{C}R$$

$$ArCHO + CH_2(COOC_2H_5)_2 \xrightarrow[\text{甲苯}]{\text{HN（哌啶）}} ArCH=C(COOC_2H_5)_2$$

以上两类反应的共同特点是:

$$\overset{}{\underset{}{C}}=O + -CH_2-\overset{O}{C} \longrightarrow \overset{}{\underset{}{C}}=\overset{}{C}-\overset{O}{C}$$

因此,α,β-不饱和羰基化合物可按如下方法切断拆开。

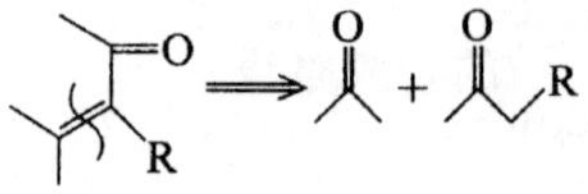

3. 1,4 二羰基化合物的逆向切断

1,4 二羰基化合物可由 α-卤代酮或 α-卤代羧酸酯与含有 α-活泼氢的羰基化合物作用而得。

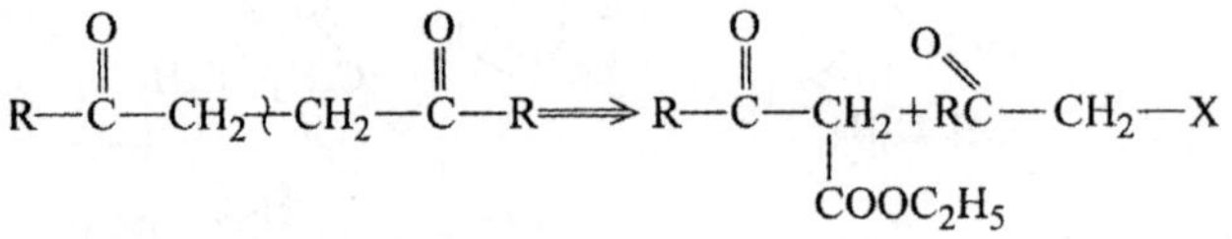

最简单的 1,4 二羰基化合物是丙酮基丙酮,若将它的结构中间切开,则得到以 A 负离子和 B 正离子。

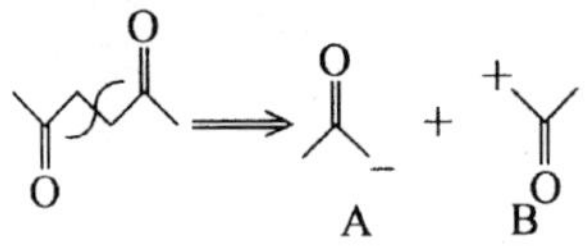

A 负离子是合成中提供 α-氢的亲核试剂,丁酮酸酯是其合成等效剂;B 正离子是一个亲电试剂,α-溴代丙酮是其合成等效剂。合成反应如下:

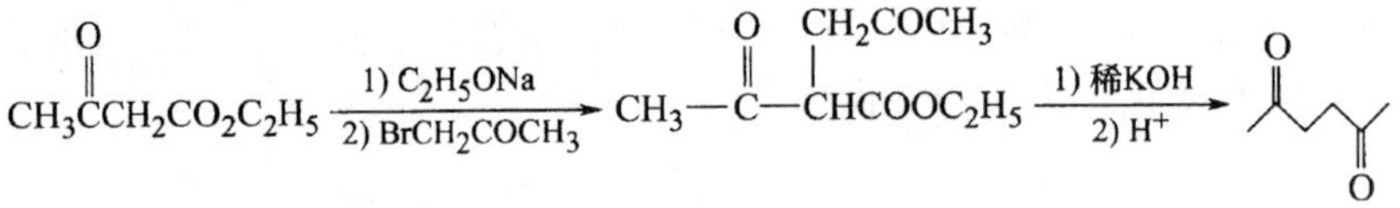

如果含 α 活泼氢的羰基化合物是普通的醛、酮,在醇钠作用下与 α-卤代酸酯,发生达村斯缩合反应,得到 α,β-环氧酸酯,例如:

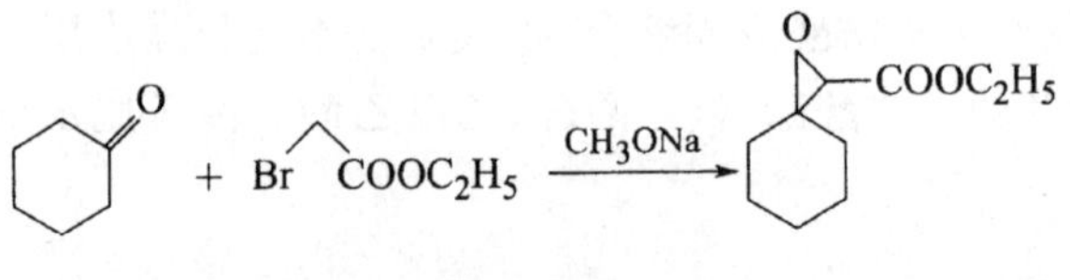

若要使环己酮与溴乙酸乙酯作用,生成所需要的 α-环己酮基乙酸乙酯,必须将其转变成它的烯胺,即 α,β-不饱和胺。

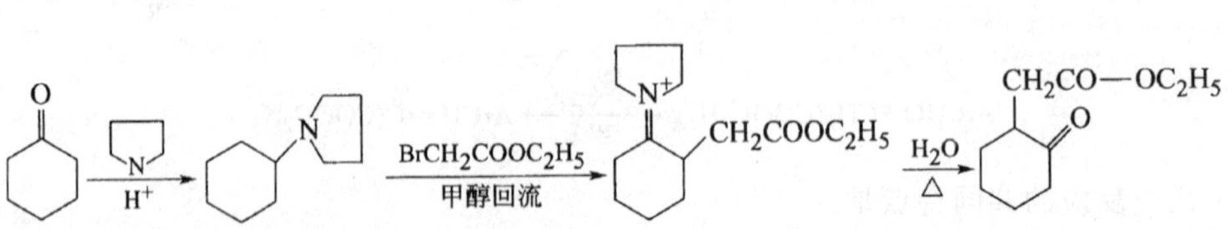

烯胺是非常有用的有机合成中间体,由于烯胺 β-碳原子上有负电荷可为亲核试剂,故可与烷基卤、酰基卤及亲电的烯烃反应。

烯胺的制备常用含 α-氢的醛或酮与仲胺缩合。酮,一般直接生成烯胺;醛,先生成缩醛 N-类似物,蒸馏时转变成烯胺。醛衍生的烯胺,不如有酮衍生的烯胺稳定;醛、酮与无环仲胺生成的烯胺不及与环状仲胺生成的稳定。常用环状仲胺有吡咯、哌啶和吗啉。

例如,设计目标分子 =O的合成路线。

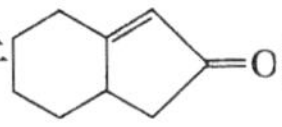

分析:

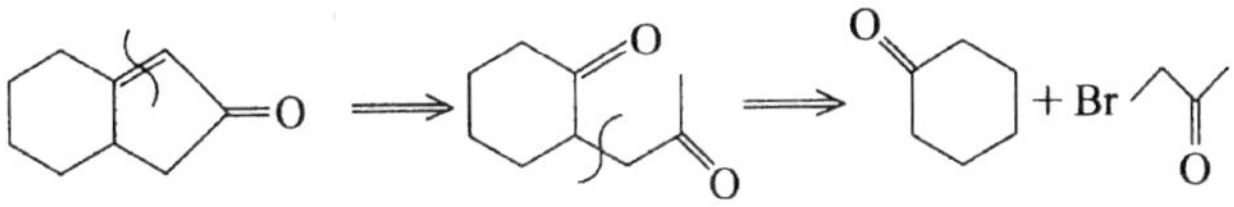

合成:

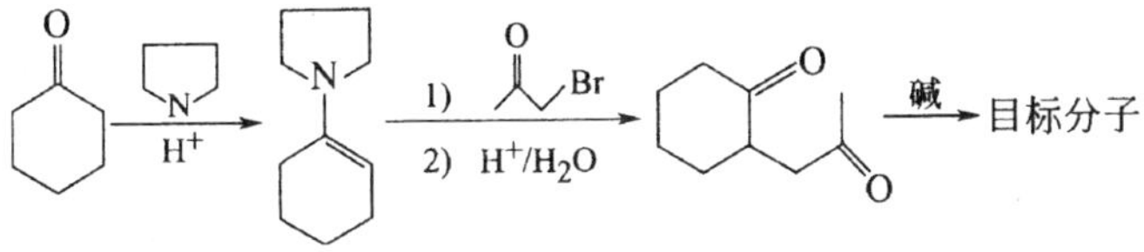

此外,还有 1,3-、1,5-及 1,6-二羰基化合物的逆向切断可参与有关资料。

8.3　导向基与保护基

8.3.1　导向基及其应用

导向基也称为控制基,其作用是将反应导向在指定的位置。例如,间溴甲苯的合成。

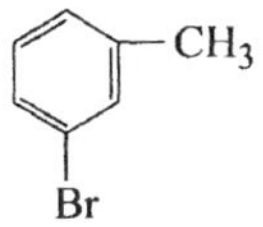

显然,甲苯是合成间溴甲苯的起始原料,甲基是邻对位定位基,甲苯溴化是得不到间溴甲苯的,在甲苯的对位上暂时引入一个强的邻、对位定位基如氨基,使溴进入其邻位,待溴化反应完成后,再将氨基除去。即

引入　—H $\longrightarrow$ —NO$_2$ $\longrightarrow$ —NH$_2$

除去　—NH$_2$ $\longrightarrow$ —N$_2^+$ HSO$_4^-$ $\longrightarrow$ —H

然而氨基是个很强的邻、对位定位基,在芳环上的亲电取代反应中容易生成二取代物。合成要求在芳环上氨基的邻位引入一个溴原子,故氨基需要控制其活化效应。方法是在氨基的氮原子上引入乙酰基,酰化后的氨基仍是个邻、对位定位基,但其邻、对位定位效应降低了。间溴甲苯的合成路线如下:

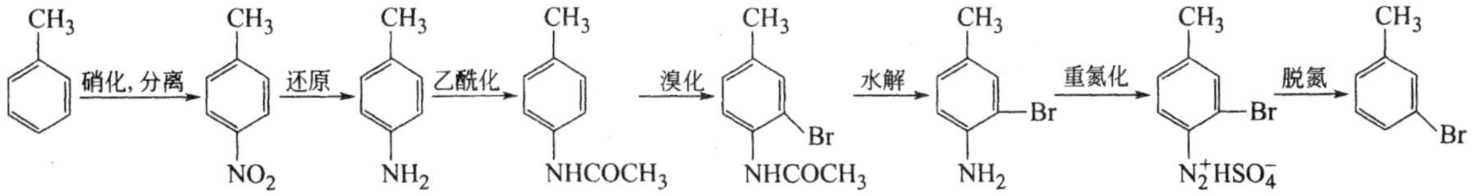

间溴甲苯合成中,氨基和乙酰氨基都是导向基。根据导向基的作用,分为三种形式。

1. 活化导向

这是应用最多的导向形式,即在分子中引入活化基,活化特定位置。

例如,设计目标分子 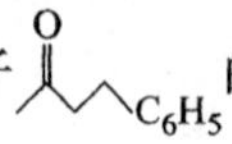 的合成路线。

分析:

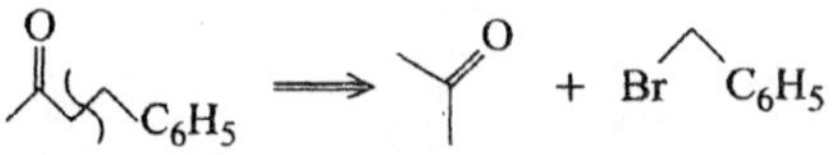

若以丙酮为原料,由于丙酮羰基两侧的 α-氢的活泼性相同,反应中将会产生对称的二苄基丙酮等副产物。

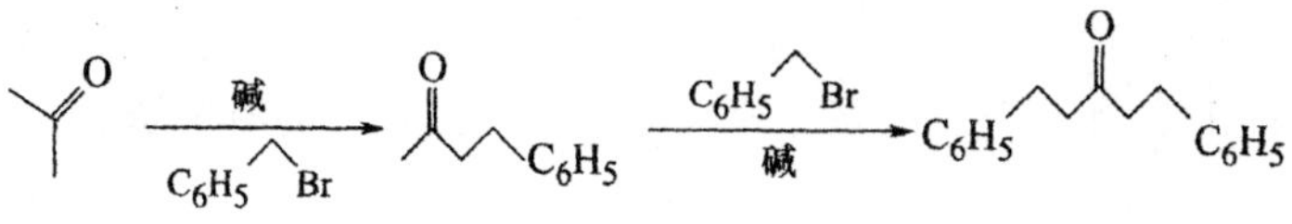

解决的办法是引入乙酯基,使羰基两旁的 α-碳上氢原子的活性有较大的差异。所以合成所用原料是乙酰乙酸乙酯,而不是丙酮。待引入苄基后,再将酯水解成酸,利用 β-酮酸易于脱羧的特性将活化基去掉。

合成:

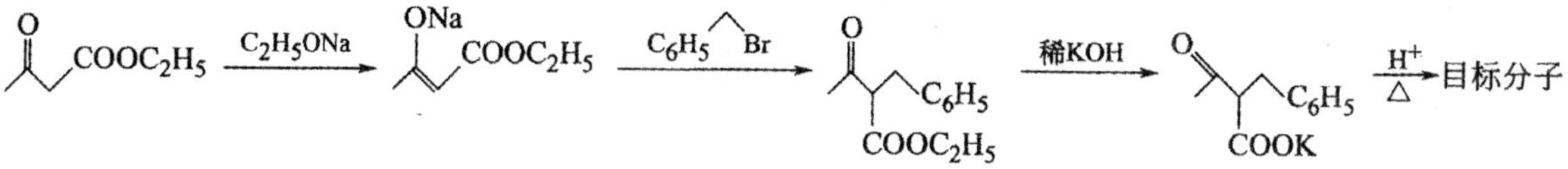

又如,设计目标分子 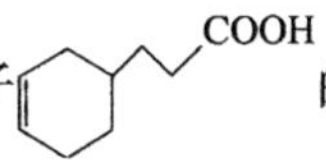 的合成路线。

分析:

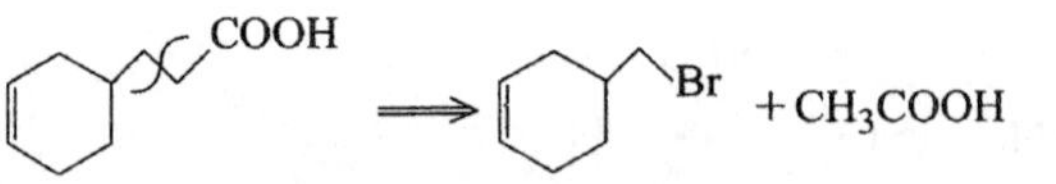

若按上述逆向切断所得的合成子乙酸的 α-氢不够活泼,为使烷基化在 α-碳上发生,需要引入乙酯基使 α-氢活化。于是,用丙二酸二乙酯为原料。反应完成后将酯基水解成羧基,再利用两个羧基连在同一碳上受热容易脱去 CO_2 的特性将活化基除去。

合成:

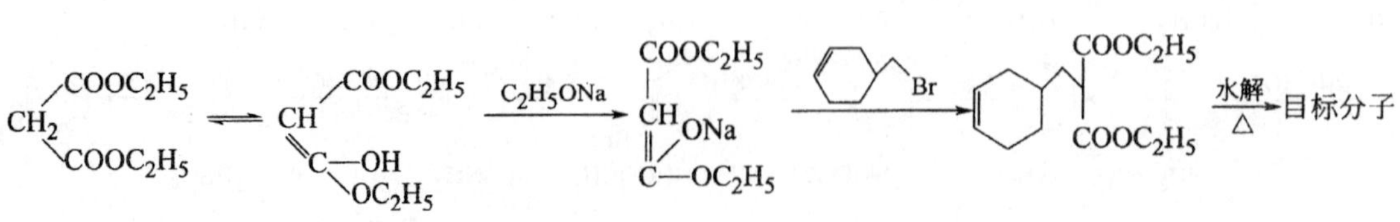

再如,设计目标分子 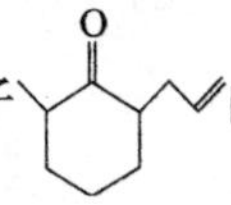 的合成路线。

分析:

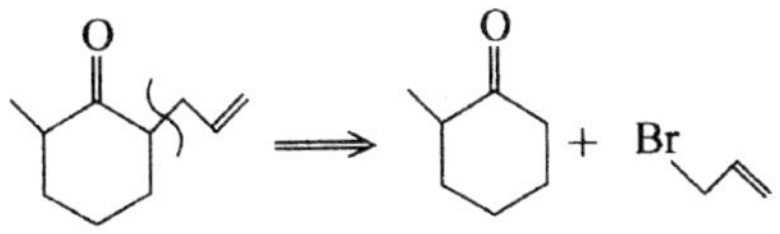

可以预料,当 α-甲基环己酮与烯丙基溴作用时,会生成混合产物,所以可以引入甲酰基活化导向控制反应的进行。

合成:

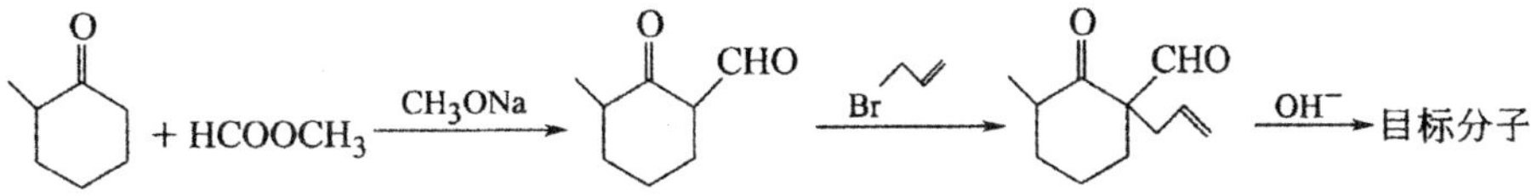

2. 钝化导向

活化可以导向,钝化也可以导向。例如,间溴甲苯的合成,为避免生成双溴取代产物,必须将氨基的活化效应降低,通过在氨基上引入乙酰基而达到单溴取代目的,即钝化氨基的作用。溴化后,通过水解除去乙酰基,得到目标分子。

例如,设计目标分子 C_6H_5NH⌒⌒ 的合成路线。

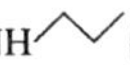

分析:

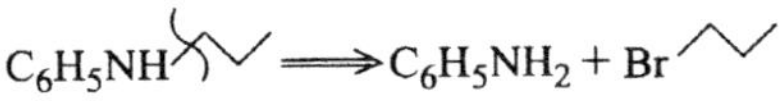

$$C_6H_5NH \diagup\diagdown \Longrightarrow C_6H_5NH_2 + Br \diagup\diagdown$$

目标分子若按上述切断法切断,效果不好,因为产物比原料的亲核性更强,不能防止多烷基化反应的发生。

$$C_6H_5NH_2 \xrightarrow{RBr} C_6H_5NHR \xrightarrow{RBr} C_6H_5NR_2 \longrightarrow 季铵盐$$

解决的办法是利用胺的酰化不会产生多酰化合物,得到的酰胺可用氢化铝锂还原为所需要的胺。所以目标分子应按下述逆推切断。

分析:

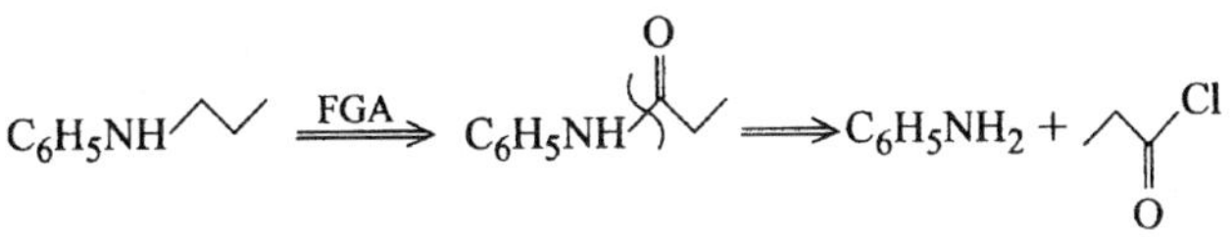

合成:

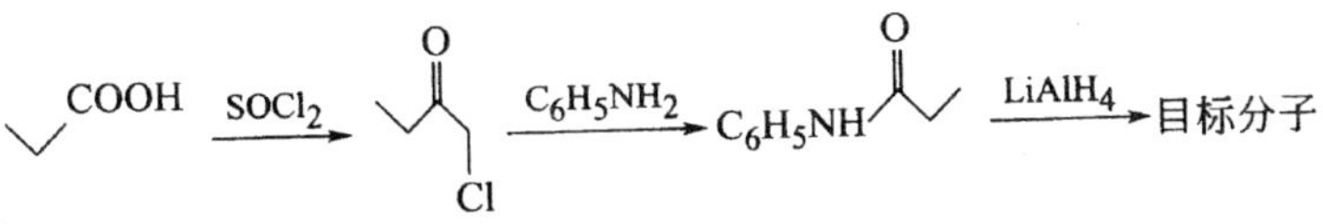

3. 封闭特定位置进行导向

对同一反应,有些反应物存在若干个活性部位,可引入基团将其中部分活性部位封闭起来,以阻止不需要的反应发生,这些基团称作阻断基。阻断基可在预定反应完成后再将其除去。苯环上亲电取代反应中,常引入磺酸基、羧基、叔丁基等作为阻断基。

例如,设计目标分子 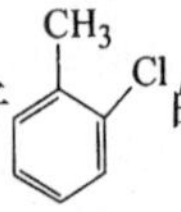 的合成路线。

分析:甲苯氯化时生成邻氯甲苯和对氯甲苯的混合物,它们的沸点相近(分别为 159℃ 和 162℃),分离困难。为此,合成时可先将甲苯磺化,将对位封闭起来,然后氯化,氯原子只能进入邻位,最后水解,脱去磺酸基,就可以得到纯净的邻氯甲苯。

合成:

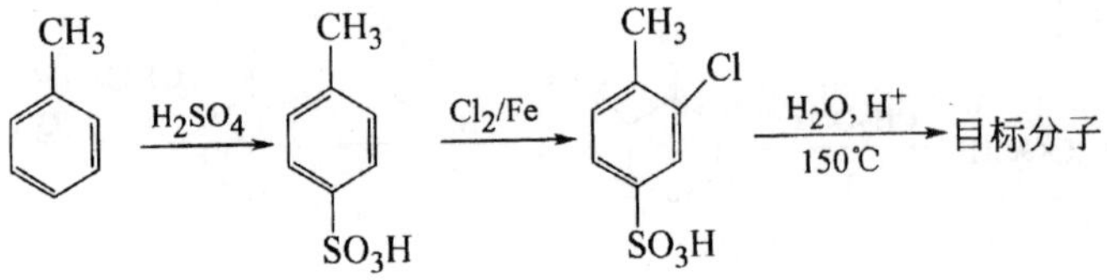

又如,设计 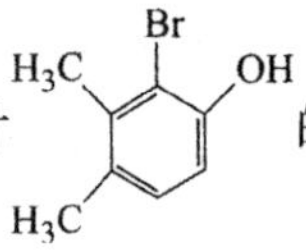 的合成路线。

分析:

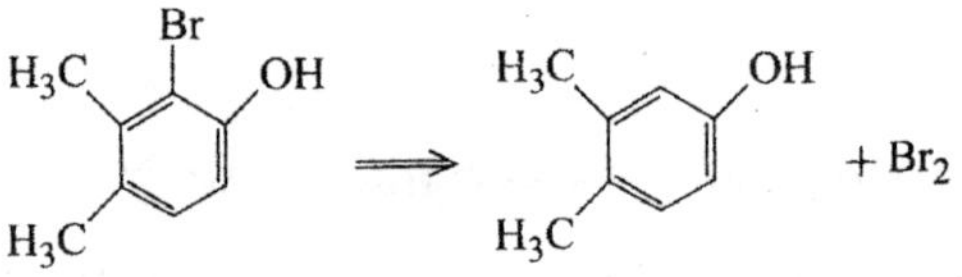

3,4-二甲基苯酚的羟基有两个邻位,其 6-位比 2-位更容易发生溴化反应,而合成要求在 2-位上引入溴原子。为此,可用羧基将 6-位封闭起来,再进行溴化。

合成:

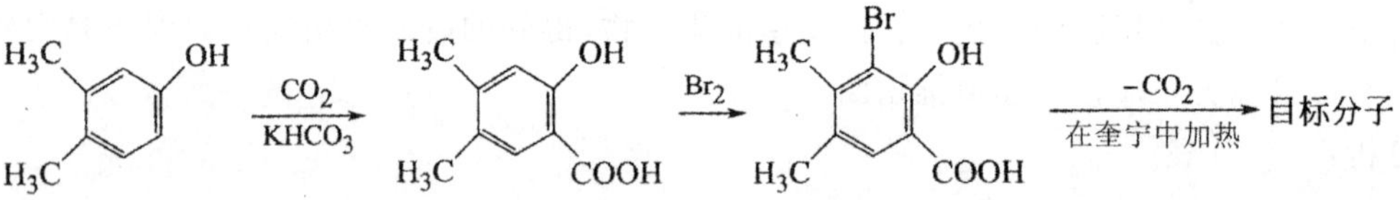

再如,设计目标分子 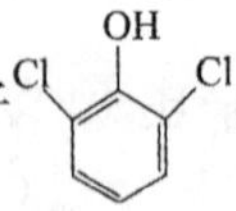 的合成路线。

分析:在苯环上的亲电取代反应中,羟基是邻、对位定位基。要在羟基的两个邻位上引入氯原子,需要事先将羟基的对位封闭起来。以空间位阻较大的叔丁基为阻断基,不仅可以阻断其所在的部位,而且还能封闭其左右两侧,同时它还容易从苯环上除去而不影响环上的其他基团。

合成:

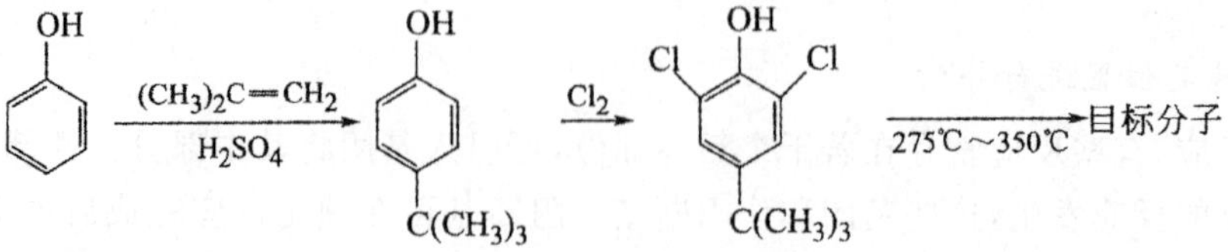

8.3.2　官能团保护

在合成过程中,目标分子如果是一个多官能团的化合物,常常只需要在一个官能团上发生反应,而另一个官能团保持不变。为了达到这个目的,主要采用两种方法:一种是使用选择性试剂或控制反应条件。例如不饱和醛的还原,若要只还原醛基而不还原双键,则采用 $NaBH_4$ 或 $LiAlH_4$ 这样的还原剂。另一种方法是将不希望发生反应的官能团用某种试剂保护起来,当反应结束后,再除去这个试剂,而原来的这个基团能够容易再生,改变官能团的这种试剂称为保护基。

一般来讲,一个理想的保护基应具有如下特点:

① 该基团应该能在温和条件下引入到所需保护的分子中。

② 该基团与被保护基团形成的结构能够经受住所要发生的反应。

③ 该基团在不损坏分子其他结构的条件下容易除去。

1. 醇的保护

醇羟基存在易氧化、易烷基化、易酰基化及易失水等特性,所以需要加以保护。常用的保护方法为将其转换成混合型缩醛(缩醛对碱、格氏试剂、$LiAlH_4$、$NaOEt$、CrO_3 等稳定)。

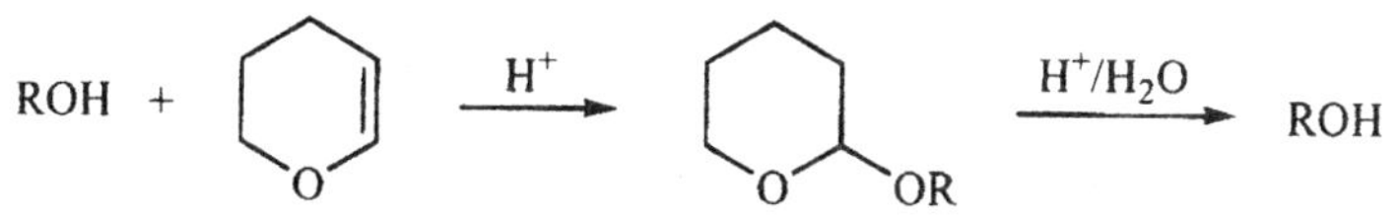

此外,还可以将其转换成醚或酯。

例如,设计分子 $HOCH_2C{\equiv}CCOOH$ 的合成路线。

合成:

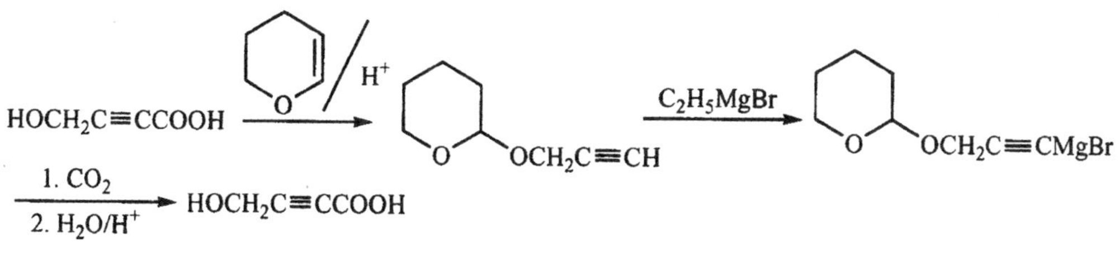

$$\xrightarrow[\text{2. }H_2O/H^+]{\text{1. }CO_2} HOCH_2C{\equiv}CCOOH$$

2. 胺的保护

与羟基一样,氨基因为存在容易被氧化、烷基化和酰基化等特性,所以可采用酰基化方法加以保护。

$$R{-}NH_2 \xrightarrow{CH_3COCl} RNHCOCH_3 \xrightarrow{H^+ \text{或} OH^-} RNH_2$$

也可以将胺转化成磺酰胺、盐或苄胺等。

例如,设计分子 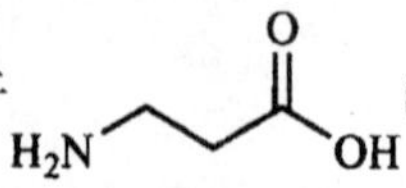 的合成路线。

分析:

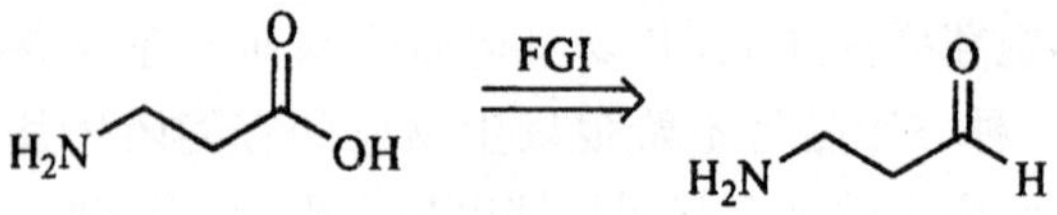

合成:

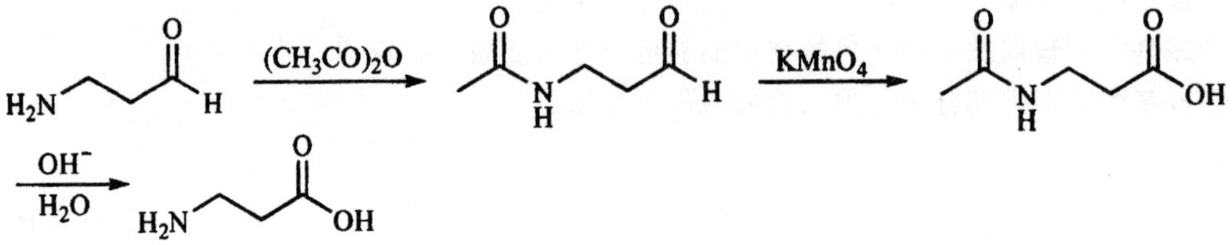

3. 羰基的保护

保护羰基最重要的方法是形成缩醛和缩酮。

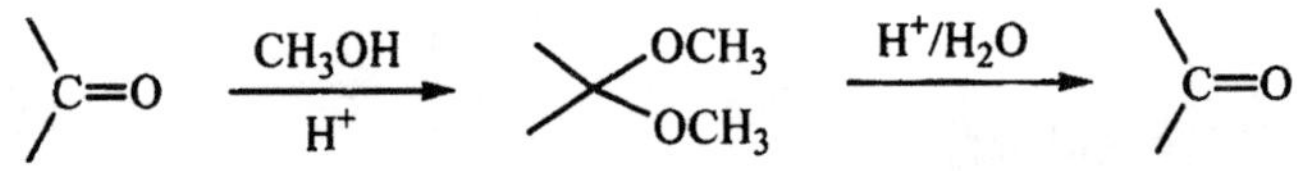

二甲基及二乙基缩醛和缩酮对碱和还原剂,以及在中性和碱性条件下除去 O_3 以外的所有氧化剂及格氏试剂都稳定,但对酸不稳定。

环状缩醛和缩酮比无环的更稳定。

例如,设计分子 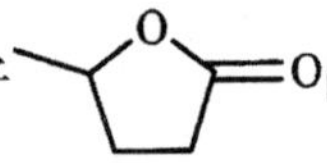 的合成路线。

分析:

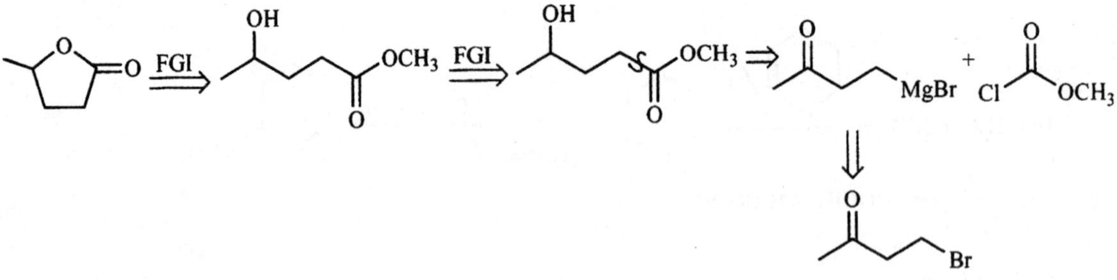

从以上分析可见,欲完成该反应,羰基必须被保护。

合成:

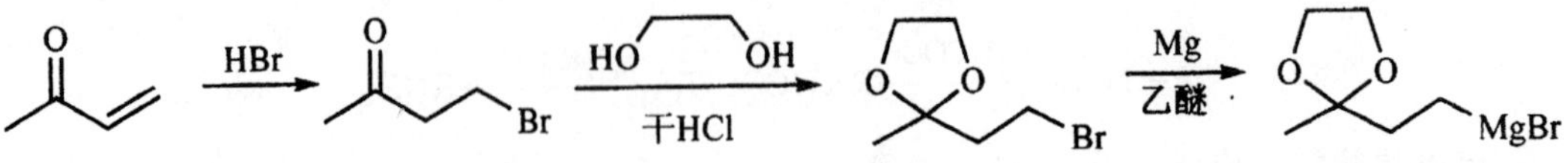

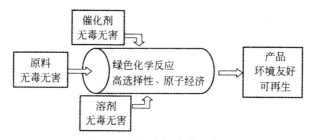

4. 双键的保护

由于双键易加成和氢化,因此,可将其转化成稳定的单键化合物。常见的是转化成邻二卤代物或环氧化物的方法。

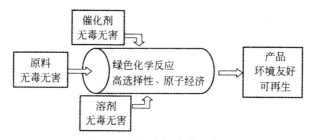

5. 羧基的保护

羧酸的保护方法一般是将其转变成酯,如叔丁酯、苄酯或甲酯等。除去保护基的方法是在强碱(酸)下水解。

8.4　绿色有机合成的途径

绿色有机合成主要包括原料、化学反应、溶剂、产品的绿色化,如图 8-1 所示。

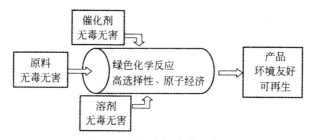

图 8-1　绿色有机合成示意图

有机合成实现绿色化的途径如下:

①从源头上防止污染,减少或消除污染环境的有害原料、催化剂、溶剂、副产品以及部分产品,代之以无毒、无害的原料或生物废弃物进行无污染的绿色有机合成。

②采用"原子经济性"评价合成反应,最大限度地利用资源,减少副产物和废弃物的生成,实现零排放。

③设计、开发生产无毒或低毒、易降解、对环境友好的安全化学品,实现产品的绿色化。

④设计经济性合成路线,减少不必要的反应步骤。

⑤使用无害化溶剂和助剂。

⑥设计能源经济性反应,尽可能采用温和反应条件。

⑦尽量使用可再生原料,充分利用废弃物。

⑧采用高效催化剂,减少副产物和合成步骤,提高反应效率。

⑨避免分析检测使用过量的试剂,造成资源浪费和环境污染;

⑩采用安全的合成工艺,防止和避免泄漏、喷冒、中毒、火灾和爆炸等意外事故。

　　绿色有机合成的途径,需从原料到产品、从工艺过程到技术方法,实现环境无害化、原子经济性,即使合成原料和反应试剂绿色化;使用高效、无毒、高选择性催化剂;使用无毒、无害、绿色的溶剂或无溶剂反应;采用清洁的反应方式;采用高效合成方法;充分利用可再生的生物质资源;以原子经济理念、借助计算机进行有机合成设计,使合成流程绿色化。

8.4.1　合成原料和试剂绿色化

　　芳胺及其衍生物是有机合成中间体或原料,用于合成医药、染料、农药、橡胶助剂等精细化学品。传统合成方法涉及硝化、还原、胺解等反应,所用试剂、涉及中间体和副产物,多为有毒、有害物质,例如:

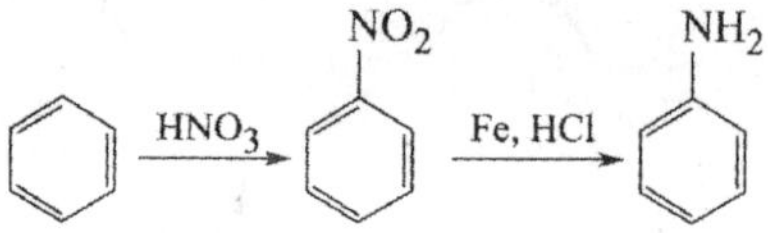

或

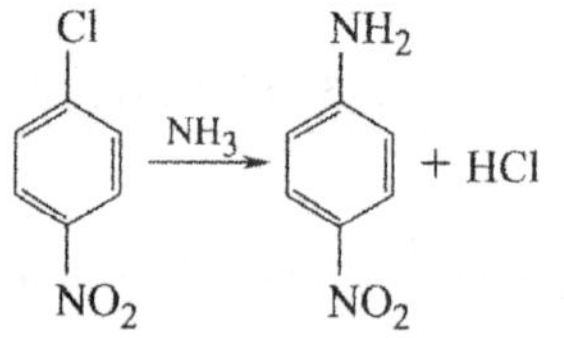

　　芳烃催化氨基化合成芳胺,其原料易得,原子利用率达 98%,氢是唯一的副产物。

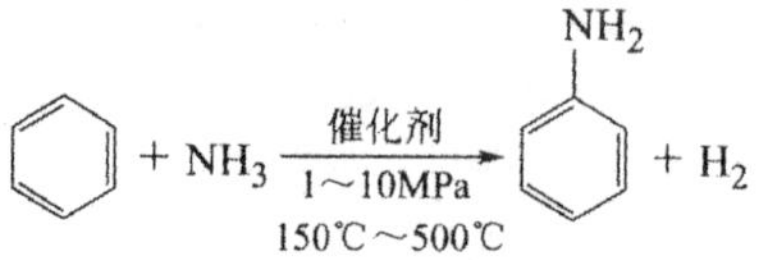

　　芳胺 N-甲基化,传统甲基化剂为硫酸二甲酯、卤代甲烷等,具有剧毒和致癌性。碳酸二甲酯是环境友好的反应试剂,可替代硫酸二甲酯合成 N-甲基苯胺:

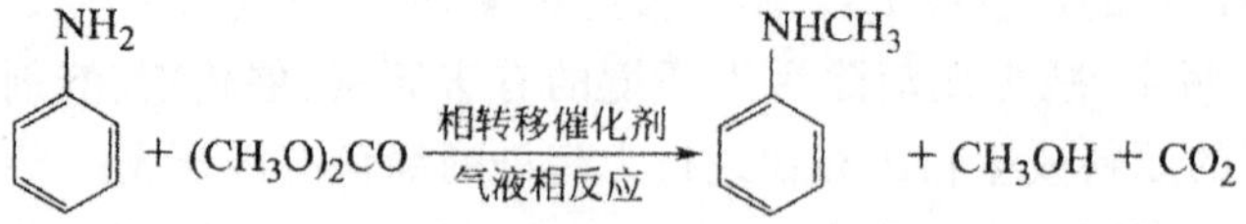

　　碳酸二甲酯以前使用光气(COCl$_2$)生产,光气有剧毒,副产大量氯化氢,不仅腐蚀设备,而且污染环境,以甲醇、一氧化碳为原料催化合成,水是副产物。

$$2CH_3OH + 1/2O_2 + CO \longrightarrow (CH_3O)_2CO + H_2O$$

　　苯乙酸是合成农药、医药如青霉素的重要中间体,传统方法是氯化苄氰化再水解:

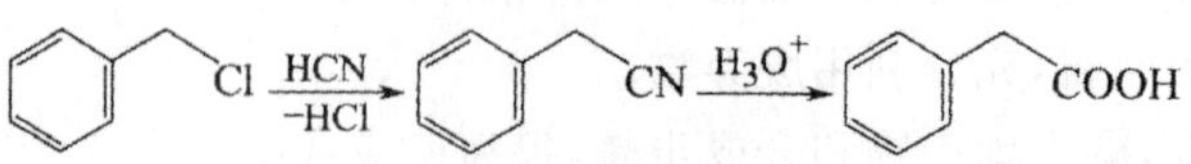

　　所用试剂氢氰酸有剧毒! 氯化苄与一氧化碳羰基合成,则不使用剧毒的氢氰酸:

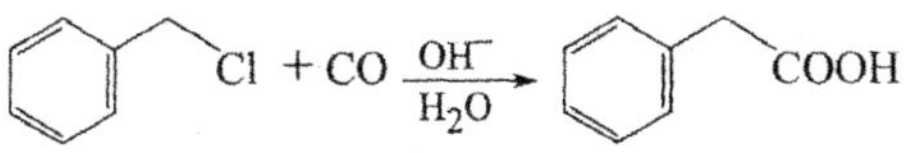

$$\text{PhCH}_2\text{Cl} + \text{CO} \xrightarrow[\text{H}_2\text{O}]{\text{OH}^-} \text{PhCH}_2\text{COOH}$$

8.4.2　使用高效、无毒、高选择性的催化剂

抗帕金森药物拉扎贝胺(Lazabemide)传统合成经历八步,产率仅为 8%；

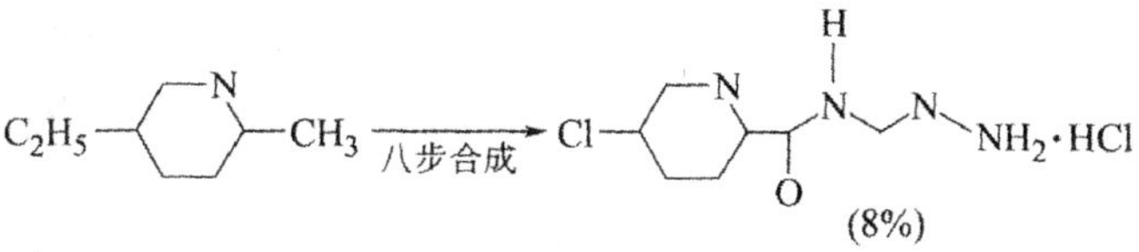

而以 Pb 作催化剂,一步合成:

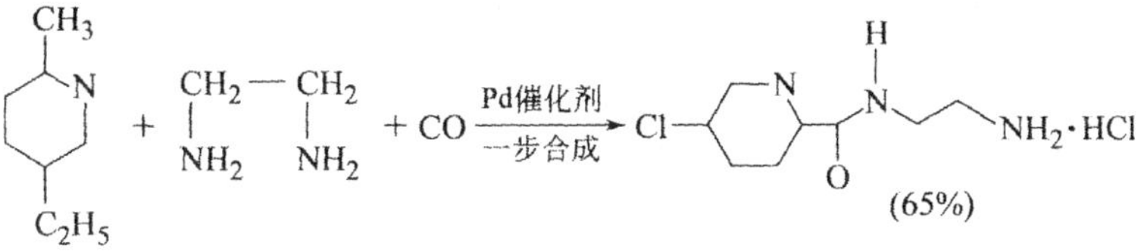

产率为 65%,原子利用率达 100%。

8.4.3　使用无毒、无害绿色的溶剂或无溶剂反应

有机合成需要溶剂,多数的有机合成反应使用有机溶剂。有机溶剂易挥发、有毒,回收成本较高,且易造成环境污染。用无毒、无害溶剂,替代有毒、有害的有机溶剂或采用固相反应,是有机合成实现绿色化的有效途径之一。

水是绿色溶剂,无毒、无害、价廉。水对有机物具有疏水效应,有时可提高反应速率和选择性。Breslow 发现环戊二烯与甲基乙烯酮的环加成反应,在水中比在异辛烷中快 700 倍。Fujimoto 等发现以下反应在水相进行,产率达 67%~78%:

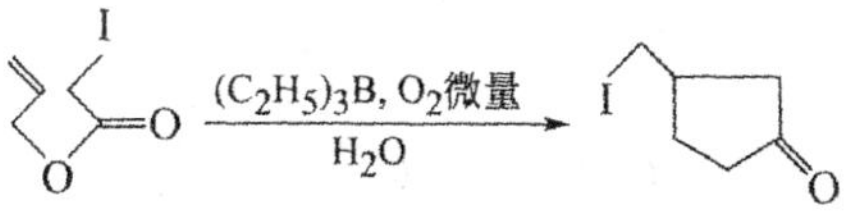

此反应若在己烷或苯溶剂中反应,则无产物生成。

超临界流体(SCF)是临界温度和临界压力条件下的流体。超临界流体的状态介于液体和气体之间,其密度近于液体,其黏度则近于气体。超临界 CO_2 流体(311℃,7.4778MPa)无毒、不燃、价廉,既具备普通溶剂的溶解度,又具有较高的传递扩散速度,可替代挥发性有机溶剂。Burk 小组报道了以超临界 CO_2 流体为溶剂,催化不对称氢化反应的绿色合成实例:

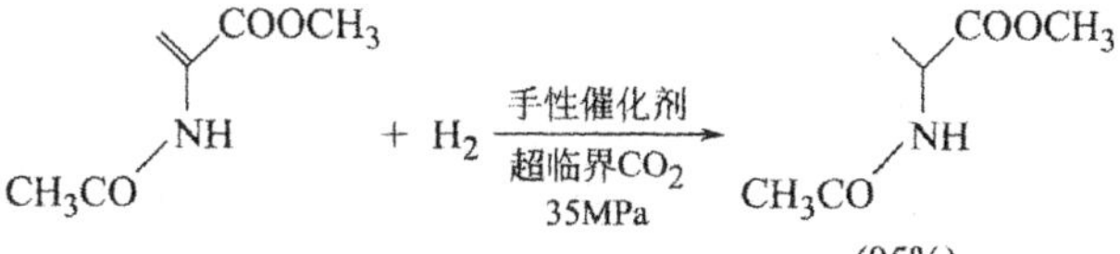

Noyori 等在超临界流体中,用 CO_2 与 H_2 催化合成甲酸,原子利用率达 100%。

$$CO_2 + H_2 \xrightarrow[\substack{超临界 CO_2,\ (C_2H_5)_3N \\ 8 \cdot 613MPa,\ 50℃}]{RuH_2(PCH_3)_4} HCOOH$$

离子液体完全由离子构成,在 100℃ 以下呈液态,又称室温离子液体或室温熔融盐。离子液体蒸汽压低,易分离回收,可循环使用,且无味、不燃,不仅用于催化剂,也可替代有机溶剂。

固态反应又称干反应,即在无溶剂条件下进行的反应,完全避免使用溶剂。由于固相合成不使用溶剂,反应物分子排列有序,可实现定向反应,局部反应浓度高,具有反应速率快、选择性好等优点,成为绿色有机合成的重要组成。

例如,旋光性的 2,2-二羟基-1,1-联萘是一个重要的手性配体,其合成一般是在等当量的 $FeCl_3$ 或三(2,4-戊二酮基)合锰作用下,萘酚液相偶联获得联萘酚,通过联萘酚外消旋体拆分获得,生成副产物醌,锰盐价格昂贵。Toda 以 $FeCl_3 \cdot 6H_2O$ 为催化剂,在固相与萘酚直接反应,反应速率快,产率达到 95%。

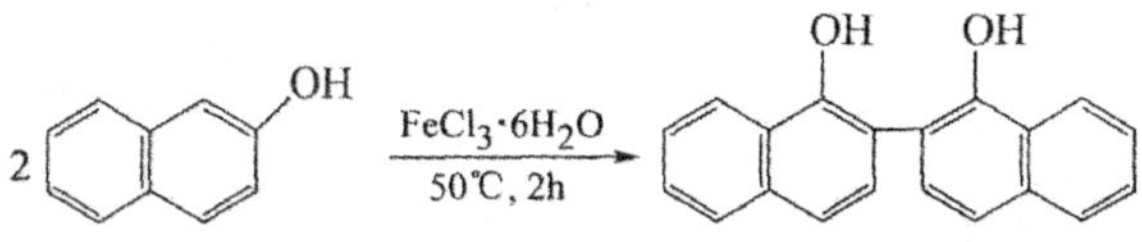

8.4.4 采用清洁反应方式

电化学合成和光化学合成一般为常温、常压条件,无需有毒、有害反应试剂;微波有机合成、声化学合成等,多为清洁环保的现代合成技术,可应用于有机合成,实现反应方式的绿色化。例如,维蒂(Witting)反应是原子利用率相当低的当量反应,催化反应可提高原子利用率,在反应体系加入三苯基膦时,副产 $(C_4H_9)_3AsO$ 被还原为 $(C_4H_9)_3As$,形成催化剂循环,实现了催化的 Witting 反应:

$$RCHO + ClCH_2COOR + (C_4H_9)_3As \xrightarrow{催化量的(C_6H_5)_3P} RCH=CH-COOR + HCl + (C_4H_9)_3AsO$$

手性维生素 B12 为天然无毒化合物 VB_{12} 为催化剂的电催化反应,可产生自由基类中间体,从而在温和、中性条件下,实现化合物 1 的自由基环化产生化合物 2。

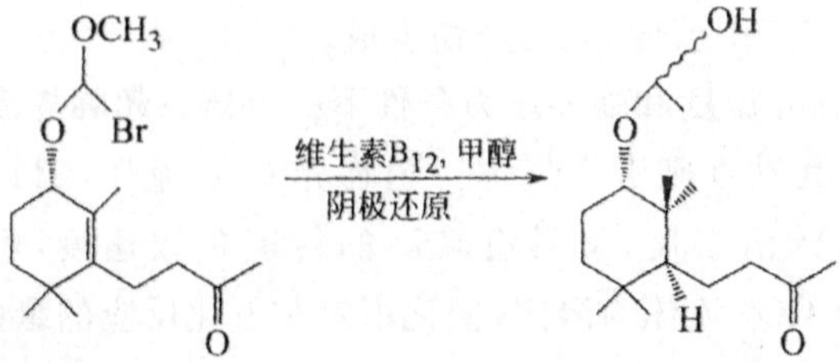

8.4.5 采用高效的合成方法

所谓一锅合成法,即在同一反应釜(锅)内完成多步反应或多次操作的合成方法。由于一锅合成法可省去多次转移物料、分离中间产物的操作,成为高效、简便的合成方法而得到迅速发展和应用。例如,甲磺酰氯的一锅合成。鉴于硫脲的甲基化、甲基异硫脲硫酸盐的氧化和氯化,均在水溶液中进行,故将氯气直接导入硫脲和硫酸二甲酯的反应混合物中氧化氯化,一锅完成甲磺酰氯的合成,降低了原材料消耗,提高收率(76.6%)。

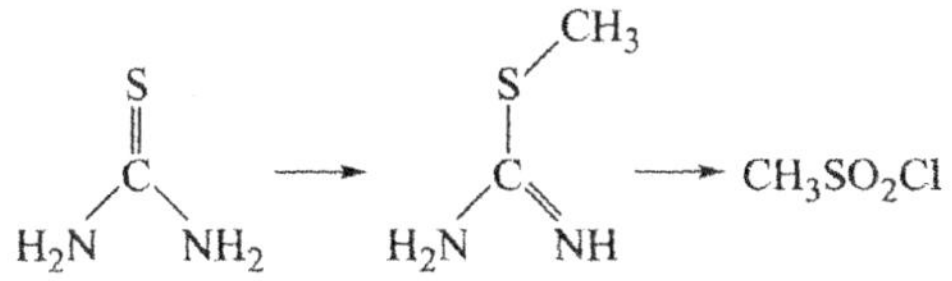

例如,苯并噻唑酮及其衍生物的合成,可将烷基取代的邻卤硝基苯、一氧化碳和硫等置于一锅反应:

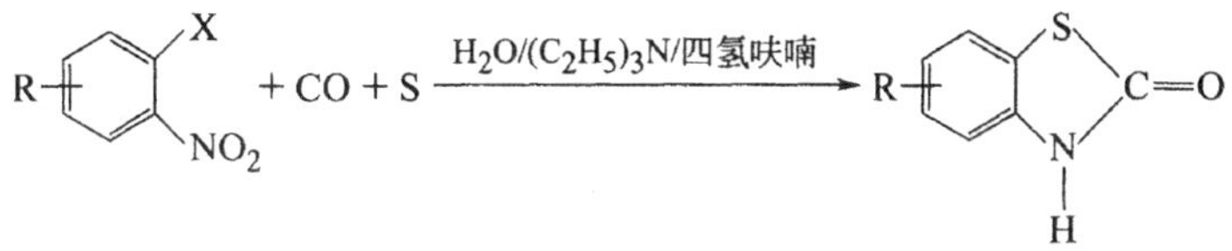

一锅合成目的产物的过程,经历了 S 与 CO 反应生成 SCO;SCO 水解为 H_2S 和 CO_2;H_2S 取代邻卤硝基苯中的卤素原子;将硝基还原成氨基后,在 N 与 C 原子间进行羰基化等反应。

8.4.6　利用可再生的生物质资源

石油、煤、天然气等矿产资源,历来是有机合成的主要原料来源,但这些资源不可再生,地球储量有限,其加工生产过程碳排放量高,已成为地球温室效应的原因之一。以可再生的生物质资源,如纤维素、葡萄糖、淀粉和油脂等生物质,替代石油、煤、天然气,成为有机合成原料绿色化的必然趋势。

8.4.7　计算机辅助的绿色合成设计

为研究和开发新的有机化合物,设计具有特定功能的目标产物,需要进行有机合成反应设计。有机合成反应的设计,不仅考虑产品的环境友好性、经济可行性,还有考虑原子经济性,以使副产物和废物低排放或零排放,实现循环经济,需要计算机辅助有机合成反应的设计,从合成设计源头上实现绿色化。

有机合成设计计算机辅助方法,已日益成熟和普及应用。

第 9 章　塑料

9.1　通用工程塑料

9.1.1　聚酰胺

聚酰胺(Polyamide)简称 PA,俗称尼龙(Nylon)。聚酰胺是五种通用工程塑料(即聚酰胺、聚碳酸酯、聚甲醛、热塑性聚酯和改性聚苯醚)中,开发最早,产量最大,应用最广泛的品种,其产量约占工程塑料总产量的三分之一。

1938 年美国 Du Pont 首先合成了用作纤维的聚酰胺,1941 年该公司开发了第一个用于注塑的牌号。目前工业上有许多类型的热塑性聚酰胺。商业化的产品如 PA6、PA66、PA69、PA612、PA11、PA12、无定形 PA 和 PPA 等。

相当多的聚酰胺树脂是以共混料的形式消费的,通过与增强材料、填料、抗冲改性剂、阻燃剂及其他添加剂共混可以提高或特制树脂的性能,以适应更宽的应用领域,满足特定的价格、性能的要求。PA6 和 PA66 大约占聚酰胺总产量的 90% 左右,美国生产较多的 PA66,西欧和日本生产较多的 PA6。由于目前用再生聚酰胺纤维制备聚酰胺树脂的数量增加,聚酰胺树脂的应用领域更加广阔。

聚酰胺可以由二元胺和二元酸通过缩聚反应制得,也可由 ω-氨基酸或内酰胺自聚而得。分子主要由一个酰氨基和若干个亚甲基或其他环烷基、芳香基构成。聚酰胺的命名是由二元胺和二元酸的碳原子数来决定的。例如,己二胺和己二酸反应得到的缩聚物称为聚酰胺 66,其中第一个 6 表示二元胺的碳原子数,第二个 6 表示二元酸的碳原子数;由旷氨基己酸或己内酰胺聚合而得的产物就称为聚酰胺 6。

例如,由 ω-氨基己酸生成聚酰胺 6 的过程可以以下列反应式来表示:

$$CO(CH_2)_5NH + H_2O \longrightarrow H_2N(CH_2)_5COOH$$

缩聚:

$$nH_2N(CH_2)_5COOH \longrightarrow H_2N[(CH_2)_5CONH]_{n-1}(CH_2)_5COOH + (n-1)H_2O$$

加聚:

$$H_2N(CH_2)_5COOH + nH_2N(CH_2)_5CO \longrightarrow H[NH(CH_2)_5CO]_{n+1}OH$$

由二元胺与二元酸反应获得聚酰胺的反应如下:

$$nHOOC(CH_2)_4COOH + nNH_2(CH_2)_6NH_2 \longrightarrow$$
$$H[NH(CH_2)_6NHCO(CH_2)_4CO]_nOH + (2n-1)H_2O \qquad \textbf{聚酰胺 66}$$

$$nHOOC(CH_2)_8COOH + nNH_2(CH_2)_6NH_2 \longrightarrow$$
$$H[NH(CH_2)_6NHCO(CH_2)_8CO]_nOH + (2n-1)H_2O \qquad \textbf{聚酰胺 610}$$

聚酰胺分子链段中重复出现的酰氨基是一个带极性的基团,这个基团上的氢,能够与另一个分子的酰胺基团链段上的羰基上的氧结合形成相当强大的氢键。

$$
\begin{array}{c}
\quad\quad O \\
\quad\quad \| \\
-CH_2-C-N-CH_2- \\
\quad\quad\quad | \\
\quad\quad\quad H \\
\quad\quad\quad \vdots \\
\quad\quad H \; O \\
\quad\quad | \; \| \\
-CH_2-N-C-CH_2-
\end{array}
$$

氢键的形成使得聚酰胺的结构易发生结晶化。而且由于分子间的作用力较大,因而使得聚酰胺有较高的力学强度和高的熔点。另一方面在聚酰胺分子中由于亚甲基(—CH_2—)的存在使得分子链比较柔顺,因而具有较高的韧性。聚酰胺由于结构不同,其性能也有所差异。但耐磨性和耐化学药品性是共同的特点。聚酰胺具有良好的力学性能、耐油性、热稳定性。它的主要缺点是亲水性强,吸水后尺寸稳定性差。这主要原因就是酰胺基团具有吸水性,其吸水性的大小取决于酰胺基团之间亚甲基链节的长短。即取决于分子链中 $CH_2/CONH$ 的比值,如聚酰胺 6 的($CH_2/CONH=5:1$)的吸水性比聚酰胺 1010 的($CH_2/CONH=9:1$)的吸水性要大。表 9-1 表示了几种主要聚酰胺的性能。

表 9-1 几种主要聚酰胺的性能

性能	PA6	PA66	PA610	PA1010	PA11	PA12	浇注聚酰胺
密度/(g/cm^3)	1.13~1.45	1.14~1.15	1.8	1.04~1.06	1.04	1.09	1.14
吸水率/%	1.9	1.5	0.4~0.5	0.39	0.4~1.0	0.6~1.5	—
拉伸强度/MPa	74~78	83	60	52~55	47~58	45~50	77.5~97
拉伸率/%	150	60	85	100~250	60~230	230~240	—
弯曲强度/ MPa	100	100~110	—	89	76	86~92	160
缺口冲击强度/(kJ/m^2)	3.1	3.9	3.5~5.5	4~5	3.5~4.8	10~11.5	—
压缩强度/ MPa	90	120	90	79	80~100	—	100
洛氏硬度/(B)	114	118	111		108	106	
熔点/℃	215	250~265	210~220				220
热变形温度(1.86MPa)/℃	55~58	66~68	51~56	—	51~55	51~55	
脆化温度/℃	−70~−30	−25~−30	−20	−60	−60	−70	
线膨胀系数/×10^{-5}℃$^{-1}$	7.9~8.7	9.0~10	9~12	10.5	11.4~12.4	10.0	7.1
燃烧性	自熄	自熄	自熄	自熄	自熄	自熄至缓慢燃烧	自熄
介电常数(60Hz)	4.1	4.0	3.9	2.5~3.6	3.7	—	4.4
击穿强度(kV/mm)	22	15~19	28.5	>20	29.5	16~19	19.1
介电损耗角正切(60Hz)	0.01	0.014	0.04	0.020~0.026	0.06	0.04	—

1. 聚酰胺的结构与性能

聚酰胺树脂的外观为白色至淡黄色的颗粒,其制品坚硬,表面有光泽。由于分子主链中重复出现的酰胺基团是一个带极性的基团,这个基团上的氢能与另一个酰胺基团上的羰基结合成牢固的氢键,使聚酰胺的结构发生结晶化,从而使其具有良好的力学性能、耐油性、耐溶剂性等。聚酰胺的吸水率比较大,酰胺键的比例越大,吸水率也越高,所以吸水率为 PA6＞PA66＞PA610＞PA1010＞PA11＞PA12。

(1)热性能

聚酰胺的热性能取决于大分子链中亚甲基与酰胺基的相对比例及结晶结构。随着亚甲基含量的增加即亚甲基/酰胺基比值的增加,则氢键浓度减小,分子间引力减弱,使聚酰胺的熔点降低,如图 9-1 所示。

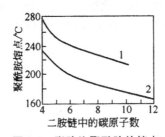

图 9-1　脂肪族聚酰胺的熔点

1—用己二酸制造的聚酰胺;2—用癸二酸制造的聚酰胺

由图 9-1 可见,PA1010 的熔点约 180℃,比 PA66(T_m 为 260℃)低近 80℃,因为 PA1010 酰胺基之间的亚甲基数比 PA66 多近一倍。

不同品种的聚酰胺其单体所含碳原子数不同,使分子链之间所能形成的氢键比例数及氢键沿分子链分布的疏密程度不同,分子链上的酰胺基间形成的氢键比例越大,材料的结晶能力就越强,熔点越高。一般是 $T_{m,PA46}＞T_{m,PA66}＞T_{m,PA6}＞T_{m,PA610}＞T_{m,PA1010}$。

亚甲基含量对聚酰胺性能的影响具有奇-偶效应,即含有偶数亚甲基的聚酰胺的熔点比其相邻的两个含有奇数亚甲基的聚酰胺的熔点高。如 PAT 的熔点(约227℃)比 PA6 的(约215℃)和 PA8 的(约209℃)都高。存在这种差别的主要原因是,含有偶数亚甲基的聚酰胺分子间形成键长约为0.28nm 的氢键密度大,致使其结晶结构与含有奇数亚甲基的聚酰胺也不同,如图 9-2 所示。

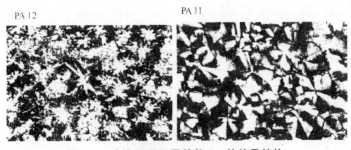

图 9-2　含有不同亚甲基数 PA 的结晶结构

凡单体中全部含有偶数个亚甲基者,其聚合物分子链上酰胺基都可 100％形成氢键,凡单体中全部或其中一种单体含有奇数个亚甲基者,聚合物的酰胺基仅只能 50％形成氢键。氢键对于聚酰胺熔点的高低起决定作用,这一事实,也为消除氢键后聚酰胺熔点大大降低所证实。如果

PA66 大分子中酰胺基氮原子上的氢被甲基取代生成如 $\{C(CH_2)_4C-N(CH_2)_6N\}_n$ 结构的聚合物,其熔点比 PA66 低 100℃,该聚合物不能结晶,只具有橡胶性质。

在聚酰胺的主链上引入侧基对它的性能有很大的影响。如在碳原子上引进甲基或其他烃基代替氢,可以增加大分子间距,降低大分子间的引力,破坏分子链间的规整性,也降低聚酰胺的结晶性,增加透明性,透明尼龙就是一例。它是由己二胺碳原子上的三个氢被甲基代替生成的三甲基己二胺与对苯二甲酸缩聚而成。

聚酰胺熔融温度范围比较窄,有明显的熔点。聚酰胺的热变形温度不高,一般为 80℃以下,但用玻璃纤维增强后,其热变形温度可达到加 0℃。聚酰胺的热导率很低,约为 0.18～0.4w/(m·K),相当于金属的几百分之一。因此,在用聚酰胺做齿轮和轴承这一类的机械零件时,厚度应尽量减小。聚酰胺的线膨胀系数比较大,约为金属的 5～7 倍,而且会随温度的升高而增加。脂肪族聚酰胺熔融状态的黏度都很低,这是因为它们的分子链柔性良好和相对分子质量都不太高,一般不超过3 万～4 万,最常用聚酰胺聚合物的相对分子质量是 10000～40000。例如,工业上生产的 PA66,最大聚合度仅约 100,相对分子质量约 2.2 万。增加聚酰胺相对分子质量可提高耐热性和制品尺寸的稳定性。如单体浇铸尼龙 6(MCPA6)的相对分子质量可达 70000,其热变形温度比 PA6(相对分子质量 2 万～3 万)高 80℃。提高主链的刚性可以提高聚酰胺的耐热性,如用苯环取代亚甲基的芳香尼龙,其熔点在 300℃以上。

随着聚酰胺分子链中亚甲基含量的增加,则氢键浓度减小,分子间引力减弱,吸水率也降低,PA1010 的吸水率(0.39%)也比 PA66(1.5%)低得多。在室温,空气相对湿度 50%的条件下,PA6 的吸水率为 3.0%,PA66 为 2.8%,PA11 为 0.9%,PA12 为 0.7%。由于吸水性大,聚酰胺的尺寸稳定性较差、电绝缘性能也较差。聚酰胺的力学性能也与吸水率有关,随着吸水率的增加,拉伸、弯曲和压缩强度均下降,而冲击强度增高,伸长率也增大。

(2)力学性能。

聚酰胺具有优良的力学性能。其拉伸强度、压缩强度、冲击强度、刚性及耐磨性都比较好。但是聚酰胺的力学性能会受到温度以及湿度的影响。它的拉伸强度、弯曲强度和压缩强度随温度与湿度的增加而减小。图 9-3 和图 9-4 分别为聚酰胺拉伸屈服强度与温度及吸水率的关系。

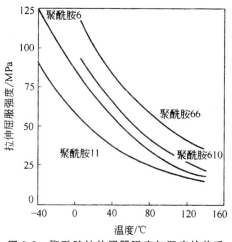

图 9-3 聚酰胺拉伸屈服强度与温度的关系

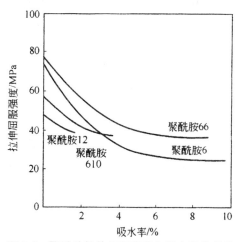

图 9-4 聚酰胺拉伸屈服强度与吸水率的关系

聚酰胺的冲击性能很好,而且温度及吸水率对聚酰胺的冲击强度有很大的影响。聚酰胺的冲击强度是随温度与含水率的增加而上升的。聚酰胺的硬度是随含水率的增加而直线下降的,如图9-5所示。

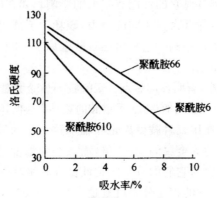

图 9-5 聚酰胺硬度与含水率的关系

聚酰胺的耐磨耗性能很好。它是一种自润滑材料,一般用作轴承、齿轮等摩擦零件,当 PV 值不高时,也可在无润滑状态下使用。各种聚酰胺的摩擦系数差别不大,油润滑时摩擦系数不但小而且稳定。除此之外,材料的硬度随着聚酰胺结晶度的增大而增强,耐磨性能也会随着聚酰胺结晶度的增大而增强。还可通过加入二硫化钼、石墨等填料来改善耐磨性能。

(3)电性能

由于聚酰胺分子链中含有极性的酰胺基团,就会影响到它的电绝缘性。聚酰胺在低温和干燥的条件下具有良好的电绝缘性,但在潮湿的条件下,体积电阻率和介电强度均会降低,介电常数和介质损耗也会明显增大。温度上升,电性能也会下降。一般而言,各种脂肪族聚酰胺的介电常数在 $3\sim4$ 之间,介质损耗因数在 10^{-2} 数量级,体积电阻率在 $10^{10}\sim10^{12}\ \Omega\cdot m$ 之间,介电强度在 $15\sim20kV/mm$ 之间。

(4)耐化学药品性

聚酰胺具有良好的化学稳定性,由于具有高的内聚能和结晶性,所以聚酰胺不溶于普通的有机溶剂,如醇、酯、酮和烃类等。它不受弱碱、弱酸、醇、酯、酮、润滑油、油脂、汽油及清洁剂等的影响,对盐水、细菌和霉菌都很稳定。

在常温下,聚酰胺溶解于强极性溶剂(如酚类、硫酸、甲酸)以及某些盐的溶液,如氯化钙饱和的甲醇溶液、硫氰酸钾等。

在高温下,聚酰胺溶解于乙二醇、冰醋酸、氯乙醇、丙二醇和氯化锌的甲醇溶液。

(5)其他性能

聚酰胺的耐候性能一般,如果长时间暴露在大气环境中,会变脆,力学性能明显下降。如果在聚酰胺中加入了炭黑和稳定剂后,可以明显地改善它的耐候性。常用的稳定剂有无机碱金属的溴盐和碘盐、铜和铜化合物以及亚磷酸酯类。

聚酰胺无臭、无味、无毒,多数具有自熄性,即使燃烧也很缓慢,且火焰传播速度很慢,离火后会慢慢熄灭。

2. 聚酰胺的加工性能

聚酰胺是热塑性塑料,可以采用一般热塑性塑料的成型方法,如注射、挤压、模压、吹塑、浇注等。也可以采用特殊工艺方法,如烧结成型、单体聚合成型等。还可以喷涂于金属表面作为耐磨涂层及修复用。其中,最常用的加工方法是注射成型。

聚酰胺成型加工上有下列特点:

①原料吸水性大,高温时易氧化变色,因此粒料在加工前必须干燥,最好采用真空干燥以防止氧化。干燥温度为 80℃～90℃,时间为 10～12h,含水率<0.1%。

②融化物黏度低,流动性大,因此必须采用自锁式喷嘴,以免漏料,模具应精确加工以防止溢边。因为融化温度范围狭窄,约在 10℃,所以喷嘴必须进行加热,以免堵塞。

③收缩率大,制造精密尺寸零件时,必须经过几次试加工,测量试制品尺寸,进行修模。在冷却时间上也需给予保证。

④热稳定性较差,易热分解而降低制品性能,特别是明显的外观性能,因此应避免采用过高的熔体温度,且不易过长。

⑤由于聚酰胺为一种结晶型聚合物,成型收缩率较大,且成型工艺条件对制品的结晶度、收缩率及性能的影响比较大。所以,合理控制成型条件可获得高质量的制品。

⑥从模中取出的聚酰胺塑料零件,如果吸收少量水分以后,其坚韧性、冲击强度和拉伸强度都会有所提高。如果制品需要提高这些性能,必须在使用之前进行调湿处理。调湿处理是将制件放于一定温度的水、熔化石蜡、矿物油、聚乙二醇中进行处理,使其达到吸湿平衡,这样的制件不但性能较好,其尺寸稳定不变,而且调湿温度高于使用温度 10℃～20℃即可。

3. 聚酰胺的应用

聚酰胺主要用于交通、电子电器、器具、工业制品和包装。利用了其良好的耐热性、耐化学品性、介电性能、耐磨损性、耐疲劳性、刚性、韧性和良好的加工性能。就总的应用情况看,大约一半的 PA6 和 PA66 的市场实际上既可以用 PA6,也可以用 PA66,选择何种材料主要受树脂供应商的影响。约 25% 的应用部门更倾向选择 PA6,主要利用其更好的加工性和表面光泽;其余的 25% 的应用更倾向于选择 PA66,主要利用其更高的强度和耐热性。PA66 树脂的价格在大多数情况下比 PA6 高 10% 左右。汽车发动机室内的应用为聚酰胺工程塑料提供了更多市场机会。从世界 PA6 和 PA66 的应用状况及近几年各种应用的年均增长率来看,PA66 在交通和电子电器部门用的比 PA6 多,消费品中用的较少。

(1)注塑制品

①汽车部件。汽车市场是聚酰胺的最大市场。消费量增长主要是引擎罩下的应用驱动,这些应用如油箱、容器、盖子和歧管等。PA66 在汽车中的消费量更高,大约占汽车市场消费聚酰胺树脂的 70%,PA6 大约占 27%,其余的主要是 PA11、PA12、聚邻苯二甲酰胺和 PA46。

②电子电器。在电子电器方面的应用主要分为三部分。一是用作计算机等供电设备的拔插型电器连接器。一些玻璃纤维增强的 PA612 主要消费于电器连接器;第二部分是电线和电缆的连接,既用于成束的电线电缆,也用于各种卡箍、扣件和电线导向装置,这个市场主要用价格较低的 PA66;第三部分包括范围很宽的各种组件,包括线圈架、电池箱、小电动机壳、继电器外壳、开关板和罩、熔丝架、接线盒、扣眼、插头和夹子等。约 80% 消费于电子电器市场的是 PA66。

③工业机械部件。聚酰胺主要用于小型汽油发动机部件(如用于小型机器锯、割草机、雪上汽车、小型发电机和舷外电动机等处)。聚酰胺用于这些部位除了因具有耐高温性外,还因具有良好的耐受汽油和其他石油产品的性能。

④消费制品。用注塑方法生产的聚酰胺消费制品包括气溶胶罐的阀和部件、一些休闲娱乐

设施的部件(如自行车轮、玩具、旱冰鞋、冰鞋、高尔夫球设施等)、香烟用打火机、刀具、个人护理用品(如刷子把、梳子等),PA66 和 PA6 占这一消费市场的更大份额。

⑤五金件和家具部件。用于五金和家具部件的聚酰胺多是一些小制品,塑料扣件早就使用聚酰胺,主要利用其韧性。虽然 ABS 或 PP 也可用作扣件,但大部分扣件用的还是聚酰胺 6。这些扣件适于要求耐化学品、非磁性或要求特殊密封和锁闭特点的应用。

⑥器具部件。聚酰胺可用于各种家电的部件,如冰柜、炉灶、干燥机、洗碗机等大家电以及熨斗、搅拌机、罐头开启器等小家电所用的部件。具体可以用于电动刀具的支架、缝纫机的凸轮、大家电中的进气管和马达的支架等。除上述物品外,聚酰胺也用于试验室设备、医用设备和军用器具(头盔衬里、假子弹)及各种建筑用制品。

(2)挤出制品

①薄膜和挤出涂层。聚酰胺薄膜包括单层膜、多层复合材料和挤出涂层。复合材料制备可以通过将聚酰胺薄膜层压到其他塑料材料或铝箔上,或使一种底材与聚酰胺树脂共挤出,也可以用聚酰胺树脂辊涂在底衬上。应用复合材料结构目的是提高软包装应用的阻隔性和密封性。

用于薄膜的聚酰胺大约 90% 是 PA6,用量最大的聚酰胺薄膜是食品包装薄膜。聚酰胺薄膜价格一般高于其他树脂的包装薄膜,但由于具有对香味、油脂和氧的阻隔性、更好的抗冲击性、密封性和印刷性,因而可用来包装高价值的产品。处理的新鲜肉类、奶酪和袋装盒内的液体包装是聚酰胺包装薄膜的主要市场。书皮和气球是聚酰胺薄膜的主要非食品应用。

②非织物用单丝。相当数量的非织物单丝用于油漆刷和牙刷的鬃毛,其中 PA612 用量很大。其他应用包括可卷型拉链、男士皮带和钓鱼线等。主要有三种类型的聚酰胺用于单丝,其中 PA66 有最高的结晶度,倾向用于轻质制品;PA6 结晶度适中,而 PA612 和 PA610 是结晶度最低的共聚物,一般用于重磅单丝制品;少量的 PA69 和 PA610 也用作特殊单丝制品。

③管材。聚酰胺管材有半软管,也有硬管。典型的应用是汽车部件(如作空调用管和散热器用管等)、作为盘管用于空气压缩系统和用于食品加工设备。PA11 主要用于空气制动管,而 PA12 主要用于汽车燃料管。PA11 和 PA12 的其他用处包括汽车制动电缆的护管和气动导管盘管。

④电线电缆。用于电线和电缆的聚酰胺主要是 PA6。被热稳定化的 PA6 主要用作 120～140V 电线 PVC 绝缘的保护层,主要用于工业和居室。由于 PA612 和 PA69 具有低吸湿性,少量用于军事电缆,一些 PA12 用于光缆。

4. 其他聚酰胺品种

(1)单体浇注聚酰胺

单体浇注聚酰胺又称为 MC(monomer cast)聚酰胺,是目前工业上广泛应用的工程塑料之一。

MC 聚酰胺的主要原料是 PA6。其加工方法是将聚酰胺 6 单体直接浇注到模具内进行聚合并制成制品的一种方法。在聚合过程中,所采用的催化剂以氢氧化钠为主,助催化剂有 N-乙酰基己内酰胺和异氰酸苯酯两大类。单体浇注聚酰胺的相对分子质量可以高达 3.5 万～7 万,而一般 PA6 的相对分子质量为 2 万～3 万,因此,各项物理机械性能都比一般 PA6 要高。目前,造船、动力机械、矿山机械、冶金、通用机械、汽车、造纸等工业部门,都广泛地应用单体浇注聚酰胺。综合起来它具有下列优点:

①只要简单的模具就能铸造各种大型机械零件,质量从几千克到几百千克。实际上可根据

设备的生产能力,制得任意的制件。

②工艺设备及模具都很简单,容易掌握。

③单体浇注聚酰胺的各项物理机械性能,比一般聚酰胺优越。

④可以浇注成各种型材,并经切削加工成所需要的零件,因此适合多品种、小批量产品的试制。

MC 聚酰胺的基本特性与 PA6 相似,但由于相对分子质量的提高,使其物理机械性能也相应提高。突出表现在以下几个方面:

①物理性能。单体浇注聚酰胺的吸水性较一般 PA6 小,约为 0.9%,而一般 PA6 在 1.9%。

②力学性能。单体浇注聚酰胺的硬度比一般热塑性塑料高。它的拉伸强度达到 90MPa 以上,超过了大部分热塑性塑料,且弯曲强度和压缩强度均很高。它的冲击性能较 PA6、PA1010、PA66 等都要高些。用各种异氰酸酯作为助催化剂所得的聚合体,其冲击强度(无缺口)可达到 500kJ/m² 以上,用 N-乙酰基己内酰胺为助催化剂时,其冲击强度也有 200kJ/m² 以上。MC 聚酰胺的刚性也很突出,以 N-乙酰基己内酰胺作为助催化剂时,在室温下其拉伸模量达 3600MPa,弯曲模量达 4200MPa。它的摩擦、磨损性能可与聚甲醛媲美。同时,还具有良好的自润滑性能,当干摩擦时,它的摩擦系数较稳定,磨痕宽度只有 4.3mm。

③热性能。在 1.81MPa 的负荷下,MC 聚酰胺的热变形温度为 94℃。单体浇注聚酰胺的马丁耐热温度在 55℃,超过 PA6 和 PA66,与聚甲醛相接近。

单体浇注聚酰胺在耐各种化学药品性能上以及电性能上与其他聚酰胺相似。

表 9-2 为单体浇注聚酰胺及填充单体浇注聚酰胺的性能。

表 9-2 MC 聚酰胺及填充单体浇注聚酰胺的一般性能

性能	无填充	二硫化钼(1.5%)	石墨(0.5%)
密度/(g/cm³)	1.16	1.162	1.165
拉伸强度/MPa	91.6	89.0	90.4
伸长率/%	20	28	24
拉伸模量/MPa	3600	—	—
弯曲强度/MPa	158.6	154.7	160.8
压缩强度/MPa	106.8	111.5	112.5
无缺口冲击强度/(kJ/m²)	520~624	145	138
马丁耐热温度/℃	55	51	57
洛氏硬度	91	88	89
线膨胀系数/×10⁻⁵K⁻¹	8.3	7.6	7.9
摩擦系数	0.45	0.50	0.45

(2)芳香族聚酰胺

芳香族聚酰胺是 20 世纪 60 年代出现的、分子主链上含有芳香环的一种耐高温、耐辐射、耐腐蚀聚酰胺新品种。它是由芳香二元胺和芳香二元酸缩聚而成的。尽管品种可以很多,但目前应用的品种主要有聚间苯二甲酰间苯二胺和聚对苯酰胺。

芳香族聚酰胺具有很高的热稳定性和优良的物理机械性能及电绝缘性,特别是在高温下仍能保持这些优良的性能,而且还有很好的耐辐射、耐火焰性能。

①聚间苯二甲酰间苯二胺(nomex)。聚间苯二甲酰间苯二胺的结构式为

$$\left[CO-\bigcirc-CO-CH-\bigcirc-NH \right]_n$$

聚间苯二甲酰间苯二胺在高低温下都有很好的力学性能。例如,在 250℃的条件下,其拉伸强度为 63MPa,为常温的 60%。此外,连续使用温度可达 200℃。

聚间苯二甲酰间苯二胺的熔点为 410℃,分解温度为 450℃,脆化温度为 −70℃;且具有优异的电绝缘性。它的电绝缘性受温度和湿度的影响很小,而且耐酸、耐碱、耐氧化性能优于一般聚酰胺,不易燃烧,并且有自熄性。其一般性能如表 9-3 所示。

表 9-3　聚间苯二甲酰间苯二胺的性能

性能	数值	性能	数值
密度/(g/cm³)	1.33～1.36	压缩模量/MPa	4400
维卡软化点/℃	270	缺口冲击强度/(kJ/m²)	20～35
拉伸强度/MPa	80～120	布氏硬度/MPa	340
压缩强度/MPa	320		

这种材料的主要用途是绝缘材料,如耐高温薄膜、绝缘层压板、耐辐射材料等。

②聚对苯酰胺(kevlar)。聚对苯酰胺的结构式为

$$\left[NH-\bigcirc-CO \right]_n$$

聚对苯酰胺的制备方式有两种,一种是由对苯二胺与对苯二甲酰氯缩聚而成;另一种是由对氨基苯甲酸自缩聚而成。

聚对苯酰胺纤维是近年来开发最快的一种纤维。它具有超高强度、超高模量、耐高温耐腐蚀、阻燃、耐疲劳、线膨胀系数低、尺寸稳定性好等一系列优异的性能。主要用来制作高强力、耐高温的有机纤维,还可用来制作薄膜增强材料。

(3)透明聚酰胺

透明聚酰胺是聚酰胺的一个新品种。由于通常的聚酰胺为一种结晶型的聚合物,因此材辩为不透明状态。而透明聚酰胺为一种几乎不产生结晶或结晶速率非常慢的特殊聚酰胺。它是通过采用向分子链中引入侧基的方法来破坏分子链的规整性,抑制晶体的生成,从而获得透明聚酰胺。其具体品种为聚对苯二甲酰三甲基己二胺和 PACP。

透明聚酰胺的透光率可达 90% 以上,而且同时具有很好的力学性能、热稳定性、刚性、尺寸稳定性、耐化学腐蚀性、耐划痕、表面硬度等特性。

透明聚酰胺的加工方法可以是注塑、挤出、吹塑等。

(4)增强聚酰胺

增强聚酰胺主要采用玻璃纤维为增强材料。用玻璃纤维增强的聚酰胺,其力学性能、耐蠕变

性、耐热性及尺寸稳定性在原有基础上可大幅度地提高,例如,用 30％玻璃纤维增强的 PA66,其拉伸强度可从未增强的 80MPa 增加到 189MPa;热变形温度从 60℃增加到 148℃;弯曲模量从 3000MPa 增加到 9100MPa。表 9-4 为玻璃纤维含量对 PA1010 性能的影响。

表 9-4　玻璃纤维含量对聚酰胺 1010 性能的影响

性能	未增强	增强 20％	增强 30％	增强 40％
拉伸强度/MPa	50～55	103	＞135	＞135
性能弯曲强度/MPa	78～82	181	216	226
缺口冲击强度/(J/m)	50	65	85	100
马丁耐热温度/℃	42～45	103	151	168
布氏硬度/MPa	—	110	121	126

　　除了玻璃纤维可以用作增强材料外,金属纤维、陶瓷纤维、石墨纤维、碳纤维及晶须等也可以做增强材料。

　　(5)反应注射成型(RIM)聚酰胺和增强反应注射成型(RRIM)聚酰胺

　　RIM 聚酰胺是在 MC 聚酰胺的基础上发展起来的。其方法是将具有高反应活性的原料在高压下瞬间反应,再注入密封的模具中成型的一种液体注射成型的方法。与聚酰胺 6 相比,RIM 聚酰胺具有更高的结晶性和刚性以及更低的吸湿性。

　　RRIM 聚酰胺是在 RIM 聚酰胺中加入了增强材料。常用的增强材料有纤维类、超细无机填料等。RRIM 聚酰胺与 RIM 聚酰胺相比,不仅保留了其优点,还可大幅度增加弯曲强度,减小热胀系数等。

9.1.2　聚碳酸酯

　　聚碳酸酯(Polcarbonate)简称 PC,结构式为

$$\left[O-\left\langle\bigcirc\right\rangle-\overset{\underset{\displaystyle CH_3}{\displaystyle CH_3}}{\underset{}{C}}-\left\langle\bigcirc\right\rangle-O-\overset{\displaystyle O}{\underset{}{C}}\right]_n$$

　　聚碳酸酯是指分子主链中含有 $\left[O-R-O-\overset{\displaystyle O}{\underset{}{C}}\right]$ 链节的线形高聚物,根据重复单元中 R 基团种类的不同,可以分为脂肪族、脂环族、芳香族等几个类型的聚碳酸酯。目前最具有工业价值的是芳香族聚碳酸酯,其中以双酚 A 型聚碳酸酯为主,其产量在工程塑料中仅次于聚酰胺。聚碳酸酯是 1959 年由德国的 Bayer 公司开始工业化生产的,2004 年世界聚碳酸酯消费量约 $2.78×10^6 t/a$,光盘市场是推动聚碳酸酯增长的重要因素。聚碳酸酯树脂具有良好的透明性、韧性和耐热性,应用范围广。聚碳酸酯最大的市场是电子电器(包括计算机、办公设备和光盘)、玻璃、片材和汽车工业。

　　双酚 A 型聚碳酸酯是双酚 A 与光气或碳酸二苯酯缩聚产物,用酚或叔丁酚作链终止剂。线形聚碳酸酯分子结构如下:

$$R-\langle\bigcirc\rangle-O-\overset{O}{\underset{}{C}}-\left[O-\langle\bigcirc\rangle-\overset{CH_3}{\underset{CH_3}{C}}-\langle\bigcirc\rangle-O-\overset{O}{\underset{}{C}}\right]_n-O-\langle\bigcirc\rangle-R$$

双酚 A 型 PC

式中,n 在 100～500 的范围内。

生产聚碳酸酯的工业化方法有界面光气法和酯交换法,酯交换法又有普通酯交换法和非光气酯交换法。迄今世界上 90％以上的生产能力仍使用界面光气法,因为光气剧毒,副产物对环境也有害,美国 GE 等大公司着力开发非光气法,非光气法的开发和大规模工业化应用是当今聚碳酸酯工业发展的重要特点。

1. 聚碳酸酯的结构与性能

聚碳酸酯的结构式为 $\left[O-\langle\bigcirc\rangle-\overset{CH_3}{\underset{CH_3}{C}}-\langle\bigcirc\rangle-O-\overset{O}{\underset{}{C}}\right]_n$,n 在 100～500 的范围内。聚碳酸酯是由异丙撑基($-\overset{CH_3}{\underset{CH_3}{C}}-$)与碳酸酯基($-O-\overset{O}{\underset{}{C}}-O-$)交替与苯环相连构成的线形大分子,具有许多优良的工程性能。

(1)热性能

聚碳酸酯分子主链上的苯环是刚性的,碳酸酯基是极性吸水基,虽然具有柔性,但它与两个苯环构成的 $-\langle\bigcirc\rangle-O-\overset{O}{\underset{}{C}}-O-\langle\bigcirc\rangle-$ 基是共轭体系,是增加主链刚性、稳定性的基团。分子链上含有苯撑基限制了分子链的内旋转,导致分子链刚性增大,使聚碳酸酯具有很好的刚性、耐热性能。

聚碳酸酯具有很好的耐高低温性能,120℃下具有良好的耐热性,热变形温度达 130℃～140℃,热分解温度为 340℃,它的玻璃化温度高于所有脂肪族聚酰胺,熔融温度略高于 PA6,但低于 PA66,热变形温度和最高连续使用温度均高于绝大多数脂肪族 PA,也高于几乎所有的热塑性通用塑料。在工程塑料中,它的耐热性优于聚甲醛、脂肪族 PA 和聚对苯二甲酸丁二醇酯,与聚对苯二甲酸乙二醇酯相当,但逊于其他工程塑料。聚碳酸酯具有良好的耐寒性,脆化温度为－100℃,长期使用温度为－70℃～120℃。聚碳酸酯没有明显的熔点,在 220℃～230℃呈熔融状态。

聚碳酸酯的热导率及比热容都不高,在塑料材料中居中等水平,但与其他非金属材料相比,仍不失为良好的绝热材料。由于比热容不太高,且熔融时无明显相变热,尽管熔融温度高于 PE、PP 等,但成型加工时的塑化并不会消耗更多的热能。而且它的线膨胀系数也较小,阻燃性也好,并具有自熄性。

(2)力学性能

聚碳酸酯的分子结构导致其具有很好的刚性和稳定性。碳酸酯基的极性,会使分子链之间的作用力增大,但由于两个苯撑基和异丙撑基隔开,削弱了分子间的极性,苯撑基的存在限制了分子链的内旋转,导致分子链刚性增大。异丙撑基是非极性的疏水基,对称分布的甲基位阻降低,是提供主链柔性的基团。而分子链上醚键又使聚碳酸酯的分子链具有一定的柔顺性,所以聚碳酸酯是以刚为主兼有一定柔性的材料,具有良好的综合力学性能,拉伸强度高达 50～70MPa,拉伸、压缩、弯曲强度均相当于 PA6、PA66,冲击强度高于所有脂肪族 PA 和大多数工程塑料,抗蠕变性也明显优于聚酰胺、聚甲醛。

聚碳酸酯分子链在外力作用下不易滑移,抗变形性好(刚性好、蠕变小、尺寸稳定性优),另一方面,又限制了分子链的取向和结晶,若一旦取向,又不易松弛,致使内应力不易消除,容易产生内应力被冻结的现象,所以聚碳酸酯力学性能方面的主要缺点是易产生应力开裂、耐疲劳性差、缺口敏感性高、不耐磨损等。表 9-5 是双酚 A 型聚碳酸酯的主要性能测试数据。

表 9-5　双酚 A 型聚碳酸醋物理力学性能

性能		测试值	性能	测试值
密度/(g/cm³)		1.20	最高连续使用温度/℃	120
吸水率/%		0.15	热分解温度/℃	340
拉伸屈服强度/MPa		60～68	脆化温度/℃	－100
拉伸断裂强度/MPa		58～74	玻璃化温度/℃	145～150
断裂伸长率/%		70～120	热导率/(W/m·K)	0.145～0.22
拉伸弹性模量/MPa		2200～2400	比热容/(J/kg·K)	1090～1260
弯曲强度/MPa		91～120	透光率/%	85～90
压缩强度/MPa		70～100	折射率/%	1.585～1.587
布氏硬度/MPa		90～95	有限氧指数/%	25～27
简支梁冲击强度	缺口	45～60	介电常数,10^6 Hz	3.05
	无缺口	不断	介质损耗角正切值,100Hz	$(0.9～1.1)×10^{-2}$
线膨胀系数/($×10^{-5}$/K)		6～7	介电强度/(kV/mm)	15～22
热变形温度(1.81MPa)/℃		126～135	体积电阻率/Ω·m	$(4～5)×10^4$
流动温度/℃		220～230	介电损耗/10^6 Hz	$(6～7)×10^{-3}$

(3)电性能

聚合物极性的存在对电性能有一定不利影响。聚碳酸酯分子链上的苯撑基和异丙撑基的存在,使聚碳酸酯为弱极性聚合物,在标准条件下电性能虽不如聚烯烃、PS 等,因其耐热性优于聚烯烃,可在较宽温度范围保持良好的电性能。由于吸湿性较小,环境湿度对电性能无明显影响,也是电性能较优的绝缘材料,介电常数和介电损耗在室温至 125℃几乎不变,故适合制造电容器和其他 E 级绝缘材料。

(4)化学性能

聚碳酸酯分子主链上的酯基对水很敏感,尤其在高温下易发生水解现象。

双酚 A 型聚碳酸酯是无定形聚合物,它的内聚能密度在塑料中居中等水平,溶解度参数约 20$(J/cm^3)^{1/2}$。常温下聚碳酸酯不与醇类、油、盐类、弱酸等作用,芳香烃类、酯类可使聚碳酸酯溶胀,酮类、许多氯代烃,如二氯甲烷、二氯乙烷、氯仿、三氯乙烷等都是聚碳酸酯的良好溶剂,但不耐碱,例如稀的氢氧化钠、稀氨水就可使聚碳酸酯水解。聚碳酸酯的耐沸水性很差,仅可耐

60℃的水温,进一步升高水温,就可因水解而失去韧性,若在沸水中反复煮沸,力学性能就会大大下降。

聚碳酸酯耐油性好,在变压器油中泡 100 天增重 2%左右,尺寸不变,机械强度不变。

聚碳酸酯分子链上无仲叔碳原子,也无双键使它具有良好的耐候和耐热老化的能力,在户外曝露两年,性能基本不发生变化。

(5)透明性

由于聚碳酸酯分子主链的刚性及苯环的体积效应,使它的结晶能力较差,因为聚碳酸酯聚合物成型时熔融温度和玻璃化温度皆远高于制品成型的模温,很快就从熔融温度降低到玻璃化温度之下,完全来不及结晶,只能得到无定形制品。所以聚碳酸酯具有优良的透明性。聚碳酸酯为一种透明、呈微黄色的坚韧固体,其密度为 $1.20g/cm^3$,透光率可达 90%,由于它兼具抗冲击性和耐热性,综合性能优于 PS、聚甲基丙烯酸甲酯等其他透明塑料。

(6)其他性能

聚碳酸酯的透光率很高,约为 87%～90%,折射率为 1.587,比丙烯酸酯等其他透明聚合物的折射率高,因此可以作透镜光学材料。聚碳酸酯还具有很好的耐候和耐热老化的能力,在户外暴露两年,性能基本不发生变化。

2. 聚碳酸酯的加工性能

聚碳酸酯可以采用注塑、挤出、吹塑、真空成型、热成型等方法成型,常采用的是注塑、挤出和吹塑。

聚碳酸酯的熔融黏度较一般热塑性塑料高,在加工温度的条件下黏度为 10^4～10^5 Pa·s,而且对温度比较敏感,黏度随温度升高明显下降。聚碳酸酯的流动特性与剪切速率关系不大,近似于牛顿流体,因此在一般情况下是通过调节温度来改善其流动性。

由于聚碳酸酯有较高的熔融温度、大的熔融黏度,流动性差,所以成型时要求较高的温度和压力。同时制品易生成内应力,故成型后制品应进行后处理,否则会引起自然开裂现象,一般后处理的条件为 100℃～120℃,时间为 8～24h。

尽管聚碳酸酯的吸水性不大,但是在高温下对微量的水分十分敏感。虽然它在室温下,相对湿度 50%时平衡吸水率仅 0.15%,但在熔融状态下,即使是如此微量的水分,也会使聚碳酸酯降解而放出二氧化碳等气体,树脂变色,相对分子质量急剧下降,性能变坏。

所以聚碳酸酯在加工前必须严格地进行干燥,成型时的料斗必须是可以加热的和密闭式的。粒料的干燥可在真空烘箱、鼓风烘箱和普通烘箱中进行。干燥温度 110℃～120℃,连续时间 4～6h,料层厚度不宜超过 20mm。真空烘箱干燥效果较好,它具有速度快、粒料干燥程度均匀、注射后相对分子质量下降很少等优点。现在较普遍采用此法。

聚碳酸酯为无定形的聚合物,其收缩率较低,约为 0.5%～0.8%,所以一般可以成型出精度较好的制品。

3. 聚碳酸酯的应用

(1)光学应用

聚碳酸酯常用作计算机用光盘、CD 盘、VCD 盘、DVD 盘的基础材料。国内聚碳酸酯高达75%左右用于制造光盘。2002 年起我国光盘市场的规模已仅次于美国而位居世界第 2 位。但目前我国光盘用聚碳酸酯的需求基本依赖进口。其他重要的光学应用是作光学透镜、照相机部件、风镜和安全玻璃,主要是利用了聚碳酸酯相对于玻璃的低密度和高韧性,但聚碳酸酯不耐刮痕,通常要使用丙烯酸树脂和硅树脂进行涂覆。

(2)汽车

聚碳酸酯具有优良的抗冲击、抗热变形性、耐候性好、硬度高,适用于生产轿车和轻型卡车的各种零部件,如计速器指针、风窗、仪表板、前灯灯罩和外壳以及工具箱等都充分利用了聚碳酸酯树脂的特性。聚碳酸酯与聚酯合金可用于制造小客车外部壁板(例如两侧复层板)、镜框、支架、轮罩及齿轮转换器。

聚碳酸酯片材可用作公共汽车、铁路客车、轻轨交通工具以及商业、私人及军用飞机的窗玻璃。

(3)建筑

聚碳酸酯用于窗、层压的墙壁、反射红外线的隔热板和天窗顶盖等,在家居中还可用作桌面。聚碳酸酯玻璃在建筑上的应用包括学校、医院、住宅、银行以及政府规定的必须使用防碎玻璃确保安全的建筑领域。

(4)办公设施

聚碳酸酯广泛用作办公设备、远程通讯设施和电子设备的外壳,这些主要利用了聚碳酸酯抗冲强度大、热变形温度高、电绝缘性好、阻燃性优良、几何形状稳定的性能。具体应用包括机箱四壁外壳、装饰性顶盖、底盘、计算机和监视器的机械部件及功能部件等。

(5)家用品、器具和动力工具

聚碳酸酯在家用品、器具和动力工具方面主要用于食品加工设备、厨房电动器具、动力工具外壳、冰箱蔬菜保鲜盒及真空吸尘器部件等。这些制品大部分是用吹塑法加工的,要求树脂的相对分子质量较高或有支链,以确保树脂有较高的熔体强度。

(6)医疗保健设备

由于聚碳酸酯冲击强度高,透明性和耐热性好,医疗保健品市场需求量还在不断增加。聚碳酸酯用作消毒器械,可以经受住高能辐射(即 γ 射线和电子束)、蒸汽、干热和环氧乙烷等消毒处理,处理后物理性质不发生变化,不变黄。聚碳酸酯的经典用途是制造血液采集器、高压注射器、活动牙科设备、外科手术面罩、血液供氧器、血液分离器、手术器材、肾透析设备和离心器皿等。

(7)休闲和安全防护用品

聚碳酸酯在这一领域最大用途是制造防护帽和防护头盔,例如摩托车手、足球和篮球运动员的防护帽,消防队员和建筑工人的防护头盔,用聚碳酸酯制作的防护帽和头盔抗冲强度高,安全可靠。聚碳酸酯在该领域的其他重要应用还有许多平光眼镜,例如太阳镜、运动员佩戴的透明安全镜、滑雪护目镜等。还用作工业气体防护罩和防护面具。在所有的安全防护塑料铜品中,聚碳酸酯数量居统治地位。

(8)包装

聚碳酸酯在包装领域消费量最大的市场是聚碳酸酯桶装水大水桶。实际上除了个别高消费市场之外,玻璃瓶现在已经被聚碳酸酯瓶取代。聚碳酸酯可用于食品设施和家庭食品盛器。聚碳酸酯制作的非一次性饮用水桶、瓶等容器也增长很快。

(9)电器和电子

聚碳酸酯电性能优异,介电强度高,体积电阻和表面电阻大,而且性能不受大气温度和湿度影响。聚碳酸酯在该领域最大用途是制作插接件,用于重载插头座和墙壁插板。用于把电话连接到室外的网络接口设备要求具有抗冲击、抗紫外线和阻燃性能,由于电话用量增长,竞争激烈,聚碳酸酯在这一市场上的消费量一直不断增加。聚碳酸酯还用于制作开关盒、连接器、中心开关柜组件、调制解调器外壳、终端接线柱和调压器外壳以及光纤电缆线路的缓冲管。

4. 其他聚碳酸酯品种

由于聚碳酸酯的加工流动性差、制品残余内应力大、不耐溶剂、高温易水解、摩擦系数大、不耐磨损等缺陷,限制了它在工业上的应用,为改善这些缺点,就产生了各种改性的方法。其中最主要的是增强聚碳酸酯和聚碳酸酯合金两类。

(1)增强聚碳酸酯

聚碳酸酯中常用的增强材料有玻璃纤维、碳纤维、石棉纤维、硼纤维等,用纤维增强后的聚碳酸酯,其拉伸强度、弯曲强度、疲劳强度、耐热性及耐应力开裂性可以明显提高,同时可降低线膨胀系数、成型收缩率以及吸湿性。但冲击强度会下降,加工性能变差。例如未增强的聚碳酸酯其疲劳强度仅为 $7 \sim 10 MPa$,而用 $20\% \sim 40\%$ 玻璃纤维增强的聚碳酸酯,其疲劳强度可达到 $40 \sim 50 MPa$。表 9-6 为未增强和增强聚碳酸酯的性能比较。

表 9-6　未增强和增强聚碳酸酯的性能比较

性能	未增强	30％长玻璃纤维增强	30％短玻璃纤维增强
密度/(g/cm³)	1.2	1.45	1.45
拉伸强度/MPa	$56 \sim 66$	132	$85 \sim 90$
拉伸模量/MPa	$(2.1 \sim 2.4) \times 10^3$	10^4	$(6.5 \sim 7.5) \times 10^3$
断裂伸长率/％	$60 \sim 120$	<5	<5
弯曲强度/MPa	$80 \sim 95$	170	$140 \sim 150$
缺口冲击强度/(kJ/m²)	$15 \sim 25$	$10 \sim 13$	$7 \sim 9$
压缩强度/MPa	$75 \sim 85$	$120 \sim 130$	$100 \sim 110$
热变形温度(1.82MPa)/℃	$130 \sim 135$	146	140
线膨胀系数/$10^{-5} K^{-1}$	7.2	2.4	2.3
体积电阻率/Ω·cm	2.1×10^{16}	1.5×10^{15}	1.5×10^{15}
介电常数(10⁶ Hz)	2.9	3.45	3.42
介电损耗角正切(10⁶ Hz)	0.0083	0.0070	0.0060
吸水率/％	0.15	0.1	—
成型收缩率/％	$0.5 \sim 0.7$	0.2	$0.2 \sim 0.5$

玻璃纤维增强聚碳酸酯的力学性能已接近金属。而制件的变形量及应力开裂性等方面得到很大的改善,因此可用于金属镶嵌及某些电器零件等。

这种材料主要用于注射成型各种工程零件。机械方面可代替铝、锌压铸件,制作电动工具外壳。也可用作计算机、电视机及仪表上的精密零件。在电气方面经常用来制造插头、接线板、继电器、线卷骨架等耐热零件。

（2）聚碳酸酯合金

聚碳酸酯合金就是把聚碳酸酯与某些高聚物共混改性，这已成为聚碳酸酯改性的一个重要途径，并取得了很好的效果。

①聚碳酸酯/聚乙烯合金。聚碳酸酯与聚乙烯的共混物可以改善聚碳酸酯的加工流动性、耐应力开裂性及耐沸水性。同时，电绝缘性、耐磨性及加工工艺性都得到了改善，特别是冲击强度会进一步地提高，缺口冲击强度会在原来的基础上提高 4 倍，但耐热性会有所降低。一般聚乙烯的用量不超过 10%。

②聚碳酸酯/ABS 树脂合金。这种合金具有较高的热变形温度、表面硬度及弹性模量。随着 ABS 树脂的增加，加工流动性得到改善，成型温度会降低，但力学性能会有所下降。一般 ABS 树脂的用量<30%。

③聚碳酸酯/聚甲醛合金。聚碳酸酯和聚甲醛可以按任意比例共混，当聚甲醛含量为 30% 时，共混物能保持优良的力学性能，而且耐溶剂性、耐应力开裂性显著提高。当聚甲醛含量为 50% 时，共混物耐热性及耐应力开裂性会进一步提高，但冲击性能会下降。

④聚碳酸酯/聚四氟乙烯合金。聚碳酸酯与聚四氟乙烯的共混物可以提高聚碳酸酯的耐磨性，同时又保持其优良的综合性能。聚四氟乙烯的用量一般为 10%～40%，此共混物尺寸稳定性好、强度高，并可以方便地注射成型。可用来制造轴承、轴套、机械、电气设备等。

9.1.3　丙烯酸类树脂

聚甲基丙烯酸甲酯（Polymethyl methacrylate）简称 PMMA，俗称有机玻璃。结构式为

$$\text{---}CH_2\text{---}\overset{\overset{\displaystyle CH_3}{|}}{\underset{\underset{\displaystyle COOCH_3}{|}}{C}}\text{---}_n$$

它具有优良的综合性能，具有高的透明度，透明性是所有光学塑料中最佳的。

聚甲基丙烯酸甲酯的工业化生产方法是采用引发剂由单体按自由基机理进行聚合。其实施方法可采用本体聚合、悬浮聚合、乳液聚合、溶液聚合等，其中本体聚合适于直接制备型材（板、棒、管等），悬浮聚合适于制备模塑用的颗粒料或粉状料，溶液聚合与乳液聚合分别用于制备胶黏剂和涂料。

自由基聚合基本反应如下：

$$n\ \ CH_2\!=\!\overset{\overset{\displaystyle CH_3}{|}}{\underset{\underset{\displaystyle COOCH_3}{|}}{C}}\ \ \longrightarrow\ \ \text{---}CH_2\text{---}\overset{\overset{\displaystyle CH_3}{|}}{\underset{\underset{\displaystyle COOCH_3}{|}}{C}}\text{---}_n\qquad\text{（PMMA 分子式）}$$

（1）本体聚合制备聚甲基丙烯酸甲酯板材

本体聚合法通常用来制备聚甲基丙烯酸甲酯的板、棒、管等制品，为了减少制品的收缩率及在浇铸模中的漏流，通常不用单体浇铸而用 MMA 的预聚物。

预聚物的制备是将去净阻聚剂的单体加入 0.5% 过氧化二苯甲酸作引发剂，在 90℃ 下搅拌 8min，然后冷至室温。待反应体系黏度达 2Pa·s 时（约转化率在 10%）左右，即得到可用于浇铸的预聚体。在这种预聚物的浆液中，根据需要可以混入增塑剂、色料、紫外线吸收剂等添加剂。

将预聚体浇入模具中,置于热水箱内加热,在 40℃～42℃下聚合至凝胶状,再将模具转入蒸汽加热箱内,在 110℃下继续聚合 3h,即可取出模具冷却,得到产品。本体聚合制得的材料,其数均相对分子质量可达 106。

(2)悬浮聚合制备模塑料

大多数本体聚合的聚甲基丙烯酸甲酯,由于在聚合过程中,反应所放热量不易散出,以致引起聚合体系温度升高,聚合极快,所得到的聚合物相对分子质量极大,使其熔融黏度很高,使它不能具有注塑和挤出成型所需的流动性能,故模加工用料皆采用悬浮聚合法制取。

悬浮聚合时以水作介质,悬浮剂有滑石粉、碳酸镁、氧化铝、聚乙烯醇、聚甲基丙烯酸钠。悬浮剂用量与树脂颗粒大小有关,悬浮剂用量少则颗粒大,反之用量多则颗粒小。过氧化二苯甲酸作引发剂,反应温度开始时控制在 80℃,随着反应进行,由于放热而上升到 120℃。聚合反应大约在 1h 内完成,然后向反应混合物中加硫酸以除去碳酸镁,得到的聚合物颗粒经过滤、洗涤后干燥。在悬浮聚合的反应过程中,为了控制反应介质的 pH,可加缓冲剂磷酸氢钠。为了控制相对分子质量,可以加入链转移剂三氯乙烯或十二烷基硫酸及少量的润滑剂硬脂酸、乳化剂十二烷基硫酸钠。这种经过干燥后的悬浮树脂颗粒,毋须再处理即可供挤出和注射之用。所得聚合物数均相对分子质量在 $(3～4.5) \times 10^5$。

1. 聚甲基丙烯酸甲酯的结构和性能

聚甲基丙烯酸甲酯分子链结构 $\left[CH_2 - \underset{\underset{O}{\overset{|}{C}-OCH_3}}{\overset{CH_3}{\underset{|}{C}}} \right]_m$ 是以甲基丙烯酸甲酯为结构单元的线形大分子,主链是柔性的—C—C—链,结构单元口碳原子上含有两个侧基:甲基是非极性的疏水基;甲酯基($—COOCH_3$)是极性的吸水基。

自由基引发的聚合物是无规立构的,为普通的聚甲基丙烯酸甲酯聚合物,分子链骨架上同时有与侧甲基及侧甲酯基连接的不对称碳原子,使聚合物存在空间异构现象。研究证明,工业化生产的聚甲基丙烯酸甲酯是三种空间立构体的混合物,以间规、无规立构体为主,仅含少量等规立构体(间规立构体约占 54%,无规立构体 37%,等规立例构体 9%)。因此,聚合物宏观上属无定形聚合物。若在－78℃低温条件下进行聚合,可得到间规立构体含量达 78%的产物。采用阴离子型催化聚合亦可得到等规或间规立构为主的产物。聚甲基丙烯酸甲酯的一般性能如表 9-7 所示。

表 9-7　聚丙烯的一般性能

性能	数据	性能	数据
相对密度	0.89	热变形温度(1.82MPa)/℃	102
吸水率/%	0.01	脆化温度/℃	－8～8
成型收缩率/%	1～2.5	线膨胀系数/$\times 10^{-5} K^{-1}$	6～10
拉伸强度/MPa	29	热导率/[W/(m·K)]	0.24
断裂伸长率/%	200～700	体积电阻率/Ω·cm	10^{19}
弯曲强度/MPa	50～58.8	介电常数(10^6 Hz)	2.15

续表

性能	数据	性能	数据
压缩强度/MPa	45	介电损耗角正切(10^6 Hz)	0.0008
缺口冲击强度/(kJ/m²)	0.5～10	介电强度/(kV/mm)	24.6
洛氏硬度(R)	80～110	耐电弧/s	185
摩擦系数	0.51	氧指数/%	18
磨痕宽度/mm	10.4		

（1）力学性能

聚甲基丙烯酸甲酯较大的侧甲酯基和碳原子上的侧甲基的存在，限制了链的柔性，使聚合物分子链的刚性增大。与 PE 相比，聚甲基丙烯酸甲酯的玻璃化温度有大幅度升高，达到 104℃，而 PE 的玻璃化温度远低于 0℃，所以聚甲基丙烯酸甲酯是一种典型的硬而脆的材料。

聚甲基丙烯酸甲酯具有良好的综合力学性能，在通用塑料中居前列，拉伸、弯曲、压缩等强度均高于聚烯烃，也高于 PS、PVC 等，普通有机玻璃表面易划伤，耐磨性不如聚甲基丙烯酸甲酯，冲击强度不高，且对缺口敏感，但聚甲基丙烯酸甲酯比 PS 韧得多，与 AS 的韧性相当而不如 ABS。通过双轴拉伸可以提高聚甲基丙烯酸甲酯板材的韧性和耐应力开裂性。

浇注的本体聚合聚甲基丙烯酸甲酯板材（例如航空用有机玻璃板材）拉伸、弯曲、压缩等力学性能更高一些，可以达到 PA、PC 等工程塑料的水平。一般而言，聚甲基丙烯酸甲酯的拉伸强度可达到 50～77MPa 水平，弯曲强度可达到 90～130MPa，这些性能数据的上限已达到甚至超过某些工程塑料。其断裂伸长率仅 2%～3%，故力学性能特征基本上属于硬而脆的塑料，40℃是一个二级转变温度，相当于侧甲基开始运动的温度，超过 40℃，该材料的韧性和延展性有所改善。

（2）光学性能

聚甲基丙烯酸甲酯是三种空间立构体的混合物，因此聚合物宏观上属于无定形聚合物，具有十分优异的光学性能，为刚性无色透明材料，在光学塑料中透射率最高，可与硅玻璃相媲美，透射率可达 92%，折射率较小，约 1.49，雾度不大于 2%。由于对光线吸收率极小，因此，可用作光线的全反射装置。

（3）热性能

聚甲基丙烯酸甲酯的耐热性不高，它的玻璃化温度虽然达到 104℃，但长期使用温度为 60℃～80℃，热变形温度约为 96℃，维卡软化点约 113℃。聚甲基丙烯酸甲酯的热稳定性属于中等，优于 PVC 和聚甲醛，但不及聚烯烃和 PS，热分解温度略高于 270℃，其流动温度约为 160℃，故尚有较宽的熔融加工温度范围。

聚甲基丙烯酸甲酯的热导率和比热容在塑料中都属于中等水平，分别为 0.19W/m·K 和 1464J/kg·K。其氧指数值为 17.3，属于易燃塑料。

（4）电性能

聚甲基丙烯酸甲酯由于主链侧位含有极性的甲酯基，电性能不及聚烯烃和 PS 等非极性塑料。甲酯基的极性并不太大，聚甲基丙烯酸甲酯仍具有良好的介电和电绝缘性能。值得指出的是，PMMA 乃至整个丙烯酸类塑料，都具有优异的抗电弧性，在电弧作用下，表面不会产生碳化的导电通路和电弧径迹现象。20℃是一个二级转变温度，相应于侧甲酯基开始运动的温度，低于

20℃,侧甲酯基处于冻结状态,材料的电性能比处于20℃以上时会有所提高。

（5）耐溶剂性

聚甲基丙烯酸甲酯由于有酯基的存在使其耐溶剂性一般,可耐碱及稀无机酸、水溶性无机盐、油脂、脂肪烃,不溶于水、甲醇、甘油等,但吸收醇类可溶胀,并产生应力开裂。在许多氯代烃和芳烃中可以溶解,如二氯乙烷、三氯乙烯、氯仿、甲苯等,乙酸乙烯和丙酮也可以使它溶解。聚甲基丙烯酸甲酯对臭氧和二氧化硫等气体具有良好的抵抗能力。

（6）环境性能

聚丙烯的耐候性差,叔碳原子上的氢易氧化,对紫外线很敏感,在氧和紫外线作用下易降解。未加稳定剂的聚丙烯粉料,在室内放置4个月性能就急剧变坏,经150℃、0.5～3.0h高温老化或12d大气曝晒就发脆。因此在聚丙烯生产必须加入抗氧剂和光稳定剂。在有铜存在时,聚丙烯的氧化降解速率会成百倍加快,此时需要加入铜类抑制剂,如亚水杨基乙二胺、苯甲酰肼或苯并三唑等。

（7）其他性能

聚丙烯极易燃烧,氧指数仅为17.4。如要阻燃需加入大量的阻燃剂才有效果,可采用磷系阻燃剂和含氮化合物并用、氢氧化铝或氢氧化镁。

聚丙烯氧气透过率较大,可用表面涂覆阻隔层或多层共挤改善。

聚丙烯透明性较差,可加入成核剂来提高其透明性。

聚丙烯表面极性低,耐化学药品性能好,但印刷、黏结等二次加工性差。可采用表面处理、接枝及共混等方法加以改善。

2. 聚丙烯的加工性能

①聚丙烯的吸水率很低,在水中浸泡1d,吸水率仅为0.01％～0.03％,因此成型加工前不需要对粒料进行干燥处理。

②聚丙烯的熔体接近于非牛顿流体,黏度对剪切速率和温度都比较敏感,提高压力或增加温度都可改善聚丙烯的熔体流动性,但以提高压力较为明显。

③由于聚丙烯为结晶类聚合物,所以成型收缩率比较大,一般在1％～2.5％的范围,且具有较明显的后收缩性。在加工过程中易产生取向,因此在设计模具和确定工艺参数时要充分考虑以上因素。

④聚丙烯受热时容易氧化降解,在高温下对氧特别敏感,为防止加工中发生热降解,一般在树脂合成时即加入抗氧剂。此外,还应尽量减少受热时间,并避免受热时与氧接触。

⑤聚丙烯一次成型性优良,几乎所有的成型加工方法都可适用,其中最常采用的是注射成型与挤出成型。

表9-8为聚丙烯注射成型工艺参数。

表9-8　聚丙烯注射成型工艺参数

MFR/（g/10min）	成型温度/℃		注射压力/℃		模具温度/℃	
	柱塞式	螺杆式	柱塞式	螺杆式	柱塞式	螺杆式
3	220～260	200～250	100～200	40～70	40～60	40～60
1	240～280	220～260	100～200	40～70	40～60	40～60
0.3	260～300	240～280	100～200	40～70	40～60	40～60

表 9-9 为聚丙烯薄膜的挤出工艺条件。

表 9-9　聚丙烯薄膜的挤出工艺条件

工艺参数	取值范围		工艺参数	取值范围	
	A	B		A	B
薄膜宽度/mm	40000	5500	螺杆长径比	30～32	30～32
薄膜厚度/μm	16～60	16～60	牵引速度(拉伸前)/(m/min)	2.5～25	4～10
挤出量/(kg/h)	250～300	650～900	牵引速度(拉伸后)/(m/min)	7.5～75	15～150
螺杆直径/mm	150	250			

3. 丙烯酸类树脂的应用

丙烯酸类树脂以其杰出的光学透明性和耐候性著称,最大的市场是窗玻璃、标识、显示器、照明器材、汽车的各种前后灯的透镜,其他应用有玩具、文具、灯具、礼品、日用品等。聚甲基丙烯酸甲酯板材主要用于建筑(屋顶采光体、楼梯和房间墙壁护板、安全玻璃门、温室用阳光板、遮阳板等)、卫生洁具、广告和装潢等。

(1)照明及采光

丙烯酸系树脂有很好的光学性能,即具有很好的光传输性,几乎不吸收光,因而广泛用于照明和采光以及光的反射,常用于灯罩和玻璃。

在汽车中用量最大的是各种车灯、仪表的透镜,在各种交通工具中如飞机、轮船、汽车常用作窗玻璃及挡风玻璃,还用于各种仪表窗、广告橱窗、天花板照明板等。反射应用包括公路、车道标识、家用读数显示器和高速公路的导向牌。

对聚甲基丙烯酸甲酯有机玻璃的需求量与建筑业发展关系密切相关。建筑方面的应用包括学校工厂和商店橱窗、游泳池和运动场的围栏、水族馆、温室玻璃、天窗、电话亭、售货亭、汽车站围栏及其他各种装饰和防碎的应用。聚甲基丙烯酸甲酯的增长也得益于节能的需要。聚甲基丙烯酸甲酯窗与普通玻璃窗相比,有更好的隔热性和抗冲击性,有色、透明或半透明的圆屋顶窗能更有效地防止太阳的照射。聚甲基丙烯酸甲酯片材也用作太阳能收集板,适用于温室天窗和天井覆盖物。

(2)光学仪器

各种光学镜片如眼镜、放大镜、导光板及透镜等,信息传播材料如光盘及光纤等。

光盘是 20 世纪 80 年代末到 90 年代中丙烯酸系树脂模塑料消费增长最快的应用领域。但聚甲基丙烯酸甲酯在光盘中的应用受限于热变形温度和吸湿后易翘曲等性能缺陷。现在 PC 是用于 CD、CD、ROM 和 DVD 底材的主要材料,PC 具有较低的吸湿性、更好的耐热性,用于长期数据存储比聚甲基丙烯酸甲酯更可靠。但今后聚甲基丙烯酸甲酯在光学存储市场的用量还会有明显增长,原因包括:在光盘生产中使用聚甲基丙烯酸甲酯模塑料与使用聚碳酸酯相比,成本较低;PMMA 光盘的大部分刮痕可以重新抛光,而聚碳酸酯这样做就比较困难。

(3)医用材料

近十年,丙烯酸树脂成型料越来越多地用于医疗领域。丙烯酸系树脂是一种惰性材料,不与检查中所用的试剂发生反应、耐化学品性能好、生命循环特性好,这些性质使其适合于医疗部门的应用。具体的医疗应用包括小型透明容器、静脉注射用品、医用管接头和固定件等。用于牙科材料如牙托、假牙以及假肢材料等。随着人口的老龄化和对传染病检查的需求,一次性医疗用品和诊断设备用量有逐渐增加的趋势。

（4）日用品

丙烯酸系树脂由于质量轻、不易裂、保温好,常用于器皿,如盘子、碗、餐具、水罐、饮料杯等。许多浴室用品、卫生洁具、某些办公室用品(如压书具和镇纸)等。各种产品模型、标本及工艺美术品等,各种纽扣、发夹、儿童玩具、笔杆及绘图仪器等。

（5）器具

用于器具的控制板、旋钮、壳体、拨号盘、标识牌、食品加工机和掺混器的容器、吹风机外壳、通风机窗和壳体。

（6）薄膜

丙烯酸系树脂薄膜主要是作一些塑料底材的覆层,起耐候和装饰的作用。丙烯酸薄膜作覆层的塑料用于室外建筑构件、窗框、百叶窗、娱乐车部件、摩托车外壳、室外电机覆盖物、帐篷顶、硬壁行李箱、卫生洁具和船体。在这些应用中,丙烯酸系树脂薄膜提供了耐紫外光性、耐候性的表面,可以抗褪色、白化、裂纹和剥离,至少能比涂料的寿命长 2～3 倍。丙烯酸薄膜也可以作塑料的保护层,例如用于办公机器壳体和电视柜等。相对于没有覆层的产品,如 PVC 壁板,丙烯酸系树脂薄膜作覆层的产品有更好的性能,今后几年用于屋顶、窗框、百叶窗和壁板的消费量还有可能增长。

4. 其他丙烯酸聚合物

其他丙烯酸类聚合物有聚 α-氯代丙烯酸甲酯、聚 α-氰基丙烯酸甲酯、聚 α-氟代丙烯酸甲酯等。

聚 α-氯代丙烯酸甲酯具有较好的耐热性、表面硬度,且耐擦伤,可以用来制作耐热的透明板材。聚 α-氯代丙烯酸甲酯的结构如下：

$$\left[CH_2-\underset{\underset{\underset{OCH_3}{|}}{\overset{|}{C=O}}}{\overset{\overset{Cl}{|}}{C}} \right]_n$$

这是一种耐热、坚硬、耐划伤性优异的透明塑料,许多物理力学性能皆优于聚甲基丙烯酸甲酯。这种材料可由过氧化物引发的自由基聚合或金属有机化合物催化的阴离子型聚合制得。

α-氯代丙烯酸甲酯不仅力学性能、耐热性优于聚甲基丙烯酸甲酯,而且耐燃性、吸湿性也优于后者,且可以保持与后者基本相同的光学性能,是很优异的透明材料。这种材料的缺点是密度大、耐候性差些。聚 α-氯代丙烯酸甲酯可用本体聚合浇注法生产板材,供要求耐热、表面硬度高的高速军用飞机的座舱玻璃用。这种材料由于聚合时对单体纯度要求很高,价格昂贵,不宜普遍用于其他方面。

聚 α-氰基丙烯酸甲酯的结构如下：

$$\left[CH_2-\underset{\underset{\underset{OCH_3}{|}}{\overset{|}{C=O}}}{\overset{\overset{CN}{|}}{C}} \right]_n$$

可由引发剂引发的自由基聚合或弱碱性物质(水或醇)催化的阴离子型低温聚合而得。该聚合物作为塑料时只能采用浇注的本体聚合方法生产板材、片材等型材,不能采用生产粒料进行注塑、挤出等成型,因为在熔融状态下易分解。该聚合物力学性能、耐热性均优,例如热变形温度可达 157℃,维卡软化点 168℃,弯曲强度 104～122MPa,断裂伸长率 45%～49%。该材料除用于制备耐热透明玻璃外,主要用途是用作快速胶黏剂,能够粘接复杂的零件,且有很好的耐热性和耐溶剂性,但耐老化性不好,在粘接部位不能经常与水接触。

聚旷氟代丙烯酸甲酯的拉伸强度、冲击强度都较高,透明性也较好,同时还具有很好的耐热性。

9.1.4　聚甲醛

聚甲醛(Polyoxyethylene)简称 POM,是一种高熔点、高结晶性的热塑性工程塑料。它具有很好的机械性能,主要表现在刚性大,耐蠕变性和耐疲劳性好,并且具有突出的自润滑性和耐磨性。聚甲醛是工程塑料中机械性能最接近金属材料的品种之一。聚甲醛高的力学性能、优良的电绝缘性、耐溶剂性和易加工性,使其成为一种综合性能优良的工程塑料,是五大通用工程塑料之一。目前产量仅次于 PA 和 PC,占第三位。

聚甲醛性能不足之处是冲击强度对缺口敏感,耐酸碱性不强,热稳定性欠佳,成型加工温度范围窄等。因此,对聚甲醛的改性研究从其问世后一直持续不断。

聚甲醛可分为均聚甲醛和共聚甲醛两大类,均聚甲醛是由美国杜邦(DuPont)公司于 1959年首先商品化(商品名为 Derlin),成为世界上聚甲醛最早投产的公司。为了改善 Derlin-聚甲醛的成型热稳定性,1961 年美国 Celanese 公司推出环氧乙烯与甲醛的共聚物(Celcon 共聚甲醛)。此后,日本、西欧等国也相继投产,国内是 20 世纪 60 年代中开始聚甲醛的工业化生产。

聚甲醛是主链链节含氧亚甲基($-CH_2-$)的聚合物,根据其分子链化学结构的不同,分为均聚甲醛和共聚甲醛两种。

均聚甲醛是甲醛或三聚甲醛的均聚体,其聚合原理:一是三聚甲醛的开环聚合,即将三聚甲醛的六元环在催化剂作用下打开聚合成为大分子;二是无水甲醛的加成聚合,即将甲醛的羰基双键打开后聚合成为大分子;三是甲醛在水溶液或醇溶液中的缩聚,即将甲醛溶于水中形成甲二醇($HOCH_2OH$)然后进行缩聚反应,当聚合度超过 10 时自动生成的晶核从溶液中沉淀出来,然后以晶核为生长点不断进行链增长反应形成聚甲醛大分子。

以三聚甲醛为原料的均聚甲醛,是以三氟化硼乙醚络合物为催化剂,在石油醚、环己烷、苯等惰性溶剂中进行溶液聚合,其反应式如下:

$$n O\begin{matrix} CH_2-O \\ | \quad\quad | \\ CH_2-O \end{matrix} CH_2 + H_2O \xrightarrow[\text{石油醚}]{BF_5 \cdot O \cdot (C_2H_5)_2} HOCH_2 \left(OCH_2 \right)_n OCH_2OH$$

上述反应按阳离子型聚合机理进行,首先是三氟化硼乙醚络合物与微量水反应形成催化剂阳离子,催化剂阳离子再使三聚甲醛开环形成阳离子活性中心(即链引发阶段),然后活性中心不断使三聚甲醛开环进行链增长,最终再加入链终止剂(氨水、醇、碳酸钠水溶液等)使反应终止。

反应结束后进行溶液回收,并使聚合物粉料经水煮、洗涤、干燥后在酯化釜内进行酯化反应或醚化反应的后处理,进行端基封闭,以除去对热很不稳定的半缩醛端基。经封端后处理得到的粉料加入抗氧剂、紫外线吸收剂及其他助剂后再经挤出造粒即得到商品聚甲醛粒料。

共聚甲醛的制备可选择与均聚甲醛相似的溶液聚合法,一般以 3%～5%摩尔比的二氧五环作为共聚单体,其反应式如下:

$$nO\begin{matrix} CH_2-O \\ | \\ CH_2-O \end{matrix}CH_2 + m\begin{matrix} CH_2-O \\ | \\ CH_2-O \end{matrix}CH_2 \xrightarrow[65～70℃,1～2h]{BF_3 \cdot O \cdot (C_2H_5)_2, 石油醚}$$

$$HO-CH_2CH_2O+CH_2O\frac{}{x}+CH_2OCH_2CH_2O\frac{}{y}CH_2CH_2OH$$

上述反应结束后,也需进行后处理以除去端基上的半缩醛结构,可用 3%氨水在 137℃～147℃,(4～12)×10^5 Pa 下处理 2～3h,使端基达到稳定状态,也可以在 190℃～210℃及 N_2。保护下或在空气中(须加入防老剂和稳定剂)熔融处理 30～60min,得到大分子链两端封闭的甲醛共聚物。

1. 聚甲醛的结构与性能

聚甲醛分子中的重复单元是—CH_2—O—,端基是醋酸酯基 $-O-\overset{O}{\overset{\|}{C}}-CH_3$ 或甲氧基 —O—CH_3。聚甲醛是一种没有侧链的高密度、高结晶性的线形高分子聚合物,其数均相对分子质量为 20000～110000。均聚甲醛的大分子是由—C—O—键连续构成的,而共聚甲醛则在若干个—C—O—键主链上分布有少量的—C—C—键。而—C—C—键较—C—O—键稳定,在发生降解的过程中,C—C键可能成为终止点。所以共聚甲醛的耐热稳定性和耐化学稳定性比均聚甲醛好。均聚甲醛和共聚甲醛由于分子结构的不同,它们的性能也有一定的差异。均聚甲醛与共聚甲醛相比,熔点高,机械强度较大,但热稳定性较差,容易引起分解,对酸碱的稳定性也较差。但从总体来看,聚甲醛具有良好的综合性能,如很高的刚性和硬度,优良的耐疲劳性和耐磨损性,较小的蠕变性和较好的电气绝缘性等,均聚甲醛与共聚甲醛性能比较如表 9-10 所示。

表 9-10 均聚甲醛与共聚甲醛性能差异

性能	均聚甲醛	共聚甲醛	性能	均聚甲醛	共聚甲醛
密度/(g/cm³)	1.43	1.41	热稳定性	较差,易分解	较好、不易分解
结晶度/%	75～65	70～75	成型加工温度范围	较窄,约 10℃	较宽,约 50℃
力学强度	较高	较低	化学稳定性	对酸碱稳定性略差	对酸碱稳定性较好

(1)热性能

聚甲醛是由亚甲基和醚键构成的线形大分子。主链是高柔性的—C—O—链,大分子规整、紧密,有极性,分子间力大,聚甲醛属极性结晶聚合物,均聚聚甲醛熔点为 175℃～183℃,共聚聚甲醛熔点为 160℃～165℃。

聚甲醛有较高的热变形温度,在 0.46MPa 负荷下二者的热变形温度分别为 170℃和 158℃,均聚甲醛的热变形温度要高于共聚甲醛,但均聚甲醛的热稳定性不如共聚甲醛。聚甲醛的热变形温度比 PA 高,但不如 PC(热变形温度为 133℃～138℃)。一般聚甲醛的连续使用温度在100℃左右(连续使用温度是指在 3.59MPa 应力作用下一年而变形小于 5%的温度),短时使用温度可达 140℃。共聚甲醛的维卡软化温度为 162℃。

聚甲醛耐低温性较好,有较低的玻璃化温度(−40℃~60℃),玻璃化温度与聚甲醛的相对分子质量有关。工业化的聚甲醛相对分子质量多在 20000 以上。

聚甲醛热稳定性差。均聚甲醛端基中含有半缩醛(—OH)结构,这种端基不稳定。聚甲醛的热分解温度较低(235℃~240℃),当温度高于 270℃时—C—O—键将断裂,引起大分子热分解。甲醛在高温有氧时会被氧化成甲酸,甲酸对聚甲醛的降解反应有自动加速催化作用。因此,常在均聚甲醛树脂中加入热稳定剂、抗氧剂、甲醛吸收剂等以满足成型加工的需要。

共聚甲醛主链上引进了少量—C—C—键,它可以阻止聚甲醛分子链的氧化降解,提高了共聚甲醛的热稳定性,但共聚甲醛大分子的规整程度比均聚甲醛低,结晶性降低,使共聚甲醛的其他性能都不如均聚甲醛。聚甲醛易燃,氧指数为塑料中最小,离火继续燃烧,火焰上黄下蓝,有熔滴,热分解气体有甲醛鱼腥味。

(2)力学性能

聚甲醛大分子是带有柔性链的线形聚合物,而且结构规则,从均聚甲醛与共聚甲醛结构看,均聚甲醛是由纯—C—O—键连续构成的,而共聚甲醛则在—C—O—键上平均分布一些—C—C—键。由于 C—O 键的键长(1.46×10^{-10} m)比 C—C 键的键长(1.55×10^{-10} m)短,链轴方向的填充密度大,其次聚甲醛分子链中 C 和 O 原子不是平面曲折构型,而是螺旋构型,所以分子链间距离小、密度大,与聚乙烯相比,均聚甲醛的密度为 $1.425 \sim 1.430 \text{g/cm}^3$,而 PE 为 0.960g/cm^3,当分子主链中引入少量 C—C 键后的共聚甲醛密度则稍有降低(1.410g/cm^3),但仍比 PE 高得多。所以均聚甲醛的密度、结晶度、力学性能均较高,而热稳定性则比共聚甲醛差。

聚甲醛的结晶度很高,从 75%~85%,这取决于淬火温度,当淬火温度从 0℃变到 150℃时,其结晶度约从 77% 变到 80%,退火处理会使结晶度增加。结晶度越大,屈服强度和拉伸强度越高。提高淬火温度,可使球晶尺寸增大,但使冲击强度下降。聚甲醛的平均聚合度在 1000~1500 之间,数均相对分子质量为 30000~45000,相对分子质量分布窄。工业上用熔体流动速率来表征并分品级,如表 9-11 所示。

表 9-11　聚甲醛的品级和特性

树脂品级		熔体流动速率/(g/10min)	特性和用途
(均聚甲醛 Delrin)	500	5.0	通用注塑和挤出级
	900	9.0	黏度较低、用于难充模的制品
	100	1.0	黏度高,专用注塑或挤出级
(共聚甲醛 Cdcon)	M90	9.0	通用注塑级
	M270	27.0	高流动级、薄壁制品
	M25	2.5	熔体强度较高,用于挤出和注塑
	U10	1.0	熔体强度最高,用于挤棒、吹塑

聚甲醛具有较高的弹性模量、硬度和刚性,其硬度是工程塑料中最高的。聚甲醛突出的优点是抗疲劳性好、耐磨性优异和蠕变值低。聚甲醛即使交变次数达 10^7 次,其疲劳强度仍保持在 35MPa。而 PC 和尼龙经 10^4 次交变试验后,疲劳强度只有 28MPa。

聚甲醛的耐蠕变性很好,在室温、21MPa 载荷的条件下,经 3000h 后蠕变值仅为 2.3%,而且其蠕变值随温度的变化较小,即在较高的温度下仍然保持较好的耐蠕变性。

聚甲醛的摩擦因数和磨耗量都很小,它的摩擦因数为 0.21,比 PA(0.28 以上)低,并且聚甲醛的动、静摩擦因数几乎相同,而极限 PV 值又很大,因此,聚甲醛具有优良的耐磨性,特别适合制作传动零件。另外,聚甲醛具有和铝合金相近的表面硬度,且在动态摩擦部位使用时,具有一定的自润滑作用,噪声又很小,显示出优良的摩擦磨损性能。

聚甲醛的力学性能随温度的变化小,其中,共聚甲醛比均聚甲醛要稍大一些。聚甲醛的冲击强度较高,但常规冲击强度比 PC 和 ABS 低,而多次反复冲击时的性能要优于 PC 和 ABS。聚甲醛对缺口比较敏感,无论是均聚甲醛还是共聚甲醛,有缺口时的冲击强度比无缺口时要下降 90% 以上。聚甲醛吸水率比 PA、ABS 低,共聚甲醛的吸水率约为 0.20%～0.22%,均聚甲醛约为 0.25%～0.27%,而且制件尺寸及各种性能受吸湿量的影响小。在潮湿的环境中仍能保持尺寸和形状的稳定性,即使长时间在热水中使用,力学性能也不会降低,短时在水中可在 121℃ 使用。因此,聚甲醛制品尺寸稳定,可以制作精密结构件。

总之,聚甲醛力学性能的特点是坚韧、耐疲劳,抗蠕变,摩擦因数较低,动、静摩擦因数相等。它在许多方面与聚酰胺类似,但其耐疲劳性、耐蠕变性、刚性和耐水性均优于聚酰胺,但不如聚碳酸酯。

(3)电性能

尽管聚甲醛分子链中 C—O 键有一定的极性,但由于高密度和高结晶度束缚了偶极矩的运动,从而使其仍具有良好的电绝缘性能和介电性能。聚甲醛的电性能不随温度而变化,即使在水中浸泡或者在很高的湿度下,仍保持良好的耐电弧性能。所以温度和湿度对介电常数、介质损耗因数和体积电阻率影响不大,聚甲醛的电参数受湿度的影响比 PA 小。

(4)化学性能

聚甲醛是弱极性高结晶型聚合物,内聚能密度高、溶解度参数大,它在室温下耐化学药品性能非常好,特别是对油脂类和有机溶剂(如烃类、醇类、酮类、酯类、苯类等)具有很高的抵抗性,即使在较高温度下,经过长达半年以上的浸泡,仍能保持较高的机械强度,其质量变化率一般均在 5% 以下。聚甲醛能耐酮、酯、醚、烃、弱酸、弱碱等,但是在高温下不耐强酸和氧化剂,也不耐酚类、有机卤化物及强极性有机溶剂,会发生应力开裂。紫外线对聚甲醛能引起降解,加入少量炭黑或紫外线吸收剂可以提高聚甲醛的耐候性。

(5)其他性能

聚甲醛吸水率小于 0.25%,湿度对尺寸无改变,尺寸稳定性好,即使长时间在热水中使用其力学性能也不下降,因此适合于制作精密制件。

聚甲醛的耐候性不好,如果长期暴露于强烈的紫外线辐射下,冲击强度会显著下降;在中等程度的紫外线辐射下,会导致表面粉化、龟裂和力学强度下降。在聚甲醛中加入炭黑和紫外线吸收剂后,能改善其耐环境气候性能。

表 9-12 为聚甲醛的综合性能。

表 9-12　聚甲醛的综合性能

性能	均聚甲醛	共聚甲醛	性能		均聚甲醛	共聚甲醛
密度/(g/cm³)	1.43	1.41	冲击强度/(kJ/m²)	无缺口	108	95
成型收缩率/%	2.0~2.5	2.5~3.0		缺口	7.6	6.5
吸水率(24h)/%	0.25	0.22	介电常数(10⁶Hz)		3.7	3.8
拉伸强度/MPa	70	62	介电损耗角正切(10⁶Hz)		0.004	0.005
拉伸弹性模量/MPa	3160	2830	体积电阻率/Ω·cm		6×10^{14}	1×10^{14}
断裂伸长率/%	40	60	介电强度/(kV/mm)		18	18.6
压缩强度/MPa	127	113	线膨胀系数/$10^{-5}K^{-1}$		8.1	11
压缩弹性模量/MPa	—	3200	马丁耐热温度/℃		60~64	57~62
弯曲强度/MPa	98	91	连续使用温度(最高)/℃		85	104
弯曲弹性模量/MPa	2900	2600	热变形温度(1.82MPa)/℃		124	110
			脆化温度/℃		—	-40

2. 聚甲醛的加工性能

聚甲醛的加工方法可以是注塑、挤出、吹塑、模压、焊接等，其中最主要的是注塑。

①聚甲醛的吸水性较小，在室温及相对湿度 50% 的条件下吸水率仅为 0.24%，因此水分对其性能影响较小，一般原料可不必干燥，但干燥可提高制品表面光泽度。干燥条件为 110℃，2h。

②聚甲醛的热稳定性差，且熔体黏度对温度不敏感，加工中在保证物料充分塑化的条件下，可提高注射速率来增加物料的充模能力。聚甲醛的加工温度一般应控制在 250℃ 以下，且物料不宜在料筒中停留时间过长。

③聚甲醛的结晶度高，成型收缩率大（约为 2.0%~3.0%），因此对于壁厚制件，要采用保压补料方式防止收缩。

④聚甲醛熔体的冷凝速率快，制品表面易产生缺陷，如出现斑纹、皱折、熔接痕等。因此可以采用提高模具温度的方法来减小缺陷。

聚甲醛制品易产生残余内应力，后收缩也比较明显；因此应进行后处理。一般来说，模温较低时，制品残余内应力较大，这时要采用较高温度或较长的时间进行后处理；模温较高时，残余内应力较小，这时可采用较低温度或较短的后处理时间。一般后处理温度为 100~130℃，时间不超过 6h。

3. 聚甲醛的应用

聚甲醛具有十分优异的综合性能，比强度和比刚度与金属很接近，所以可替代有色金属制作各种结构零部件。聚甲醛特别适合于制造耐摩擦、磨损及承受高载荷的零件，如齿轮、滑轮、轴承等，并广泛地应用于汽车工业、精密仪器、机械工业、电子电气、建筑器材等方面。

（1）工业应用

聚甲醛广泛地用于那些要求润滑性、耐磨损性、刚性和尺寸稳定性的滑动或滚动的机械部件。齿轮、凸轮、轴承、控制杆、滑轮、链轮齿和轴衬等是典型的工业应用，这些部件大部分是用注塑工艺加工的。

聚甲醛的一个重要的工业应用是材料的处理和输送系统。用聚甲醛制作的输送器的链、辊与金属制品比较有更好的抗磨损寿命，不腐蚀，通过使用抗静电材料，可防止灰尘的积累，因为传送带的质量减轻，系统耗能相应减少。

聚甲醛还用于精密计量阀（如在汽油泵流量计和水流量计中的阀）、各种可浸入的泵部件等，其他工业应用的例子包括化学品混合用的螺杆、制香肠的压机、脚手架部件、警棍及牛奶套管等，挤出制得的棒材、板材等半成品也广泛用于加工成各种小制品。

（2）汽车应用

聚甲醛在汽车上主要用于以下三个方面。

①汽车发动机燃油供给系统聚甲醛有很好的抗燃油性，可用于汽车燃料系统的部件，主要用于制造散热器排水管阀门、散热器箱盖、冷却液备用箱、水泵叶轮、水阀体、燃油箱盖、燃油加料口、燃油泵、化油器壳体、各种排气控制阀门、油门踏板等零件。

②汽车电器设备系统主要用于制造加热器风扇、空气压缩机阀门、照明装置开关、加热器控制杆、组合式开关、刮水器电机齿轮及轴承支架、洗涤泵等零部件。

③汽车车身系统主要用于制造遮光板托杆、钢板弹簧衬套、速度表壳体、天线齿轮外壳、内镜面撑条、门锁零件、车窗开关调节器手柄、车窗玻璃框架及导辊、转向节轴承、制动器零件、转向盘零件及车厢铰链等。

（3）消费制品

目前聚甲醛用量最大的消费制品是一些小器具，如混合器、掺混器等。用于运动器械包括滑雪板、滑水板、冲浪板、帆船、枪械部件、各种搁架、背包的带扣等。家用品包括控温定时器齿轮、刀把、拉链、软百叶帘组件、帏帐的拉棍、家具的轮脚和轮等。

（4）管件和灌溉设施

美国、西欧和日本用于这一领域的聚甲醛树脂的用量分别相当于该地区树脂总用量的16％、3％和10％。聚甲醛因其具有长期耐热水性、良好的力学性能和高光泽的外观，因而适合于管件的应用。聚甲醛树脂可以用作浮球阀、淋浴喷头、冷热水变换龙头等装置的部件，也用于连接聚丁烯管、农业灌溉和草坪维护的喷灌设施。

（5）电子电器及办公自动化机器

主要利用聚甲醛的刚性、耐磨性、尺寸稳定性和防静电等特点。聚甲醛的介质损耗角正切值小，介电强度和绝缘电阻较高，耐电弧性优良，在电子电器及办公自动化机器领域得到了广泛的应用。聚甲醛可用于制造电话、录音机、录像机、电视机、电子计算机、传真机、打印机、CD和VCD等的零部件，如电话拨号盘及键、电视机继电器及线圈骨架、电子计算机控制部件、计时器零件、录音机磁带座、微动开关凸轮盘和反向滑块、CD转换器开关和CD箱、打印机前底盘、扬声器格栅等。

此外，还可用于建筑器材，如水龙头、水箱、煤气表零件以及水管接头等；用于农业机械，如插种机的连接和联动部件、排灌水泵壳、喷雾器喷嘴等；由于聚甲醛无毒、无味，还可用于食品工业，如食品加工机上的零部件、齿轮、轴承支架等。

4. 其他聚甲醛品种

（1）增强聚甲醛

目前聚甲醛所使用的增强材料主要有玻璃纤维、碳纤维、玻璃球等。其中以玻璃纤维增强为主。采用玻璃纤维增强后,拉伸强度、耐热性能明显增加,而线膨胀系数、收缩率会明显下降。但同时耐磨性、冲击强度会下降。若采用碳纤维增强,同样可有明显的增强效果,而且还可以大大弥补玻璃纤维增强导致耐磨性下降的缺陷。由于碳纤维自身具有导电性,因此,碳纤维增强的聚甲醛,其表面电阻率和体积电阻率会大幅下降,利用这一特性,可作为防静电材料使用,但成本会有所增加。

(2)高润滑聚甲醛

在聚甲醛中加入润滑材料,如石墨、聚四氟乙烯、二硫化钼、机油、硅油等,可以明显提高聚甲醛的润滑性能。高润滑聚甲醛与纯聚甲醛相比,耐磨耗性及耐摩擦性能明显提高,在低滑动速度下的极限 p_v 值也大幅度增加。例如,在聚甲醛中加入 5 份的聚四氟乙烯,可使摩擦系数降低 60%,耐磨耗性能提高 1～2 倍。为提高油类在聚甲醛中的分散效果,还可加入表面活性剂以及炭黑、氢氧化铝、硫酸钡等吸油载体。表 9-13 为含油量对聚甲醛性能的影响。

表 9-13　含油量对聚甲醛性能的影响

性能		纯聚甲醛	3%油	5%油+1% 表面活性剂	7%油+1.4% 表面活性剂	10%油+2% 表面活性剂
拉伸强度/MPa		59	51.4	47.6	46.3	41.2
伸长率/%		90	72	66	51	31
弯曲强度/MPa		90	75.7	72.9	64.8	57.7
冲击强度/ (kJ/m²)	无缺口	98	105	81	44	32
	缺口	10	9.5	8.2	6.8	6.3
热变形温度/℃		89	83	89	81	82
摩擦系数		0.33～0.56	0.26	0.22	0.23	0.23
磨痕宽度/mm		>12	4.9	4.7	3.4	5.6

9.1.5　聚对苯二甲酸乙二醇酯

聚对苯二甲酸丁二醇酯(polybutylene terephthalate,PBT),聚对苯二甲酸丁二醇酯的结构式如下。

生产聚对苯二甲酸丁二醇酯的原料为对苯二甲酸或对苯二甲酸二甲酯和 1,4-丁二醇。先用这些原料通过酯交换或直接酯化反应制得对苯二甲酸双羟丁酯(BHBT)聚反应制得聚对苯二甲酸丁二醇酯。

1. 聚对苯二甲酸丁二醇酯的制备

(1)酯交换反应

将对苯二甲酸二甲酯和 1,4-丁二醇(摩尔比为 1∶1.2～1.5)及少量钛酸酯类催化剂加入到酯交换釜中,在 160～230℃,常压下进行酯交换反应,蒸出副产物甲醇及少量四氢呋喃,即得聚对苯二甲酸丁二醇酯。反应式如下:

$$\text{H}_3\text{C}-\text{O}-\overset{\text{O}}{\underset{}{\text{C}}}-\underset{}{\bigcirc}-\overset{\text{O}}{\underset{}{\text{C}}}-\text{O}-\text{CH}_3+2\text{HO(CH}_2)_4\text{OH} \longrightarrow$$

$$\text{HO(CH}_2)_4-\text{O}-\overset{\text{O}}{\underset{}{\text{C}}}-\underset{(\text{BHBT})}{\bigcirc}-\overset{\text{O}}{\underset{}{\text{C}}}-\text{O}-(\text{CH}_2)_4\text{OH}+2\text{CH}_3\text{OH}$$

(2)直接酯化反应

将高纯度对苯二甲酸和1,4-丁二醇送入带搅拌的酯化釜中,于220～250℃进行直接酯化反应,分出副产物水及四氢呋喃即得BHBT。反应式如下:

$$\text{HO}-\overset{\text{O}}{\underset{}{\text{C}}}-\underset{}{\bigcirc}-\overset{\text{O}}{\underset{}{\text{C}}}-\text{OH}+2\text{HO(CH}_2)_4\text{OH} \longrightarrow \text{HO(CH}_2)_4-\text{O}-\overset{\text{O}}{\underset{}{\text{C}}}-\underset{}{\bigcirc}-\overset{\text{O}}{\underset{}{\text{C}}}-\text{O}-(\text{CH}_2)_4\text{OH}+2\text{H}_2\text{O}$$

(3)缩聚反应

经过精制的BHBT在高真空和熔融状态下,于缩聚釜中进行缩聚反应。釜内余压控制在133Pa,反应温度控制在230～270℃。反应过程中生成的丁二醇不断蒸出,当不再有丁二醇蒸出时,反应即告结束。反应式如下:

$$n\text{HO(CH}_2)_4-\text{O}-\overset{\text{O}}{\underset{}{\text{C}}}-\underset{}{\bigcirc}-\overset{\text{O}}{\underset{}{\text{C}}}-\text{O}-(\text{CH}_2)_4\text{OH} \longrightarrow$$

$$\text{HO(CH}_2)_4\left[\text{O}-\overset{\text{O}}{\underset{}{\text{C}}}-\underset{}{\bigcirc}-\overset{\text{O}}{\underset{}{\text{C}}}-\text{O}-(\text{CH}_2)_4\right]_n\text{OH}+(n-1)\text{HO(CH}_2)_4\text{OH}$$

蒸出的丁二醇经旋风分离器和冷凝器冷凝后,收集在贮槽中备用。缩聚釜中的物料可用氮气压出,再经铸带、切粒而得产品。

(4)固相聚合

聚对苯二甲酸丁二醇酯的聚合度对性能有很大的影响,要生产高黏度的产品可采用固相聚合技术。因为在通常的熔融聚合过程中,随着聚合反应的进行,聚合物黏度增大,使搅拌和出料操作困难。为了得到高黏度的聚对苯二甲酸丁二醇酯,一般是在熔融聚合后,使聚对苯二甲酸丁二醇酯成为微粒,然后在180～220℃,小于133Pa压力下进行固相聚合,可得到特性黏度大于1～2dL/g的聚对苯二甲酸丁二醇酯树脂。固相聚合装置一般包括预结晶/干燥设备、结晶/预热设备、固相聚合设备、冷却系统和氮气系统设施等。

2. 聚对苯二甲酸丁二醇酯的结构与性能

聚对苯二甲酸丁二醇酯分子链 $\left[\underset{}{\bigcirc}-\overset{\text{O}}{\underset{}{\text{C}}}-\text{O}-(\text{CH}_2)_4-\text{O}-\overset{\text{O}}{\underset{}{\text{C}}}\right]_n$ 含有柔性的脂肪烃基、刚性的

苯撑基 $-\underset{}{\bigcirc}-$ 和极性的酯基 $-\overset{\text{O}}{\underset{}{\text{C}}}-$,苯撑基是刚性结构单元,阻碍分子链自由旋转,又可以与极性酯基形成大共轭体系,增大了分子链的刚性,使大分子链有一定的柔韧性,又有足够的刚硬性。使聚对苯二甲酸丁二醇酯具有较高的力学强度,突出的耐化学试剂性,耐热性和优良的电性能。聚对苯二甲酸丁二醇酯分子中没有侧链,结构对称,排列规整,满足紧密堆砌的要求,从而使聚合

物有高度结晶性和高熔点。聚对苯二甲酸丁二醇酯分子的这些结构特点,决定它具有良好的综合性能。

聚对苯二甲酸丁二醇酯为乳白色结晶固体,无味、无臭、无毒,密度为 $1.31g/cm^3$,吸水率为 0.07%,制品表面有光泽。由于其结晶速度快,因此,只有薄膜制品为无定形态。

(1)热性能

聚对苯二甲酸丁二醇酯的玻璃化转变温度约为 50℃,熔融温度为 225℃~230℃,热变形温度(1.82MPa)为 55℃~70℃之间。这种纯树脂与其他工程塑料相比热变形温度并不高,而经过玻纤增强改性后,热性能便有明显的改进,热变形温度可达到 210℃,且增强后的聚对苯二甲酸丁二醇酯的线膨胀系数在热塑性工程塑料中是最小。

(2)力学性能

聚对苯二甲酸丁二醇酯的结晶性赋予成型制品高强度、高刚性和抗蠕变性。目前作为工程塑料使用的 聚对苯二甲酸丁二醇酯中80%以上是用短玻纤增强的,玻纤增强聚对苯二甲酸丁二醇酯牌号是最主要的一类聚对苯二甲酸丁二醇酯产品。经玻纤增强后的聚对苯二甲酸丁二醇酯,力学性能的各种强度都成倍地增长,而且比同样条件下的 MPPO、POM、PC 的各种强度都好。其中弯曲弹性模量更是随玻纤含量的增加而大幅度提高。

表 9-14 给出了用30%玻纤增强的聚对苯二甲酸丁二醇酯的性能,以及与其他一些玻纤增强工程塑料的比较。由表可知,用30%玻纤增强的聚对苯二甲酸丁二醇酯的机械性能已全面超过同样用30%玻纤增强的改性聚苯醚,其长期使用温度已超过用30%玻纤增强的 PA6、PC 和 POM。需要指出的是,纯聚对苯二甲酸丁二醇酯树脂有优异的冲击韧性,但聚对苯二甲酸丁二醇酯树脂的缺口冲击强度较低,对缺口敏感性大。低温下聚对苯二甲酸丁二醇酯的拉伸强度和弯曲强度以及无缺口冲击强度都有所提高,但温度升高后,却略有下降,而有缺口的冲击强度却相反随着温度的升高会有所升高。增强聚对苯二甲酸丁二醇酯在 100℃时拉伸强度仍保持 6.2MPa 左右,弯曲强度仍有 8.5MPa 左右;同时,增强聚对苯二甲酸丁二醇酯还具有突出的动态力学性能,具有优异的耐蠕变性。

表 9-14 30%玻璃纤维增强的聚对苯二甲酸丁二醇酯与其他一些玻璃纤维增强工程塑料性能的比较

项目	PBT	改性 PPO	PC	POM	PA6
密度(g/cm³)	1.54	1.36	1.42	1.63	1.38
拉伸强度/MPa	120	119	127	127	158
拉伸弹性模量/GPa	9.8	8.4	10.5	8.4	9.1
弯曲强度/MPa	169	141	197	204	210
弯曲弹性模量/GPa	8.4	8.1	7.7	9.8	9.1
悬臂梁缺口冲击强度/(J/m)	98	82	202	76	109
长期使用温度/℃	138	120	127	96	116
吸水率(23℃,24h)	0.06	0.06	0.18	0.25	0.90

(3)电性能

聚对苯二甲酸丁二醇酯的分子中没有聚酰胺那样强极性基团,虽然分子链中含有极性的酯基,但由于酯基分布密度不高,分子结构对称并有几何规整性,所以仍具有优良的电绝缘性。其电绝缘性受温度和湿度的影响小,即使在高频、潮湿及恶劣的环境中,也仍具有很好的电绝缘性。这些优良的电性能都保证了聚对苯二甲酸丁二醇酯在高温和恶劣条件环境中安全的工作,这是聚酰胺和其他许多增强塑料所不可比拟的,是电子、电器工业较理想的材料。

(4)耐化学药品性

由于聚对苯二甲酸乙二醇酯含有酯基,不耐强酸强碱,在高温下强碱能使其表面发生水解,氨水的作用更强烈。在水蒸气的作用下也会发生水解。但在高温下可耐高浓度的氢氟酸、磷酸、甲酸、乙酸。

聚对苯二甲酸乙二醇酯在室温下对极性溶剂较稳定,不受氯仿、丙酮、甲醇、乙酸乙酯等的影响。在一些非极性溶剂中也很稳定,如汽油、烃类、煤油等。

聚对苯二甲酸乙二醇酯还具有优良的耐候性,在室外暴露 6 年,其力学性能仍可保持初始值的 80%。

3. 聚对苯二甲酸丁二醇酯的成型加工性能

聚对苯二甲酸乙二醇酯的加工方法可以是注塑或挤出成型。其中主要是注射成型。聚对苯二甲酸乙二醇酯具有很好的加工流动性,增强型的加工流动性也很好,因此可以制备厚度较薄的制品,而且黏度随剪切速率的增加而明显下降。聚对苯二甲酸丁二醇酯虽然吸水性很小,但为防止在高温下产生水解的现象,成型加工前一般要进行干燥,干燥条件为 120℃干燥 3~5h。使含水率<0.02%。聚对苯二甲酸丁二醇酯制品在不同方向上的成型收缩率差别较大,而且其成型收缩率不跟制品的几何形状、成型条件、储存时间及储存温度有关。

4. 聚对苯二甲酸丁二醇酯的应用

聚对苯二甲酸丁二醇酯的综合性能优良,现已获得较为广泛的应用。主要应用于电子电器、汽车制造、机械设备、精密机械的零部件等方面。

(1)电子电器

用聚对苯二甲酸丁二醇酯制造电子电器主要是利用它优良的耐热性、电绝缘性、阻燃性及成型加工性、加入 10%~30%玻纤的聚对苯二甲酸丁二醇酯,其耐热温度可达 160℃~180℃,长期使用温度为 135℃,并且有优良的阻燃性、耐焊锡性和高温下的尺寸稳定性。因此,可用来制作电子电器零部件。电子应用包括接插件、开关和继电器等;电器应用包括接线轴、插座、开关件、滑动接触装置、电视旋钮、熔传盒、高压送电部件、电动机电刷固定器、封装的电阻、绝缘子、转子、终端、电位计、整流器及沟槽衬里等。

(2)汽车制造

由于聚对苯二甲酸丁二醇酯耐热性、耐化学药品性、耐油性、耐冲击性和着色性优良,表面光泽好,成型加工容易,所以在汽车上的应用相当广泛。随着各种品级聚对苯二甲酸丁二醇酯的开发成功,聚对苯二甲酸丁二醇酯在汽车上的应用更加广泛,消费量逐年增加。采用聚对苯二甲酸丁二醇酯制造的汽车外装零部件,主要有保险杠、照明灯壳体、后转角格栅、发动机放热孔罩、后视镜壳体和门手柄等。采用聚对苯二甲酸丁二醇酯制造的汽车内装零部件,主要有内镜撑条、刮水器支架、刹车系统组件、加速器踏板以及各种阀门等。聚对苯二甲酸丁二醇酯还可用于汽车中各种电器零件的制造,在汽车应用中,50%~55%的聚对苯二甲酸丁二醇酯是用于汽车的电子电器系统,如汽车点火系统电子组件、火花塞端子板、熔断器以及各种电器连接器等。

（3）机械设备

玻纤增强聚对苯二甲酸丁二醇酯广泛用于制造机械设备和办公自动化（OA）机器的零部件，如电子计算机罩、电脑键盘、电话按键、OA 风扇、视频磁带录音机的带式传动轴、荧光灯罩、水银灯罩、烘烤机零件、电吹风叶片、电熨斗手柄、泵体叶轮以及大量的齿轮、凸轮等。

（4）精密机械

聚对苯二甲酸丁二醇酯已大量用于电子手表的制造。以前电子手表的安装方式，是把半导体集成电路装配在引线框架上，用环氧树脂之类的热固性塑料将晶体振子、补偿电容器、电池、液晶元件等电子零件一起密封粘接，但是在封装时，容易形成缝隙及内应力，现改用聚对苯二甲酸丁二醇酯，通过注射成型制成复杂形状的外壳，便很好地解决了产生缝隙和成型不良的问题。

（5）其他

聚对苯二甲酸丁二醇酯经挤出成型制成的板材或片材，用作电气绝缘板，在冲裁时不会出现像酚醛树脂那样的粉末。另外，聚对苯二甲酸丁二醇酯还可制作电线电缆护套、挤压异型导管和吹塑成型药品容器等。玻纤增强聚对苯二甲酸丁二醇酯强度高、刚性大，耐热性和耐蠕变性优良。因此，可用于制造脚踏车齿轮、船舱排水泵、热熔胶喷枪、喷雾器喷口、纺织骨架及纱管等。高抗冲级聚对苯二甲酸丁二醇酯可用于制造冬季运动器械，如滑雪器组件、滑冰鞋等。

9.1.6　聚对苯二甲酸乙二醇酯

聚对苯二甲酸乙二醇酯的英文名称为 polyethylene terephthalate，简称 PET。

1. 聚对苯二甲酸乙二醇酯的制备

聚对苯二甲酸乙二醇酯是由对苯二甲酸或对苯二甲酸二甲酯与乙二醇缩聚的产物，其制备过程可以采用酯交换法和直接酯化法先制得对苯二甲酸双羟乙酯，再经缩聚后得到聚对苯二甲酸乙二醇酯。其分子结构式为

$$\left[\begin{array}{c} O \\ \| \\ C \end{array} - \bigcirc - \begin{array}{c} O \\ \| \\ C \end{array} - O - (CH_2)_2 O \right]_n$$

生产聚对苯二甲酸乙二醇酯的原料为对苯二甲酸或对苯二甲酸二甲酯与乙二醇。先用这些原料通过酯交换法或直接酯化法制得对苯二甲酸双羟乙酯（PHET），然后再由 BHET 缩聚制得聚对苯二甲酸乙二醇酯。

（1）酯交换反应

将对苯二甲酸二甲酯和乙二醇（摩尔比为 1∶2.5）加入到溶解釜中，使对苯二甲酸二甲酯在 150℃～160℃溶解。之后，送入酯交换釜中，加入催化剂醋酸盐和三氧化二锑，在 180℃～190℃进行酯交换反应。当甲醇的馏出量为理论量的 85%～95% 时结束反应，制得 BHET。反应式如下：

$$H_3COOC - \bigcirc - COOCH_3 + 2HOCH_2CH_2OH \longrightarrow$$

$$HOCH_2CH_2OOC - \bigcirc - COOCH_2CH_2OH + 2CH_3OH$$
$$(BHET)$$

（2）直接酯化反应

将高纯度对苯二甲酸和乙二醇(摩尔比为 1：1.3～1.8)送入带有搅拌的酯化釜中,于 200℃～250℃温度下进行直接酯化反应制得 BHET。反应式如下:

$$HOOC- \bigcirc -COOH + 2HOCH_2CH_2OH \longrightarrow$$

$$HOCH_2CH_2OOC- \bigcirc -COOCH_2CH_2OH + 2H_2O$$

$$(BHET)$$

（3）缩聚反应

经过精制的 BHET 在高真空和熔融状态下,于缩聚釜中进行缩聚反应。釜内余压应控制在 266Pa 以下,反应温度应控制在 270～280℃。缩聚反应必须在强烈搅拌下进行。为提高熔融聚合物的热稳定性,缩聚时可添加少量稳定剂,如亚磷酸三苯酯、磷酸三苯酯。缩聚反应一般进行 4～6h,当不再有乙二醇蒸出时,反应即告结束。反应式如下:

$$nHOCH_2CH_2OOC- \bigcirc -COOCH_2CH_2OH \longrightarrow$$

$$HOCH_2CH_2 \left[O-\overset{O}{\overset{\|}{C}}- \bigcirc -\overset{O}{\overset{\|}{C}}-O-CH_2CH_2 \right]_n OH + (n-1)HOCH_2CH_2OH$$

缩聚反应生成的乙二醇蒸出后,经旋风分离器分离和冷凝器冷凝后,收集在贮槽中备用。缩聚釜中的物料可用氮气压出,再经铸带、切粒而得产品。

（4）固相聚合

生产纤维级聚对苯二甲酸乙二醇酯的聚合物特性黏度(IV)值为 0.50～0.65dL/g,可直接纺成纤维,也有一些通过造粒作成切片。如果用注塑型坯法制瓶,树脂的黏度值应达到 0.722dL/g,如果用挤出型坯法制瓶,树脂的黏度值应达到 1.04dL/g。一般是通过固相聚合制得的。固相聚合的动力学是由乙二醇分压和反应温度决定的。固相聚合装置一般包括预结晶/干燥设备、结晶/预热设备、固相聚合设备、冷却系统和氮气系统设施等。

2. 聚对苯二甲酸乙二醇酯的结构与性能

聚对苯二甲酸乙二醇酯的分子链结构 $\left[\overset{O}{\overset{\|}{C}}- \bigcirc -\overset{O}{\overset{\|}{C}}-O-(CH_2)_2O \right]_n$ 与聚对苯二甲酸丁二醇酯分子链结构非常相近,也是由柔性的脂肪烃基—CH_2—CH_2—、刚性苯撑基 $\bigcirc$ 、极性酯基 $-\overset{O}{\overset{\|}{C}}-O-$ 组成,酯基与苯撑基相连亦组成大共轭体系,与聚对苯二甲酸丁二醇酯所不同的是—$(CH_2)_2$—与—$(CH_2)_4$—相比,长度较小,所以聚对苯二甲酸乙二醇酯的柔性降低,刚性增大,使材料的玻璃化温度、熔融温度比 聚对苯二甲酸丁二醇酯高。

聚对苯二甲酸乙二醇酯的支化程度很低,分子链上各基团排列规整,结晶度可达 40%;但较刚的分子链又妨碍结晶过程,结晶温度又高,使其结晶速度很慢。因此,可制成透明度很高的无定形聚对苯二甲酸乙二醇酯。

聚对苯二甲酸乙二醇酯的内聚能密度在聚合物中属于中等或中等略偏高的水平,溶解度参

数约 $21.9(\mathrm{J/cm^3})^{1/2}$。

聚对苯二甲酸乙二醇酯为无色透明(无定形)或乳白色半透明(结晶型)的固体,无定形的树脂密度为 $1.3\sim1.33\mathrm{g/cm^3}$,折射率为 1.655,透射率为 90%;结晶型的树脂密度为 $1.33\sim1.38\mathrm{g/cm^3}$。聚对苯二甲酸乙二醇酯的阻隔性能较好,对 O_2、H_2、CO_2 等都有较高的阻隔性;吸水性较低,在 $25℃$ 水中浸渍一周吸水率仅为 0.6%,并能保持良好的尺寸稳定性。

(1)聚对苯二甲酸乙二醇酯的结构与热性能

聚对苯二甲酸乙二醇酯的玻璃化温度约在 $67℃\sim80℃$ 之间,熔融温度在 $250℃\sim260℃$ 范围,最高连续使用温度 $120℃$,并能在 $150℃$ 下短时间使用。聚对苯二甲酸乙二醇酯的热变形温度为 $85℃(1.82\mathrm{MPa})$,但经玻纤增强后的聚对苯二甲酸乙二醇酯耐热性有很大提高,聚对苯二甲酸乙二醇酯的结晶度也有所提高。因此,其耐热性优良,在 $1.82\mathrm{MPa}$ 载荷下,热变形温度可达 $220℃\sim240℃$,随温度提高,力学性能下降较小,在高低温交替作用下,力学性能变化小。玻纤增强聚对苯二甲酸乙二醇酯在 $100℃$ 温度下,弯曲强度和弯曲弹性模量仍能保持较高水平;在 $-50℃$ 低温下,冲击强度与室温相比也仅有少量的下降。在 $180℃$ 时,长时间力学性能比酚醛层压板还要好,是热塑性工程塑料中耐热性较高的品种之一。玻纤增强聚对苯二甲酸乙二醇酯具有优异的耐热老化性能。

(2)聚对苯二甲酸乙二醇酯的结构与力学性能

由于聚对苯二甲酸乙二醇酯分子链含有柔性的脂肪烃基、刚性的苯撑基和极性的酯基,苯撑基为刚性结构单元,阻碍分子链自由旋转,并与极性酯基形成大共轭体系,增大了分子链的刚性,使聚对苯二甲酸乙二醇酯具有较高的拉伸强度、刚度和硬度,良好的耐磨性、耐蠕变性,并可以在较宽的温度范围内保持这种良好的力学性能。聚对苯二甲酸乙二醇酯的拉伸强度与铝膜相近,是 PE 薄膜的 9 倍,是 PC 薄膜和 PA 薄膜的 3 倍。拉伸强度可达到 $175\sim176\mathrm{MPa}$,模量可达 $3870\mathrm{MPa}$,如果经过拉伸定向,拉伸强度可进一步增大到 $280\mathrm{MPa}$,模量增大到 $6630\mathrm{MPa}$。该聚合物薄膜的冲击强度是其他塑料薄膜的 $3\sim5$ 倍。表 9-15 示出了聚对苯二甲酸乙二醇酯薄膜的物理机械性能。聚对苯二甲酸乙二醇酯是通过增强来提高性能的最有成效的工程塑料之一。玻纤增强后的聚对苯二甲酸乙二醇酯呈米黄色,玻纤含量一般在 $25\%\sim45\%$,力学性能相当或略高于增强 PA6、增强聚碳酸酯等。

表 9-15　聚对苯二甲酸乙二醇酯薄膜的物理力学性能

项目	厚度 $25.4\mathrm{\mu m}$,未拉伸	厚度 $25.4\mathrm{\mu m}$,拉伸
密度($\mathrm{g/cm^3}$)	1.382	1377
折光率 n_D^{25}	1.655	—
摩擦因数	0.45	0.38
拉伸强度/MPa	176	281
伸长率/%	120	50
拉伸模量/GPa	3870	6630
折迭持久性/次	3×10^5	—
扩展撕裂强度/g	15	12
初始撕裂强度/g	60	450

（3）电性能

聚对苯二甲酸乙二醇酯虽然是极性聚合物，但电绝缘性优良，即使在高频率下，仍具有良好的电绝缘性。这是由于它的 T_g 高于室温，室温下酯基处于不活动状态，分子偶极定向受到极大限制的缘故。故室温时电性能测试数据有较高值。随温度升高，电性能略有降低。电场频率改变对该聚合物介电性能影响不大。但作为高电压材料使用时，薄膜的耐电晕较差。

（4）聚对苯二甲酸乙二醇酯的结构与耐溶剂性

由于聚对苯二甲酸乙二醇酯含有酯基，在强酸、强碱或水蒸气的作用下会发生分解，氨水的作用更强烈。但在高温下可耐高浓度的氢氟酸、磷酸、甲酸、乙酸。

聚对苯二甲酸乙二醇酯对非极性溶剂如烃类、汽油、煤油、滑油等都很稳定，对极性溶剂在室温下也较稳定，例如室温下不受丙酮、氯仿、三氯乙烯、乙酸、甲醇、乙酸乙酯等的影响。苯甲醇、硝基苯、三甲酚可以使该聚合物溶解。四氯乙烷甲酚或苯酚混合液、苯酚四氯化碳混合液、苯酚-氯苯混合液也可以使它溶解。表 9-16 列举了玻纤增强聚对苯二甲酸乙二醇酯的耐化学药品性。

表 9-16　玻纤增强聚对苯二甲酸乙二醇酯的耐化学药品性

化学药品名称	质量变化率/%	弯曲强度保持率/%	化学药品名称	质量变化率/%	弯曲强度保持率/%
透平油	+0.1	100	苯	+2.5	92
机油	+0.2	99	甲苯	+2.0	94
润滑脂	+0.1	99	甲醇	+0.9	98
汽油	+0.2	99	丙酮	+2.0	96
橄榄油	0	100	乙酸乙酯	+1.1	98
5%硫酸	+0.1	100	正庚烷	0	100
5%盐酸	+0.1	99	三氯乙烷	+0.2	97

注：增强聚对苯二甲酸乙二醇酯品级：东洋纺织公司的 EMC-310；试验条件：室温，浸渍 1 个月。

（5）聚对苯二甲酸乙二醇酯结构与其他性能

聚对苯二甲酸乙二醇酯还具有优良的耐候性，室外曝露 6 年，其力学性能仍可保持初始值的 80%。增强聚对苯二甲酸乙二醇酯的耐疲劳性也非常好。

增强聚对苯二甲酸乙二醇酯具有良好的耐摩擦磨损性，在通常情况下比 PC 和尼龙的耐摩擦磨损性更好。该聚合物具有缓慢的燃烧性，必须加入阻燃剂才能防止燃烧。

3. 聚对苯二甲酸乙二醇酯的成型加工性能

聚对苯二甲酸乙二醇酯可采用注塑挤出、吹塑等方法来加工成型。其中吹塑成型主要用于生产聚酯瓶，其方法是首先制成型坯，然后进行双轴定向拉伸，使其从无定形变为具有结晶定向的中空容器。

聚对苯二甲酸乙二醇酯在加工上具有如下特性。

①由于熔体具有较明显的假塑体特征，因而黏度对剪切速率的敏感性大而对温度的敏感性小。

②虽然其吸水性较小，但在熔融状态下如果含水率超过 0.03% 时，就会发生水解而引起性能下降，因此成型加工前必须进行干燥。干燥条件为：温度 130℃～140℃；时间为 2～4h。

③成型收缩率较大,而且制品不同方向收缩率的差别较大,经玻璃纤维增强改性后可明显降低,但生产尺寸精度要求高的制品时,还应进行后处理。

聚对苯二甲酸乙二醇酯的结晶速率慢,为了促进结晶,可采用高温,一般为 $100\sim120℃$;另外还可加入适量的结晶促进剂加快其结晶速率。常用的结晶促进剂有石墨、炭黑、高岭土、安息香酸钠等。

4. 聚对苯二甲酸乙二醇酯的应用

聚对苯二甲酸乙二醇酯具有优良的耐热性、刚性和强度,还兼具良好的电性能和尺寸稳定性,加之价格较低,近年来又在很大程度上改善了成型加工性能,因此,其应用领域不断扩大。聚对苯二甲酸乙二醇酯的应用领域主要有纤维、薄膜、聚酯瓶及工程塑料几个方面。其纤维的用量很大,目前世界上约有半数左右的合成纤维是由聚对苯二甲酸乙二醇酯制造的。对于没有增强改性的聚对苯二甲酸乙二醇酯主要以聚酯瓶、薄膜和增强聚对苯二甲酸乙二醇酯制品三大类加以应用。其中聚酯瓶主要用作各种包装容器,薄膜主要用于电子电器行业,增强聚对苯二甲酸乙二醇酯制品则被作为各种电器、机械设备的零部件,用于电子电器、汽车及机械等工业部门。

(1)包装

薄膜可以用作电机、变压器、印刷电路、电线电缆的绝缘膜;还可用来制作食品、药品、纺织品、精密仪器的包装材料;也可用来制作磁带、磁盘、光盘、磁卡以及 X 射线和照相、录像底片。

聚酯瓶具有良好的透明性、阻隔性、化学稳定性、韧性,且质轻,可以回收利用,聚酯瓶中以装碳酸饮料的容器的用量为最大,这是因为聚对苯二甲酸乙二醇酯树脂具有优良的透明性、气密性,足够的强度,以及轻量化、易吹塑成型等特点。聚对苯二甲酸乙二醇酯几乎占领了全部 2L 容器的市场,且更小的容器也得到了广泛的应用。

聚对苯二甲酸乙二醇酯在食品、酒类、化妆品、非碳酸饮料及其他工业产品包装上的应用也在不断增长,用聚对苯二甲酸乙二醇酯包装的食品已扩大到芥末、盐渍食品、花生酱、调味料、食用油和糖浆等。近年来,琥珀色聚对苯二甲酸乙二醇酯在药品、维生素和化妆品包装上的用量日益增加。

(2)电子电器

由于双轴拉伸的聚对苯二甲酸乙二醇酯薄膜能够耐大多数有机溶剂和弱酸碱的侵蚀,不含增塑剂,强度高,具有优良的耐翘曲性和电绝缘性能,而且耐热性好,在电子电器领域,被作为 B级(130℃)绝缘材料,广泛用作电动机、变压器、电容器、印刷电路、电线电缆的包缠材料,以及用作录音带、电子计算机带和录像带的基材。又由于聚对苯二甲酸乙二醇酯薄膜的高透明性、高强度和挠曲寿命长,它与 PE 或 PE/聚偏氯乙烯复合制成的热焊封层压纸或涂覆物,同时兼具优良的气密性和防湿性,可用来包装电气零件,也可代替醋酸纤维素用作影片、照片等。另外,聚对苯二甲酸乙二醇酯薄膜还适用于制造真空镀箔薄膜。

增强聚对苯二甲酸乙二醇酯在电子电器领域应用广泛。如用于制造线圈绕线管、连接器、开关、印刷电路基板、集成电路外壳、电容器外壳、变压器外壳、电视机回扫变压器配件、调谐器、计时器外壳、自动熔断器、继电器等。

利用聚对苯二甲酸乙二醇酯优良的耐热性和良好的表面光泽,还可用于制造各种电热器具,如高频电子食品加热器、干燥器、电饭锅、电熨斗、电子计算机、照器具托架和烤炉的配件等。

(3)汽车

在汽车的结构零部件及电气配件中,使用了为数众多的增强聚对苯二甲酸乙二醇酯制品,如配电盘罩、发火线圈、自动天线、各种阀门、排气零件、分电器盖、计量仪器罩、雾灯支架、小型电动机壳体、放热孔等。增强聚对苯二甲酸乙二醇酯还广泛用于制造汽车上的各种反射镜。

（4）机械

在机械领域,增强聚对苯二甲酸乙二醇酯被广泛用于制造齿轮、凸轮、叶片、泵壳体、电动机罩、钟表零件、办公自动化机器壳体及零部件、轴流风扇及轴承套筒等。

用增强聚对苯二甲酸乙二醇酯制造的机械零部件,不仅尺寸稳定、强度和刚性高、耐磨性好,而且质量轻、价格便宜、使用寿命长。例如,用增强聚对苯二甲酸乙二醇酯制成的空调机叶片,完全能承受旋转时长时间离心力和压出空气力的作用,即使在高温下旋转,它的变形量也极小。

9.1.7 聚苯醚

聚 2,6-二甲基 1,4-苯醚(Polyphenylene ether,PPE)或(Polyphenylene oxide,PPO)的结构式如下:

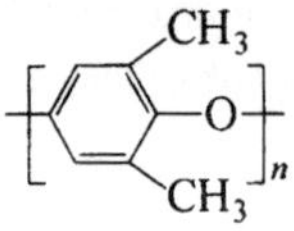

PPO 是芳香族聚醚的一种,分子主链中含有链节,称为 2,6-甲基苯醚,也有人称为 2,6-甲基苯撑氧。聚苯醚由美国 GE 公司于 1964 年研制成功,1965 年正式投产。由于聚苯醚熔体黏度高,流动性差、制品易开裂以及价格昂贵等缺点,而使其应用受到限制。通过在聚苯醚中加入 PS,HIPS 共混改性或在聚苯醚大分子侧链中引入 PS 链节加以改性后,可以大大改善其成型加工性及应力开裂性。因此,在其问世不久,美国 GE 公司采用 PS 对聚苯醚进行改性,制成改性聚苯醚,使其得到迅速发展,成为目前世界五大工程塑料之一。产量仅次于聚酰胺、聚碳酸酯和聚甲醛,在工程塑料中占第四位。目前所使用的聚苯醚,大部分均为改性聚苯醚。

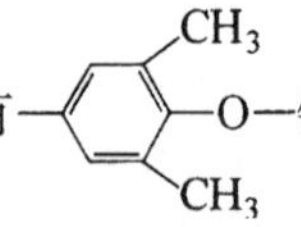

聚苯醚是以 2,6-甲基苯酚为单体,以铜-胺络合物为催化剂,以甲苯为溶剂通入氧气进行氧化偶合缩聚反应制得。该反应可用均相缩聚和沉淀缩聚两种方法实施,目前多采用以苯-醇体系为反应介质的沉淀缩聚工艺路线。基本反应如下:

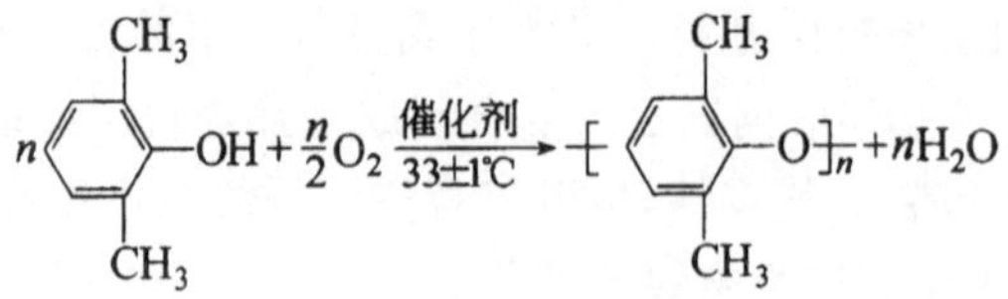

1. 聚苯醚的结构与性能

（1）聚苯醚的结构与热性能

聚苯醚大分子主链是由柔性醚键（—O—）和刚性次苯基芳环()交互连结而成的线形大分子。氧原子与苯环处于 p-m 共轭状态,使氧原子提供的柔顺性受到带两个甲基的苯环影响而大大降低,分子链的刚性与分子链间的作用力,造成分子链段内旋转困难,使得聚苯醚的熔点升高,熔体黏度增加,熔体流动性差,加工困难。

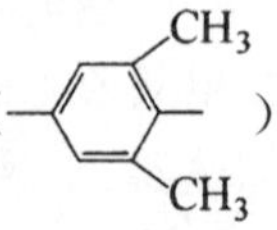

聚苯醚分子链的刚性大,具有较高的耐热性,致使其 T_g 达 210℃,是一般工程塑料中最高的,热变形温度为 190℃。最高连续使用温度为 120℃,间断使用温度可达 205℃。熔融温度为 260℃,分解温度为 350℃,马丁耐热温度为 160℃,脆化温度低于 -170℃。当有氧存在时,从 121℃ 起到 438℃ 左右可逐渐交联转变为热固性塑料。而在惰性气体中,300℃ 以内无明显热降解现象,350℃ 以上时热降解才急剧发生。由此可见,聚苯醚的耐热性可达到热固性酚醛和聚酯的水平,且优于 PC、PA、ABS 等工程塑料。

聚苯醚的分子结构对称,聚合反应时,聚苯醚是结晶的,但其玻璃化温度与熔点温度之比(210℃/260℃)特别高,约为 0.91。由于 T_g 与 T_m 的值相差别,所以,冷却时从熔融态到形成结晶的时间很短,生成的聚合物一般是无定形的。因此,聚苯醚熔体冷却只能得到无定形透明玻璃体。

聚苯醚具有很好的阻燃性能,不熔滴,具有自熄性,在 150℃ 条件下经 150h 后,不发生化学变化。

聚苯醚的线膨胀系数($2.0\sim5.5\times10^{-5}$/K)在塑料中是最低的,与金属的接近,适合于金属嵌件的放置,其制品形状和尺寸随温度变化小,是制造精密结构件的好材料。

聚苯醚由于分子链的端基为酚氧基,因而耐热氧化性能不好。可用异氰酸酯将端基封闭或加入抗氧剂等来提高热氧稳定性。

(2)力学性能

由于聚苯醚分子链的刚性大,分子链间作用力强,使聚苯醚在受力时的形变减小,尺寸穗定,造成聚苯醚具有低蠕变、高模量、高冲击强度的性能,其拉伸强度和抗蠕变性是一般工程塑料中最佳的,如表 9-17 所示。

表 9-17 聚苯醚与其他工程塑料性能比较

项目	测试方法 ASTM	改型 PPO	PPO	PSF	PC	POM	PA66
相对密度	D792	1.06	1.06	1.24	1.2	1.42	1.12
吸水率/%	D570	0.066	0.06	0.22	0.15	0.25	1.15
拉伸强度/MPa	D636	66	70~78	70	59	69	59
拉伸模量/GPa	D638	2.4	2.8~3.0	2.5	2.1	2.8	1.8~2.8
伸长率/%	D638	20	50~80	50~100	80	15	60
弯曲模量/GPa	D790	2.5	2.6~3.0	2.7	2.3	2.8	2.8
弯曲强度/MPa	D790	93	96~103	106	93	47	55~96
悬壁梁冲击强度(缺口)/J·m	D256	69	80~101	69	300	75~123	48
洛氏硬度/R	D785	119	118~123	120	113	120	118
热变形温度(1.82MPa)/℃	D648	150	190~193	174	132	124	65
介电常数(60Hz)	D150	2.64	2.58	3.14	3.17	3.5	4
介电损耗(60Hz)	D150	4×10^{-4}	3.5×10^{-2}	6×10^{-3}	3×10^{-3}	2×10^{-2}	1.4×10^{-2}
介电强度/KV·mm	D149	22	16~22	17	16	20	15
体积电阻率/Ω·cm	D275	10^{27}	10^{17}	5×10^{16}	10^{14}	10^{14}	10^{14}
成型收缩率/%		0.7	0.5~0.6	0.5~0.6	0.5~0.6	1~1.5	1.5~2

由表 9-17 可见,聚苯醚是一种硬而坚韧的材料,聚苯醚的硬度高于 PA、PC 和 POM,拉伸强度比聚砜(70MPa)还高,并且随温度变化小。聚苯醚在 -40℃~143℃ 的温度范围内均有优良的力学性能,在绝对零度仍能保持较好的冲击性能。聚苯醚的分子结构阻碍了大分子的结晶和取向,当受外力强迫取向后,不易松弛,制品中残余的内应力难以自行消除,易产生应力开裂。

两个对称分布的侧甲基是疏水的非极性基团,降低了聚苯醚大分子的吸水性和极性,并封闭了酚基的两个活性点,所以聚苯醚的分子结构中无任何可水解的基团,使其具有十分突出的耐水性,即使将它放入沸水中 7200h 后,其拉伸强度、伸长率和冲击强度都没有明显下降。

(3)化学性能

聚苯醚分子链中的两个甲基封闭了酚基两个邻位的活性点,可使聚苯醚的稳定性增强、耐化学腐蚀性提高。聚苯醚均具有十分优良的耐水性和耐化学介质性,无论是在室温还是在高温下,对于以水为介质的化学药品(如酸、碱、盐、洗涤剂等)都能抵抗,所以,聚苯醚耐稀酸、碱水溶液、合成洗涤剂、皂液等。

聚苯醚的溶解度参数为 18.4~19,可被溶解度参数相近的卤代烃和芳香烃所溶解,如氯仿和甲苯会使聚苯醚溶解和溶胀。在受力情况下,矿物油、酮类、酯类会使其产生应力开裂现象。

聚苯醚的耐水性很好,而且耐沸水性能很突出。因此,可在高温下作为耐水制品使用。聚苯醚在 360℃ 以上才开始热分解。由于聚苯醚含有酚氧基,在长期高温的空气中会发生热氧化交联或支化而形成凝胶,将使伸长率、冲击强度降低,而耐溶剂性、抗压强度及模量提高。因此,聚苯醚中最好加入抗氧剂。若将聚苯醚曝露在紫外光下,上述氧化反应会加速,制品表面颜色变深,性能降低。因此,长期在户外使用最好加入炭黑等紫外线屏蔽剂。

(4)电性能

聚苯醚因分子中无明显的极性不会产生偶极分离,很难吸水。因此,它们的电绝缘性十分优异,在宽广的温度范围内(-150℃~200℃)和电场频率范围内(1~10⁶Hz)介电性能几乎不受影响,它的介电常数和介电损耗都很小,在工程塑料中是最低的,且随温度、湿度、频率变化小。体积电阻率(10^{16}~10^{17}Ω·cm)和介电强度(16~22kV/mm)是一般工程塑料中最高的。因此,广泛用于电子仪表的各种零件,特别是潮湿、有负荷需要高绝缘的场合用的电气零件,选用聚苯醚制作比较合适。

表 9-18 为聚苯醚和改性聚苯醚的性能。

表 9-18 聚苯醚和改性聚苯醚的性能

性能	聚苯醚	30%玻纤增强聚苯醚	共混改性聚苯醚	接枝改性聚苯醚
密度/(g/cm³)	1.06	1.27	1.10	1.09
吸水率/%	0.03	0.03	0.07	0.07
拉伸强度/MPa	87	102	62	54
弯曲强度/MPa	116	130	86	83
弯曲模量/GPa	2.55	7.7	2.45	2.16
冲击强度/(J/m)	127.4	—	176.4	147
线膨胀系数/10^{-5}K^{-1}	4	2.5	6	7.5
热变形温度/℃	173		128	120
体积电阻率/Ω·cm	$7.9×10^{17}$	$1.2×10^{16}$	10^{16}	10^{16}
介电损耗角正切(60Hz)	0.00035		0.0004	0.0004

2. 聚苯醚的加工性能

聚苯醚可以用注塑、挤出、吹塑、发泡、真空成型及焊接成型的方法来加工，由于聚苯醚可溶解在氯化烃内，因此可用溶剂浇注以及挤压浇注的方法加工薄膜。其中最主要的是注射成型。

聚苯醚在加工上有如下特性：

①聚苯醚在熔融状态下的熔体黏度很大，且接近于牛顿流体，但随熔体温度升高时会偏离牛顿流体，所以加工时应提高温度并适当增加注射压力，并以温度为主。

②聚苯醚分子链的刚性比较大，玻璃化温度高，因此制品易产生内应力，可通过成型后的后处理来消除。后处理条件为：在 180℃ 的甘油中热处理 4h。

③聚苯醚的吸水性小，但是为了避免在制品表面形成银丝、起泡，以得到较好的外观，在加工以前，可把聚苯醚置于烘箱内进行干燥，干燥温度为 140~150℃，约 3h，原料厚度不超过 50mm。

④聚苯醚的成型收缩率较低，为 0.2%~0.6%，且废料可重复使用 3 次，可用于性能要求不高的制品中。

3. 改性聚苯醚的应用

因聚苯醚制品容易发生应力开裂，疲劳强度较低，而且熔体流动性差，成型加工困难，价格较高，所以多使用改性聚苯醚。聚苯醚的制品以改性聚苯醚为主，这是因其具有优良的综合性能，特别是它的尺寸稳定性、电气绝缘性、耐水性和耐蒸煮性在工程塑料中很突出，而且品级和合金材料多达百种，价格适中，加工性好，因而最适宜于应用在潮湿、有负荷、电绝缘、力学性能和尺寸稳定性要求高的场合。在电子电气、家用电器、输送电器、汽车、仪器仪表、办公机器、纺织等工业部门得到广泛的应用。聚苯醚用量最大的市场是汽车，其次是电子电器及办公机器和长途通信。

（1）汽车制造

改性聚苯醚应用在汽车上，显示出了优异的性能与成本的均衡性。近年来，已被大量用来取代原先采用的铸铁、铝压铸件、ABS 及其他一些工程塑料。聚苯醚合金在汽车上的应用以内装饰如扬声器、加热和除霜格栅、内转向盘轴和盘臂外罩。外装饰如车轮罩、镜罩、格栅、前灯玻璃嵌槽、防护杠和后阻流板以及用于汽车的各种电气元件，包括连接器、保险丝盒、灯具部件等等。

（2）电子电气

改性聚苯醚的介电常数及介质损耗角正切在五大通用工程塑料中最低，即绝缘性最好，且耐热性好，同时其介电常数及介质损耗角正切不受温度及周波数影响，并且耐热性及尺寸稳定性好，适用于电子电气工业，宜于制作用在潮湿而有载荷条件下的电绝缘部件，如线圈骨架、管座、控制轴、变压器屏蔽套、继电器盒、绝缘支柱等。作为电子电器零部件如线圈绕线管、接线柱、电器开关、蓄电池接合器。由于改性聚苯醚具有优异的电绝缘性和阻燃性，使它不仅被广泛用于制备电视机机壳，还被用于制备电视机中要求电性能十分苛刻的部件，如汇聚线圈支架、回扫变压器零件、偏座、高压绝缘罩、调谐器零件、控制轴、硒电极夹及绝缘套管等。

（3）家用电器

用于家用器具的材料要求良好的表面性质和良好的阻燃性。在家用电器方面的应用近年来越来越多地采用了改性聚苯醚。小型家用器具包括电动工具、食品加工器、搅拌器、烘烤机、炉灶、电动剃刀、吹风机、吸尘器、风扇、吹风机、吸尘器、熨斗、咖啡器等；大型器具包括冰箱、空调、洗碗机、洗衣机、空调器、干燥机、视频录像机、磁带录音机及音频电动机等零部件。

（4）机械设备

①办公机械随着对办公效率的要求日益提高，办公机械的数量和品种在不断增长，特别是台

式计算机、打字机、印刷机、传真机、复印机等得到了飞速的发展,这就为改性聚苯醚的应用,开拓了新的领域。办公机械上的结构零部件,如计算机终端器齿轮、复印机框架、现金出纳机轮壳、电磁卡片箱、打印机、键盘等。

②精密机械改性聚苯醚的优异尺寸稳定性、耐磨耗性和较高的强度、刚性,使它在制造精密机械零件上显示出很大的优越性。近年来,照相机、钟表、投影仪、计算机等的零件及壳体,已逐步采用改性聚苯醚加以制造。

③其他机械设备改性聚苯醚具有的优良耐沸水性和耐水解稳定性,使它们在水蒸馏和水处理机械上得到了广泛应用。如制造滤板、滤片、阀座、潜水泵零件;在热水贮槽和排风机混合填料阀中,代替不锈钢和其他金属;用作外科手术器械、食具及其他一些需要反复进行蒸煮消毒的器具。还可广泛制造喷淋头、水槽框架、泵体叶轮、洒水车喷头、洗衣机电动机底座等零件。

(5)其他方面

在化工方面改性聚苯醚可用来制造耐腐蚀设备,其耐水解性尤其好,还耐酸、碱,但溶于芳香烃和氯化烃中。改性聚苯醚合金还广泛用于家具、运输工具、体育器械及建筑业等。

9.2 特种工程塑料

9.2.1 聚苯硫醚

聚苯硫醚(polyphenyl sulfone)简称 PPS,是一类在分子主链上含有苯硫基的结晶性热塑性工程塑料。聚苯硫醚的全称是聚亚苯基硫醚。其分子结构式为

$$\left[\!\!-\!\!\left\langle\!\!-\!\!\right\rangle\!\!-\!\!S\right]_n$$

国外聚苯硫醚树脂生产均采用硫化钠法,即以含水硫化钠或硫氢化钠为硫源,在溶剂 N-甲基吡咯烷酮(NMP)或 N-甲基己内酰胺中加热脱水后,加入另一反应单体对二氯苯及其他化学助剂,升温,加压缩聚,反应结束后,闪蒸回收溶剂,再经水洗、纯化、干燥后即得聚苯硫醚树脂,该工艺成熟可靠。

采用在合成反应中添加多卤代芳基化合物(三氯代苯)作为第三反应单体的办法,制得了支化型高分子量聚苯硫醚树脂,树脂性能和加工性都得到了提高,树脂可直接挤出造粒,铸成塑料。由于以上树脂皆为支化交联型结构,被称之为第一代树脂,该型树脂的主要缺点为太脆。

$$n\ Cl\!\!-\!\!\left\langle\!\!-\!\!\right\rangle\!\!-\!\!Cl + n\ Na_2S \longrightarrow \left[\!\!-\!\!\left\langle\!\!-\!\!\right\rangle\!\!-\!\!S\right]_n + 2n\ NaCl$$

第二代聚苯硫醚树脂与第一代树脂相比,其分子链为线性结构,突出特点为相对分子质量高,树脂为韧性,聚苯硫醚的综合性能及加工性得到了进一步提高。

我国的聚苯硫醚使用无水硫化钠、含水硫化钠、硫氢化钠、硫磺等多种硫源合成聚苯硫醚树脂,其硫磺溶液路线合成聚苯硫醚技术为我国首创。合成的线性高分子量聚苯硫醚树脂性能和质量与吴羽化学工业公司第二代线性树脂相当。

硫磺溶液路线合成聚苯硫醚反应式如下:

$$S \xrightarrow[\text{HMPA}]{\text{还原}} S^{2-} \quad nS^{2-} + nCl \longrightarrow Cl \xrightarrow{\text{助剂}} \left[\begin{array}{c} \\ \end{array} S \right]_n + 2nCl^-$$

1. 聚苯硫醚的结构与性能

聚苯硫醚的分子主链是由苯环和硫原子交替排列,分子链的规整性强,大量的苯环可以提供刚性,大量的硫醚键可以提供柔顺性。由于分子主链具有刚柔兼备的特点,所以聚苯硫醚易于结晶,结晶度可达 75%,熔点为 285℃。

聚苯硫醚为一种白色、硬而脆的聚合物,吸湿率很低,只有 0.03%;阻燃性很好,氧指数高达 44%,热氧稳定性十分突出,且电绝缘性非常好。

(1)热性能

聚苯硫醚具有优异的热稳定性,由于它的结晶度较高,因此力学性能随温度的升高下降较小。聚苯硫醚长期使用温度可达 240℃,短期使用温度可达 260℃,熔融温度为 285℃,在 500℃的高温下不分解,只有在 700℃的空气中才会完全降解。

聚苯硫醚由于分子结构中含有硫原子,因此阻燃性能非常突出,无需加入任何阻燃剂就是一种高阻燃材料,而且经反复加工也不会丧失阻燃能力。表 9-19 为几种常用塑料的极限氧指数值。

表 9-19 几种常用塑料的极限氧指数值

名称	极限氧指数/%	名称	极限氧指数/%
聚氯乙烯	47	聚碳酸酯	25
聚砜	30	聚苯乙烯	18.3
聚酰胺 66	28.7	聚烯烃	17.4
聚苯醚	28	聚苯硫醚	>44

(2)力学性能

聚苯硫醚的力学性能不高,其拉伸强度、弯曲强度属中等水平,冲击强度也很低,因此,常采用玻璃纤维、碳纤维及无机填料来改善聚苯硫醚的力学性能,并仍然可保持其耐热性、阻燃性、化学稳定性等。

聚苯硫醚的刚性很高,未改性的聚苯硫醚其弯曲模量可达 3.87GPa,而用碳纤维增强后更可高达 22GPa。经增强改性后的聚苯硫醚能在长期负荷和热负荷作用下保持高的力学性能、尺寸稳定性和耐蠕变性,因此可用于温度较高的受力环境中。此外,经过填充和共混改性的聚苯硫醚可以制造出摩擦系数和磨耗量都很小、耐高温的自润滑材料。

(3)电性能

聚苯硫醚的电绝缘性非常优异,它的介电常数和介电损耗很低,表面电阻率和体积电阻率随温度、湿度及频率的变化不大;而且它的耐电弧性很好,可与热固性塑料相媲美。因此,30%的聚苯硫醚都用于电气绝缘材料。

(4)耐化学药品性

聚苯硫醚的耐化学腐蚀性能非常好,除了受强氧化性酸(浓硫酸、浓硝酸、王水等)侵蚀外,对大多数的酸、碱、盐、酯、酮、醛、酚及脂肪烃、芳香烃、氯代烃等都很稳定。205℃以下的任何已知溶剂都不能溶解它。

(5)其他性能

聚苯硫醚具有良好的耐候性。经过 2000h 风蚀,用 40％玻璃纤维增强聚苯硫醚的刚性基本不变。拉伸强度仅有少量下降。

聚苯硫醚的耐辐射性也十分优良。它对紫外线和^{60}Co 射线很稳定,即使在较强的 γ 射线、中子射线辐射下,也不会发生分解的现象。

此外,聚苯硫醚对玻璃、陶瓷、钢、铝等都有很好的黏合性能。

聚苯硫醚及其改性品种的性能见表 9-20 所示。

表 9-20　聚苯硫醚和改性聚苯硫醚的性能

性能		聚苯硫醚	40％玻璃纤维＋聚苯硫醚	25％玻璃纤维＋30％ 碳酸钙＋聚苯硫醚
密度/(g/cm³)		1.3	1.6	1.8
拉伸强度/MPa		67	137	99
弯曲强度/MPa		98	204	136
弯曲模量/GPa		3.87	11.95	12.60
压缩强度/MPa		112	148	—
伸长率/％		1.6	1.3	0.7
冲击强度/(J/m)	无缺口	110	435	120
	有缺口	27	76	27
洛氏硬度(R)		123	123	121
吸水率/％		＜0.02	＜0.05	＜0.03
线膨胀系数/10^{-5}K^{-1}		2.5	2.0	—
热变形温度/℃		135	＞260	＞260
介电常数(10^6Hz)		3.1	3.8	4.2
介电损耗角正切(10^6Hz)		0.00038	0.0013	0.016
介电强度/(kV/mm)		15	17.7	13.4
体积电阻率/Ω·cm		4.5×10^{16}	4.5×10^{16}	3×10^{15}

2. 聚苯硫醚的加工性能

聚苯硫醚可以采用热塑性塑料的加工方法,如注塑、挤出、压制、喷涂等进行加工成型,有的牌号也可采用中空成型。

用于注射成型的聚苯硫醚,其熔体流动速率一般为 10～100g/min(温度为 343℃,载荷为0.5MPa 下测出),而且大多数为加入纤维或填料填充增强改性的品种。由于聚苯硫醚的熔体流动性好,所以可选用柱塞式或螺杆式注塑机成型,目前较多采用螺杆式注塑机。要求加热温度能达到 350℃,注射压力达 150MPa。喷嘴宜选用自锁式,以防止流延现象。

聚苯硫醚在注射成型时会产生部分交联,但流动性和力学性能仅有少量下降,而且物料仍能回收并反复使用,如经过三次回收使用的物料成型后,拉伸强度仅下降10%左右。

模压成型可成型大型制品。模压成型时需先将树脂粉末(熔融指数为200以下)于250℃预烘2h,然后再按比例与填料均匀混合,再加入到模具中,在370℃下恒温30～40min。取出后置于冷压机上加压成型,压力为10MPa左右,自然冷却至150℃后进行脱模。再将制品于200℃～250℃下后处理,后处理时间依制品厚度而定。

喷涂成型一般采用悬浮喷涂法和悬浮喷涂与干粉热喷混合法,都是将聚苯硫醚喷涂到金属表面。喷涂前要将金属件进行除油、喷砂和化学处理,以提高金属件与聚苯硫醚的黏附力。一般每次喷涂不宜过厚,要反复操作3～4次,涂层的总厚度不超过0.5mm。聚苯硫醚涂层处理温度在300℃～370℃的范围内,时间约为30min。

聚苯硫醚主要应用于耐高温黏合剂、耐高温玻璃钢、耐高温绝缘材料、防腐涂层以及模塑制品等。由于聚苯硫醚的热变形温度高、阻燃、熔体流动长度较长,适宜制作长流程、薄壁的注塑制品,用作电气接插件和零件;由于它优越的耐热、耐药品、耐水解性能,故用来制造医疗及齿科器材,如超声波洗涤容器(其灭菌温度为190℃);又因其高温蠕变小,尺寸稳定,耐汽油和润滑油脂,故可用于制造汽车和机械零部件。在进行烘涂膜时,聚苯硫醚会发生交联,因而其涂膜的物理性能优异。

3. 聚苯硫醚的改性品种

聚苯硫醚虽然综合性能优异,但也存在一些缺陷,如韧性较差、冲击强度低,成型过程中熔体黏度不够稳定等,因此近些年来出现了一些聚苯硫醚的改性品种。

(1)填充增强改性聚苯硫醚

由于聚苯硫醚与无机物的亲和性极好,因此常用纤维以及其他无机填料进行填充,以进一步提高其物理机械性能。使用的纤维有玻璃纤维、碳纤维、芳纶纤维、陶瓷纤维等;无机填料有云母、碳酸钙等。用玻璃纤维、碳纤维、芳纶纤维、硼纤维增强的聚苯硫醚树脂热塑性复合材料已在飞机、火箭、人造卫星、航空母舰、武器上得到广泛应用。

(2)聚苯硫醚合金

聚苯硫醚/聚酰胺共混物可以明显提高聚苯硫醚的抗冲击性。聚苯硫醚/聚四氟乙烯共混物,有突出的耐磨性、耐腐蚀性、韧性、耐蠕变性等,可用于制作耐磨耗部件及传动部件。

聚苯硫醚还可以跟聚苯乙烯共混改性。共混物可以降低聚苯硫醚的成本,并可改善加工性能。虽然两者都为脆性材料,但共混之后聚苯硫醚的冲击强度可得到大幅度的提高。聚苯硫醚还可以跟聚苯乙烯的各种共聚体(如苯乙烯-丙烯腈共聚体、苯乙烯-丁二烯-丙烯腈共聚体)共混,同样可获得良好的改性效果。

此外,聚苯硫醚还可以和聚酯、聚苯醚、聚碳酸酯、聚酰亚胺共混,以改善力学性能、电性能及加工性能等。这些改性物可在航空航天、电子工业、汽车制造业等各个领域中应用。

(3)化学结构改性

聚苯硫醚的结构改性一般是在其主链上和苯环上引入改性基团。目前有代表性的产品是聚苯硫醚酮(PPSK)、聚苯硫醚砜(PPSF)、聚苯硫醚胺(PPSA)、聚苯腈硫醚(PPCS)等。前三者属于主链改性,后者为侧基改性。它们以各自独特的优点,可满足迅速发展的高技术对新型材料的需求,在航空航天、核工业、军工兵器、汽车工业等领域有广阔的应用前景。

4. 聚苯硫醚的应用

由于聚苯硫醚具有优异的综合性能,在电子电气、汽车、精密机械、军工、航空、宇航、石油、化工、轻工等许多工业部门及领域获得了广泛的应用。

在机械行业,聚苯硫醚作为结构材料、绝缘材料、耐磨和密封材料,用于制造轴承、轴承保持架、泵体、泵轮、阀门、管接头、流量计、密封环、压缩机零件、齿轮、绝热板、喷雾器、指示计、滑轮等。

在电子电器方面,聚苯硫醚的力学性能、电绝缘性能、耐热性、耐化学腐蚀性优良,吸湿性小,尺寸稳定,特别是 200℃ 时仍具有良好的刚性和尺寸稳定性,具有高温、高频条件下的优良电性能,特别适宜于制作高温、高频条件下的电器元件。聚苯硫醚在电动机上用于制造电刷托架、启动器线圈支架、屏蔽罩、叶片、转子绝缘部件。在电器中用于制作接插件、变压器、阻流器、继电器中的骨架,H 级各种绕线架、线圈管,一开关,插座,固态继电器,磁传感器感应头,微调电容器,电解电容器,熔线支持件,接触断路器等。

汽车上一些需耐热、耐温、耐油和轻量化高强度的部件,现已大量采用聚苯硫醚。聚苯硫醚被广泛用作引擎盖、排气处理装置零件、刷柄、点火零件、汽油泵、座阀、连接器、汽化器、配油器零件、散热器零件、转动零件、复合接头、调节阀、车身外板等。

聚苯硫醚可用于耐热防腐设备和零部件,如各类耐腐蚀泵、管、阀、容器、反应釜、废水废气过滤网,以及耐热、耐压、耐酸的石油钻井部件等。

聚苯硫醚还被用于造纸设备、纺织设备、包装材料、不粘锅、防火织物以及体育用品,如鱼竿、高尔夫球杆、网球拍等。

9.2.2 聚砜类树脂

聚砜类树脂是 20 世纪 60 年代初期研究开发的一类热塑性工程塑料,其主链的主要结构由二苯砜单元组成。

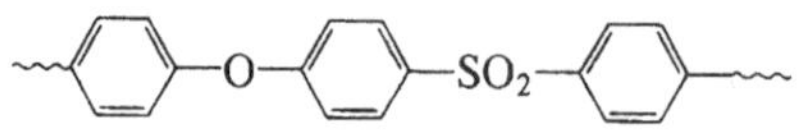

按其结构聚砜可分为三类,第一类为双酚 A 型聚砜(Polysulfone,PSF),由 4,4-二氯二苯砜和双酚 A 为原料缩聚而得;第二类为聚醚砜(Polyethersulfone,PES),由除双酚 A 外的双酚和二氯二苯砜或由 A-B 型单体 4-氯-4′-羟基二苯砜制得;第三类为聚芳砜(Polyarylsulfone,PASF),它的主链上不带醚键。目前广泛应用的主要是前两类聚砜树脂。聚砜类树脂具有优良的抗氧化性、热稳定性和高温熔融稳定性。此外,它们这具有优良的力学性能、电性能、透明性及食品卫生性。

聚砜的合成路线有两条,一为按亲电取代反应机理进行的聚砜化反应,亦即脱卤花氢反应,即磺酰氯与芳烃间的反应;另一为按亲核取代机理进行的脱盐反应,由于通常是在二氯二苯砜与酚盐之间的脱盐反应,所以实际上是醚化反应,所得到的聚砜总含有醚键,由这种反应得到的聚合物就称为聚醚砜。

亲电取代反应:

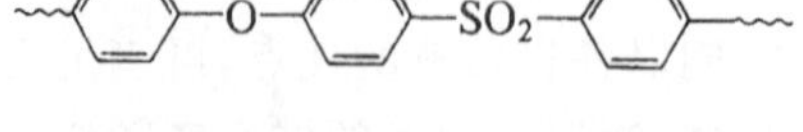

亲核取代反应:

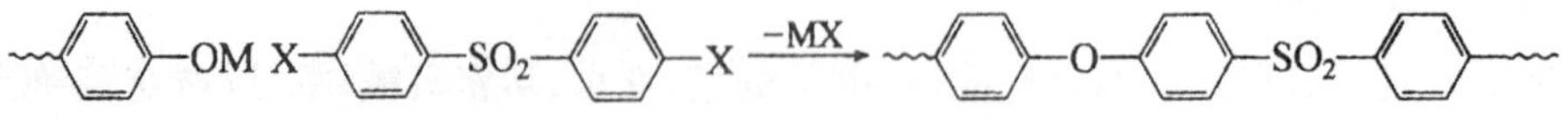

1. 聚砜的结构与性能

双酚 A 型聚砜是由双酚 A 与二氯二苯砜缩聚而得,主链上的亚丙基改善了聚合物的溶解性和可加工性,但也降低了这种聚砜的耐热性。由于它的低成本和较好的综合性能,使得双酚 A 型聚砜在聚砜类高分子材料中是产量最多的品种。

聚醚砜分子是由醚键和砜基与苯基交互连接而构成线形大分子。聚醚砜的耐热性及刚性比双酚 A 型聚砜高,制品的尺寸稳定性及耐溶剂性也比聚砜高。

聚芳砜分子是由砜基、醚键相互与联苯基连接而成的线形大分子。主链上引入了高刚性的联苯基,其刚性、强度和耐热均比上两类聚砜高。

聚砜为琥珀色透明固体材料,其密度为 $1.25 \sim 1.35 \mathrm{g/crn^3}$,吸水率为 $0.2\% \sim 0.4\%$(聚醚砜比聚砜吸水率要高)。聚砜类塑料具有优异的机械性能、高强度、高模量、高硬度和低蠕变性。聚砜类塑料具有耐热、耐寒、耐老化,可以在 $-100℃$ 到 $+150℃$ 长期使用,其热变形温度高。该类材料还具有化学稳定性好,耐无机酸、碱、盐液的侵蚀,硬度大,电绝缘性能优良,耐离子辐射,并具有自熄性能等。聚砜的耐磨性不如结晶性塑料。通过玻璃纤维增强改性可以使材料的耐磨性大幅度提高。由于聚砜类塑料具有优良的综合性能,其价格远低于聚酰亚胺。所以,聚砜在性价比上仍占有优势,它是一类重要的工程塑料,其性能如表 9-21 所示。

表 9-21　聚砜类树脂的基本性能

性能		纯料（双酚 A 型）	30％玻璃纤维（双酚 A 型）	纯料（聚醚砜）	30％玻璃纤维（聚醚砜）
密度/(g/cm³)		1.24	1.49	1.24	1.49
拉伸强度/MPa		70	108	81	127
断裂伸长率/％		50～100	—	40～70	1.8
拉伸模量/GPa		2.5	7.4	2.7	10.2
弯曲强度/MPa		106	155	123	165
弯曲模量/GPa		2.7	7.6	2.6	8.8
冲击强度(悬臂梁)/(J/m)	缺口	69	75	58	80
	无缺口	不断		不断	318
热变形温度(1.82MPa)/℃		174	-181	169	185
线膨胀系数/(×10⁻⁵/K)		3.1		3.1	1.1
氧指数/％		30		40	40
体积电阻率/Ω·cm		5×10¹⁶		＞10¹⁶	＞10¹⁶
表面电阻率/Ω		3×10¹⁶		＞10¹⁶	＞10¹⁶
介电强度/(kV/mm)		17	19	—	

(1)热性能

聚砜能在 $-100℃ \sim 150℃$ 内长期使用,它的玻璃化转变温度为 190℃,在 1.82MPa 载荷下的热变形温度为 175℃,是耐热性优良的非结晶性工程塑料。聚砜的低温性能优异,在 $-100℃$

仍能保持韧性。聚砜在高温下的耐热老化性极好,经过 150℃ 下 2 年的热老化,聚砜的拉伸屈服强度和热变形温度反而有所提高;冲击强度仍能保持 55%。聚砜树脂具有优良的热稳定性和耐老化性。在湿热条件下,聚砜也有良好的尺寸稳定性。

(2)力学性能

聚砜类塑料具有高强度、高模量、高硬度和低蠕变性,耐热、耐寒、耐老化,在高温下仍能在很大程度上保持其在室温下所具有的力学性能。如聚砜的拉伸弹性模量在 100℃ 时为 2.46GPa,而在 190℃ 时仍能保持 1.4GPa 这样高的数值。而聚甲醛、PA66 等在相同温度下已失去使用价值。聚砜弯曲模量只有在高于 150℃ 以后才有明显的下降,同时聚砜的蠕变性能明显优于聚碳酸酯、聚甲醛。

(3)电性能

聚砜在很宽的温度和频率范围内具有优良的电性能,即使在水中或 190℃ 高温下,仍能保持良好的介电性能。聚碳酸酯的介电性能只能保持到 150℃,聚苯醚也仅保持到 182℃。

(4)耐化学性

聚砜化学稳定性较好,除氧化性酸(如浓硫酸、浓硝酸等)和某些极性有机溶剂(如卤代烃、酮类、芳香烃等)外,对其他试剂都表现出较高的稳定性。聚砜不发生水解,但在高温及载荷作用下,水能促进其应力开裂。聚砜还具有较好的抗紫外线照射的能力。

聚砜的耐磨性不如结晶性塑料。通过玻璃纤维增强改性,可以使材料的耐磨性大幅度提高。由于聚砜类塑料具有优良的综合性能,其价格远低于聚酰亚胺,所以聚砜在性能/价格比上仍占有优势,它是一类重要的工程塑料。

2. 聚砜加工性能

聚砜类塑料都可以用一般热塑性塑料的成型方法进行加工,但成型温度较高。成型方法主要有注塑、挤出和吹塑等,其制品也可机械加工。

双酚 A 聚砜的熔融温度在 310℃ 以上,分解温度大于 420℃,加工温度范围较宽。由于聚砜吸水率比较高,因此,在成型前必须对物料进行预干燥处理,使树脂含水量在 0.1% 以下。干燥条件为 135℃~165℃,3~4h。

注塑加工温度为 370℃~400℃,模温控制在 120℃~140℃,复杂形状的制品模温为 150℃~165℃。为避免制品出现残余应力开裂,通常采用退火处理。可以用甘油浴退火方法,条件为 160℃,1~5min。

挤出成型主要应用于管材、薄板和挤出膜的生产,成型温度可控制在 320℃~390℃。吹塑主要用于各种容器和薄膜制品的成型,熔融温度为 310℃~380℃。

3. 聚砜改性产品

近几年来为满足各工业领域发展的需求,聚砜改性产品的开发主要是提高它的冲击强度、伸长率、耐溶剂性、耐环境性能、加工性能和可电镀性能。例如:聚砜/聚酰亚胺、聚砜/氟塑料、聚砜/芳香共聚酯、聚砜/聚丙烯酸酯、聚砜/PET、聚砜/ABS、聚砜/PBT、聚砜/PC 等。

4. 聚砜的应用

聚砜具有耐蒸汽、耐水解、无毒、耐高压蒸汽消毒、高透明、长期耐蠕变、尺寸稳定性好等特点,在医学、医疗工业领域得到极大的发展,用聚砜制成外科手术工具盘、喷雾器、流体控制器、心脏阀、起搏器、防毒面罩等。

在机械行业,聚砜用于制造电动机罩、转向柱轴环、齿轮、泵体、阀门等。由于聚砜优异的耐热水性、耐水蒸气性及食品卫生性,用于制造食品机械的零部件,如炊具、食品制造和传送设备零件、乳品传送装置零件以及肉类加工机械的零部件。

在电子电器工业聚砜常用于制造电视机、收音机、电子计算机的集成线路板、印刷电路底板、线圈管架、接触器、套架、电容薄膜、高性能碱电池外壳等以及微波烤炉设备、咖啡加热器、湿润器、吹风机等。

9.2.3 热致性液晶聚合物

液晶聚合物是指在液态时大分子链的某些部分仍能够相互呈有序排列,在溶液中保持这种有序排列的叫溶致性液晶聚合物;在熔融态呈这种有序排列的叫热致性液晶聚合物(LCP)。能够呈有序排列的部分处于侧链上叫侧链型液晶聚合物;在主链上叫主链型液晶聚合物。用作结构材料的液晶聚合物都是主链型液晶聚合物,可以有序排列的链段都呈刚性棒状,由芳环和/或杂环构成。因此,形成的有序结构就与分子链的方向相同,形成纤维状,对聚合物材料起增强作用。由于这种起增强作用的材料与聚合物本体是同一种材料,所以液晶聚合物也称为"自增强聚合物"。现在已经商品化的溶致性液晶聚合物主要是芳香聚酰胺,用来纺制高强度、高模量的耐热纤维。

由于热致性液晶聚合物具有高的结晶度,在大多数有机溶剂中不能溶解,因此,聚合反应也大都在熔融状态下进行。例如:

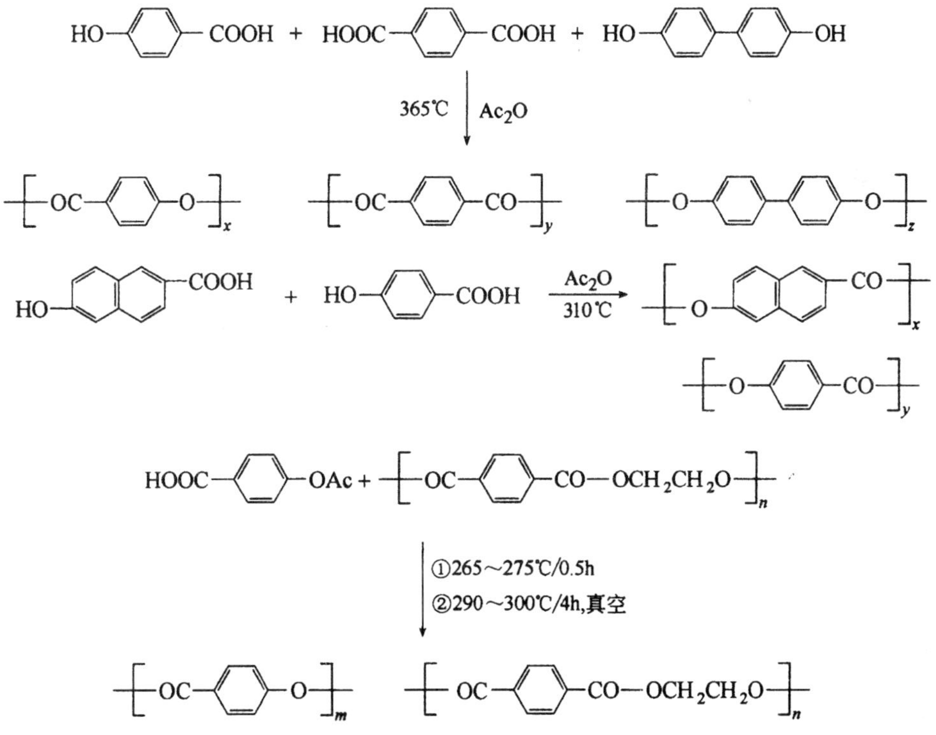

1. LCP 的主要产品

LCP 的主要生产商和产品如表 9-22 所示。

表 9-22　LCP 的主要生产商和产品

生产者，牌号	结构	填充玻璃纤维	
		品级	热变形温度（1.86MPa）/℃
Suminoto（Ekon01）Toso Susteel LCP	—O—⬡—CO— / —O—⬡—⬡—OCO—⬡—CO—	E5008	335
		E2008	311
		E6008	279
		HAG-140	＞300
		HBG-140	275
Gammont（Glanlar）	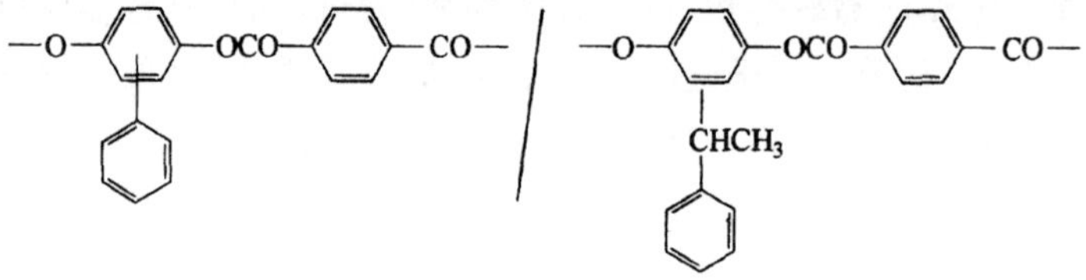 —O—⬡(C₆H₅)—OCO—⬡—CO— / —O—⬡(CHCH₃·C₆H₅)—OCO—⬡—CO—	A	320
Du Pont	—O—⬡(C₆H₅)—OCO—⬡—CO— / —O—⬡(X)—OCO—Y—CO—	HX4100	271
		HX6000	250
Du Pont	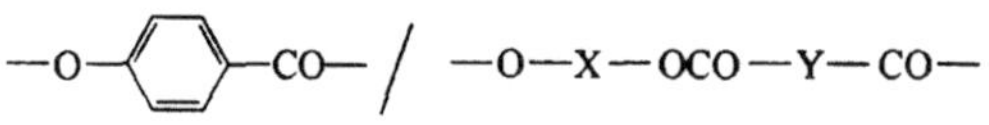 —O—⬡—CO— / —O—X—OCO—Y—CO—	XH2100	195
Hoechst Celanese（Vectra）	—O—⬡—CO— / —O—naphthalene—CO— / —O—X—OCO—⬡—CO— 及 —O—naphthalene—CO— / —O—⬡—NHCO—⬡—CO—	E130	270
		C130	250
		A130	240
		B130	230
Ueno Fine Chem（Ueno LCP）	—O—⬡—CO— / —O—naphthalene—CO— / —O—X—OCO—⬡—CO—	2030G	249
		1030G	230

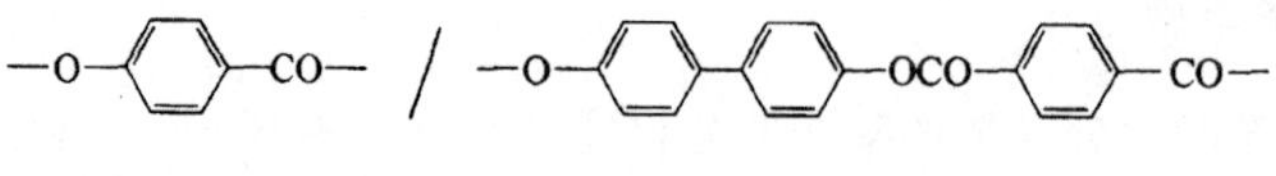

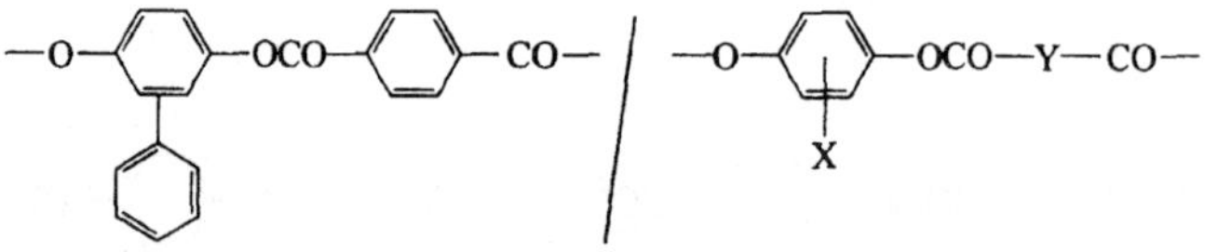

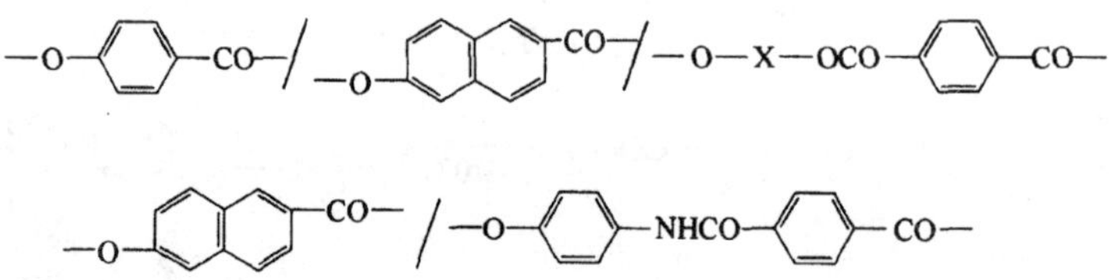

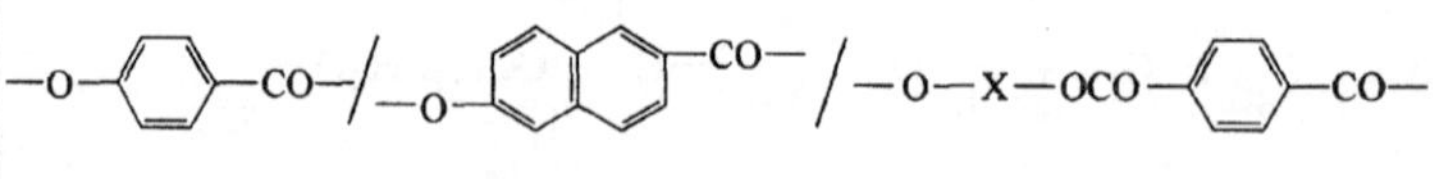

2. 热致性液晶聚合物的结构与性能

热致性液晶聚合物大分子的主链是由对位取代的芳环、联苯等芳香环与极性的酯基交互连接构成线形全芳香族（或非全芳香族）共聚酯聚合物。因此，其热稳定性很高。热致性液晶结构含有联苯时，其耐热性接近均苯聚酰亚胺；在主链上含有亚甲基链时耐热性最低，不含联苯的耐热性居前两者之间。

液晶树脂的外观一般为米黄色，也有呈白色的不透明的固体粉末。密度为 1.4～1.7g/cm³。

液晶聚合物具有高强度,高模量的力学性能,由于其结构特点而具有自增强性,因而不增强的液晶塑料即可达到甚至超过普通工程塑料用 20％玻璃纤维增强后的机械强度及其模量的水平;如果用玻璃纤维、碳纤维等增强,更远远超过其他工程塑料。

液晶聚合物还具有优良的热稳定性、耐热性及耐化学药品性,对大多数塑料存在的蠕变缺点,液晶材料可忽略不计,而且耐磨、减磨性均优异。

液晶塑料热稳定性高,在空气中于 560℃分解。它耐锡焊,可在 320℃焊锡中浸渍 5min 无变化。

液晶塑料的耐候性、耐辐射性良好,具有优异的阻燃性,能熄灭火焰而不再继续进行燃烧。其阻燃等级达到 UL94 V-0 级水平。热致性液晶聚合物具有优良的电绝缘性能。其介电强度比一般工程塑料高,耐电弧性良好。作为电器应用制件,在连续使用温度 200℃～300℃时,其电性能不受影响。间断使用温度可达 316℃左右。

热致性液晶聚合物具有突出的耐腐蚀性能,热致性液晶聚合物制品在浓度为 90％的酸及浓度为 50％的碱存在下不会受到侵蚀,对于工业溶剂、燃料油、洗涤剂及热水接触后不会被溶解,也不会引起应力开裂。其性能如表 9-23 所示。

表 9-23　不同型号的 LCP 增强后的性能牌号

牌号		E2008	E-6008	RC-210	HAG-140	HBG-140
填料		石墨 40％	石墨 40％	玻璃纤维 30％	玻璃纤维 40％	玻璃纤维 30％
相对密度		1.69	1.70	1.60	1.70	1.69
吸水率/％		0.02	0.02	<0.1	0.02	0.02
拉伸强度/MPa		100	122	140	100	120
伸长率/％		7.0	4.8	1.7	7.0	5.6
弯曲强度/MPa		108	116	160	100	142
弯曲模量/GPa		1.03	1.15	1.36	1.08	1.36
Izod 冲击强度/(kJ/m)	缺口	0.05	0.06	0.11	0.05	0.06
	无缺口	0.20	0.25	0.62	0.20	0.30
洛氏硬度		R104	R103	R77	R105	R101
线膨胀系数/($\times 10^{-5}$/K)		2.0	1.3	1.2	1.5	2.1
体积电阻率/$\Omega \cdot cm$		10^{15}	10^{15}	11×10^{15}	10^{15}	10^{15}
介电常数(10^3 Hz)		4.0	4.4	—	4.3	4.6
介电损耗角正切值(10^3 Hz)		0.009	0.022	—	0.014	0.023
介电强度/(kV/mm)				25		
耐弧性/s		136	130	188	135	130

3. 热致性液晶聚合物的加工性能

热致性液晶聚合物的成型温度高,因其品种不同,熔融温度在 300℃～425℃范围内。LCP熔体黏度低,流动性好,与烯烃类塑料近似。热致性液晶聚合物具有极小的线膨胀系数,尺寸稳定性好。成型加工温度为 300℃～390℃；模具温度为 100℃～250℃；成型压力 10～80MPa；成型收缩率为 0.1%～0.6%。

4. 热致性液晶聚合物的应用

电子电气工业如连接件、线圈骨架、传感器外壳、计算机底座、熔断器零部件、燃烧器插座、微波炉卡等。办公机械、精密仪器，如齿轮、凸轮类、轴承、相机快门底版、联轴器、受拉杆件、喷嘴套。汽车零部件可用作车速控制传感器、油泵、反光灯等。

9.2.4 氟塑料

1. 概述

氟塑料是分子链中含有氟原子的高分子材料的总称，氟塑料是具有优异的耐高低温性、化学稳定性、电气绝缘性、润滑性、不燃性、耐药品性、耐候性和较高的力学强度的工程塑料。大部分氟树脂都是聚乙烯的衍生物，不同氟树脂的性能差别主要取决于氟替代聚乙烯氢的程度和氟原子、氢原子和其他取代基（如氯原子或烷氧基等）沿聚合物链的空间排列情况。虽然从理论上说，可以制得许许多多不同种类的氟树脂，但只有 11 种氟树脂具有较重要的工业价值。表 9-24 列出了已工业化生产的氟塑料的主要品种和特性。

表 9-24 工业上重要的氟树脂

名称	结构式	单体	共聚单体	特性
聚四氟乙烯	$\left[\!\!\begin{array}{c} F\ \ F \\ \vert\ \ \vert \\ -C-C- \\ \vert\ \ \vert \\ F\ \ F \end{array}\!\!\right]_n$	四氟乙烯		耐高低温性、耐药品性、电绝缘性、不粘性、自润滑性
四氟乙烯-全氟烷基乙烯基醚共聚物	$\left[\!\!\begin{array}{c} F\ \ F \\ \vert\ \ \vert \\ -C-C- \\ \vert\ \ \vert \\ F\ \ F \end{array}\!\!\right]_n$	四氟乙烯	全氟烷基乙烯基醚	性能与四氟乙烯相近，可熔融成型
四氟乙烯-六氟丙烯共聚物	$\left[\!\!\begin{array}{c} F\ \ F \\ \vert\ \ \vert \\ -C-C- \\ \vert\ \ \vert \\ F\ \ F \end{array}\!\!\right]_n$	四氟乙烯	六氟丙烯	耐热性低于 PT-FE，其他性能与 PT-FE 相近，可熔融成型
乙烯-四氟乙烯共聚物	$\left[\!CH_2-CH_2\!\right]_m\left[\!CF_2-CF_2\!\right]_n$	四氟乙烯	乙烯	电绝缘性、耐辐射性、可熔融成型
聚三氟氯乙烯	$\left[\!\!\begin{array}{c} F\ \ F \\ \vert\ \ \vert \\ -C-C- \\ \vert\ \ \vert \\ F\ \ Cl \end{array}\!\!\right]$	氯化三氟乙烯		机械强度较高，光学性质优良，在极低温下尺寸稳定

续表

名称	结构式	单体	共聚单体	特性
乙烯-三氟氯乙烯共聚物	$\left[CH_2-CH_2\right]_m \left[CF_2-\overset{F}{\underset{H}{C}}\right]_n$	氯化三氟乙烯	乙烯	机械强度较高,熔融加工性优良
聚偏氟乙烯	$\left[\overset{F}{\underset{F}{C}}-\overset{H}{\underset{H}{C}}\right]_n$	偏氟乙烯		机械强度高,耐化学药品性好
三氟氯乙醋氟乙烯共聚物	$\left[CF_2-CFCl\right]_m \left[CF_2-CH_2\right]_n$	氯化三氟乙烯	偏氟乙烯	
聚氟乙烯	$\left[CF_2-CFCl\right]_m \left[CF_2-CH_2\right]_n$	氟乙烯		机械强度高,耐候性好

在氟塑料品种中,产量最大、用途最广的为聚四氟乙烯。其用量占世界氟塑料总用量的 $70\%\sim80\%$ 。其次为全氟共聚物和乙烯-四氟乙烯共聚物。2004～2006 年世界聚四氟乙烯消费量的年均增长率为 60% ,而其他氟树脂为 53% 。表 9-25 为主要氟塑料的性能。

表 9-25　主要氟塑料的性能

性能	ASTM方法	PTFE	PFA	FEP	ETFE	PCTFE	ECTFE	PVDF
熔点/℃		327	310	275	265	220	245	171
熔融黏度/Pa·s		$10^{10}\sim10^{12}$	$10^3\sim10^4$	$10^3\sim10^4$	$10^3\sim10^4$	10^6	$10^2\sim10^3$	$10^2\sim10^3$
最高使用温度/℃		(380℃)	(380℃)	(380℃)	(320℃)	(230℃)	(280℃)	(250℃)
拉伸强度/MPa	D638	260	260	200	150～180	177～200	165～180	150
裂断伸长率/%	D638	14～15	28～30	19～22	46	31～42	49	39～52
挠曲模量/10^3MPa	D256	200～400	300	250～330	100～400	80～250	200～300	100～300
冲击强度/(kJ/m)	D790	0.35～1.63	0.67～0.70	0.67	14		0.67～0.70	1.4
体积电阻率/Ω·cm	D257(23℃,50%RH)	$>10^{18}$	$>10^{18}$	$>10^{18}$	$>10^{18}$	$>10^{15}$	$>10^{15}$	$>10^{15}$
静摩擦因数		0.02	0.05	0.05	0.06	0.08	0.15	0.4

2. 聚四氟乙烯

(1)聚四氟乙烯的结构与性能

聚四氟乙烯的侧基全部为氟原子,分子链的规整性和对称性极好,大分子为线型结构,几乎没有支链,容易形成有序排列,所以聚四氟乙烯为一种结晶聚合物,结晶度一般55%～75%。氟原子对骨架碳原子有屏蔽作用,而且氟—碳键具有较高的键能,是很稳定的化学键,因此使分子链很难破坏,所以聚四氟乙烯具有非常好的耐腐蚀性和耐热性。由于聚四氟乙烯分子链上与碳原子连接的2个氟原子完全对称,因此它为非极性聚合物,具有优异的介电性能和电绝缘性能。此外,聚四氟乙烯分子是对称排列,分子没有极性,大分子间及与其他物质分子间相互吸引力都很小,其表面自由能很低,因此它具有高度的不黏附性和极低的摩擦系数。

聚四氟乙烯外表为白色不透明的蜡状粉体,密度为 $2.14～2.20g/cm^3$,是塑料材料中密度最大的品种,结晶时在19℃以上为六方晶形,19℃以下为三斜晶形,熔点为320～345℃。

①热性能。聚四氟乙烯具有优异的耐热性和耐寒性,长期使用温度为-195℃～250℃,短期使用温度可达300℃。聚四氟乙烯的线膨胀系数比较大,而且会随温度升高而明显增加。

②力学性能。聚四氟乙烯在力学性能方面最为突出的优点是它具有极低的摩擦系数和极好的自润滑性。其摩擦系数是塑料材料中最低的,且动、静摩擦系数相等,对钢为0.04,自身为0.01～0.02。由于聚四氟乙烯的耐磨损性不好,可加入二硫化钼、石墨等耐磨材料改性。而聚四氟乙烯的其他力学性能,如拉伸强度、弯曲强度、冲击强度、刚性、硬度、耐疲劳性能都比较低。聚四氟乙烯在受到载荷时容易出现蠕变现象,是典型的具有冷流性的塑料。

③电性能。聚四氟乙烯的电性能十分优异,其介电性能和电绝缘性能基本上不受温度、湿度和频率变化的影响。在所有塑料中,体积电阻率最大,介电常数最小(1.8～2.2)。但聚四氟乙烯的耐电晕性不好,不能作高压绝缘材料。

④耐化学药品性。聚四氟乙烯的耐化学药品性在所有塑料中是最好的,可耐浓酸、浓碱、强氧化剂以及盐类,对沸腾的王水也很稳定。只有氟元素或高温下熔融的碱金属才会对它有侵蚀作用。除了卤化胺类和芳烃对其有轻微溶胀外,其他所有有机溶剂对聚四氟乙烯都无作用。

⑤其他性能。聚四氟乙烯的耐候性能优良,通常耐候性可在10年以上,0.1mm聚四氟乙烯薄膜在室外暴露6年,外观和力学性能均无明显变化。

聚四氟乙烯分子中无光敏基团,对光和臭氧的作用很稳定,因此具有很好的耐大气老化性能二但耐辐射性不好,经 γ 射线照射后会变脆。聚四氟乙烯还具有自熄性,不能燃烧,极限氧指数大于95%,是所有塑料中最大的。此外,聚四氟乙烯的表面自由能很低,几乎和所有材料都无法黏附。

表 9-26 为聚四氟乙烯及填充聚四氟乙烯的性能。

表 9-26 聚四氟乙烯及填充聚四氟乙烯的性能

性能	聚四氟乙烯	20%玻璃纤维＋聚四氟乙烯	20%玻璃纤维＋5%石墨＋聚四氟乙烯	60%锡青铜＋聚四氟乙烯
相对密度	2.14～2.20	2.26	2.24	3.92
吸水率/%	<0.01	<0.01	<0.01	<0.01
氧指数/%	>95	—	—	—

续表

性能	聚四氟乙烯	20％玻璃纤维＋聚四氟乙烯	20％玻璃纤维＋5％石墨＋聚四氟乙烯	60％锡青铜＋聚四氟乙烯
断裂伸长率/％	233	207	193	101
拉伸强度/MPa	27.6	17.5	15.2	12.7
压缩强度/MPa	13	17	16	21
弯曲强度/MPa	21	21	32.5	28
缺口冲击强度/(kJ/m²)	2.4～3.1	1.8	7.6	6.8
无缺口冲击强度/(kJ/m²)		5.4	1.77	1.66
布氏硬度(HB)	456	546	554	796
最高使用温度/℃	288	—	—	—
最低脆化温度/℃	−150	—	—	—
线膨胀系数/$10^{-5}\,\mathrm{K}^{-1}$	10～15	7.1	12	10.7
热导率/[W/(m·K)]	0.24	0.41	0.36	0.47
摩擦系数	0.04～0.13	0.2～0.4	0.18～0.20	0.18～0.20
磨痕宽度/mm	14.5	5.5～6.0	5.5～6	7.0～8.0
极限 p_V 值(0.5m/s)	—	5.5	4.5	3
体积电阻率/Ω·cm	$>10^{18}$	—	—	—
介电强度/(kV/mm)	60～100	—	—	—
介电常数	1.8～2.2	—	—	—
介电损耗角正切	2×10^{-4}	—	—	—
耐电弧时间/s	360	—	—	—

(2)聚四氟乙烯的成型加工性能

虽然聚四氟乙烯属于热塑性塑料,但由于其大分子碳链两侧具有电负性极强的氟原子,氟原子间的斥力很大,使大分子链内旋转困难,分子链段僵硬,这就使得聚四氟乙烯的熔体黏度极高,特别是结晶化温度327℃后,仍不会出现熔融状态,黏度可达 $10^{10}\sim10^{11}\mathrm{Pa\cdot s}$,即使温度达到分解温度发生分解时,仍不能流动,因此聚四氟乙烯不能采用热塑性塑料熔融加工方法来加工,只能采用类似于粉末冶金的加工方法,即冷压成坯后再进行烧结。

聚四氟乙烯的烧结可采用模压烧结、挤压烧结、推压烧结等制备管材、棒材等。薄膜的制造方法是将模压的毛坯经过切削成薄片,然后再用双辊辊压机压延成薄膜。

聚四氟乙烯根据其聚合方法的不同,可分为悬浮聚合和分散聚合两种树脂,前者适用于一般模压成型和挤压成型,后者可供推压加工零件及小直径棒材。若制成分散乳液时,则可作为金属表面涂层、浸渍多孔性制品及纤维织物、拉丝和流延膜用。

表 9-27 列出了目前国产的各种牌号聚四氟乙烯及用途。

表 9-27　各种牌号聚四氟乙烯树脂及用途

牌号	聚合方法	用途
SFX-1-M	悬浮聚合	成型薄膜,特殊薄板制品
SFX-1-B	悬浮聚合	成型板、棒、管材大型制件
SFX-1-D	悬浮聚合	成型垫圈及一般制件
SFF-1-G	分散聚合	成型薄板及电缆等制品
SFF-1-D	分散聚合	成型棒及非绝缘性密封带等

（3）聚四氟乙烯的应用

PTFE 优异的耐热性和热稳定性,广泛的工作温度范围,优异的电性能,极优异的耐化学腐蚀性和耐溶剂性,突出的阻燃性,良好的摩擦性和防粘性,使它广泛用于机械、电子电器、化工设备、医疗器材和建筑等领域。

①防腐。各种化工设备、化工机械广泛采用 PTFE 零部件用于防腐。如阀门、阀座、泵、管道系统、隔膜、伸缩接头,多孔的 PTFE 板材、反应器、蒸馏塔,腐蚀性介质的过滤材料、设备衬里、搅拌器等。

②电绝缘。聚四氟乙烯是重要的 C 级绝缘材料,主要的应用形式之一是电线电缆包覆外层,广泛用于无线电通讯、广播的电子装置,也用在电子设备的连接线路中,在高频、超高频电场作用下具有极小的介电常数和介电损耗。另一种重要应用形式是在印刷线路板中,以覆铜层压板形式应用,具有良好的高温绝缘性和介电性、优异的化学稳定性。绝缘薄膜也是 PTFE 重要的电绝缘应用形式,主要用于各种电机电器的包绕、电容器绝缘介质和绝缘衬垫。

③密封。各种密封圈、密封垫、填料函,特别是各种防腐和耐热装置的密封更是需要 PTFE。

④摩擦磨损。制备各种活塞环、轴承（常需添加其他材料）、支承滑块二导向环等。

⑤防粘。用于塑料加工及食品工业、家用品（如防粘锅）的防粘层。

⑥其他。医疗用高温消毒用品、外科手术的代用血管、消毒保护品、贵重药品包装、耐高温的蒸气软管。

3. 聚三氟氯乙烯

聚三氟氯乙烯的英文名称为 polychlorotrifluoroethylene,简称 PCTFE,是由三氟氯乙烯单体经过自由基引发聚合得到的线型聚合物。

聚三氟氯乙烯是一种重要的氟塑料,它的耐化学腐蚀性和耐热性能等虽然不如聚四氟乙烯,但是它可用热塑性塑料的加工方法成型,因此对于一些耐磨蚀性能要求不高、聚四氟乙烯又无法加工成型的制品,就可选用聚三氟氯乙烯。

（1）聚三氟氯乙烯的结构与性能

聚三氟氯乙烯与聚四氟乙烯相比,分子链中由一个氯原子取代了一个氟原子,而氯原子的体积大于氟原子,破坏了原聚四氟乙烯分子结构的几何对称性,降低了其规整性,因此,聚三氟氯乙烯的结晶度要低于聚四氟乙烯,但仍然可以结晶。由于氯原子的引入,其分子间作用力会增大,因此聚三氟氯乙烯的拉伸强度、模量、硬度等均优于聚四氟乙烯。此外,由于氯原子和氟原子的体积均大于氢原子,对骨架碳原子均有良好的屏蔽作用,使得聚三氟氯乙烯仍具有优异的耐化学腐蚀性。由于碳—氯键不如碳—氟键稳定,因此,聚三氟氯乙烯的耐热性不如聚四氟乙烯。

①热性能。聚三氟氯乙烯的熔点为 218℃,玻璃化温度为 58℃,热分解温度为 260℃。聚三氟氯乙烯具有十分突出的耐寒性能,可在 -200℃ 的条件下使。用,长期耐热温度达 120℃。

②力学性能。聚三氟氯乙烯的力学性能要优于聚四氟乙烯,而且冷流性比聚四氟乙烯明显降低。聚三氟氯乙烯的力学性能受其结晶度的影响较大,随其结晶度增加,硬度、拉伸强度、弯曲强度等都会提高,而冲击强度和断裂伸长率会下降。表 9-28 和表 9-29 分别表示了聚三氟氯乙烯与聚四氟乙烯力学性能的比较以及结晶度对聚三氟氯乙烯性能的影响。

表 9-28　三氟氯乙烯与聚四氯乙烯力学性能比较

力学性能	聚三氟氯乙烯	聚四氟乙烯
拉伸强度/MPa	30～40	14～35
拉伸模量/GPa	1.0～2.1	0.4
弯曲模量/GPa	1.7	0.42
冲击强度/(J/m)	180	163
伸长率/%	80～250	200～400

表 9-29　不同结晶度的聚三氟氯乙烯性能比较

性能	中结晶度聚三氟氯乙烯	低结晶度聚三氟氯乙烯	性能	中结晶度聚三氟氯乙烯	低结晶度聚三氟氯乙烯
相对密度	2.13	2.11	最高使用温度/℃	198	198
吸水率/%	<0.01	<0.01	体积电阻率/Ω·cm	10^{18}	10^{18}
氧指数/%	>95	>95	介电强度/(kV/mm)	13～15	13～15
洛氏硬度(R)	115	110	介电常数		
拉伸强度/MPa	35～40	30～35	60Hz	2.24～2.8	2.24～2.8
断裂伸长率/%	125	190	10^3 Hz	2.3～2.7	2.3～2.7
弯曲强度/MPa	70	55	10^6 Hz	2.5～2.7	2.5～2.7
压缩强度/MPa	14	12	介电损耗角正切		
剪切强度/MPa	38	42	60Hz	0.0012	0.0012
缺口冲击强度/(kJ/m²)	17	37	10^3 Hz	0.023～0.027	0.023～0.027
热变形温度 (负荷 0.46MPa)/℃	130	130	10^6 Hz	0.009～0.017	0.009～0.017
低温脆化温度/℃	-150	-150	耐电弧时间/s	360	360
线膨胀系数/10^{-5}K^{-1}	4.5～7	4.5～7			

③电性能。聚三氟氯乙烯具有较好的电绝缘性能,其体积电阻率和介电强度都很高,环境湿度对其电性能无影响。但由于氯原子破坏了其分子链的对称性,使介电常数和介电损耗增大,而

且介电损耗会随频率和温度的升高而增大。

④耐化学药品性。聚三氟氯乙烯具有优良的化学稳定性,在室温下不受大多数反应性化学物质的作用,但乙醚、乙酸乙酯等能使它溶胀。在高温下,聚三氟氯乙烯能耐强酸、强碱、混合酸及氧化剂,但熔融的碱金属、氟、氨、氯气、氯磺酸、氢氟酸、浓硫酸、浓硝酸以及熔融的苛性碱可将其腐蚀。

⑤其他性能。聚三氟氯乙烯具有很好的耐候性,其耐辐射性是氟塑料中最好的;而且还具有优良的阻气性,聚三氟氯乙烯薄膜在所有透明塑料膜中水蒸气的透过率最低,是塑料中最好的阻水材料。此外,聚三氟氯乙烯还具有极优异的阻燃性能,其氧指数值高达 95％。

(2)聚三氟氯乙烯的成型加工性

聚三氟氯乙烯可采用一般热塑性塑料的成型加工方法,如注塑、压铸、压缩、模塑或挤出成型等。但由于它的熔体黏度高,必须采用较高的成型温度和压力。由于其加工温度为 250℃ ～ 300℃,分解温度约为 310℃,所以加工温度范围较窄,加工比较困难。聚三氟氯乙烯的加工腐蚀性强,分解后会放出腐蚀性气体,因此加工设备接触熔体部分要进行镀硬铬处理。聚三氟氯乙烯的热导率较小,传热慢,因此加工中升温和冷却速率不要太快。

(3)聚三氟氯乙烯的应用领域

聚三氟氯乙烯由于其力学性能较好、耐腐蚀性好、冷流性小,且比聚四氟乙烯易于加工成型等特点,可用于制造一些形状复杂且聚四氟乙烯难以成型的耐腐蚀制品,如耐腐蚀的高压密封件、高压阀瓣、泵和管道的零件、高频真空管底座、插座等。利用其阻气性能,可用来制造高真空系统的密封材料;利用其涂覆性能,可对反应器、冷凝加热器、搅拌器、分馏塔、泵等进行防腐涂层;还可用来制造光学视窗,如导弹的红外窗。

9.3 通用热固性塑料

9.3.1 酚醛树脂及塑料

凡以酚类化合物与醛类化合物经缩聚反应制得的树脂统称为酚醛树脂(Phenolic),常见的酚类化合物有苯酚、甲酚、二甲酚、间苯二酚等;醛类化合物有甲醛、乙醛、糖醛等。合成时所用的催化剂有氢氧化钠、氢氧化钡、氨水、盐酸、硫酸、对甲苯磺酸等。其中,最常使用的酚醛树脂是由苯酚和甲醛缩聚而成的产物苯酚-甲醛树脂(Phenol-formal-dehyde resin,PF)。这种酚醛树脂是最早实现工业化的一类热固性树脂。酚醛树脂的分子结构如图 9-6 所示。

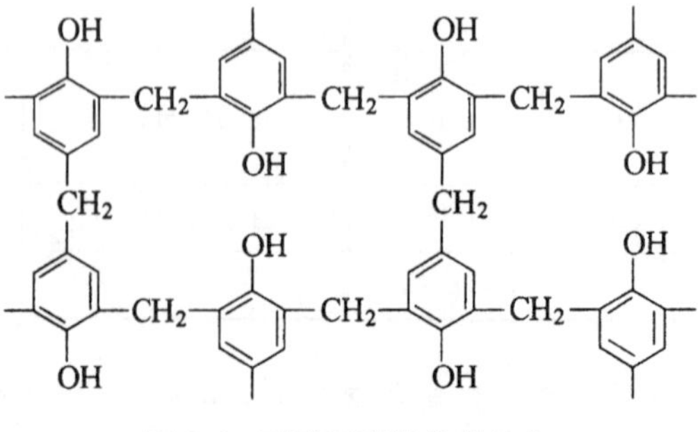

图 9-6 酚醛树脂的化学结构

以酚醛树脂为主要成分并添加大量其他助剂而制成的制品称为酚醛塑料。酚醛树脂因价格低廉、原料丰富、性能独特而获得迅速发展,其目前产量在塑料中排第六位,在热固性塑料中排第一位,产量占塑料的 5% 左右。

酚醛树脂常制成如下塑料制品:PF 模塑料制品、PF 层压制品、PF 泡沫塑料制品、PF 纤维制品、PF 铸造制品及 PF 封装材料等六种,并以前三种最为常用。

酚醛树脂以酚类单体和醛类单体在酸性或碱性催化条件下合成的高分子聚合物。酚类单体主要为苯酚,其次为甲酚和二甲酚等;醛类单体主要为甲醛,有时也用糠醛及乙醛。酚醛树脂的具体成分十分复杂,虽已应用近 100 年,但至今仍不能准确测定其固化树脂的具体结构。

在具体合成反应中,酚和醛两种单体的比例及催化剂性质不同,可以分别合成热塑性树脂和热固性树脂两种。

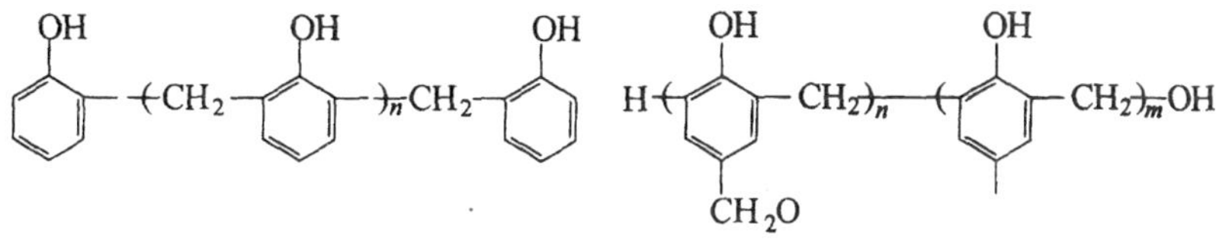

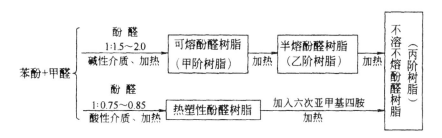

式中

$$m = 2 \sim 5$$
$$m + n = 4 \sim 10$$

1. 热塑性酚醛树脂

热塑性酚醛树脂是在酸性反应条件下 pH<7,甲醛与苯酚的物质的质量比小于 1(通常为 0.80～0.86)时合成的一种热塑性线性树脂。它是可溶、可熔的、在分子内不含羟甲基的酚醛树脂,其反应过程如下:

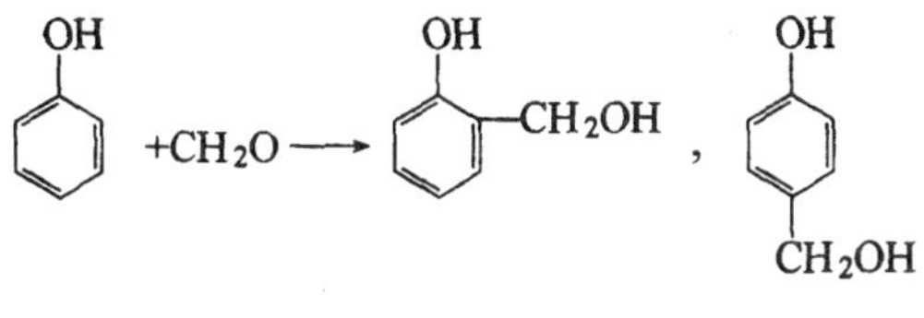

在酚醛两种单体中,苯酚具有三个活性点,但常用邻位、对位两个活性点;醛类具有两个活性点。在反应中,如果醛的比例大于酚,则多余的醛会同酚的第三个活性点反应,从而生成体型交联聚合物;反之,如果醛的比例小于酚,则生成线形聚合物。当苯酚过量,首先是加成反应,生成邻位和对位的羟甲基苯酚。这些反应物很不稳定,会与苯酚发生缩合反应,生成二酚基甲烷的各种异构体。

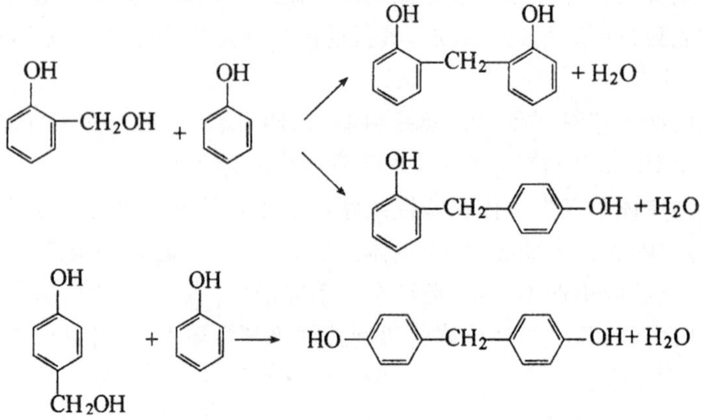

生成的二酚基甲烷异构体继续与甲醛反应,使缩聚产物的分子链进一步增长,最终得到线形酚醛树脂,其分子结构式如下:

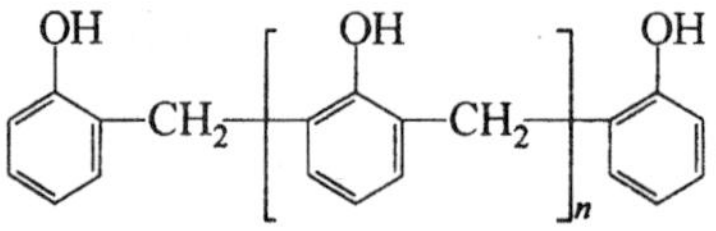

其聚合度一般为 $n=4\sim12$,与苯酚用量有关。与热固性酚醛树脂相比,热塑性酚醛大分子上不存在羟甲基侧基,因此,树脂受热时只能熔融而不会自行交联。由于在热塑性酚醛树脂大分子的酚基上存在一些未反应的活性点,在与甲醛或六次甲基四胺相遇时,在一定的条件下会发生缩聚反应,固化交联为不溶不熔的体型结构。

热塑性酚醛树脂的缩聚反应依据 pH 的大小,可得到两种分子结构酚醛树脂,通用型酚醛树脂和高邻位酚醛树脂。

通用型酚醛树脂是在强酸条件下 pH<3 合成的,此时缩聚反应主要通过酚羟基的对位来实现,在最终得到的酚醛树脂,酚基上所留下的活性位置邻位多而对位少,而酚羟基邻位的活性小,对位的活性大,所以这种酚醛树脂加入固化剂后继续进行缩聚反应的速度较慢。

高邻位酚醛树脂是用某些特殊的金属碱盐作催化剂如含锰、钴、锌等的化合物,pH 为 $4\sim7$ 时,通过反应制得的。由于此时的反应位置主要在酚羟基的邻位,保留了活性大的对位来参与反应,因此,这种树脂加入固化剂后,可以快速固化。这种高邻位热塑性酚醛树脂的固化速度比通用型热塑性酚醛树脂快 $2\sim3$ 倍,而且制得的模压制品热刚性也比较好。

热塑性酚醛树脂为线形结构,具有可溶可熔的特点。纯热塑性酚醛树脂加热也不交联固化,只有加入适当的固化剂时才可固化。

2. 热固性酚醛树脂

当以碱为催化剂(例如 NH_3、$Ba(OH)_2$、$NaOH$ 等)且甲醛过量时(物质的量的比为 $1.1\sim1.5$)在碱性催化剂如氢氧化钠存在下 pH=8\sim11 缩聚反应而成的。反应过程可分为以下两步。

首先是加成反应,苯酚和甲醛通过加成反应生成多种羟甲基酚:

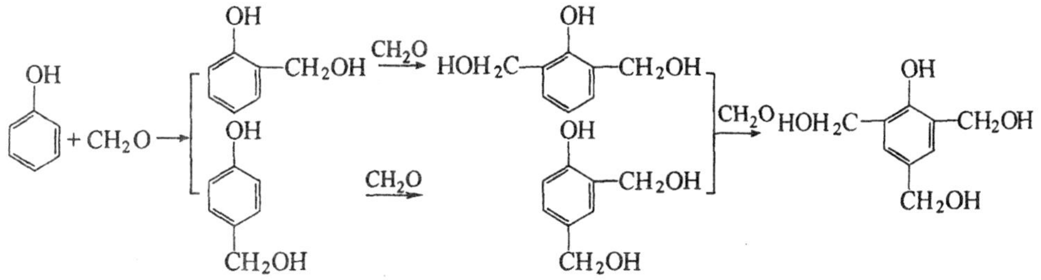

然后,进一步进行缩聚反应,羟甲基酚主要以两种形式进行反应:

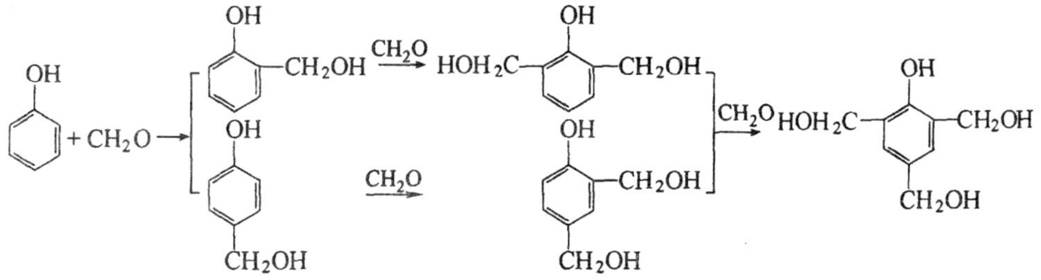

这时得到产物为线形结构,它可溶于丙酮、乙醇中,称为甲阶酚醛树脂。由于甲阶酚醛树脂带有活泼的氢原子和可反应的羟甲基,所以在一定的条件下,它就可以继续进行缩聚反应成为一种部分溶解于丙酮或乙醇中的酚醛树脂,我们把它称为乙阶酚醛树脂。乙阶酚醛树脂的分子链上带有支链,有部分的交联,结构也较甲阶酚醛树脂复杂。乙阶酚醛树脂呈固态,有弹性,加热只能软化,不熔化。乙阶酚醛树脂中仍然带有可反应的羟甲基。如果对乙阶酚醛树脂继续加热,它就会继续反应,分子链交联成立体网状结构,形成了不溶不熔的固体,称为丙阶酚醛树脂。

酚醛树脂有许多用途,如可以作为木材的黏合剂,作为涂料和作为树脂使用,其不同点是控制苯酚和甲醛的加成反应和生成的羟甲基酚的缩合反应程度。苯酚和甲醛的聚合反应,反应初期主要是加成反应,形成单羟甲基酚、多元羟甲基酚以及低聚体等。随着反应的不断进行,主要是羟甲基酚的缩聚反应,使分子链间交联,树脂相对分子质量逐渐增大,形成凝胶状交联物。通过控制反应程度,可以获得适合不同用途的树脂产物。例如,若使反应程度较低,则得到的是平均相对分子质量很低的水溶性酚醛树脂,可用作木材的黏合剂;当控制反应使产物脱水呈半固态树脂状时,这种产物可称为甲阶段酚醛树脂,可溶于醇类等溶剂,适合作清漆以及复合材料的基体材料使用;若控制反应至脱水呈固体树脂,则可用作酚醛模塑料。

3. 酚醛树脂固化

热塑性酚醛树脂与热固性酚醛树脂能相互转化。热塑性树脂用甲醛处理后可转变成热固性树脂;热固性树脂在酸性介质中用苯酚处理可变成热塑性酚醛树脂。它们都可以形成网状结构,成为不溶、不熔的制品,但固化方法不同。热固性酚醛树脂在加热条件下,自身有交联能力而形成网状分子;热塑性酚醛树脂自身没有交联能力,在固化交联剂的作用下,苯环上未反应的氢可与交联剂形成亚甲基桥而交联,常用的固化交联剂是六次甲基四胺(俗称乌洛托品,其加入量一般为 $10\% \sim 13\%$)。

(1)热塑性酚醛树脂的固化

对于热塑性酚醛树脂的固化来说,是需要加入六次甲基四胺等固化剂才能与树脂分子中酚环上的活性点反应,使树脂固化。利用六次甲基四胺分子中的羟甲基可与热塑性酚醛树脂酚环上的活泼氢作用,交联成体型结构。

六次甲基四胺是热塑性酚醛树脂最广泛采用的固化剂。热塑性酚醛树脂广泛用于酚醛模压料,大约 80% 的模压料是用六次甲基四胺固化的。用六次甲基四胺固化的热塑性酚醛树脂还可用作黏合剂和浇注树脂。六次甲基四胺分子式结构以及与塑性酚醛树脂反应如下:

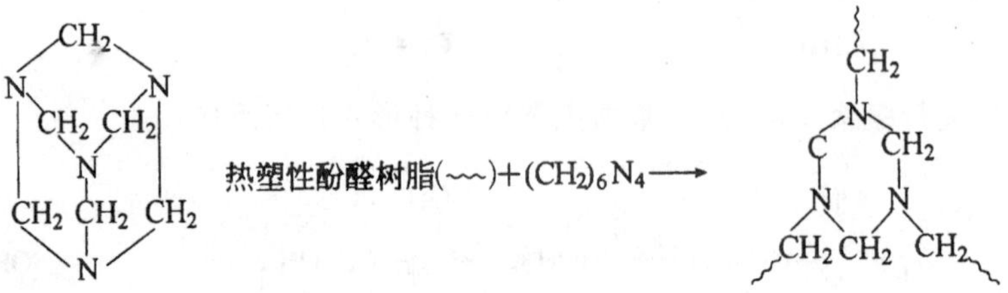

热塑性酚醛树脂($\sim\sim$)$+(CH_2)_6N_4 \longrightarrow$

六次甲基四胺的用量一般为树脂量的 10%～15%,用量不足会使制品固化不完全或固化速度降低,同时耐热性下降。但用量太多时,成型中由于六次甲基四胺的大量分解会产生气泡,固化物的耐热性、耐水性及电性能都会下降。

(2)热固性酚醛树脂的固化

热固性树脂的热固化性能主要取决于制备树脂时酚与醛的比例和体系合适的官能度。由于甲醛是二官能度的单体,要制得可以固化的树脂,酚的官能度就必须大于 2。热固性酚醛树脂可以是在加热条件下固化,也可以在加酸条件下固化。

热固性酚醛树脂最终固化产物的化学结构如图 9-7 所示。

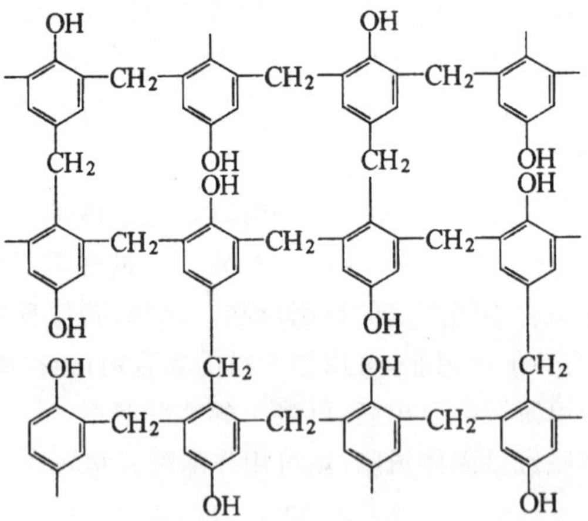

图 9-7 热固性酚醛树脂最终产物的化学结构

热固性酚醛树脂在用作黏合剂及浇注树脂时,一般希望在较低的温度,甚至是在室温下固化。为了达到这一目的,这时需要在树脂中加入合适的无机酸或有机酸,工业上把它们称为酸类固化剂。常用的酸类固化剂有盐酸或磷酸,也可用对甲苯磺酸、苯酚磺酸或其他的磺酸。一般来说,热固性树脂在 pH＝3～5 的范围内非常稳定。间苯二酚类型的树脂最稳定的 pH 为 3,而苯酚类羹的树脂最稳定的 pH 为 4 左右。

热固性酚醛树脂及其复合材料采用热压法使其固化时的加热温度一般为 145℃～175℃。在热压过程中会产生一些挥发物如溶剂、水分等,如果没有较大的成型压力加以排除,就会在复合材料制品内形成大量的气泡和微孔,从而影响质量。一般来说,在热压过程中产鳖的挥发分越多,热压过程中温度越高,则所需的成型压力就越大。表 9-30 是酚醛复合材料的压制工艺条件。

表 9-30 酚醛复合材料的压制工艺条件

项目	纸	布	玻璃布	石棉布	木片
干燥温度/℃	105～120	120～140	50～100		
层压温度/℃	120～160	150～160	145～155	150～160	140～150
层压压力/MPa	6～8	7～10	4.5～5.5	10	15
层压时间	随层压板厚度增加而增加,通常在 0.5min/mm 的范围内				
后处理		90～100℃ 24～48h	120℃ 6～48h	120℃ 24～48h	

4. 酚醛模塑料

酚醛模塑料又称为酚醛压塑粉,酚醛树脂模压塑料一般是由树脂、填料、固化剂、固化促进剂、稀释剂、润滑剂、脱模剂、着色剂等组成。

①树脂。选用热塑性酚醛树脂或甲阶热固性酚醛树脂,大都为固体粉末。加入量为 35%～55%,可起到黏合剂的作用。树脂的性质在一定程度上决定制品的最终性能。

②填料起到骨架作用,加入量为 30%～60%。填料的性质影响制品的机械强度、耐热性、电绝缘性和成本的高低。常用的填料有玻璃纤维、石棉、木粉、棉绒、织物碎片、碳酸钙、滑石粉、云母粉及石英粉等。填充材料通常有粉状填料和纤维状填料。粉状填料常用的有硅酸盐类、碳酸盐类、硫酸盐类以及氧化物类。纤维状填料主要有玻璃纤维、棉纤维及玻璃纤维制品,也有少量使用高硅氧纤维、碳纤维等。在酚醛模压塑中。常选用碳酸钙、高岭土、滑石粉、云母粉以及石英粉等粉状填料。在选择填料时要注意以下几点。密度小,油吸附量低,孔隙小,不易腐蚀,成本低,易分散而不易结块,纯洁而无杂质,颗粒级分搭配适当,直径在 1～15μm 之间。酚醛树脂的主要作用是对填充材料进行粘接,用量一般为 30%～50%。

③固化剂当选用热塑性 PF 树脂时需要加入固化剂,常用的有六甲基四胺,加月 10%～15%。选用热固性酚醛树脂时,为了加快其固化速度,有时也加入 2%～6%的六次甲基四胺固化剂。

④固化促进剂其作用为促进树脂的固化,如 MgO、Ca(OH)$_2$ 等,加入量为 0.5%～4%。固化促进剂一般是煅烧氧化镁。氧化镁的存在不直接起"架桥"交联作用,它只促进树脂本身反应基团的活性。如果在热固性酚醛模塑粉中加入氧化镁,就可以缩短制品的固化时间,提高制品的耐水性和力学强度。对于热塑性酚醛树脂制成的模塑粉,加入氧化镁可以中和游离酚和酸性物质(主要是在树脂合成时未清除掉的多余的酸)防止腐蚀模具;在压制过程中还可以与苯环上的羟基结合形成酚盐,而成为辅助交联剂。

⑤润滑剂改善加工流动性和粘模性,常用硬脂酸、硬脂酸镁及硬脂酸锌等。润滑剂的作用是防止模塑粉在压制过程的粘模现象。常用的有硬脂酸及其盐类。加入润滑剂还可以增加模塑粉的流动性。但用量不能过多,特别是酸类润滑剂,它会影响到热塑性酚醛树脂与固化剂的反应。

⑥增塑剂改善 PF 的冲击性能及流动性,内增塑为水及糠醛等,外增塑为二甲苯及苯乙

烯等。

⑦稀释剂是用来降低树脂黏度,增加树脂对填充材料的浸润能力,改进树脂的工艺性能,某些稀释剂可以参加化学反应,从而对制品性能有某种影响,凡能同时起到稀释作用及与树脂起化学反应的稀释剂称为活性稀释剂,仅起稀释作用的称为非活性稀释剂。酚醛树脂常用的稀释剂为丙酮、乙醇。

⑧着色剂主要是增加外观的鲜艳色泽,使制品美观或者借以区别不同用途的制品。常用的着色剂有钛白粉、氧化铬、氧化铁红等。

酚醛层压塑料。酚醛层压塑料是以甲阶热固性酚醛树脂为黏合剂,以石棉布、牛皮纸、玻璃布、木材片以及绝缘纸等片状填料为基材,放入到层压机内通过加热加压成层压板、管材、棒材或其他制品。酚醛层压塑料的特点是力学性能好、吸水小、尺寸稳定性好、耐热性能优良、价格低廉且可根据不同的性能要求选择不同的填料和纤维物来满足不同用途的需要。

酚醛模压塑料具有优良的力学性能、耐热性能、耐磨性能,可以用来制作电器绝缘件,如灯头、开关、插座、汽车电器等,还可用来制作制动零件、刹车片、摩擦片、耐高温摩擦制品等。特别是随着近年来无流道注塑成型和塑料电镀技术的发展,酚醛模压塑料制品不仅可以代替金属零件,还能减轻结构件质量和降低成本。酚醛模压塑料的一般性能如表 9-31 所示。

表 9-31　酚醛模压塑料的一般性能

性能	酚醛树脂	模压塑料			
		木粉填料	布屑填料	矿石粉填料	玻璃纤维填料
密度/(g/cm³)	1.3	1.37～1.46	1.30～1.40	1.60～2.00	1.69～2.00
拉伸强度/MPa	45～52	35～63	20～60	30～55	48～125
悬臂梁冲击强度(缺口)/(J/m)	—	11～33	—	—	28～99
吸水率(24h)/%	0.2～0.5	0.3～1.2	0.4～1.75	0.01～0.3	0.03～1.2
线膨胀系数/(×10^{-5}/K)	3～8	3～6	2～6	0.4	0.8～2.1
热变形温度(1.82MPa)/℃	100～125 (马丁耐热)	149～188	—	150 (马丁耐热)	177～316
体积电阻/Ω·cm	10^{12}	10^9～10^{13}	10^{11}～10^{13}	10^{12}	10^{12}～10^{13}
介电常数(10^6Hz)	5	5～9	4.5～7	5～8	—

5. 酚醛树脂的应用

①酚醛树脂主要用于电器绝缘件、日用品、汽车电器和仪表零件等,具体产品有电器关、灯头、电话机外壳、瓶盖、纽扣、手柄、闸刀、电熨斗及电饭锅零件及刹车片等。

②酚醛树脂的改性品种开发,高强度酚醛为在酚醛中加入热塑性弹性体,以改善其冲击性能。难燃耐热酚醛,可耐热 200℃以上。浅色酚醛制品,如三聚氰胺改性酚醛。

③酚醛层压制品,酚醛层压制品以酚醛树脂为黏合剂,以牛皮纸、棉布、石棉布、玻璃布及绝缘纸等填料为基材,经 155℃～180℃、5～12MPa 加热加压层压处理后固化成为层压板管材或其他形状的制品。

9.3.2　氨基树脂及塑料

以含有氨基或酰胺基官能团的化合物如脲、三聚氰胺及苯胺等与醛类化合物如甲醛等缩聚反应制成的一类树脂为氨基树脂(Amino resin,AF)。

氨基树脂在热固性树脂中产量最大。氨基树脂包括脲甲醛(脲醛)树脂(UF)、三聚氰胺(蜜胺)甲醛树脂(MF)、苯胺甲醛树脂、脲-三聚氰胺甲醛树脂及脲-硫脲甲醛树脂等很多品种,目前应用较多的为 UF 和 MF 两种。氨基树脂中脲甲醛(脲醛)树脂用量最大,而且它的最大用途为刨花板和胶合板的黏合剂,其次为涂料,用于塑料制品仅占 10％左右。但所存在的问题也日益明显,未反应的甲醛会造成环境污染,尤其是用于家庭装饰和家具的刨花板和胶合板,甲醛污染会造成人身伤害,因此,正在逐步被没有污染的丙烯酸类涂料、黏合剂所取代。在氨基树脂中加入填料等助剂即可制成氨基塑料,它具有力学强度高、电绝缘性好、表面硬度高、耐刮伤、无色。可制成色泽鲜艳的制品等优点,广泛用于餐具、日用、建筑、电器绝缘及装饰贴面板等。

1. 脲甲醛树脂

脲醛树脂是脲与甲醛在 1∶0.5～2 的比例下缩聚反应而成的聚合物。用于制造不同脲醛塑料的树脂聚合度要求不同,用于脲醛泡沫塑料的 UF,要求聚合度高、水溶液的黏度高,故甲醛用量大;用于模塑粉的 UF,要求黏度低、聚合度小,故甲醛用量小;层压用 UF,聚合度和黏度要求介于两者之间。

脲醛树脂的固化一般在 130℃～160℃条件下反应而成,为加快固化速度,可以加入酸类固化剂如草酸、邻苯二甲酸及硫酸锌等。固化后的脲醛树脂分子结构如下。

2. 脲醛模塑料

(1)脲醛模塑料的组成

脲醛模塑料又称为压缩粉和电工粉,它由脲醛树脂、固化剂、填料、增塑剂、润滑剂和着色剂等组成。

①树脂是脲醛模塑料基体结构,起到黏合剂作用,选用低聚合度、低黏度的 UF 树脂。

②固化剂起到加快固化作用,主要为酸类物质。如草酸、邻苯二甲酸、苯甲酸、氨基磺酸胺及磷酸三甲酯等,加入量为 0.2％～2％。

③填料改善性能和降低成本,如改善尺寸稳定性、耐热性及刚性等;常用的填料纸浆、木粉、云母、玻璃纤维、纤维素及无机填料等,用量为 25％～35％;

④润滑剂改善加工流动性、易于脱模。

⑤稳定剂其作用防止在储藏中交联反应和控制固化反应速度过快。

⑥增塑剂增加制品的韧性,在树脂中加入量 5％～15％。

(2)脲醛模塑料性能

脲醛模塑料的拉伸和冲击性能在 0℃左右最好,随温度升高性能迅速下降;压缩性能和蠕变性能在室温时最好。脲醛模塑料的电绝缘性能优良,耐电弧性好,可用于低频绝缘;但电性能受温度及湿度的影响较大。

(3)脲醛模塑料的加工

脲醛模塑料可用压制和注塑两种方法加压制的工艺条件为预热温度 70℃～80℃,模压温度 135℃～140℃,模压压力 24～25MPa,时间为 1～2min,并视具体壁厚的增大而延长。

注塑工艺条件为料筒温度的后段为 45℃～55℃、前段为 75℃～100℃,喷嘴温度为 85℃～110℃,模具温度为 140℃～150℃,注塑压力 98～180MPa,保压时间 30s/1T11T1(壁厚)。

脲醛模塑料的应用。脲醛模塑料主要用于色泽鲜艳的日用品、装饰品及低频电绝缘零件,具体如纽扣、瓶盖、餐具、钟壳、旋钮、电话零件、电器插座、插头、灯座及开关等。

3. 三聚氰胺甲醛树脂

三聚氰胺甲醛树脂的用量不及脲醛树脂大,仅为其一半左右。三聚氰胺甲醛树脂又称为蜜胺树脂。它为在弱碱条件下,三聚氰胺与甲醛反应的产物。

三聚氰胺甲醛树脂是在碱性条件下,三聚氰胺和甲醛通过缩聚反应而得到的产物。它的合成原理与脲甲醛相似,即第一步是由三聚氰胺和甲醛进行加成反应,生成以三羟甲基衍生物为主的产物,然后三羟甲基衍生物进一步缩聚形成树脂。

三聚氰胺甲醛树脂由于分子结构中具有三氮杂环结构及有较多的可进行交联反应的活性基因,因此,其固化产物的耐热性、耐湿性及力学性能均优于脲甲醛树脂。

4. 三聚氰胺甲醛模塑料

三聚氰胺甲醛模塑料的组成。树脂是弱碱性的 MF 树脂;填料为纤维素、木粉、氧化硅等无机填料及棉、麻等。

三聚氰胺甲醛模塑料特点。具有比脲醛塑料更优异的性能,它吸水较低,在潮湿和高温条件下绝缘性好,耐电弧好、表面硬度更高,耐刮刻性好,着色性好,耐热好,耐果汁及耐油性能好等。

三聚氰胺甲醛模塑料可采用压制和注塑两种方法成型。

三聚氰胺甲醛模塑料的最主要用途为制造餐具,可占消费量的一半;此外还可用于日用品如钟表等壳体、餐具把手及电器绝缘材料等。

第 10 章 橡胶

10.1 通用橡胶

10.1.1 天然橡胶

天然橡胶(natural rubber,NR)是指从植物中获得的橡胶,这些植物包括巴西橡胶树(也称三叶橡胶树)、银菊、橡胶草、杜仲草等。

1. 天然橡胶的制备与分类

制备天然橡胶的主要原材料是新鲜胶乳,将从树上流出的新鲜胶乳经过一定的加工和处理可制成浓缩胶乳和干胶。浓缩胶乳中的总固体物含量在 60% 以上,主要用于乳胶制品。干胶按制造方式的不同,又可分为不同的品种。制造烟片胶、绉片胶、风干片胶和颗粒胶的原则步骤基本相同,包括稀释、除杂质、凝固、脱水分、干燥、分级和包装几个步骤,但各步骤的实施工艺方法略有不同。图 10-1 是颗粒胶、烟片胶、风干片胶制造工艺流程。

固体天然橡胶可以分为通用固体天然橡胶、特制固体天然橡胶和改性天然橡胶及其衍生物。

(1)通用固体天然橡胶

通用固体天然橡胶传统的品种是烟胶片(烟片胶)、绉胶片和颗粒胶(标准胶)。

①烟片胶。烟片胶是以新鲜胶乳为原料经加酸凝固、压片、熏烟等工序制成的表面带菱形花纹的棕色胶片。国产烟片胶按外观质量、化学成分和物理机械性能分为 1♯、2♯、3♯、4♯、5♯级和等外级,其质量依次降低;在国际上按外观质量分为特级(NO.1X RSS)、一级(NO.1 RSS)、二级(NO.2 RSS)、三级(NO.3 RSS)、四级(NO.4 RSS)、五级(NO.5 RSS)和等外级,其质量也按顺序降低。熏烟时干燥的烟气含有杂酚油,对橡胶有防老化和防腐作用,因此烟胶片综合性能好,保存期长,是天然橡胶中物理机械性能最好的品种,可用于轮胎和其他一般橡胶制品。

②绉片胶。绉片胶制造方法与烟片胶基本相同,只是干燥时用热空气而不用熏烟,有白绉片和褐绉片两种。白绉片在胶乳凝固前加入亚硫酸钠漂白,因而颜色洁白,其质量比烟片胶略差,优于褐绉片,适于浅色和彩色制品。褐绉片只适宜作一般橡胶制品。

国内按外观质量、化学成分和物理机械性能将白绉片分为特一级、一级、二级、三级共四个等级;将褐绉片分为一级、二级、三级共三个等级。

国际上按外观质量将白绉片分为厚、薄两个品种各四个等级,即特级(NO.1X)、一级(NO.1)、二级(NO.2)、三级(NO.3);将褐绉片也按厚、薄两个品种各分为三个等级(NO.1X、NO.2X、NO.3X)。

③颗粒胶(标准胶)。颗粒胶是 20 世纪 60 年代发展的天然橡胶新品种,最早由马来西亚生产。它是把压绉的胶片先通过造粒机制成小颗粒橡胶,经空气干燥而制成。其颗粒大小约 1~5mm,易于干燥,生产周期大幅度缩短,产品质量易于控制。颗粒胶按生胶的物理化学性能标准进行分级,更能合理区分和判别生胶的内在质量,故又叫标准天然橡胶,各个产胶国家都有自己的技术标准。

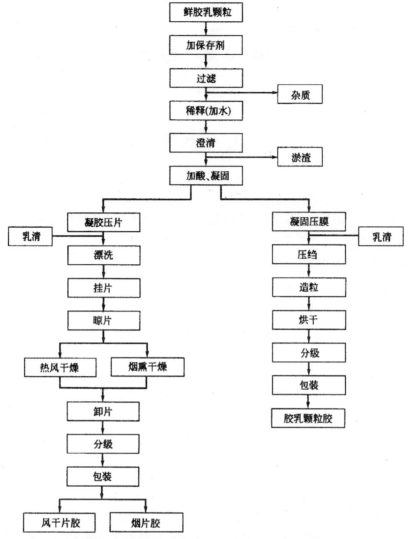

图 10-1　颗粒胶、烟片胶、风干片胶制造工艺流程

标准天然橡胶的分级标准以机械杂质含量和橡胶经 140℃ 30min 热处理以后的塑性保持率(PRI)作为重要的技术指标,PRI 值大,则橡胶的抗氧老化性能好,塑炼时塑性增加速率较慢,反之亦然。

(2)特制固体天然橡胶

特制固体天然橡胶是采用某些特殊的方法将普通的天然橡胶制成具有特殊操作性能或物理化学性能的生胶。主要品种有恒黏度橡胶、低黏度橡胶、易操作橡胶、纯化天然橡胶、散粒天然橡胶、轮胎橡胶、充油天然橡胶、炭黑共沉胶、黏土共沉胶和胶清橡胶等。

(3)改性天然橡胶和衍生物

天然橡胶经化学处理,改变了原来的化学结构和物理状态,或与其他高聚物接枝、掺混后,具有不同于普通天然橡胶的操作特性和用途。此类橡胶有难结晶橡胶、接枝天然橡胶、热塑性天然橡胶、环化天然橡胶、环氧化天然橡胶、液体天然橡胶、氯化橡胶、氢氯化橡胶等。

2. 天然橡胶的组成

天然橡胶的主要成分是橡胶烃,另外还含有 5%～8% 左右的非橡胶烃成分,如蛋白质、丙酮抽出物、灰分、水分等,通过对 35 种烟胶片和 102 种皱胶片的组成分析,其结果如表 10-1 所示。

表 10-1 天然橡胶的化学组成(平均值)

单位:%

品种	橡胶烃	丙酮挤出物	蛋白质	灰分	水分
烟胶片	93.30	2.89	2.82	0.39	0.61
皱胶片	93.58	2.88	2.82	0.30	0.42

天然橡胶中的非橡胶成分含量虽少,但对天然橡胶的加工和使用性能却有不可忽视的影响。蛋白质具有吸水性,会影响天然橡胶的电绝缘性和耐水性,但其分解产生的胺类物质又是天然橡胶的硫化促进剂和天然防老剂。丙酮抽出物主要是一些类酯物和分解物。类酯物主要由脂肪、蜡类、甾醇、甾醇酯和磷酯组成,这类物质均不溶于水,除磷酯之外均溶于丙酮。甾醇是一类以环戊氢化菲为碳架的化合物,通常在第 10、13 和 17 位置上有取代基,它在橡胶中有防老化作用。胶乳加氨后,类脂物分解会产生脂肪酸,脂肪酸、蜡在混炼时起分散剂的作用,脂肪酸在硫化时也起活性剂作用。灰分主要是无机盐类及很少量的铜、锰、铁等金属化合物。其中金属离子会加速天然橡胶的老化,必须严格控制其含量。水分过多易使生胶发霉,硫化时产生气泡,并降低电绝缘性。1% 以下的少量水分在加工的过程中可以挥发除去。

3. 天然橡胶的结构

天然橡胶的主要成分橡胶烃是顺式-1,4-聚异戊二烯的线型高分子化合物,其结构式为:

$$\left[CH_2-\underset{H}{\overset{CH_3}{C}}=\underset{}{\overset{H}{C}}-CH_2\right]_n$$

n 值平均为 5000~10000 左右,相对分子质量分布指数(M_w/M_n)很宽(2.8~10),呈双峰分布,相对分子质量在 3 万~3000 万之间。因此,天然橡胶具有良好的物理机械性能和加工性能。

天然橡胶在常温下是无定形的高弹态物质,但在较低的温度(-50~$10℃$)下或应变条件下可以产生结晶。天然橡胶的结晶为单斜晶系,晶胞尺寸 $a=1.246nm$,$b=0.899nm$,$c=0.810nm$,$\alpha=\gamma=90°$,$\beta=92°$。在 $0℃$,天然橡胶结晶极慢,需几百个小时,在 $-25℃$ 结晶最快,天然橡胶结晶速率与温度关系如图 10-2 所示。天然橡胶在拉伸应力作用下容易发生结晶,拉伸结晶度最大可达 45%。软质硫化天然橡胶的伸长率与结晶程度的关系如图 10-3 所示。

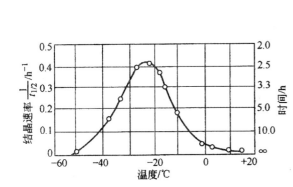

图 10-2 天然橡胶结晶速率与温度关系

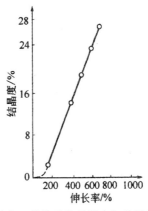

图 10-3 硫化天然橡胶的伸长率与结晶程度的关系

4. 天然橡胶的性能和应用

天然橡胶具有很好的弹性，在通用橡胶中仅次于顺丁橡胶。这是由于天然橡胶分子主链上与双键相邻的 σ 键容易旋转，分子链柔性好，在常温下呈无定形状态；分子链上的侧甲基体积小，数目少，位阻效应小；天然橡胶为非极性物质，分子间相互作用力小，对分子链内旋转约束和阻碍小。例如，天然橡胶的回弹率在 $0\sim100℃$ 范围内，可达 $50\%\sim85\%$ 以上；弹性模量为 $2\sim4MPa$，约为钢铁的 $1/30000$；伸长率可达 1000% 以上，为钢铁的 300 倍。随着温度的升高，生胶会慢慢软化，到 $130℃\sim140℃$ 时完全软化，$200℃$ 开始分解；温度降低则逐渐变硬，$0℃$ 时弹性大幅度下降。天然橡胶的 $T_g=72℃$，冷到 $-72℃\sim-70℃$ 以下时，弹性丧失变为脆性物质。受冷冻的生胶加热到常温，仍可恢复原状。

天然橡胶具有较高的力学强度。天然橡胶能在外力作用下拉伸结晶，是一种结晶性橡胶，具有自增强性，纯天然橡胶硫化胶的拉伸强度可达 $17\sim25MPa$，用炭黑增强后可达 $25\sim35MPa$。天然橡胶的撕裂强度也很高，可达 $98kN/m$。

天然橡胶具有良好的耐屈挠疲劳性能，滞后损失小，生热低，并具有良好的气密性、防水性、电绝缘性和隔热性。天然橡胶的加工性能好。天然橡胶良好的工艺加工性能，表现为容易进行塑炼、混炼、压延、压出等，但应防止过炼，降低力学性能。

天然橡胶的缺点是耐油性、耐臭氧老化和耐热氧老化性差。天然橡胶为非极性橡胶，易溶于汽油、苯等非极性有机溶剂；天然橡胶分子结构中含有大量的双键，化学性质活泼，容易与硫磺、卤素、卤化氢、氧、臭氧等反应，在空气中与氧进行自动催化的连锁反应，使分子断链或过度交联，使橡胶发生黏化或龟裂，即发生老化现象，与臭氧接触几秒钟内即发生裂口。

天然橡胶具有最好的综合力学性能和加工工艺性能，被广泛应用于轮胎、胶管、胶带以及桥梁支座等各种工业橡胶制品，是用途最广的橡胶品种。它可以单用制成各种橡胶制品，如胎面、胎侧、输送带等，也可与其他橡胶并用以改进其他橡胶或自身的性能。

10.1.2 丁苯橡胶

1. 丁苯橡胶的种类

丁苯橡胶的主要品种系列如图 10-4 所示。乳聚丁苯橡胶有高温聚合（聚合温度为 $50℃$）和低温聚合（聚合温度为 $5℃\sim8℃$）两种方法。若在乳胶凝。聚前加入适量的填充油或炭黑，则可分别得到充油丁苯橡胶、丁苯橡胶炭黑母炼胶或充油丁苯橡胶炭黑母炼胶。另外，丁苯橡胶中苯乙烯的含量一般控制在 23.5%，若增加苯乙烯含量至 $50\%\sim80\%$，则得到高苯乙烯丁苯橡胶。丁苯橡胶不经凝聚而直接以乳胶应用就是液体丁苯橡胶。若在丁苯橡胶聚合时加入 $1\%\sim3\%$ 的丙烯酸类单体共聚，则可得到物理机械性能和耐老化性能等优于丁苯橡胶的羧基丁苯橡胶。

溶聚丁苯橡胶系采用阴离子型催化剂（丁基锂），使丁二烯与苯乙烯进行溶液聚合的共聚物。根据聚合条件和所用催化剂的不同，溶聚丁苯橡胶又可分为无规型、嵌段型和星型。其中，无规型溶聚丁苯橡胶类似于乳聚丁苯橡胶，可用于轮胎、鞋类和工业橡胶制品；嵌段型和星型溶聚丁苯橡胶则具有热塑性，主要用于制鞋和其他工业橡胶制品。若溶液聚合的催化剂用醇烯络合物，则所得产物称为醇烯溶聚丁苯橡胶。

而锡偶联丁苯橡胶是以四氯化锡为偶联剂制得的带有支化结构的丁苯橡胶，它具有低的滚动阻力和高的抗湿滑性能，胶料门尼黏度较低，容易加工，耐磨性好，强度也大于一般的丁苯橡胶。

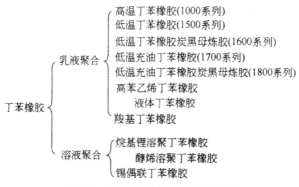

图 10-4 丁苯橡胶的主要系列产品

高反式 1,4-丁苯橡胶(HTSBR)是在二叔醇钡氢氧化物-有机锂催化体系作用下,由苯乙烯(5%~10%)、反式-1,4-结构丁二烯(75%~85%),1,2-结构丁二烯(5%~10%),无规共聚而成,其物理机械性能比普通丁苯橡胶要好得多。

2. 乳聚丁苯橡胶的结构与性能

丁苯橡胶的结构式如下:

$$\underset{\substack{|\\CH=CH_2}}{-\!\!\left(CH_2-CH=CH-CH_2\right)_{\overline{x}}-\!\!\left(CH_2-CH\right)_{\overline{y}}-\!\!\left(CH_2-\underset{\substack{|\\Ph(苯环)}}{CH}\right)_{\overline{z}}-}$$

不同类型苯乙烯-丁二烯共聚物的分子结构有较大的差异,而使丁苯橡胶的性能也产生较大的差异。如表 10-2 所示。

表 10-2　丁苯橡胶的分子结构

丁苯橡胶类型	支化程度	凝胶含量	M_n/万	$\dfrac{M_w}{M_n}$	结合苯乙烯/%	顺式-1,4/%	反式-1,4/%	1,2-结构/%
乳聚高温丁苯橡胶（1000 系列）	大	多	10	7.5	23.4	18.3	65.3	16.3
乳聚低温丁苯橡胶（1500 系列）	中	少	10	4~6	23.5	12.3	71.8	15.8

一般而言,丁苯橡胶的玻璃化温度取决于结合苯乙烯的含量。丁二烯和苯乙烯可以按需要的比例从 100% 的聚丁二烯(顺式、反式的 T_g 都是 -100℃)到 100% 的聚苯乙烯(T_g 为 90℃)。我国丁苯橡胶的品种主要有丁苯-10、丁苯-30 及丁苯-50 橡胶,其中数字代表苯乙烯的质量分数,通常丁苯橡胶的结合苯乙烯含量为 23.5%,其玻璃化温度约为 -60℃。随着苯乙烯含量增大,丁苯橡胶的耐溶剂性能愈好、弹性下降、可塑性提高、耐蚀性更好、硬度增加。

丁苯橡胶的数均相对分子质量约为 10 万,低于这个数值的丁苯橡胶在贮存时容易发生冷流现象,高于这个数值则给加工带来困难。乳聚丁苯橡胶的相对分子质量分布指数为 4~6,略高于溶聚丁苯橡胶($\dfrac{M_w}{M_n}=1.5\sim2.0$)。乳聚丁苯橡胶的支化度较高,这对加工有利。游离基乳液聚合的高聚物一般都含有微凝胶,适量的微凝胶能提高生胶的强度。乳聚丁苯橡胶的单体单元呈无规排列,不能结晶。丁苯橡胶主链上的丁二烯单元大部分是反式-1,4 结构,加之又有苯环,因而体积效应大,分子链柔性小,从而影响硫化胶的物理机械性能,如弹性低、生热高等。

丁苯橡胶的物理性能如表 10-3 所示。

表 10-3 丁苯橡胶(结合苯乙烯 23.5%)的物理性能

性能项目	丁苯梭胶生胶	纯胶硫化胶	填充 50 份炭黑硫化胶
密度(g/cm³)	0.933	0.980	1.150
玻璃化温度/℃	−64～−59	−52	−52
拉伸强度/ MPa	—	1.4～3.0	17～28
400%定伸强度/MPa	—	1.5	15
扯断伸长率/%	—	400～600	400～600

3. 丁苯橡胶的基本特性

与一般通用橡胶相比,丁苯橡胶具有如下优缺点。

(1)优点

①硫化曲线平坦,胶料不易焦烧和过硫。

②耐磨性、耐热性、耐油性和耐老化性等均比天然橡胶好。高温耐磨性好,适用于车胎。

③加工中相对分子质量降到一定程度后就不再降低,因而不易过炼,可塑度均匀。硫化胶硬度变化小。

④丁苯橡胶很容易与其他高不饱和通用橡胶并用,尤其是与天然橡胶或顺丁橡胶并用,经配合调整可以克服丁苯橡胶的缺点。

(2)缺点

①丁苯橡胶纯胶强度低,需加入高活性补强剂后方可使用。在丁苯橡胶中添加配合剂的难度比天然橡胶大,配合剂分散困难。

②反式结构多,侧基上带有苯环,因而滞后损失大,生热高,弹性低,耐寒性也稍差(脆化温度约−45℃)。但充油后会降低生热。

③收缩大,生胶强度低,粘接性差。

④硫化速度慢。

⑤耐屈挠龟裂性比天然橡胶好,但裂纹扩展速度快,热撕裂性能差。

4. 丁苯橡胶的应用

丁苯橡胶是合成橡胶的老产品,品种齐全,加工技术比较成熟,应用广泛。丁苯橡胶大部分用于轮胎工业(胎面胶、胎侧胶),其他产品有汽车零件、工业制品、电线和电缆包皮、胶管、胶带和鞋类等。

10.1.3 聚丁二烯橡胶

1. 聚丁二烯橡胶的主要类型

以 1,3-丁二烯为单体聚合所得的聚合物统称聚丁二烯橡胶(Polybutadiene rubber),主要包括以下类型。

①用碱金属钠等作催化剂本体聚合而得的丁钠橡胶(Sodium-butadiene rubber)。

②以金属锂为催化剂气相聚合所得的丁锂橡胶(Lithium-butadiene rubber)。

③在水介质中乳液聚合所得的乳聚丁二烯橡胶(Emulsion polymerized polybutadiene rubber)。

④采用有机锂在结构调节剂作用下溶液聚合所得的 1,2-丁二烯橡胶(1,2-Butadiene rubber)。

⑤采用钒催化剂溶液聚合所得的反式 1,4-聚丁二烯橡胶(Trans-1,4-polubutadiene rubber)。

⑥顺式-1,4-丁二烯橡胶(简称顺丁橡胶,Cis-1,4-polubutadiene rubber,BR)。

本节着重讨论其中的顺丁橡胶(BR)。

2. 顺丁橡胶的分子结构

顺丁橡胶是 1,3-丁二烯采用齐格勒-纳塔催化剂由溶液聚合而得的聚合物。顺丁橡胶是通用合成橡胶之一,其消耗量仅次于丁苯橡胶而在合成橡胶中居第二位。顺丁橡胶的分子式如下:

$$+CH_2—CH \!=\! CH—CH_2 \frac{}{\ }_n$$

顺丁橡胶所用的催化剂有钛系、钴系、镍系、锂系和稀土化合物等。由于聚合条件不同,聚合物所含的顺式-1,4-结构有高低之别,可分为高顺(顺式-1,4-结构含量大于 92%)和低顺式(顺式-1,4-结构含量=35%~40%)两类。

各类催化体系高顺式-1,4-聚丁二烯橡胶的微观结构如表 10-4 所示。顺式-1,4-聚丁二烯橡胶的种类和性能如表 10-5 所示。

表 10-4　各类催化体系离顺式-1,4-聚丁二烯橡胶的微观结构

催化体系		钴系	镍系	稀土	钛系
微观结构	顺式-1,4/%	96~98	96~98	96~98	90~95
	反式-1,4/%	1~2	1~2	1~2	2~4
	1,2-结构/%	1~2	1~2	1~2	5~6

表 10-5　顺式-1,4-聚丁二烯橡胶的种类和性能

种类	顺式-1,4 链节的含量/%	性能特点
低顺式	32~40	回弹性大于天然橡胶 20%,具有较好的耐磨性,生热少,低温性能好,加工困难,需与天然橡胶混用
中顺式	86~95	弹性超过天然橡胶,滞后性优于丁苯橡胶,耐磨性突出,加工性能差,需与天然橡胶混用
高顺式	96~99	除具有前两者的优点以外,加工性能好,可单独使用

3. 顺丁橡胶的基本特性

由于高顺式丁二烯橡胶(顺式-1,4-结构含量为 96％～98％)分子结构比较规整,主链上无取代基,分子间作用力小,分子长而细,分子中有大量的可发生内旋转的 C—C 单键,使分子十分"柔软",同时分子中还存在许多具有反应活性的 C＝C 双键,这样的碉子结构决定了此种橡胶具有如下特性:

(1)优点

①高弹性高顺式丁二烯橡胶是当前所有橡胶中弹性最高的一种,甚至在很低的温度下(-40℃),分子链段仍能自由运动,所以能在很宽的温度范围内显示高弹性。这种低温下所具有的高弹性及抗硬化能力,使顺丁橡胶与天然橡胶或丁苯橡胶并用时能改善它们的低温性能。

②低温性能好主要表现在玻璃化温度低(为-105℃),而天然橡胶为-73℃,丁苯橡胶为-60℃左右。所以掺用高顺式丁二烯橡胶的轮胎在寒带地区仍可保持较好的使用性能。

③滞后损失及生热小 由于高顺式丁二烯橡胶分子链段运动时所需克服的周围分子链的阻力和作用力小,内摩擦小,当作用于分子的外力去除后,分子能较快地恢复至原状,因此,滞后损失小,生热小。这一性能有利于使用时反复变形、且传热性差的轮胎的使用寿命的延长。

④耐磨性能优异对于需要耐磨的橡胶制品,如轮胎、鞋底、鞋后跟等,这一胶种特别适用。

⑤耐屈挠性能高顺式丁二烯橡胶的耐动态裂口生成性能良好。

⑥填充性好与天然橡胶及丁苯橡胶相比,高顺式丁二烯橡胶可填充更多的操作油和补强填料,有较强的炭黑润湿能力,可使炭黑较好地分散,因而可保持较好的胶料性能,有利于降低制品成本。

混炼时门尼黏度的下降幅度小,能经受较长时间的混炼操作,而对胶料的口型膨胀及压出速度几乎无影响。与其他弹性体的相容性好,能与天然橡胶、丁苯橡胶、氯丁橡胶等互容。与丁腈橡胶相容性不好,但也能以 25％～30％的量与之并用,一般使用时也不会超过此量,否则胶料的耐油性会下降。模内流动性好,用顺丁橡胶制造的制品缺胶情况少。水吸附性小,因此,顺丁橡胶可用于制造电线电缆等需耐水的橡胶制品。

(2)缺点

①拉伸强度与撕裂强度较低高顺式丁二烯橡胶的拉伸强度和撕裂强度均低于天然橡胶及丁苯橡胶,掺用这种橡胶的轮胎胎面,表现都不耐刺,较易刮伤。

②抗湿滑性差高顺式丁二烯橡胶在轮胎胎面中掺用量较高时,在车速高、路面平滑或湿路面上使用时,易造成轮胎打滑,此缺点是一个需要克服的问题。

③用于胎面时,使用至中后期,易出现花纹块崩掉的现象。

④加工性能欠佳一是对温度敏感,温度高时易产生脱辊现象,但当与 NR 或 SBR 并用时顺丁橡胶的并用比例在 50％以下时,则问题不大;二是黏性较差,轮胎胎体中用量若大于 30 份时,需加入增黏剂,否则胎体胶料压延时帘布易出现"露白"现象。

⑤较易冷流。由于高顺式丁二烯橡胶分子间作用力小,分子支化较少以及高分子量部分较少,使得生胶及未硫化的胶料在存放时较易冷流。因此,顺丁橡胶生胶的包装、贮存及半成品的存放等,需对这一问题引起注意。

表 10-6 为顺丁橡胶与天然橡胶、丁苯橡胶硫化胶的物理性能对比。

表 10-6　顺丁橡胶与天然橡胶、丁苯橡胶硫化胶的物理性能对比

	拉伸强度/MPa	扯断伸长率/%	300%定伸应力/MPa	拉伸强度(93.3℃)/MPa	生热/℃	回弹性/%	硬度/邵氏A	断裂时间/min
天然橡胶	28.0	520	12.6	19.6	4.4	72	62	9
丁苯橡胶	23.8	580	9.8	10.5	19.4	62	60	9
顺丁橡胶	17.5	500	8.4	9.8	4.4	75	63	120

4. 顺丁橡胶的用

顺丁橡胶主要用于制造乘用车和卡车轮胎,几乎占顺丁橡胶消耗量的 86% 以上,它可以改善轮胎的耐磨性,延长其寿命。在轮胎中使用时,顺丁橡胶常与天然橡胶及丁苯橡胶并用。另外,顺丁橡胶也可用于制造胶管、胶带、胶鞋及其他橡胶制品。

10.1.4　氯丁橡胶

1. 氯丁橡胶的合成方法与品种

氯丁橡胶(Polyehloroprene rubber,CR)是合成橡胶中最早研究开发的品种之一,是由 2-氯-1,3-丁二烯(CH_2=CCl—CH=CH_2)经过乳液聚合成的聚合物。氯丁橡胶的生产普遍采用以水为介质,松香酸皂为乳化剂,过硫酸钾为引发剂的乳液聚合法。氯丁二烯的性质活泼,很容易发生聚合,采用乳液聚合法时,在室温下即可进行聚合。

氯丁橡胶根据其性能和用途可按图 10-5 分类。

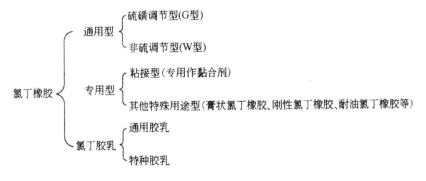

图 10-5　氯丁橡胶的种类

通用型氯丁橡胶根据乳液聚合时所加入的聚合反应终止剂的不同而分为硫磺调节型和非硫调节型两类。其中,硫磺调节型采用硫磺作为聚合反应的相对分子质量调节剂,用二硫化四甲基秋兰姆作为稳定剂,其反应机理如图 10-6 所示。

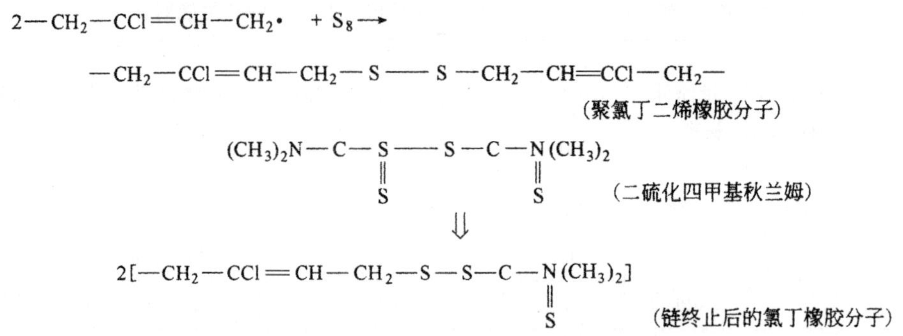

$$2—CH_2—CCl \equiv CH—CH_2 \cdot \ + S_8 \rightarrow$$

$$—CH_2—CCl \equiv CH—CH_2—S—\!\!\!—S—CH_2—CH \equiv CCl—CH_2—$$

（聚氯丁二烯橡胶分子）

$$(CH_3)_2N—C—S—\!\!\!—S—C—N(CH_3)_2$$
$$\overset{\|}{S} \qquad\qquad \overset{\|}{S} \qquad （二硫化四甲基秋兰姆）$$

$$\Downarrow$$

$$2[—CH_2—CCl \equiv CH—CH_2—S—\!\!\!—S—C—N(CH_3)_2]$$
$$\overset{\|}{S} \qquad （链终止后的氯丁橡胶分子）$$

图 10-6　硫磺调节型氯丁橡胶的相对分子质量调节机理

而非硫调节型氯丁橡胶则一般采用硫醇或调节剂作相对分子质量调节剂。国产氯丁橡胶的部分品种及性能如表 10-7 所示。

表 10-7　国产氯丁橡胶的部分品种及性能

类别	牌号	调节剂	结晶速度	分散剂	污染程度	门尼黏度 $ML_{1+4}^{100℃}$
硫磺调节型	CR 1211	硫磺	低	石油磺酸钠	污	20～35
（G 型）	CR 1223	硫磺	低	石油磺酸钠	非污	60～75
氯丁橡胶	CR 1232	硫磺	低	二奈基甲烷磺酸钠	污	45～69
非硫调节型	CR 2322	调节剂丁	中	石油磺酸钠	非污	45～55
（W 型）	CR 2341	调节剂丁	中	二奈基甲烷磺酸钠	非污	35～45
氯丁橡胶	CR 2343	调节剂丁	中	二奈基甲烷磺酸钠	非污	55～65

注：牌号中英文字母及数字的含义：CR—丁橡胶；第一位数字：1—硫磺调节型，2—非硫调节型；第二位数字（表示结晶速度）：1—微，2—低，3—中，4—高；第三位数字（表示分散剂和污染程度）：1—石油磺酸钠（污），2—石油磺酸钠（非污），3—二奈基甲烷磺酸钠（污），4—二奈基甲烷磺酸钠（非污），第四位数字（表示门尼黏度）：按门尼黏度由低向高分档，分别用 1,2,3 表示。

2. 氯丁橡胶结构与基本特性

氯丁橡胶的分子结构如图 10-7 所示。

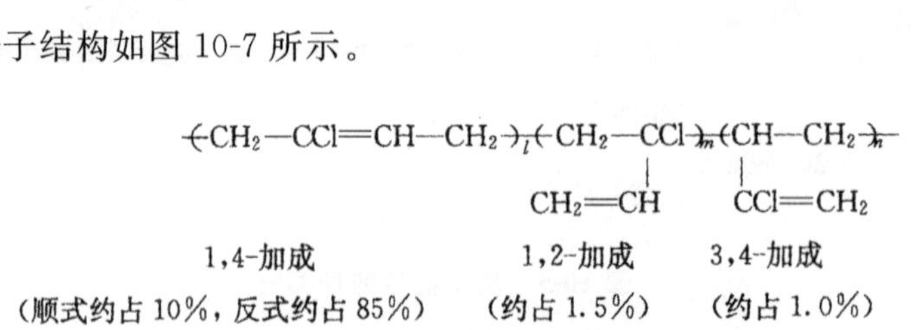

$$\underset{\text{1,4-加成}}{\left(\!\!\! \begin{array}{c} CH_2—CCl \equiv CH—CH_2 \end{array} \!\!\!\right)_{\!\!i}} \underset{\text{1,2-加成}}{\left(\!\!\! \begin{array}{c} CH_2—CCl \\ | \\ CH_2 \equiv CH \end{array} \!\!\!\right)_{\!\!m}} \underset{\text{3,4-加成}}{\left(\!\!\! \begin{array}{c} CH—CH_2 \\ | \\ CCl \equiv CH_2 \end{array} \!\!\!\right)_{\!\!n}}$$

（顺式约占10%，反式约占85%）　（约占1.5%）　（约占1.0%）

图 10-7　氯丁橡胶的分子结构

氯丁橡胶的分子结构决定了此类橡胶具有如下基本特性。

（1）自补强性较强

氯丁橡胶的分子结构中，反式 1,4-结构含量在 85% 以上，这意味着分子呈规则的线性排列，易于结晶，因此，氯丁橡胶的强伸性能与天然橡胶相似，属自补强性橡胶，其生胶就具有很高的强度，其纯胶硫化胶的拉伸强度可达 27.5MPa，扯断伸长率可达 800%。

（2）优良的耐老化性能

氯丁橡胶分子链的双键上连接有氯原子，使得双键和氯原子都趋于稳定而变得不活泼，因此，其硫化胶的稳定性较好，不易受热、氧和光等的作用，表现出优良的耐老化（耐候、耐臭氧及耐热等）性能。氯丁橡胶能在150℃下短期使用，在90℃～110℃下使用4个月。几种常见橡胶的允许使用温度如表10-8所示。

表10-8　几种常见橡胶的允许使用温度

单位：℃

橡胶品种	最高使用允许温度	长期使用允许温度	最低使用允许温度
天然橡胶	130	70～80	−70
丁苯橡胶	140	80～100	−77～−66
丁睛橡胶	170	100～110	−42
丁基橡胶	150	100	−73
氯丁橡胶	160	120～150	−32

（3）优异的耐燃性

氯丁橡胶因含有氯原子，具有接触火焰可以燃烧，而隔断火焰即自行熄灭的性能。这是因为氯丁橡胶燃烧时，在高温作用下，可分解出氯化氢而使火熄灭。

（4）优良的耐油、耐溶剂性能

由于氯丁橡胶中含有极性氯原子，其耐油性仅次于丁腈橡胶，同时还具有很好的耐化学腐蚀性，除强氧化性酸外，其他酸、碱对氯丁橡胶几乎没有影响。

（5）良好的耐水性及耐透气性

氯丁橡胶的耐水性比其他合成橡胶好，如加入耐水性物质，则耐水性更好。其耐透气性仅次于丁基橡胶，比天然橡胶大5～6倍。

（6）良好的粘接性

氯丁橡胶被广泛用作黏合剂，其粘接强度高，适用范围广，耐老化、耐油、耐化学腐蚀，具有弹性，使用简便，一般无需硫化。

（7）电绝缘性能较差

氯丁橡胶因分子中含有极性氯原子，所以电绝缘性能不好，仅适于制造600V以下的低压电线。

（8）耐寒性较差

氯丁橡胶分子由于结构的规整性和有极性，内聚能较大，限制了分子的热运动，特别是在低温下，热运动更加困难，在拉伸变形时易产生结晶而失去弹性，难于恢复原状，甚至发生脆折断裂现象，因此，耐寒性不好。氯丁橡胶的结晶温度范围为−35℃～−32℃，脆折温度为−40℃～−35℃。

（9）贮存稳定性差

由于氯丁橡胶结晶倾向大，其生胶及硫化胶经长期放置后，便会缓慢硬化，出现塑性下降、焦烧时间缩短、硫化速度加快等现象，因此，氯丁橡胶的贮存稳定性差。一般硫磺调节型（G型）氯丁橡胶在30℃下的贮存时间不能超过10个月，但非硫调节型（W型）的贮存时间可3年之久。

（10）相对密度较大

氯丁橡胶的相对密度在 1.15～1.25 之间，一般为 1.23。因此，在制造相同体积的制品时，其用量比一般通用橡胶要大。

3. 氯丁橡胶的应用

氯丁橡胶具有优异的耐热性、耐候性、耐磨性、耐油性、耐燃性等，广泛应用于耐油制品、耐热输送带、耐酸碱胶管、密封制品、汽车飞机部件、电线包皮、电缆护套、印刷胶辊、垫圈（片）、黏合剂等制品。

10.1.5 乙丙橡胶

1. 乙丙橡胶的合成方法及主要品种

乙丙橡胶（Ethylene propylene rubber，EPR）是以乙烯和丙烯为基础单体，采用齐格勒-纳塔催化剂由溶液聚合而成的无规共聚物。根据橡胶分子链中单体单元的组成不同，可分为二元乙丙橡胶（乙烯与丙烯的共聚物，EPM）和三元乙丙橡胶（乙烯、丙烯与少量第三单体的共聚物，EPDM 或 EPT）。乙丙橡胶的详细分类情况如图 10-8 所示。

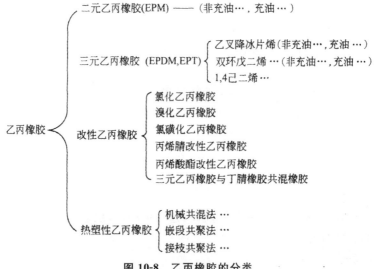

图 10-8　乙丙橡胶的分类

目前，生产乙丙橡胶的国家已有 10 多个，2005 年生产能力已超过 $1×10^6$ t，仅次于丁苯橡胶、顺丁橡胶和异戊橡胶而在合成橡胶中居第 4 位，约占合成橡胶总量的 8%。

三元乙丙橡胶中所添加的少量第三单体必须是非共轭二烯烃，即分子中的两个双键的反应活性必须相差较大，以保证在共聚反应中只有一个双键参加反应，否则容易产生支化或生成凝胶，而剩下的另一个双键则在胶料硫化时参加硫化反应。目前，工业上生产三元乙丙橡胶的第三单体只有以下三种。

①1,4-己二烯（1,4-HD）：$CH_3—CH=CH—CH_2—CH=CH_2$

②双环戊二烯（DCPD）：

③亚乙基降冰片烯（ENB）：

2. 乙丙橡胶的化学结构与基本特性

(1)乙丙橡胶的化学结构

根据所用第三单体的类型，三元乙丙橡胶具有下列三种化学结构。

①1,4-己二烯型三元乙丙橡胶（HD-EPDM）：

$$\left[-(CH_2-CH_2)_x-(\overset{\overset{\displaystyle CH_3}{|}}{CH}-CH_2)_y-(CH_2-\underset{\underset{\displaystyle CH_2-CH=CH-CH_3}{|}}{CH})_z-\right]_n$$

②双环戊二烯型三元乙丙橡胶（DCP-EPDM）：

$$\left[-(CH_2-CH_2)_x-(\overset{\overset{\displaystyle CH_3}{|}}{CH}-CH_2)_y-(CH-CH)_2-\right]_n$$

③亚乙基降冰片烯型三元乙丙橡胶（ENB-EPDM）：

$$\left[-(CH_2-CH_2)-(\overset{\overset{\displaystyle CH_3}{|}}{CH}-CH_2)_y-(CH-CH)_2-\right]_n$$

乙丙橡胶的数均相对分子质量约 5 万～15 万，相对分子质量分布指数为 3～5（大部分为 3），门尼黏度（$ML_{1+4}^{100℃}$）一般在 25～90 的范围内，个别亦有高达 105～110 者（主要用作充油胶）。

(2)乙丙橡胶的基本特性

①乙丙橡胶的相对密度为 0.865，是最轻的一种橡胶，其颜色也最浅（近似白色）。

②耐候性、耐氧老化性能、耐臭氧老化性能优异　乙丙橡胶的主链结构均不含双键（三元乙丙橡胶第三单体所引入的双键位于侧链上），是完全饱和的直链型结构，因此，乙丙橡胶具有突出的耐臭氧性能，同时能在阳光、潮湿、寒冷等严酷的自然环境中使用。如乙丙橡胶在含 $100×10^{-6}$ 臭氧的介质中经 2430h 不发生龟裂，而丁苯橡胶只要 534h 就产生裂口；乙丙橡胶在阳光下曝晒 3 年不发生裂纹，而天然橡胶 150d 就出现大裂口，丁基橡胶 5d 就发生裂口。

③耐热性优异　乙丙橡胶一般可在 120℃ 的环境中长期使用，使用温度上限为 150℃，温度高于 150℃ 时乙丙橡胶即开始缓慢分解。但加入适宜的防老剂可以改善乙丙橡胶的高温使用性能，用过氧化物交联的二元乙丙橡胶则可以在更苛刻的条件下使用。

④冲击弹性和低温性能优良　乙丙橡胶的内聚能低，无庞大侧基阻碍分子链运动，因而能在较宽的温度范围内保持良好的柔性和弹性。乙丙橡胶的弹性较高，在通用橡胶中其弹性仅次于天然橡胶和顺丁橡胶。乙丙橡胶的玻璃化温度与乙烯含量有关，一般随乙烯含量增加（如大于70％时），乙烯链段出现结晶，使玻璃化温度升高，耐寒性下降，加工性能变差。当乙烯含量在20％～40％时，乙丙橡胶的玻璃化温度约为 −60℃，其低温压缩变形、低温弹性等均较好，其最低

使用温度可达－50℃,冷到－57℃才变硬,至－77℃才变脆。由于乙丙橡胶与塑料的相容性较好,因此,常用作塑料耐冲击性能的优良改性剂。

⑤电绝缘性能良好乙丙橡胶具有非常好的电绝缘性能和耐电晕性能,击穿电压和介电常数也较高,特别适用于制造电气绝缘制品。且由于乙丙橡胶的吸水性小,浸水后的电气性能变化也很小,因此,乙丙橡胶适于制造在水下作业的电线电缆等。

⑥对极性化学药品的抗耐性较好 由于乙丙橡胶没有极性,不饱和度又低,因此,对各种极性化学药品如醇、酸(乙酸、盐酸等)、强碱(氢氧化钠)、氧化剂(H_2O_2、$HClO$、过溴酸钠)、洗涤剂、动植物油、酮和某些酯类均有较大的抗耐性,长期接触后性能变化不大,因此,乙丙橡胶可以作为这些化学药品容器的内衬材料。但乙丙橡胶在脂肪族和芳香族溶剂(如汽油、苯、二甲苯等)和矿物油中的稳定性较差。

⑦低密度和高填充特性 乙丙橡胶的密度是所有橡胶中最低的,约为 $0.85\sim0.87g/cm^3$,即同体积的乙丙橡胶的质量比其他橡胶制品的质量低,加之乙丙橡胶可以大量填充油和其他填充剂(可达 200 份),因而可以降低乙丙橡胶的成本,弥补了乙丙橡胶的价格比一般通用橡胶稍高的不足。选用高门尼黏度的乙丙橡胶,经高填充后,可以降低成本,且对物理机械性能也影响不大。

⑧自补强能力差乙丙橡胶是一种无定形的非结晶橡胶,其分子主链上的乙烯与丙烯单体单元呈无规排列,因此,其纯胶硫化胶的强度较低(为 6.8MPa),一般情况必须加入补强剂后才有实用价值。

⑨硫化速度慢乙丙橡胶的主要缺点是硫化速度慢,比一般合成橡胶慢3～4倍,且粘接性差,不易加工。

3. 乙丙橡胶的应用

乙丙橡胶常用于制造汽车零部件、电线电缆、实心或海绵压出制品、建筑防水材料、耐热输送带、蒸汽导管及要求耐化学腐蚀、耐热、耐候和耐低温的特殊制品,另外还用作聚丙烯等塑料的抗冲击改性剂(可用于制造汽车保险杠)等。

10.1.6 其他通用橡胶

1. 异戊橡胶

聚异戊二烯橡胶是异戊二烯单体采用齐格勒—纳塔催化体系或锂催化剂溶液聚合而成,在不同条件下可生成顺式-1,4-聚异戊二烯橡胶及反式-1,4-聚异戊二烯橡胶。

其中,顺式-1,4-聚异戊二烯橡胶(Cis-1,4 polyisoprene rubber)简称异戊橡胶(IR),因其结构和性能与天然橡胶相似,故又称"合成天然橡胶"。

异戊橡胶颜色透明光亮,且比天然橡胶纯净,凝胶含量少、无杂质、质量均一;异戊橡胶加工时不需塑炼,混炼简便;其硫化胶的机械强度高,物理性能均衡性好,为最接近天然橡胶的合成橡胶;其粘接性好,流动性好,加工容易,振动吸收性和电性能好;但加工中易发生降解,硫化速度较慢。

异戊橡胶能基本代替天然橡胶,可用于轮胎、胶带、胶管、鞋类及其他工业制品,尤其适用于制造食品用制品、医药卫生制品及橡胶丝、橡胶筋等日用制品。

2. 丁基橡胶

丁基橡胶是异丁烯与少量异戊二烯的共聚物,其结构式如下:

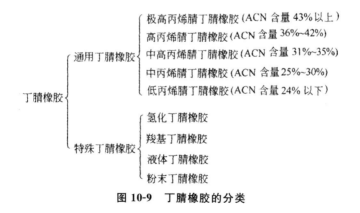

丁基橡胶的不饱和度是很低的,橡胶工业上也常称之为饱和橡胶。另外,丁基橡胶是可以结晶的自补强橡胶。

丁基橡胶和乙丙橡胶一样属于非极性饱和碳链橡胶,因此,它和乙丙橡胶相似,具有这类橡胶的共性,如具有优异的化学稳定性、耐极性油、优异的低温性能和高绝缘性。又因其本身的结构特征,所以导致了其具有某些不同于乙丙橡胶的特性,如在通用胶中丁基橡胶的弹性是最低的,室温下冲击弹性仅为 8%～11%;具有较好的阻尼性(即吸收振动性);在通用橡胶中,丁基橡胶有最好的气密性等。

对丁基橡胶进行了卤化(包括氯化及溴化),可提高丁基橡胶的硫化速度,提高其与不饱和橡胶的相容性,改善自黏性和与其他材料的互黏性。

丁基橡胶和卤化丁基橡胶主要用于轮胎业,特别适用于做内胎、胶囊、气密层、胎侧以及胶管、防水建材、防腐蚀制品、电气制品、耐热运输带等。

10.2　特种橡胶

10.2.1　丁腈橡胶

1. 丁腈橡胶的类型

丁腈橡胶是目前用量最大的一种特种合成橡胶,以丁二烯和丙烯腈为单体经乳液共聚而制得的高分子弹性体。丁腈橡胶的分类如图 10-9 所示。

```
                          ┌ 极高丙烯腈丁腈橡胶(ACN 含量 43% 以上)
                          │ 高丙烯腈丁腈橡胶(ACN 含量 36%~42%)
                通用丁腈橡胶┤ 中高丙烯腈丁腈橡胶(ACN 含量 31%~35%)
                          │ 中丙烯腈丁腈橡胶(ACN 含量 25%~30%)
丁腈橡胶┤                  └ 低丙烯腈丁腈橡胶(ACN 含量 24% 以下)
                          ┌ 氢化丁腈橡胶
                          │ 羧基丁腈橡胶
                特殊丁腈橡胶┤ 液体丁腈橡胶
                          └ 粉末丁腈橡胶
```

图 10-9　丁腈橡胶的分类

2. 丁腈橡胶的结构与性能

丁腈橡胶的分子结构如下:

$$\sim(CH_2-CH=CH-CH_2)_x(CH_2-CH)_y(CH_2-CH)_z\sim$$

丁腈橡胶的相对分子质量一般可由几千至几十万,前者为液体丁腈橡胶,后者为固体丁腈橡胶。通用型丁腈橡胶的门尼黏度一般在 30～130 之间。

丁腈橡胶分子中,丁二烯的加成方式有顺式-1,4-加成、反式-1,4-加成及 1,2-加成三种。顺式-1,4-加成增加时,有利于提高橡胶的弹性,降低玻璃化温度;反式-1,4-加成增加时,拉伸强度提高,热塑性好,但弹性降低;而 1,2-加成增加时,则会导致支化度和交联度提高,凝胶含量增加,使胶料的加工性能和低温性能变差,并降低拉伸性能和弹性。丁腈橡胶的分子结构与性能的关系如表 10-9 所示。

表 10-9　丁腈橡胶的分子结构与性能的关系

共聚物组成	丙烯腈含量	低	强度小	耐油性小	耐寒性好	密度小
		高	强度大	耐油性大	耐寒性差	密度大
相对分子量		低	强度小	加工性能好		
		高	强度大	加工性能差		
橡胶的大分子结构	交联度	低	溶解性大	加工性能好		
		高	溶解性小	加工性能差		
	支化度	低	强度大	定伸应力大	硬度大	
		高	强度小	定伸应力小	硬度小	
丁二烯加成方式	聚合温度	低	反式-1,4-多	顺式-1,4-少	1,2-结构少	综合性能好
		高	反式-1,4-少	顺式-1,4-多	1,2-结构多	综合性能差

另外,丁腈橡胶中丙烯腈含量对性能的影响如表 10-10 所示。图 10-10 进一步表明了丙烯腈(ACN)含量的变化对硬度、弹性、压缩永久变形和脆性温度的影响程度。随着丙烯腈含量增加,加工性能变好,硫化速率加快,耐热性能、耐磨性能、气密性提高,但弹性降低,永久变形增大。不同类型的丁腈橡胶都存在一个丙烯腈含量分布范围,范围若较宽,则硫化胶的物理机械性能和耐油性较差,因此在聚合时设法使其分布范围变窄。通常所说丙烯腈含量是指平均含量。

表 10-10　丙烯蘑含量对丁腑橡胶性能的影响

丙烯腈含量	密度	流动性	硫化速度	定伸应力拉伸强度	硬度	耐磨性	永久变形	耐油性	耐化学药品性	耐热性	与极性聚合物的相容性	弹性	耐寒性	透气性	与增塑剂/操作油的相容性
变化趋势	增大	改善	加快	增大	增大	改善	增大	改善	改善	改善	增大	降低	降低	减小	减小

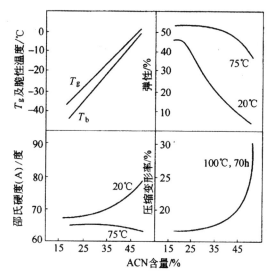

图 10-10　ACN 含量对丁腈橡胶的压缩永久变形、脆性温度、弹性和硬度的影响

　　丁腈橡胶属于非结晶性的极性不饱和橡胶,具有优异的耐非极性油和非极性溶剂的性能,耐油性仅次于聚硫橡胶、氟橡胶和丙烯酸酯橡胶,并随着丙烯腈含量的增加而提高,同时耐寒性却降低,因此应注意两者之间的平衡。根据美国汽车工程师学会(SAE)对橡胶材料的分类(J200/ASTM D2000),将各种橡胶按耐油性和耐热性分为不同的等级,如图 10-11 所示。丁腈橡胶的耐热性不高,仅达 B 级,但耐油性很好,达到了 J 级。图 10-12 是丙烯腈含量与丁腈橡胶在ASTM NO.2 油中的溶胀及 T_g 的关系。

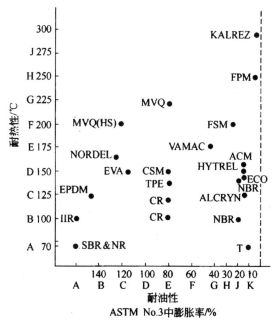

图 10-11　橡胶密封材料的耐热性和耐油性

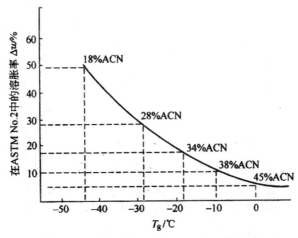

图 10-12　ACN 含量与丁腈橡胶在 ASTM NO. 2 油中的溶胀及 T_g 的关系

丁腈橡胶为非结晶无定形橡胶,生胶强度较低,不能直接使用,必须补强后才有实用价值。提高丙烯腈含量有利于提高强度和耐磨性,但弹性下降。几种橡胶的物理机械性能如表 10-11 所示。

表 10-11　几种橡胶的物理机械性能对比

胶种	拉伸强度/MPa		伸长率/%	
	未加补强剂	加补强剂	未加补强剂	加补强剂
天然橡胶	20～30	25～35	700～800	550～650
丁苯橡胶	3.0～5.0	20～25	500～600	600～700
丁腈橡胶	3.0～4.5	25～30	500～700	500～600
氯丁橡胶	25～30	22～30	800～1000	600～750
丁基橡胶	15～20	10～22	700～850	650～750
聚硫橡胶	0.7～1.0	4～8	400～500	250～450

丁腈橡胶因有极性,其介电性能较差,属于半导体橡胶,不宜用作电绝缘材料。丁腈橡胶的耐酸性也较差,对硝酸、浓硫酸、次氯酸和氢氟酸的抗蚀能力特别差。

3. 丁腈橡胶的应用

丁腈橡胶主要用于制造耐油橡胶制品,如接触油类的胶管、胶辊、密封垫圈、贮槽衬里、飞机油箱衬里以及大型油囊等。利用丁腈橡胶的良好耐热性,也可制造运送热物料(140℃)的输送带。丁腈橡胶与聚氯乙烯并用时,还可制造各种耐燃制品等。

10.2.2　硅橡胶

1. 硅橡胶制备与品种

硅橡胶是指分子主链为—Si—O—无机结构,侧基为有机基团(主要为甲基)。硅橡胶是一种分子链兼具有无机和有机性质的高分子弹性体,这类弹性体按硫化机理可分为有机过氧化物引发自由基交联型(热硫化型)、缩聚反应型(室温硫化型)及加成反应型三大类。

热硫化型硅橡胶是指相对分子质量为 40 万～60 万的硅橡胶。采用有机过氧化物作硫化剂，经加热产生自由基使橡胶交联，从而获得硫化胶，是最早应用的一大类橡胶，品种很多。按化学组成的不同，主要有以下几种：二甲基硅橡胶、甲基乙烯基硅橡胶、甲基乙烯基苯基硅橡胶、甲基乙烯基三氟丙基硅橡胶、亚苯基硅橡胶和亚苯醚硅橡胶等。

室温硫化型(缩合硫化型)硅橡胶相对分子质量较低，通常为黏稠状液体，按其硫化机理和使用工艺性能分为单组分室温硫化硅橡胶和双组分室温硫化硅橡胶。它的分子结构特点是在分子主链的两端含有羟基或乙酰氧基等活性官能团，在一定条件下，这些官能团发生缩合反应，形成交联结构而成为弹性体。

加成硫化型硅橡胶是指官能度为 2 的含乙烯基端基的聚二甲基硅氧烷在铂化合物的催化作用下，与多官能度的含氢硅烷加成反应，从而发生链增长和链交联的一种硅橡胶。生胶一般为液态，聚合度为 1000 以上，通常称液态硅橡胶。例如，采用官能度为 4 的含氢硅烷，液态硅橡胶的链增长过程如下：

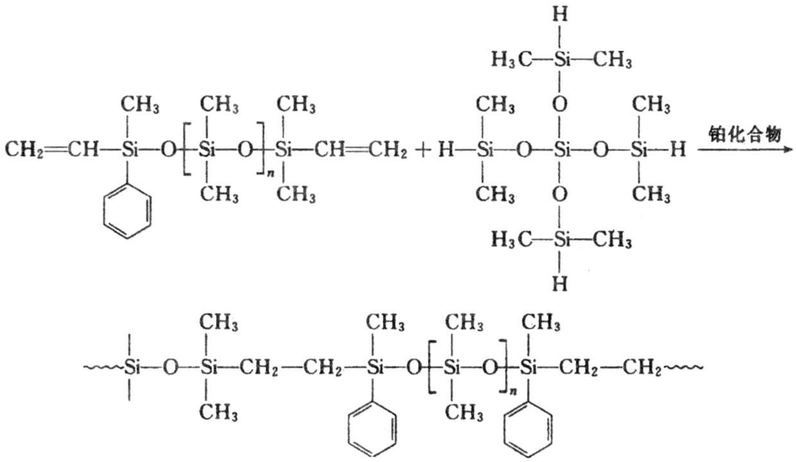

2. 硅橡胶的结构域性能

硅橡胶属于半无机的饱和、杂链、非极性弹性体，典型代表为甲基乙烯基硅橡胶，其结构式如下：

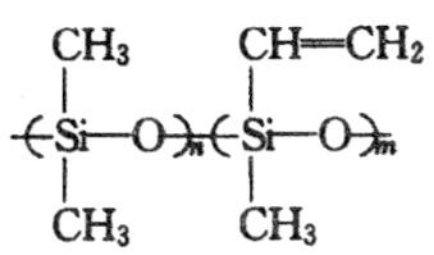

乙烯基单元含量一般为 $0.1\%\sim0.3\%$，起交联点作用。硅橡胶性能特点为耐高低温性能好，使用温度范围 $-100\text{℃}\sim300\text{℃}$，与氟橡胶相当；耐低温性在橡胶材料中是最好的；还具有优良的生物医学性能，可植入人体内；具有特殊的表面性能，表面张力低、约为 2×10^{-2} N/m，对绝大多数材料都不粘，有极好的疏水性；具有适当的透气性，可以做保鲜材料；具有无与伦比的绝缘性能，可做高级绝缘制品；具有优异的耐老化性能，但耐密闭老化特别在有湿气条件下的老化性能不够好，机械强度在橡胶材料中是最差的。

一般硅橡胶用有机过氧化物硫化，因为它本身纯胶拉伸强度只有约 0.3MPa，必须用补强剂。最有效的补强剂是气相法白炭黑，同时需配合结构控制剂及耐热配合剂。常用的耐热配合剂为金属氧化物，一般用 Fe_2O_3；常用的结构控制剂有二苯基硅二醇、硅氮烷等。

3. 硅橡胶的应用

液态硅橡胶主要应用于制造注压制品、压出制品和涂覆制品。压出制品如电线、电缆,涂覆制品是以各种材料为底衬的硅橡胶布或以纺织品增强的薄膜,注压制品为各种模型制品。由于液态硅橡胶的流动性好,强度高,更适宜制作模具和浇注仿古艺术品。因为硫化时没有交联剂等产生的副产物逸出,生胶的纯度很高和生产过程中环境的洁净,液态硅橡胶尤其适合制造要求高的医用制品。

硅橡胶的力学性能较低,室温硫化硅橡胶的机械强度低于高温硫化和加成硫化型硅橡胶。

硅橡胶具有卓越的耐高低温性能、优异的耐候性、电绝缘性能以及特殊的表面性能,广泛应用于宇航工业、电子、电气工业的防震、防潮灌封材料、建筑工业的密封剂、汽车工业的密封件(氟硅胶)以及医疗卫生制品等。

10.2.3 氟橡胶

1. 氟橡胶的种类

氟橡胶是指主链或侧链的碳原子上含有氟原子的一类高分子弹性体,主要分为四大类:①含氟烯烃类氟橡胶;②亚硝基类氟橡胶;③全氟醚类氟橡胶;④氟化磷腈类氟橡胶。其中最常用的一类是含氟烯烃类氟橡胶,是偏氟乙烯与全氟丙烯或再加上四氟乙烯的共聚物,主要品种有:偏氟乙烯(VDF)-六氟丙烯(HFP)共聚物(26 型氟橡胶)、偏氟乙烯(VDF)-四氟乙烯(TFE)-六氟丙烯(HFP)共聚物(246 型氟橡胶)、偏氟乙烯-四氟乙烯-六氟丙烯-可硫化单体共聚物(改进性能的 G 型氟橡胶)、偏氟乙烯-三氟氯乙烯的共聚物(23 型氟橡胶)以及四氟乙烯(TFE)-丙烯(PP)共聚物(四丙氟胶)。26 型氟橡胶用量最大。

2. 氟橡胶的结构与性能

26 型氟橡胶的结构如下:

26-41 型(Viton A):

$$\text{+CH}_2\text{—CF}_2\text{)}_x\text{(CF}_2\text{—CF)}_y$$
$$\overset{|}{\text{CF}_3}$$

246 型(Viton B):

$$\text{+CH}_2\text{—CF}_2\text{)}_x\text{(CF}_2\text{—CF)}_y$$
$$\overset{|}{\text{CF}_3}$$

$$\text{+CH}_2\text{—CF}_2\text{)}_x\text{(CF}_2\text{—CF)}_y\text{(CF}_2\text{—CF}_2\text{)}_z$$
$$\overset{|}{\text{CF}_3}$$

氟橡胶的耐高温性能在橡胶材料中是最高的,在 250℃ 下可长期工作,320℃ 下可短期工作;其耐油性在橡胶材料中也是最好的;耐化学药品性及腐蚀介质性在橡胶材料中还是最好的,可耐王水的腐蚀;它具有阻燃性,属离火自熄型的橡胶;它还有耐高真空性,可达 $1.33\times10^{-7}\sim1.33\times10^{-6}$ Pa 的真空度;但氟橡胶的弹性较差,耐低温性及耐水等极性物质性能不够好。近年来,美国杜邦公司开发的全氟醚橡胶改善了耐低温性能,Viton G 型橡胶改善了耐水性并适于在含醇的燃料中工作。

3. 氟橡胶的应用

氟橡胶的最主要用途是密封制品,因而压缩永久变形、伸长率、热膨胀特性等是重要的性能指标。选择高相对分子质量氟橡胶和双酚硫化体系硫化,硫化胶的耐压缩永久变形性能优异,过氧化物硫化体系的硫化胶在高温下具有良好的耐压缩永久变形特性;压缩永久变形对填料的类型也具有较强的依赖性,常用的填料为热裂法炭黑(MT)、半补强炭黑(SRF)、硅藻土、硫酸钡和粉煤灰等。使用粉煤灰时,硫化胶的拉伸强度和伸长率较低。氟橡胶中的全氟橡胶的热膨胀系数最大。

氟橡胶具有优异的耐高温以及耐化学品性能,但价格昂贵,主要用于珥代航空、导弹、火箭、宇宙航行等尖端科学技术部门,以及其他工业部门的特殊场合下的防护、密封材料以及特种胶管等。

氟橡胶种类繁多,不同牌号的氟橡胶进行共混可以降低胶料的硬度、拉伸强度,提高断裂伸长率,改善氟橡胶的加工性能,如在氟橡胶 2601 中掺混氟橡胶 2605,能使胶料更容易挤出,并且不会影响氟橡胶 2601 的耐热性。氟橡胶/丙烯酸酯橡胶的共混体系一直是一个研究的热点,丙烯酸酯橡胶价格较低,约为氟橡胶的 1/10,两者共混制造的耐油、耐高温、低成本制品在某些场合可以取代氟橡胶。氟橡胶与乙丙橡胶共混,能提高材料的弹性、耐低温性能并且降低成本。氟橡胶中添加丁腈胶则会改善氟橡胶的加工性能,制得低硬度的氟橡胶产品,提高氟橡胶的耐疲劳性能,并在耐热性和耐化学介质性方面处于中间状态。

10.2.4　其他特种橡胶

除上述典型品种外,还有一些特种橡胶。

1. 聚氨酯橡胶

聚氨酯是以多元醇、多异氰酸酯和扩链剂为原料在催化剂作用下经缩聚而成,因其分子中含有氨基甲酸酯(—NH—COO—)基本结构单元,所以称为聚氨基甲酸酯(简称聚氨酯)。根据分子链的刚性、结晶性、交联度及支化度等,聚氨酯可以制成橡胶、塑料、纤维及涂料等,如图 10-13 所示。聚氨酯橡胶(PU)是聚氨基甲酸酯橡胶的简称,由聚酯(或聚醚)二元醇与二异氰酸酯类化合物缩聚而成。通常,聚氨酯橡胶分为浇铸型(CPU)、混炼型(MPU)和热塑性(TPU)三类。CPU 又派生出具有泡孔结构的橡胶,称为微孔 PU。

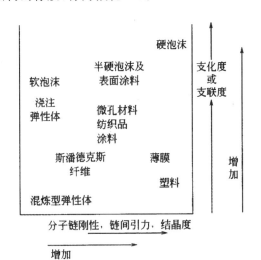

图 10-13　聚氨酯的结构与性能的关系

浇注型聚氨酯橡胶(CPU)的生产方法有两步法和一步法。前者最常用,后者即反应注射成型法(RIM)。浇注型聚氨酯橡胶的基本工艺按以下步骤进行。采用二胺类或二醇类扩链剂。

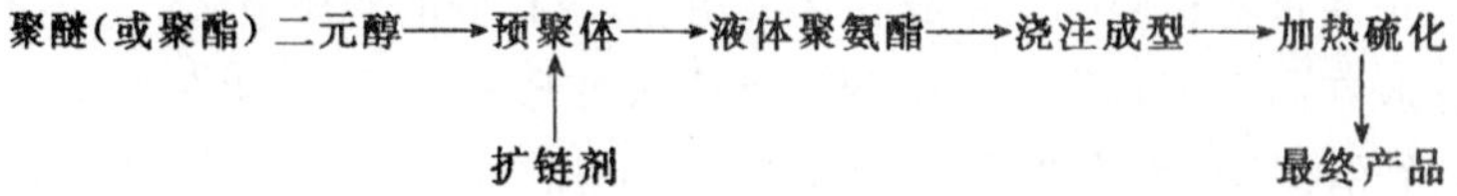

聚醚(或聚酯)二元醇 ——→ 预聚体 ——→ 液体聚氨酯 ——→ 浇注成型 ——→ 加热硫化

扩链剂   最终产品

混炼型聚氨酯橡胶采用原料与浇注型聚氨酯橡胶相同,它是一种相对分子质量较低的聚合物,大约在 2 万～3 万之间,分子链是直链,支链很少,不能加入扩链剂形成三维空间结构。在分子链中带有双键的 MPU 可用硫黄硫化,若分子链中不含双键的 MPU 可用过氧化物硫化,不含双键但分子链端基为羟基的 MPU 可用异氰酸酯硫化。

聚氨酯橡胶通过改变原料的组成和相对分子质量以及原料配比来调节橡胶的弹性、耐寒性、模量、硬度和拉伸、撕裂强度等力学性能。该橡胶最大的优点是具有优异的耐磨性、拉伸强度和撕裂强度。耐磨性约为 NR 的 3～5 倍,在静态拉伸条件下,最高拉伸强度可达 80MPa。硬度变化范围为任何其他橡胶所不及,可从邵氏硬度(A)10 度变到邵氏硬度(D)80 度,在高硬度下仍具有良好的弹性和伸长率,这使得它比其他橡胶有更高的承载能力,如用它做实芯轮胎,在相同规格情况下,PU 轮胎的承载能力为 NR 轮胎的 7 倍。PU 是耐辐射性能最好的橡胶。另外,还具有优异的耐油、耐氧和臭氧性能,但耐热性差,滞后损失大,生热量高,导致动态疲劳强度低,这就是 PU 制品在多次弯曲和高速滚动条件下,经常出现损坏的原因。即使在静态条件下,对绝大多数 PU 来说,其最高使用温度也不能超过 80℃,因为在 70℃～80℃温度时,其撕裂强度仅为室温时的 50%,在 110℃温度时,撕裂强度会下降到室温时的 20%,拉伸强度和耐磨耗性具有同样的变化规律。在高温下 PU 性能迅速下降,除与物理键的削弱有关外,也与分子主链中酯键和醚键的氧化断裂有关。PU 不耐酸碱,耐水解性能差。故主要用于高强度、高耐磨和耐油制品,如胶辊、胶带、耐辐射制品等。

2. 氯化聚乙烯

氯化聚乙烯(chlorinated polyethylene,CPE)是聚乙烯通过氯取代反应而制备的一种高分子材料。主要的生产方法有溶液法、气相法以及水相悬浮法三种,氯化的温度不同(高于或低于聚乙烯的熔点),将得到不同构型的嵌段氯化聚乙烯。

①在聚乙烯熔点以上温度进行溶液或水相悬浮氯化,则氯在聚乙烯分子中呈无规分布:

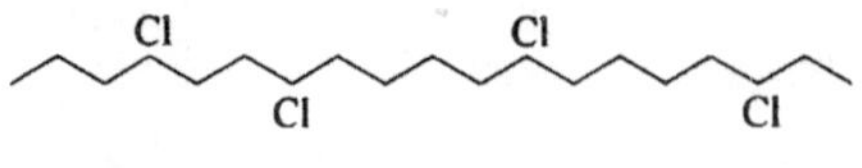

②在聚乙烯熔点以下水相悬浮氯化,氯在聚乙烯分子中分布如下:

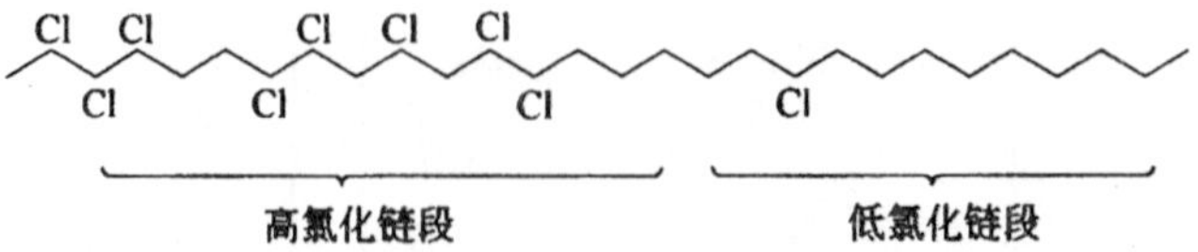

③先在聚乙烯熔点以下水相悬浮氯化,然后在熔点以下氯化,氯在聚乙烯分子中分布如下:

高氯化链段　　　　　　　　　低氯化链段

④先在聚乙烯熔点以上溶液氯化,再在熔点以下氯化,氯在聚乙烯分子中的分布为:

高氯化链段　　　　少量未氯化　　　　高氯化链段
　　　　　　　　　结晶链段

因此,氯化聚乙烯可根据氯化工艺的不同,通过改变反应条件下来控制氯的分布,尽管氯含量相同,但会得到非结晶性的橡胶状弹性体及适度结晶的不同性能的氯化聚乙烯。

氯化聚乙烯的性能决定于原料聚乙烯的品种、氯含量及其分布状态。在聚乙烯分子链中引入氯原子,破坏了分子排列的规整性,影响了聚乙烯的结晶程度。一般地,氯含量低于15%为塑料,在16%～24%时为热塑性弹性体,在25%～48%时为橡胶状弹性体,在49%～58%时为皮革状的半弹性硬聚合物,在73%时为脆性树脂。氯化聚乙烯橡胶中氯原子的存在使它具有较好的耐油性、阻燃性,可以用非硫黄硫化体系硫化,饱和主链使它具有良好的耐热老化和耐臭氧老化性能。一般随着氯含量增加,氯化聚乙烯橡胶的耐油、耐透气性、阻燃性能改善,而耐寒性、弹性、抗压弯曲性能降低。主要应用于电缆护套、耐热输送带、胶辊、耐油胶管、建筑防水材料等。

3. 氯磺化聚乙烯

氯磺化聚乙烯(chlorosufonted polyethylene,CSM)是聚乙烯经氯化及磺化的产物。一般氯含量在27%～45%,最佳含量为37%,此时弹性体弹性最好。硫含量为1%～5%,一般含量在1.5%以下,以亚磺酰氯形式存在于分子中,提供化学交联点。典型的结构式如下:

$$\text{⦗CH}_2\text{—CH}_2\text{—CH}_2\text{—CH}_2\text{—CH}_2\text{—CH}_2\text{—CH⦘}_{12}\text{CH⦘}_n$$
$$\qquad\qquad\qquad\qquad\qquad\qquad\text{Cl}\quad\text{SO}_2\text{Cl}$$

氯磺化聚乙烯与氯化聚乙烯一样,性能主要受原料聚乙烯的品种、氯含量及其分布状态和硫含量的影响。由于大分子主链高度饱和,氯磺化聚乙烯具有优良的耐热老化、耐臭氧老化、耐油和阻燃性能,但分子极性大,低温性能较差,价格较高。氯磺化聚乙烯主要用于轮胎的胎侧、胶带、胶辊、胶管、电绝缘制品、胶布制品和建筑材料等。

4. 氯醚橡胶

氯醚橡胶又称氯醇橡胶,系指侧基上含有氯原子、主链上含有醚键的饱和极性杂链高分子弹性体,氯醚橡胶(epichlorohrdrin rubber,CO,ECO)是由环氧氯丙烷均聚或环氧氯丙烷与环氧乙烷共聚的高分子弹性体,前者为均聚氯醚橡胶(CO),后者为共聚氯醚橡胶(ECO)。其结构式如下:

CO 的结构式:

$$\text{⦅CH}_2\text{—CH—O⦆}_n$$
$$\qquad\qquad\text{|}$$
$$\qquad\quad\text{CH}_2\text{Cl}$$

ECO 的结构式：

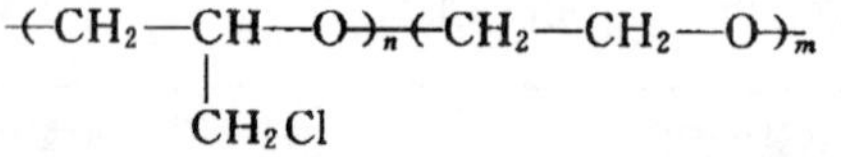

$$\text{+CH}_2\text{—CH—O+}_n\text{+CH}_2\text{—CH}_2\text{—O+}_m$$
$$|$$
$$\text{CH}_2\text{Cl}$$

氯醚橡胶的分子主链上含有醚键 +C—C—O+_n，使之具有良好的耐低温性、耐热老化性和耐臭氧性，侧基含极性的氯甲基，使之具有优良的耐燃性、耐油性和耐气透性，具有良好耐油性和耐寒性的平衡，特别耐制冷剂氟利昂。氯醚橡胶的耐热性能大致上与氯磺化聚乙烯相当，介于丙烯酸酯与中高丙烯腈含量的丁腈橡胶之间，热老化变软，但耐压缩永久变形性较大，可用三嗪类交联或者通过二段硫化改进，黏着性与氯丁橡胶相当。共聚氯醚橡胶由于是与环氧乙烷共聚，醚键的数量约为氯甲基的两倍，因此具有更好的低温性能。氯醚橡胶可用作汽车飞机等垫圈、密封圈，也可用于印刷胶辊、耐油胶管等。

5. 聚硫橡胶

聚硫橡胶是分子主链中含有硫原子的一种杂链极性橡胶，它是以二氯化物和碱金属的多硫化物缩聚而制得。品种包括固态橡胶、液态橡胶和胶乳三种，其中以液态橡胶产量最大。其典型的结构如下：

$$\text{HS+}(CH_2)_2\text{—O—CH}_2\text{—O—}(CH_2)_2\text{—S}_2\text{+}_n(CH_2)_2\text{—O—CH}_2\text{—O+CH}_2\text{+}_2\text{SH}$$

由于饱和分子主链上含有硫原子，聚硫橡胶具有良好的耐油、耐非极性溶剂和耐老化性。聚硫橡胶具有低气透性、良好的低温屈挠性和对其他材料的粘接性，但聚硫橡胶的耐热性差，压缩永久变形较大，使用温度范围窄。聚硫橡胶主要用用密封材料和防腐蚀涂层等。液态聚硫橡胶还可作固体火箭推进剂的胶黏剂（固体火箭推进剂是为火箭提供高速向前运动能源的高能固态推进剂，它是用胶黏剂将氧化剂和金属燃料等固体颗粒结合形成的）。

10.3　热塑性弹性体

10.3.1　概述

热塑性弹性体（Therrnoplastic elastomer，TPE）是指"在常温下显示橡胶弹性，高温下又能塑化成型的材料"。顾名思义，这类聚合物兼有塑料和橡胶的双重特点，既有类似于硫化橡胶的物理机械性能，又具有类似于热塑性弹性体的加工性能。

1. 热塑性弹性体的分类

（1）按交联性质的不同进行分类

按交联性质对热塑性弹性体的分类如图 10-14 所示。

（2）按高分子的结构特点进行分类

按结构特点对热塑性弹性体的分类如图 10-15 所示。

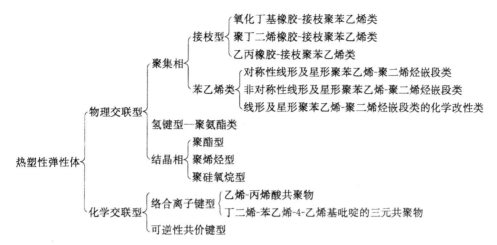

图 10-14　按交联性质对热塑性弹性体的分类

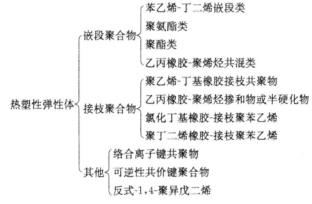

图 10-15　按结构特点对热塑性弹性体的分类

(3)按构成硬段的组分进行分类

热塑性弹性体按硬段组分的分类如表 10-12 所示。

表 10-12　热塑性弹性体按硬段组分的分类

类别	约束型式	硬段成分	软段成分
聚苯乙烯类	玻璃化微区	聚苯乙烯	聚丁二烯或聚异戊二烯
聚烯烃类	结晶微区	聚丙烯或聚乙烯	天然橡胶或三元乙丙橡胶、交联或不交联的丁腈橡胶
聚氨酯类	氢键及结晶微区	异氰酸酯扩链剂	聚酯或聚醚
聚酯类	结晶微区	聚酯	聚酯或聚醚
聚硅氧烷类	结晶微区	聚烯烃、聚芳醚、聚芳酯、聚碳酸酯	聚硅氧烷

2. 热塑性弹性体的结构特点

(1)交联形式

热塑性弹性体和硫化橡胶相似,大分子链间也存在"交联"结构。这种"交联"可以是化学"交联"或是物理"交联",其中以后者为主要交联形式。但这些"交联"均有可逆性,即温度升高时,"交联"消失,而当冷却到室温时,这些"交联"又都起到与硫化橡胶交联键相类似的作用。图10-16是苯乙烯和丁二烯热塑性三嵌段共聚物结构示意图。

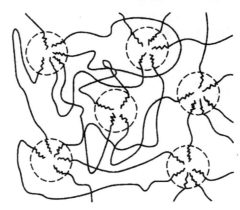

图 10-16 苯乙烯-丁二烯热塑性三嵌段共聚物的结构

(2)硬段和软段

热塑性弹性体高分子链的突出特点是它同时串联或接枝化学结构不同的硬段和软段。硬段要求链段间作用力足以形成物理"交联"或"缔合",或具有在较高温度下能离解的化学键;软段则是柔性较大的高弹性链段;而且硬段不能过长,软段不能过短,硬段和软段应有适当的排列顺序和连接方式。

(3)微相分离结构

热塑性弹性体从熔融态转变成固态时,硬链段凝聚成不连续相,形成物理交联区域,分散在周围大量的橡胶弹性链段之中,从而形成微相分离结构,如图10-16所示。

3. 热塑性弹性体的性能特点

(1)热塑性弹性体的基本性能

由于热塑性弹性体高分子链的结构特点及交联状态的可逆性,热塑性弹性体一方面在常温时显示出硫化橡胶的弹性、强度和形变特性,如表10-13所示;另一方面,在高温下硬段会软化或融化,在加压下呈塑性流动,从而呈现出热塑性塑料的加工特性。

表 10-13 各类热塑性弹性体的基本性能

种类	邵氏硬度	相对密度	拉伸强度/MPa	扯断伸长率/%	使用温度范围/℃
聚苯乙烯类	45A～53D	0.91～1.14	6～20	200～500	−50～+100
聚烯烃类	60A～60D	0.89～1.25	5～20	200～500	−40～+125
聚氨酯类	70A～75D	1.10～1.34	20～25	200～700	−57～+130
聚酯类	35A～72D	1.13～1.39	25～40	350～450	−50～+150
聚酰胺类	60A～70D	1.01～1.14	27.1	320	−40～+80

（2）加工性能

①可用标准的热塑性塑料加工设备和工艺进行加工成型，如热塑性弹性体可采用注射、吹塑等工艺成型，比硫化橡胶常用的压缩、传递成型工艺速度快、周期短；且在挤出成型中，热塑性弹性体的挤出速度也比传统橡胶快。热塑性弹性体还可以使用真空成型、吹塑成型等传统橡胶所不能使用的方法成型，还可以用作热融黏合剂。

②不需硫化，可省去一般橡胶加工中的硫化工序，因而设备投资少、能耗低、工艺简单、加工周期短、生产效率高。

③边角料可多次回收利用，且基本不影响制品物性，既节省资源，也有利于环境保护。传统橡胶在硫化过程中均形成热固性交联结构，重新加热到原来成型温度时不能再次软化或熔融，固废品、主流道胶和分流道胶都不能再次加工利用。相反，热塑性弹性体加热到成型温度时则可再次软化，废品和边角料都可以重新成型加工。

（3）长期变形性

由于硬段在高温下易软化或融化，致使制品的使用最高温度受到一定限制，且机械强度较低，而长期变形比天然橡胶约大 1 倍。

10.3.2　苯乙烯类热塑性弹性体

苯乙烯类嵌段共聚型热塑性弹性体的结构为 S-D-S。S 是聚苯乙烯或聚苯乙烯衍生物的硬段；D 为聚二烯烃或氢化聚二烯烃的软段，主要有聚丁二烯、聚异戊二烯或氢化聚丁二烯烃。这种结构与无规共聚物 SBR 完全不同，它是一个相分离体系，在图 10-17 中的相态结构中，聚苯乙烯相为分离的球形区域（相畴），每个聚二烯烃分子链的两端被聚苯乙烯链段封端，硬的聚苯乙烯相畴作为多功能连接点形成了交联的网络结构，但此结构属物理交联，不稳定。室温下，此类嵌段共聚物具有硫化橡胶的许多性能，但受热后，聚苯乙烯相畴软化，交联网络的强度下降，最终嵌段共聚物可以流动，再冷却，聚苯乙烯相畴又重新变硬，原有的性能恢复。三种常见苯乙烯类热塑性弹性体的化学结构见图 10-18。

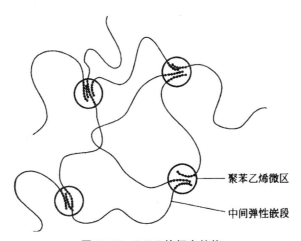

图 10-17　S-D-S 的相态结构

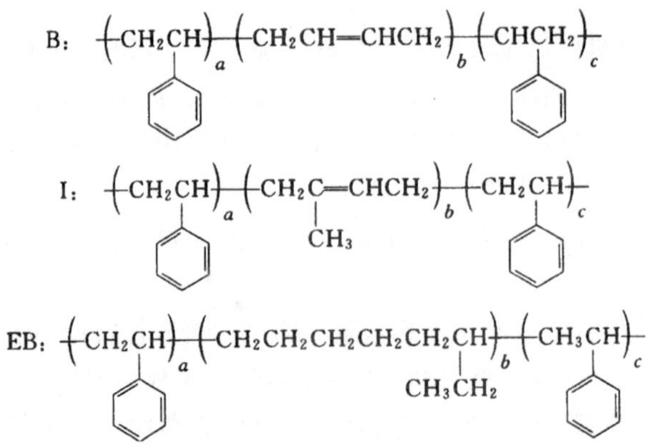

图 10-18　三种常见苯乙烯类热塑性弹性体的化学结构

$(a,c=50\sim80,b=20\sim100)$

SBS 是苯乙烯和丁二烯的嵌段共聚型热塑性弹性体。SBS 的性能依赖于苯乙烯与二烯烃的比例、单体的化学结构和序列分布,低苯乙烯含量的热塑性弹性体比较柔软、拉伸强度低,随着苯乙烯含量的增加,材料的硬度增加,最终变成一种类似于冲击改性的聚苯乙烯材料。SBS 的某些物理化学性能与 SBR 类似,由于本身的自增强性,配合加工时不需要增强剂和硫化剂。SBS 中的二烯烃上存在的双键易氧化降解,而氢化 SBS 即 SEBS 具有较强的耐热氧化性能。

SEBS 是由 SBS 在一定的温度和压力下进行加氢反应制得。由于 SEBS 主链上无不饱和双键,与 SBS 相比,它的耐热性、抗氧和臭氧、耐紫外线照射的能力有很大提高,同时耐磨性和柔韧性也得到改善。SEBS 产品具有常温下橡胶的高弹性,又具有非氢化产品的热塑性,高温下表现出填料的流动性,可以直接加工成型,广泛用于生产高档弹性体、塑料改性、胶黏剂、润滑油、增黏剂、电线电缆的填充料和护套料等。

苯乙烯类热塑性弹性体的模量与单位体积内聚二烯烃软段的数量以及长度有关,长度越长,模量越低。它具有较宽的使用温度范围:$-70℃\sim100℃$,耐水和其他极性溶剂,邵氏硬度为 A20～D60,但不耐油和其他非极性溶剂。温度高于 70℃时,压缩永久变形明显增大。

苯乙烯-丁二烯-苯乙烯嵌段共聚物(SBS)具有拉伸强度高、弹性好、摩擦系数大、低温韧性好、电性能优良、易于加工、良好的电绝缘性和高透气性等优点,是目前苯乙烯类热塑性弹性体中产量最大、成本最低、应用最广泛的一种产品,被誉为"第三代合成橡胶",主要用于橡胶制品、塑料改性剂、胶黏剂和沥青改性四大领域。作为塑料改性剂,分别与聚丙烯、聚苯乙烯、聚乙烯等共混,可明显改善制品的低温性能和冲击强度,改性材料主要用于汽车方向盘和保险杠、家电外壳、密封件等制品。但 SBS 耐油性和耐老化性较差。

10.3.3　聚氨酯类热塑性弹性体(TPU)

热塑性聚氨酯通常由二异氰酸酯和聚醚或聚酯多元醇以及低相对分子质量二元醇类扩链剂反应而得。聚醚或聚酯链段为软段,而氨基甲酸酯链段为硬段。其结构如图 10-19 所示。

热塑性聚氨酯的性能主要由所使用的单体、硬段与软段的比例、硬段和软段的长度及其长度分布、硬段的结晶性以及共聚物的形态等因素决定。硬段可以形成分子内或分子间氢键,提高其结晶性,对弹性体的硬度、模量、撕裂强度等力学性能具有直接的影响,软段决定弹性体的弹性和低温性能。热塑性聚氨酯具有优异的力学性能,根据其化学结构和硬度不同,拉伸强度从 25～70MPa,具有优异的耐磨性、抗撕裂性和耐非极性溶剂性能,使用温度大多在-40～80℃,短期使用温度可达 120℃。聚酯型聚氨酯的拉伸和撕裂强度、耐磨性和耐非极性溶剂性优于聚醚型聚氨酯,而聚醚型聚氨酯具有更好的弹性、低温性能、热稳定性、耐水性和耐微生物降解性。

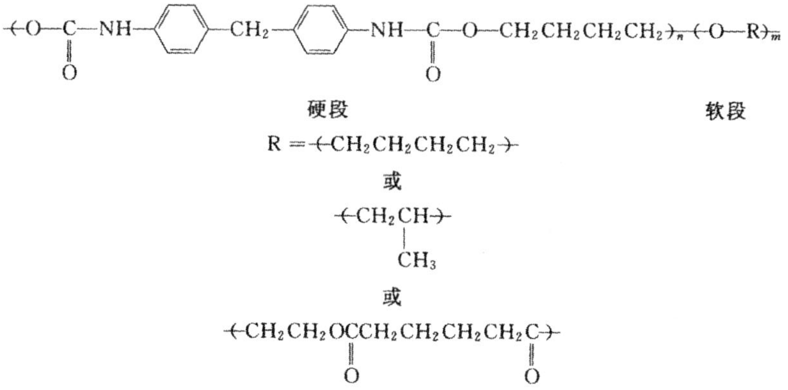

硬段　　　　　　　　　　　　　软段

$$R = \text{—}(CH_2CH_2CH_2CH_2)\text{—}$$

或

$$\text{—}(CH_2CH)\text{—} \quad CH_3$$

或

$$\text{—}(CH_2CH_2OCCH_2CH_2CH_2CH_2C)\text{—}$$

图 10-19　TPU 的一般结构($n=30\sim120, m=8\sim50$)

热塑性聚氨酯弹性体根据它的卓越性能,作为工业材料获得了广泛的应用。例如,利用其耐磨耗性的特点,聚氨酯弹性体在制鞋工业上可用作大底、后跟,尤其供制作高级运动鞋、工作鞋等;在运输工业上,可作为传动带、运输带等。利用其耐油性的特点,可用于制作印刷胶辊、油封、擦油圈和阀座等,也可用作制造各种密封圈。又因为聚氨酯橡胶兼有高硬度和高弹性的特点,故可以作为金属板材压力加工的万能阴模材料。此外,聚氨酯还可用作自润滑性及电气工业的绝缘材料等。

10.3.4　聚酯类热塑性弹性体

聚酯型热塑弹性体是二元羧酸及其衍生物、长链二醇及低相对分子质量二醇混畬物通过熔融酯交换反应制得。其中常用的单体为对苯二甲酸、间苯二甲酸、1,4-丁二醇、聚环氧丁烷二醇等,图 10-20 是一种商业化的聚酯型热塑性弹性体的化学结构。

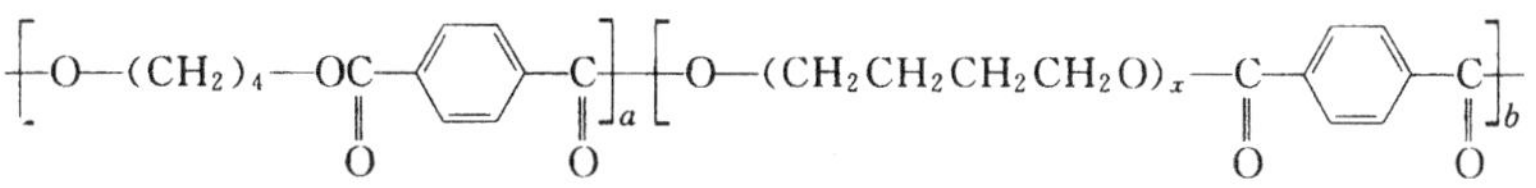

图 10-20　聚酯类热塑性弹性体的化学结构

($a, b=16\sim40, x=10\sim50$)

聚酯类热塑性弹性体的硬段是由对苯二甲酸与 1,4-丁二醇缩合生成,软段是由对苯二甲酸与聚丁二醇醚缩合而成。硬段的熔点约 200℃,软段的 T_g 约-50℃。

聚酯类热塑性弹性体的邵氏硬度(D)通常在 40～63 范围内,使用温度为-40℃～150℃,抗冲击性能和弹性较好,优异的耐弯曲疲劳性,不易蠕变,良好的耐极性有机溶剂及烃类溶剂的能力。但不耐酸、碱,易水解。

聚酯类热塑性弹性体价格较高,主要用于要求硬度较高、弹性好的制品,如液压软管、小型浇注轮胎、传动带等。

10.3.5 聚酰胺类热塑性弹性体

聚酰胺类热塑性弹性体是最新发展起来的、性能最好的一类弹性体,硬段是聚酰胺,软段是脂肪族聚酯或聚醚,硬段和软段之间以酰胺键连接,典型的化学结构如图 10-21 所示。

聚酰胺类热塑性弹性体的性能决定于软、硬段的化学组成、相对分子质量和软/硬段的质量比。硬段的相对分子质量越低,硬段的结晶度越大,熔点越高,耐化学品性越好。软段在聚酰胺类热塑性弹性体中所占比例较高,其化学结构和组成对热氧稳定性和 T_g 影响很大。酰胺键比酯键和氨基酯键有更好的耐化学品性能,因此,聚酰胺类热塑性弹性体比热塑性聚氨酯和聚酯型热塑性弹性体具有更好的热稳定性和耐化学品腐蚀性能,但价格也较高。

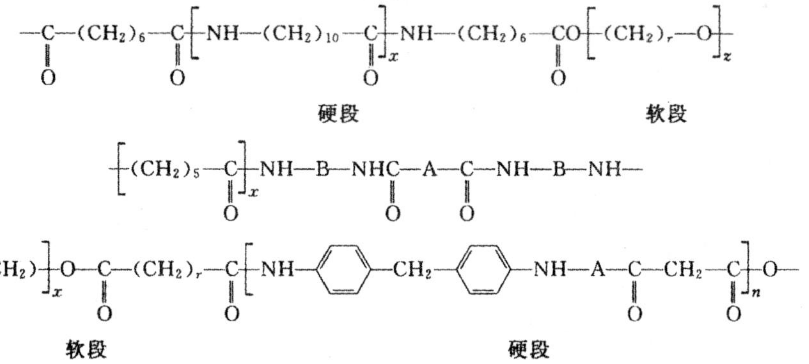

A:$C_{19} \sim C_{21}$ 的二元羧酸;

B: $-(CH_2)_3-O\left[(CH_2)_4-O\right]_h\left(CH_2\right)_3$

图 10-21 聚酰胺类热塑性弹性体的典型的化学结构

聚酰胺类热塑性弹性体的邵氏硬度范围为 A60～D65,使用温度范围为 $-40℃\sim170℃$,具有良好的耐油性能、耐磨性、耐老化性和抗撕裂性。耐磨性可与相同硬度的热塑性聚氨酯相媲美;当温度高于 135℃时,其力学性能和化学稳定性可与硅橡胶和氟橡胶媲美。加工温度较高(220℃～290℃),加工前须在 80℃～110℃下干燥 4～6h。主要用于耐热、耐化学品条件下的软管、密封圈及保护性材料等。

第 11 章　合成纤维

11.1　通用合成纤维

11.1.1　聚酰胺

聚酰胺是脂肪族和半芳香聚酰胺(PA,又称尼龙)经熔融纺丝制成的合成纤维。脂肪族聚酰胺 4、聚酰胺 46、聚酰胺 6、聚酰胺 66、聚酰胺 7、聚酰胺 9、聚酰胺 10、聚酰胺 11、聚酰胺 610、聚酰胺 612、聚酰胺 1010 等和半芳香聚酰胺 6T、半芳香聚酰胺 9T 等都可以纺丝制成纤维,其中聚酰胺 66 和聚酰胺 6 是最重要的两种聚酰胺前驱体。聚酰胺和蚕丝(主要成分是氨基酸,也含酰胺基团)的结构相似,其特点是耐磨性好,有吸水性(图 11-1)。聚酰胺是制作运动服和休闲服的好材料。聚酰胺的主要工业用途是轮胎帘子线、降落伞、绳索、渔网和工业滤布。

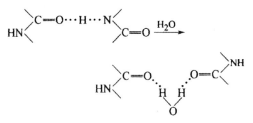

图 11-1　聚酰胺的吸水机理

1. 聚酰胺 66

聚酰胺 66 制备时,其相对分子质量控制在 20000~30000,纺丝温度控制在:280℃~290℃(聚酰胺 66 的熔点为 255℃~265℃)。聚酰胺 66 的性能见表 11-1。用 FTIR 二向色性比可测定聚酰胺 66 的拉伸比和链取向的关系(图 11-2)。

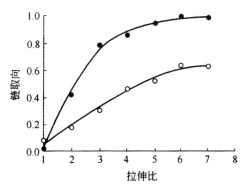

图 11-2　聚酰胺 66 拉伸比和链取向的关系

表 11-1 聚酰胺 66 的性能

性能		普通型	高强型	性能		普通型	高强型
断裂强度/(cN/dtex)	干	4.9～5.7	5.7～7.7	回弹率(伸长 3％时)/％		95～100	98～100
	湿	4.0～5.3	4.9～6.9	弹性模量/(GN/m²)		2.30～3.11	3.66～4.38
干湿强度比/％		90～95	85～90				
伸长率/％	干	26～40	16～24	吸湿性/％	湿度 65％时	3.4～3.8	3.4～3.8
	湿	30～52	21～28		湿度 95％时	5.8～6.1	5.8～6.1

注:1cN/dtex＝91MPa。

2. 聚酰胺 6

聚酰胺 6 制备时,其相对分子质量控制在 14000～20000,纺丝温度控制在 260℃～280℃(聚酰胺 6 的熔点为 215℃)。聚酰胺 6 的性能见表 11-2。通过原位宽角 X 散射研究发现,聚酰胺 6 纺丝过程的结晶指数、喷丝头距离和纺丝速率之间的关系见图 11-3,表明在刚出喷丝头时,聚酰胺 6 不结晶;结晶指数在一定喷丝头距离时突然增加且随纺丝速率提高而减小。

表 11-2 聚酰胺 6 的性能

性能		普通型	高强型
断裂强度/(cN/dtex)	干	4.4～5.7	5.7～7.7
	湿	3.7～5.2	5.2～6.5
干湿强度比/％		84～92	84～92
湿伸长率/％	干	28～42	16～25
	湿	36～52	20～30
回弹率(伸长 3％时)/％		98～100	98～100
弹性模量/(GN/m²)		1.96～4.41	2.75～5.00
吸湿性/％	湿度 65％时	3.5～5.0	3.5～5.0
	湿度 95％时	8.0～9.0	8.0～9.0

注:1cN/dtex＝91MPa。

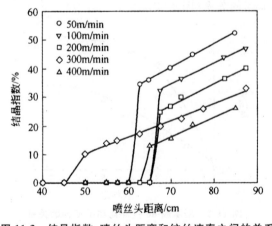

图 11-3 结晶指数、喷丝头距离和纺丝速率之间的关系

3. PA 6T 和 PA 9T 纤维

半芳香聚酰胺 PA 6T 和 PA 9T 的结构分别为：

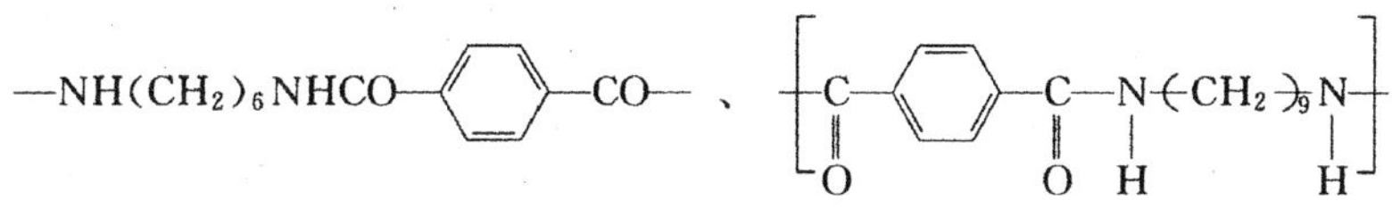

$$-NH(CH_2)_6NHCO-\!\!\bigcirc\!\!-CO- 、\left[\begin{array}{c}C\\ \|\\ O\end{array}-\!\!\bigcirc\!\!-\begin{array}{c}C\\ \|\\ O\end{array}-\begin{array}{c}N\\ |\\ H\end{array}-(CH_2)_9-\begin{array}{c}N\\ |\\ H\end{array}\right]_n$$

式中，6 和 9 代表二元胺中的碳原子数；T 代表对苯二酸。

PA 6T 经熔体纺丝制成的纤维的强度为 55cN/tex，伸长率为 12%，耐热温度为 300℃。PA 9T 纤维的力学性能与纺丝速率的关系见表 11-3。

表 11-3　PA 9T 纤维的力学性能与纺丝速率的关系

纺丝速率/（m/min）	双折射/×1000	密度/（g/cm³）	拉伸强度/MPa	杨氏模量/GPa	断裂伸长率/%
100	32.8	1.1334	87	2.17	335
200	32.9	1.1341	99	2.19	292
500	36.1	1.1350	116	2.27	161
1000	63.1	1.1366	168	2.40	91
2000	74.7	1.1395	203	2.89	77

4. 氢化芳香尼龙纤维

氢化芳香尼龙的合成路线是：

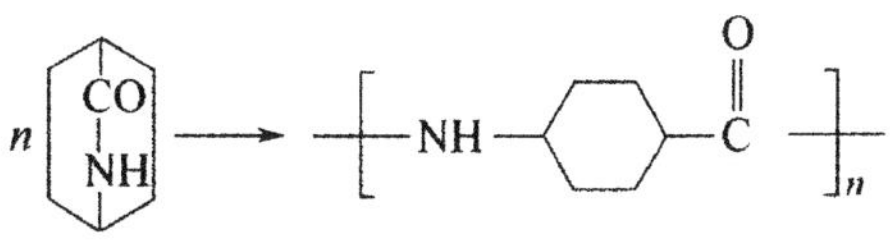

所用单体为双环内酰胺。氢化芳香聚酰胺可在浓硫酸中纺丝制成纤维。纤维的强度为 40cN/tex，伸长率为 10%，在 300℃ 的强度保留率为 40%。

11.1.2　聚酯纤维

聚酯纤维是含芳香族取代羧酸酯结构的纤维，主要包括聚对苯二甲酸乙二醇酯（PET）、聚对苯二甲酸丙二醇酯（PTT）、对苯二甲酸丁二醇酯（PBT）、聚萘酯（PEN）等纤维。

1. 涤纶

涤纶是聚对苯二甲酸乙二醇酯（PET）经熔融纺丝制成的合成纤维，相对分子质量为 15000～22000。PET 的纺丝温度控制在 275℃～295℃（PET 的熔点为 262℃，玻璃化温度为 80℃）。PET 成纤的结构见图 11-4，典型的纤维直径约为 5mm，由数百个直径约为 25μm 的单丝组成，而单丝由直径约为 10nm 的原纤组成。原纤由直径为 10nm 的片晶所堆砌而成，片晶间由无定形区域连接，片间的堆砌长度为 50nm。在拉伸过程中，堆砌的片晶沿纤维轴方向取向，而在松弛过程中，堆砌的片晶发生扭曲（图 11-5）。涤纶的力学性能见表 11-4。涤纶是最挺括的纤维,易洗、快干、免烫。但涤纶的透气性、吸湿性、染色性差限制了涤纶在时装行业的应用,需要通过化学接枝或等离子体表面处理改件以引入亲水性基团。

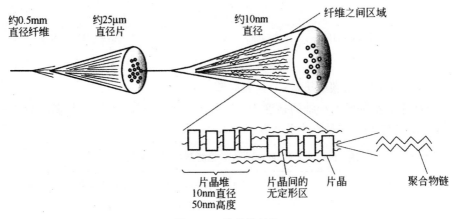

图 11-4　涤纶的结构

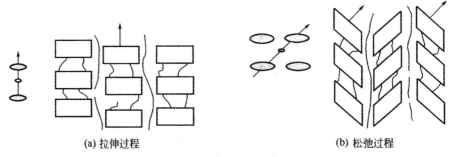

图 11-5　片晶结构的变化

表 11-4　涤纶的力学性能

性能	数值	性能	数值
强度/(cN/dtex)	36~48	弹性回复/%	
断裂伸长率/%	30~55	变形 4%~5%	98~100
吸湿性/%	0.3~0.9	变形 10%	60~65

注:1cN/dtex=91MPa。

2. 聚对苯二甲酸丙二醇酯纤维

聚对苯二甲酸丙二醇酯(polytrimethylene terephthalate),简称 PTT。PTT 纤维是由对苯二甲酸和 1,3-丙二醇的缩聚物经熔体纺丝制备的纤维,具有反-旁-反-旁式构象:

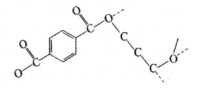

PTT 的熔点为 230℃,玻璃化温度为 46℃。纤维的结晶结构见图 11-6。由于 PTT 分子链比 PET 柔顺,结晶速率比 PET 大(图 11-7),故 PTT 纤维的主要物理性能指标都优于涤纶,具有比涤纶、聚酰胺更优异的柔软性和弹性回复性,优良的抗折皱性和尺寸稳定性,耐气候性、易染色性以及良好的屏障性能,能经受住 X 射线消毒,并改进了抗水解稳定性,因而可提供开发高级服饰和功能性织物,被认为是最有发展前途的通用合成纤维新品种。由于在高于玻璃化温度时无定形相不会显示橡胶和液体行为,PTT 纤维的高弹性回复被认为是硬无定形相(rigid amorphous phase,RAP)即取向的无定形相的存在所致。RAP 存在于晶相和非晶相的界面,其含量随结晶温度的增加而提高。纺丝速率对 PTT 纤维取向的影响见图 11-7,表明纺丝速率小于 3000m/min 时,PTT 纤维的结晶度和取向因子很小。PTT 纤维取向度的突变发生在很窄的纺丝速率范围(3500～4000m/min)。

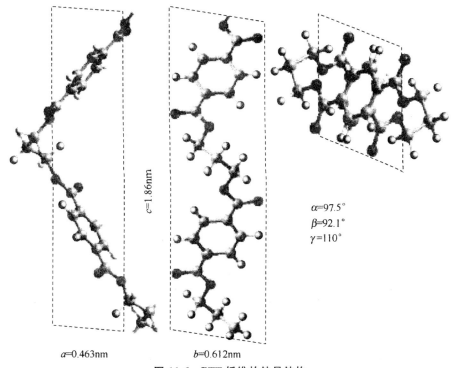

图 11-6　PTT 纤维的结晶结构

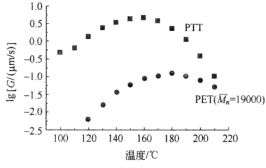

图 11-7　球晶生长速率与结晶温度的关系

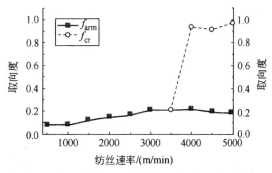

图 11-8　纺丝速率对晶区和非晶区取向度的影响

3. 聚对苯二甲酸丁二醇酯纤维

聚对苯二甲酸丁二醇酯(polybutylene terephthalate),简称PBT。PBT纤维是由对苯二甲酸或对苯二甲酸二甲酯与1,4-丁二醇经熔体纺丝制得的纤维。该纤维的强度为$30.91\sim35.32\mathrm{cN/tex}$,伸长率30%~60%。由于PBT分子主链的柔性部分较PET长,因而使PBT纤维的熔点(228℃)和玻璃化温度(29℃)较涤纶低,其结晶化速率比聚对苯二甲酸乙二醇酯快10倍,有极好的伸长弹性回复率和柔软易染色的特点,特别适于制作游泳衣、连裤袜、训练服、体操服、健美服、网球服、舞蹈紧身衣、弹力牛仔服、滑雪裤、长统袜、医疗上应用的绷带等弹性纺织品。

和聚酰胺家族类似,聚酯系列也存在亚甲基单元的奇-偶效应(图11-9)。PET和PBT含偶数的亚甲基单元,PTT含奇数的亚甲基单元。PET和PBT分子链与苯连接的两个羰基处于相反方向,亚甲基键为反式构象,而PTT分子链与苯连接的两个羰基处于相同方向,亚甲基键为旁式构象。结晶速率次序为PBT>PTT>PET。熔融温度次序为PET>PTT>PBT。奇-偶效应也影响力学性能。

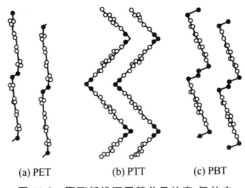

(a) PET   (b) PTT   (c) PBT

图11-9　聚酯纤维亚甲基单元的奇-偶效应

4. 聚萘酯纤维

聚萘酯(polyethylene-2,6-naphtalate),简称PEN。PEN纤维是用2,6-萘二甲酸二甲酯与乙二醇的缩聚物聚萘二甲酸乙二醇酯熔体纺丝制备的纤维。与涤纶相比,PEN纤维的分子主链用萘基取代了苯基:

$$\left[\!\!\!\begin{array}{c}\end{array}\!\!\!-C-O-CH_2-CH_2-O-C-\right]_n$$

因此熔点(272℃)、玻璃化温度(124℃)和熔体黏度高于PET并具有高模量、高强度,抗拉伸性能好,伸长率可达14%,尺寸稳定性好,热稳定性好,化学稳定性和抗水解性能优异等特点。PEN属于慢结晶和多晶型的聚合物。

11.1.3　腈纶

腈纶是由聚丙烯腈或含85%以上丙烯腈的共聚物制成的合成纤维。聚丙烯腈可以从丙烯腈自由基聚合反应所得到的聚丙烯腈均聚物或与丙烯酸甲酯(MA)、甲基丙烯酸(MAA)、衣康酸(IA)的二元或三元共聚物进行溶液纺丝制成纤维(图 11-10)。聚丙烯腈共聚物能明显改善纤维的染色性、阻燃性和力学性能。由于链内和链间强的相互作用,聚丙烯腈或聚丙烯腈共聚物低于熔点(320℃～330℃)发生环化、脱氢、交联和热分解反应。腈纶的制备主要采用湿纺工艺。湿纺工艺是将聚丙烯腈或聚丙烯腈共聚物溶解在溶剂中(纺丝液),纺丝液经喷丝板后在含凝固剂的凝固浴中凝固形成纤维。干纺工艺也使用聚丙烯腈或聚丙烯腈共聚物的纺丝原液,但凝固浴是气相(蒸气、热空气或惰性气体),起蒸发溶剂的作用。

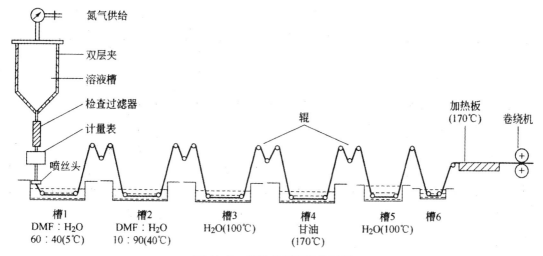

图 11-10　腈纶的干喷湿纺过程

聚丙烯腈的内聚能较大(分子间作用力大),为 991.6J/cm³,需要选择内聚能大的溶剂或能与聚丙烯腈相互作用的溶剂配制聚丙烯腈纺丝液。用于聚丙烯腈的溶剂有二甲基甲酰胺(DMF)、二甲基乙酰胺(DMA)、二甲基亚砜(DMSO)、碳酸乙酯(EC)、硫氰酸钠(NaSCN)、硝酸(HNO₃)、氯化锌(ZnCl₂)。表 11-5 为使用不同纺丝液和凝固浴的工艺条件,所用聚丙烯腈的相对分子质量为 50000～80000。

MA:

$$CH_2{=}CH{-}COOCH_3$$

MAA:

$$\begin{array}{c} CH_2{=}C{-}COOH \\ | \\ CH_3 \end{array}$$

IA:

$$\begin{array}{c} CH_2{=}C{-}COOH \\ | \\ CH_3 \end{array}$$

表 11-5　聚丙烯腈纺丝液和凝固浴的工艺条件

溶剂	纺丝液浓度/%	凝固与组成	凝固与温度/℃
100％DMF	40～60	DMF-H_2O	5～25
100％DMAC	40～55	DMAC-H_2O	20～30
100％DMSO	50	DMSO-H_2O	10～40
85％～90％EC	20～40	EC-H_2O	40～90
50％NaSCN	10～15	NaSCN-H_2O	0～20
70％HNO_3	30	HNO_3-H_2O	3
54％$ZnCl_2$	14	$ZnCl_2$-H_2O	25

　　腈纶的力学性能见表 11-6。腈纶蓬松柔软,被誉为人造羊毛。腈纶分子结构中含氰基,有优良的耐晒性,可应用在户外使用的织物,如帐篷、窗帘、毛毯等。以腈纶为原料还可生产阻燃的聚丙烯腈基氧化纤维和高性能的碳纤维。

表 11-6　同纤度腈纶的力学性能

性能	纤度/dtex		
	1.7	3.17～3.50	7.4～8.2
强度(干)/(cN/dtex)	2.6～3.6	2.65～3.53	2.65～3.53
伸长率(干)/%	30～42	30～42	30～40
钩强度/(cN/dtex)		1.8～2.7	1.8～2.7
钩伸长率/%		20～30	20～30
卷曲数/(个/25ram)		9～13	8～12
卷曲度/%		15～25	15～25
残留卷曲度/%		10～20	15～25

注:lcN/dtex＝91MPa。

11.1.4　丙纶

　　等规聚丙烯经熔体纺丝制成丙纶。用于成纤聚丙烯的相对分子质量为 10 万～30 万,熔点为 175℃。丙纶的性能见表 11-7。由于等规聚丙烯的分子链不含极性基团,为提高纤维强度,等规聚丙烯的分子量比涤纶和聚酰胺大,而分子量的增大导致熔体黏度的提高,因此纺丝温度需比其熔点高出很多,为 255℃～290℃。等规聚丙烯还可经膜裂纺丝法(图 11-11),即先吹塑成膜再切割成扁丝,用于生产编织袋和土工织物。等规聚丙烯无纺布的制造采用熔喷纺丝法,即用压缩空气把熔体从喷丝孔喷出,使熔体变成长短粗细不一致的超细短纤维,纤维直径为 0.5～10μm。若将短纤维聚集在多孔滚筒或帘网上形成纤维网,通过纤维的自我黏合或热黏合制成无纺布。丙纶的吸湿性、染色性、耐光性和耐热性都不好,限制了它在衣用纤维的市场发展。丙纶的主要应用是制成扁丝和无纺布。

表 11-7　丙纶的性能

性能	数值	性能	数值
强度/(cN/dtex)	3.1~4.5	回弹性(5％伸长时)/％	88~98
伸长率/％	15~35	沸水收缩率	0~3
模量(10％伸长时)/(cN/dtex)	61.6~79.2	回潮率	<0.03
韧度/(cN/dtex)	4.42~6.16		

注:1cN/dtex=91MPa。

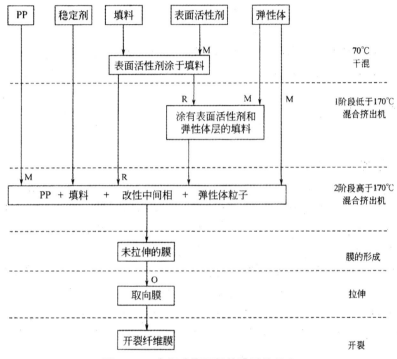

图 11-11　多组分聚丙烯的膜裂纺丝法

M—熔融;R—反应;O—取向

11.1.5　维纶

维纶是聚乙烯醇缩甲醛纤维的简称。它是乙酸乙烯(VAc)溶液聚合得到聚乙酸乙烯(PVAc),经醇解(皂化)得到聚乙烯醇(可用溶液纺丝法制造聚乙烯醇纤维,但不耐热水),再经缩醛化制造的纤维:

$$\left\{CH_2-CH\right\}_n + nCH_3ON \xrightarrow{NaOH} \left\{CH_2-CH\right\}_n + nCH_3COOCH_3$$
$$\quad\quad\quad |\qquad\qquad\qquad\qquad\qquad\qquad\quad |$$
$$\quad\quad OCOCH_3\qquad\qquad\qquad\qquad\qquad\quad OH$$

$$\sim\sim CH_2-CH-CH_2-CH\sim\sim + HCHO \xrightarrow{H^+} \sim\sim CH_2-CH-CH_2-CH\sim\sim + H_2O$$
$$\qquad\quad |\qquad\qquad |\qquad\qquad\qquad\qquad\qquad\qquad |\qquad\qquad |$$
$$\qquad OH\qquad OH\qquad\qquad\qquad\qquad\qquad\qquad O\qquad\quad O$$
$$\qquad\qquad\qquad\qquad\qquad\qquad\qquad\qquad\qquad\qquad\qquad\searrow\quad\swarrow$$
$$\qquad\qquad\qquad\qquad\qquad\qquad\qquad\qquad\qquad\qquad\qquad CH_2$$

维纶的性能和外观近似于蚕丝,可织造绸缎衣料,吸湿性和耐日光性好,但弹性较差。维纶的性能见表 11-8。

表 11-8　维纶的性能

性能		普通型	强力型	性能		普通型	强力型
强度/(cN/dtex)	干	2.6～3.5	5.3～8.4	伸长率/%	干	17～22	8～22
	湿	1.8～2.8	4.4～7.5		湿	17～25	8～26
弹性模量/(cN/dtex)		5.3～79	62～220	回潮率/%		3.5～4.5	3.0～5.0
弹性回复率/%		70～90	70～90				

注:1cN/dtex=91MPa。

从聚乙酸乙烯制备的聚乙烯醇的结构是无规立构的,近来又采取了另一条合成路线从特戊酸乙烯(VPi)聚合:

$$
\begin{array}{ccc}
\text{CH}_2\!=\!\text{CH}\ \text{CH}_3 & \longrightarrow & +\text{CH}_2\!-\!\text{CH}+_n\ \text{CH}_3 \\
\quad\quad\ | & & \quad\quad\ | \\
\text{OCOC}\!-\!\text{CH}_3 & & \text{OCOC}\!-\!\text{CH}_3 \\
\quad\quad\ | & & \quad\quad\ | \\
\text{CH}_3 & & \text{CH}_3
\end{array}
$$

得到聚特戊酸乙烯(PVPi),经皂化得到聚乙烯醇。所得聚乙烯醇的结构是间规立构的,具有比乙酸乙烯路线得到的聚乙烯醇更高的熔点和热稳定性。

11.2　高性能合成纤维

11.2.1　超高分子量聚乙烯纤维

超高分子量聚乙烯纤维是用超高分子量聚乙烯 UHMWPE 经凝胶纺丝制成的合成纤维,UHMWPE 的重均分子量可达百万数量级。UHMWPE 纤维的制备采用凝胶纺丝-超延伸技术,以十氢萘、石蜡、二甲苯或含硬脂酸铝的十氢萘为溶剂,配制成稀溶液(2%～10%),使高分子链处于解缠状态。然后经喷丝孔挤出后快速冷却成凝胶状纤维,通过超倍拉伸,纤维的结晶度和取向度提高,高分子折叠链转化成伸直链结构(图 11-12),因此具有高强度和高模量。以十氢萘为溶剂测定 UHMWPE 的凝胶点(温度)与质量分数的关系见图 11-13。凝胶点是通过黏度-温度曲线得到的(图 11-14)。UHMWPE 的性能见表 11-9。在所有的纤维中,UHMWPE 纤维具有最低的相对密度(<1),但缺点是极限使用温度只有 100～130℃(天然纤维和通用合成纤维的耐热温度≤150℃)。UHMWPE 纤维的主要用途是制作头盔、装甲板、防弹衣和弓弦。UHMWPE纤维作为先进复合材料的增强体应用时,因其具有非极性的链结构和伸直链的聚集态结构、化学惰性、疏水和低表面能特征,需要进行表面处理,以增加纤维表面的极性基团和表面积,提高其与树脂基体的界面黏合性。低温等离子体、铬酸化学刻蚀、电晕、光化学表面接枝反应都可用于UHMWPE 纤维的表面处理。

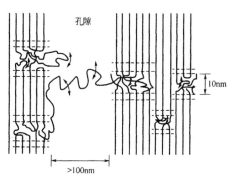

孔隙

10nm

>100nm

图 11-12　UHMWPE 纤维结构模型

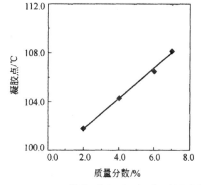

图 11-13　UHMWPE 的凝胶点(温度)与质量分数的关系

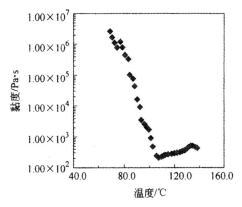

图 11-14　UHMWPE 的黏度-温度曲线

表 11-9　UHMWPE 纤维(Dyneema)的性能

性能	SK60	SK76
强度/(cN/dtex)	28	37
模量/(cN/dtex)	902	1188
伸长率/%	3.5	3.8
密度	0.97	0.97

注：1cN/dtex=91MPa。

11.2.2　芳香聚酰胺纤维(芳纶)

1. 聚对苯二甲酰对苯二胺(PPTA)纤维

聚对苯二甲酰对苯二胺(poly-p-phenylene terephthalamide)，简称 PPTA。PPTA 纤维商品名 Kevlar，是用 PPTA 经溶液纺丝制成的纤维。PPTA 的合成采用低温溶液聚合，以 N-甲基吡咯烷酮(NMP)与六甲基磷酰胺(HMPA)的混合溶剂或添加 $LiCl_2$、$CaCl_2$ 的 NMP 为溶剂，其化学反应为：

$$NH_2-\!\!\bigcirc\!\!-NH_2 + ClCO-\!\!\bigcirc\!\!-COCl \longrightarrow [\,NH-\!\!\bigcirc\!\!-NH-CO-\!\!\bigcirc\!\!-CO\,] + 2HCl$$

相对分子质量为 20000～25000。PPTA 分子链中苯环之间是 1,4-位连接,呈线型刚性伸直链结构并具有高结晶度,属溶致液晶聚合物。PPTA 在硫酸中能形成向列型液晶,可采用液晶纺丝法,但溶液浓度存在临界浓度 c^*($\approx 8\%～9\%$),即 PPTA 在溶液的质量分数大于临界浓度 c^*,溶液呈光学各向异性(液晶态)。PPTA 纺丝液的浓度大于 14%。Kevlar 主要有三个品种:Kevlar29 是高韧性纤维,Kevlar49 是高模量纤维,Kevlar149 是超高模量纤维,其性能见表 11-10。Kevlar 的分子结构模型见图 11-15,具有分子间氢键面,Kevlar29 的取向角为 12.2°,Kevlar49 的取向角为 6.8°,Kevlar29 的取向角为 6.4°。芳纶具有沿径向梯度的皮芯结构(图 11-16),芯层中结晶体的排列接近各向同性,皮层中结晶体的排列接近各向异性。芳纶作为高性能的有机纤维和先进复合材料的增强体,主要应用于航空航天领域如火箭发动机壳体和飞机零部件,防弹领域如头盔、防弹运钞车和防穿甲弹坦克,土木建筑领域如混凝土、代钢筋材料和轮胎帘子线;芳纶在作为先进复合材料增强体应用时需要进行表面处理,常用的方法是用氨气氛的低温等离子体处理。

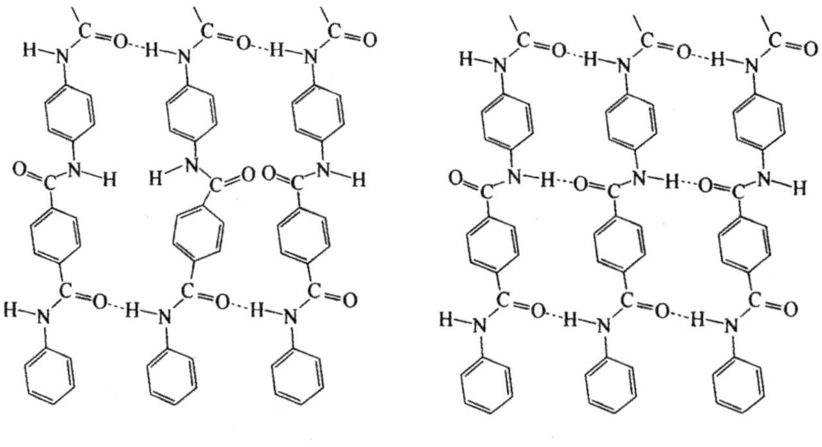

(a) Kevlar 29

(b) Kevlar149

图 11-15 芳纶的分子结构模型

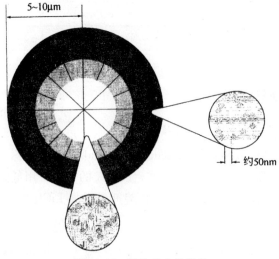

图 11-16 芳纶的皮芯结构

表 11-10　Kevlar 的性能

性能	Kevlar29	Kevlar49	Kevlarl49
模量/GPa	78	113	138
强度/GPa	2.58	2.40	2.15
伸长率/%	3.1	2.47	1.5

日本 Teijin 公司生产的 Twaron 的结构与 Kevlar 类似,开发的 Technora 的结构为:

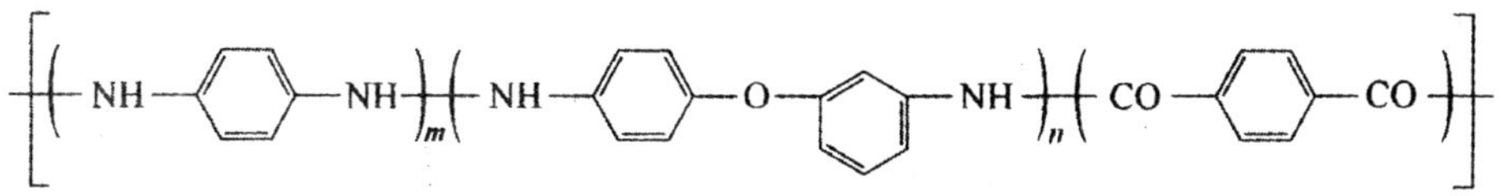

它是一种 $m=n$ 的共聚物,其模量为 73GPa,强度为 3.4GPa,伸长率为 4.6%。

2. 聚间苯二甲酰间苯二胺纤维

聚间苯二甲酰间苯二胺采用间苯二甲酰氯和间苯二胺为原料在二甲基乙酰胺溶剂中进行低温溶液聚合:

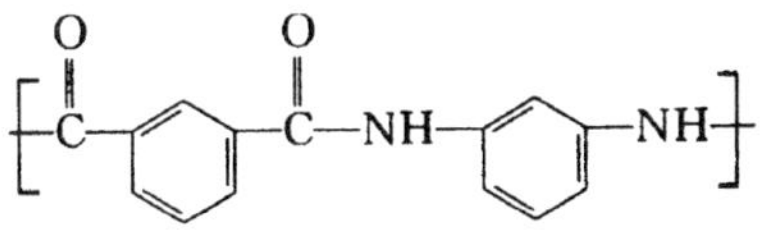

其分子中苯环之间全是 1,3-位链接,呈约 120°夹角,大分子为扭曲结构,在溶液中不能形成液晶态。聚间苯二甲酰间苯二胺纤维采用溶液纺丝法,商品名为 Nomex。Nomex 可加工成绝缘纸在变压器和大功率电机应用,蜂窝结构材料在飞机上应用;毡作为工业滤材和无纺布在印刷电路板应用。

3. 对/间芳纶

链结构单元中既含对位也含间位的芳纶(商品名为 Tverlana):

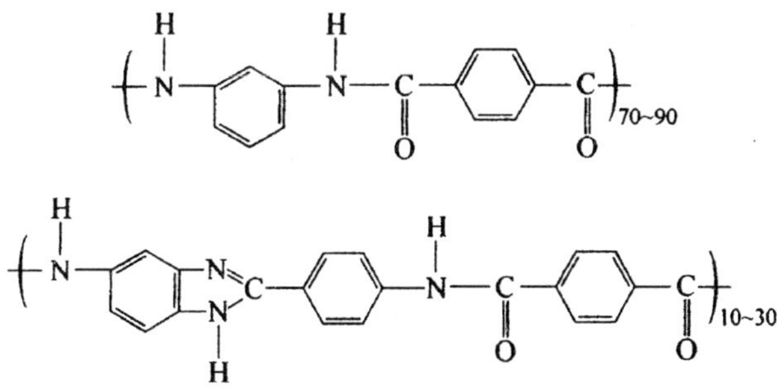

组合了间位芳纶的经济性、阻燃性和对位芳纶的耐热性,拉伸强度为 $30\sim60$cN/tex(1cN/ tex$=91$MPa),弹性模量为 14GPa。

4. 芳砜纶

芳砜纶又称聚苯砜对苯二甲酰胺纤维（PSA），芳砜纶的化学结构为：

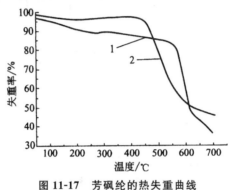

芳砜纶是我国自主研发并产业化的高性能纤维（商品名为特安纶），由 4,4-二氨基二苯砜、3,3-二氨基二苯砜和对苯二甲酰氯的缩聚物制成。芳砜纶的耐热性（图 11-17）、耐化学性和阻燃性都优于芳纶，价格也低于芳纶。

图 11-17　芳砜纶的热失重曲线

1—芳砜纶；2—芳纶

11.2.3　热致液晶聚酯纤维

热致液晶聚酯纤维是羟基苯甲酸、对苯二甲酸和一系列第三单体的缩聚物：

可熔体纺丝。第三单体及其对热致液晶聚酯可纺性和成纤性的影响见表 11-11。

对羟基苯甲酸和羟基萘甲酸的缩聚物：

经熔体纺丝制成液晶聚酯纤维的性能见表 11-12。

表 11-11　第三单体对液晶聚酯可纺性和成纤性的影响

第三单体	缩合聚合时间[1]/h	$[\eta]$/(dL/g)	外　观	可纺性	纤维丝[2]
VA	4.1	0.76	乳白色,有光泽	很好	很强
PBA	5.3	0.67	金黄色	中等	强
MHB	6.5	0.5	淡黄色	中等	中等
HQ-TPA	5.5	0.71	淡黄色,没有光泽	好	强
BPA-TPA	7.0	0.38	乳白色,没有光泽	差	弱
DHAQTPA	7.5	0.35	褐色,没有光泽	好	弱
1,5-DHN-TPA	4.5	0.97	金黄色,有光泽	中等	强
2,7-DHN-TPA	4.6	0.81	淡褐色,没有光泽	中等	强
PHB/PET(60/40)	6.0	0.60	淡黄色,有光泽	中等	中等

注:[1]缩合聚合时间是指在真空中缩合聚合反应所经历的整个时间。

[2]纤维丝的强度是好是坏,取决于特定的情况。高取向的细纤维丝可以直接作为增强的短切纤维丝应用于纤维增强复合材料体系。

表 11-12　Ⅰ型和Ⅱ型液晶聚醋纤维的性能

性能	Ⅰ型 (高强度性)	Ⅱ (高模量型)	性能	Ⅰ型 (高强度性)	Ⅱ (高模量型)
相对密度	1.41	1.37	伸长率/%	3.8	2.4
熔点/℃	250	250	拉伸模量/(cN/dtex)	528	774
拉伸强度/(cN/dtex)	22.9	19.4	分解温度/℃	>400	>400
干湿强度比	98	98	最高使用温度/℃	150	150

注:1cN/dtex=91MPa。

溶液聚合的含环脂肪族间隔基的液晶聚酯:

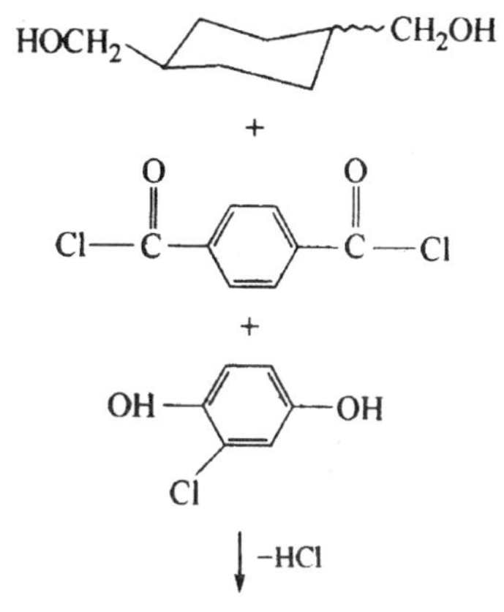

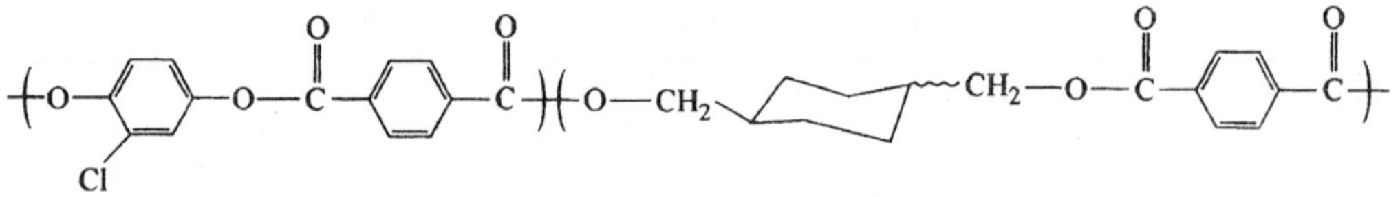

也可熔体纺丝成纤维。

11.2.4 芳杂环纤维

1. 聚苯并咪唑(PBI)纤维

聚苯并咪唑(polybenzimidazole,PBI)是间苯二甲酸二苯酯和四氨联苯的缩聚物:

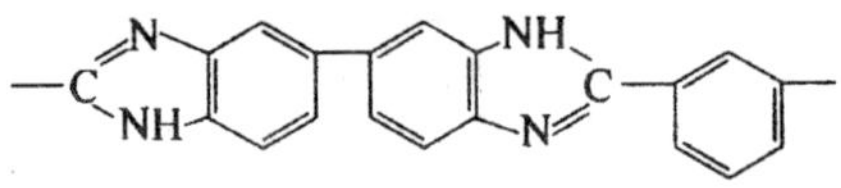

以二甲基乙酰胺为溶剂(纺丝液浓度为 20%～30%)在氮气下进行干纺得到 PBI 纤维,PBI 纤维可经酸处理,提高尺寸稳定性:

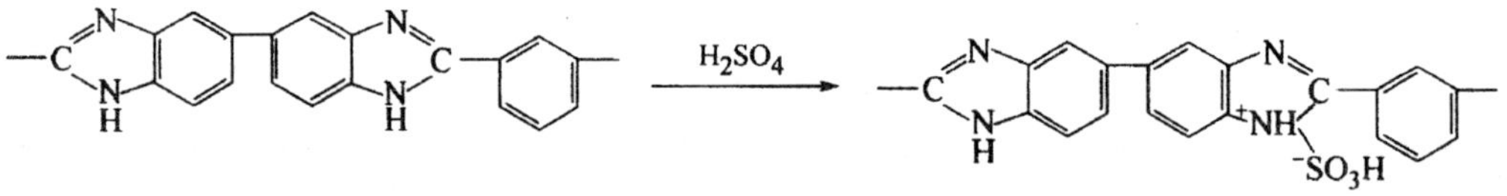

PBI 纤维具有优异的耐热性,在 600℃开始热分解,900℃的热失重为 30%。然而 PBI 纤维的吸水性大,限制了其工程应用的范围。

2. 聚亚苯基苯并二日恶唑(PBO)纤维

聚亚苯基苯并二噁唑(poly-p-phenylene benzobisoxazole),简称 PPBO,通常称为 PBO。PBO 由 2,4-二氨基间苯二酚盐酸盐与对苯二甲酸缩聚而得的含苯环和苯杂环(苯并二噁唑)刚性棒状分子链:

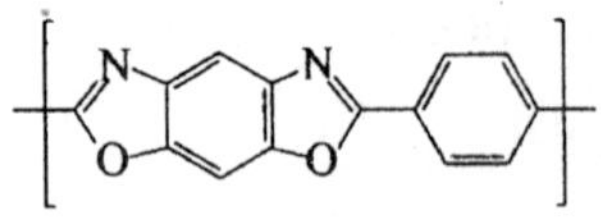

具有溶致液晶性。采用干喷湿纺可获得高取向度、高强度、高模量、耐高温(N2 下的热分解温度大于 650℃,330℃空气中加热 144h 失重小于 6%),耐水和化学稳定的纤维,商品名为 Zylon (美国道化学公司)。PBO 纤维的结构模型见图 11-18,含许多似毛细管状的细孔,在横截面上分子链沿径向取向,在纵截面上伸直的分子链沿纤维轴取向,高强度 PBO 纤维的取向度因子大于 0.95,高模量 PBO 纤维的取向度因子为 0.99。PBO 纤维的强度超过碳纤维和芳纶,缺点是压缩性能差。

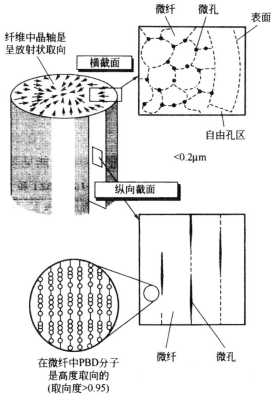

图 11-18　PBO 纤维的结构模型

3. 聚亚苯基苯并二噻唑(PBZT)和含单甲基(MePBZT)和四甲基(tMePBZY)侧基的聚亚苯基苯并二噻唑纤维

聚亚苯基苯并二噻唑(poly-p-phenylene benzobisthiagole),简称 PPBT,或称为 PBZT。PBZT 纤维由 1,4-二氨基、2,5-苯二硫基(DADMB)与对苯二甲酸(TPA)在多聚磷酸(PPA)介质中缩聚而得的含苯环和苯杂环(苯并二噻唑)刚性棒状分子链:

具有溶致液晶性。采用干喷湿纺可获得高取向度、高强度(1.2～3.2GPa)、高模量(170～283GPa)、耐高温(N2 下的热分解温度大于 600℃,330℃空气中加热 144h 失重小于 5%)和化学稳定(耐强酸)的纤维。

含侧甲基的 PBZT 纤维可通过交联网络的形成来改善 PBZT 纤维的横向压缩性能。MePBZT 纤维在 450℃～550℃发生交联反应:

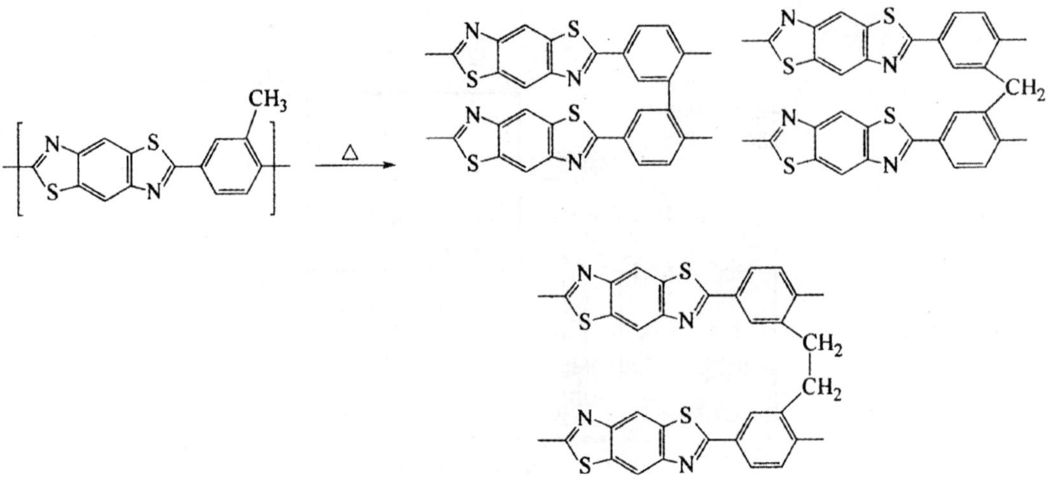

tMePBZT 及其与 PBZT 共聚物的结构为

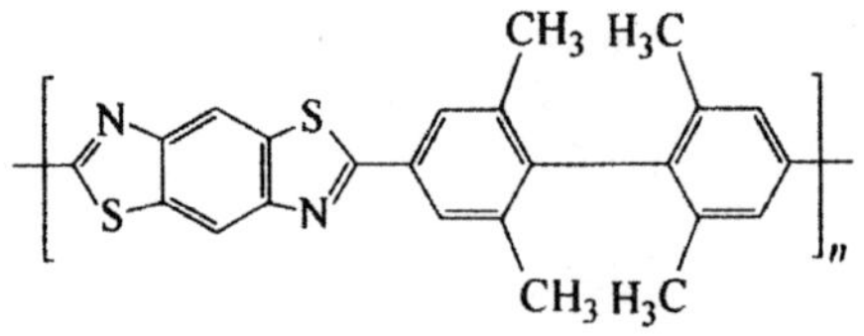

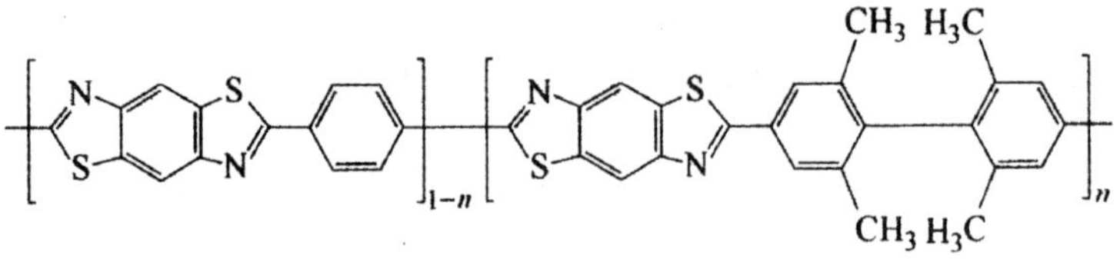

也具有很好的耐热性和横向压缩性。

4.M5 纤维

聚-1,6-二咪唑并[4,5-b:4′5′e]吡啶-1,4,(2,5-二羟基苯)(polypyridobisimidazole, PIPD)纤维(简称为 M5 纤维)的化学结构为：

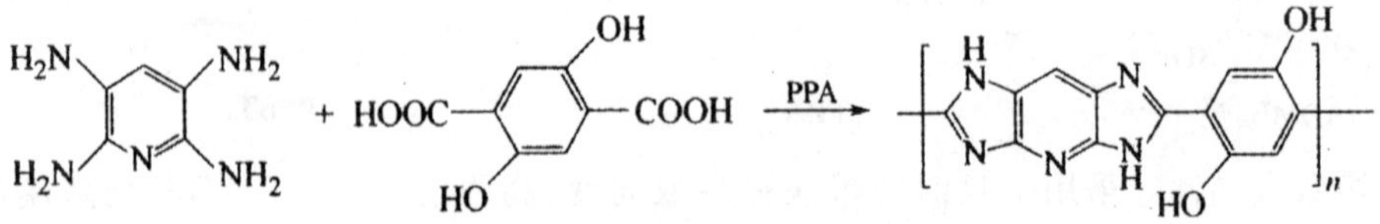

聚合物纤维的拉伸强度由主链的化学键决定,而压缩强度由链间二次作用力决定。PIPD 具有双向分子内和分子间氢键网络(图 11-19),提供的 M5 纤维不仅具有高强度和高模量,而且具有高压缩强度。此外,M5 纤维还具有优异的耐燃性和自熄性,LOI≥50%。

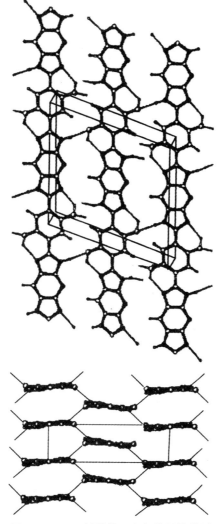

图 11-19　M5 纤维的双向氢键网络模型

5. 聚酰亚胺(PI)纤维

聚酰亚胺具有高耐热性、化学稳定性和力学性能,但溶解性差,造成加工困难。热固性聚酰亚胺(polyimide,PI)不能直接纺丝制成纤维。聚酰亚胺纤维的制造采用两步法,首先将聚酰亚胺中间体聚酰胺酸(polyamicacid,PAA)在溶液中纺丝(PAA 纤维),然后再热处理使聚酰胺酸脱水成聚酰亚胺纤维:

具有优异耐热性的 BBB 纤维的合成路线为

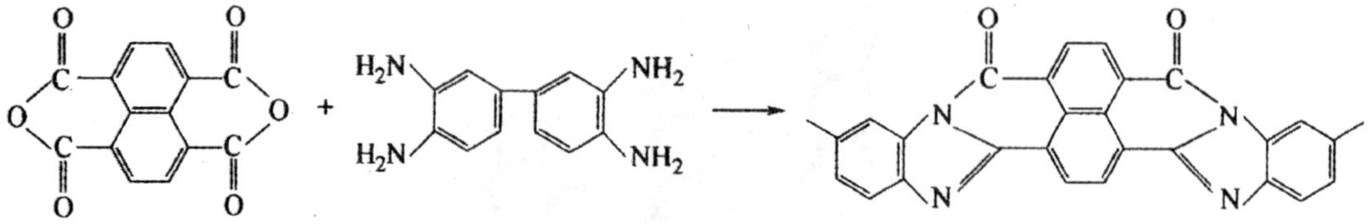

BBB 纤维的强度为 47cN/tex,伸长率为 3％～3.5％,600℃时强度可保留 50％。

6. 聚-1,3,4-二噁唑(polyoxadiazole,POD)纤维

聚-1,3,4-二噁唑是利用便宜的原料对苯二甲酸和硫酸肼在发烟硫酸中一步合成的:

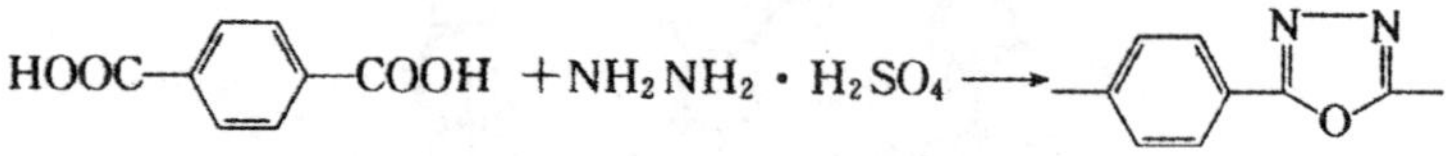

经湿纺得到的纤维的强度为 40～60cN/tex,伸长率为 4％～8％,在 300℃时强度可保留 50％～60％,耐热性与聚酰亚胺纤维相当。

11.3 功能合成纤维

11.3.1 高弹性合成纤维

氨纶是聚氨酯纤维的简称。聚氨酯纤维的分子链由软链段和硬链段两部分组成,其中软段由非晶性的脂肪族聚酯或聚醚组成,其玻璃化温度为 -70～-50℃,在常温处于高弹态,硬段由结晶性的芳香族二异氰酸酯组成,在应力作用下不变形。大多数氨纶采用干纺工艺,氨纶的突出特点是高弹性,其性能见表 11-13。氨纶纤维通常有 500％～800％的伸长;弹性回复性能也十分出众,在伸长 200％时,回缩率为 97％,在伸长 50％时,回缩率超过 99％。氨纶纤维之所以具有如此高的弹力,是因为它的高分子链是由低熔点、无定形的"软"链段为母体和嵌在其中的高熔点、结晶的"硬"链段所组成。柔性链段分子链间以一定的交联形成一定的网状结构,由于分子链间相互作用力小,可以自由伸缩,造成大的伸长性能。刚性链段分子链结合力比较大,分子链不会无限制地伸长,造成高的回弹性。

表 11-13　氢纶的性能

性能	聚醚型	聚酯型	性能	聚醚型	聚酯型
强度/(cN/dtex)	0.618～0.794	0.485～0.574	弹性模量/(cN/dtex)	0.11	—
伸长率/％	480～550	650～700	回潮率/％	1.3	0.3
回弹率/％	95(伸长 500％)	98(伸长 600％)			

硬弹性纤维是指结晶性聚合物在大伸长变形后具有高弹性回复的纤维。硬弹性丙纶是在应变结晶(熔体在高应变场下结晶)和热结晶(热处理)过程中形成的。控制等规聚丙烯熔体纺丝(纺丝速率为 1000～1500m/min)的初生纤维的取向度(初生纤维的双折射率为 16～10^{-3}～$17×10^{-3}$)和热处理可制备出硬弹性丙纶,其弹性回复率大于 90％。

11.3.2　耐腐蚀合成纤维

有两类氯纶:①用无规立构聚氯乙烯制备的氯纶,聚氯乙烯的制备采用悬浮聚合法在 45～60℃聚合,所得聚氯乙烯的玻璃化温度为 75℃,成纤聚氯乙烯的相对分子质量为 60000～100000,经溶液纺丝制成氯纶,其性能见表 11-14。氯纶具有抗静电性、保暖性和耐腐蚀性好的特点。②用高间规度聚氯乙烯制备的氯纶,采用低温(−30℃)聚合得到高间规度的聚氯乙烯,玻璃化温度为 100℃,经溶液纺丝制成列维尔。

表 11-14　氯纶的性能

性能	数值	性能	数值
强度/(cN/dtex)	2.28～2.65	弹性模量/GPa	53.9～68.6
湿强/干强/%	100～101	3%伸长弹性回复/%	80～85
伸长率/%	18.4～21.2	沸水收缩率/%	50～61

注:1cN/dtex=91MPa。

聚四氟乙烯的制备采用乳液聚合法,凝聚后生成 0.05～0.5μm 的颗粒,相对分子质量为 300 万。氟纶的制造多采用乳液纺丝法,即把聚四氟乙烯分散在聚乙烯醇水溶液中,按照维纶纺丝的工艺条件纺丝,然后在 380℃～400℃烧结,此时聚乙烯醇被烧掉,聚四氟乙烯则被烧结成丝条,在 350℃拉伸得到氟纶。氟纶的化学稳定性突出,能耐强酸和强碱。氟纶的力学性能见表 11-15。

表 11-15　氟纶的力学性能

性能	数值	性能	数值
强度/(cN/tex)	1.15～1.59	初始模量/(cN/tex)	14.21～17.66
伸长率/%	13～115	回潮率/%	0.01

注:1cN/tex=9.1MPa。

11.3.3　阻燃合成纤维

纤维的可燃性用极限氧指数表示。极限氧指数(1imiting oxygen index,LOI)是纤维点燃后在氧-氮混合气体中维持燃烧所需的最低含氧量的体积分数:

$$\text{LOI}\% = \frac{\text{O}_2}{\text{O}_2 + \text{N}_2} \times 100\%$$

在空气中氧的体积分数为 0.21,故纤维的 LOI≤0.21 就意味着能在空气中继续燃烧,属于可燃纤维;LOI>0.21 的纤维属于阻燃纤维。一些合成纤维的燃烧性见表 11-16,其中腈纶和丙纶易燃(容易着火,燃烧速率快),聚酰胺、涤纶和维纶可燃(能发烟燃烧,但较难着火,燃烧速率慢),氯纶、维氯纶、酚醛纤维等难燃(接触火焰时发烟着火,离开火焰自灭)。维氯纶是聚乙烯醇-聚氯乙烯的共聚物经缩醛化制备的纤维,具有好的阻燃性。制法是将氯乙烯和低分子量的聚乙烯醇一起进行乳液聚合,所得乳液与聚乙烯醇水溶液混合配制成纺丝液,用维纶湿纺工艺进行纺丝、热处理和缩醛化。丙烯腈-氯乙烯共聚物经溶液纺丝制备的纤维称为腈氯纶或阻燃腈纶。酚醛纤维是热塑性酚醛树脂经熔体纺丝制备的交联型热固性纤维,具有好的阻燃性。腈纶在张力、热和空气进行热氧化处理发生环化、脱氢和氧化反应,可得到预氧化纤维,也具有优异的阻燃性。

表 11-16 合成纤维的燃烧性

纤维	LOI/%	纤维	LOI/%
耐燃纤维		阻燃涤纶	28~32
氟纶	95	阻燃腈纶	27~32
阻燃纤维		阻燃丙纶	27~31
酚醛纤维	332~34	可燃纤维	
偏氯纶	45~48	聚酰胺	20.1
氯纶	35~37	涤纶	20.6
维氯纶	30~33	维纶	19.7
腈氯纶	26~31	腈纶	18.2
PBI	41	丙纶	18.6
芳纶	33~34		

11.3.4 医用合成纤维

医用合成纤维要求纤维具有生物相容性,可分为生物可降解性和不可降解性纤维。可降解性合成纤维有脂肪族聚酯纤维,包括聚羟基乙酸(PGA)、聚乳酸(PLA)、聚己内酯(PCL)、聚羟基丁酸酯(PHB)、聚羟基戊酸酯(PHV)及其共聚物,纤维分子链中的酯键易水解或酶解,降解产物可转变为其他代谢物或消除。所以具有生物可降解性的脂肪族聚酯纤维可用于医学可吸收缝线、自增强人造骨复合材料(PGA 纤维增强 PGA)、无纺布。非降解性合成纤维有锦纶、涤纶、腈纶、丙纶等,它们也可医用,如丙纶、聚酰胺和涤纶用于非吸收性缝合线,涤纶和氟纶用于制造人工血管,聚丙烯腈中空纤维用于人工肾(血液透析器),聚丙烯中空纤维用于人工心脏,膨胀的氟纶用于韧带。

11.3.5 超细合成纤维-新合纤和差别化合成纤维

新合纤并不是指新的合成纤维,而是指采用超细合成纤维制备的具有新质感(新颖、独特且超过天然纤维的风格和感觉)的纤维织物。纤度(线密度)是表征纤维粗细的指标,用 1000m 长纤维质量(g)的 1/10 表示,单位是分特(dtex)。纤维根据纤度的一般分类是:粗旦纤维(>7.0dtex)、中旦纤维(7.0~2.4dtex)、细旦纤维(<2.4~1.0dtex)、微细纤维(<1.0~0.3dtex)、超细纤维(<0.3dtex)。超细合成纤维的结构可分类为单一结构型和复合结构型两类。复合结构型的超细纤维可用两种不同的纤维通过复合纺丝工艺制备。

差别化合成纤维是指通过分子设计合成或通过化学和物理改性制备具有预想结构和性能的成纤聚合物或利用革新的纺丝工艺赋予纤维新的性能并与通用纤维有差别的纤维。通过对合成纤维分子链和表面的改性和复合化技术(图 11-20),可提高纤维染色性,制备抗静电纤维。阻燃性通用合成纤维纤维(阻燃涤纶、阻燃丙纶等)、抗起球纤维等。染色技术是纺织品后整理的一道工序,要求纤维的可染性好,具有染色均一性和坚牢度,直接影响纤维的光泽和色彩。合成纤维在加工和使用过程中产生的静电是有害的。合成纤维的带电性序列见图 11-21,即当前后两种纤维摩擦接触时,前者带正电,后者带负电。在纤维分子侧链中引入极性基团可有效的消除静电。用四溴双酚 A 双羟乙基醚作为阻燃共聚单体合成的涤纶具有很好的阻燃性。添加无机阻燃剂如氢氧化铝、氢氧化镁、红磷、氧化锡等或有机阻燃剂如磷系的磷酸三辛酯、磷酸丁乙醚酯、磷酸三(2,3-二氯丙基)酯、磷酸三(2,3-二溴丙基)酯、氯系的氯化石蜡、氯化聚乙烯、溴系的四溴双酚 A、十溴二苯醚等可制备阻燃性纤维。

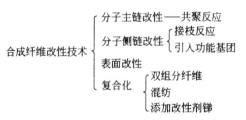

图 11-20　合成纤维改性和复合化技术

图 11-21　合成纤维的带电性序列

为了改善聚酰胺和涤纶的表面性质,可在聚酰胺和涤纶表面接枝丙烯酸酯。在引发剂、分散剂和活化剂存在下,丙烯酸可接枝到聚酰胺 6 表面,丙烯酸的接枝率对聚酰胺 6 吸湿性和膨胀性的影响见表 11-17。丙烯酸也可接枝到涤纶表面,其结构为:

$$\left[C_6H_4-\underset{\underset{O}{\parallel}}{C}-O-CH-CH_2\right]_m + nCH_2=\underset{\underset{COOH}{|}}{CH} \longrightarrow \left[C_6H_4-\underset{\underset{O}{\parallel}}{C}-O-CH-CH_2\right]_m$$
$$(CH_2-CH)_n$$
$$COOH$$

丙烯酸的接枝率对涤纶吸湿性和膨胀性的影响见表 11-18。

在盐酸或对甲苯磺酸溶液中,用过氧化硫酸盐为引发剂制备的聚酰胺 66 接枝聚苯胺的导电性能见表 11-19。

表 11-17　丙烯酸的接枝率对聚酰胺 6 吸湿性和膨胀性的影响

样品 X (质量分数)/%	湿度用质量分数表示/%				纤维丝的膨胀 (质量分数)/%
	相对湿度 65%	相对湿度 100%	相对湿度 65%	相对湿度 100%	
	4h		同等条件,24h 后		
PA-未处理	1.50	4.75	3.37	8.12	15.00
PA-PAA(2.99)	2.36	4.87	3.43	9.06	16.50
(13.07)	3.06	5.48	3.79	10.33	18.10
(28.88)	3.82	5.96	3.92	13.01	29.90
(38.40)	3.92	6.90	3.97	15.32	33.32

表 11-18　丙烯酸的接枝率对涤纶吸湿性和膨胀性的影响

No.	接枝率（质量分数）/%	湿度用质量分数表示/%			纤维丝的膨胀（质量分数）/%
		相对湿度 65%	相对湿度 100%		
		4h 后	24h 后	48h 后	
PET	未处理	0.28	0.61	0.65	5.82
1	8.50	0.88	4.11	4.20	13.42
2	10.31	1.55	8.27	8.86	22.37
3	27.21	1.99	11.29	12.87	31.55
4	33.69	2.16	14.12	15.43	49.64
5	36.61	2.29	14.62	17.00	52.76

表 11-19　聚酰胺 66 接枝聚苯胺的导电性

聚合物	接枝比例/%	介质	导电性/[Ω/(m·cm)]
Nylon66	—	—	0.88×10^9
Nylon66-g-PAn	13.5	HCl	8.51×10^6
	15.2	HCl	10.3×10^6
Nylon66-g-PAn	15.0	PTSA	14.3×10^3
	28.2	PTSA	19.6×10^3

11.3.6　双组分纤维

双组分纤维由两种不同的纤维组成,其熔体纺丝工艺见图 11-22。双组分纤维有多种形态(图 11-23):①皮芯结构(core-shell),一种聚合物为皮,另一种聚合物为芯;②并列结构(side by side);③橘瓣结构(orange type),④带形结构(fibers split into bands);。⑤海岛结构(islands in the sea),一种聚合物为连续相,另一种聚合物为分散相。

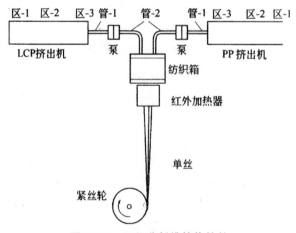

图 11-22　双组分纤维熔体纺丝

(a) 皮芯结构

(b) 并列结构

(c) 橘瓣结构

(d) 带形结构

(e) 海岛结构

图 11-23　双组分纤维的形态

11.3.7　智能合成纤维

对合成纤维日益增多的要求是智能化,即能对环境具有感知能力并对人们的需求作出反应,智能合成纤维(smart fibers)和服装应运而生。服装设计师正在设计可以监测身体功能的服装,可以转发电子邮件和判断人的情绪的饰物以及可以改变颜色的服装。智能服装中装备有特殊的微型计算机和全球定位系统及通信装置,可以不断监视使用者的体温、饥饿和心脏跳动情况,当人体出现异常情况时可提醒使用者,如果发现使用者无反应则会提醒急救中心。该衣服上还安装有太阳能处理系统,可以不间断地满足衣服上各种仪器的电能需求。抗菌纤维可以防止细菌传染和减少细菌造成的气味,已经用于体育服装。自洗衣是在衣服纤维上植入不同种类的细菌,不但能除去衣服上的污垢、气味和汗味,还会排出芳香气味,使衣物爽洁怡人。智能泳衣参考了鲨鱼的游泳姿态、鲨鱼皮的纹理和飞机外形结构,采用新的高弹力织物可以对水产生排斥作用在水中游动时的阻力。具有救生功能的电子滑雪服的功能是当滑雪服内的温度测得滑雪者体温过低时,衣料便会自动加热。可根据环境条件调节温度(暖或凉)的服装也已问世,如用形状记忆合金纤维制造的衬衫使用镍钛记忆合金纤维和聚酰胺混织而成,比例为五根尼龙丝配一根镍钛合金丝。当周围温度升高时,这件衬衣的袖子会立即自动卷起,让你凉快一下。一种可使医生及时了解人体能状况的生命衬衣已研制成功,它装有 6 个传感器,分别植入领口、腋下、胸骨及腹部等部位,与佩戴在腰带上的微型电脑连接,将使用病人的心跳、呼吸、心电图及胸、腹容积变化等指标,通过微型电脑,经互联网传至分析中心,再由分析中心将结果通知医生,对防止绞痛、睡眠性呼吸暂停等突发性衰竭的病人非常有效。微电路板中的导电聚合物纤维织物可以储藏信息。利用光子的智能纤维可以像含光敏性染料的纤维那样随环境变化而改变颜色。对雷达惰性的纤维可以用于隐身飞机、坦克和军服。

11.3.8　高分子光纤

电缆通信皂将声音转变成电信号,通过电线把电信号传给对方。光纤通信是将记录的声音的电信号转变成光信号,通过光纤把信号传给对方,最后把光信号转变成电信号完成通话。高分子光纤(polymer or plastic optical fibers,POF)的构造见图 11-24,包括芯材、包层(20tLm)和保护性外套。高分子光纤是因光在纤维界面上全反射或纤维的折射率梯度而使光在纤维内曲折反复传播把光约束在纤维内进行导光的材料,以聚甲基丙烯酸甲酯(PMMA)或聚苯乙烯(PS)为芯材,以氟聚合物如氟化聚甲基丙烯酸甲酯为包层的光纤,属于阶跃型光纤,即用折射率低的皮层包覆折射率高的芯,入射到芯层的光通过在芯和皮的界面反复全反射而传输光。对芯材的要求是光学各向同性,在可见光区不吸收、不散射,折射率高于包层。对包层的要求是其折射率要低于芯材。光损失是表征光纤透光程度和传输质量的指标,与入射和出射的光强度比值的常用对数值成正比。一些聚合物的光性能见表 11-20。目前聚甲基丙烯酸甲酯芯材的光损失可达到 55dB/km(567nm)，氘代聚甲基丙烯酸甲酯芯材的光损失可达到 20dB/km(680nm)，但仍比玻璃(硅)光纤的光损失(5～6dB/km，820nm)大，影响了高分子光纤的竞争力。

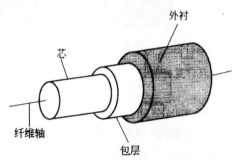

图 11-24　高分子光纤的构造

表 11-20　一些聚合物的光性能

聚合物	光损失/ （dB/km）	带宽/ GHz·km	折射率比 （芯/包层）	孔径 （NA）	芯材直径/ μm
PMMA	55(538nm)	0.03	1.492/1.417	0.47	250～1000
PS	330(570nm)	0.0015	1.592/1.416	0.73	500～1000
PC	600(670nm)	0.0015	1.582/1.305	0.78	500～1000
无定形氟聚合物（CYTOP）	16(1310nm)	0.59	1.353/1.34		125～500
包层硅（PCS）	5～6(820nm)	0.005	1.46/1.41	0.40	110～1000

11.3.9　微胶囊技术在纺织品的应用

微胶囊是一类具有芯-壳结构的微容器，由具有特定功能的活性物质（芯）和保护性物质（壳）组成，球形微胶囊的直径为 50nm～2mm。活性物质可以是颗粒如染料、相变材料（石蜡、长链正烷烃和聚乙二醇等），液体如香料或气体。保护性物质常用天然或合成高分子材料。在外部条件的刺激下，体现出活性物质的功能。微胶囊的功能主要取决于芯材，而微胶囊的壳材则提供力学性能、可控缓释性、目标选择性、环保性和保护活性物质免受环境的影响。微胶囊的形态主要是球形，有单芯型、多芯型、单壳型和多壳型等，也有不规则形状的微胶囊。合成聚合物如聚氨酯、聚脲、蜜胺树脂等，天然聚合物如明胶、阿拉伯胶等，都适合用做微胶囊壳材。微胶囊技术在纺织行业的应用始于 20 世纪 80 年代，可将微胶囊涂层在纺织品表面或镶嵌在纤维内部（图 11-25），使纺织品具有特种功能，有分散染料和变色（光变色、热变色）、相变、阻燃和控制释放型等。这些微胶囊在纺织品的应用为人类提供了舒适、保健和智能化的服装，提高了人类生活的质量。

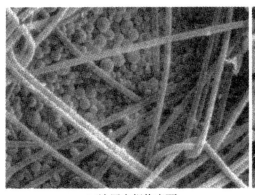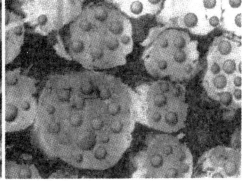

(a)涂层在织物表面　　　　　　　　　(b)镶嵌在纤维内部

图 11-25　微胶囊模型

为了使服装在穿着过程中更舒适,可自动调节服装的温度,相变微胶囊即把相变材料(可选择不同相变温度如 25℃或 30℃)包裹在聚合物中。利用相变材料在融化时吸热和凝固时放热的特征,当人体温度传递到服装的温度高于相变温度时,相变材料吸热而降低服装的温度,反之服装的温度低于相变温度时,相变材料放热可提高服装的温度。

变色微胶囊即把可变色材料如包裹在聚合物中,主要有两种类型:①温致(热)变色,通过温度的变化改变颜色;②光致变色,通过不同紫外线波长的照射改变颜色。温致变色材料有通过得失水变色的无机物、通过易进行电子得失的电子给体-受体复合物和变色高分子液晶。光致变色的机理是光致变色材料在不同紫外线波长的照射下发生异构体的变化,常用的光致恋仁。材料有各种偶氮苯化合物。

控制释放型微胶囊是以香料、抗菌驱虫剂、抗静电剂、紫外线吸收剂等为芯,具有长期放香、抗菌杀虫、防止静电和抗紫外线的功能。芳香整理(将香料整理到纺织品)和芳香保健(利用芳香治病)相结合,可赋予纺织品驱蚊、消臭,使人舒适和医治疾病、催眠、提神等功能,通过改变香料的种类就可以生产不同香型和芳香功能的服装。由于直接在服装上喷洒的香料易挥发,留香时间短,采用粘接在纺织品上的微胶囊技术可以解决香料的长效缓释问题。国际香料有限公司开发的感官认知技术微胶囊(sensory perception technology micro-capsules,SP 微胶囊)可在纤维或织物中"焊接"大量芯为香料的微胶囊(约 100 万个/cm^2),使服装在穿着过程中不断释放香味。

第 12 章 涂料

12.1 涂料概述

涂料是指涂布在物体表面而形成的具有保护和装饰作用的膜层材料。最早的涂料是采用植物油和天然树脂熬炼而成,其作用与我国的大漆相近,因此被称为"油漆"。随着石油化工和合成聚合物工业的发展,植物油和天然树脂已逐渐被合成聚合物改性和取代,涂料所包括的范围已远远超过"油漆"原来的狭义范围。

12.1.1 涂料的组成和作用

涂料是多组分体系,主要有成膜物质、颜料和溶剂三种组分,此外还包括催干剂、填充剂、增塑剂、增稠剂和稀释剂等。

成膜物质也称基料,它是涂料最主要的成分,其性质对涂料的性能(如保护性能、力学性能等)起主要作用。作为成膜物质应能溶解于适当的溶剂,具有明显结晶作用的聚合物一般不适合作为成膜物质。结晶的聚合物一般不溶解于溶剂,聚合物结晶后会使软化温度提高,软化温度范围变窄,且会使漆膜失去透明性,从涂料的角度来看,这些都是不利的。作为成膜物质还必须与物体表面和颜料具有良好的结合力。为了得到合适的成膜物质,可用物理方法和化学方法对聚合物进行改性。原则上,各种天然和合成的聚合物都可作为成膜物质。与塑料、橡胶和纤维等所用聚合物的最大差别是,涂料所用聚合物的平均相对分子质量一般较低。

成膜物质分为两大类,一类是转化型或反应性成膜物质,另一类是非转换型或挥发型(非反应性)成膜物质。植物油或具有反应活性的低聚物、单体等所构成的成膜物质称为反应性成膜物质,将它涂覆在物体表面后,在一定条件下进行聚合或缩聚反应,从而形成坚韧的膜层。由于在成膜过程中伴有化学反应,形成网状交联结构,因此,此类成膜物质相当于热固性聚合物,如环氧树脂、天然树脂、氨基树脂和醇酸树脂等。非反应性成膜物质是由溶解或分散于液体介质中的线型聚合物构成,涂布后,由于液体介质的挥发而形成聚合物膜层,由于在成膜过程未发生任何化学反应,成膜仅是溶剂挥发,成膜物质为热塑性聚合物,如纤维素衍生物、氯丁橡胶、乙烯基聚合物和热塑性丙烯酸树脂等。

颜料主要起遮盖、赋色和装饰作用,并对表面起抗腐蚀的保护作用。颜料一般粒径为 $0.2 \sim 10 \mu m$ 的无机或有机粉末,无机颜料如铅铬黄、铁黄、镉黄、铁红、钛白粉、氧化锌和铁黑等,有机颜料如炭黑、酞菁蓝、耐光黄和大红粉等。有些颜料除了具有遮盖和赋色作用外,还有增强、赋予特殊性能、改善流变性能、降低成本的作用,如锌铬黄、红丹(铅丹)、磷酸锌和铝粉具有防锈功能。

溶剂通常是用以溶解成膜物质的易挥发性有机液体。涂料涂覆在物体表面后,溶剂基本上应尽快挥发,不是一种永久性的组分,但溶剂对成膜物质的溶解能力决定了所形成的树脂溶液的均匀性、漆液的黏度和漆液的储存稳定性,溶剂的挥发性会极大地影响涂膜的干燥速率、涂膜的结构和涂膜外观的完美性。为了获得满意的溶解和挥发成膜效果,在产品中常用的溶剂有甲苯、二甲苯、丁醇、丁酮和乙酸乙酯等。溶剂的挥发是涂料对大气污染的主要根源,溶剂的安全性、对人体的毒性也是涂料工作者选择溶剂时应该考虑的。

涂料的上述三组分中溶剂和颜料有时可被除去,没有颜料的涂料被称为清漆,而含颜料的涂料被称为色漆。粉末涂料和光敏涂料(或称光固化涂料)则属于无溶剂的涂料。

填充剂又称增量剂,在涂料工业中也称为体质颜料,它不具有遮盖力和着色力,而是起改进涂料的流动性能、提高膜层的力学性能和耐久性、光泽,并可降低成本。常用的填充剂有重晶石粉、碳酸钙、滑石粉、云母粉、石棉粉和石英粉等。

增塑剂是为提高漆膜柔性而加入的有机添加剂。常用的有氯化石蜡、邻苯二甲酸二丁酯(DBP)和邻苯二甲酸二辛酯等。

对聚合物膜层的聚合或交联称为漆膜的干燥。催干剂就是促使聚合或交联的催化剂。常用的催干剂有环烷酯、辛酸、松香酸及亚油酸铝盐、钴盐和锰盐,其次是有机酸的铅盐和锆盐。

增稠剂是为提高涂料的黏度而加入的添加剂,常用的有纤维素醚类、细粒径的二氧化硅和黏土等。稀释剂是为降低黏度,便于施工而加入的添加剂,常用的有乙醇和丙酮等。

涂料中的其他添加成分还有杀菌剂、颜料分散剂以及为延长储存而加入的阻聚剂和防结皮剂等。

12.1.2 涂料的分类

涂料的品种繁多,可从不同的角度分类,如根据成膜物质、溶剂、施工方法、功能和用途等的不同进行分类。

既然成膜物质的性能是决定涂料性能的主要因素,按成膜物质的种类,一般将涂料分为 17 大类,详见表 12-1。

表 12-1 涂料车模物质的分类

涂料类别	主要成膜物质
油脂漆	天然植物油、动物油、合成油等
天然树脂漆	松香及其衍生物、虫胶、乳酪素、动物胶、大漆及其衍生物等
酚醛树脂漆	酚醛树脂、改性酚醛树脂、甲苯树脂
沥青漆	天然沥青、(煤)焦油沥青、石油沥青等
醇酸树脂漆	醇酸树脂及改性醇酸树脂
氨基树脂漆	脲醛树脂、三聚氰胺甲醛树脂
硝基漆	硝基纤维素、改性硝基纤维素
纤维素漆	苄基纤维、乙基纤维、羟甲基纤维、乙酸纤维、乙酸丁酸纤维
过氯乙烯漆	过氯乙烯树脂(氯化聚乙烯)、改性过氯乙烯树脂
乙烯树脂漆	氯乙烯共聚树脂、聚乙酸乙烯及其衍生物、聚乙烯醇缩醛树脂含氯树脂、氯化聚丙烯、石油树脂等
丙烯酸树脂漆	热塑性丙烯酸树脂、热固性丙烯酸树脂等
聚酯树脂漆	不饱和聚酯、聚酯

涂料类别	主要成膜物质
环氧树脂漆	环氧树脂、改性环氧树脂
聚氨酯漆	聚氨酯
元素有机漆	有机硅树脂、有机氟树脂
橡胶漆	天然橡胶、合成橡胶及其衍生物
其他漆类	聚酰亚胺树脂、无机高分子材料等

按涂料的使用层次分为底漆、腻子、二道底漆和面漆。按涂料的外观分类，如按涂膜的透明状况分为清漆（清澈透明）和色漆（带有颜色）；按涂膜的光泽状况分为光漆、半光漆和无光漆。

按涂料的形态分为固态涂料（即粉末涂料）和液态涂料，后者包括溶剂涂料与无溶剂涂料。有溶剂涂料又可分为水性涂料和溶剂型涂料，溶剂含量低的又称高固体份涂料。无溶剂涂料主要包括通称的无溶剂涂料和增塑剂分散型涂料（即塑性溶胶）等。

水性涂料分为两大类，一是乳胶（或乳液），二是水性树脂体系。水性树脂体系可分为水溶性体系和水分散性体系，水溶性体系的成膜物质有两种：①成膜物质具有强极性结构，可在水中溶解；②成膜物质通过化学反应形成水溶性的盐，此类成膜物质一般含有酸性基团或者碱性基团，可与氨或酸反应，其中氨和酸是挥发性的，在涂料干燥的过程中能够逸出。为保证成膜物质的水溶性，成膜物质的相对分子质量相对较低，一般为 $1000\sim6000$，极少数情况可达到 2 万。水分散性成膜物质的相对分子质量较高，一般为 3 万左右。

水性涂料中作为溶剂和分散介质的水与通常的有机溶剂的性质有很大的差异，如表 12-2 所示，因而水性涂料的性质与溶剂型涂料的性质也有很大的不同，主要表现在：水的凝固点为 $0℃$，因而水性涂料必须在 $0℃$ 以上保存。水的沸点 $100℃$，虽比溶剂低，但气化蒸发热为 $2300J/g$，远远高于一般溶剂，因而干燥时耗能多，蒸发慢，在涂装时易产生流挂，影响表面质量，这也是水性涂料涂装技术上的难点之一。水的表面张力为 $73.0mN/m$，比一般溶剂高许多，因而水性涂料在涂装时易产生下列缺陷和漆膜弊病：①不易渗入被涂物质表面的细缝中；②易产生缩孔；③展平性不良；④易流性；⑤不易消泡；⑥浸渍涂装时易产生下沉、流迹等。一般需加入助溶剂来降低表面张力，提高表面质量。另外，水分散体系的水性涂料对于剪切力、热、pH 值等较敏感，因而在制造、输送水性涂料过程中应加以考虑。水性树脂分子在颜料表面吸附性差，乳胶涂料的光泽低，不鲜艳，在装饰性上欠佳。即使初期的光泽鲜艳性好，在室外曝露后光泽保持率差。现在，水性涂料在人工老化试验 3000h 后光泽保持率能维持在 85% 以上已是最好的。

表 12-2　水和溶剂的性质比较

性质	水	有机溶剂（二甲苯）	性质	水	有机溶剂（二甲苯）
沸点/℃	100.0	144.0	比热容/[J/(g·℃)]	4.2	1.7
凝固点/℃	0.0	−25.0	蒸发热/(J/g)	2300	390.0
氢键指数	39.0	4.5	热传导率/[×10³W/(m²·℃)]	5.8	1.6

续表

性质	水	有机溶剂（二甲苯）	性质	水	有机溶剂（二甲苯）
表面张力/(mN/m)	73.0	30.0	相对密度 d_4^{20}	1.0	0.9
黏度/mPa·s	1.0	0.8	折射率 n_D^{20}	1.3	1.5
相对挥发性(乙醚=1)	80.0	14.0	闪点/℃	—	23
蒸汽压(25℃)/kPa	2.38	0.7	低爆炸极限(体积分数)/%	—	1.1

12.1.3 膜的形成

用涂料的目的是在被涂物的表面形成一层坚韧的薄膜。涂料的成膜包括将涂料施工在被涂物表面和使其形成固态的连续涂膜两个过程,成膜方式包括物理成膜方式和化学成膜方式。物理成膜方式又分为溶剂或分散介质的挥发成膜和聚合物粒子凝聚两种形式,主要用于热塑性涂料的成膜。

1. 溶剂或分散介质的挥发成膜

这是溶液型或分散型液态涂料在成膜过程中必须经过的一种形式。液态涂料涂在被涂物上形成"湿膜",其中所含有的溶剂或分散介质挥发到大气中,涂膜黏度逐步加大至一定程度而形成固态涂膜。涂料品种中硝酸纤维素漆、过氯化乙烯漆、沥青漆、热塑性乙烯树脂漆、热塑性丙烯酸树脂漆和橡胶漆都以溶剂挥发方式成膜。

2. 聚合物粒子凝聚成膜

这种成膜方式是涂料依靠其中作为成膜物质的高聚物粒子在一定的条件下互相凝聚而成为连续的固态膜。含有挥发性分散介质的分散型涂料,如水乳胶涂料、非水分散型涂料和有机溶胶等,在分散介质挥发的同时产生高聚合物粒子的接近、接触、挤压变形而聚集起来,最后由粒子状态的聚集变为分子状态的聚集而形成连续的涂膜。含有不挥发的分散介质的涂料如塑性溶胶,由分散在介质中的高聚物粒子溶胀、凝聚成膜。热塑性的固态粉末涂料在受热的条件下通过高聚物热熔、凝聚而成膜。

化学成膜是指先将可溶的(或可熔的)低相对分子质量的聚合物涂覆在基材表面以后,在加温或其他条件下,分子间发生反应而使相对分子质量进一步增加或发生交联而成坚韧薄膜的过程。这种成膜方式是一种特殊形式的高聚物合成方式,它完全遵循高分子合成反应机理,是热固性涂料包括光敏涂料、粉末涂料、电泳漆等的共同成膜方式。

12.1.4 涂装技术

将涂料均匀地涂在基材表面的施工工艺称为涂装。为了使涂料达到应有的效果,涂装施工非常重要,俗话说"三分油漆,七分施工",虽然夸张一点,但也说明施工的重要性。涂料的施工首先要对被涂物的表面进行处理,然后才可进行涂装。

表面处理有两方面的作用,一方面是消除被涂物表面的污垢、灰尘、氧化物、水分、锈渣、油污等;另一方面是对表面进行适当改造,包括进行化学处理或机械处理,以消除缺陷或提高附着力。

不同的基质有不同的处理方法。

金属的表面处理主要包括除锈、除油、除旧漆、磷化处理和钝化处理等。

木材施工前要先晾干或低温烘干（70～80℃），控制含水量在 7％～12％，还要除去未完全脱离的毛束（如木质纤维）。表面的污物要用砂纸或其他方法除去，并要挖去或用有机溶剂溶解木材中的树脂。有时为了美观，在涂漆前还需漂白和染色。

塑料一般为低能表面，为了增加塑料表面的极性，可用化学氧化处理，例如用酪酸、火焰、电晕或等离子体等进行处理；另一方面为了增加涂料中成膜物质在塑料表面的扩散速度，也可用溶剂如三氯乙烯蒸汽进行侵蚀处理。另外，在塑料表面上往往残留有脱模剂和渗出的增塑剂，必须预先进行清洗。

涂装的方法很多，一般要根据涂料的特性、被涂物的性质、形状及质量要求而定。关于涂装技术已有不少专著可供参考，这里只作简要的讨论。

（1）手工涂装

手工涂装包括刷涂、滚涂和刮涂等。其中刷涂是最常见的手工涂装法，适用于多种形状的被涂物。滚涂主要用于乳胶涂料的涂装，刮涂是用于黏度高的厚膜涂装方法，一般用来涂覆腻子和填孔剂。

（2）浸涂和淋涂

将被涂物浸入涂料中，然后吊起，滴尽多余的涂料，经过干燥而达到涂装目的方法称为浸涂。淋涂则是用喷嘴将涂料淋在被涂物上以形成涂层，它和浸涂方法一样适用于大批量流水线生产方式。对于这两种涂装方法最重要的是要控制好黏度，因为黏度直接影响漆膜的外观和厚度。

（3）空气喷涂

空气喷涂是通过喷枪使涂料雾化成雾状液滴，在气流带动下，喷到被涂物表面的方法。这种方法效率高，作业性好。

（4）无空气喷涂

无空气喷涂法是靠高压泵将涂料增压至 5～35MPa，然后从特制的喷嘴小孔（口径为 0.2～1mm）喷出，由于速度高（100m/s），随着冲击空气和压力的急速下降，涂料中的溶剂急速挥发，体积骤然膨胀而分散雾化，并高速地涂着在被涂物上。这种方法大大减少了漆雾飞扬，生产效率高，适用于高黏度的涂料。

（5）静电喷涂

静电喷涂是利用被涂物为阳极，涂料雾化器或电栅为阴极，形成高压静电场，喷出的漆滴由于阴极的电晕放电而带上负电荷，它们在电场作用下，沿电力线高效地被吸附在被涂物上。这种方法易实现机械化和自动化，生产效率高，适用于流水线生产，且漆膜均匀，质量好。

（6）电泳涂装

电泳涂装是水稀释性涂料特有的一种涂装方式。通常把电泳施工的水溶性涂料称为电泳漆。电泳涂装是在一个电泳槽中进行的，涂料置于槽中，由于水稀释性漆是一个分散体系，水稀释性树脂的聚集体作为黏合剂，将颜料、交联剂和其他添加剂包覆于微粒内，微粒表面带有电荷，在电场的作用下，带电荷微粒向着与所带电荷相反的电极移动，并在电极表面失去电荷，沉积在电极表面上，此电极为被涂物。将被涂物取出冲洗后加温烘干，便可得到交联固化的漆膜。电泳涂装广泛用于汽车、电器、仪表等的底漆涂装。

另外还有粉末涂料的涂装方法。粉末涂料涂装的两个要点是：一是如何使粉末分散和附着在被涂物的表面;二是如何使它成膜。粉末涂料的涂装方法近年发展很快,方法很多,常用的涂装方法有火焰喷涂法、流化床法和静电涂装法三种。

12.2 醇酸树脂涂料

12.2.1 醇酸树脂的制备

邻苯二甲酸酐与甘油缩聚,产物是不溶、不熔的硬脆聚合物,不能用作涂料。采用脂肪酸来改性可以提高其在溶剂中的溶解性能,因此,改性的醇酸树脂已成为涂料工业的骨干材料。用作涂料的醇酸树脂是由多元醇、多元酸及脂肪酸通过缩聚反应制得。通过调节各组分的比例,可以制备出性能优良适用于表面涂层的树脂。

多元醇:主要是甘油,也可以是季戊四醇、山梨醇、三羟甲基丙烷及各种二甘醇。

多元酸:主要是邻苯二甲酸及酸酐(苯酐)、间苯二甲酸、己二酸、马来酸等二元酸,也可用三元酸如偏苯三酸等。

一元酸:主要是亚麻油、豆油、桐油等植物油中所含的酸(以油的形式使用,或以酸的形式使用),也可用苯甲酸和合成脂肪酸。

醇酸树脂是用脂肪酸改性的,所以脂肪酸的种类和含量(油度)决定醇酸树脂的性质。脂肪酸组分可由脂肪酸直接引入或油通过醇解引入。

油类主要是植物油,植物油主要成分为甘油三脂肪酸酯(简称甘油三酸酯)。自然界中的甘油三酸酯不是由一种脂肪酸所构成的简单酯,而是不同的脂肪酸形成的混合酸酯。其分子式可简单表示为

$$
\begin{array}{c}
CH_2-O-C-R' \\
| \qquad\quad O \\
CH-O-C-R'' \\
| \qquad\quad O \\
CH_2-O-C-R'''
\end{array}
$$

式中,R'、R''、R'''是脂肪酸基,是体现油类性质的主要部分。

脂肪酸大多是十八碳酸,其通式为 $C_{17}H_{35-x}COOH$,但也有其他碳数的酸,主要的脂肪酸有:硬脂酸$[CH_3(CH_2)_{16}COOH]$、油酸$[CH_3(CH_2)_7=CH(CH_2)_7COOH]$、亚油酸$[CH_3(CH_2)_4CH=CHCH_2CH=CH(CH_2)_7COOH]$、亚麻酸$[CH_3CH_2CH=CHCH_2CH=CHCH_2CH=CH(CH_2)_7COOH]$。它们中所含双键的数目和位置不同,其性能差异很大。

油一般分为干性油、半干性油和非干性油。通常用碘值来鉴定。碘值是指为饱和100g油的双键所需碘的克数。碘值大于 140 为干性油,碘值在 125~140 为半干性油,低于 125 为非干性油。碘值只是不饱和度的量度,不能反映脂肪酸中双键的分布情况。油在空气中固化的实质是油中活泼亚甲基与氧反应而产生的交联。所谓活泼亚甲基,主要是指在两个双键之间的亚甲基。所以更为严格和科学的方法是按油中含有多少活泼亚甲基来直接地反映油的性质。

根据醇酸树脂中的油含量的不同,醇酸树脂可以分为长油度(60%)、中油度(40%~60%)和

短油度(40%以下)三种。

在常温氧化干燥的醇酸树脂中,希望有尽可能多的活泼亚甲基,也希望有尽可能多的苯环结构,因为苯环结构可以提高聚合物的玻璃化温度,有助于"干燥",特别是迅速达到触干,使室温固化速率加快;含少量的羟基有助于附着力的提高;油量多,柔韧性增强,在脂肪族溶剂中溶解度增加,刷涂性好,但耐候性差。聚酯部分可提供较高的硬度和良好的韧性及耐磨性。综合考虑一般用50%的油度。油度从60%到40%时,表干变快,硬度也增加,但耐溶剂的能力变差。温度升高,醇酸树脂中氧化干燥速率加快,短油醇酸树脂常用于烘干型醇酸树脂涂料。

醇酸树脂按改性脂肪酸的性质主要分为两类,一类是干性油醇酸树脂,是采用不饱和脂肪酸改性制成的,在室温与氧存在下能直接固化成膜,用于制自干的涂料。另一类是不干性油醇酸树脂,改性脂肪酸是不干性油如蓖麻油、椰子油、月桂酸等,碘值较低,不能在空气中氧化交联,因而它不能直接用作涂料,需与其他树脂混合使用。

1. 水性醇酸树脂

醇酸树脂是通过缩聚反应本体聚合制备成的,第一代水性醇酸树脂是用乳化剂乳化来制备的,为获得满意的性能,要求醇酸树脂的直径尽可能小而且粒径分布窄。第二代水性醇酸树脂具有较高的酸值(高于40mgKOH/g),同时需加入大量的助溶剂。醇酸树脂水性化的方法有:①在醇酸树脂中引入偏苯三酸、均苯四酸等多元酸,制造高酸值醇酸树脂,用胺中和;②用顺丁烯二酸与醇酸树脂中的双键加成,引入羧基,然后以胺中和增容。水溶性醇酸树脂的关键在于控制醇酸树脂的酸值和相对分子质量,酸值高、相对分子质量小的醇酸树脂水溶性好。第三代水性醇酸树脂是用氨基甲酸酯和丙烯酸改性,酸值较低(通常小于20mgKOH/g),挥发性溶剂和氨的总含量小于5%。

2. 高固体分醇酸树脂

为了减少挥发性有机溶剂在涂料中的含量,人们对高固体分醇酸树脂作了许多研究。制备高固体分醇酸树脂的关键是黏度,最主要的是树脂本身的黏度和溶剂选择。选择溶剂时,特别是在醇酸树脂中使用一些氢键接受体溶剂(如酮),可以使固含量有所增加(在黏度不变的情况下),但最重要的方法是降低相对分子质量和使相对分子质量分布变窄。醇酸树脂的平均相对分子质量不能低于一定水平,否则要影响漆膜的性能。相对分子质量分布窄的醇酸树脂尽管可以达到固含量高、干燥速率快的目的,但漆膜的性能,特别是抗冲击性能可能比相对分子质量分布宽(在相同的平均相对分子质量条件下)的醇酸树脂差。采用活性稀释剂如多丙烯酸酯等,也可以降低挥发性有机溶剂的含量。

3. 触变型醇酸树脂

"触变"是用来描述由于剪切(如搅拌)而产生的黏度可逆的"溶液-溶冻"变化的现象;触变型醇酸树脂是由醇酸树脂与聚酰胺树脂反应制得的。聚酰胺树脂是不饱和脂肪酸的二聚酸与二元胺的缩合物。二聚酸的结构为

$$CH_3(CH_2)_5—CH—CH—CH=CH—(CH_2)_7COOH$$
$$CH_3(CH_2)_5—CH \quad CH—(CH_2)_7COOH$$
$$HC=CH$$

一般聚酰胺树脂用量为 5% 左右,增加聚酰胺树脂用量可提高触变强度,用量增加一倍,触变强度增加 3～4 倍。一般生产上采用 190℃～230℃ 反应,聚酰胺树脂分子的酰氨基与醇酸树脂发生交换反应,将聚酰胺分子分解成链段而连接到醇酸树脂上。产生触变性的原因是酰胺上的氮原子容易在分子之间形成氢键,产生了物理交联,使黏度上升。在外力作用下,氢键被破坏,黏度下降;在外力撤销后,又可逐步形成氢键,重新恢复高黏度。

12.2.2　醇酸树脂涂料的特点

醇酸树脂涂料品种很多,根据使用情况,醇酸树脂可分为外用醇酸树脂涂料、通用醇酸树脂涂料、醇酸树脂底漆和防锈漆、水溶性醇酸树脂涂料以及其他具有特殊性能的醇酸树脂涂料。

醇酸树脂涂料在涂料产品中应用最广泛,可制成清漆、磁漆、底漆和腻子,它具有以下优点:

①漆膜干燥以后,形成高度网状结构,不易老化,耐候性好,光泽持久。

②附着力好,漆膜柔韧、耐磨。

③抗矿物油性、抗醇类溶剂性好,烘烤后的漆膜耐水性、耐油性、绝缘性大大提高。

④施工方便,刷涂、喷涂、浸涂均可,既能自干,又可烘干。

醇酸树脂的主要缺点是完全干透时间长,漆膜较软,耐热、防霉菌性较差等。

12.3　丙烯酸涂料

12.3.1　丙烯酸树脂的制备

丙烯酸树脂是由丙烯酸及丙烯酸酯或甲基丙烯酸及甲基丙烯酸酯单体通过加聚反应生成的聚丙烯酸或聚丙酸酯树脂。以丙烯酸树脂为成膜物质的涂料称为丙烯酸涂料。在生产过程中为了改进丙烯酸树脂的性能和降低成本,常常按比例加入烯类单体如丙烯腈、甲基丙烯酰胺、甲基丙烯酸、乙酸乙烯、苯乙烯等与之共聚。表 12-3 简单地列出了一些共聚单体的作用。

表 12-3　各种单体对漆膜性能的影响

膜的性质	单体的贡献
室外耐久性	甲基丙烯酸酯和丙烯酸酯
硬度	甲基丙烯酸酯、苯乙烯、甲基丙烯酸和丙烯酸
柔韧性	丙烯酸乙酯、丙烯酸正丁酯、丙烯酸-2-乙基己酯
抗水性	甲基丙烯酸甲酯、苯乙烯
抗撕裂	甲基丙烯酰胺、丙烯腈
耐溶剂	丙烯腈、氯乙烯、偏氯乙烯、甲基丙烯酰胺、甲基丙烯酸
光泽	苯乙烯、含芳香族的单体
引入反应性基团	丙烯酸羟乙酯、丙烯酸羟丙酯、N-羟甲基丙烯酰胺、丙烯酸缩水甘油酯、丙烯酸、甲基丙烯酸、丙烯酰胺、丙烯酸烯丙酯、氯乙烯、偏氯乙烯

根据所用单体不同,丙烯酸树脂分为热塑性丙烯酸树脂和热固性丙烯酸树脂。溶剂型丙烯

酸涂料最早使用的是热塑性丙烯酸涂料,主要组分是聚甲基丙烯酸酯。由于热塑性丙烯酸涂料的固体含量太低,大量溶剂逸入大气中,为增加固含量,必须降低丙烯酸树脂的相对分子质量,但这必然影响漆膜的各种性能,为此发展了热固性丙烯酸树脂涂料。热固性丙烯酸树脂涂料是使相对分子质量较低的丙烯酸树脂在涂布以后经分子间反应而构成的体型分子。热固性丙烯酸树脂一般通过侧链的羟基、羧基、氨基、环氧基和交联剂(如氨基树脂、多异氰酸酯及环氧树脂等)反应。这类涂料除了具有较高的固体分以外,它还有更好的光泽和表观、更好的耐化学、耐溶剂及耐碱、耐热性等。

1. 水溶性丙烯酸树脂

水溶性丙烯酸树脂涂料都是热固性的,很少有热塑性的水溶性聚合物用于涂料,因为它的抗水性太差。水溶性丙烯酸酯采用具有活性可交联官能团的共聚树脂制成。在使用时外加或不加交联树脂,使活性官能团在成膜时交联而形成体型结构。用于交联的活性官能团基本与溶剂型相同,以羟基或羧基与氨基树脂交联的体系为主 6 共聚树脂的单体中选用适量的不饱和羧酸,如丙烯酸、甲基丙烯酸、顺丁烯二酸酐、亚甲基丁二酸等,使树脂中的侧链带有羧基,再用有机胺或氨水中和成盐而获得水溶性。此外,树脂中的侧链还可通过选用适当单体以引入羟基、酰氨基或醚键等亲水基团而增加树脂的水溶性。中和成盐的丙烯酸树脂的水溶性并不很强,使用过程中还必须加入一定比例的亲水性助溶剂来增加树脂的水溶性,其组成可归纳于表 12-4 中。

表 12-4　水溶性丙烯酸树脂的组成

组成		常用品种	作用
单体	组成单体	甲基丙烯酸甲酯、苯乙烯、丙烯酸乙酯、丁酯、乙基己酯等	调整基础树脂的硬度、柔韧性及耐大气老化等性能
	官能单体	甲基丙烯酸羟乙酯、甲基丙烯酸羟丙酯、丙烯酸羟乙酯、丙烯酸羟丙酯、甲基丙烯酸、丙烯酸、顺丁烯二酸酐等	提供亲水基团及水溶性,并为树脂固化提供交联反应基团
中和剂		氨水、二甲基乙醇胺、N-乙基吗啉、2-甲氨基-2-甲基丙醇、2-氨基-2-甲基丙醇等	中和树脂上的羧基,成盐,提供树脂水溶性
助溶剂		乙二醇乙醚、乙二醇丁醚、丙二醇乙醚、丙二醇丁醚、仲丁醇、异丙醇等	提高偶联效率,起增容作用,调整黏度、流平性等施工性能

水溶性丙烯酸树脂合成及制造工艺:混合单体(质量份)为甲基丙烯酸甲酯:丙烯酸丁酯:甲基丙烯酸羟乙酯:丙烯酸=40.8:40.8:10:8.4,加有 1.2% 偶氮二异丁腈为引发剂,在氮气保护下将混合单体于 2.5h 内慢慢滴入丙二醇醚类溶剂(UCC 公司的 Propasol P),此时反应物中单体:溶剂的质量比为 2:1,继续在(101±3)℃下保温 1h,再加入总质量 20% 的 Propasol P,然后升温进行蒸馏。

与缩聚型树脂相比,水性丙烯酸树脂的独特之处在于它有较好的水解稳定性,制备方法的灵活多样性。

2. 高固体分丙烯酸树脂

制备用于高固体分涂料的丙烯酸树脂是非常困难的,多数是依靠侧链带羟基的热固型树脂与高固体含量的甲醚化三聚氰胺甲醛树脂制成。含羟基单体是树脂发生交联反应的关键,每个树脂分子中至少要有 2 个以上的羟基才能与氨基树脂交联成体型大分子。由于这里所用的热固性丙烯酸树脂与常规的热固性丙烯酸树脂不同,分子质量极小,必须具有极窄的相对分子质量分布并且有足够的羟基酯单体参加聚合,才能确保每个树脂分子上都有两个以上的羟基,为了使每个聚合物分子中有两个以上羟基,常采用下列措施:

①引发剂必须使用偶氮化合物,如 AIBN,不能用 BPO。

②活性官能团单体的用量较高。

③严格控制聚合温度,单体、引发剂的加入速率。

④选用适当的链转移剂,使用羟基硫醇作链转移剂来调节相对分子质量,使相对分子质量分布变窄的同时,还使聚合物末端带一个羟基。

目前高固体丙烯酸树脂可以有 70%(体积分数)或 76%(质量分数)的固含量,已解决在闪光漆上使用的问题,并开始应用于汽车面漆,其发展前途是广阔的。

另外,还有辐射固化的丙烯酸树脂和丙烯酸乳胶。丙烯酸酯乳胶可以是热塑性的,也可以是热固性的。

12.3.2　丙烯酸涂料的特点及用途

用丙烯酸酯及甲基丙烯酸酯单体共聚合制成的丙烯酸树脂对光的主吸收峰处在太阳光谱范围之外,所以用它制成的丙烯酸酯漆具有特别优良的耐光性及耐户外老化性能,其很多特点都是其他树脂所不能及的。

①色浅、透明。

②耐光、耐候性好,户外曝晒耐久性强,在紫外线照射下不易分解或变黄,能长期保持原有的光泽及色泽。

③耐热、耐过热烘烤,在 170℃温度下不分解、不变色,在 230℃左右或更高的温度下仍不变色。

④耐腐蚀,有较好的耐酸、碱、盐、油脂、洗涤剂等化学品的沾污及腐蚀性能。

通过变换不同的共聚合单体,调整不同的相对分子质量及交联体系等一系列措施,可以变化涂料的各方面性能,制成多种不同性能及应用的涂料。基于其卓越的耐光性能及耐户外老化性能,丙烯酸酯漆最大的市场为轿车漆。此外,在轻工、家用电器、金属家具、铝制品、卷材工业、仪器仪表、建筑、纺织品、塑料制品、木制品、造纸等工业均有广泛应用。

12.4　聚氨酯涂料

聚氨酯涂料即聚氨基甲酸酯涂料。凡用异氰酸酯或其反应产物为原料的涂料统称聚氨酯涂料。聚氨酯涂料中除含有相当数量的氨基甲酸酯键(—NHCO—)外,还含有酯键、醚键、脲键、脲基甲酸酯键等,综合性能优良,是一种用途广泛的高级涂料。

12.4.1　异氰酸酯的反应

异氰酸酯是制备聚氨酯涂料的原料,有很高的活性,可以和含活泼氢的化合物反应。涂料中所涉及的反应和简单的单官能度的异氰酸酯反应类似。异氰酸酯的电荷分布情况为 R—N=C=O,

碳原子是正电性,易受亲核试剂进攻,下面讨论一些典型的反应。

①与羟基反应生成氨基甲酸酯:

$$R-N=C=O + R'OH \longrightarrow R-NH-\overset{\overset{\displaystyle O}{\|}}{C}-OR'$$

②与水反应,先生成胺,生成的胺进一步与异氰酸反应,生成取代脲基团:

$$R-N=C=O + HOH \longrightarrow R-NH-\overset{\overset{\displaystyle O}{\|}}{C}-OH \longrightarrow RNH_2 + CO_2 \xrightarrow{R-NCO} R-NH-\overset{\overset{\displaystyle O}{\|}}{C}-NH-R + CO_2$$

③与胺类反应生成取代脲:

$$R-N=C=O + R'NH_2 \longrightarrow R-NH-\overset{\overset{\displaystyle O}{\|}}{C}-NH-R'$$

④与羧酸反应生成酰胺基团:

$$R-N=C=O + R'COOH \longrightarrow R-NH-\overset{\overset{\displaystyle O}{\|}}{C}-O-\overset{\overset{\displaystyle O}{\|}}{C}-R' \longrightarrow R-NH-\overset{\overset{\displaystyle O}{\|}}{C}-R' + CO_2$$

⑤与脲反应生成缩二脲:

$$R-N=C=O + R'NHCONHR'' \longrightarrow RNH-\overset{\overset{\displaystyle O}{\|}}{C}-\overset{\overset{\displaystyle R'}{|}}{N}-\overset{\overset{\displaystyle O}{\|}}{C}-NHR''$$

⑥与氨基甲酸酯反应生成脲基甲酸酯:

$$R-N=C=O + R'NHCOOR'' \longrightarrow R-NH-\overset{\overset{\displaystyle O}{\|}}{C}-\overset{\overset{\displaystyle R'}{|}}{N}-\overset{\overset{\displaystyle O}{\|}}{C}-OR''$$

⑦自聚反应:

上述反应的快慢主要与反应物和异氰酸酯的结构有关。因为发生的反应是亲核反应,因此

反应物的亲核性越高,反应速率越快,一般有如下顺序:

伯胺＞伯醇＞水＞脲＞仲醇和叔醇＞羧酸＞氨基甲酸酯＞羧酸的酰胺

异氰酸酯与伯胺在室温下就可以迅速反应,与伯醇的反应速率较为适中。如果异氰酸酯(—RNCO)中的 R 基是吸电子基,则有利于反应。

12.4.2 聚氨酯涂料的特点

聚氨酯涂料含有多种化学键结构,决定了它兼有多种优异性能。

①力学性能优异,涂膜坚硬、柔韧、光亮、耐磨、附着力强。氨酯键的特点是在高聚物分子之间能形成非环或环形的氢键,这种氢键的形成与破坏是可逆的,因此具有良好的机械强度和高的断裂伸长率,以及良好的耐磨性和韧性,广泛用作地板漆和甲板漆等。

②具备耐腐蚀性,涂膜耐油、酸、碱、盐液,化学药品及工业废气,因而可作钻井平台、船舶、化工厂的维护涂料、石油储罐的内壁衬里等。

③聚氨酯的电绝缘性好,聚氨酯涂覆的电磁线,可以不需刮漆,能在熔融的焊锡中自动上锡,特别适用于电信器材和仪表的装配。聚氨酯漆制成耐高温绝缘漆,性能接近于聚酰亚胺漆。

④聚氨酯漆附着力强,兼具保护和装饰性,可用于高级木器、钢琴等的涂装。

⑤可采用多种方式固化,能在高温固化,也能在低温固化,有利于施工应用和节能。因为它在常温能迅速固化,所以对大型工程如大型油罐、大型飞机等可以常温施工而获得优于普通烘烤漆的效果。

⑥能和聚酯、聚醚、环氧、醇酸、聚丙烯酸酯、乙酸丁酸纤维素、氯乙烯乙酸乙烯共聚树脂、沥青和干油性等配合制漆,可在宽广的范围内调节硬度,以满足不同的使用要求。

⑦可制成溶剂型、液态无溶剂型、粉末、水性、单罐装、两罐装等多种形态,以满足不同需要。

12.4.3 聚氨酯涂料的分类

1. 氨酯油和氨酯醇酸

由含有羟基的油(如蓖麻油)或多元醇部分醇解的油与二异氰酸酯反应所得的聚合油称为氨酯油,氨酯油中不含自由的异氰酸酯。

氨酯醇酸和醇酸树脂相似,只是将苯酐改为二异氰酸酯,它不含有自由的异氰酸酯基团,制备方法也与醇酸树脂的制备方法相似,即首先由植物油与多元醇(如甘油)进行交换得到甘油二酯或甘油单酯,甘油酯中的自由羟基与二异氰酸酯反应,即得氨酯醇酸。反应后加入过量的醇(如甲醇)以保证无自由的异氰酸酯,与醇酸树脂相比,由于没有邻苯二甲酸酯结构,树脂易泛黄。

氨酯油和氨酯醇酸有时都被称为氨酯油,它们都是气干型涂料,即通过脂肪酸中的活泼亚甲基反应固化,须加催干剂。

2. 湿固化的聚氨酯涂料

湿固化的聚氨酯涂料的原理是利用空气中的水和含异氰酸酯基团的预聚物反应成膜,其特点是使用方便,可在室温固化,而且漆膜耐摩擦、耐油、耐水解。由端羟基聚酯或丙烯酸树脂与脂肪族异氰酸酯制备的预聚物,可用于飞机上的涂料。

相对分子质量较高的含羟基的聚酯、聚醚、蓖麻油或丙烯酸树脂等和异氰酸酯反应时,NCO/OH 之比大于 2,使端羟基转变为端异氰酸酯;若用相对分子质量较低的羟基组分,NCO/OH

之比降至 $1.2\sim1.8$ ，这样可以就地扩链得到相对分子质量较大的预聚物，预聚物和水反应生成胺和 CO_2 ，胺再和异氰酸酯反应迅速生成脲：

$$\sim\sim\sim NCO + H_2O \longrightarrow \sim\sim\sim NH_2 + CO_2$$

$$\sim\sim\sim NH_2 + \sim\sim\sim NCO \longrightarrow \sim\sim\sim NH-\overset{\overset{\textstyle O}{\|}}{C}-NH\sim\sim\sim$$

潮气固化聚氨酯涂料的缺点在于固化时有 CO_2 放出，漆膜不能太厚，固化速率与空气湿度关系很大，冬天湿度低，对固化不利，它对颜料要求严格，吸附在颜料上的水分会与异氰酸酯反应，因此需将颜料脱水。

3. 封闭型异氰酸酯烘干涂料

封闭型异氰酸酯和羟基组分可以合装，在室温下是稳定的，是典型的单组分聚氨酯，封闭型异氰酸酯主要有以下三种：

（1）加成物型

如苯酚封闭的 TDI 与三羟基甲基丙烷的加成物（用于电线磁漆和一般烘烤漆）。

（2）三聚体型

如苯酚封闭的 TDI 三聚体（用于耐热电线漆）。

（3）缩二脲型

如封闭的 HDI 缩二脲（用于轿车烘漆等）。

封闭型单组分聚氨酯涂料大量用于绝缘漆，它有优良的绝缘性能、耐水性、耐溶剂性和力学性能。在粉末涂料中普遍采用己内酰胺封闭的异氰酸酯，在阴极电泳漆中，用异辛醇或丁醇封闭的甲苯二异氰酸酯，它和"水溶性"树脂混合在一起，能够被结合在聚集体微粒内。

4. 催化固化聚氨酯涂料

催化固化聚氨酯涂料的结构基体上与前述潮气固化型相似，与潮气固化型差别之处是其本身干燥较慢，施工时需加入胺等催干剂以促进干燥，典型的是加入少量甲基二乙醇胺，它的两个羟基均能与预聚物的—NCO 官能团交联，而氮原子具有催干作用。

$$H_3C-N\overset{\textstyle CH_2CH_2OH}{\underset{\textstyle CH_2CH_2OH}{\Big<}}$$

5. 羟基固化型双组分聚氨酯涂料

羟基固化型双组分聚氨酯涂料分甲乙二组分，使用前混合。甲组分为多异氰酸酯，乙组分为含羟基的低聚物及催化剂、颜料等。这类双组分聚氨酯涂料是所有聚氨酯涂料中应用最广、最具有代表性的品种，其调节适应性宽。

多异氰酸酯组分一般不直接使用挥发性的二异氰酸酯，而是使用其加成物、缩二脲或三聚体。含羟基的组分一般不用低相对分子质量的多元醇，其原因是极性太强、混溶性不好、易吸水、交联密度大、内应力大。一般用的羟基组分是含羟基的聚酯（或醇酸）、聚醚、环氧树脂、丙烯酸树脂及蓖麻油等。树脂中的羟基有伯羟基和仲羟基。仲羟基反应性较低，为了增加反应速率，可以加入催化剂，一般以锡类催化剂为好。采用不同的树脂，所得聚氨酯的性能和用途也不同，聚酯型是最通用的品种，漆膜干性较聚醚型快；用蓖麻油醇酸树脂制成的聚氨酯涂膜耐候性好；用环氧树脂中含羟基化合物制成的聚氨酯涂膜耐化学品性强。丙烯酸树脂固化的聚氨酯涂膜户外耐候性好，不泛黄，特别是和脂肪族二异氰酸酯配合时性能更为全面。

6. 水性聚氨酯涂料

水性聚氨酯涂料分为两类，一类是热塑性的，其—NCO 基团已完全反应；另一类是热固性的，是近几年发展起来的，即涂料分为两个组分，其一含活泼氢的组分，另一含—NCO 基团的组分，可在常温或加温下交联固化成膜。

热塑性水性聚氨酯制法有丙酮法、熔融分散法、预聚体混合法和酮亚胺法。上述方法的共同点是第一步先合成常规的聚氨酯树脂，即将二元醇与二异氰酸酯反应；第二步是将反应产物分散在水中。为了便于在水中分散，需降低聚氨酯树脂的黏度，采用的方法有：①先制成低相对分子质量的聚氨酯预聚物，然后在水相中用酮亚胺或以预聚物混合方法扩链；②将聚氨酯树脂溶解于丙酮中，降低黏度，然后分散于水中，再抽除丙酮；③将聚氨酯树脂加热熔融以降低黏度，便于分散于水中。

热塑性水性聚氨酯虽使用方便，也有满意的力学性能，但耐溶剂、耐化学品性能欠佳。因此，近年开发了双组分热固性的水性聚氨酯，它是利用脂肪族异氰酸与水反应缓慢的特性而开发成功的，其制备方法如下：

(1) 羟基组分

先将二异氰酸酯与羟基二元醇及扩链剂二羟甲基丙酸（DMPA）反应，制成含羧基的预聚物，再用叔胺中和，分散于水中，然后再用能与—NCO 端基反应而含羟基的封端剂（例如二乙醇胺等）封端，制得可水分散的而且具有端羟基的组分。

(2) 多异氰酸酯组分

将 HDI 三聚体与聚乙二醇单丁醚反应制成能够在水中分散的多异氰酸酯组分。

7. 高固体分聚氨酯涂料

当异氰酸酯基和羟基之比低于 1 时，二异氰酸酯与二元醇反应可得到端羟基的聚氨酯。这种聚氨酯二元醇和含羟基的丙烯酸树脂一样可作为高固体分涂料的低聚物，它和交联剂（如氨基树脂）反应形成交联的漆膜。与丙烯酸树脂涂料相比，聚氨酯不仅有较好的耐磨性，而且固体分含量相当或更高，这是因为聚氨酯低聚物的相对分子质量易于控制，容易得到带有两个端羟基的低聚物，而丙烯酸树脂的相对分子质量一般较高，因此，尽管聚氨酯有严重的分子间氢键，妨碍了固体分的提高，但由于相对分子质量低，抵消了这一不利影响。

12.5　其他涂料

12.5.1　环氧树脂涂料

环氧树脂中最重要的是由双酚 A 与环氧丙烷在碱作用下制备的双酚 A 型树脂，相对分子质量在 400～4000 之间。由于环氧树脂的相对分子质量太低，不具有成膜性质，必须通过化学交联方法成膜，常用的固化剂有胺、酸酐和聚酰胺等，还可与其他带有活性基团的涂料树脂如酚醛树脂、氨基树脂等并用，经高温烘烤成膜。

环氧树脂涂料对金属（钢、铝等）、陶瓷、玻璃、混凝土等极性底材，均有优良的附着力，且固化时体积收缩率低。环氧树脂漆的耐化学品性能优良,耐碱性尤其突出,因而大量用作防腐蚀底漆。环氧树脂对湿表面有一定的润湿力,尤其在使用聚酰胺树脂作固化剂时,可制成水下施工涂料,用于水下结构的检修和水下结构的防腐蚀施工。环氧树脂本身的相对分子质量不高,能与各种固化剂、配合剂等一起制成无溶剂、高固体分涂料、粉末涂料和水性涂料。环氧树脂还具有优良的电绝缘性质,用于浇注密封、浸渍漆等。环氧树脂含有环氧基和羟基两种活泼基团,能与多元胺、酚醛树脂、氨基树脂、聚酰胺树脂和多异氰酸酯等配合制成多种涂料,既可常温干燥,也可高温烘烤,以满足不同的施工要求。不过,环氧树置争的耐光老化性差,因为环氧树脂含有芳香醚键,漆膜经日光照射后易降解断链,不宜做户外的面漆;低温固化性差,固化温度一般在10℃以上,不宜在寒季施工。

12.5.2　氨基树脂涂料

以含有氨基官能团的化合物(主要为尿素、三聚氰胺、苯代三聚氰胺)与醛类(主要是甲醛)缩聚反应制得的热固性树脂称为氨基树脂。用于涂料的氨基树脂需用醇类改性,使它能溶于有机溶剂,并与主要成膜树脂有良好的混溶性和反应性。在涂料中,由氨基树脂单独加热固化所得的涂膜硬而脆,且附着力差,因此通常与基体树脂如醇酸树脂、聚酯树脂、环氧树脂等配合,组成氨基树脂漆。氨基树脂漆中氨基树脂作为交联剂,它提高了基体树脂的硬度、光泽、耐化学品性以及烘干速率,而基体树脂则克服了氨基树脂的脆性,改善了附着力。与醇酸树脂漆相比,氨基树脂漆的特点是:清漆色泽浅、光泽高、硬度高、良好的电绝缘性;色漆外观丰满、色彩鲜艳、附着力强、耐老化性好、干燥时间短、施工方便、有利于涂漆的连续化操作。

尤其值得一提的是三聚氰胺甲醛树脂,它与不干性醇酸树脂、热固性丙烯酸树脂、聚酯树脂配合,可制得保光和保色性极佳的高级白色或浅色烘漆。这类涂料目前在车辆、家用电器、轻工产品、机床等方面得到了广泛的应用。

12.5.3　不饱和聚酯漆

不饱和聚酯漆是一种无溶剂漆。它是由不饱和二元酸与二元醇缩聚反应制成的直链型的聚酯树脂,再以单体稀释而组成的。这种涂料在引发剂和促进剂存在下,能交联转化成不熔不溶的漆膜。其中,不饱和单体同时起着成膜物质及溶剂的双重作用,因此也可称为无溶剂漆。在不饱和聚酯树脂漆料中,加入一些光敏物质,或直接将光敏物质与不饱和聚酯树脂聚合,这样所得的涂料能够感光。光聚合漆的优点是在短时间内可以完全固化,储存方便。它可以涂覆在胶合板、塑料、纸张和其他材料上。

不饱和聚酯树脂作为无溶剂漆,已广泛应用于各领域,不饱和聚酯漆用作金属储槽内壁的防腐蚀涂料,效果很好;它对食品无污染、无毒,啤酒厂已广泛采用。在不饱和聚酯树脂中适当地加入填料制成聚酯腻子,解决了溶剂型树脂腻子(如醇酸树脂腻子、过氯乙烯树脂腻子等)里外干燥速率不一样的问题,但存在固化速率慢、打磨性差等缺点。

12.5.4　有机硅涂料

有机硅聚合物简称有机硅,广义指分子结构中含有 Si—C 键的有机聚合物。有机硅涂料是以有机硅聚合物或有机硅改性聚合物为主要成膜物质的涂料。有机硅由于以 Si—O 键为主链,因而有机硅涂料具有优良的耐热性、电绝缘性、耐高低温、耐电晕、耐潮湿和抗水性;对臭氧、紫外线和大气的稳定性良好,对一般化学药品的抗耐力好。有机硅涂料多用于耐热涂料、电绝缘涂料和耐候涂料等。

另外,还有各种功能性涂料,即除具有一般涂料的防护和装饰等性能外,还具有如导电、示温、防火、伪装等特殊功能的表面涂装材料。在功能性材料当中,功能性涂料以其成本低廉、效果显著、施工方便的特点获得了飞速的发展,已成为机械、电子、化工、国防等各个科技领域不可缺少的材料。

第13章　黏合剂

13.1　胶黏剂概述

13.1.1　黏合剂的特点

黏合剂是通过黏附作用使被粘物相互结合在一起的物质,又叫做胶黏剂。近年来,黏合技术发展迅速,应用十分广泛,与焊接、铆接、榫接、钉接、缝合等连接方法相比具有以下的特点:

①对被黏接材料的适用范围较宽,可以黏合不同性质的材料。例如,对性质不同的金属或脆性陶瓷材料很难焊接、铆接和钉接,但采用黏合剂来黏合,以达到很好的结合效果。

②可以黏合结构复杂、异型或大型薄板类的机械部件。焊接时会产生热变形,铆接时会产生机械变形,而采用黏合的方法可以避免部件的各种变形。大型薄板的结构部件如果不采用黏合方法是难以制造的。

③黏合件外形平滑美观,有利于提高空气动力学性能。这一特点在飞机、导弹和火箭等高速运载工具上有重要应用。

④黏合是面粘接,不易产生应力集中,接头有良好的疲劳强度,同时具有优异的密封、绝缘和耐腐蚀等性能。

但是,黏合技术对被粘物的表面处理和黏合工艺要求很严格。目前,对黏合质量也没有简便可行的无损检验方法。

13.1.2　黏合剂的分类

黏合剂品种繁多,按不同的分类标准可将黏合剂分为不同的种类。

如图 13-1 所示,按照黏合剂基体材料的来源不同可将黏合剂分为有机黏合剂和无机黏合剂。无机黏合剂虽然具有较好的耐热性,但受冲击容易脆裂,用量很少。有机黏合剂包括天然黏合剂和合成黏合剂。天然黏合剂来源丰富,价格低廉,毒性低,但耐水、耐潮和耐微生物作用较差,主要在家具、包装、木材综合加工和工艺品制造中有广泛的应用。合成黏合剂具有良好的电绝缘性、隔热性、抗震性、耐腐蚀性、耐微生物作用和良好的黏合强度,而且能根据不同用途的要求方便地配制不同的黏合剂。合成黏合剂的品种多、用量大,约占总量的 $60\% \sim 70\%$。

按粘接处受力的要求可分为结构型黏合剂和非结构型黏合剂。结构型黏合剂用于能承受载荷或受力结构件的粘接,一般为热固性黏合剂和合金型黏合剂,黏合接头具有较大的粘接强度。可用于汽车、飞机上的结构部件的连接。非结构型黏合剂用于不受力或受力不大的场合,通常为橡胶型黏合剂和热塑性黏合剂。

按固化方式的不同,可分为水基蒸发型黏合剂、溶剂挥发型黏合剂、化学反应型黏合剂、热熔型黏合剂和压敏型黏合剂等。

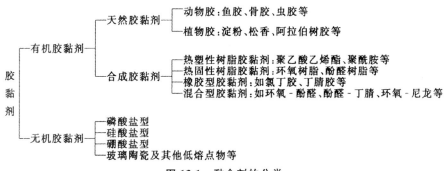

图 13-1　黏合剂的分类

13.1.3　黏合剂的组成

黏合剂一般是以聚合物为主要成分的多组分体系。其组成中除了基料以外,还有许多可对基料起到改性或提高品质作用的辅助成分。通过选择辅料的品种和数量,可使黏合剂的性能达到最佳。根据配方及用途的不同,包含以下辅料中的一种或数种。

(1)固化剂

固化剂用来使黏合剂交联固化,从而提高黏合剂的黏合强度、化学稳定性、耐热性等,固化剂是热固性树脂为基料的黏合剂必须的成分。不同的树脂要针对其分子链上的反应基团而选用合适的固化剂。

(2)硫化剂

硫化剂与固化剂的作用类似,是使橡胶为主要成分的黏合剂产生交联的物质。

(3)促进剂

促进剂可加速固化剂或硫化剂的固化反应或硫化反应的物质。

(4)增韧剂及增塑剂

增韧剂及增塑剂能改进黏合剂的脆性、抗冲击性和伸长率。

(5)填料

填料具有降低固化时的收缩率、提高尺寸稳定性、耐热性和机械强度、降低成本等作用。

(6)溶剂

溶剂的作用是溶解主料以及调节黏度,便于施工,溶剂的种类和用量与粘接工艺密切相关。

(7)其他辅料

其他辅助成分主要有稀释剂、偶联剂、防老剂等。

13.1.4　粘接及其粘接工艺

粘接是利用黏合剂将被粘物表面连接在一起的过程。要达到良好的粘接效果,必须具备以下两个条件:①黏合剂要对被粘物表面有很好的润湿性;②黏合剂与被粘物之间要有较强的相互作用。

液体对固体表面的润湿情况可用接触角来描述,如图 13-2 所示。接触角 θ 是液滴曲面的切线与固体表面的夹角。

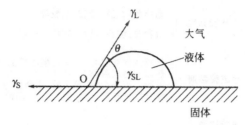

图 13-2 液体与固体表面的接触角

接触角 $\theta < 90°$ 时的状况为润湿，$\theta > 90°$ 时的状况为润湿不良，当 $\theta = 180°$ 时为不润湿，当 $\theta = 0°$ 时液体在固体的表面铺展。临界表面张力是指 θ 趋于 $0°$ 时液体的表面张力。液体对固体的润湿程度主要取决于它们的表面张力大小。当一个液滴在固体表面达到热力学平衡时，应满足如下方程式：

$$\gamma_{SA} = \gamma_{SL} + \gamma_{LA}\cos\theta$$

如果三个力的合力使接触点上液滴向左拉，则液滴扩大，θ 变小，固体润湿程度变大；若向右拉，则产生相反现象。向左的拉力是 γ_{SA}，向右的拉力是 $\gamma_{SL} + \gamma_{LA}\cos\theta$，由此可知：

当 $\gamma_{SA} > \gamma_{SL} + \gamma_{LA}\cos\theta$ 时，润湿程度增大；

当 $\gamma_{SA} < \gamma_{SL} + \gamma_{LA}\cos\theta$ 时，润湿程度减小；

当 $\gamma_{SA} = \gamma_{SL} + \gamma_{LA}\cos\theta$ 时，液滴处于静止状态。

因此可以得出：

$$\cos\theta = \frac{\gamma_{SA} - \gamma_{SL}}{\gamma_{LA}}$$

由上述分析可知：表面张力小的物质能够很好地润湿表面张力大的物质，而表面张力大的物质不能润湿表面张力小的物质。一般金属、金属氧化物和其他无机物的表面张力较大，远大于黏合剂的表面张力，因此，黏合剂很容易湿润它们，为形成良好的黏合力创造了先决条件。有机高分子材料的表面张力较低，不容易被黏合，特别是含氟聚合物和非极性的聚烯烃类聚合物等难粘性材料，更不容易黏合，此时可以在黏合剂中加入适量表面活性剂以降低黏合剂的表面张力，提高黏合剂对被粘材料的润湿能力。玻璃、陶瓷介于上述两者之间。木材、纤维、织物、纸张、皮革等属于多孔物质，容易湿润，只需进行脱脂处理，即可以黏合。

黏合剂与被粘物之间的结合力，大致有以下几种：①由于吸附以及相互扩散而形成的次价结合；②由于化学吸附或表面化学反应形成的化学键；③配价键，如金属原子与黏合剂分子中的 N、O 等原子形成的配价键；④被粘物表面与黏合剂由于带有异种电荷而产生的静电吸引力；⑤由于黏合剂分子渗进被粘物表面微孔中以及凹凸不平处而形成的机械啮合力。不同情况下，这些力所占的相对比例不同，因而就产生了不同的粘接理论，如吸附理论、扩散理论、化学键理论及静电吸引理论等。

图 13-3 所示的粘接接头在外力的作用。下被破坏的形式分三种基本情况：①内聚破坏，黏合剂或被粘物中发生的目视可见破坏；②黏附破坏，黏合剂和被粘物界面处发生的目视可见破坏；③混合破坏，兼有①和②两种情况的破坏。因此，要想获得良好的黏合接头，黏合剂与被粘物的界面粘接强度、胶层的内聚强度都必须加以考虑，黏合接头的机械强度是黏合剂的主要性能指标之一。按实际的受力方式可分为拉伸强度、剪切强度、冲击强度、剥离强度和弯曲强度等。

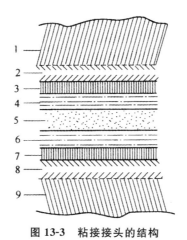

图 13-3　粘接接头的结构

1,9—被粘物;2,8—被粘物表面层;4,6—受界面影响的胶黏剂层;
3,7—被粘物与胶黏剂界面;5—胶黏剂本体

黏合接头的机械强度除受黏合剂分子结构的影响外,粘接工艺也是一个很重要的影响因素,合理的粘接工艺可创造最适应的外部条件来提高黏合接头的强度。

粘接工艺一般可分为初清洗、粘接接头机械加工、表面处理、上胶、固化及修整等步骤。初清洗是将被粘物件表面的油污、锈迹、附着物等清洗掉。然后根据接头的形式和形状对接头进行机械加工,如通过对被粘物表面机械处理以形成适当的粗糙度等。胶接的表面处理是胶接好坏的关键。常用的表面处理方法有溶剂清洗、表面喷砂、打毛、化学处理等,或使某些较活泼的金属"钝化",以获得牢固的胶接层。上胶的厚度一般以 0.05～0.15mm 为宜,不宜过厚,厚度越厚产生缺陷和裂纹的可能性越大,越不利胶接强度的提高。另外,固化时应掌握适当的温度,固化时施加压力有利胶接强度的提高。

13.1.5　黏合剂的选择

不同的材料、不同的用途以及价格等方面的因素常常是我们选择黏合剂的基础。其中材料是决定选用黏合剂的主要因素,下面就讨论几类材料所适用的黏合剂。

1. 金属材料

用于粘接金属的常用结构型黏合剂的性能如表 13-1 所示。利用此表可对黏合剂的种类进行初步筛选。

表 13-1　金属材料用结构型黏合剂的性能

黏合剂	使用温度范围/℃	剪切强度/MPa	剥离强度	冲击强度	抗蠕变性能	耐溶剂性	耐潮湿性	接头特性
环氧-胺	−46～66	21～35	差	差	好	好	好	刚性
环氧-聚酰胺	−51～66	14～28	一般	好	好	好	一般	柔韧
环氧-酸酐	−51～150	21～35	差	一般	好	好	好	刚性
环氧-尼龙	−253～82	45.5	很好	好	一般	好	差	韧

黏合剂	使用温度范围/℃	剪切强度/MPa	剥离强度	冲击强度	抗蠕变性能	耐溶剂性	耐潮湿性	接头特性
环氧-酚醛	−253～177	22.5	差	差	好	好	好	硬
环氧-聚硫	−73～66	21	好	一般	一般	好	好	韧
丁腈-酚醛	−73～150	21	好	好	好	好	好	柔韧
乙基-酚醛	−51～107	14～35	很好	好	一般	一般	好	柔韧
氯丁-酚醛	−57～93	21	好	好	好	好	好	柔韧
聚酰亚胺	−253～316	21	差	差	好	好	一般	硬
聚苯并咪唑	−253～260	14～21	差	差	好	好	好	硬
聚氨酯	−253～66	35	好	好	好	一般	差	韧
丙烯酸酯	−51～93	14～28	差	差	好	差	差	硬
氰基丙烯酸酯	−51～66	14	差	差	好	差	差	硬
聚苯醚	−57～82	17.5	一般	一般	好	差	好	柔韧
热固性丙烯酸	−51～121	21～28	差	差	好	好	好	硬

2. 塑料用黏合剂

塑料基体和黏合剂的物理化学性质都会影响粘接接头的强度，塑料和黏合剂的玻璃化温度及热膨胀系数是要考虑的主要因素。结构型黏合剂应有比使用温度高的玻璃化温度以避免蠕变等问题。如果黏合剂在远低于其玻璃化温度下使用，会导致脆化而使冲击强度下降。塑料与黏合剂的热膨胀系数如果相差较大，则胶接接头在使用过程中容易产生应力。另外，聚合物表面在老化过程中的变化也不可忽视。

粘接各种塑料的黏合剂类型如表 13-2 所示，表中注有"表面处理"的塑料，指的是经化学方法处理的塑料。其他塑料也要经溶剂擦洗或砂纸打磨处理。

表 13-2 塑料用黏合剂的选择

塑料	黏合剂编号	塑料	黏合剂编号
热塑性塑料		聚偏二氯乙烯	[10]
聚甲基丙烯酸甲酯	[15][14][17]	聚苯乙烯	[17][2][14][3][5]
乙酸纤维素	[1][14][2]	聚氨酯	[14][15][5]
乙酸-丁酸纤维素	[1][14][2]	聚甲醛	[8][14][17][5]
硝酸纤维素	[1][14][2]	聚甲醛(表面处理)	[5][3][14][17]
乙基纤维素	[3][10][8][1]	氯化聚醚	[14][17][15]
聚乙烯	[16][13]	氯化聚醚(表面处理)	[14][17][15]
聚乙烯(表面处理)	[3][5][10]	尼龙	[15][3][10][8]

塑料	黏合剂编号	塑料	黏合剂编号
聚丙烯	[16]	热固性塑料	
聚丙烯（表面处理）	[3][5][10]	邻苯二甲酸二烯丙酯	[3][5][6][17]
聚三氟氯乙烯	[16]	聚对苯二甲酸乙二醇酯	[10][8][16][17]
聚三氟氯乙烯（表面处理）	[3][5][12]	环氧树脂	[3][17][15][6][12]
聚四氟乙烯	[16]	不饱和聚酯	[10][4][3][17][14]
聚四氟乙烯（表面处理）	[3][5][12]	呋喃树脂	[6][3][4][14]
聚碳酸酯	[17][14][5][2]	蜜胺树脂	[3][4][14]
硬聚氯乙烯	[14][17][3][5]	酚醛树脂	[3][4][10][12][14] [15][17][18]
软聚氯乙烯	[10][11][7][9]		

注：[1]硝酸纤维素；[2]氰基丙烯酸酯；[3]环氧树脂；[4]酚醛-环氧树脂；[5]环氧-聚硫树脂或环氧-聚酰胺树脂；[6]呋喃树脂；[7]丁苯橡胶系（溶剂型）；[8]氯丁系（溶剂型）；[9]氯丁系（胶乳）；[10]丁腈-酚醛树脂；[11]丁腈橡胶系（胶乳）；[12]酚醛树脂；[13]聚丁二烯树脂；[14]聚氨酯树脂；[15]间苯二酚甲醛树脂；[16]硅树脂（二甲苯溶液）；[17]不饱和聚酯-苯乙烯树脂；[18]脲醛树脂。

3. 橡胶用黏合剂

对于大多数橡胶与橡胶的粘接，氯丁橡胶、环氧-聚酰胺和聚氨酯黏合剂等能提供优异的粘接强度，不过橡胶中的填料、增塑剂、抗氧剂等配合剂容易迁移至表面，影响粘接强度，使用过程时应注意。橡胶与其他非金属材料粘接时，黏合剂的选择要根据另一种材料而定。例如，橡胶-玻璃钢、橡胶-酚醛塑料可用氰基丙烯酸酯和丙烯酸酯等黏合剂；橡胶-皮革可用氯丁胶和聚氨酯黏合剂；橡胶-混凝土、橡胶-石材可用氯丁橡胶、环氧胶和氰基丙烯酸酯等黏合剂；橡胶-塑料、橡胶-玻璃和橡胶-陶瓷可用硅橡胶黏合剂。粘接橡胶-金属可用氯丁-酚醛树脂黏合剂和氰基丙烯酸酯等改性的黏合剂。

4. 复合材料用黏合剂

在粘接复合材料时常用到的黏合剂主要有环氧-丙烯酸酯以及聚氨酯黏合剂等。

5. 玻璃

用于粘接玻璃的黏合剂，除考虑强度外还要考虑透明性以及与玻璃热胀系数的匹配性。常用的黏合剂包括环氧树脂、聚乙酸乙烯酯、聚乙烯醇缩丁醛和氰基丙烯酸酯等黏合剂。

6. 混凝土

建筑结构主要是钢筋混凝土结构，建筑结构胶的主要粘接对象是金属、混凝土及其他水泥制品，既要求室温固化，又要有高的粘接强度。迄今为止，绝大部分采用环氧树脂黏合剂，对载荷不大的非结构件也可用聚氨酯黏合剂。现在世界各国已有多种牌号，如法国的西卡杜尔 31#、32#，前苏联的 EP-150#、EP-151#，日本的 E-206、10# 胶，中国的 JGN 型系列建筑结构胶。

13.2　环氧树脂黏合剂

以环氧树脂为基料的黏合剂统称为环氧树脂黏合剂，是应用最广泛的黏合剂之一。由于环氧树脂分子中含有环氧基、羟基、氨基或其他极性基团,因此,对大部分材料均有较好的粘接能力,被称为"万能胶"。对金属也有较强的粘接能力,与金属的粘接强度可达 $2 \times 10^7 Pa$ 以上。

环氧树脂黏合剂的拉伸强度大,剪切强度高,耐酸、碱,耐多种有机溶剂(如油、醇、酮、酯等),固化收缩率小、抗蠕变,电绝缘性能良好,常用于结构型黏合剂。但未改性环氧树脂性脆,冲击性能较差,常用增韧剂改性提高其冲击韧性。另外,配制后的环氧黏合剂一般使用期较短,有的体系虽用的是潜伏性固化剂,但仍需在低温下储藏,以免生成凝胶。

13.2.1 环氧树脂黏合剂的组成及其作用

环氧树脂黏合剂主要由环氧树脂和固化剂两大组分组成。为改善某些性能,满足不同用途,还可加入增韧剂、稀释剂、填料等。

1. 环氧树脂

环氧树脂种类很多,用作黏合剂的环氧树脂的相对分子质量一般为 300~7000,黏度为 15~44Pa·s。环氧树脂主要品种为缩水甘油基型环氧树脂和环氧化烯烃。缩水甘油基型环氧树脂包括双酚 A 型环氧树脂、环氧化酚醛、丁二醇双缩水甘油醚环氧树脂等。环氧化烯烃如环氧化聚丁二烯等。为改进环氧树脂黏合剂的某些性能,多官能环氧树脂、缩水甘油酯型环氧树脂和酚醛环氧树脂等也用于黏合剂。

环氧树脂的性能指标主要是黏度、外观、环氧当量和环氧值等。环氧当量是指含每克环氧基的树脂克数,环氧值是指每一百克环氧树脂所含环氧基的份数。为改进环氧树脂黏合剂的某些性能,多官能环氧树脂、缩水甘油酯型环氧树脂和酚醛环氧树脂等也用于黏合剂。

2. 固化剂

环氧树脂本身是热塑性线型结构的化合物,不能直接作黏合剂,必须加入固化剂并在一定条件下进行固化交联反应,生成不熔、不溶的体型网状结构才能做黏合剂。因此,固化剂是环氧树脂黏合剂中必不可少的组分。固化剂种类很多,按照固化机理分为两种,即反应型固化剂和催化型固化剂。反应型固化剂是通过其分子中的极性基团与环氧树脂分子中的环氧基、羟基等发生化学反应生成网状结构高分子化合物的固化剂。固化剂在环氧树脂固化后要成为整个产物分子的组成部分,因此,固化剂的性质对环氧树脂固化产物的性质有决定性作用。催化型固化剂的作用主要是促使环氧树脂的环氧基开环,催化环氧树脂本身均聚,生成以醚键为主的网状高分子化合物。催化型固化剂比反应型固化剂的用量少。由于硼化物、双氰胺固化剂在室温与环氧树脂混合后适用期长,而在高温(100℃以上)下,它可迅速固化环氧树脂,故称之为"潜伏"型固化剂。固化剂中以胺类固化剂的使用最广泛。由于固化剂的性能对黏合剂的性能起着决定性的作用,因此选择不同的固化剂可得到不同性能的黏合剂。另外,固化剂用量对黏合剂的性能也有很大影响,以胺类固化剂为例,如用量过多,游离的低分子胺会残存在胶层中,影响胶接强度和耐热性。尤其使耐水性大大下降。用量过少影响交联密度,也会降低黏合剂的物理机械性能。

环氧树脂的固化剂可分为有机胺类固化剂、改性胺类固化剂、有机酸酐类固化剂等。有机胺类又分为脂肪胺和芳香胺固化剂,常用的有乙二胺、二乙烯三胺、三乙烯四胺、多乙烯多胺、己二胺、间苯二胺、苯二甲胺、三乙醇胺和双氰胺等。伯胺固化环氧树脂时反应分三个阶段:第一个阶段主要是胺基与环氧基加成,使环氧树脂相对分子质量提高,同时伯胺基转变成仲胺基;第二个阶是仲胺基与环氧基以及羟基与环氧基反应生成支化大分子;第三个阶段是余下的环氧基、胺基和羟基之间的反应,最终生成交联结构。叔胺类固化剂固化机理则不同,固化剂并不参与反应,而是起催化作用,使环氧树脂本身聚合并交联。叔胺固化剂用量一般为环氧树脂的 5%～15%。伯、仲胺固化剂直接参与反应,胺基上的一个氢和一个环氧基反应,每 100g 环氧树脂应加入的伯、仲胺固化剂(克)=环氧值×胺的相对分子质量/胺中活泼氢的原子数。

改性胺固化剂可改进环氧树脂的混溶性,提高韧性和耐候性等。常用的改性胺固化剂有 591 固化剂(二乙烯三胺与丙烯腈的加成物)、703 固化剂(乙二胺、苯酚和甲醛缩合物)等。

有机酸酐固化剂有马来酸酐、均苯四酐等。与胺类固化剂相比,酸酐固化剂的固化速率较慢,固化温度较高,但酸酐固化的环氧树脂具有较好的耐热性和电性能。

其他类型固化剂还有咪唑类固化剂、低相对分子质量聚酰胺树脂、线型酚醛树脂、脲醛树脂和聚氨酯等。此外尚有潜伏性固化剂,如双氰双胺、胺-硼酸盐络合物等。

3. 增韧剂

为改善环氧树脂黏合剂的脆性,提高冲击性能和剥离强度,常加入增韧剂。但增韧剂的加入会降低胶黏层的耐热性和耐介质性能。

增韧剂分活性和非活性两大类。非活性增韧剂不参与固化反应,只是以游离状态存在于固化的胶黏层中,并有从胶黏层中迁移出来的倾向,一般用量为环氧树脂的 10%～20%,用量太大会严重降低胶黏层的各种性能。常用的有邻苯二甲酸二丁酯、邻苯二甲酸二辛酯、亚磷酸三苯酯。

活性增韧剂参与固化反应,增韧效果比非活性的显著,用量也可大些。常用的有低分子聚硫、液体丁腈、液体羧基丁腈等橡胶,聚氨酯及低分子聚酰胺等树脂。

4. 稀释剂

稀释剂可降低黏合剂的黏度,改善工艺性,增加黏合剂对被粘物的浸润性,从而提高粘接强度,还可增加填料用量,延长黏合剂的适用期。

稀释剂也分活性和非活性两大类。非活性稀释剂有丙酮、甲苯、乙酸乙酯等溶剂,它们不参与固化反应,在黏合剂固化过程中部分逸出,部分残留在胶黏层中,严重影响黏合剂的性能,一般很少采用。活性稀释剂一般是含有一个或两个环氧基的低分子化合物,它们参与固化反应,用量一般不超过环氧树脂的 20%,用量太大也影响黏合剂性能。常用的有环氧丙烷丁塞醚、环氧丙烷苯基醚、二缩水甘油醚、乙二醇二缩水甘油醚、甘油环氧树脂等。

5. 填料

填料不仅可降低成本,还可改善黏合剂的许多性能,如延长适用期,降低热膨胀系数和收缩率,提高胶接强度、硬度、耐热和耐磨性。同时还可增加胶黏剂的黏稠度,改善淌胶性能。常用的填料有石棉纤维、玻璃纤维、云母粉、铝粉、滑石粉、二氧化钛、石英粉、瓷粉等。

另外,为提高胶接性能,可加入偶联剂;为提高黏合剂的固化速率,降低固化温度,可加入固化促进剂;为提高黏合剂耐老化性能,还可加入稳定剂等。

13.2.2　环氧树脂黏合剂的种类及用途

根据固化剂的类型不同,环氧树脂黏合剂可室温固化和高温固化。固化时间具有明显的温度依赖性。不同的固化剂对粘接强度的影响如表 13-3 所示。

表 13-3　不同的固化剂对粘接强度的影响

固化剂	用量[①]（树脂量 100 份）	固化周期	拉伸-剪切强度/MPa				
			聚酯玻璃布	冷轧钢	铝	黄铜	紫铜
三乙胺	6	24℃时 24h,66℃时 4h	14.5	16.8	12.4	12.1	4.5
三甲胺	6	24℃时 24h,66℃时 4h	10	9.5	10.6	10.5	12.0
三乙烯	12	24℃时 24h,66℃时 4h	11.2	9.8	11.5	11.1	9.1
四胺吡咯烷	5	24℃时 24h,66℃时 4h	11.6	8.9	11.9	11.2	9.7
间苯二胺	12.5	177℃时 4h	4.4	14.7	15.5	14.7	11.3
二乙烯三胺	11	24℃时 24h,66℃时 4h	7.7	9.3	9.7	7.8	8.5
BF₃-乙胺络合物	3	191℃时 3h	—	11.9	12.9	10.5	11.2
双氰双胺	—	177℃时 4h	3.0	18.4	19.1	18.1	17.5
酸酐	85	177℃时 6h	5.2	15.6	14.9	13.4	12.6
聚酰胺（胺当量 210～230）	35～65	24℃时 24h,66℃时 4h	9.9	16.1	21.4	13.8	12.9

注：①环氧树脂是双酚 A 与环氧氯丙烷缩合而成的,环氧当量为 180～195。

　　大多数环氧黏合剂的环氧树脂是双酚 A 与环氧氯丙烷缩聚而成的,这种树脂的室温固化体系采用胺类和聚酰胺类固化剂,酸酐类的固化剂固化温度高,双氰胺、三氟化硼的络合物一般用作"潜伏"型固化剂。大多数通用环氧黏合剂采用聚酰胺类固化剂,可室温固化,对橡胶、塑料、玻璃等具有很好的粘接强度,粘接接头有一定的韧性,耐水性优于脂肪族多胺,不过剥离强度一般。

　　为了提高环氧黏合剂的性能,可对环氧树脂进行增韧和使用环氧树脂合金。

　　(1)增韧环氧树脂黏合剂

　　常用的增韧方法是加入橡胶进行增韧,用丁腈橡胶、液体丁腈橡胶或端羧基液体丁腈橡胶增韧的环氧树脂是一类粘接强度高、韧性好、适于在−60℃～100℃下工作的结构型黏合剂。国产 DG-2 黏合剂是以双酚 A 环氧树脂和液态羧基丁腈橡胶反应复合而成的。它是一种高强韧、耐高温、可室温固化的环氧丁腈黏合剂,可粘接铝及铝合金、紫铜、黄铜、不锈钢、碳钢、聚酰胺及聚四氟乙烯等。还有一种同系列的 DG-3S 黏合剂可在−55℃～150℃下长期使用。

　　(2)环氧-酚醛黏合剂

　　由高相对分子质量双酚 A 型环氧树脂及低相对分子质量酚醛树脂复合而成,是一种耐热黏合剂。耐油、耐溶剂、耐潮湿性能良好,不过剥离强度较低。一般可在 177℃以下长期使用,短期可耐 260℃,最高使用温度可达 315℃。其耐热性除与树脂的品种和配比有关外,还与加入的添加剂(如填料、增强剂、抗氧剂)有关,耐热性仅次于杂环聚合物黏合剂,主要用于粘接高温下使用的金属接头。代表性的牌号国外有 Epon422(玻璃布基)、Epon422J、Metlbond302、Metlbond600、FPL-878、Bloomingdale HT424;国产的有 KH509、FHJ-12、I-1、CG-I-1 等。缺点是冲击韧性差,室温下储存期限较短,一般需冷冻储运。

　　(3)环氧-聚酰胺

　　环氧-聚酰胺是用可溶性聚酰胺作为环氧树脂的改性剂,可溶性聚酰胺与纤维用或塑料用聚酰胺不一样,它能溶解在脂肪族醇类或混合溶剂中,又称醇溶性聚酰胺,与环氧树脂都有相当好的相容性,包括有 N-甲基甲氧基聚酰胺,聚酰胺 6、聚酰胺 66 和聚酰胺 610 的三元共聚物等。

在配制黏合剂时,是在热的聚酰胺醇溶液中,加入环氧树脂,混合均匀,然后冷却至室温,加入双氰胺或多胺类固化剂,可直接浇注成薄膜,或将它浸涂在玻璃布或聚酰胺布上制成胶带。环氧-聚酰胺黏合剂有优异的剪切和剥离强度,而且在超低温下仍能保持其力学性能,但因为聚酰胺分子中的酰胺键易水解,耐湿热老化性极差。主要用于飞机上蜂窝夹层结构的粘接,也可用于需要高剥离强度及冲击性能好的金属-金属黏合。

(4)环氧-聚硫

环氧-聚硫是由环氧树脂和聚硫橡胶组成的双包装型黏合剂。改性环氧树脂用的聚硫橡胶一般为低相对分子质量黏稠液体,其相对分子质量为 800～3000。

聚硫橡胶的硫醇基(—SH)可以和环氧树脂的环氧基发生化学反应。但在室温下这种反应进行得极慢,所以混合物中必须引入固化催化剂,如多乙烯多胺、叔胺等,才有显著的效果,加热固化可使反应更加完全。由于固化物中有聚硫橡胶的柔性链段,因而使环氧-聚硫黏合剂的强度(如剪切、剥离等)及耐介质性能比未改性环氧胶有明显的改进,但高温性能较差。

环氧-聚硫体系主要在土木、建筑工程中应用,如新旧混凝土的粘接、高速公路、桥梁、楼房、水坝、机场跑道、人行道、地板等密封与维修。此外,也用于高层建筑内墙装饰品粘接,以及汽车防风玻璃和机车窗条等的粘接。

另外,还有环氧-聚砜、环氧-有机硅、耐超低温环氧胶、水下固化环氧树脂黏合剂等。

13.3　聚氨酯黏合剂

聚氨酯黏合剂是分子链中含有异氰酸酯基(—NCO)及氨基甲酸酯基(—NH—COO—),具有很强的极性和活泼性的一类黏合剂。由于—NCO 可以与多种含有活泼氢的化合物发生化学反应,所以对多种材料具有极高的黏附性,在国民经济中得到广泛应用,是合成黏合剂中的重要品种之一。

13.3.1　聚氨酯黏合剂的原料

聚氨酯黏合剂的合成原料主要有多异氰酸酯、多元醇、扩链剂、催化剂、溶剂和其他助剂。

1. 二异氰酸酯类

甲苯二异氰酸酯(TDI)、二苯基甲烷 4,4′-二异氰酸酯(MDI)、多亚甲基多苯基多异氰酸酯(PAPI)、1,6-己二异氰酸酯(HDI)、异佛尔酮二异氰酸酯(IPDI)、苯二亚甲基二异氰酸酯(XDI)、萘-1,5-二异氰酸酯(NDI)、甲苯环己基二异氰酸酯(HTDI)、二环己基甲烷二异氰酸酯(HMDI)、四甲基苯二亚甲基二异氰酸酯(TMX-DI)等。最广泛使用的是 TDI 和 MDI 以及它们的改性产物。在使用过程中应注意异氰酸酯的毒性和自聚反应。

2. 多异氰酸酯

三苯基甲烷-4,4′,4″-异氰酸酯(TTI)、硫代磷酸三(4-异氰酸酯基苯酯)(TPTI)、二甲基三苯基甲烷四异氰酸酯、三羟甲基丙烷(TMP)-TDI 加成物。

制造 TMP-TDI 加成物的控制条件是 TDI 与 TMP 之间的摩尔比。TDI/TMP 比例高,则产品的相对分子质量低,相对分子质量分布均匀,与其他树脂的混容性较好,黏度低,储存稳定性也较好;但比例太高时,除去游离 TDI 的工作较麻烦,方法主要有薄膜蒸发法、溶剂萃取法和三聚法等。

3. 聚酯多元醇

聚酯多元醇主要有聚酯多元醇、聚-ε-己内酯和聚碳酸酯二醇三类。

聚酯多元醇是由二元羧酸与二元醇(或二元醇与三元醇的混合物)脱水缩聚而成。通常二元醇过量,端基为羟基。

聚-ε-己内酯由 ε-己内酯开环聚合而成:

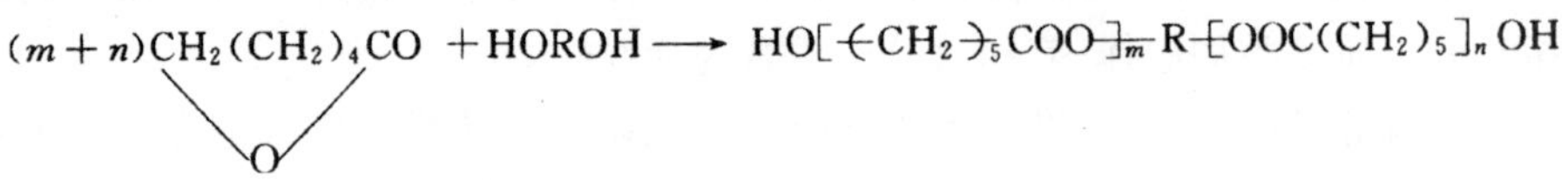

$$(m+n)CH_2(CH_2)_4CO + HOROH \longrightarrow HO[CH_2]_5COO]_m R[OOC(CH_2)_5]_n OH$$

聚碳酸酯二醇,由 1,6-己二醇和二苯基碳酸酯在氮气保护下加热,经酯交换、高真空下缩聚而成:

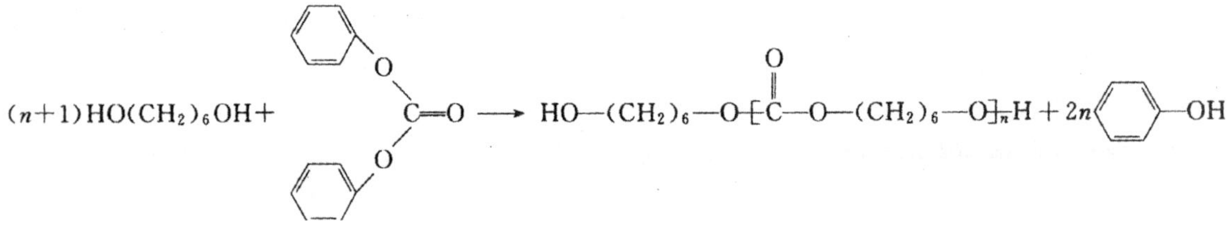

$$(n+1)HO(CH_2)_6OH + \text{(二苯基碳酸酯)} \longrightarrow HO-(CH_2)_6-O[C-O-(CH_2)_6-O]_n H + 2n \text{(苯酚)}$$

4. 聚醚多元醇

聚醚多元醇是以低相对分子质量多元醇、多元胺或含活泼氢的化合物为起始剂,与氧化烯烃在催化剂作用下开环聚合而成,主链上的烃基由醚键连在一起。

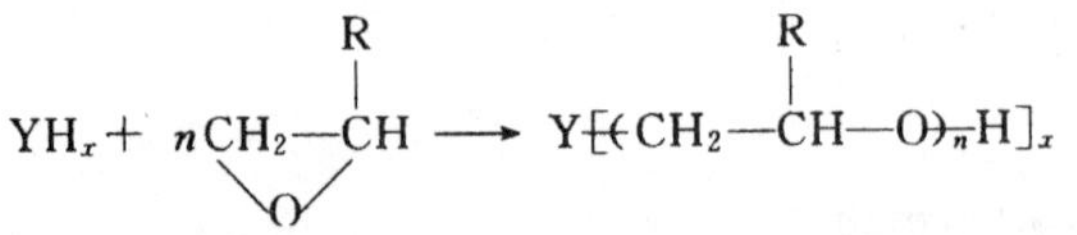

$$YH_x + nCH_2-CH \longrightarrow Y[(CH_2-CH-O)_n H]_x$$

式中,n 为聚合度;x 为官能度;YH 为起始剂的主链;R 为烷基或氢。

氧化烯烃主要是环氧丙烷(氧化丙烯)和环氧乙烷(氧化乙烯)。其中环氧丙烷最重要,多元醇起始剂有丙二醇、乙二醇等二元醇,甘油、三羟甲基丙烷等三元醇,季戊四醇,木糖醇等五元醇,山梨醇等六元醇,蔗糖等八元醇。胺类起始剂为二乙胺、二乙烯三胺等。

最常用的聚醚多元醇是聚氧化丙烯二醇(聚丙二醇 PPO)、聚氧化丙烯三醇。

5. 溶剂

溶剂用于调整黏合剂的黏度,便于工艺操作。聚氨酯黏合剂采用的溶剂有酮类(如甲乙酮、丙酮)、芳香烃(如甲苯)、二甲基甲酰胺、四氢呋喃等,溶剂中的水、醇等是易与异氰酸酯反应的活泼氢物质,应尽量除去,溶剂的纯度的要求比一般工业品高。

6. 催化剂

主要用于催化 NCO/OH 和 NCO/H_2O 之间的反应。

（1）有机锡类催化剂

二月桂酸二丁基锡（DBTDL），毒性较大。2-乙基己酸亚锡（辛酸亚锡），无毒性与腐蚀性，对NCO/OH 反应的催化作用较强。

（2）叔胺类催化剂

主要品种有三亚乙基二胺、三乙醇胺和三乙胺等，此类催化剂对促进异氰酸酯与水的反应特别有效，用于发泡型、低温固化型以及潮气固化型聚氨酯黏合剂。

7. 扩链剂与交联剂

含羟基或含氨基的低相对分子质量多官能团化合物与异氰酸酯共同使用时起扩链剂和交联剂的作用，主要有醇类和胺类。醇类有 1,4-丁二醇、2,3-丁二醇、二甘醇、甘油、三羟甲基丙烷和山梨醇等；胺类有 3,3'-二氯-4,4'-二氨基二苯基甲烷（MO-CA）和甲醛改性 MOCA 制成的液体等。

8. 其他助剂

如抗氧剂、光稳定剂、水解稳定剂、填料、增黏剂、增塑剂和着色剂等。

13.3.2 聚氨酯黏合剂的分类

聚氨酯黏合剂的品种很多，其分类方法也较多。

1. 根据反应和组成分类

（1）多异氰酸酯黏合剂

多异氰酸酯黏合剂是专指多异氰酸酯小分子本身作为黏合剂使用的，是聚氨酯黏合剂中最原始的一种黏合剂。常用的多异氰酸酯黏合剂包括三苯基甲烷三异氰酸酯、多苯基多异氰酸酯、二苯基甲烷二异氰酸酯等。因为这类多异氰酸酯的毒性较大，而且柔韧性差，现较少单独使用。一般将其混入橡胶类黏合剂，或混入聚乙烯醇溶液制成乙烯类聚氨酯黏合剂使用，也可用作聚氨酯黏合剂的交联剂。

（2）端异氰酸酯基聚氨酯预聚体黏合剂

它的主要组成是含异氰酸酯基（—NCO）的氨酯预聚物，它是多异氰酸酯和多羟基化合物（聚酯或聚醚多元醇）的反应生成物。预聚物可以在胺类固化剂，如 MOCA（3,3'-二氯-4,4'-二氨基二苯基甲烷）存在下，在室温或加温条件下固化成黏合强度高的粘接层，也可在室温下遇空气中的潮气固化。该类黏合剂是聚氨酯黏合剂最重要的一种，特点是弹性好，低温粘接性能好，可制成单组分、双组分、溶剂型、低溶剂型和无溶剂型等不同的类型。

（3）端羟基聚氨酯黏合剂

它是由二异氰酸酯与二官能度的聚酯或聚醚醇反应生成的含羟基的线型氨酯结构的聚合物。该类黏合剂既可作热塑性树脂黏合剂使用，又可通过分子两端羟基的化学反应固化成热固性树脂黏合剂使用。热固性黏合剂与热塑性黏合剂相比，黏合强度、耐热性、耐溶剂性、抗蠕变性提高，但柔软性和耐冲击性下降。该类黏合剂一般为双组分，用溶剂涂覆使用。

（4）聚氨酯树脂黏合剂

它是由多异氰酯与多羟基化合物充分反应而成，可制成溶液、乳液、薄膜、压敏胶和粉末等不同品种黏合剂。过量的异氰酸酯与多羟基化合物反应生成的预聚体，其端基的异氰酸酯基被含单官能团的活性氢原子化合物（如苯酚）封闭，制成的封闭型聚氨酯黏合剂也属此类。

2. 根据使用形态来分类

(1)单组分聚氨酯黏合剂

单组分聚氨酯黏合剂的优点是可直接使用,无双组分黏合剂使用前需要调胶的麻烦。单组分聚氨酯黏合剂主要有下述两种类型。

以含—NCO端基的聚氨酯预聚物为主体的湿固化聚氨酯黏合剂。它利用空气中微量水分及基材表面微量吸附水而固化,还可与基材表面活性的氢反应形成牢固的化学键。这类聚氨酯黏合剂一般为无溶剂型,由于为了便于涂胶,黏度不能太大。单组分湿固化聚氨酯黏合剂多为聚醚型,即主要为含—OH的原料,如聚醚多元醇。此类黏合剂中游离—NCO含量为多少为宜,应根据胶的黏度(影响可损伤性)、涂胶方式、涂胶厚度及被粘物质类型等而定,并要考虑胶的储存稳定性。

以热塑性聚氨酯弹性体为基础的单组分溶剂型聚氨酯黏合剂,主要成分为高相对分子质量的端羟基线型聚氨酯,羟基数量很小。当溶剂开始挥发时,胶的黏度迅速增加,产生初黏力。当溶剂基本上完全挥发后,就产生了足够的粘接力,经过室温放置,大多数该类型聚氨酯弹性体中含结晶的链段,以进一步提高粘接强度。这种类型的单组分聚氨酯胶一般以结晶性聚酯作为聚氨酯的主要原料。

单组分聚氨酯黏合剂另外包括聚氨酯热熔胶、封闭型聚氨酯黏合剂、放射线固化型聚氨酯黏合剂、压敏型聚氨酯黏合剂和单组分水性聚氨酯黏合剂等类型。

(2)双组分聚氨酯黏合剂

双组分聚氨酯黏合剂是聚氨酯黏合剂最重要的一个大类,用途最广,用量最大。通常由甲、乙两个组分组成,两个组分是分开包装的,使用前按一定比例配制即可。甲组分(主剂)为羟基组分,乙组分(固化剂)为含游离的异氰酸酯基团组分,也有的双组分聚氨酯黏合剂中主剂为含—NCO端基的聚氨酯预聚体,固化剂为低相对分子质量多元醇或多元胺,甲组分和乙组分按一定比例混合生成聚氨酯树脂。同一种双组分聚氨酯黏合剂中,两组分配比允许控制在一定的范围,以调节固化物的性能。

双组分聚氨酯黏合剂通过选择制备黏合剂的原料或加入催化剂来调节固化速率,可室温固化也可加热固化,有较大的初黏合力,其最终黏合强度比单组分黏合剂大,可以满足结构黏合剂的要求。制备时,可以调节两组分的原料组成和相对分子质量,使之在室温下有合适的黏度,制成高固含量或无溶剂的双组分黏合剂。对于无溶剂双组分聚氨酯黏合剂来说,因各组分起始相对分子质量不大,一般来说NCO/OH摩尔比等于或稍大于1,有利于固化完全,特别在黏合密封件时,注意NCO组分不能过量太多。而对于溶剂型双组分黏合剂来说,其主剂相对分子质量较大,初黏性能较好,两组分的用量可以在较大范围内调节NCO/OH的摩尔比可为小于1或大于1的数倍。当NCO组分(固化剂)过量较多的场合,多异氰酸酯自聚形成坚韧的胶黏层,适合于硬材料的粘接;在NCO组分用量少的场合,则胶黏层较柔软,用于皮革、织物等软材料的粘接。

双组分聚氨酯黏合剂有结构型聚氨酯黏合剂、超低温聚氨酯黏合剂、无溶剂复合薄膜黏合剂等。结构型聚氨酯黏合剂通常的制备方法是,先将多元醇与过量的多异氰酸酯反应制成异氰酸酯基封端的预聚体,然后加入二元胺类扩链剂进行扩链和交联,在扩链和交联过程中形成脲键和缩二脲结构。典型的品种有聚氨酯-聚脲黏合剂、聚氨酯-环氧树脂-聚脲黏合剂等。超低温聚氨酯黏合剂的品种有发泡型和DW系列等。无溶剂复合薄膜聚氨酯黏合剂的主要原料为聚醚多元醇,一般不采用聚酯多元醇,主要是因为聚醚多元醇的黏度较低;异氰酸酯改性后其黏度也较低。

水性乙烯基聚氨酯黏合剂也是双组分型黏合剂,它是以水性乙烯基树脂、填料和表面活性剂的混合物为主剂,以多异氰酸酯(最常用的是多亚甲基多苯基多异氰酸酯)、溶剂以及稳定剂的混合物为交联剂。在使用前,先将异氰酸酯溶液搅拌分散于主剂中。异氰酸酯化合物及其预聚体在水中几乎没有溶解性,但它们能溶于有机溶剂,无需再外加乳化剂,异氰酸酯溶液在 PVA 水溶液或乙烯基合成树脂乳液中能很好地分散。在水分挥发过程干燥后,交联剂中的异氰酸酯基团与水性高分子及木材等基材中所含的活性氢基团反应,可以得到牢固的粘接层。

水性乙烯基聚氨酯黏合剂可在常温下固化,但为了使异氰酸酯基团反应完全,并产生交联键,以提高粘接力和耐水性,最好是热压处理。

水性聚氨酯黏合剂是指聚氨酯溶于水或分散于水中形成的黏合剂,有人也称水性聚氨酯为水系聚氨酯或水基聚氨酯。根据外观和粒径,水性聚氨酯分为三类:聚氨酯水溶液(粒径小于 $0.001\mu m$,外观透明)、聚氨酯分散液(粒径 $0.001\sim0.1\mu m$,外观半透明)、聚氨酯乳液(粒径大于 $0.1\mu m$,外观白浊)。但习惯上后两类在有关文献资料中又统称为聚氨酯乳液或聚氨酯分散液,区分并不严格。实际应用中,水性聚氨酯以聚氨酯乳液或分散液居多,水溶液很少。

阴离子型聚氨酯乳液是最常见的水性聚氨酯;主要有羧酸型和磺酸型聚氨酯乳液。

制备羧酸型聚氨酯乳液的方法可使用含羧基扩链剂,如二羟甲基丙酸(DMPA)、二氨基羧酸、酒石酸和柠檬酸等。采用低相对分子质量三元醇(如甘油、重均相对分子量为几百的聚醚三醇)和二元酸酐(如顺丁烯二酸酐、丁二酸酐)制备含一个羧基和两个羟基的半酯化合物,用二元醇与二元酸酐制成的单羧基单羟基半酯等。也可用相对分子质量 $1000\sim3000$ 的聚醚三醇和二元酸酐制成含长侧链的半酯低聚物二醇,再直接与二异氰酸酯反应制备含羧基预聚体,并制成水性聚氨酯。还可在聚醚分子链上,采用接枝的办法引入侧羧基等。

含磺酸基团的阴离子型水性聚氨酯的制备方法还有以下几种:

①采用含磺酸基团的扩链剂。含磺酸基团的扩链剂有二氨基烷基磺酸盐(如乙二氨基乙磺酸钠)、不饱和二元醇与亚硫酸氢钠的加成物(如 2-磺酸钠-1,4-丁二醇)、2,4 二氨基苯磺酸等。

②聚氨酯分子中的活泼氢使磺内酯开环。如利用乙二胺扩链剂在聚氨酯链中引入—NH—,并在碱性条件下使 1,3-丙磺酸内酯开环,接到分子链上。

③磺化预聚体法。使疏水性聚醚多元醇与芳香族二异氰酸酯制得的聚氨酯预聚体中的芳环磺化,再采用叔胺中和,然后与水反应,得到阴离子型自乳化的水性聚氨酯。

④采用亚硫酸氢盐封闭法。以亚硫酸氢钠或亚硫酸氢铵等亚硫酸氢盐为封闭剂,与聚氨酯预聚体反应,制得稳定的含磺酸盐基团的聚氨酯。

⑤磺甲基化方法等。

13.3.3 聚氨酯黏合剂的性能及应用

聚氨酯黏合剂具有以下性能特点:

①聚氨酯黏合剂对多种材料有良好的粘接强度。聚氨酯黏合剂中含有很强极性和化学活性的异氰酸酯基(—NCO)和氨基甲酸酯基(—NH—COO—),能与含活泼氢的物质发生反应,粘接强度较高,可用于金属、玻璃、陶瓷、橡胶、塑料、织物、木材、纸张等各种材料的黏合。

②有良好的耐超低温性能,而且粘接强度随着温度的降低而提高,黏合层可在－196℃(液氮温度),甚至在－253℃(液氢温度)下使用;是超低温环境下理想的粘接材料和密封材料。

③具有良好的耐磨、耐油、耐溶剂、耐老化等性能。

④通过改变羟基化合物的种类、相对分子质量、异氰酸酯的种类、聚酯多元醇、聚醚多元醇与异氰酸酯的比例等,可调节分子链中软段和硬段的比例结构,制成满足各种行业、各种性能要求的高性能黏合剂。

聚氨酯黏合剂的缺点是高温、高湿下容易水解,从而降低黏合强度,影响使用寿命。由于聚氨酯黏合剂具有许多优异性能,广泛地应用于制鞋、食品包装复合膜、纺织、木材和土木建筑等方面。

13.4　酚醛树脂黏合剂

13.4.1　酚醛树脂黏合剂的分类

酚醛树脂是最早用于黏合剂工业的合成树脂品种之一,是由苯酚及其衍生物和甲醛在酸性或碱性催化剂存在下缩聚而成。随着苯酚与甲醛用量配比和催化剂的不同,可生成热固性酚醛树脂和热塑性酚醛树脂两大类。

酚醛树脂黏合剂按其组成可分为以下几类:

①未改性酚醛树脂黏合剂:甲阶酚醛胶、热塑性酚醛胶。

②酚醛-热塑性树脂黏合剂:酚醛-缩醛胶、酚醛-聚酰胺胶。

③酚醛-热固性树脂黏合剂:酚醛-环氧胶、酚醛-有机硅胶。

④酚醛-橡胶黏合剂:酚醛-氯丁胶、酚醛-丁腈黏合剂。

⑤间苯二酚甲醛树脂黏合剂。

13.4.2　酚醛树脂黏合剂的组成、特点及用途

1. 未改性酚醛树脂黏合剂

未改性酚醛树脂黏合剂按所用的溶剂分为水溶性和醇溶性两种。

水溶性酚醛树脂黏合剂是苯酚与甲醛在氢氧化钠催化剂作用下缩聚而制成的,外观为深棕色透明黏稠液体,固体含量为45%～50%,20℃的黏度为0.4～1.0Pa·s。其特点是以水为溶剂,使用方便,成本低于其他几种酚醛树脂,游离醛的含量也较低,污染性小,使用时不需加入固化剂,加热即可固化,主要用于生产耐水胶合板、船舶板、航空板、碎料板和纤维板等。

醇溶性酚醛树脂黏合剂是苯酚与甲醛在氨水或有机胺催化剂作用下进行缩聚反应之后,经减压脱水再用适量酒精溶解而制成的。外观为棕色透明液体,不溶于水,遇水则浑浊并出现分层现象,固体含量50%～55%,20℃的黏度为15～30mPa·s。其特点是树脂的相对分子质量较大,而黏度很小,储存稳定性好,加热即可固化,胶层的耐水性极好,但游离酚的含量高,成本比水溶性的高,主要用于纸张或单板的浸渍,以及生产高级耐水胶合板、船舶板、层压塑料等。

2. 酚醛-缩醛黏合剂

酚醛-缩醛黏合剂主要是以氨催化的甲阶酚醛树脂和聚乙烯醇缩醛等按一定比例溶于溶剂(如酒精等)配制而成。由于聚乙烯醇缩醛柔性链的引入,大大改善了酚醛树脂的脆性,同时保留

了酚醛树脂的粘接力和耐热性。选用不同的缩醛类型和酚醛/缩醛的配比,可以制备多种黏合剂。缩醛用量越多,其韧性越好,低温粘接强度高,但耐热性降低。

一般来说,酚醛—缩丁醛黏合剂具有较好的综合性能和.突出的耐老化性,但粘接强度和耐热性较低,可在−60~60℃温度范围内使用,适用于对织物、塑料等柔性材料的粘接,也可以用于粘接金属、陶瓷和玻璃等刚性材料。而酚醛-缩甲醛和酚醛-缩糠丁醛-有机硅黏合剂,具有较好的耐热性和机械强度,可以作为结构型黏合剂使用,用于对金属和非金属材料的粘接。

3. 酚醛-环氧黏合剂

酚醛-环氧黏合剂是将甲阶酚醛树脂与环氧树脂按一定比例混合(一般使用前混合),并加入乙醇与酯类或酮类溶剂稀释而成,酚醛树脂与环氧树脂的质量比一般为 1：(0.5~2),通常在配方中还要加入大量的铝粉,对改进黏合剂的粘接强度和耐热性都有明显作用。该黏合剂的特点是耐热性好,主要用于宇航工业。

4. 酚醛-丁腈黏合剂

酚醛-丁腈黏合剂除主要成分酚醛树脂和丁腈橡胶以外,还有其他的配合剂,如树脂固化剂、橡胶硫化剂、硫化促进剂、填充剂、稳定剂、增黏剂和橡胶软化剂等。该黏合剂在比较宽广的温度范围内,具有较高的力学性能,以及良好的耐介质、耐疲劳、耐热老化、湿热老化和大气老化性能等特点,广泛应用于航空和汽车工业各种结构件的粘接,如机翼和壁板的有孔蜂窝制造、整体油箱的粘接和密封、粘接刹车带和离合器片等。

5. 间苯二酚甲醛树脂黏合剂

间苯二酚甲醛树脂是由间苯二酚与甲醛在少量酸性或碱性催化剂作用下缩聚而成。由于间苯二酚甲醛树脂较脆,所以常用缩醛树脂进行改性。间苯二酚甲醛树脂可在中性或接近中性的条件下,室温迅速固化,这是优于需要强酸催化才能室温固化的甲阶酚醛树脂黏合剂的地方。然而价格较贵,为降低成本,可用苯酚代替部分间苯二酚。间苯二酚甲醛树脂是强力人造丝帘子布、尼龙帘子布与橡胶黏合时一种不可缺少的黏合剂,同时用于木材黏合时有出色的黏合强度,且具有耐水性、耐久性及耐热性等特点。因此在具有耐水要求的木材加工及木器黏合方面(如耐水胶合板、耐水木屑板、木船龙骨及高级滑雪板等)具有十分重要的地位。

13.5　其他黏合剂

1. 丙烯酸酯类黏合剂

丙烯酸酯类黏合剂有溶液型黏合剂、乳液型黏合剂和无溶剂型黏合剂等。无溶剂型丙烯酸酯类黏合剂是以单体或预聚体为主要原料的黏合剂,通过聚合而固化,有 α-氰基丙烯酸酯黏合剂、厌氧性黏合剂和丙烯酸结构黏合剂等。

(1)α-氰基丙烯酸酯黏合剂

α-氰基丙烯酸酯黏合剂是由 α-氰基丙烯酸酯单体、增稠剂、增塑剂、稳定剂等配制而成。因为 α-氰基丙烯酸酯单体十分活泼,很容易在弱碱和水的催化下进行阴离子聚合,并且反应速率很快,所以胶黏层很脆,必须加入其他组分。稳定剂是为防止储存中单体发生阴离子聚合,常用的是二氧化硫。增稠剂是为了提高黏度,便于涂胶,常用的是 PMMA,用量为 5%~10%。增塑剂如邻苯二甲＋酸二丁酯和磷酸三甲酚等,提高胶膜的韧性。阻聚剂是为防止单体存放时发生自由基聚合反应,常用的是对苯二酚。市售的"501"胶和"502"胶就是这类黏合剂。

α-氰基丙烯酸酯黏合剂具有透明性好、固化速率快、使用方便、气密性好的优点,广泛应用于粘接金属、玻璃、宝石、有机玻璃、橡皮和硬质塑料等,缺点是不耐水、性脆、耐温性差、有气味等。

（2）厌氧性黏合剂

厌氧性黏合剂是一种单组分液体黏合剂,它能够在氧气存在下以液体状态长期储存,但一旦与空气隔绝就很快固化而起到粘接或密封作用,因此称为厌氧胶。厌氧胶主要由三部分组成:可聚合的单体、引发剂和促进剂。用作厌氧胶的单体都是甲基丙烯酸酯类,常用的有甲基丙烯酸二缩三乙二醇双酯、甲基丙烯酸羟丙酯、甲基丙烯酸环氧酯和聚氨酯-甲基丙烯酸酯等。常用的引发剂有异丙苯过氧化氢和过氧化苯甲酰等。常用的促进剂有 N,N-二甲基苯胺和三乙胺等。厌氧胶主要应用于螺栓紧固防松、密封防漏、固定轴承以及各种机件的胶接。

（3）丙烯酸酯结构黏合剂

20 世纪 70 年代中期,国外开发了新型改性丙烯酸酯结构黏合剂,又名第二代丙烯酸酯黏合剂。第二代丙烯酸酯黏合剂是反应型双包装黏合剂,由丙烯酸酯类单体或低聚物、引发剂、弹性体和促进剂等组成。组分需要分装,可将单体、弹性体、引发剂装在一起,促进剂另装。当这两包装组分混合后即发生固化反应。使单体（如 MMA）与弹性体（如氯磺化聚乙烯）产生接枝聚合,从而得到很高的粘接强度。

第二代丙烯酸酯黏合剂具有室温快速固化、粘接强度高和粘接范围广等优点,用于粘接钢、铝和青铜等金属,以及 ABS、PVC、玻璃钢、PMMA 等塑料、橡胶、木材、玻璃和混凝土等,特别是适于异种材料的粘接。但目前尚存在有气味、耐水和耐热性差、储存稳定性差等缺点。

2. 呋喃树脂黏合剂

呋喃树脂黏合剂分为糠醇树脂黏合剂、糠醛丙酮树脂黏合剂、糠醇丙酮树脂黏合剂和糠醛糠醇黏合剂四种。其特点是耐热、耐腐蚀、有较好的机械强度和电性能,主要用来粘接木材、橡胶、塑料和陶瓷等。

3. 氨基树脂黏合剂

氨基树脂黏合剂主要有脲甲醛树脂黏合剂和三聚氰胺甲醛树脂黏合剂,具有色浅、耐光性好、毒性小和不发霉等特点。另外,三聚氰胺甲醛树脂还具有良好的耐水、耐油、耐热性和优良的电绝缘性能,主要用于木材加工,如制造胶合板、泡花板等。三聚氰胺甲醛树脂除了用于高级木材加工外,主要用于粘接玻璃纤维,制造玻璃钢。

4. 有机硅黏合剂

有机硅黏合剂分为以硅树脂为基的黏合剂和以有机硅弹性体为基的黏合剂两种;此外,尚有各种改性的有机硅黏合剂。有机硅黏合剂具有耐高温、低温、耐蚀、耐辐射、防水性和耐候性好等特点,广泛用于宇航、飞机制造、电子工业、建筑、医疗等方面。

5. 橡胶黏合剂

以氯丁橡胶、丁腈橡胶、丁基橡胶、聚硫橡胶、天然橡胶等为基本组分配制成的黏合剂称为橡胶类黏合剂。这类黏合剂强度较低、耐热性不高,但具有良好的弹性,适用于粘接柔软材料和热膨胀系数相差悬殊的材料,各种橡胶黏合剂的性能比较如表 13-4 所示。橡胶黏合剂分为溶液型和乳液型两类,按是否硫化又分为非硫化型和硫化型橡胶黏合剂。硫化型黏合剂在配方中加入了硫化剂和 d 增强剂等,因而强度较高,应用更为广泛。橡胶类黏合剂中氯丁黏合剂最为重要。

通用的氯丁黏合剂主要有填料型、树脂改性型和室温硫化型等,配方中除氯丁胶、填料、硫化剂之外还有其他配合剂。例如国产氯丁胶 XY-403 的配方为:氯丁橡胶 100 份、氧化镁 10 份及氧化锌 1 份(硫化剂),防老剂 D2 份,促进剂 DMl 份,松香 5 份。制备工艺:先将氯丁橡胶在开炼机上塑炼,依次加入各种配合剂,再将混炼均匀的胶料切碎并投入预先按比例配好的溶剂中,搅拌溶解即成。如用汽油调配,汽油与橡胶用量比为橡胶:汽油=1:2。

表 13-4　各种橡胶黏合剂的性能比较

胶黏剂类型	性能						
	黏附性	弹性	内聚强度	耐热性	抗氧性	耐水性	耐溶剂性
氯丁橡胶	良	中	优	良	中	中	中
丁腈橡胶	中	可	中	优	中	中	良
丁苯橡胶	可	可	可	可	可	优	较差
天然橡胶	中	优	中	可	可	较差	较差
丁基橡胶及聚异丁烯	较差	可	可	较差	良	中	较差
聚硫橡胶	良	较差	较差	较差	良	良	优
硅橡胶	可	可	较差	优	良	可	可
氟橡胶	可	可	良	优	良	良	优

6. 热熔型黏合剂

它是以热塑性聚合物为基体的多组分混合物,室温下呈固态,受热后软化、熔融而有流动性,涂覆、润湿被粘物质后,经压合、冷却固化,在几秒钟内完成粘接的黏合剂,也称为热熔胶。热熔胶有天然热熔胶(石蜡、松香)和合成热熔胶。其中以后者最为重要,包括 EVA 热熔胶、无规丙烯热熔胶、聚酰胺热熔胶、聚氨酯热熔胶和聚酯热熔胶、SDS 等。EVA 热熔胶是乙烯-乙酸乙烯的共聚物配制成的热熔胶中目前用得最多的一类热熔胶。除热熔性聚合物外,热熔胶配方中还包括增黏剂、增塑剂和填料等。热熔胶可粘接金属、塑料、皮革、织物、材料等,在印刷、制鞋、包装、装饰、电子、家具等行业深受欢迎。

7. 压敏黏合剂

压敏黏合剂就是对压力敏感,它是一类无需借助于溶剂或热,只需施加轻度指压,常温下即能与被粘物黏合牢固的黏合剂。压敏黏合剂需具有适当的黏性和耐抗剥离应力的弹性,通常以长链聚合物为基料,加入增黏剂、软化剂、填料、防老剂和溶剂等配制而成的,压敏胶可分为橡胶系压敏胶和树脂系压敏胶两类。树脂系压敏胶最重要的品种是丙烯酸酯类压敏胶。压敏胶黏带是使用最广泛的压敏黏合剂,它是将压敏胶涂于塑料薄膜、织物、纸张或金属箔上制成胶带,有单面和双面两种。最常见的品种是橡皮膏。压敏胶主要用于制造压敏胶黏带、胶黏片和压敏标签等,用于包装、绝缘包覆、医用和标签等。

另外,还有各种特种黏合剂,如聚酰亚胺黏合剂、聚苯并咪唑黏合剂等耐高温结构黏合剂,导电、导热、导磁黏合剂,液态密封黏合剂及制动黏合剂等。

第14章 功能高分子材料

14.1 有机光功能材料

14.1.1 有机非线性光学材料

非线性光学材料(NLO材料)是激光技术的重要物质基础。非线性光学材料是指光学性质依赖于入射光强度的材料。光学性质分为线性与非线性,可以用于通信及信息处理。由于光子之间的相互作用相比电子之间的相互作用要弱得多,光可进行长距离传输而信息并不因干涉而损失。使用一束光来控制另一信号光束传输的过程称为"全光信息处理",其突出优点就是超快速度,光子过程的开关速度一般要比电开关速度快两个数量级以上。

由于非线性光学材料具有其特殊的功能,在现代高新技术中得到广泛的应用。近年来具有这种性能的功能材料备受重视。

非线性光学材料的具体用途有以下几个方面:

①变频,使记录介质匹配,提高介质的记录功能。

②倍频和混频,对弱光信号的放大。

③改变折射率,用于高速光调节器和高速光阀门。

④利用非线性响应,实现光记录、光放大和运算,以及激光锁模、调谐等功能。

早期研究的非线性光学材料主要以无机材料为主。但无机材料的非线性光学现象主要是由晶格振动引起的,倍频系数不高,不能满意地用于小功率激光的倍频。而有机非线性材料主要是由共轭π电子引起的,所以能得到高的响应值和比较大的光学系数。而且,有机材料适应于广泛的波长范围,有机分子易于设计和剪裁组合,可通过分子设计和合成方法改变结构开发出新材料,同时,有机材料光学损伤值高,加工成型,便于器件化。

1. 有机二阶非线性光学材料

早期,通过实验合成发现了众多的二阶有机材料。理论上探索非线性光学效应的微观机理与化合物结构间相互影响的关系,提出了"电荷转移(CT)"理论和分子工程、晶体工程的概念以及系统具体的分子设计方法。通常扩大给体与受体之间的共轭体系能增加倍频系数值,但是由于增加共轭不可避免地造成了其光谱吸收红移,从而限制了其实际应用。研究表明,一些不对称的1,2-二苯乙炔中的—C≡C—桥连部分能明显地减少分子的电荷转移性质,从而提高材料的光学透明度。但与此同时却造成了β值的降低。为了解决这一问题,Nguyen等人提出新桥连连接给体与受体的方法:

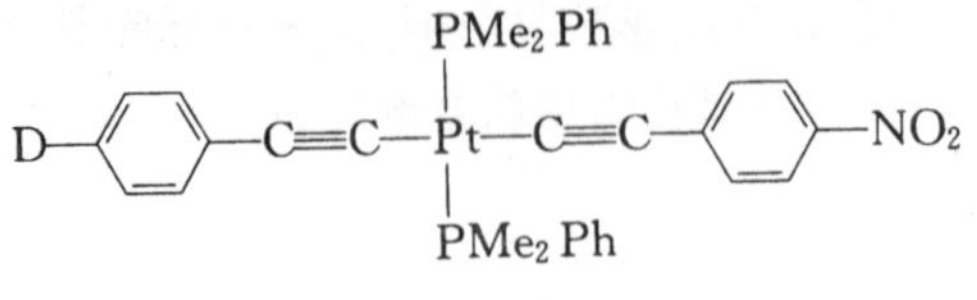

$$D \text{—} \bigcirc \text{—} C \equiv C \text{—} \underset{\underset{PMe_2Ph}{|}}{\overset{\overset{PMe_2Ph}{|}}{Pt}} \text{—} C \equiv C \text{—} \bigcirc \text{—} NO_2$$

　　该化合物不仅具有良好的可见透明性及优良的热稳定性,而且其 β 值也有明显增加。对非线性光学材料做成器件时,一般来说,要经受 250℃的短时高温和具有 100℃左右的承受加工和操作的长时间热稳定性。热稳定性良好的非线性光学材料的结构有:

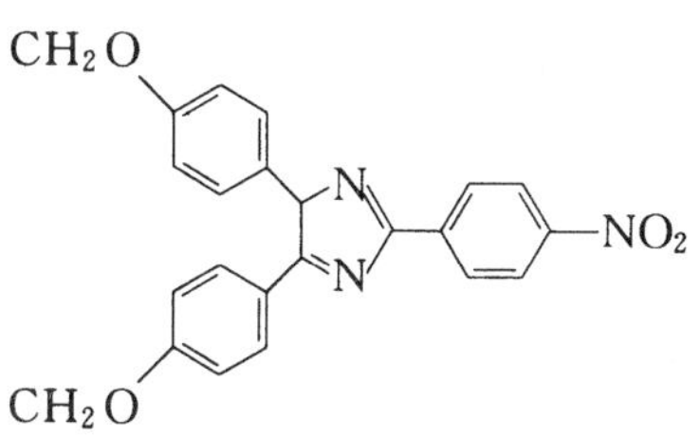

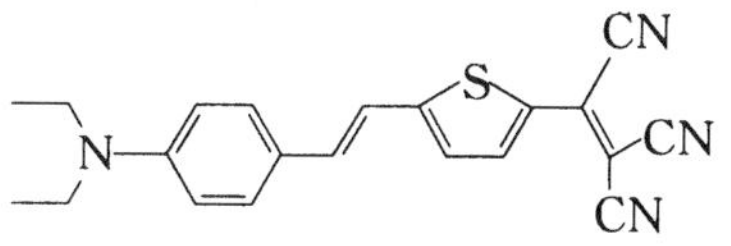

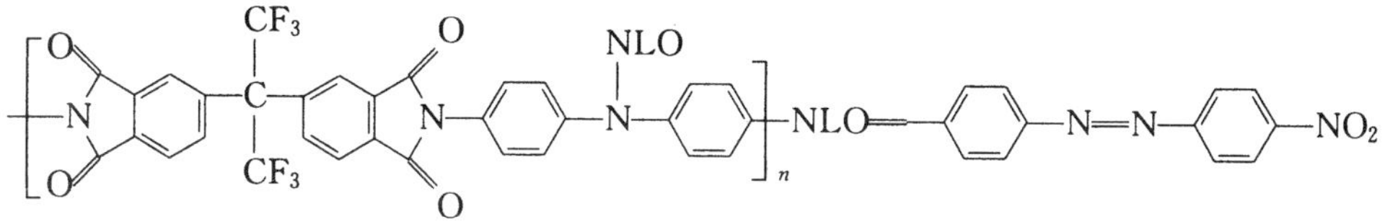

　　以 1,3-双(二氰亚甲基)-1,2-二氢化茚(DBMI)作电子受体,以 APT 为电子给体的、具有推拉效应的非线性光学材料,其 $\beta=1024\times10^{-30}$ esu,达到了一些聚合物的水平,且热稳定性也相当好。

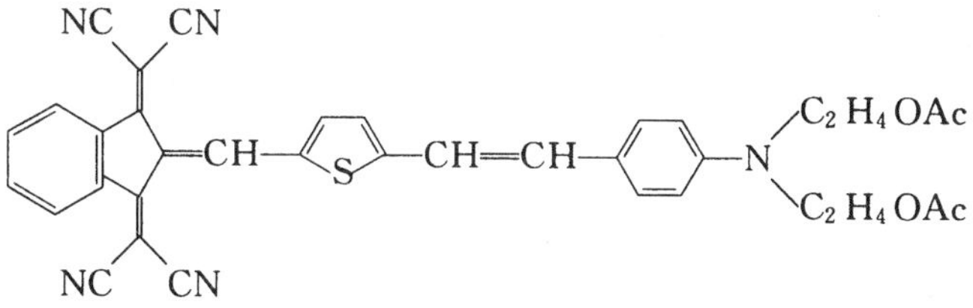

APT-DBMI

APT-DBMI 的合成:

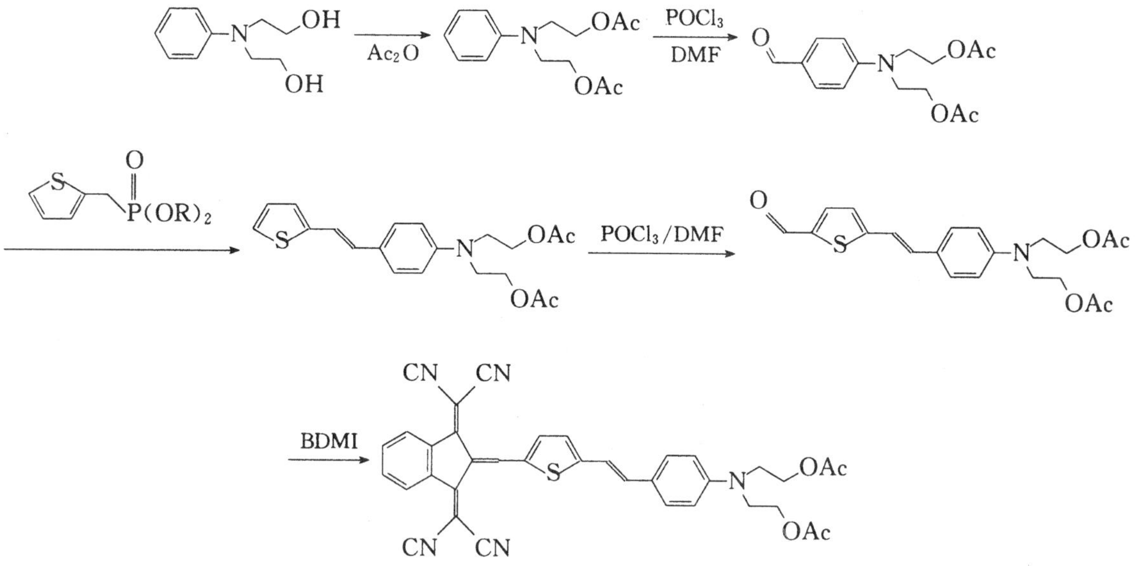

(APT-DBMI)

1994 年 Hamumoto 等人首先发现钒氧酞菁(VOPc)膜的二阶非线性光学特性(SHG),表明具有中心对称的酞菁膜也具有 SHG 特性,如非取代的 CuPc 和 H_2Pc。如果再选择合适的给体和受体及具有分子内电荷转移特性的不对称酞菁化合物,作为二阶非线性光学材料应当是有前途的。然而合成和纯化方面的困难,在此方面的报道不多,已有的如硝基-三叔丁基取代的酞菁 LB 膜的 SHG 特性等 $\chi^{(2)}=(2\sim3)\times10^{-8}$ esu。卟啉系化合物的典型结构如下:

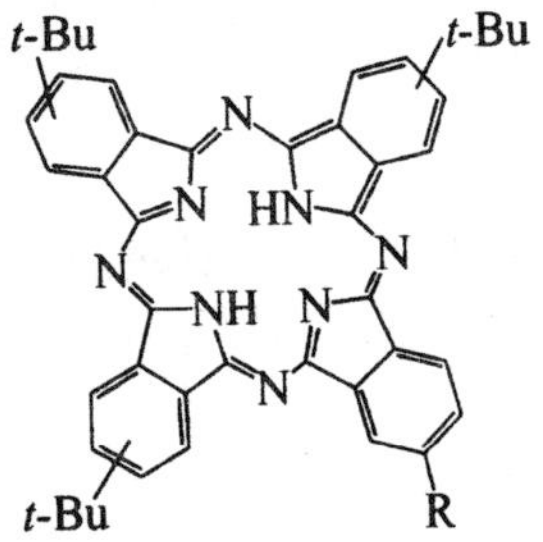

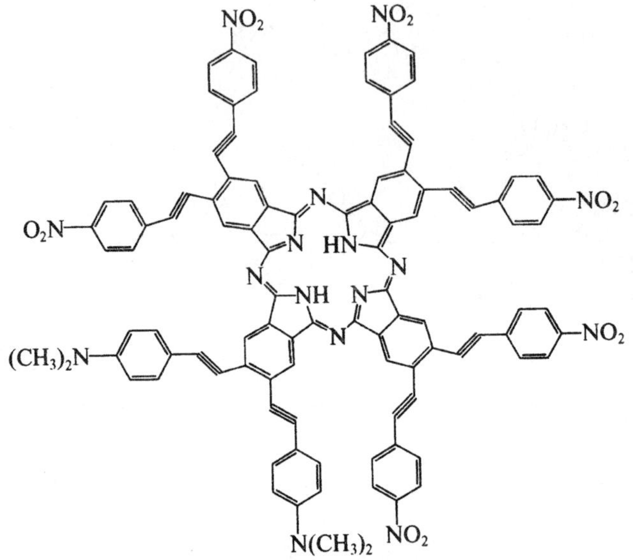

2. 典型的有机类非线性光学晶体

(1)酰胺类晶体

酰胺是羧酸的衍生物,羧酸中的羧基为氨基所取代后,即为酰胺基。脲类化合物是酰胺的一种,包括尿素、马尿酸和二甲基尿等晶体,尿素晶体为这一类晶体的典型代表,是一种已经得到应用的有机紫外倍频晶体。属四方晶体,它的熔点为 132.7℃,密度 1.318g/cm³,硬度约为莫氏硬度 2.5,正光性单轴晶,透明波段为 200nm~1.43pm。可以对各种波长的激光实现倍频、和频的位相匹配,可以通过和频获得 210nm 附近的紫外光,其非线性系数 $d_{36}(0.6\mu m)$ 约为 $KDPd_{36}$ 的 3 倍,并有较高的抗光伤阈值、尿素晶体具有较大的双折射率和小的折射率温度系数,能在室温下稳定实现紫外倍频输出,主要用于激光的高次谐波发生和频和光参量振荡等。在 LBO、BBO 晶体发现前,尿素已被采用。缺点是容易潮解,晶体生长难,可采用溶液法生长,一般用醇(甲醇、乙醇或混合溶系)作溶剂获优质晶体。

(2)酮衍生物晶体

查尔酮衍生物是研究较多的有机非线性光学晶体体系查尔酮体系本身已形成 π 体系,通过可以设计的施主或受主基团,便于对晶体的性质进行设计和优化。

(3)苯基衍生物晶体

这类晶体的特点是在苯环上引入不同取代基。取代基可分为施主基团和受主基团,前者有 NMe_2、$NHNH_2$、NH_2、OH、OCH_3、OMe 等基团。后者有 NO_2、CHO、$COOH$、$COCH_3$、CF_3 等。

（4）其他有机物类晶体

有几类有机物的初步研究显示其具有足够大的粉末倍频效应，可能作进一步研究。如硝基苯和吡啶、硝基杂环、极化烯类、碳水化合物和氨基酸类化合物。此外，还有苯胺衍生物、二胺衍生物、均二苯代乙烯衍生物、西佛碱衍生物等，有机非线性光学晶体的研究范围越来越广，品种也在不断增加。

14.1.2　感光性高分子树脂

感光性树脂是指在光的作用下能迅速发生光化学反应，引起物理和化学变化的高分子。这类树脂在吸收光能量后使分子内或分子间产生化学的或结构的变化。吸收光的过程可由具有感光基团的高分子本身来完成，也可由加入感光材料中的感光性化合物（光敏剂）吸收光后引发光化学反应来完成。现已广泛用作光致抗蚀剂、感光性粘合剂、油墨、涂料等。

感光性树脂在印刷布线、集成电路相电子器件加工、孔板制造、精密机械加工及复印、照相等方面的应用越来越广泛，具有固化速度快、不易剥落、涂膜强度高、节能、印刷清晰、污染小等特点，便于大规模工业生产。

感光性高分子材料应具有一些基本性质，如对光的敏感性、显影性、成像性、成膜性等，不同的用途对这些性能的要求是不同的。如作为电子材料及印刷制版材料，要求有良好的成像性及显影性，而作为涂料和油墨、固化速度和成膜性则更为重要。

1. 光致抗蚀剂的工作原理与要求

（1）原理

光致抗蚀剂也称光刻胶。当其受到光照后即发生交联或分解反应，溶解性发生改变。感光性树脂最早被用于印刷制版。1954 年，美国柯达（Kodak）公司成功地开发出了聚乙烯醇肉桂酸酯，并作为光致抗蚀剂被大量应用。在电子工业中广泛使用的感光树脂是光致抗蚀剂。如半导体电产器件或集成电路的制造中，需要在硅晶体或金属等表面进行选择性的腐蚀，不需腐蚀的部分必须要保护起来。将光刻胶均匀涂布在被加工物体表面，通过所需加工的图形进行曝光，由于受光与未受光部分发生溶解度的差别，曝光后用适当的溶剂显影，就可得到由光刻胶组成的图形，再用适当的腐蚀液除去被加工表面的暴露部分，就形成了所需要的图形。如果光刻胶受光部分发生交联反应，溶解度变小，用溶剂把末曝光的部分显影后去除，则在被加工表面形成与曝光掩膜（一般是照相负片或其复制品）相反的负图像，称为负性光致抗蚀剂。相反，如果光刻胶的受光部分分解，溶解度增大，用适当的溶剂除去的是曝光部分，这时形成的图像与掩膜是一致的，被称为正性光致抗蚀剂，其作用原理如图 14-1 所示。

（2）性能要求

①能加工的最小尺寸小，即分辨率要高。

②感度高，光致抗蚀剂曝光时所必要的曝光量值小。

③耐腐蚀，对基板有保护作用，作为覆盖膜，要抗刻蚀。刻蚀有湿法（用液体）和干法（用等离子体及加速离子），故不仅要耐湿法也要耐干法。

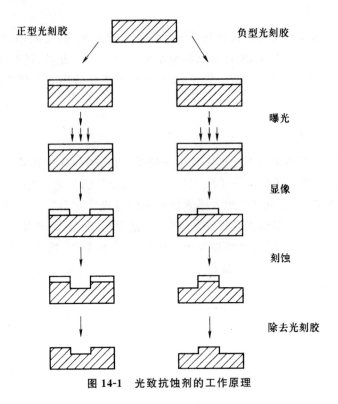

图 14-1 光致抗蚀剂的工作原理

2. 感光性高分子分类

①按骨架聚合物种类：分为聚乙烯醇型(PVA)、聚酯型、尼龙型、丙烯酸酯型、环氧型、氨基甲酸酯型等。

②按物性变化：分为光致不溶型、光致溶解型、光降解型等。

③按光反应的类型：分为光交联型、光聚合型、光氧化还原型、光分解型、光二聚型等。

④按感光基团的种类：分为重氮型、叠氮型、肉桂酰型、丙烯酸酯型等。

⑤按聚合物组分：分为感光性化合物和聚合物混合型、感光基团的聚合物。

14.1.3　光致变色高分子材料

1. 光致变色机理

含有光色基团的化合物受一定波长的光照射时,发生颜色的变化,而在另一波长的光或热的作用下又恢复到原来的颜色,这种可逆的变色现象称为光色互变或光致变色。光致变色过程包括显色反应和消色反应两步。显色反应是指化合物经一定波长的光照射后显色和变色的过程。消色有热消色反应和光消色反应两种途径。但有时其变色过程正好相反,即稳定态 A 是有色的,受光激发后的亚稳态 B 是无色的,这种现象称为逆光色性。

光致变色过程见图 14-2 所示。理想的光色过程由如下两步组成：

(1)激活反应

激活反应就是光致变色过程中的显色反应,系指化合物经一定波长的光照射后显色和变色的过程。

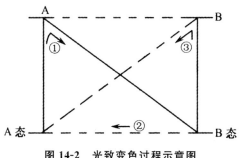

图 14-2　光致变色过程示意图

（2）消色反应

它有两种途径：热消色反应——系指化合物通过加热恢复到原来的颜色。光消色反应——系指化合物通过另一波长的光照射恢复到原来的颜色。

光致变色材料有无机化合物和有机化合物。将光色基团导入聚合物侧链中就制得了光致变色高分子材料，光致变色高聚物的种类很多，有偶氮苯类、三苯基甲烷类、水杨叉替苯胺类、双硫腙类，有的聚合物在主链上带有光色基团。

不同类型的化合物的变色机理是不同的。光致变色高分子的变色机理一般分为七类：键的异裂、键的均裂、顺反互变异构、氢转移互变异构、价键互变异构、氧化还原光反应、三线态——三线态吸收。下面举出一些光致变色高分子的变色机理。

已经知道，硫代缩胺基脲（—N = N—C—NH—NH—）衍生物与 Hg 能生成有色络合物，是化学分析上应用的灵敏显色剂。在聚丙烯酸类高分子侧链上引入这种硫代缩胺基脲汞的基团，在光照时由于发生了氢原子转移的互变异构，发生变色现象。

变色现象是由于光化学反应前后物质对可见光不同光波的波长选择性吸收有了改变而引起的。例如，当 R_2 为 ⌬—O—CH_3 时，上述高分子光谱变化如图 14-3 所示，由图可知，光照前其吸收峰为 500nm，显紫红色，光照后吸收峰移至 630nm，显蓝色。当 R_2 不同时，上述高聚物的变色行为有所不同。

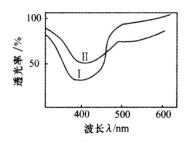

图 14-3　硫代缩胺基脲汞聚合物的光谱变化

2. 光致变色高分子材料的应用

光致变色高分子材料同光致变色无机物和小分子有机物相比具有低褪色速率常数，易成形等优点，故得到广泛的应用。

①光的控制和调变。可以自动控制建筑物及汽车内的光线。做成的防护眼镜可以防止原子弹爆炸产生的射线和强激光对人眼的损害，还可以做滤光片、军用机械的伪装等。

②感光材料。应用于印刷工业方面,如制版等。

③信号显示系统。用作宇航指挥控制的动态显示屏,计算机末端输出的大屏幕显示。

④信息储存元件及全息记录介质。光致变色材料的显色和消色的循环变换可用作信息储存元件。未来的高信息容量,高对比度和可控信息储存时间的光记录介质就是一种光致变色膜材料。用于信息记录介质等方面具有操作简单,不用湿法显影和定影;分辨率非常高,成像后可消除,能多次重复使用;响应速度快,缺点是灵敏度低,像的保留时间不长。

⑤其他。除上述用途外,光致变色材料还可用作强光的辐射计量计,测量电离辐射、紫外线、X 射线、γ 射线,以及模拟生物过程生化反应等。

14.2 电功能高分子材料

电功能高分子是具有导电性或电活性或热点及压电性的高分子材料。同金属相比,它具有低密度、低价格、可加工性强等优点。随着高分子科学的发展,对于电功能高分子的认识将不断深入,越来越多的电功能高分子材料和器件实际应用。下面将对导电高分子进行具体研究。

导电高分子材料是一类具有接近金属导电性的高分子材料。

14.2.1 导电高分子的结构与机理

1. 导电高分子的结构

按照导电高分子的结构与组成,可将其分成两大类,即结构型(或称本征型)导电高分子和复合型导电高分子。

(1)结构型导电高分子

结构型导电高分子本身具有传输电荷的能力。根据导电载流子的不同,结构型导电高分子有电子导电、离子传导和氧化还原三种导电形式。电子导电型聚合物的结构特征是分子内有大的线性共轭 π 电子体系,给载流子-自由电子提供离域迁移的条件。离子导电型聚合物的分子有亲水性、柔性好,在一定温度条件下有类似液体的性质,允许相对体积较大的正负离子在电场作用下在聚合物中迁移。而氧化还原型导电聚合物必须在聚合物骨架上带有可进行可逆氧化还原反应的活性中心,导电能力是由于在可逆氧化还原反应中电子在分子间的转移产生的。

(2)复合型导电高分子

复合型导电高分子材料又称掺和型导电高分子材料,是以高分子材料为基体,加入导电性物质,通过共混、层积、梯度或表面复合等方法,使其表面形成导电膜或整体形成导电体的材料。

2. 导电机理

有机固体要实现导电,一般要满足以下两个条件。

(1)具有易定向移动的载流子

有机固体的电子轨道可能存在下列三种情况,如图 14-4 所示。图 14-4(a)为轨道全满,电子只能跃迁到 LUMO 轨道,但需要很高的活化能,这种有机固体一般为绝缘体;图 14-4(b)虽为部分占有轨道,但在半充满状态下的电子跃迁要克服同一轨道上两个电子间的库仑斥力的同时破坏原有的平衡体系,所需要的活化能也较高,这种有机固体在常温下为绝缘体或半导体;图

14-4(c)既满足轨道部分占有,且电子跃迁后体系保持原态,电子只需较小的活化能即可实现跃迁,成为易定向移动的载流子。此种有机固体电导率一般较高,为半导体或导体。

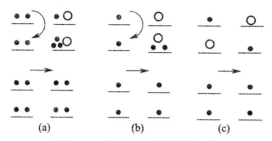

图 14-4 有机固体电子轨道示意

(2)具有可供载流子在分子间传递的通道

结构型导电高分子电子导电有两种方式:

①分子间距足够小而产生轨道重叠。如共轭链的高分子体系,其分子中的双键与单键交替产生长的共轭结构,形成了由 n 轨道重叠而成的电子通道。

②过桥基连接,即在某些高分子中加入某些离子如金属离子作为桥基,把有机分子连接成为桥连分子。在桥连分子中载流子沿桥链迁移。如以轴向配位体(L)为桥基共价连接的大环分子(M)面对面串型高分子。

结构型导电高分子本身具有"固有"的导电性,由高分子结构提供导电载流子(电子、离子或空穴)。这类高分子经掺杂后,电导率可大幅度提高,其中有些甚至可达到金属的导电水平。常见高分子材料及导电高分子材料的电导率范围如图 14-5 所示。

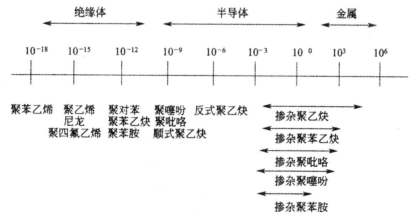

图 14-5 常见高分子材料及导电高分子材料的电导率范围

14.2.2 电子导电型高分子

在电子导电聚合物的导电过程中,载流子是聚合物中的自由电子或空穴,导电过程需要载流子在电场作用下能够在聚合物内做定向迁移形成电流。因此,在聚合物内部具有定向迁移能力的自由电子或空穴是聚合物导电的关键。

当有机化合物中具有共轭结构时,π 电子体系增大,电子的离域性增强,可移动范围扩大。若共轭结构达到足够大时,化合物即可提供自由电子。共轭体系越大,离域性也越大。因此,有机聚合物成为导体的必要条件是应具有能使其内部某些电子或空穴跨键离域移动能力的大共轭结构。事实上,所有已知的电子导电型聚合物的共同结构特征为分子内具有大的共轭 π 电子体系,具有跨键移动能力的 π 价电子成为这一类导电聚合物的唯一载流子。

目前已知的电子导电聚合物,除了早期发现的聚乙炔外,大多为芳香单环、多环以及杂环的共聚或均聚物。部分常见的电子导电聚合物的分子结构见表 14-1。

表 14-1　典型的结构型导电高分子的结构与室温电导率

高分子名称	缩写	结构式	电导率	发现年代
聚乙炔	PA		$10^5 \sim 10^{10}$	1977
聚吡咯	PPy		$10^{-8} \sim 10^2$	1978
聚噻吩	PTH		$10^{-8} \sim 10^2$	1981
聚对亚苯	PPP		$10^{-15} \sim 10^2$	1979
聚对苯乙炔	PPV	—CH=CH— —CH=CH—	$10^{-8} \sim 10^2$	1979
聚苯胺	PANI		$10^{-10} \sim 10^2$	1985

可以发现,线性共轭电子体系为导电聚合物分子结构共同特征。

聚乙炔结构除了上面给出的那种形式外,还可以画成图 14-6 所示形式。

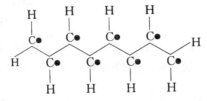

图 14-6　聚乙炔分子电子结构(符号·表示未参与形成 σ 键的 p 电子)

14.2.3　离子导电型高分子

离子导电是在外加电场驱动力作用下,由负载电荷的微粒——离子的定向移动来实现的导电过程。具有可以在外力驱动下相对移动的离子的物体称为离子导电体,以正、负离子为载流子的导电聚合物被称为离子导电聚合物,它也是一类重要的导电材料。

离子导电与电子导电不同点如下：

①离子的体积比电子大得多，不能在固体的晶格间自由移动，所以常见的大多数离子导电介质是液态的，原因是离子在液态中比较容易以扩散的方式定向移动。

②离子可以带正电荷，也可以带负电荷，而在电场作用下正负电荷的移动方向是相反的，加上各种离子的体积、化学性质各不相同，因而表现出的物理化学性能也就千差万别。

聚合物电解质导电主要有非晶区扩散传导导电和自由体积导电两种机理。

(1)非晶区扩散传导导电

1982 年 Wright 等在研究 PEO/碱金属盐体系室温电导率时发现，在晶态时聚电解质的电导率很低，而在无定形状态时电导率较高。这就表明，PEO/碱金属盐体系的电导主要由非晶部分贡献。近来发展起来的这种理论认为，在聚合物电解质中，随着聚合物本体和支持电解质的组成不同、温度的变化、聚合物电解质中存在相态不同，聚电解质中物质的传输主要发生在无定形相区。

在无定形相区离子同高分子链上的极性基团络合，在电场作用下，随着高弹区中分子链段的热运动，阳离子与极性基团不断发生络合—解络合过程，从而实现阳离子的迁移，过程如图 14-7 所示。

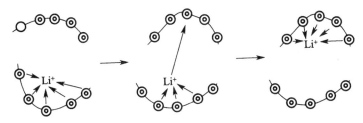

图 14-7　离子在无定形区域传输的示意

(2)自由体积导电

Armand 在研究 PEO/碱金属盐体系的基础上认为，当离子的传输主要在无定形状态中受聚合物链段运动控制时，大多数非晶络合物体系的电导率(R)与热力学温度(T)的关系均符合自由体积理论导出的 VTF 方程：

$$R = AT^{-1/2}\exp[-B(T-T_g)]$$

式中，R 为聚合物电解质的电导率；T 为测试温度；T_g 为聚合物玻璃化温度；A 为指前因子；B 为活化能。

当聚合物电解质体系的温度小于 T_g 时，体系中晶态占主要部分，物质的运动受到限制，运动速度较慢；而当温度高于 T_g 时，体系中的晶态开始向无定形态转变，无定形态的比例增加，导致体系自由体积的增大，物质的运动加快，电导率提高。用自由体积导电理论解释为：在聚合物电解质中，存在有聚合物链段组成的螺旋形的溶剂化隧道结构，在较低的温度情况下，离子在聚合物电解质中的传输通过离子在螺旋形的溶剂化隧道中跃迁来实现；而在较高的温度情况下，聚合物电解质中出现缺陷或空穴，离子通过缺陷或空穴进行传输。过程如图 14-8 所示。因此，该理论成功地解释了聚合物中离子导电的机理和导电能力与温度的关系。

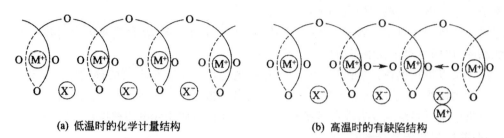

(a) 低温时的化学计量结构　　　　(b) 高温时的有缺陷结构

图 14-8　离子通过缺陷或空穴进行传输的模型示意

总之,作为离子导电型高分子材料,应含有一些给电子能力很强的原子或基团,能与阳离子形成配位键,对离子化合物有较强的溶剂化能力;而且,高分子链足够柔顺,玻璃化温度较低。

14.2.4　复合型导电高分子

复合型导电高分子材料是将导电填料加入聚合物中形成的,如将银粉掺入胶粘剂中得到导电胶、炭黑加入橡胶中得到导电橡胶等。早期的所谓导电高分子材料都是指这类材料,其导电特征、机理及制备方法均有别于结构型导电高分子。

复合型导电高分子中,聚合物基体的作用是将导电颗粒牢固地粘结在一起,使导电高分子有稳定的电导率,同时还赋予材料加工性和其他性能,常用的树脂和橡胶均可用。常用的导电剂包括碳系和金属系导电填料。

复合型导电高分子材料通常具有 NTC 效应和 PTC 效应。

(1)NTC(Negative Temperature Coefficient)效应

在聚合物的熔化温度以上时,许多没有交联的复合导电材料的电阻率尖锐地下降,这种现象被称为 NTC 效应,NTC 现象对于许多工业应用领域是不利的。

(2)PTC(Positive Temperature Coefficient)效应

当复合材料被加热到半结晶聚合物的熔点时,炭黑填充的半结晶聚合物复合材料的电阻率急剧提高,这种现象被称为 PTC 效应。此时,材料由良导体变为不良导体甚至绝缘体,从而具有开关特性。

高分子 PTC 器件具有可加工性能好、使用温度低、成本低的特点。可作为发热体的自控温加热带和加热电缆,与传统的金属导线或蒸汽加热相比,这种加热带和加热电缆除兼有电热、自调功率及自动限温三项功能外,还具有节省能源、加热速度快、使用方便(可根据现场使用条件任意截断)、控温保温效果好(不必担心过热、燃烧等危险)、性能稳定且使用寿命长等优点,可广泛用于气液输送管道、罐体等防冻保温、仪表管线以及各类融雪装置。在电子领域,高分子复合导电 PTC 材料主要用于温度补偿和测量、过热以及过电流保护元件等。在民用方面,可广泛用于婴儿食品保暖器、电热座垫、电热地毯、电热护肩等保健产品以及各种日常生活用品、多种家电产品的发热材料等。

1. 碳系复合型导电高分子材料

碳系复合型导电高分子材料中的导电填料主要是炭黑、石墨及碳纤维。常用的导电炭黑如表 14-2 所示。

表 14-2　炭黑的种类及其性能

种类	粒径/μm	比表面积/（m² · g⁻¹）	吸油值/（mg · g⁻¹）	特性
导电槽黑	17～27	175～420	1.15～1.65	粒径细,分散困难
导电炉黑	21～29	125～200	1.3	粒径细,孔度高,结构性高
超导炉黑	16～25	175～225	1.3～1.6	防静电,导电效果好
特导炉黑	<16	225～285	2.6	孔度高,导电效果好
乙炔炭黑	35～45	55～70	2.5～3.5	粒径中等,结构性高,导电持久

炭黑的用量对材料导电性能的影响可用图 14-9 表示。图中分为三个区。其中,体积电阻率急剧下降的 B 区域称为渗滤(Percolation)区域。而引起体积电阻率 ρ 突变的填料百分含量临界值称为渗滤阈值。只有当材料的填料量大于渗滤阈值时,复合材料的导电能力才会大幅度的提高。如对于聚乙烯,用炭黑为导电填料时,其渗滤阈值约为 10wt%,即炭黑的质量分数大于 10% 时,导电能力(电导率)急剧增加。

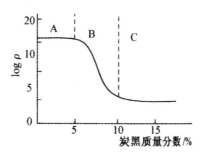

图 14-9　复合型导电高分子体积电阻率与炭黑含量的关系

A 区:炭黑含量极低,导电粒子间的距离较大(>10nm),不能构成导电通路。

B 区:随着炭黑含量的增加,粒子间距离逐渐缩短,当相邻两个粒子的间距小到 1.5～10nm 时,两粒子相互导通形成导电通路,导电性增加。

C 区:在炭黑填充量高的情况下,聚集体相互间的距离进一步缩小,当低于 1.5nm 时,此时复合材料的导电性基本与频率、温度、场强无关,呈现欧姆导电特征,再增加炭黑量,电阻率基本不变。

总体来说复合型导电高分子材料的导电能力主要由隧道导电和接触性导电(导电通道)两种方式实现,其中普遍认为后一种导电方式的贡献更大,特别是在高导电状态时。复合材料的导电机制实际上非常复杂,其中以炭黑填充型复合材料的导电机理最为复杂,现在还不能说已经完全弄清楚了,因为迄今还没有一种模型能够解释所有的实验事实。

碳纤维也是一种有效的导电填料,有良好的导电性能,并且是一种新型高强度、高模量材料。目前在碳纤维表面电镀金属已获得成功。金属主要指纯钢和纯镍,其特点是镀层均匀而牢固,与树脂粘结好。镀金属的碳纤维比一般碳纤维导电性能可提高 50～100 倍,能大大减少碳纤维的添加量。虽然碳纤维价格昂贵,限制了其优异性能的推广,但仍有广泛用途。如日本生产的 CE220 是 20% 导电碳纤维填充的共聚甲醛,其导电性能良好,机械强度高,耐磨性能好,在抗静电、导电性及强度要求高的场合得到了应用。

天然石墨具有平面型稠芳环结构,电导率高达 $10^{2\sim3}\,S \cdot cm^{-1}$,已进入导体行列,其天然储量丰富、密度低和电性质好,一直受到广泛关注。目前,石墨高分子复合材料已经被广泛应用于电极材料、热电导体、半导体封装等领域。

碳纳米管是由碳原子形成的石墨片层卷成的无缝、中空的管体,依据石墨片层的多少可分为单壁碳纳米管和多壁碳纳米管,是最新型的碳系导电填料。碳纳米管复合材料可广泛应用于静电屏蔽材料和超微导线、超微开关及纳米级集成电子线路等。

2. 金属系复合型导电高分子材料

金属系复合型导电高分子材料是以金属粉末和金属纤维为导电填料,这类材料主要是导电塑料和导电涂料。

聚合物中掺入金属粉末,可得到比炭黑聚合物更好的导电性。选用适当品种的金属粉末和合适的用量,可以控制电导率在 $10^{-5}\sim10^4\,S \cdot cm^{-1}$ 之间。

金属纤维有较大的长径比和接触面积,易形成导电网络,电导率较高,发展迅速。目前有钢纤维、铝合金纤维、不锈钢纤维和黄铜纤维等多种金属纤维。如不锈钢纤维填充 PC,填充量为 2%(体积)时,体积电阻率为 $10\Omega \cdot cm$,电磁屏蔽效果达 40dB。

金属的性质对电导率起决定性的影响。此外金属颗粒的大小、形状、含量及分散状况都有影响。

14.3　形状记忆高分子材料

自 1964 年发现 Ni-Ti 合金的形状记忆功能以来,记忆材料便以其独特的性能引起世界的广泛关注。目前,已发现的记忆材料有应力记忆材料、形状记忆材料、体积记忆材料、色泽记忆材料、湿度记忆和温度记忆材料等。

14.3.1　形状记忆高分子原理

材料的性能易受外部环境的物理、化学因素的影响。利用这种敏感易变的特点,在一定条件下,形状记忆聚合物(SMP)被赋予一定的形状(起始态),当外部条件发生变化时,它可相应地改变形状并将其固定(变形态)。如果外部环境以特定的方式和规律再次发生变化,SMP 使可逆的恢复至起始态。至此,完成"记忆起始态→固定变形态→恢复起始态"的循环。如图 14-10(a)所示是形状记忆聚合物材料成形加工过程,1 聚合物物料加热到 T_m 温度以上,交联共混,第一次成形;2 冷却结晶后成初始状态;3 加热到外 T_m 温度以上施加外力第二次变形;4 在保持外力下冷却到室温得到变形态,再加热到 T_m 温度以上变为初始态,达到对起始态的形状记忆。如图 14-10(b)所示为形状记忆聚合物材料记忆过程内部结构的变化。外部环境促使 SMP 完成上述循环的因素有热能、光能、电能和声能等物理因素以及酸碱度、整合反应和相转变反应等化学因素。

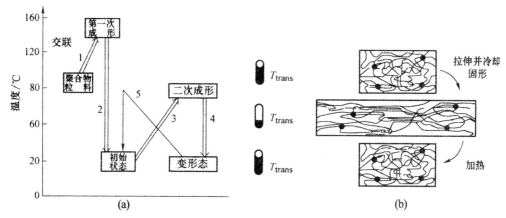

图 14-10　形状记忆聚合物材料成形加工过程及记忆过程内部结构的变化

(a)形状记忆聚合物材料成形加工过程；(b)记忆过程内部结构的变化

温度形状记忆。同形状记忆合金(SMA)相比，SMP 的主要缺点在于回复应力较小(只相当 SMA 的 1/100)，但 SMP 形变量大，达 250%～800%，赋形容易，形状恢复温度便于控制，电绝缘性和保温效果好，而且不生锈，易着色。

(1)固定相和可逆相

这种热致感应型 SMP 一般都是由防止树脂流动并记忆起始态的固定相与随温度变化能可逆的固化和软化的可逆相组成的。可逆相为物理交联结构，如结晶态、玻璃态等，而固定相可分为物理交联结构和化学交联结构。以化学交联结构为固定相的被称为热固性 SMP，以物理交联结构为固定相的则称为热塑性 SMP。

(2)热致感应型 SMP 材料

由于一维高分子链间的相互作用太弱，在高于 T_g 的温度下，仅凭一维分子链间作用力不足以维持一定形状。因此，需要在 SMP 分子链间存在微晶、玻璃态、化学交联、物理缠结等链间作用以构造三维网状结构并保持固定形状。表 14-3 列出了几种常见的 SMP 在固定相和可逆相中的链间交联状态。

表 14-3　SMP 的交联状态

链间相互作用	聚降冰片烯	反式聚异戊二烯	苯乙烯/丁二烯共聚	聚氨酯	聚乙烯
物理缠结	O				
化学交联		O			O
微晶		T	O,T	O	T
玻璃态	T			T	

注：O 用于起始态，T 用于变形态。

热致感应型 SMP 材料的物理性质和形状记忆特性列于表 14-4。

表 14-4　几种 SMP 的物理性质和形状记忆特性

物理性质	聚降冰片烯	反式聚异戊二烯	苯乙烯/丁二烯共聚
变形率/(%)	约 200	约 400	约 400
回复温度/℃	38	60～90	60～90
回复应力/MPa		1～3	0.5～1.5
拉伸强度/MPa	35	25	10

14.3.2　光致感应型形状记忆高分子材料

以一定的方式引入适当的光致变色基团(Photochromic Chromophote Group,简写成 PCG)的某些高分子材料,当受到光照射时(通常为紫外光),PCG 发生光异构化反应并把这种变化传递给分子链,使分子链的状态发生显著性变化,材料在宏观上表现为光致形变,光照停止时,PCG发生可逆的光异构化反应,分子链的形态相应地复原,材料则恢复原状。光照停止后,通过加热或用其他波长的光照射(通常为可见光),可加速其恢复过程。

1. 可逆性光异构化反应

可逆性光异构化反应的种类很多,但目前研究较多的是偶氮苯基团、螺苯并吡喃及三苯甲烷五色衍生物(Triphenylmethane Leuco Derivaive,简写为 TLD)等基团的反应,如图 14-11 所示。

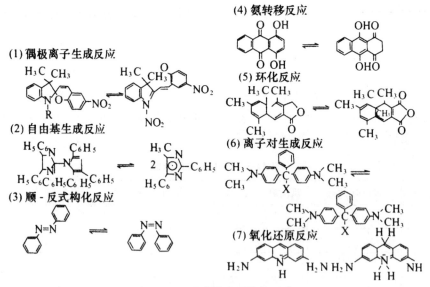

图 14-11　可逆性光异构化反应

偶氮苯基团在紫外光照射下,从反式结构转变成顺式结构,4,4′-位上碳原子之间的距离从0.9nm 收缩至 0.55nm,分子偶极距由 0.5D 增大至 3.1D。光照停止后,发生逆向反应又转变为反式结构,可见光的照射会加速这种转化。

在紫外光照射下,TLD 能离解成两部分,一部分带正电荷,另一部分带负电荷;光照停止后发生逆向反应,电荷消失,恢复至无电荷结构。

2. 分子链的形态变化

在高分子材料中,PCG 的存在方式有三种:以结构单元的形式存在于分子链的主链或支链中;作为交联剂以共价键联结大分子链;作为低分子添加剂同大分子链组成混合体系。根据 PCG 的光异构化反应对分子链的作用形式,分子链的形态变化有图 14-12 所示的五种方式。

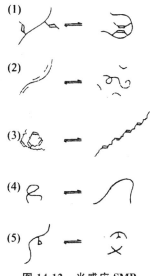

(1)

(2)

(3)

(4)

(5)

图 14-12　光感应 SMP

(1)第一种变化方式

其是通过分子链侧链上 PCG 之间的相互作用在光照前后发生可逆性变化实现的。属这种变化的 SMP 有侧链上的含有偶氮苯基团的聚甲基丙烯酸、苯乙烯/无水马来酸共聚物等。由于这些 PCG 之间相互作用的变化受光照影响较小,材料的形状恢复性能不佳。

(2)第二种变化方式

该方式由光致变色低分子化合物与某种高分子构成的混合体系经过光照射后,由于低分子化合物同分子链之间的憎水作用发生变化而导致的形状记忆现象。作为混合体系,由光致变色低分子对分子链的传递效果较差,其形状恢复速度的重复性理想。

(3)第三种变化方式

该方式充分利用了分子链主链中 PCG 的顺式↔反式异构化反应,紫外光的照射通常使材料收缩。若分子链的刚性增大,形状记忆性能下降,直至消失。

(4)第四种变化

在光照时,引入 TLD 的分子链离解出正电荷,分子链相互排斥,材料一般表现为伸长。如侧链上引入 TLD (X=OH)的聚苯乙烯、聚丙烯酰胺等。

(5)第五种方式

引入螺苯并吡喃等侧链的高分子经紫外光照射时,分子链极性的增加得到高分子-高分子、高分子-溶剂的相互作用产生显著性变化,使材料收缩。光照停止后,又可恢复原状。这类材料有含螺苯并吡喃氮苯的多肽和聚苯乙烯等。

14.3.3 形状记忆高分子的应用

1. 形状记忆聚酯的应用

由于聚氨形状记忆性材料具有温度记忆可选择范围宽,质量轻,耐气候性好,原料来源广和加工容易,形变量大和重复形变效果好等优点,是发展较快的形状记忆性高分子材料之一,也是目前在纺织领域获得了广泛应用的形状记忆高分子材料。

形状记忆聚氨酯可通过挤压、注射、涂层、铸造等成形工艺,能满足多种应用需要,其良好的透湿气性、热膨胀性、抗振性能及光学折射性能等与温度密切相关,使它在许多领域,特别是纺织领域得到了广泛的开发和应用,形状记忆聚氨酯材料为热敏性智能材料,其智能特性和应用领域之间的关系如表 14-5 所示。

表 14-5 形状记忆聚氨酯的性能及应用

性能		应用
弹性模量	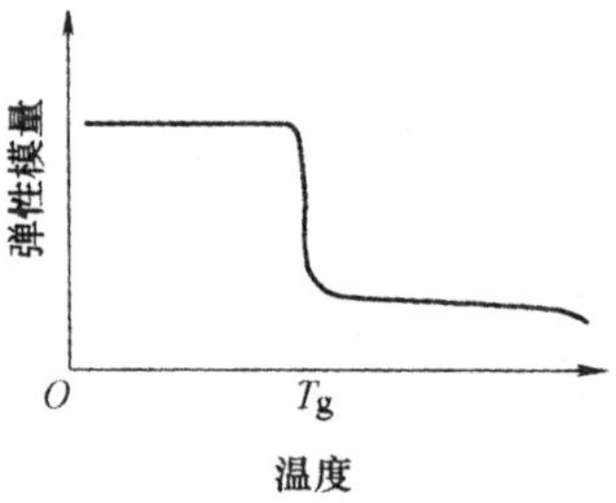	汽车发动机活塞,医用导管
形变固定	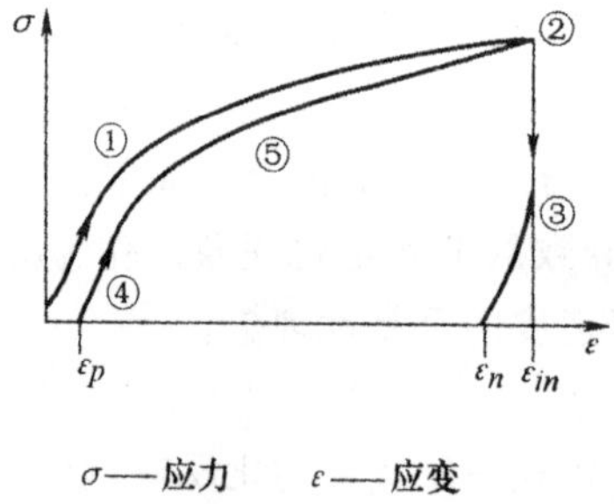	残疾人用品,如汤匙、刀、叉、牙刷、剪刀等的把柄,异径管接头,玩具,人造头发,铆钉等
形变回复		热收缩膜,医用骨科外用固形、矫形材料,玩具,模具材料
力学损耗	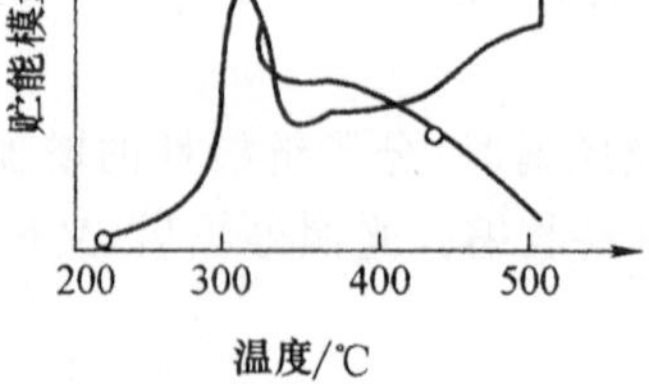	阻尼材料,隔声材料,包装用泡沫,内衣,鞋垫,人造血管,化妆品基料

续表

性能	应用
应变能储存	建筑密封材料,填充材料
透气性	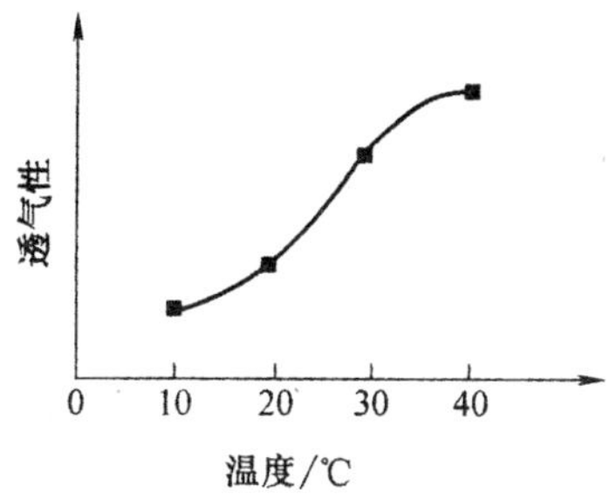 做战服,帐篷,运动服,皮革,卫生巾,温度控制膜,人造皮肤,包装材料,尿布,医药缓释材料
介电性能	温度传感器
形变回复力	铆钉,织物抗皱材料
体积膨胀性能	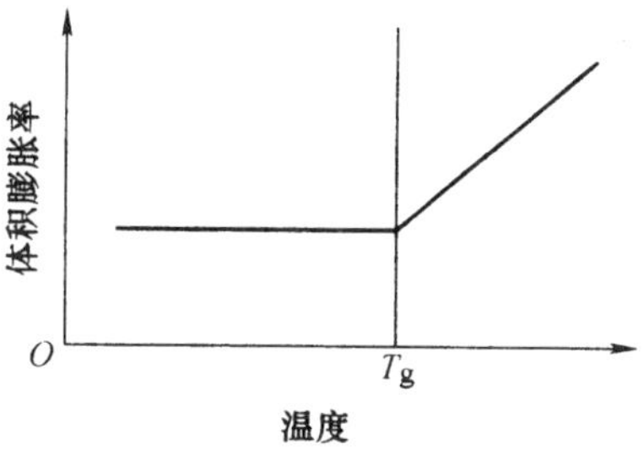 温度传感器
光折射性能	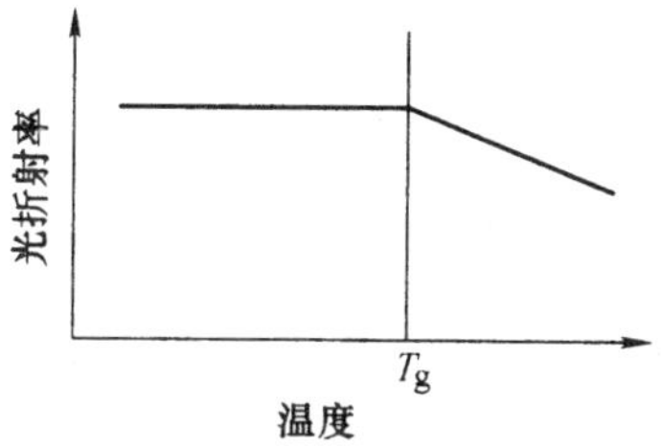 温度传感器,透镜,光学纤维
抗血栓特性	人造血管

2. 在纺织工业上的应用

形状记忆聚合物经形变和固定后,在特定的外部条件下,如热、化学、机械、光、磁、电等作用下,自动恢复到初始形状。

(1)形状记忆材料在纺织上应用的形式

在纺织上,形状记忆材料主要有三种形式。一是形状记忆纱线:将形状记忆材料制成细丝,然后纺成纱线;二是形状记忆化学品:将形状记忆聚合物制成乳液、对织物进行整理、层压或涂层,赋予织物形状记忆功能,将形状记忆聚合物制成树脂或粘合剂与短纤维一起制成非织造织物;三是形状记忆织物:将形状记忆纱线织成各种机织物和针织物。将形状记忆聚合物材料与天然纤维/合成纤维共同构成复合材料。

(2)湿度敏感型聚合物应用

湿度激发形状记忆材料,适用于用即弃卫生产品,如尿布、训练裤、卫生巾和失禁产品。这些产品具有可折叠或伸缩功能,当材料受到一个或几个外界力作用时,至少在某一方向可产生变形;当外力解除后,至少在一个方向可保持一定程度的变形。当处于潮湿或多水的环境中时,该材料具有至少一个方向的变形和部分回复的能力。

目前的用即弃产品可能在受到液体浸渍或在高温和人体温度条件下使用时会变形或变得不舒适,形状的变化可能会产生渗漏问题。开发的这种产品和采用的方法可最大限度保持形变,从而防止渗漏。

(3)温度敏感型聚合物应用

用作织物的功能性涂层和功能性整理以获得防水、透气性织物,如军用作战服、运动服、登山服、帐篷等。

利用聚氨酯的形状记忆功能,调整好合适的记忆触发温度用于服装衬布(袖口、领口等),使其具有良好的抗皱和耐磨等性能,通过升高温度使其回复其在使用过程中产生的皱痕达到原来的形状。

利用聚氨酯的形状记忆功能,可以做矫形、保形用品如涂层绷带、胸罩、腹带等。

将形状记忆高分子的粉末粘接到天然或人造织物或非织造织物上,该混合成分能够在织物的上下表面各形成一层薄膜,如图 14-13 所示。整理后的织物手感硬挺,可以用作衬衫的领口、袖口和前口袋,部分整理后的非织造布可以制成手提袋。发生形变后的织物,放入热空气中或者穿着在人体上,当温度高于或等于形状记忆高分子的玻璃化相转变点时,由于形状记忆高分子会吸收热量,发生相的转变,因而会记忆起它最初始的状态,最后回复到原来的形态,达到抗皱和保持不变形的目的。新兴的形状记忆整理技术不存在甲醛含量的问题,因而受到广泛关注。

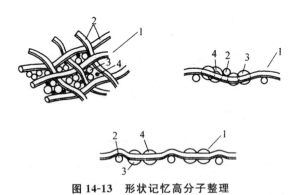

图 14-13　形状记忆高分子整理

1—织物;2—织物纱线;3—形状记忆高分子;4—粘合剂

在纺织品的加工过程中,采用层压、涂层、泡沫整理和其他后整理的方法将聚氨酯施加于织物上,并通过一定的方法使聚氨酯在织物的表面成膜或与纤维中的活性基团发生交联反应,就可以获得具有形状记忆功能的纺织品。

3. 在工程上的应用

将异形管结合,将形状记忆聚合物加热向内插入比聚合物管径大的棒料扩大口径,冷却后抽去棒料制成热收缩管。使用时,将要结合的管料插入,通过加热使聚合物管收缩,紧固,可用于线路终端的绝缘保护,通信电缆接头防水,以及钢管线路结合处的防护。

同样可利用热记忆特性,作零部件的铆接。如图 14-14 所示。

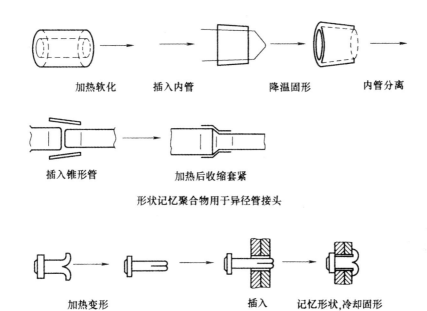

加热软化　　　插入内管　　　　　降温固形　　　　　内管分离

插入锥形管　　　　　　加热后收缩套紧

形状记忆聚合物用于异径管接头

加热变形　　　　　　　　　　　插入　　　记忆形状,冷却固形

形状记忆聚合物用于铆钉

图 14-14　形状记忆聚合物用于管接和铆接

14.4　医药功能高分子材料

14.4.1　概述

1. 人类进入了医用高分子材料时代

高分子材料是充分体现人类智慧的材料,是 20 世纪人类科学技术的重要科技成果之一。随着科学技术的发展,高分子材料还进一步渗透到医学研究、生命科学和医疗保健各个部分,起着越来越重要的作用。用聚酯、聚丙烯纤维制成人工血管可以替代病变受伤而失去作用的人体血管;用聚甲基丙烯酸甲酯、超高相对分子质量聚乙烯、聚酰胺可以制成头盖骨、关节,用于外伤或疾病患者,使之具有正常的生活与工作能力;人工肾、人工心脏等人工脏器也可由功能高分子材料制成,移植在人体内以替代受损而失去功能的脏器,具有起死回生之功效。除此以外,人工血液的研究,高分子药物开发和药用包装材料的应用都为医疗保健的发展带来新的革命,医用胶黏剂的出现为外科手术新技术的运用开辟了一条新的途径。高分子材料在治疗、护理等方面的一次性医疗用品(用即弃)的应用更为广泛,达数千种之多。

随着医学材料的发展,金属材料和无机材料的性能难以满足医学领域的客观需要,而合成高分子材料与作为生物体的天然高分子有着极其相似的化学结构,因而可以合成出医用功能高分子材料,可以部分取代或全部取代生物体的有关器官,这已从临床和动物试验的实际中得到充分的证明,具有生物医用功能的高分子或复合材料见表 14-6。

表 14-6　具有生物医用功能的材料

功能		材料	实例
血液、呼吸、循环系统	止血功能	止血材料	聚醋 PET 纤维金属盐
	血液适应功能	抗血栓材料防溶血材料	PVA
	瓣膜功能	人工瓣膜收缩	PAA
	血液导管功能	人工血管材料	PP
	收缩功能	人工心脏材料	
	血浆功能	人工血浆	
	氧的输送功能	人工红血球	
	气体交换功能	人工肺	
骨骼运动系统	生体功能支持功能	人工骨	PMMA
	关节功能	人工关节	PMMA
	运动功能	机械连贯装置	
	防止关节磨损功能	人工浆膜	
代谢系统	血浆调节功能	人工细胞	
	代谢合成功能	固定酶	
	营养功能	高营养输液	
	解毒功能	吸附剂、人工肾	
	选择透过功能	人工透析膜、人工肾	
其他	生体填补功能	整形外科手术材料	PU,PSI
	生物覆盖功能	人工皮肤	PET,PTF
	生物体粘结功能	胶黏剂	聚丙烯酸酯
	分解吸收功能	吸附材料、医用缝合线	PET
	导管功能	人工气管食道胆管尿道	PP,PET,PU
	神经兴奋传递功能	人工神经、电极材料	导电高分子,PA
	生物感知功能	感知元件、人工耳膜	感压高分子

2. 医药高分子材料的分类

由于医用高分子材料由多学科参与研究工作,以至于根据不同的习惯和目的出现了不同的分类方式。医用高分子材料随来源、应用目的、活体组织对材料的影响等可以分为多种类型。目前,这些分类方法和各种医用高分子材料的名称还处于混合使用状态,尚无统一的标准。

(1)按来源分类

①天然医用高分子材料:如胶原、丝蛋白、明胶、纤维素、角质蛋白、黏多糖、甲壳素及其衍生

物等。

②天然生物组织与器官：天然生物组织用于器官移植已有多年历史，至今仍是重要的危重疾病的治疗手段。天然生物组织包括：取自患者自体的组织、取自其它人的同种异体组织、来自其它动物的异种同类组织等。

③人工合成医用高分子材料：如聚氨酯、硅橡胶、聚酯等，60 年代以前主要是商品工业材料的提纯、改性，之后主要根据特定目的进行专门的设计、合成。

（2）按材料与活体组织的相互作用关系分类

采用该分类方式，有助于研究不同类型高分子材料与生物体作用时的共性。

①生物活性高分子材料：其原意是指植入材料能够与周围组织发生相互作用，一般指有益的作用，如金属植入体表面喷涂羟基磷灰石，植入体内后其表层能够与周围骨组织很好地相互作用，以增加植入体与周围骨组织结合的牢固性。但目前还有一种广义的解释，指对肌体组织、细胞等具有生物活性的材料，除了生物活性植入体之外，还包括高分子药物、诊断试剂、高分子修饰的生物大分子治疗剂等。

②生物惰性高分子材料：指在体内不降解、不变性、不引起长期组织反应的高分子材料，适合长期植入体内。

③生物吸收高分子材料：又称生物降解高分子材料。这类材料在体内逐渐降解，其降解产物被肌体吸收代谢，在医学领域具有广泛用途。

（3）按生物医学用途分类

采用此分类方法，便于比较不同结构的生物材料对于各种治疗目的的适用性。

①软组织相容性高分子材料：主要用于软组织的替代与修复，往往要求材料具有适当的强度和弹性，不引起严重的组织病变。

②硬组织相容性高分子材料：主要包括用于骨科、齿科的高分子材料，要求具有与替代组织类似的机械性能，同时能够与周围组织结合在一起。

③血液相容性高分子材料：用于制作与血液接触的人工器官或器械，不引起凝血、溶血等生理反应，与活性组织有良好的互相适应性。

④高分子药物和药物控释高分子材料：指本身具有药理活性或辅助其它药物发挥作用的高分子材料，随制剂不同而有不同的具体要求，但都必须无毒副作用、无热原、不引起免疫反应。根据经典的观点，高分子药物、甚至药物控释高分子材料不包含在医用高分子材料范畴之内。随着该领域的快速发展，这一观念正在改变。

（4）按与肌体组织接触的关系分类

本分类方法是按材料与肌体接触的部位和时间长短进行分类的，便于对使用范围类似的不同材料与制品进行统一标准的安全性评价。

①短期植入材料：指短时期内与内部组织或体液接触的材料，如血液体外循环的管路和器件（透析器、心肺机等）。

②长期植入材料：泛指植入体内并在体内存在一定时间的材料，如人工血管、人工关节、人工晶状体等。

③体表接触材料与一次性使用医疗用品材料。

④体内体外连通使用的材料：指使用中部分在体内部分在体外的器件，如心脏起搏器的导线、各种插管等。

3. 对医用高分子材料的基本要求

医用高分子材料是直接用于人体或用于与人体健康密切相关的目的,因此对进入临床使用阶段的医用高分子材料具有严格的要求。不然,用于治病救命的医用高分子材料会引起不良后果。

(1)对医用高分子材料本身性能的要求

①物理和力学稳定性。针对不同的用途,在使用期内医用高分子材料的强度、弹性、尺寸稳定性、耐曲挠疲劳性、耐磨性应适当。对于某些用途,还要求具有界面稳定性,人工髋关节和人工牙根的松动问题与材料-组织结合界面的稳定性有关。

②耐生物老化。对于长期植入的医用高分子材料,生物稳定性要好。但是,对于暂时植入的医用高分子材料,则要求能够在确定时间内降解为无毒的单体或片断,通过吸收、代谢过程排出体外。因此,耐生物老化只是针对某些医学用途对高分子材料的一种要求。

③材料易得、价格适当。

④易于加工成型。

⑤便于消毒灭菌。

(2)对医用高分子材料的人体效应的要求

①对人体组织不会引起炎症或异物反应。有些高分子材料本身对人体有害,不能用作医用材料。而有些高分子材料本身对人体组织并无不良影响,但在合成、加工过程中不可避免地会残留一些单体,或使用一些添加剂。当材料植入人体以后,这些单体和添加剂会慢慢从内部迁移到表面,从而对周围组织发生作用,引起炎症或组织畸变,严重的可引起全身性反应。

②具有化学惰性。与体液接触不发生化学反应。人体环境对高分子材料主要有一些影响:体液引起聚合物的降解、交联和相变化;生物酶引起的聚合物分解反应;在体液作用下材料中添加剂的溶出;体内的自由基引起材料的氧化降解反应;血液、体液中的类脂质、类固醇及脂肪等物质渗入高分子材料,使材料增塑,强度下降。

③不致畸、不致癌。

④不引起过敏反应或干扰肌体的免疫机理。

⑤无热原反应。

⑥对于与血液接触的材料,还要求具有良好的血液相容性。血液相容性一般指不引起凝血(抗凝血性能好)、不破坏红细胞(不溶血)、不破坏血小板、不改变血中蛋白(特别是脂蛋白)、不扰乱电解质平衡。

⑦不破坏邻近组织,也不发生材料表面钙化沉积。

(3)对医用高分子材料生产与加工的要求

除了对医用高分子材料本身具有严格的要求之外,还要防止在医用高分子材料生产、加工工程中引入对人体有害的物质。首先,严格控制用于合成医用高分子材料的原料的纯度,不能代入有害杂质,重金属含量不能超标。其次,医用高分子材料的加工助剂必须是符合医用标准。最后,对于体内应用的医用高分子材料,生产环境应当具有适宜的洁净级别,符合 GMP 标准。

与其它高分子材料相比,对医用高分子材料的要求是非常严格的。对于不同用途的医用高分子材料,往往又有一些具体要求。在医用高分子材料进入临床应用之前,都必须对材料本身的物理化学性能、机械性能以及材料与生物体及人体的相互适应性进行全面评价,通过之后经国家管理部门批准才能临床使用。

14.4.2　人体器官应用的高分子材料

生物医学材料的最主要的应用之一是人工器官,当人体的器官因病损不能行使功能时,现代医学提供了两种可能恢复功能的途径:一种是进行同种异体的器官移植;另一种是用人工器官置换或替代病损器官,补偿其全部或部分功能。由于同种异体器官来源困难,并存在移植器官的器官保存、免疫、排斥反应等问题,所以移植前和短时替代需要人工器官。因此,人工器官作为一条重要方法被医学界广泛欢迎和重视,并迅速发展起来。

1. 人工心脏与人工心脏瓣膜

(1)人工心脏

人工心脏是推动血液循环完全替代或部分替代人体心脏功能的机械心脏。在人体心脏因疾患而严重衰弱时,植入人工心脏暂时辅助或永久替代人体心脏的功能,推动血液循环。

最早的人工心脏是 1953 年 Gibbons 的心肺机,其利用滚动泵挤压泵管将血液泵出,犹如人的心脏搏血功能,进行体外循环。1969 年美国 Cooley 首次将全人工心脏用于临床,为一名心肌梗塞并发室壁痛患者移植了人工心脏,以等待供体进行心脏移植。虽因合并症死亡,但这是利用全人工心脏维持循环的世界第一个病例。1982 年美国犹他大学医学中心 Devfies 首次为 61 岁患严重心脏衰竭的克拉克先生成功地进行了人工心脏移植。靠这颗重 300g 的 Jarvik-7 型人工心脏,他生活了 112 天,成为世界医学史上的一个重要的里程碑。

人工心脏的关键是血泵,从结构原理上可分为囊式血泵、膜式血泵、摆形血泵、管形血泵、螺形血泵五种。由于后三类血泵血流动力学效果不好,现在已很少使用。膜式和囊式血泵的基本构造由血液流入道、血液流出道、人工心脏瓣膜、血泵外壳和内含弹性驱动膜或高分子弹性体制成的弹性内囊组成。在气动、液动、电磁或机械力的驱动下促使血泵的收缩与舒张,由驱动装置及临控系统调节心律、驱动压、吸引压收缩张期比。

(2)人工心脏材料

血泵材料的种类和性能与血泵的好坏有关。血泵内囊与驱动膜的材料要求具有优异的血液相容性与组织相容性、即无菌、无毒、溶血、不致敏、不致癌、无热源、不致畸变、不引起血栓形成,不引起机体的不良反应。此外,要求材料有优异的耐曲挠性能和力学性能。

在实际应用中采用的血泵材料有加成形硅橡胶、甲基硅橡胶、嵌段硅橡胶、聚醚氨酯、聚氨酯、聚酯织物复合物、聚四氟乙烯织物、聚烯烃橡胶、生物高分子材料以及高分子复合材料,其中聚氨酯性能最好。临床应用以聚氨酯材料为主。但聚氨酯长期植入后血液中钙沉积易引起泵体损伤的问题尚未得到彻底的解决。目前,组织工程正在研究使用仿生材料解决这一问题。

(3)人工心脏瓣膜

人工心脏瓣膜指能使心脏血液单向流动而不返流,具有人体心脏瓣膜功能的人工器官。人工心脏瓣膜主要有生物瓣和机械瓣两种。

①机械瓣:最早使用的是笼架—球瓣,其基本结构是在一金笼架内有一球形阻塞体(阀体)。当心肌舒张时阀体下降,瓣口开放血液可从心房流入心室,心脏收缩时阀体上升阻塞瓣口,血液不能返流回心房,而通过主动脉瓣流入主动脉至体循环。

②生物瓣:全部或部分使用生物组织,经特殊处理而制成的人工心脏瓣膜称为生物瓣。由于20 世纪 60 年代的机械瓣存在诸如血流不畅、易形成血栓等缺点,探索生物瓣的工作得到发展。由于取材来源不同,生物瓣可分为自体、同种异体、异体三类。若按形态来分类,则分为异体或异

体主动瓣固定在支架上和片状组织材料经处理固定在关闭位两类。

通常采用金属合金或塑料支架作为生物瓣的支架,外导包绕涤纶编织物。生物材料主要用作瓣叶。由于长期植入体内并在血液中承受一定的压力,生物瓣材料会发生组织退化、变性与磨损。生物瓣材料中的蛋白成分也会在体内引起免疫排异反应,从而降低材料的强度。为解决这些问题虽采用过深冷、抗菌素漂洗、甲醛、环氧乙烷、γ射线、丙内酯处理等,但效果甚差,直到采用甘油浸泡和戊二醛处理,才大大地提高了生物瓣的强度。

2. 氧富化膜与人工肺

氧富化膜又叫作富氧膜,是为将空气中的氧气富集而设计的一类分离膜。将空气中的氧富集至 40%(质量分数)甚至更高,有许多实际用途。空气中氧的富集有许多种方法,例如空气深冷分馏法、吸附-解吸法、膜法等。用作人工肺等医用材料时,考虑到血液相容性、常压、常温等条件,上述诸法中,以膜法最为适宜。

在进行心脏外科手术中,心脏活动需暂停一段时间,此时需要体外人工心肺装置代行其功能;呼吸功能不良者,需要辅助性人工肺;心脏功能不良者需要辅助循环系统,用体外人工肺向血液中增加氧。所有这些,都涉及到人工肺的使用。

目前人工肺主要有以下两种类型。

①氧气与血液直接接触的气泡型,具有高效、廉价的特点,但易溶血和损伤血球,仅能短时间使用,适合于成人手术。

②膜型,气体通过分离膜与血液交换氧和二氧化碳。膜型人工肺的优点是容易小型化,可控制混合气体中特定成分的浓度,可连续长时间使用,适用于儿童的手术。

人工肺所用的分离膜要求气体透过系数 p_m 大,氧透过系数 p_{O_2} 与氮透过系数 p_{N_2} 的比值 p_{O_2}/p_{N_2} 也要大。这两项指标的综合性好,有利于人工肺的小型化。此外,还要求分离膜有优良的血液相容性、机械强度和灭菌性能。

可用作人工肺富氧膜的高分子材料很多,其中较重要的有硅橡胶(SR)、聚烷基砜(PAS)、硅酮聚碳酸酯等。

硅橡胶具有较好的 O_2 和 CO_2 透过性,抗血栓性也较好,但机械强度较低。在硅橡胶中加入二氧化硅后再硫化制成的含填料硅橡胶 SSR,有较高的机械强度,但血液相容性降低。因此,将 SR 和 SSR 粘合成复合膜,SR 一侧与空气接触,以增加膜的强度,SR 一侧与血液接触,血液相容性好,这种复合膜已成为商品进入市场。此外,也可用聚酯、尼龙绸布或无纺布来增强 SR 膜。

聚烷基砜膜的 O_2 分压和 CO_2 分压都较大,而且血液相容性也很好,因可制得全膜厚度仅 $25\mu m$、聚烷基砜膜层仅占总厚度 1/10 的富氧膜,它的氧透过系数为硅橡胶膜的 8 倍,CO_2 透过系数为硅橡胶膜的 6 倍。

硅酮聚碳酸酯是将氧透过性和抗血栓性良好的聚硅氧烷与力学性能较好的聚碳酸酯在分子水平上结合的产物。用它制成的富氧膜是一种均质膜,不需支撑增强,而且氧富集能力较强。能将空气富化至含氧量 40%。

3. 组织器官替代的高分子材料

皮肤、肌肉、韧带、软骨和血管都是软组织,主要由胶原组成。胶原是哺乳动物体内结缔组织的主要成分,构成人体约 30%的蛋白质,共有 16 种类型,最丰富的是 I 型胶原。在肌腱和韧带中存在的是Ⅰ型胶原,在透明软骨中存在的是Ⅱ型胶原。Ⅰ和Ⅱ型胶原都是以交错缠结排列的纤维网络的形式在体内连接组织。骨和齿都是硬组织。骨是由 60% 的磷酸钙、碳酸钙等无机物质和 40% 的有机物质所组成。其中在有机物质中,90%~96% 是胶原,其余是羟基磷灰石和钙磷灰石等矿物质。所有的组织结构都异常复杂。高分子材料作为软组织和硬组织替代材料是组织工程的重要任务。组织或器官替代的高分子材料需要从材料方面考虑的因素有力学性能、表面性能、孔度、降解速率和加工成型性。需要从生物和医学方面考虑的因素有生物活性和生物相容性、如何与血管连接、营养、生长因子、细胞黏合性和免疫性。

在软组织的修复和再生中,编织的聚酯纤维管是常用的人工血管(直径大于 6mm)材料,当直径小于 4mm 时用嵌段聚氨酯。软骨仅由软骨细胞组成,没有血管,一旦损坏不易修复。聚氧化乙烯可制成凝胶作为人工软骨应用。人工皮肤的制备过程是将人体成纤维细胞种植在尼龙网上,铺在薄的硅橡胶膜上,尼龙网起三维支架作用,硅橡胶膜保持供给营养液。随着细胞的生长释放出蛋白和生长因子,长成皮组织。

骨是一种密实的具有特殊连通性的硬组织,由Ⅰ型胶原和以羟基磷灰石形式的磷酸钙组成。骨包括内层填充的骨松质和外层的长干骨。长干骨具有很高的力学性能,人工长干骨需要用连续纤维的复合材料制备。人工骨松质除了生物相容性(支持细胞黏合和生长和可生物降解)的要求外,也需要具有与骨松质有相近的力学性能。一些高分子替代骨松质的性能见表 14-7。

神经细胞不能分裂但可以修复。受损神经的两个断端可用高分子材料制成的人工神经导管修复(表 14-8)。在导管内植入许旺细胞和控制神经营养因子的装置应用于人工神经。电荷对神经细胞修复具有促进功能,驻极体聚偏氟乙烯和压电体聚四氟乙烯制成的人工神经导管对细胞修复也具有促进功能,但它们是非生物降解性的高分子材料,不能长期植入在体内。

表 14-7　人工骨松质的性能

材料	可降解性	压缩强度/MPa	压缩模量/MPa	孔径/um	细胞黏合性	可成型性
骨	是	—	50	有	有	不
骨	是	—	50~100	有	有	不
PLA	是	—	—	100~500	有	是
PLGA	是	60±20	2.4	150~710	有	是
邻位聚酯	是	4~16	—	—	有	—
聚磷酸盐	是	—	—	160~200	有	—
聚酐	是	140~1400	—	—	有	是
PET	不	—	—	—	无	是
PET}HA	不	320±60	—	—	有	是
PLGA/磷酸钙	是	—	0.25	100~500	有	是
PLA/磷酸钙	是	—	5	100~500	有	是
PLA}HA	是	6~9	—	—	—	—

表 14-8　人工神经导管的高分子材料种类

分类	材料
惰性材料导管	硅橡胶、聚乙烯、聚氯乙烯、聚四氟乙烯
选择性导管	硝化纤维素、丙烯腈-氯乙烯共聚物
可降解导管	聚羟基乙酸、聚乳酸、聚原酸酯
带电荷导管	聚偏氟乙烯、聚四氟乙烯
生长或营养素释放导管	乙烯-乙酸乙烯共聚物

4. 人工骨

骨是支撑整个人体的支架,骨骼承受了人体的整个重量,因此,最早的人工骨都是金属材料和有机高分子材料,但其生物相容性不好。随着人对骨组织的认识和生物医学材料的发展,人们开始向组织工程方向努力。通过合成纳米羟基磷灰石和计算机模拟对人工骨铸型,与生长因子一起合成得到活性人工骨。

自然骨和牙齿是由无机材料和有机材料巧妙地结合在一起的复合体。其中无机材料大部分是羟基磷灰石结晶 $[Ca_{10}(PO_4)_6(OH)_2]$(HAP),还含有 CO_3^{2-}、Mg^{2+}、Na^+、Cl^-、F^- 等微量元素;有机物质的大部分是纤维性蛋白骨胶原。在骨质中,羟基磷灰石大约占 60%,其周围规则地排列着骨胶原纤维。齿骨的结构也类似于自然骨,但齿骨中羟基磷灰含量更高达 97%。

羟基磷灰石的分子式是 $Ca_{10}(PO_4)_6(OH)_2$,属六方晶系,天然磷矿的主要成分 $Ca_{10}(PO_4)_6F_2$ 与骨和齿的主要成分羟基磷灰石 $[Ca_{10}(PO_4)_6(OH)_2]$ 类似。

对羟基磷灰石的研究有很多,例如,把 100% 致密的磷灰石烧结体柱(4.5mm×2mm)埋入成年犬的大腿骨中,对 6 个月期间它的生物相容性作了研究。埋入 3 周后,发现烧结体和骨之间含有细胞(纤维芽细胞和骨芽细胞)的要素,而且用电子显微镜观察界面可以看到骨胶原纤维束,平坦的骨芽细胞或无定形物;6 个月纤维组织消失,可以看到致密骨上的大裂纹,在界面带有显微方向性的骨胶原束,以及在烧结体表面 60～1500Å 范围可看到无定形物。结论是磷灰石烧结体不会引起异物反应,与骨组织会产生直接结合。

14.4.3　药用高分子

按应用目的,可将药用高分子材料分为药用辅助材料、高分子药物、高分子药物缓释材料等。

1. 药用辅助材料

药用辅助高分子材料本身不具备药理和生理活性,仅在药品制剂加工中添加,以改善药物使用性能。例如填料、稀释剂、润滑剂、粘合剂、崩解剂、糖包衣、胶囊壳等,如表 14-9。

表 14-9 药用辅助高分子材料

填充材料	润湿剂	聚乙二醇、聚山梨醇酯、环氧乙烷和环氧丙烷共聚物、聚乙二醇油酸酯等
	稀释吸收剂	微晶纤维素、粉状纤维素、糊精、淀粉、预胶化淀粉、乳糖等
粘合剂和粘附材料	粘合剂	淀粉、预胶化淀粉、微晶纤维素、乙基纤维素、甲基纤维素、羟丙基纤维素、羧甲基纤维素钠、西黄蓍胶、琼脂、葡聚糖、海藻酸、聚丙烯酸、糊精、聚乙烯基吡咯烷酮、瓜尔胶等
	粘附材料	纤维素醚类、海藻酸钠、透明质酸、聚天冬氨酸、聚丙烯酸、聚谷氨酸、聚乙烯醇及其共聚物、瓜尔胶、聚乙烯基吡咯烷酮及其共聚物、羧甲基纤维素钠等
崩解性材料		交联羧甲基纤维素钠、微晶纤维素、海藻酸、明胶、羧甲基淀粉钠、淀粉、预胶化淀粉、交联聚乙烯基吡咯烷酮等
包衣膜材料	成膜材料	明胶、阿拉伯胶、虫胶、琼脂、淀粉、糊精、玉米朊、海藻酸及其盐、纤维素衍生物、聚丙烯酸、聚乙烯胺、聚乙烯基吡咯烷酮、乙烯-醋酸乙烯酯共聚物、聚乙烯氨基缩醛衍生物、聚乙烯醇等
	包衣材料	羟丙基甲基纤维素、乙基纤维素、羟丙基纤维素、羟乙基纤维素、羧甲基纤维素钠、甲基纤维素、醋酸纤维素钛酸酯、羟丙基甲基纤维素钛酸酯、玉米朊、聚乙二醇、聚乙烯基吡咯烷酮、聚丙烯酸酯树脂类（甲基丙烯酸酯、丙烯酸酯和甲基丙烯酸等的共聚物）、聚乙烯缩乙醛二乙胺醋酸酯等
保湿材料	凝胶剂	天然高分子（琼脂、黄原胶、海藻酸、果胶等），合成高分子（聚丙烯酸水凝胶、聚氧乙烯/聚氧丙烯嵌段共聚物等），纤维素类衍生物（甲基纤维素、羧甲基纤维素、羧乙基纤维素等）
	疏水油类	羊毛脂、胆固醇、低相对分子质量聚乙二醇、聚氧乙烯山梨醇等

与药用辅助高分子材料不同，高分子药物依靠连接在大分子链上的药理活性基团或高分子本身的药理作用，进入人体后，能与肌体组织发生生理反应，从而产生医疗或预防效果。高分子药物可分为高分子载体药物、微胶囊化药物和药理活性高分子药物。

2. 高分子药物

(1)高分子载体药物

低分子药物分子中常含有氨基、羧基、羟基、酯基等活性基团，这些基团可以与高分子反应，结合在一起，形成高分子载体药物。高分子载体药物中产生药效的仅仅是低分子药物部分，高分子部分只减慢药剂在体内的溶解和酶解速度，达到缓/控释放、长效、产生定点药效等目的。例如将普通青霉素与乙烯醇-乙烯胺(2%)共聚物以酰胺键结合，得到水溶性的青霉素，其药效可延长30～40倍，而成为长效青霉素(图 14-15)。四环素与聚丙烯酸络合、阿司匹林中的羧基与聚乙烯醇或醋酸纤维素中的羟基进行熔融酯化，均可成为长效制剂。

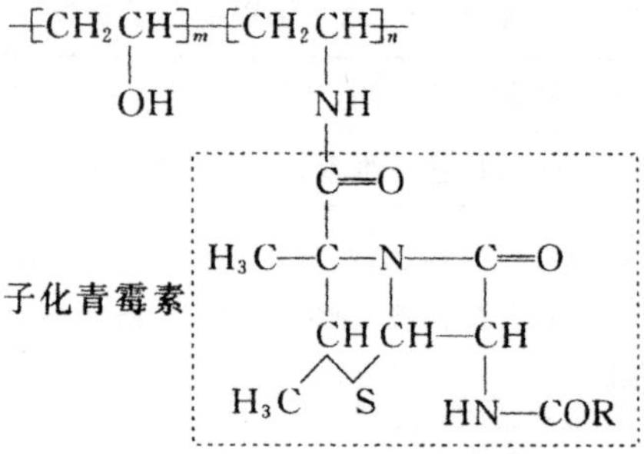

$$-\text{[CH}_2\text{CH]}_m-\text{[CH}_2\text{CH]}_n-$$

高分子化青霉素

图 14-15　乙烯醇-乙烯胺共聚物载体青霉素

（2）微胶囊化药物

微胶囊是指以高分子膜为外壳来密封保护药物的微小包囊物。以鱼肝油丸为例，外面是明胶胶囊，里面是液态鱼肝油。经过这样处理，液体鱼肝油就转变成了固体粒子，便于服用。微胶囊药物的粒径要比传统鱼肝油丸小得多，一般为 $5\sim200\mu m$。

微胶囊内容物称为芯（core）、核（nucleus）或填充物（fill）；外壁称为皮（skin）、壳（shell）或保护膜。囊中物可以是液体、固体粉末，也可以是气体。

按应用目的和制造工艺不同，微胶囊的大小和形状变化很大，包裹形式多样，如图 14-16。

图 14-16　微胶囊的类型

①药物微胶囊化后，有不少优点：药物经囊壁渗透或药膜被浸蚀溶解后才逐渐释放出来，延缓、控制药物释放速度，提高药物的疗效；微胶囊化的药物与空气隔绝，可以防止储存药物的氧化、吸潮、变色等，增加贮存稳定性；避免药物与人体的直接接触，并掩蔽或减弱了药物的毒性、刺激性、苦味等。

②药物微胶囊膜的高分子材料。用作微胶囊膜的材料有无机材料，也有有机材料，应用最普遍的是高分子材料。药物微胶囊膜要考虑芯材的物理、化学性质，如溶解比、亲油亲水性等。作为药物微胶囊的包裹材料，应满足无毒，不会引起人体组织的病变，不会致癌，不会与药物发生化学反应，而改变药物的性质，能使药物渗透，或能在人体中溶解或水解，使药物能以一定方式释放出来。

目前已实际应用的高分子材料中，天然的高聚物有骨胶、阿拉伯树胶、明胶、琼脂、鹿角菜胶、海藻酸钠、聚葡萄糖硫酸盐等。半合成的高聚物有乙基纤维素、羧甲基纤维素、硝基纤维素、醋酸纤维素等。应用较多的合成高聚物有聚葡萄糖酸、乳酸与氨基酸的共聚物、聚乳酸、甲基丙烯酸甲酯与甲基丙烯酸-β-羧乙酯的共聚物等。

③药物微胶囊的制备方法。药物的微胶囊化是低分子药物通过物理方式与高分子化结合的一种形式。药物微胶囊化的具体实施方法有以下几类。

物理方法。空气悬浮涂层法、喷雾干燥法、真空喷涂法、静电气溶胶法、多孔离心法等。

物理化学方法。包括水溶液中相分离法、有机溶剂中相分离法、溶液中干燥法、溶液蒸发法、粉末床法等。

化学方法。包括界面聚合法、原位聚合法、聚合物快速不溶解法等。

在上述三大类制备微胶囊的方法中,物理方法需要较复杂的设备,投资较大,而化学方法和物理化学方法一般通过反应釜即可进行,因此应用较多。

3. 高分子药物释放材料

药物服用后通过与机体的相互作用而产生疗效。以口服药为例,药物服用经黏膜或肠道吸收进入血液,然后经肝脏代谢,再由血液输送到体内需药的部位。要使药物具有疗效,必须使血液的药物浓度高于临界有效浓度,而过量服用药物又会中毒,因此血液的药物浓度又要低于临界中毒浓度。为使血药浓度变化均匀,发展了释放控制的高分子药物,包括生物降解性高分子(聚羟基乙酸、聚乳酸)和亲水性高分子(聚乙二醇)作为药物载体(微胶囊化)和将药物接枝到高分子链上,通过相结合的基团性质来调节药物释放速率。

高分子药物缓释载体材料有以下几种:

①天然高分子载体。天然高分子一般具有较好的生物相容性和细胞亲和性,因此可选作高分子药物载体材料,目前应用的主要有壳聚糖、琼脂、纤维蛋白、胶原蛋白、海藻酸等。

②合成高分子载体。聚磷酸酯、聚氨酯和聚酸酐类不仅具有良好的生物相容性和生理性能,而且可以生物降解。

水凝胶是当前药物释放体系研究的热点材料之一。亲水凝胶为电中性或离子性高分子材料,其中含有亲水基—OH、—COOH、—CONH$_2$、—SO$_3$H,在生理条件下凝胶可吸水膨胀 $10\% \sim 98\%$,并在骨架中保留相当一部分水分,因此具有优良的理化性质和生物学性质。可以用于:大分子药物(如胰岛素、酶)、不溶于水的药物(如类固醇)、疫苗抗原等的控制释放。如将抗肿瘤药物博莱霉素混入用羟丙基纤维素(HPC)、并交联聚丙烯酸和粉状聚乙醚(PEO)制成的片剂,在人体内持续释放时间可达 23h 以上。

14.5　其他功能高分子材料

14.5.1　高分子金属催化剂和固定化酶

1. 高分子金属催化剂

高分子催化剂在分子链上的诸多功能基之间有协同效应,作为催化活性中心的金属原子在链上的高分散和高浓缩效应、取代基提供的静电场、高分子的超分子结构、光活性取代基的存在等,在静电场及立体阻碍两个方面为分子反应提供了特殊的微环境。这也是使高分子催化剂具有温和的反应条件和具有高活性、高选择性的主要原因。

高分子金属催化剂通常以带有功能基或配位原子的有机或无机高分子为骨架,将高分子配位体与金属化合物进行配合而制成的。有机高分子配位体有带功能基的聚苯乙烯、聚乙烯吡啶、聚丙烯酸、尼龙等,而以交联的聚苯乙烯应用得最广泛;无机高分子配位体以多孔性、比表面积较大的硅胶为主体,所配合的金属原子可以是单一的一种,也可以是两种或两种以上的双金属或多金属高分子催化剂,它可催化加氢、硅氢加成、氧化、环氧化、羰基化、不对称加成、醛化、分解、异构化、二聚、齐聚、聚合反应等。其中在催化加氢方面的应用最多。Grubbs 等人合成出含铑的高分子金属催化剂,这种催化剂可在 25℃、氢气压力 0.1013 MPa 的温和条件下,对烯烃加氢进行催化。通常低分子配合物溶液接触空气就会失去活性,腐蚀金属反应器;而高分子金属配合物,在空气中相当稳定,几乎没有腐蚀性,而且反应完成后可用简单过滤的方法回收。

2. 固定化酶

酶是一类相对分子质量适中的蛋白质,存在于所有生物体内的活细胞中,是天然的高分子催化剂。在性质上有别于合成的催化剂,主要特征有:催化效率极高;特异性,对光学异构体有选择性催化;控制的灵敏性。因此,从生物体内提取酶并将其用于生化工程具有极其重要的意义。

酶的应用也存在一些问题。酶是水溶性的,进行酶促反应之后,在酶不发生变性的情况下,回收酶是很困难的,因此存在污染产品、贵重的酶难于重复使用等缺点。为了解决这个问题,人们将酶固定在载体上,使之成为非水溶性的固定化酶,这样贵重的酶可以回收,重复使用;使易变性的酶更趋于稳定;催化剂可从反应混合物中分离,不污染产品;将固定化酶制成膜状或珠状,使酶催化反应操作连续化、自动化。缺点是酶的活性有所降低,为此需要选用恰当的固定化方法,以最高限度地保持酶的活性。

（1）固定化酶的制备方法

酶固定化方法有化学法和物理法两大类。图 14-17 是酶的固定形式示意。

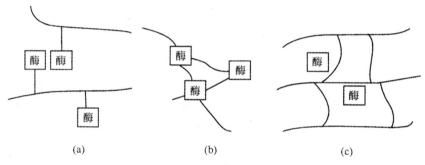

$$(a) \qquad (b) \qquad (c)$$

图 14-17　酶的固定形式示意

①物理法。通常是采用纯物理吸附或用交联高分子、微胶囊技术等包埋法使酶固定在载体上。所谓微胶囊是指由聚合物构成的微小的中空球将酶包裹在其中,底层分子透过聚合物半透膜与酶接触,反应生成物再逸出囊外,酶的分子较大,无法透过半透膜。特点是在微胶囊内形成时,酶本身没有参与反应(与天然酶相同),而且酶催化反应是在均相水溶液中进行的。

②化学法。将酶通过化学键连接到合成的或天然的高分子载体上,或连接在无机载体上,用交联剂通过化学键将酶分子交联起来成为不溶物,所选用的载体必须是水不溶性的,并且具有亲水性的活性功能基团,如—$N_2^+X^-$、—X、—COCl、—N＝C＝O、—NH_2、—CHO 等。在酶分子上可以利用游离的末端基或侧基的—NH_2、酚羟基、—OH、—SH、咪唑基等功能基进行化学连接,反应条件温和,但应避免高温、强酸、强碱、有机溶剂。例如以聚苯乙烯重氮盐为载体,连接淀粉糖化酶、胃蛋白酶、核糖核酸酶:

（2）固定化酶的应用

固定化酶的应用范围很广，如淀粉糖化酶、葡萄糖淀粉酶、葡萄糖淀粉可用于淀粉的糖化，β-乳糖苷酶可促进乳糖的分解，氨基酰化酶可用于生产 α-氨基酸。利用酶催化剂的高活性和高选择性，以酶为催化剂可以制备用常规方法难以或不能合成的有机化合物。如 6-氨基青霉素是生产许多种青霉素产品的主要原料，有多种制备方法，但以固定化酶法为优。这种方法是将青霉素酰胺酶固定于 N,N-二乙基胺乙基纤维素上，以此为固相催化剂分解原料苄基青霉素，产物即为 6-氨基青霉素酸。在反应条件下，分子结构中张力很大的四元环和五元环未受影响。经固定化后，酶的稳定性增加。由此固定化酶装填的反应柱连续使用 11 周未见活性降低，这是常规方法所不能比拟的。而且较之传统的微生物法生产的产品纯度更高。

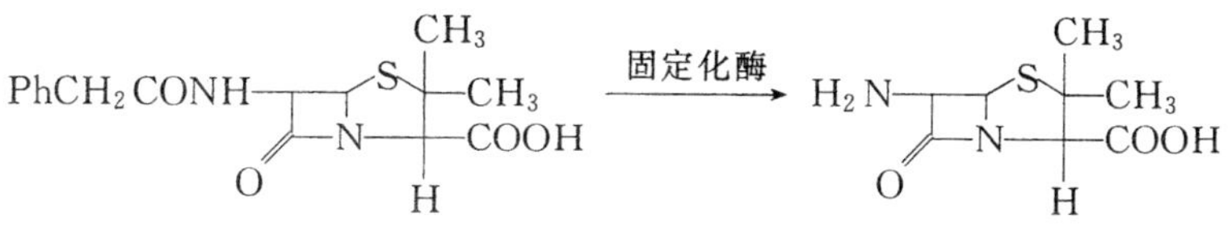

$$PhCH_2CONH- \qquad \xrightarrow{\text{固定化酶}} \qquad H_2N-$$

青霉素 G　　　　　　　　　　　　6-氨基青霉素

14.5.2　高分子分离膜

1. 高分子膜材料

不同的膜分离过程对膜材料具有不同的要求，如反渗透膜必须是亲水性的，膜蒸馏要求膜材料是疏水性的。超滤过程膜的污染程度与膜材料、被分离介质的化学结构密切相关，因此高分子膜材料的选择是制备分离膜的关键。

（1）纤维素脂类材料

醋酸纤维素是当今最重要的膜材料之一。醋酸纤维素性能稳定，但在高温和酸、碱存在下易发生水解。为了进一步提高分离效率和透过速率，可采用各种不同取代度的醋酸纤维素的混合物来制膜，也可采用醋酸纤维素与硝酸纤维素的混合物来制膜。此外，醋酸丙酸纤维素、醋酸丁酸纤维素也是很好的膜材料。

纤维素酯类材料易受微生物侵蚀，pH 适应范围较窄，不耐高温和某些有机溶剂或无机溶剂。因此发展了合成高分子类膜。

合成的高分子膜中其分子链中必须含有亲水性的极性基团，主链上应有苯环、杂环等刚性基团，使之有高的抗压密性和耐热性，可溶并且化学稳定。常用于制备分离膜的合成高分子材料有聚砜类、聚酰胺类、芳香杂环类、乙烯类和离子性聚合物等。

（2）芳香杂环膜材料

这类膜材料品种十分繁多，但真正形成工业化规模的并不多，主要有聚苯并咪唑类、聚苯并咪唑酮类、聚吡嗪酰胺类、聚酰亚胺类。

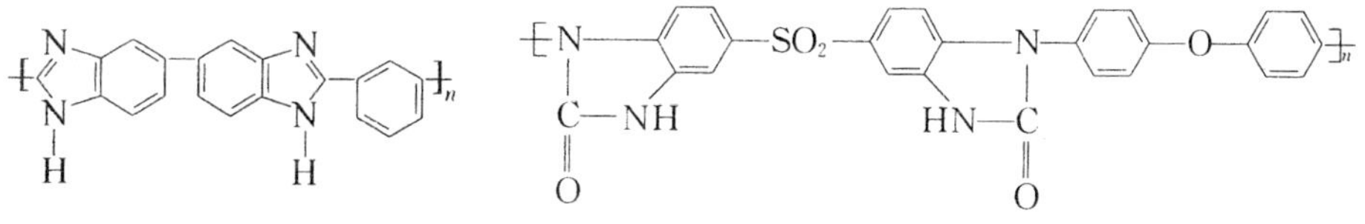

聚苯并咪唑　　　　　　　　　　　聚苯并咪唑酮

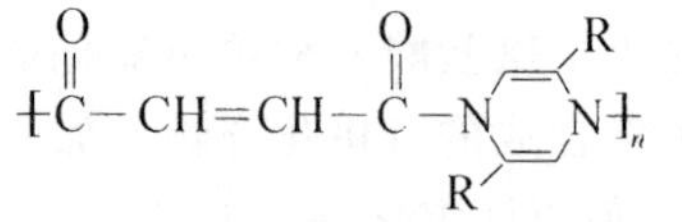

聚吡嗪酰胺类 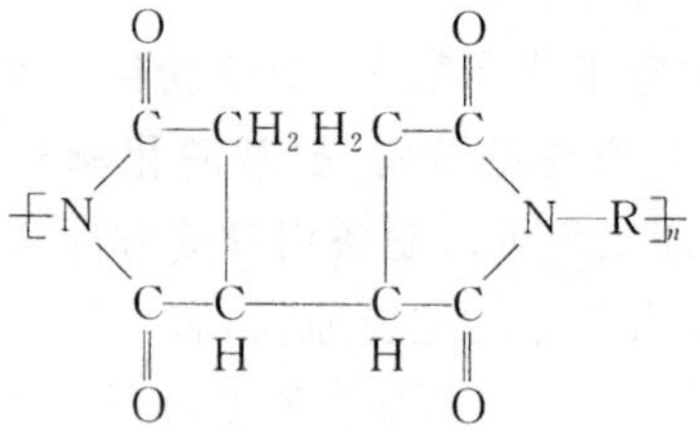　　　　　　　可溶性聚酰亚胺

（3）聚酰胺类膜材料

早期使用的聚酰胺是脂肪族聚酰胺，如尼龙-4、尼龙-66 等制成的中空纤维膜。这类产品对盐水的分离率在 $80\%\sim90\%$ 之间，但透水率很低，仅 $0.076\mathrm{mL\cdot cm^{-2}\cdot h^{-1}}$，以后发展了芳香族聚酰胺，用它们制成的分离膜，pH 适用范围为 $3\sim11$，对盐水的分离率可达 99.5%，透水速率为 $0.6\mathrm{mL\cdot cm^{-2}\cdot h^{-1}}$，长期使用稳定性好。由于酰胺基团易与氯反应，故这种膜对水中的游离氯有较高要求。常用的聚酰胺膜的结构式如下：

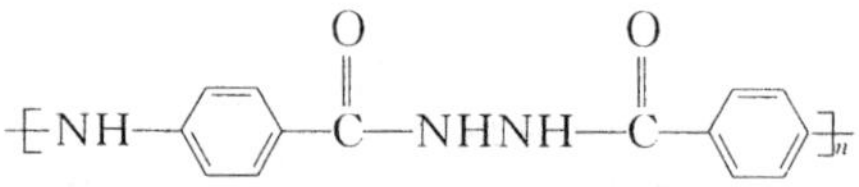

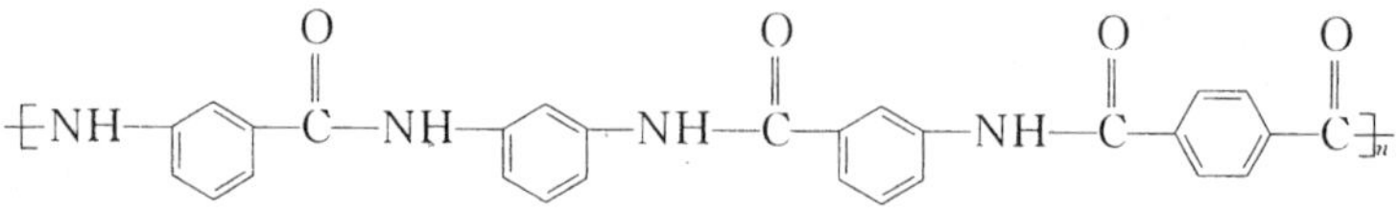

（4）乙烯基类

常用作膜材料的乙烯聚合物包括聚乙烯醇、聚乙烯吡咯酮、聚丙烯酸、聚丙烯腈、偏氯乙烯等。共聚物包括聚乙烯醇/磺化聚丙醚、聚丙烯腈/甲基丙基酸酯、聚乙烯/乙烯醇等。

（5）聚砜类膜材料

聚砜结构中的特征基团为 $\mathrm{O=S=O}$，为了引入亲水基团，常将粉状聚砜悬浮于有机溶剂中，用氯磺酸进行磺化。聚砜类树脂常采用的溶剂有：二甲基甲酰胺、二甲基乙酰胺、N-甲基吡咯烷酮、二甲基亚砜等。它们均可形成制膜溶液。

聚砜类树脂具有良好的化学、热和水解稳定性，强度也很高，pH 适应范围为 $1\sim13$，最高使用温度达 $120\,℃$，抗氧化性和抗氯性都十分优良，因此已成为重要的膜材料之一。这类树脂中，目前的代表品种有聚砜、聚芳砜、聚醚砜、聚联苯醚砜。结构式如下：

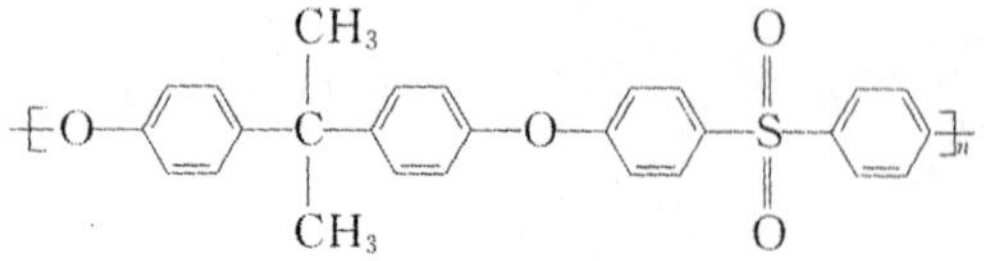

聚砜 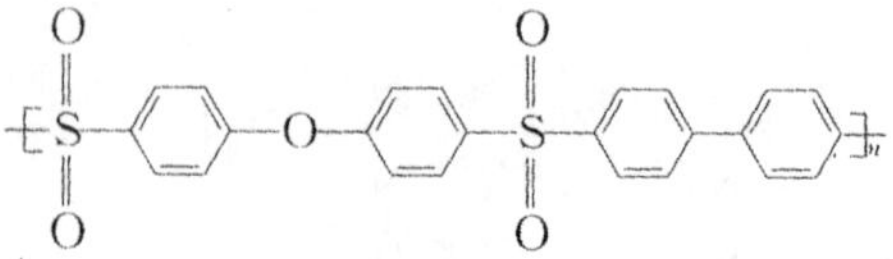　　　　　　　　　　聚芳砜

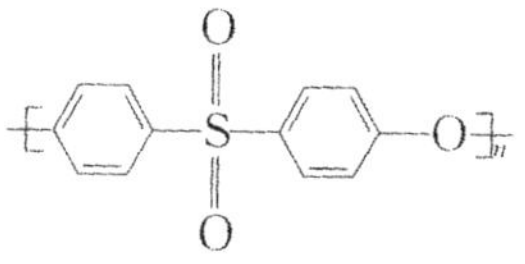

聚醚砜 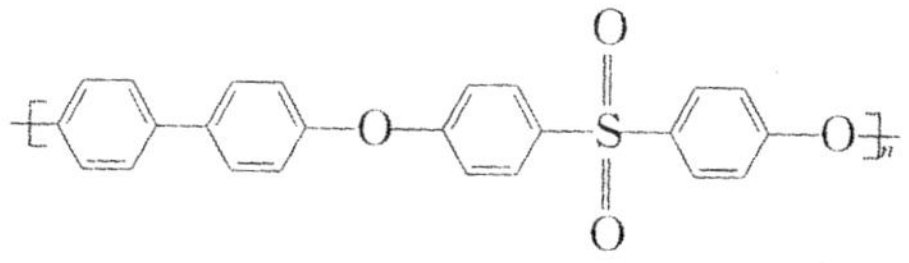　　　　　　　　　　　　　聚联苯醚砜

(6)离子型聚合物

离子性聚合物可用于制备离子交换膜。与离子交换树脂相同,离子交换膜也可分为强酸型阳离子膜、弱酸型阳离子膜、强碱型阴离子膜和弱碱型阴离子膜等。在淡化海水的应用中,主要使用的是强酸型阳离子交换膜。

聚苯醚中引入磺酸基团,即可制得常见的磺化聚苯醚膜,用氯磺酸磺化聚砜,则可制得性能优异的磺化聚砜膜。

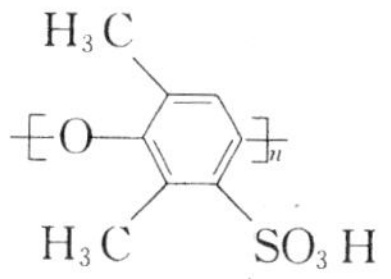

磺化聚苯醚 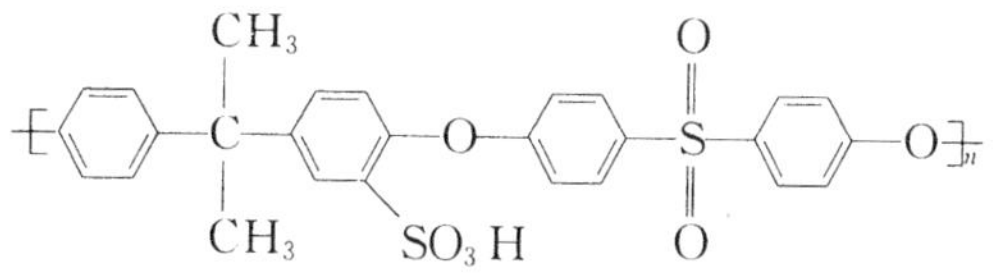　　　　　　　　　　　磺化聚砜

除在海水淡化方面使用外,离子交换膜还大量用于氯碱工业中的食盐电解,具有高效、节能、污染少的特点。

2. 高分子分离膜的制备

(1)相转化法

分离膜的最常用制法是溶液浇铸法,在膜技术中则称作"相转变法"。利用溶剂-非溶剂、温度等因素对高分子浓溶液相平衡的影响,改变聚合物的溶解度,使起始的高分子均相溶液向多相转变,经沉析、凝胶化、固化而成膜。浇铸法可用来制备致密膜和多孔膜,制备不对称多孔膜更具优势。目前几乎全部超滤膜、渗透膜和大部分微滤膜都由相转换法制备。

溶剂选择是制膜成功的关键。所用的溶剂可以定性地分为良溶剂、劣溶剂(溶胀剂)和非溶剂(沉淀剂)。良溶剂可使聚合物完全溶解,配成均相液。劣溶剂对聚合物溶解有限,或溶胀,或部分互溶,温度适当,可以完全溶解,降温,则可能分离成两相。非溶剂不能溶解聚合物,成为沉淀剂。劣溶剂和非溶剂都有致孔的功能,只是程度不同而已。

相转变法制备多孔膜的过程一般要经过均相浓溶液、溶胀溶胶、凝胶、固膜等阶段,实施方法则有干法、湿法、热法、聚合物辅助法等。

(2)拉伸致孔法

低密度聚乙烯和聚丙烯等室温下无溶剂可溶的材料无法用相转移法制膜。但这类材料的薄膜在室温下拉伸时,其无定形区在拉伸方向上可出现狭缝状细孔(长宽比约为 10:1),再在较高温度下定型,即可得到对称性多孔膜,可制备成平膜(Celgard 2500,厚 $25\mu m$,宽 30cm)或中孔纤维膜(如图 14-18 所示)。中科院化学所用双向拉伸聚丙烯的方法得到各向同性的聚丙烯多孔膜,孔呈圆到椭圆形。聚四氟乙烯(不溶于溶剂)多孔膜也可用类似方法制备。

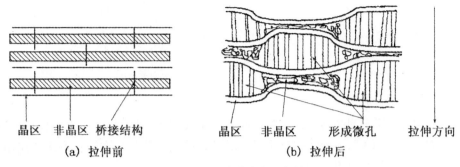

晶区　非晶区　桥接结构　　　　　晶区　非晶区　形成微孔　　拉伸方向

（a）拉伸前　　　　　　　　　　（b）拉伸后

图 14-18　拉伸致孔法示意图

（3）粉末烧结法

粉末烧结法是模仿陶瓷或烧结玻璃等加工制备无机膜的方法,将高密度聚乙烯粉末或聚丙烯粉末筛分出一定目度范围的粉末,经高压压制成不同厚度的板材或管材,在略低于熔点的温度烧结成型,制得产品的孔径在微米级,质轻,大都用作复合膜的机械支撑材料。近年来有以超高分子量聚乙烯代替高密度聚乙烯的趋势。超细纤维网压成毡,用适当的粘合剂或热压也可得到类似的多孔柔性板材,如聚四氟乙烯和聚丙烯,平均孔径也是 $0.1\sim1\mu m$。

（4）核径迹法

聚碳酸酯等高分子膜在高能粒子流(质子、中子等)辐射下,粒子经过的径迹经碱液刻蚀后可生成孔径均一的多孔膜,膜孔呈贯穿圆柱状,孔径分布极窄可控,在窄孔径分布特殊要求下,是不可取代的膜材料,但开孔率较低,因而单位面积的水通量较小。

（5）热致相分离法

聚烯烃(聚乙烯、聚丙烯、聚 4-甲基-1-戊烯)溶于高温溶剂,在纺中空纤维或制膜过程中冷却时发生相分离形成多孔膜,再除去溶剂后得到多孔不对称膜。此法 20 世纪 80 年代末即已成功,但至今尚未见有规模商业生产的报道。

（6）铝阳板氧化多孔氧化铝膜

铝用作阳极时,在电场作用下阳极氧化生成 Al_2O_3,Al_2O_3 膜上生成排列非常整齐的孔;其孔径和孔间距可以由电解液(如硫酸、磷酸等)组成、所加直流电压大小等控制。还可先在高电压下生成大贯穿孔的 Al_2O_3 膜,长至所需厚度时再降低电压以生成小孔 Al_2O_3 膜,从而实现制备不对称的 Al_2O_3 膜。这种多孔氧化铝膜在医疗上用于注射液的脱除细菌和尘埃,已得到广泛的应用。

14.5.3　智能高分子材料

在受到物理和化学刺激时,生物组织的形状和物理性质度可能发生变化,此时感应外界刺激的顺序是分子—组装体—细胞,即由分子构象到组装体的结构变化诱发生物化学反应,并激发细胞独特功能。此类过程通常可在温和条件下高效进行。20 世纪 90 年代,人们模仿生物组织所具有的传感、处理和执行功能,将功能高分子材料发展成为智能高分子材料。

现在智能高分子材料正在飞速发展中。有人预计 21 世纪它将向模糊高分子材料发展。所谓模糊材料,指的是刺激响应性不限于一一对应,材料自身能进行判断,并依次发挥调节功能,就像动物大脑那样能记忆和判断。开发模糊高分子材料的最终目标是开发分子计算机。智能高分子材料的潜在用途如下：

　　传感器：光、热、pH 和离子选择传感器，免疫检测，生物传感器，断裂传感器。

　　显示器：可由任意角度观察的热、盐或红外敏感显示器。

　　驱动器：人工肌肉，微机械。

　　光通信：温度和电场敏感光栅，用于光滤波器和光控制。

　　大小选择分离：稀浆脱水，大分子溶液增浓，膜渗透控制。

　　药物载体：信号控制释放，定位释放。

　　智能催化剂：温敏反应"开"和"关"催化系统。

　　生物催化：活细胞固定，可逆溶胶生物催化剂，反馈控制生物催化剂，传质强化。

　　生物技术：亲和沉淀，两相体系分配，制备色谱，细胞脱附。

　　智能织物：热适应性织物和可逆收缩织物。

　　智能调光材料：室温下透明，强阳光下变混浊的调光材料，阳光部分散射材料。

　　智能黏合剂：表面基团富集随环境变化的黏合剂。

　　目前开发成功的智能高分子材料主要有形状记忆树脂、智能凝胶、智能包装膜等，下面主要研究智能高分子凝胶。

1. 智能凝胶的特性

　　能随溶剂的组成、温度、pH、光、电场强度等外界环境产生变化，体积发生突变或某些物理性能变化的凝胶就称作为智能凝胶(intelligent gels)。

　　智能凝胶是 20 世纪 70 年代，田中丰一等在研究聚丙烯酰胺凝胶时发现的。他们观察到聚丙烯酰胺凝胶冷却时可以从清晰变成不透明状态，升温后恢复原貌。进一步的研究表明，溶剂浓度和温度的微小差异都可使得凝胶体积较之原来发生了突跃性变化，从此展开了智能凝胶研究的新篇章。

　　高分子凝胶受到外界环境条件(如 pH、溶剂组成、温度、光强度或电场等)刺激后，其体积会发生变化，在某些情况下会发生非连续的体积收缩，即体积相转变，而且是可逆的。体积相转变产生的内因是由于凝胶体系中存在几种相互作用的次级价键力：范德华力、氢键、疏水相互作用力和静电作用力，这些次级价键力的相互作用和竞争，使凝胶收缩和溶胀。

　　体积相转变是研究大尺寸凝胶时所观察到的现象，但实际上微观的小尺寸凝胶的体积变化是连续的。在一定条件下能产生体积变化达数十倍到数千倍的不连续转变。这种相转变行为相当于物质的也起转变。用激光散射技术研究聚 N-异丙基丙烯酰胺类(PNIPAAm)球形微凝胶，当平均直径为 $0.1\sim0.2\,\mu m$，凝胶微球显示在不同温度下发生连续的体积相转变。对这种差异的解释是，在高分子凝胶中，存在分子量分布很宽的亚链，凝胶可看做由不同亚网络组成，每一个亚网络具有不同的交联点间分子量。当温度发生变化时，由长亚链组成的亚网络最先发生相转变，而不同长度亚链的亚网络将在不同温度下发生相转变，相转变的宽分布导致凝胶发生连续的体积相转变。由于大尺寸凝胶具有较高的剪切模量，少量长亚链的收缩并不能立即使凝胶尺寸发生变化，而随着温度的升高，当不同亚链收缩产生应力积累到一定程度，剪切模量不能维持凝胶宏观尺寸时，凝胶体积就会突然坍塌，导致大尺寸凝胶产生非连续相转变。而微凝胶的剪切模量较小，无法抗拒初始亚链收缩应力，所以会发生连续的体积相变化。

2. 智能凝胶的分类

　　智能凝胶通常是高分子水凝胶，在水中可溶胀到一平衡体积而仍能保持其形状。在外界环境条件刺激下,它可以发生溶胀或收缩。依据外界刺激的不同,智能凝胶可分为 pH 敏感凝胶、温敏凝胶、光敏凝胶、电场敏感性凝胶和压敏凝胶等。

根据环境变化影响因素的多少,又可将智能凝胶分为单一响应性凝胶、双重响应性凝胶或多重响应性凝胶,比如温度-pH 敏感凝胶、热-光敏感凝胶、磁性-热敏感凝胶等。

(1)pH 敏感性凝胶

pH 敏感性凝胶是除温敏水凝胶外研究最多的一类水凝胶,最早是由 Tanaka 在测定陈化的聚丙烯酰胺凝胶溶胀比时发现的。具有 pH 响应性的水凝胶网络中大多含可以水解或质子化的酸性或碱性基团,如—COO^-、—OPO^{3-}、—NH_3^+、—NRH_2^+、—NR_3^+ 等。外界 pH 和离子强度变化时,这些基团能够发生不同程度的电离和结合的可逆过程,改变凝胶内外的离子浓度;另一方面,基团的电离和结合使网络内大分子链段间的氢键形成和解离,引起不连续的体积溶胀或收缩变化。

pH 响应水凝胶的主要有轻度交联的甲基丙烯酸甲酯和甲基丙烯酸-N,N'-二甲氨基乙酯共聚物、聚丙烯酸/聚醚互穿网络、聚(环氧乙烷/环氧丙烷)-星型嵌段-聚丙烯酰胺/交联聚丙烯酸互穿网络以及交联壳聚糖/聚醚半互穿网络等。

水凝胶发生体积变化的 pH 范围取决于其骨架上的基团,当水凝胶含弱碱基团,溶胀比随 pH 升高而减小;若含弱酸基团时,溶胀比随 pH 值升高而增大。根据 pH 敏感基团的不同,可分为 I 阳离子型、阴离子型和两性型 pH 响应水凝胶。

①阳离子型。敏感基团一般是氨基,如 N,N-二甲基氨乙基甲基丙烯酸酯、乙烯基吡啶等,其敏感性来于氨基质子化。氨基含量越多,凝胶水合作用越强,体积相转变随 pH 的变化越显著。

②阴离子型。敏感基团一般是—COOH,常用丙烯酸及衍生物作单体,并加入疏水性单体甲基丙烯酸甲酯/甲基丙烯酸乙酯/甲基丙烯酸丁酯(MMA/EMA/BMA)共聚,来改善其溶胀性能和机械强度。

③两性型。大分子链上同时含有酸、碱基团,其敏感性来自高分子网络上两种基团的离子化。如由壳聚糖和聚丙烯酸制成的聚电解质 *semi*-IPN 水凝胶。在高 pH 与阴离子性凝胶类似,在低 pH 与阳离子性凝胶类似,都有较大溶胀比,在中间 pH 范围内溶胀比较小,但仍有一定的溶胀比。

pH 敏感性凝胶还可以根据是否含有聚丙烯酸分为下面两类。

①不含丙烯酸链节的 pH 敏感凝胶。一些对 pH 敏感的凝胶分子中不含丙烯酸链节。如分子链中含有聚脲链段和聚氧化乙烯链段的凝胶是物理交联的非极性结构与柔韧的极性结构组成的嵌段聚合物。用戊二醛交联壳聚糖(Cs)和聚氧化丙烯聚醚(POE)制成半互穿聚合物网络凝胶,在 pH=3.19 时溶胀比最大,pH=13 时趋于最小。这种水凝胶的 pH 敏感性是由于壳聚糖(Cs)氨基和聚醚(POE)的氧之间氢键可以随 pH 变化可逆地形成和离解,从而使凝胶可逆地溶胀和收缩。

②与丙烯酸类共聚的 pH 敏感凝胶。这类 pH 敏感性凝胶含有聚丙烯酸或聚甲基丙烯酸链节,溶胀受到凝胶内聚丙烯酸或聚甲基丙烯酸的离解平衡、网链上离子的静电排斥作用以及胶内外 Donnan 平衡的影响,尤其静电排斥作用使得凝胶的溶胀作用增强。改变交联剂含量、类型、单体浓度会直接影响网络结构,从而影响网络中非高斯短链及勾结链产生的概率,导致溶胀曲线最大溶胀比的变化。

用甲基丙烯酸(MMA)、含 2-甲基丙烯酸基团的葡萄糖为单体,加入交联剂可以合成含有葡萄糖侧基的新型 pH 响应性凝胶。该凝胶在 pH＝5 时发生体积的收缩和膨胀。溶胀比在 pH 小于 5 时减小,高于 5 时增加。凝胶网络的尺寸在 pH 为 2.2 时仅有 18～35,而 pH 为 7 时,凝胶处于膨胀状态,网络尺寸达到 70～111,体积加大了 2～6 倍。凝胶共聚物中 MMA 含量增大时,凝胶网络尺寸在 pH＝2.2 时减小,pH＝7 时增大;而将交联密度提高后,凝胶网络尺寸在 pH＝2.2 或 7 时均减小。该凝胶有望作为口服蛋白质的输送材料。

乙烯基吡咯烷酮与丙烯酸-β-羟基丙酯的共聚物和聚丙烯酸组成的互穿网络水凝胶具有温度和 pH 双重敏感性。在酸性环境中,由于 P(NVP)与 PAA 间络合作用,凝胶的溶胀比随温度升高而迅速降低;在碱性环境中,凝胶的溶胀比远大于酸性条件下溶胀比,且随温度升高而逐渐增大。

含丙烯酸和聚四氢呋喃的 pH 响应性凝胶,当凝胶中聚四氢呋喃含量低时,凝胶的 pH 响应性和常规的聚丙烯酸凝胶一致;当四氢呋喃含量增加,凝胶行为反之。当凝胶溶液 pH 由 2 升至 10 时,聚四氢呋喃状态改变,导致凝胶收缩,较传统聚丙烯酸凝胶行为反常。

(2)温敏水凝胶

在 Tanaka 提出"智能凝胶"这一概念后几十年,许多相关研究都集中在随温度改变而发生体积变化的温敏凝胶上。当环境温度发生微小改变时,就可能使某些凝胶在体积上发生数百倍的膨胀或收缩(可以释放出 90％的溶剂),而有些凝胶虽然不发生体积膨胀,但他们的物理性质会发生相应变化。其中用 N,N-亚甲基双丙烯酰胺交联的聚丙烯酰胺体系是一种温敏水凝胶,它的独特性能得到了很大的发展。

N-异丙基丙烯酰胺的聚合物(PNIPA)经 N,N-亚甲基双丙烯酰胺微交联后,其水溶液在高于某一温度时发生收缩,而低于这一温度时,又迅速溶胀,此温度称为水凝胶的转变温度、浊点,对应着不交联的 PNIPA 的较低临界溶解温度。一般解释为,当温度升高时,疏水相相互作用增强,使凝胶收缩,而降低温度,疏水相间作用减弱,使凝胶溶胀,即热缩凝胶。

轻微交联的 N-异丙基丙烯酰胺(NIPA)与丙烯酸钠共聚体是比较典型的例子。其中丙烯酸钠是阴离子单体,其加量对凝胶溶胀比和热收缩敏感温度有明显影响。一般的规律是阴离子单体含量增加,溶胀比增加,热收缩温度提高,因此,可以从阴离子单体的加量来调节溶胀比和热收缩敏感温度。NIPA 与甲基丙烯酸钠共聚交联体也是一种性能优良的阴离子型热缩温敏水凝胶。

阳离子的水凝胶研究相对较少,最近用乙烯基吡啶盐与 NIPA 共聚,用 N,N-亚甲基双丙烯酰胺作交联剂,发现随着阳离子单体含量增加,溶胀比增加,LCST 提高。

由 NIPA、乙烯基苯磺酸钠及甲基丙烯酰胺三甲胺基氯化物共聚制得的水凝胶,因其共聚单体由含阴、阳两种离子单体组成,故称两性水凝胶。在测定其组成与溶胀比的关系时,发现其收缩过程是不对称的。即改变相同物质的量的阴离子或阳离子单体时,阳离子引起的体积收缩要比阴离子的大。最近报道的以 NIPA、丙烯酰胺-2-甲基丙磺酸钠、N-(3-二甲基胺)丙基丙烯酰胺制得的两性水凝胶,其敏感温度随组成的变化在等物质的量比时最低,约为 35℃,而只要正离子或负离子的物质的量比增加,均会使敏感温度上升。

鉴于温敏水凝胶及 pH 敏水凝胶的各自不同特点,Hoffman 等研究了同时具有温度和 pH 双重敏感特性的水凝胶,所得水凝胶与传统温度敏感水凝胶的"热缩型"溶胀性能恰好相反,属"热胀型"水凝胶。这种特性对于水凝胶的应用,尤其是在药物的控制释放领域中的应用具有较重要的意义。以 pH 敏感的聚丙烯酸网络为基础,与另一具有温度敏感的聚合物 PNIPA 构成 IPA 网络。先将丙烯酸及交联剂进行均聚得 PAAC 水凝胶,干燥后,浸入 5wt% 的 NIPA 水溶液中,加入交联剂、引发剂等后,复聚得 IPN。实验结果表明,在酸性条件下,随着温度升高,IPN 水凝胶的溶胀率 SR 也逐渐上升,形成"热胀型"温度敏感特性。

(3)光敏性凝胶

光敏性凝胶是指经光辐照(光刺激)而发生体积变化的凝胶。紫外光辐照时,凝胶网络中的光敏感基团发生光异构化或光解离,因基团构象和偶极矩变化而使凝胶溶胀或收缩。例如,光敏分子(敏变色分子)三苯基甲烷衍生物经光辐照转变成异构体——解离的三苯基甲烷衍生物。解离的异构体可以因热或光化学作用再回到基态。这种反应称为光异构化反应。

若将光敏分子引入聚合物分子链上,则可通过发色基团改变聚合物的某些性质。以少量的无色三苯基甲烷氢氧化物与丙烯酰胺(或 N,N-亚甲基双丙烯酰胺)共聚,可得到光刺激响应聚合物凝胶。

含无色三苯基甲烷氰基的聚异丙基丙烯酰胺凝胶的溶胀体积变化与温度关系的研究表明:无紫外线辐照时,该凝胶在 30℃ 出现连续的体积变化,用紫外线辐照后,氰基发生光解离;温度升至 32.6℃ 时,体积发生突变。在此温度以上,凝胶体积变化不明显。温度升至 35℃ 后再降温时,在 35℃ 处发生不连续溶胀,体积增加 10 倍左右。如果在 32℃ 条件下对凝胶进行交替紫外线辐照与去辐照,凝胶发生不连续的溶胀—收缩,其作用类似于开关。这个例子反映了光敏基团与热敏凝胶的复合效应。

除了对紫外线敏感的凝胶以外,有的凝胶在可见光能发生变化。

凝胶吸收光子,使热敏大分子网络局部升温。达到体积相转变温度时,凝胶响应光辐照,发生不连续的相转变。例如,可将能吸收光的分子(如叶绿酸)与温度响应性 PIPAm 以共价键结合形成凝胶。当叶绿酸吸收光时温度上升,诱发 PIPAm 出现相转变。这类光响应凝胶能反复进行溶胀—收缩,应用于光能转变为机械能的执行元件和流量控制阀等方面。

(4)电场敏感性凝胶

电场敏感性凝胶一般由高分子电解质网络组成。由于高分子电解质网络中存在大量的自由离子可以在电场作用下定向迁移,造成凝胶内外渗透压变化和 pH 不同,从而使得该类凝胶具有独特的性能,比如电场下能收缩变形、直流电场下发生电流振动等。

电场敏感凝胶主要有聚(甲基丙烯酸甲酯/甲基丙烯酸/N,N'-二甲氨基乙酯)和甲基丙烯酸和二甲基丙烯酸的共聚物等。在缓冲液中,它们的溶胀速度可提高百倍以上。这是因为,未电离的酸性缓冲剂增加了溶液中弱碱基团的质子化,从而加快了凝胶的离子化,而未电离的中性缓冲剂促进了氢离子在溶胀了的荷电凝胶中的传递速率。

聚[(环氧乙烷-共-环氧丙烷)星形嵌段-聚丙烯酰胺]交联聚丙烯酸互穿网络聚合物凝胶,在碱性溶液(碳酸钠和氢氧化钠)中经非接触电极施加直流电场时,试样弯向负极(见图 14-19),这与反离子的迁移有关。

电场下,电解质水凝胶的收缩现象是由水分子的电渗透效果引起的。外电场作用下,高分子链段上的离子由于被固定无法移动,而相对应的反离子可以在电场作用下泳动,附近的水分子也随之移动。到达电极附近后,反离子发生电化学反应变成中性,而水分子从凝胶中释放,使凝胶脱水收缩,如图 14-20 所示。

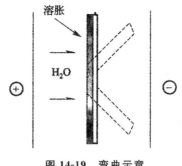

图 14-19　弯曲示意

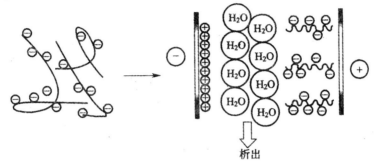

析出

图 14-20　水凝胶收缩机理

　　水凝胶常在电场作用下因水解产生氢气和氧气,降低化学机械效率,并且由于气体的释放缩短了凝胶的使用期限。电荷转移络合物凝胶则没有这样的问题,但凝胶网络中需要含挥发性低的有机溶剂。聚 N-[3-(二甲基)丙基]丙烯酰胺(PDMA-PAA)作为电子给体,7,7,8,8-四氰基醌基二甲烷作为电子受体掺杂,溶于 N,N-二甲基甲酰胺中形成聚合物网络。这种凝胶体积膨胀,颜色改变。当施加电场后,凝胶在阴极处收缩;并扩展出去,在阳极处释放 DMF,整个过程没有气体放出。

　　一般来说,自由离子的水合数很小,仅有几个;而电泳发生时,平均一个可动离子可以带动的水分子数正比于凝胶的含水量。例如,凝胶膨胀度为 8000 时,1000 个水分子司以跟着一个离子泳动。另外,在一定电场强度下,高分子链段在不同膨胀度情况下对水分子的摩擦力是导致凝胶电收缩快慢的原因。凝胶的电收缩速率与电场强度成正比,与水黏度成反比;单位电流引起的收缩量则与凝胶网络中的电荷密度成正比,而与电场强度无关。

　　另一大类电场敏感性凝胶是由电子导电型聚合物组成,大都具有共轭结构,导电性能可通过掺杂等手段得以提高。将聚(3-丁基噻吩)凝胶浸于 0.02 mol/L 的 Bu_4NClO_4(高氯酸四丁基铵)的四氢呋喃溶液中,施加 10V 电压,数秒后凝胶体积收缩至原来的 70%,颜色由橘黄色变成蓝色,没有气体放出。当施加 -10V 电压后,凝胶开始膨胀,颜色恢复成橘黄色。红外及电流测试结果显示,聚噻吩链上的正电荷与 ClO_4^- 掺杂剂上的负电荷载库仑力作用下形成络合物。外加电场作用下,由于氧化还原反应和离子对的流人引起凝胶体积和颜色的变化。有研究者认为是电场使聚噻吩环间发生键的扭转,引起有效共轭链长度变化导致上述现象的发生。

（5）化学物质响应凝胶

有些凝胶的溶胀行为会因特定物质的刺激（如糖类）而发生突变。例如药物释放凝胶体系可依据病灶引起的化学物质（或物理信号）的变化进行自反馈，通过凝胶的溶胀与收缩控制药物释放的通道。

胰岛素释放体系的响应性是借助于多价烯基与硼酸基的可逆键合。对葡萄糖敏感的传感部分是含苯基硼酸的乙烯基吡咯烷酮共聚物。其中硼酸与聚乙烯醇（PVA）的顺式二醇键合，形成结构紧密的高分子配合物，如图14-21所示。这种高分子配合物可作为胰岛素的载体负载胰岛素，形成半透膜包覆药物控制释放体系。系统中聚合物配合物形成平衡解离随葡萄糖浓度而变化。也就是说，它能传感葡萄糖浓度信息，从而执行了药物释放功能。聚合物胰岛素载体释放药物示意如图14-22所示。

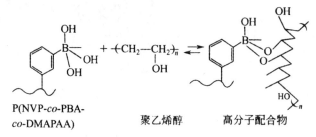

P(NVP-*co*-PBA-*co*-DMAPAA)　　　　聚乙烯醇　　　　高分子配合物

图 14-21　苯基硼酸的乙烯基吡咯烷酮共聚物

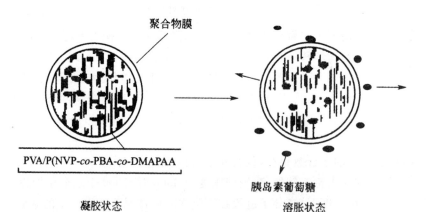

图 14-22　聚合物胰岛素载体释放药物示意

动物体内注射抗原时能产生抗体物质，抗体是一种球蛋白能够专一性地与抗原结合。抗原为能刺激动物体产生抗体并能专一地与抗体结合的蛋白质。日本科学家利用抗原抗体的特性设计了能专一性地响应抗原的水凝胶。将山羊抗体兔抗体（GAG IgG）连接到琥珀酰亚胺丙烯酸酯（NSA）上，同样将兔抗原连接到 NSA 分别形成改性抗体和改性抗原。改性抗体与丙烯酰胺（AAm）在氧化还原引发剂过硫酸铵（APS）和四甲基乙二胺（TEMED）作用下形成高分子，然后加入改性抗原 APS、TEMED 和交联亚甲基双丙烯酰胺（MBAA），形成互穿网络聚合物。这样抗体和抗原处于同一网络不同的分子链上。反应机理如下。

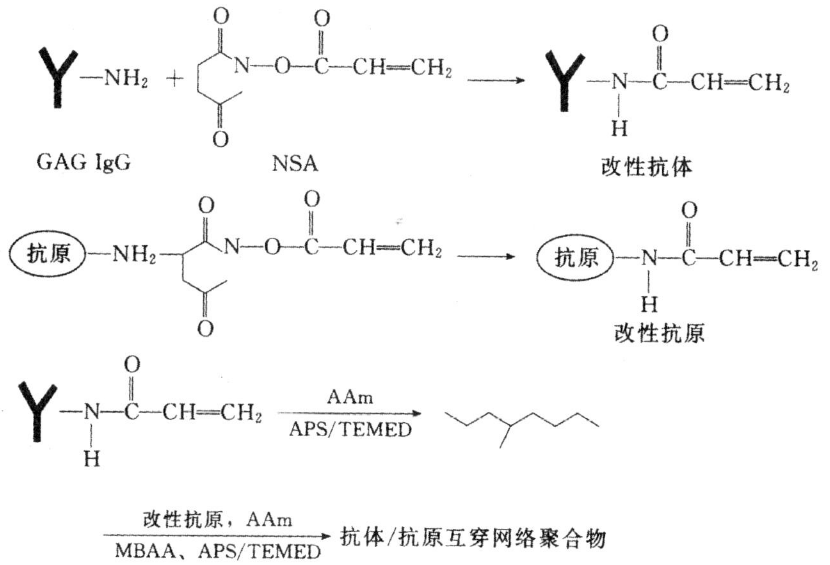

更有趣的是,抗原抗体网络凝胶只对兔抗原具有响应性,加入山羊抗原后体积没有发生变化。由于山羊抗原不能识别山羊抗体,它的加入不能离解兔抗原-山羊抗体间的结合键。通过在聚合物链上结合不同的抗体和抗原,可设计出具有专一抗原敏感性的水凝胶。科学家们认为这种水凝胶如果包裹药物,可利用特定的抗原的敏感性来控制药物的释放。

(6)磁场敏感性凝胶

借超声波使磁性粒子在水溶液中分散,由此制备的包埋有磁性微粒子的高吸水性凝胶称为磁场响应凝胶。磁场感应的智能高分子凝胶由高分子三维网络和磁流体构成。利用磁流体的磁性以及其与高分子链的相互作用,使高分子凝胶在外加磁场的作用下发生膨胀和收缩。通过调节磁流体的含量、交联密度等因素,可得到对磁刺激十分灵敏的智能高分子凝胶。

例如,用聚乙烯醇(PVA)和 Fe_3O_4 制备的具有磁响应特性的智能高分子凝胶,在非均一磁场中通过适当地调整磁场的梯度,可以使凝胶作出伸长、收缩、弯曲等动作。磁溶胶中磁性微球的大小、浓度和 PVA 凝胶的交联度对其性能有很大的影响。

(7)压敏凝胶

压敏性凝胶是体积相转变温度随压力改变的凝胶。水凝胶的压力依赖性最早是由 Marchetti 通过理论计算提出的,其计算结果表明:凝胶在低压下出现坍塌,在高压下出现膨胀。

温敏性凝胶聚 N-iE 丙基丙烯酰胺(PNNPAAm)和聚 N-异丙基丙烯酰胺(PNIPAAm)在实验中确实表现出体积随压力的变化改变的性质。压敏性的根本原因是其相转变温度能随压力改变,并且在某些条件下,压力与温敏胶体积相转变温度还可以进行关联。

(8)生物分子敏感凝胶

有些凝胶的溶胀行为会因某些特定生物分子的刺激而突变。目前研究较多的是葡萄糖敏感凝胶。例如,利用苯硼酸及其衍生物能与多羟基化合物结合的性质制备葡萄糖传感器,控制释放葡萄糖。N-乙烯基-2-吡咯烷酮和 3-丙烯酰胺苯硼酸共聚后与聚乙烯醇(PVA)混合得到复合凝胶,复合表面带有电荷,对葡萄糖敏感。其中硼酸与聚乙烯醇(PVA)的顺式二醇键合,形成结构紧密的高分子络合物。当葡萄糖分子渗入时,苯基硼酸和 PVA 间的配价键被葡萄糖取代,络合物解离,凝胶溶胀。该聚合物凝胶可作为载体用于胰岛素控制释放。体系中聚合物络合物的形成、平衡与解离随葡萄糖浓度而变化,因此能传感葡萄糖浓度信息,从而执行药物释放功能。

抗原敏感性水凝胶是利用抗原抗体结合的高度特异性,将抗体结合在凝胶的高分子网络内,可识别特定的抗原,传送生物信息,在生物医药领域有较大的应用价值。

14.5.4 智能药物释放体

药学研究在近几十年的巨大发展,一方面通过有机合成或生物技术研究出许多令人注目的生理活性物质;另一方面不断研究改进给药方式,即把生理活性物质制成合适的剂型,如片剂、溶液、胶囊、针剂等,使所用的药物能充分发挥潜在的作用。"药物治疗"包括药物本身及给药方式两个方面,二者缺一不可。只有把生理活性物质制成合理的剂型才能发挥其疗效。如果利用智能型凝胶来自动感知体内的状态而控制药的投入速度,可期望保持血液中的药剂量为一定浓度。

通常研究剂型主要是为了使药物能立即释放发挥药效。然而,人们逐渐认识到药物释放要受药物疗效和毒、副作用的限制。一般的给药方式,使人体内的药物浓度只能维持较短时间,血液中或体内组织中的药物浓度上下波动较大,时常超过药物最高耐受剂量或低于最低有效剂量,见图 14-23(a)。这样不但起不到应有的疗效,而且还可能产生副作用,在某些情况下甚至会导致医原性疾病或损害,这就促使人们对控速给药或程序化给药进行研究。用药物释放体系来替代常规药物制剂,能够在固定时间内,按照预定方向向全身或某一特定器官连续释放一种或多种药物,并且在一段固定时间内,使药物在血浆和组织中的浓度能稳定在某一适当水平。该浓度是使治疗作用尽可能大而副作用尽可能小的最佳水平,见图 14-23(b)。药物释放体系是药学发展的一个新领域,能使血液中的药物浓度保持在有效治疗指数范围内,具有安全、有效、治疗方便的特点。

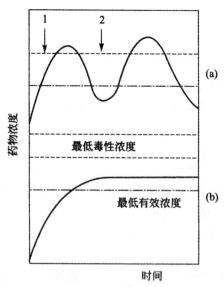

图 14-23 常规(a)和控样药物(b)制剂的药物水平

一般的药物释放体系(DDS)的原理框架由四个结构单元构成如图 14-24 所示,即药物储存、释放程序、能源相控制单元四部分。所使用的材料大部分是具有响应功能的生物相容性高分子材料,包括天然和合成聚合物。根据控释药物和疗效的需要,改变 DDS 的四个结构单元就能设计出理想的药物释放体系。按药物在体系中的存放形式,通常可将药物释放体系分为储存器型和基材型。

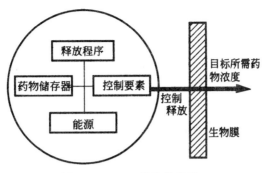

图 14-24　DDS 的结构单元

1. 药物释放体系中的高分子材料

许多的高分子材料用于药物释放体系当中,其详细内容列于表 14-10 中。

表 14-10　高分子材料用于药物释放体系表

类型		举例	说明
水凝胶		聚甲基丙烯酸甲酯、聚乙烯醇、聚环氧乙烷、聚乙二醇、明胶、纤维素衍生物和海藻酸盐等	水凝胶的孔隙较大,适于高分子量药物如生长激素、催产素干扰素、胰岛素等多肽或蛋白质的控制和释放
生物降解聚合物	脂肪族聚酯类	聚乙交酯、聚 3-羟基丁酸酯等	生物降解聚合物包括合成和天然的聚合物。天然高分子可为酶或微生物降解,合成高分子的降解是由可水解键的断裂而进行的。这些不稳定化学键可按键降解速率递减顺序排列为:酐、酯、脲、原酸酯和酰胺。在脂质体内部,脂质分子的亲水基富集,可内包,各面的极性很高,而膜内部疏水性很强,限制了膜两侧间物质的传递。利用脂质双分子膜的外层和内层性质不同,可用来控制各种生理活性物质
	聚磷氮烯类	氨基酸酯磷氮烯聚合物、芳氧基磷氮烯聚合物	
	聚酐类	聚丙酸酐、聚羧基苯氧基乙酸酐、聚羧基苯氧基戊酸酐	
	聚原酸酯类	3,p-双-(2 叉-2,4,8,10-四噁螺(5,5))十一烷和 1,6-己二醇共缩聚物	
	聚氨基酸	谷氨酸和谷氨酸乙酯共聚物	
	天然高分子	胶原和壳聚糖	
脂质体		卵磷脂	

2. 药物释放载体的控制机制

在药物释放体系中,很重要的一部分就是药物被聚合物膜包埋,做成胶囊或微胶囊;或者药物均匀地分散在聚合物体系中,此时药物的释放需经过网络密度涨落的间隙扩散、渗出。扩散物的扩散系数按照玻璃态、橡胶、增塑橡胶顺序增大。

对于一些大剂量和高水溶性药物释放体系,主要运用渗透控制的释放系统,原理如图 14-25

所示。

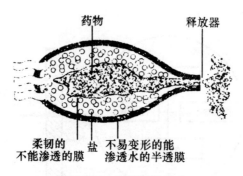

图 14-25　渗透控制 DDS

　　药物不仅能通过扩散从药物体系中释放,对于聚合物还可以通过控制化学键的断裂来控制药物释放,如图 14-26 所示,聚合物的降解可以分为化学降解和物理降解两种机理,化学降解主要有三种类型,见图 14-27。物理降解有本体和表面之分。例如,对于聚酯水解在整个体系发生;而聚原酸酯类水解速度比水进入聚合物的扩散速度快,降解主要出现在材料表面。

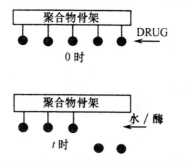

图 14-26　化学键断裂控制药物释放示意图

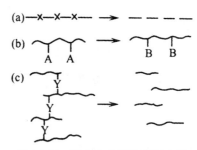

图 14-27　聚合物化学降解示意图

　　溶胀控制药物释放机制是通过并无药物从固态聚合物中扩散出来,而是随着溶液中的渗透物质不断进入体系中,聚合物发生溶胀,转变为橡胶态(图 14-28)。

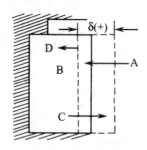

图 14-28　溶胀控制的药物释放体系

3. 智能药物释放体系

　　智能式药物释放体系是:根据生理和治疗需要,随时间、空间来调节释放程序,它不仅具有一般控制释放体系的优点,而且最重要的是能根据病灶信号而自反馈控制药物脉冲释放,即需药时药物释出,无必要时,药物停止释放,从而达到药物控制释放的智能化目的。高分子材料作为药物释放体系的载体材料,集传感、处理及执行功能于一体,在药物释放体系中起着关键的作用。

(1)外部调节式药物脉冲释放体系

在外部调节式药物脉冲释放体系中,外部刺激的信号主要有光、热、pH、电、磁、超声波等,下面就各种信号的刺激具体说明。

Kitano 等合成了一种光降解的聚合物,结构如图 14-29 所示。当紫外光照射时偶氮键断裂,交联聚合物变为水溶性聚合物,进而降解为小分子。用此材料制得的微胶囊,药物包埋于其中,当紫外光照射时聚合物降解或溶解,药物得以释放。Mathiowitz 等制备了一种光照引发膜破裂的微胶囊,微胶囊由对苯二甲酰乙二胺通过界面聚合制得,在微胶囊中包含有 AIBN 及药物,当光照时 AIBN 分解产生氮气,氮气产生的压力将膜胀破,药物得以释放。以上两例药物均只能一次释放,Ishihara 等则制备了一种能可逆光敏释药的系统,所采用的聚合物结构如图 14-30 所示。

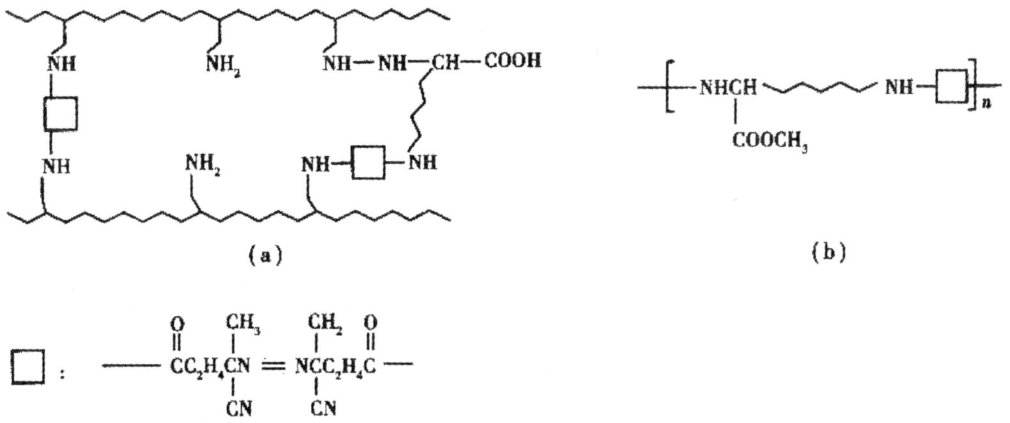

(a)　　　　　　　　　　　　　　　　(b)

图 14-29　光敏聚合物的结构图

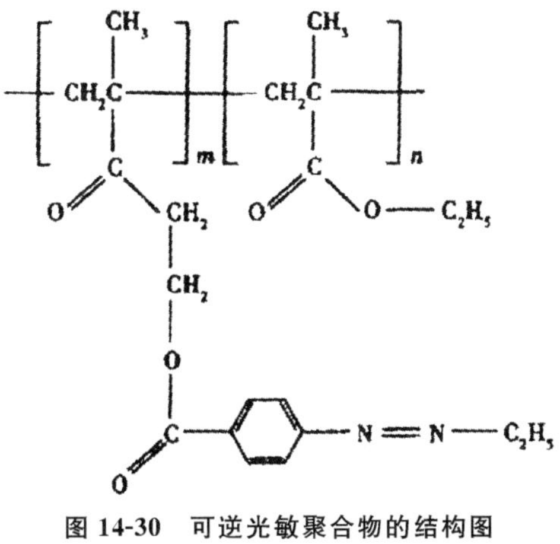

图 14-30　可逆光敏聚合物的结构图

当用紫外光照时,聚合物侧基上的偶氮异构化,使聚合物的极性增大,亲水性增加并发生溶胀,包埋在其中的药物释放速度加快,改用可见光照,释药速率下降到与在黑暗中的情况相同。

温度敏感药物释放体系常用聚烯丙胺接枝异丙基丙烯酰胺(PAA-g-PNIPA)微囊化阿霉素,研究表明,当温度低于 35℃时,接枝在 PAA 表面的 PNIPA 溶胀,使微球表面无缝隙,将药物包在球内,不能释放;温度高于 35℃时,接枝在 PAA 表面的 PNIPA 收缩,使 PAA 表面露出缝隙,药物从药球里释放出来,实现了温敏控制释放的目的。

有些聚合物(如聚电解质、由氢键作用的高分子复合物等),在电场作用下,发生解离或者使其解体为两个单独的水溶性高分子而溶解,实现药物的释放。此外,磁响应、pH 响应、超声波作用等均易引起药物的有控释放,由于在智能凝胶中另有描述,在此不再赘述。

(2)靶向药物释放体系

有些药物的毒性太大且选择性不高,在抑制和杀伤病毒组织时,也损伤了正常组织和细胞,特别是在抗癌药物方面。因此,降低化学和放射药物对正常组织的毒性,延缓机体耐药性的产生,提高生物工程药物的稳定性和疗效是智能药物需要解决的问题之一。对药物靶向制导,实现药物定向释放,是一种理想的方法。

靶向药物释放体系不仅可利用药物对目标组织部位的亲和性进行设计,而且能够利用患者某些组织性能的改变达到导向目的。

根据载体的靶向机理可以分为:主动靶向,即载体能与肿瘤表面的肿瘤相关抗原或特定的受体发生特异性结合,这样的导向载体多为单克隆抗体和某些细胞因子;被动靶向,即具有特定粒径范围和表面性质的微粒,在体内吸收与运输过程中能被特定的器官和组织吸收,此类体系主要有脂质体、聚合物微粒、纳米粒等。

自 20 世纪 80 年代以来,以单克隆抗体为导向载体,与药物等连接而成化学免疫偶联物,结果显示在体内呈特异性分布。特别是近几年来通过基因工程技术改性单抗,降低单抗偶联物的免疫原性,提高了偶联物在肿瘤部位的浓度。脂质体作为药物载体,利用体内局部环境的酸性、温度及受体的差异而构造的 pH 敏脂质体、温敏脂质体及免疫脂质体等具有较好的靶向作用。

以上所说的是载体型靶向药物制剂,此外,Ringsdrof 提出用于结合型药物载体的聚合物,是根据药物在体内的代谢动力学以及导向药物的思想进行设计的。该聚合物主链至少含有 3 个功能单元,即增溶单元、药物连接单元和定向传输单元。增溶单元使整个药物制剂可溶且无毒;药物连接单元必须考虑将药物连接在高分子主链上的反应条件温和,在蛋白质合成领域里普遍采用的一些络合方法,可应用于聚合物连接药物分子,同时,为了屏蔽或减弱高分子化合物与抗肿瘤药物间的相互作用,通常引入间隔臂;而定向传输系统是通过各种生理及化学作用,使整个高分子药物能定向地进入病变部位。

经常选用磺胺类单元作为定向传输系统制备高分子靶向药物,是根据肿瘤组织能选择吸收磺胺类药物。黄骏廉等用稳定的磺胺钠盐引发环氧乙烷开环聚合,然后接上与放射性同位素 ^{153}Sm 螯合的二正乙基五己酸(DTPA),制备高分子药物制剂。实验结果表明,高分子药物能在昆明小白鼠的肉瘤组织中富集,6h 后在小白鼠肿瘤组织与肝、肌肉、血液等组织的放射剂量之比为(2~4):1。

聚膦腈是一族由交替的氮磷原子以交替的单、双键构成主链的高分子,通过侧链衍生化引入性能各异的基团可以得到理化性质变化范围很广的高分子材料。其生物相容性好且能够生物降解,是一个很有前景的智能药物体系。

通过侧链的修饰可以得到亲水性相差很大的、不同降解速率的聚膦腈,以满足不同的药物控制释放系统。例如,已合成侧链分别为氨基酸-2-羟基丙酸酯、甘氨酸乙酯、羟基乙酸乙酯的聚膦腈。通过侧基的微交联也能得到聚膦腈水凝胶等,也应用于药物的控释体系。

顺铂[Cis-Pt(NH_3)_2Cl_2]是临床常用且有效的癌症化疗药物,但副作用大。Allcock 小组选用生物相容性好、水溶性的氨基(—NHCH_3)聚膦腈为载体,将顺铂结合在聚膦腈主链的氮原子上,形成顺铂-聚膦腈衍生物,的确具有抗癌效果。

　　高分子在智能药物的应用已经显示了巨大的潜力和优势,通过分子设计,理论上可以得到满足各种不同需要的高分子材料,实现药物控制释放的要求。

　　智能材料的出现将使人类文明进入一个新的高度,但目前距离实用阶段还有一定的距离。今后的研究重点包括以下六个方面:

　　①智能材料概念设计的仿生学理论研究。

　　②材料智能内禀特性及智商评价体系的研究。

　　③耗散结构理论应用于智能材料的研究。

　　④机敏材料的复合—集成原理及设计理论。

　　⑤智能结构集成的非线性理论。

　　⑥仿人智能控制理论。

　　智能材料的研究才刚刚起步。现有的智能材料仅仅才具有初级智能,距生物体功能还差之甚远。如生物体医治伤残的自我修复等高级功能在目前水平上还很难达到。但是任何事物的发展都有一个过程,智能材料本身也有其发展过程。目前,科学工作者正在智能材料结构的构思新制法(分子和原子控制、粒子束技术、中间相和分子聚集等)、自适应材料和结构、智能超分子和膜、智能凝胶、智能药物释放体系、神经网络、微机械、智能光电子材科等方面积极开展研究。可以预见,随着研究的深入,其它相关技术和理论的发展,智能材料必将朝着更加智能化、系统化,更加接近生物体功能的方向发展。

参考文献

[1]王玉炉. 有机合成化学. 北京:科学出版社,2009.

[2]赵德明. 有机合成工艺. 杭州:浙江大学出版社,2012.

[3]王利民,田禾. 精细有机合成新方法. 北京:化学工业出版社,2004.

[4]薛永强,张蓉. 现代有机合成方法与技术(第2版). 北京:化学工业出版社,2007.

[5]王建新. 精细有机合成. 北京:中国轻工业出版社,2007.

[6]王利民,邹刚. 精细有机合成工艺. 北京:化学工业出版社,2008.

[7]陆国元. 有机反应与有机合成. 北京:科学出版社,2008.

[8]谢如刚. 现代有机合成化学. 上海:华东理工大学出版社,2007.

[9]巨勇,赵国辉,陈新滋等. 有机合成化学与路线设计. 北京:清华大学出版社,2002.

[10]贾红兵,朱绪飞. 高分子材料. 南京:南京大学出版社,2009.

[11]黄丽. 高分子材料. 北京:化学工业出版社,2010.

[12]陶宏. 合成树脂与塑料加工. 北京:中国石油化工出版社,1992.

[13]俞耀庭. 生物医用材料. 天津:天津大学出版社,2000.

[14]何天白,胡汉杰. 功能高分子与新技术. 北京:化学工业出版社,2001.

[15]周馨我. 功能材料学. 北京:北京理工大学出版社,2002.

[16]王澜,王佩璋,陆晓中. 高分子材料. 北京:中国轻工业出版社,2013.

[17]杨杰. 聚苯硫醚树脂及其应用. 北京:化学工业出版社,2006.

[18]金国珍. 工程塑料. 北京:化学工业出版社,2003.

[19]吕世光. 塑料助剂手册. 北京:中国轻工业出版社,1986.

[20]黄丽. 聚合物复合材料. 北京:中国轻工业出版社,2001.

[21]赵冰,王鹤文,王丽艳,侯琼. N-吡啶香豆素类亚胺化合物的合成与表征. 化学试剂, 2010,32,(11).

[22]赵冰,胡立峰,李志宇,宋波,王丽艳,邓启刚. 离子液体([bmim]Cl)促进下醛基香豆素 的 Reformatsky 反应. 化学世界,2012,(9).

[23]Bing Zhao, Meng-jiao Fan, Zhuo Liu, Li-feng Hu, Bo Song, Li-yan Wang and Qi-gang Deng. Reformatsky reaction promoted by an ionic liquid ([Bmim]Cl) in the synthesis of β-hydroxyl ketone derivatives bearing a coumarin unit. *Journal of Chemical Research*, 2012,(6).

[24]Bing Zhao, Li-Li Jiang, Zhuo Liu, Qi-Gang Deng,* Li-Yan Wang, Bo Song, and Yan Gao. A microwave assisted synthesis of highly substituted 7-methyl-5H-thiazole[3,2-a]pyrid-midine -6-carboxylate derivatives via one pot reaction of aminothiazole, aldehyde and ethyl ace-toacetate. *Heterocycles*, 2013, 87(10).

[25]Bing Zhao, Ya-Cui Zhou, Meng-Jiao Fan, Zhi-Yu Li, Li-Yan Wang, Qi-Gang Deng. Synthesis, fluorescence properties and selective Cr(III) recognition of tetraaryl imidazole deriv-atives bearing thiazole group. *Chinese Chemical Letters*, 2013,(24).